科学出版社“十四五”普通高等教育本科规划教材

# 海洋牧场概论

杨红生　主编

科学出版社
北京

## 内 容 简 介

本书由涉农涉海20所高校、3家科研院所的74名专业教师共同编写，紧扣学科培养方案，构建了较为系统的海洋牧场建设原理与实践专业知识体系。全书共分九章，包含绪论、海洋牧场构建原理、海洋牧场生境与生态功能、海洋牧场建设设施、海洋牧场选址与布局、海洋牧场生态系统构建、海洋牧场监测与评价、海洋牧场管理、产业融合与发展展望。本书旨在培养知海爱渔的新型专业人才，为海洋牧场教学和科研提供理论和技术支撑。

本书可作为高等院校的本科生、研究生教材，也可供科研院所、管理部门和相关企业从事海洋牧场研究、建设与管理的工作人员参考。

**图书在版编目（CIP）数据**

海洋牧场概论 / 杨红生主编．—北京：科学出版社，2023.6
科学出版社“十四五”普通高等教育本科规划教材
ISBN 978-7-03-075587-2

Ⅰ．①海…　Ⅱ．①杨…　Ⅲ．①海洋农牧场－中国－高等学校－教材
Ⅳ．①S953.2

中国国家版本馆CIP数据核字（2023）第089784号

责任编辑：刘　丹　孙　青 / 责任校对：严　娜
责任印制：张　伟 / 封面设计：金舵手世纪

科 学 出 版 社 出版
北京东黄城根北街16号
邮政编码：100717
http://www.sciencep.com

北京虎彩文化传播有限公司 印刷
科学出版社发行　各地新华书店经销
*
2023年6月第　一　版　开本：787×1092　1/16
2023年6月第一次印刷　印张：24
字数：615 000

**定价：98.00元**

（如有印装质量问题，我社负责调换）

# 《海洋牧场概论》编委会

**主　编**　杨红生

**副主编**　（按姓氏笔画排序）

王爱民　田　涛　朱春华　李培良
张立斌　张秀梅　唐衍力　章守宇
梁振林

**参　编**　（按姓氏笔画排序）

马培振　王　凯　王迎宾　王国栋
王欣欣　王学峰　王海艳　王淑红
方　蕾　尹增强　邢彬彬　毕卫红
朱立新　刘　辉　刘子洲　刘骋跃
齐遵利　汤　勇　许　强　孙晓红
孙景春　杜　虹　李　军　李　欣
李文涛　吴忠鑫　邱天龙　汪振华
张　丹　张　珊　张　涛　张沛东
张晓梅　张浴阳　陈泽攀　奉　杰
林　军　林承刚　周　顺　周　毅
房　燕　赵　业　赵　欢　赵　静
胡成业　胡庆松　胡雪晴　姜昭阳
骆其君　袁秀堂　夏苏东　徐　鹏
徐冬雪　徐惠民　郭战胜　郭浩宇
黄　宏　黄　晖　黄林韬　阎斌伦
彭小红　葛长宇　韩秋影　翟方国

# 前　言

“天苍苍，野茫茫。风吹草低见牛羊。”草原没有草，那就是沙漠。海洋没有鱼，那就是死海。“人类需要一场自我革命，加快形成绿色发展方式和生活方式，建设生态文明和美丽地球。”绿水青山就是金山银山。保护生态环境就是保护生产力，改善生态环境就是发展生产力。要坚持在发展中保护、在保护中发展。海洋牧场是渔业生产的新模式，也是海洋产业的新业态。海洋牧场建设是践行“两山”理念的重要实践和应对“双碳”目标的有效途径，已成为新时期生态文明建设的重要关注点与关键发力点。

海洋牧场是基于生态学原理，充分利用自然生产力，运用现代工程技术和管理模式，通过生境修复和人工增殖，在适宜海域构建的兼具环境保护、资源养护和渔业持续产出功能的生态系统。1979年我国开始试验性投放人工鱼礁，2006年国务院印发了《中国水生生物资源养护行动纲要》，2015年国家级海洋牧场示范区始以批复建设。我国海洋牧场建设初见成效，但现代化海洋牧场建设刚刚起步。纵观我国海洋牧场建设发展历程，围绕生态优先的发展战略、因海制宜的建设理念、原始创新的理论架构、核心突破的工程技术、日趋完善的标准体系、薪火相传的渔业文化，中国特色海洋牧场建设的道路、理论、制度与文化自信正在彰显。

面临新机遇，扬帆正当时。2019年教育部奏响了“安吉共识”“北大仓行动”“北京指南”的新农科建设三部曲，力争将新农科建设为提升国家生态成长力的增长极，新型农林人才培养策略正于酝酿中实施。面向产业新业态，亟待培养新型专业人才，涉农涉海高校陆续开设了海洋牧场相关课程。由于缺乏系统全面介绍海洋牧场建设原理与实践的教材，教学工作面临一定的困难。为了培养知海爱渔的新型专业人才，涉农涉海20所高校、3家科研院所的74名专业教师共同编写了本书。本书紧扣学科培养方案，提供了较为系统的专业知识。

本书共分九章。第一章绪论，由张秀梅、郭浩宇、吴忠鑫、胡成业、张立斌、章守宇、杨红生负责编写，主要介绍海洋牧场的定义、内涵、分类、发展历程、发展理念与态势。第二章海洋牧场构建原理，由章守宇、骆其君、林军、徐鹏、李欣、彭小红负责编写，主要介绍海洋牧场构建的海洋学、生态学、工程学、信息学、管理学原理。第三章海洋牧场生境与生态功能，由梁振林、马培振、王凯、王海艳、朱立新、李文涛、刘骋跃、杜虹、张沛东、张涛、张晓梅、张浴阳、陈泽攀、奉杰、周毅、郭战胜、黄晖、黄林韬、韩秋影负责编写，主要介绍海洋牧场底栖生境、人工鱼礁生境、海草床生境、海藻场生境、牡蛎礁生境、珊瑚礁生境的生境特征与生态功能。第四章海洋牧场建设设施，由唐衍力、田涛、王凯、周顺、邢彬彬、姜昭阳、王欣欣、胡庆松、王国栋负责编写，主要介绍功能设施分类、生境修复设施、资源养护设施、休闲渔业设施。第五章海洋牧场选址与布局，由田涛、齐遵利、林军、唐衍力、徐惠民负责编写，主要介绍牧场选址原则、技术、步骤，以及布局设计。第六章海洋牧场生态系统构建，由朱春华、阎斌伦、胡庆松、王学锋、田涛负责编写，主要介绍养护种类选择与生态适应性、苗种扩繁与中间培育、驯化与控制、增殖放流、渔业资源持续利用。第七章海洋牧场监测与评价，由李培良、刘子洲、黄宏、袁秀堂、刘辉、孙晓红、汤勇、汪振华、赵静、尹增强、王迎宾、梁振林、葛长宇、毕卫红、徐惠民、翟方国、方蕾负责编写，主要介绍监测方式、环境要素监测、生物要素监测、渔业资源监测、资源与环境评价、生产力与承载力评估、预警预报。第八章海洋牧场管理，由王爱民、许强、邱天龙、房燕、夏苏东、张丹、毕卫红、徐冬雪、胡雪晴负责编写，主要介绍法律法规、规章制度、牧场设施安全维护、环境安全管护、质量管理、信息一体化管理。第九章产业融合与发展展望，由张立斌、王淑红、周顺、王爱民、赵欢、林承刚、李军、赵业、张珊、杨红生、孙景春负责编写，主要介绍三产融合、渔旅融合和渔能融合发展，以及海上城市综合体、科普与文化产业。杨红生、王爱民、田涛、朱春华、李培良、张立斌、张秀梅、唐衍力、梁振林、章守宇等负责全书的策划和统稿。

本书采用深入浅出的写作方式，突出科学性、知识性与趣味性。每章均有小结和思考题，帮助读者归纳梳理章节知识。本书可作为高等院校的本科生、研究生教材，也可供科研院所、管理部门及相关企业从事海洋牧场研究、建设与经营的工作人员参考。

几度线上热烈讨论，几番线下用心编写。历经目录商定、章节互审、专家评阅，终得成册。尽管如此，由于编者水平有限，不足之处再所难免，敬请读者指正，不胜感激。

编　者

2022年冬月

# 目　录

# 第一章 绪　论

海洋是人类获取优质蛋白的“蓝色粮仓”。然而，自20世纪以来，由于过度捕捞、环境污染和生境破坏等原因，全球范围内都面临着海洋渔业资源衰退的问题，传统捕捞业和养殖业已难以适应经济社会健康发展和海洋生态环境承载力要求。作为一种新型的海洋渔业生产方式，海洋牧场已成为转变渔业发展模式，改善海洋生态环境，保障海洋生物资源可持续利用的有效途径，是我国海洋渔业转型升级的主要发展方向之一。

本章将详细介绍海洋牧场的基本概念、主要分类、国内外发展历程与发展理念，形成对海洋牧场的基本认识，为后续章节的学习奠定基础。

## 第一节　海洋牧场的概念

### 一、海洋牧场的定义

海洋牧场理念的起源历史悠久，据《尔雅》记载，在距今2000年左右的春秋战国至汉代时期，我国渔民已开展“罧业”渔法，渔民“投树枝垒石块于海中诱集鱼类，然后聚而捕之”，这是我国渔民利用水中构造物诱集效应来开展渔业生产的最早记载。至明朝嘉靖年间，在我国广西沿海一带，出现了渔民在海中放置竹篱诱集捕鱼的作业形式。清代渔民开始通过在海中投放石块、废船、竹栅栏等物体，用以诱集鱼群捕捞，开展传统的“杂挠”“打红鱼梗”作业，展现了原始的人工鱼礁建设与海洋牧场生境营造理念（杨吝等，2005）。最早于17世纪，在日本高知县出现将山上的石块投入海中营造渔场的记录。随后在青森县又有投石增殖藻类和贝类的记载，此类渔场营造方法逐渐开始在日本全国推广。至19世纪时，日本已开始将废船、废车、木材、石块等较大型的构件投入海底营造鱼礁，出现了早期海洋牧场雏形。

传统上认为，现代意义的海洋牧场理念起源于20世纪70年代的美国和日本（杨红生，2016）。早在50年代，日本已开始大规模利用人工鱼礁开展渔场建设与研究实践。美国于1968年提出了海洋牧场建造计划，并于1974年在加利福尼亚建成巨藻海洋牧场。1971年，日本最早提出了“海洋牧场系统”的构想，并在水产厅海洋审议会议文件中首次出现了“海洋牧场”（sea ranching）的定义，即“海洋牧场将成为未来渔业的基本技术体系，海洋牧场生态系统可以从海洋生物资源中持续产生食物”。在此后一段时期内，日本对“海洋牧场”的定义仍处于较抽象的概念化阶段，海洋牧场的内涵和外延不断丰富和完善。1973年，日本水产会在冲绳国际海洋博览会上着重强调了“海洋牧场是一种在人为管理下维护和利用海洋资源的全新生产形式”。1976年，在日本海洋科学技术中心（Japan Marine Science and Technology Center，JAMSTEC）的海洋牧场技术评定调查报告书中，将海洋牧场定义为“将水产业作为粮食产业和海洋环境保护产业，以系统的科学理论与技术实践为支撑，在制度化管理体制下形成的未来产业系统模式”；至1980年，日本农林水产省农林水产技术会议在论证“海洋牧场化计划”时，将海洋牧场定义进一步扩展为“将苗种生产、渔场建造、苗种放流、养成管理、收获管理、环境控制、病害防治措施等广泛的技术要素有机组合的管理型渔业”，是“栽培渔业高度发展阶段的形态”（刘卓和杨纪明，1995）。纵观这一时期日本有关海洋牧场的定义可以发现，绝大部分文献报道将海洋牧场等同于增殖放流或资源增殖。近年来，日本开始关注基于“鱼类全生活史”的海洋牧场构建理念与相关技术研究，更加注重自然生境的修复以及对渔业资源的精准增殖与保护。韩国对海洋牧场的定义与日本有一定不同，在其《养殖渔业育成法》中，将海洋牧场定义为“在一定海域内，综合设置水生生物资源养护设施、人工繁育和采捕的场所”。在欧美地区，1980年Thorpe提出了海洋牧场（ocean ranching）的概念，认为海洋牧场是一种渔业方式，即幼鱼增殖放流后，在不受保护、不被看管的自然环境中，依靠天然饵料生长，待达到市场需求规格后进行捕获。1996年，在联合国粮食及农业组织（Food and Agriculture Organization of the United Nations，FAO）召开的海洋牧场国际研讨会上，与会代表进一步阐述了“海洋牧场”的概念，并将“资源增殖”或“增殖放流”视为“海洋牧场”，同时评价了“海洋牧场”的发展现状及未来发展方向，得到了欧美各国学者的广泛认同（陈丕茂等，2019；王凤霞和张珊，2018）。2016年出版的《海洋科学百科全书》对“海洋牧场”概念做了更为精简的定义，即海洋牧场通常是指资源增殖（ocean ranching is most often referred to as stock enhancement），其含义与资源增殖几乎相等，海洋牧场的具体建设方式主要包括增殖放流和人工鱼礁。总体来看，由于所处世代不同，各国的国情不同，甚至海洋生态系统的健康状况和开发利用程度在同一国家的不同时期也不相同，关于海洋牧场的具体概念也难以统一，因而，目前在国际学界尚未有明确公认的海洋牧场定义。

我国对于海洋牧场的定义经历了一个不断发展完善的过程。早在1978年，曾呈奎在中国水产学会恢复大会和科学讨论会上作了《我国海洋专属经济区实现水产生产农牧化》的报告，将海洋农牧化（farming and ranching of the sea）定义为“通过人为的干涉改造海洋环境，以创造经济生物生长发育所需要的良好环境条件，同时，也对生物本身进行必要改造，以提高它们的质量和产量”。在随后的20世纪七八十年代，毛汉礼、王树渤、冯顺楼、徐绍斌等相继提出了与海洋牧场相似的理念和定义。在1994年出版的《中国农业百科全书：水产业卷》中，将海洋牧场定义为“针对选定的开发海域和经济生物，以丰富资源为目的，采用渔场环境工程手段、资源生物的生产控制手段以及有关的生产支持保障技术而建立起来的水产资源生物生产管理综合技术体系”（涂逢俊，1994）。2002年出版的《海洋生物学辞典》中将海洋牧场定义为：在一个特定海域里，为了有计划地培育和管理渔业资源而设置的人工渔场（黄宗国和林金美，2002）。2017年山东省质量技术监督局发布了《海洋牧场建设规范》地方标准，其中将海洋牧场定义为基于海洋生态学原理，利用现代工程技术，在一定海域内营造健康的生态系统，科学养护和管理生物资源而形成的人工渔场。2017年农业部（现农业农村部）渔业渔政管理局组织编著的《中国海洋牧场发展战略研究》一书中，将海洋牧场定义为“基于海洋生态系统原理，在特定海域经过人工鱼礁、增殖放流等措施，构建或修复海洋生物繁殖、生长、索饵或避敌所需的场所，增殖渔业资源、改善海域生态环境，实现渔业资源可持续利用的渔业模式”，这一定义已通过中华人民共和国水产行业标准《海洋牧场分类》

（SC/T 9111—2017）予以发布（中华人民共和国农业部，2017；农业部渔业渔政管理局和中国水产科学研究院，2017）。2019年3月31日，在浙江舟山召开的第230期“双清论坛”上，与会代表围绕“海洋牧场环境演化与生态环境承载力、生境营造与增殖的技术促进机制、生态过程及其资源养护和增殖效应、监测预警信息技术、风险防控与综合管理”等议题，对国内外在该领域的研究现状、研究进展、研究热点、研究趋势等进行了认真分析，针对海洋牧场的概念和内涵进行了深入探讨，以生态系统保护为主基调对海洋牧场进行了新的定义，即“海洋牧场是基于生态学原理，充分利用自然生产力，运用现代工程技术和管理模式，通过生境修复和人工增殖，在适宜海域构建的兼具环境保护、资源养护和渔业持续产出功能的生态系统”，从而明确了我国海洋牧场的基本定义和概念。

## 二、海洋牧场的内涵

各国学者基于海洋牧场的不同理念，对其内涵做出了多种解释。日本学者市村武美认为，广义的“海洋牧场”包括“养殖式”和“增殖式”两种生产方式。北田修一则将“栽培渔业”或“海洋牧场”理解为“有计划地放流苗种，对生长场所加以适当管理使之在自然环境下定居，靠自然的力量发育形成资源”（王凤霞和张珊，2018）。自20世纪90年代起，欧美国家以及FAO普遍将“渔业资源增殖”（marine stock enhancement）等同于“海洋牧场”（marine ranching），使海洋牧场的主要内涵包括了增殖种的放流、生长与捕获。

我国学者在较早时期就提出了基于增殖放流的海洋牧场理念，并对海洋牧场的内涵发展做出了原创性的贡献。早在1947年，朱树屏就首次提出了“水即是鱼的牧场”的概念，倡导“种鱼”“种水”，将在水中种鱼（人工孵育）等同于鱼类牧场。1963年，朱树屏又进一步提出了“海洋农牧化”概念，认为水产的本质就是水里的农业，“海洋、湖泊就是鱼虾等水生动物生活的牧场”（朱树屏，2007b）。1965年，曾呈奎明确提出了“海洋生产农牧化”概念，将其内涵概括为“通过人为干涉改造海洋环境，以创造经济生物生长发育所需要的良好环境条件，同时也对生物本身进行必要的改造，以提高它们的产量和质量”，认为海洋生产同陆地上的“农牧化”一样，包括了两个内容，即通过“滩涂、礁盘式生产，浮筏式生产，网笼式生产，池塘式生产等”方式方法实现“农业化”，以及通过“放养”或“放牧”等放养式生产方式，利用自然海域的生产力，实现“牧业化”（曾呈奎，1979）。随后，冯顺楼在1983年提出了“建设人工鱼礁，开创我国海洋渔业新局面”的建议，通过为鱼类提供栖息场所、上升流对海底营养物的带动作用，以及改变鱼类结构等可以有效实现渔业资源的增殖，相当于农业生产上的选种、育种、播种，从而将人工鱼礁建设引入了海洋牧场的内涵。1989年，冯顺楼进一步提出了要以人工鱼礁为基础，结合人工藻场、人工鱼苗放流，建设我国的海洋牧场。自20世纪90年代后，我国学者开始从系统构建角度不断深化海洋牧场的概念，逐渐将增殖放流、生境营造、繁育驯化和环境监测等理念综合融入海洋牧场的内涵。例如，陈永茂等（2000）提出，海洋牧场是指为增加海洋渔业资源，而采用增殖放流和移植放流的方法将人工培育和人工驯化的生物种苗放流入海，以天然饵料为食物，并营造适于鱼类生存的生态环境的措施（如投放人工鱼礁、建设涌生流构造物），利用声学或光学等手段结合鱼类等自身生物学特征对鱼群进行控制，通过对环境的监测和科学的管理，以达到增加海洋渔业资源和改善海洋渔业结构的一种系统工程和渔业增殖模式。随后，有学者进一步从人为管理及技术应用角度对海洋牧场的内涵不断补充完善。例如，阙华勇等（2016）提出，要建立生态化、良种化、工程化、高质化的渔业生产与管理模式，实现"海陆统筹、三产贯通"的海洋渔业新业态。近年来，有学者进一步提出了现代化海洋牧场的概念，指出现代化海洋牧场（图1-1）是一种基于生态系统，以现代科学技术为支撑，运用现代管理理论与方法进行管理，最终实现生态健康、资源丰富、产品安全的一种现代海洋渔业生产方式（陈勇，2020），进一步丰富与阐述了海洋牧场的内涵。

彩图

图1-1 海洋牧场示意图（引自杨红生，2017）

综合国内外学者的观点，杨红生等（2019）认为，现阶段海洋牧场的内涵可以基本概述为：基于生态学原理，充分利用自然生产力，运用现代工程技术和管理模式，通过生境修复和人工增殖，在适宜海域构建的兼具环境保护、资源养护和渔业持续产出功能的生态系统。这一内涵主要体现了以下6个要素：①以增加渔业资源量为目的，表明海洋牧场建设是追求效益的经济活动，资源量变化反映海洋牧场建设成效，强调监测评估的重要性；②明确的边界和权属，该要素是投资建设海洋牧场、进行管理并获得收益的法律基础，如果边界和权属不明，就会陷入"公地的悲剧"，投资、管理和收益都无法保证；③苗种主要来源于人工育苗或野生苗种驯化，区别于完全采捕野生渔业资源的海洋捕捞业；④通过放流或移植进入自然海域，区别于在人工设施形成的有限空间内进行生产的海水养殖业；⑤饵料以天然饵料为主，区别于完全依赖人工投饵的海水养殖业；⑥对资源实施科学管理，区别于单纯增殖放流、投放人工鱼礁等较初级的资源增殖活动（杨红生，2016）。

## 第二节 海洋牧场分类

### 一、海洋牧场的分类原则

截至目前，世界上尚未有针对海洋牧场的统一分类原则或划分方法，国外对于海洋牧场的分类研究报道相对较少，各国均从各自实际建设需求角度出发，对海洋牧场进行分类。在日本，有学者提出参照陆上牧场将海洋牧场大致分为两个类型，即全量收获型和再生产型。全量收获型是指在放流海域全量收获所有的放流苗种，即放流多少收获多少；再生产型则是指将苗种放流在自然海域中生长与繁殖，待其融入自然资源后再进行捕捞生产，即先开展鱼类资源的补充再进行捕捞生产（角南篤和吴士存，2020）。在韩国，有关专家按照海域形态、建设目的、建设规模、目标资源等原则对海洋牧场进行了精细划分（杨宝瑞和陈勇，2014）。在欧美地区，Leber于1999年提出将海洋牧场分为捕获型和补充型两大类型（Leber，1999）。其中捕获型海洋牧场是指将人工繁育苗种放流到海洋后，待其长成后再进行收获；补充型海洋牧场是指人工苗种在放流后，经适当的人工管理使其生长至性成熟并自然繁殖，对资源量进行补充。由于国外学者通常将海洋牧场等同于资源增殖，因而其后续提出的全量收获型、捕获型与一代回收型表达的内涵基本一致，补充型、资源造成型与再生产型所表达的内涵也基本一致（唐启升，2019）。

在我国，针对海洋牧场开展的分类研究相对较多，依据不同的分类原则可将海洋牧场的类型进行多种划分。综合已有报道来看，主要分类原则包括了4项，即功能分异原则、区域分异原则、物种分异原则、利用分异原则。除以上分类原则外，还有按生产方式和建设水平等进行的分类，均能从不同角度阐明不同海洋牧场的类型和特征（陈丕茂等，2019）。

## 二、海洋牧场的类型

### （一）我国海洋牧场的分类

2017年6月，农业部（现农业农村部）发布了中华人民共和国水产行业标准《海洋牧场分类》（SC/T 9111—2017）（表1-1），将海洋牧场明确划分为两级。其中，第一级按功能分异原则，划分为养护型海洋牧场、增殖型海洋牧场和休闲型海洋牧场三类。养护型海洋牧场是指以保护和修复生态环境、养护渔业资源或珍稀濒危物种为主要目的的海洋牧场。增殖型海洋牧场是指以增殖渔业资源和产出渔获物为主要目的的海洋牧场。休闲型海洋牧场是指以休闲垂钓和渔业观光等为主要目的的海洋牧场。在第一级划分基础上，进一步通过第二级划分将养护型海洋牧场按区域分异原则分为4类，包括河口养护型海洋牧场、海湾养护型海洋牧场、岛礁养护型海洋牧场、近海养护型海洋牧场；增殖型海洋牧场按物种分异原则分为6类，包括鱼类增殖型海洋牧场、甲壳类增殖型海洋牧场、贝类增殖型海洋牧场、海藻增殖型海洋牧场、海珍品增殖型海洋牧场以及其他物种增殖型海洋牧场；休闲型海洋牧场按利用分异原则分为2类，包括休闲垂钓型海洋牧场和渔业观光型海洋牧场。养护型、增殖型和休闲型3类海洋牧场，均为综合性海洋牧场，其区别在于主要功能和目的不同。这一分类方法分级相对明确，分类划分依据简明实用，有利于海洋牧场技术标准体系的构建，适合我国海洋牧场实际发展建设情况（陈丕茂等，2019）。在此基础上，2017年10月，山东省质量技术监督局颁布了《海洋牧场建设规范》地方标准，依据山东省海洋生境特征与海洋牧场建设现状，进一步按照建设区域、生产方式与建设水平3个分类原则，对海洋牧场进行了更精细的划分（山东省质量技术监督局，2017）。

**表1-1 中华人民共和国水产行业标准《海洋牧场分类》(SC/T 9111—2017)的海洋牧场分类**

| 海洋牧场分类 | | 对中国现有常用名称的归类 |
|---|---|---|
| 一级 | 二级 | |
| 养护型海洋牧场 | 河口养护型海洋牧场 | 归类10种：生态型海洋牧场、生态修复型海洋牧场、资源生态保护型海洋牧场、资源养护型海洋牧场、资源修复型海洋牧场、种质保护型海洋牧场、增殖保护型海洋牧场、公益型海洋牧场、生态公益型海洋牧场、准生态公益型海洋牧场 |
| | 海湾养护型海洋牧场 | |
| | 岛礁养护型海洋牧场 | |
| | 近海养护型海洋牧场 | |
| 增殖型海洋牧场 | 鱼类增殖型海洋牧场 | 归类5种：海珍品增殖型海洋牧场、渔业增养殖型海洋牧场、经济型海洋牧场、生态开发型海洋牧场、渔获型海洋牧场 |
| | 甲壳类增殖型海洋牧场 | |
| | 贝类增殖型海洋牧场 | |
| | 海藻增殖型海洋牧场 | |
| | 海珍品增殖型海洋牧场 | |
| | 其他物种增殖型海洋牧场 | |
| 休闲型海洋牧场 | 休闲垂钓型海洋牧场 | 归类5种：休闲垂钓型海洋牧场、(休闲渔业)开放型海洋牧场、(休闲渔业)开发型海洋牧场、休闲观光型海洋牧场、休闲生态型海洋牧场 |
| | 渔业观光型海洋牧场 | |

## (二)韩国海洋牧场的分类

韩国的海洋牧场研究与建设充分借鉴了世界各国尤其是日本海洋牧场的建设经验，对于海洋牧场的种类划分相对细致，划分依据多种多样。例如，按照海洋牧场的建设目的，分为研究型海洋牧场、实用型海洋牧场以及事业型海洋牧场。按照空间形态，分为沿岸型海洋牧场、外海型海洋牧场；按照增殖种类的多样性，划分为单一型海洋牧场和复合型海洋牧场；按照目标鱼种的行为习性，分为底栖性鱼类海洋牧场、广域洄游性鱼类海洋牧场。此外，还有部分韩国学者按照海洋牧场建设的海域位置、海域特点、海域形态、建设目的、建设规模、目标资源等将海洋牧场划分为多种类型(表1-2)(杨宝瑞和陈勇，2014)。

**表1-2 韩国海洋牧场主要分类**

| 分类原则 | 类型 | 描述 |
|---|---|---|
| 海域位置 | 沿岸型、近海型 | 以距离海岸线距离为分类依据 |
| 海域特点 | 东海型、南海型、西海型、济州型 | 以海域所处位置为分类依据 |
| 海域形态 | 多岛海型、滩涂型、内湾型、开放型 | 多岛海型：多岛海域，以捕捞为目的；滩涂型：以利用滩涂为目的；内湾型：内湾海域，以捕捞为目的；开放型：海岸线开放海域，以捕捞为目的 |
| 建设目的 | 捕捞型、观光型、混合型 | 以海洋牧场的建设目的为分类依据。其中，观光型海洋牧场又可分为水中体验型、滩涂体验型、休闲垂钓型、体验渔业型；混合型是同时结合捕捞型和观光型特点的海洋牧场，又可细分为捕捞体验渔业型、水中体验型、休闲垂钓型、体验渔业型、滩涂体验渔业型等 |

续表

| 分类原则 | 类型 | 描述 |
| --- | --- | --- |
| 建设性质 | 示范区建设、开发事业、一般事业 | |
| 建设规模 | 大规模、中规模、小规模 | |
| 牧场位置 | 沿岸渔村型、城市近郊型、城市型 | |
| 目标资源 | 鱼类型、贝类型、鱼贝类型、观光资源型 | |

# 第三节　海洋牧场发展历程

## 一、国际发展历程

从世界范围看，海洋牧场可以追溯到19世纪60～80年代。为了应对因水电开发等导致的洄游性鲑科鱼类减少，美国、加拿大、苏联以及日本等国家实施了大规模的鲑科鱼类增殖放流计划。随后，在世界其他地区，如澳大利亚、新西兰等国家也开展了类似的增殖放流实践（陈丕茂等，2019）。20世纪初，为了稳定近海渔业资源，美国、英国、挪威等国家针对多种海洋生物开展了增殖放流工作，放流种类包括鳕、黑线鳕、狭鳕、鲽、鲆、龙虾等多种海洋经济种（杨红生，2016）。但综合来看，这一时期开展的很多放流实践并未取得显著效果（唐启升，2019）。随着人工鱼礁的出现，海洋牧场建设开始从单纯的经济种类放流向资源养护转变。20世纪50年代，日本开始将人工鱼礁建设纳入国家规划来实施。1954年，日本政府已开始有计划地建设小规模人工鱼礁，到1958年则开始进行较大规模的人工鱼礁建设，希望通过人工鱼礁的建设营造海洋生物良好的栖息生境，改善近岸海域生态环境，保障近海渔业的可持续发展。1971年，"海洋牧场"一词首先出现在日本提出的"海洋牧场系统构想"中。1974年，日本政府颁布了《沿岸渔场整修开发法》，将人工鱼礁建设逐步制度化。在此指引下，日本于1976年开始进行大规模的沿岸渔场整治开发。1978～1987年，日本水产厅制定了《海洋牧场计划》，规划在日本列岛沿海兴建5000km长的人工鱼礁带，把整个日本沿海建设成为广阔的"海洋牧场"（农业部渔业渔政管理局和中国水产科学研究院，2017）。1986年日本沿岸渔业振兴开发协会公布了"沿岸渔场环境整备开发事业人工鱼礁渔场建设计划指南"，该指南随即成为日本人工鱼礁建设的标准和依据。1987年，日本开始实施"海洋牧场计划"，建设了世界上第一个现代意义上的海洋牧场——黑潮海洋牧场（王凤霞和张珊，2018）。随着日本国内人工鱼礁建设的持续开展，人工鱼礁开始逐渐遍布日本列岛沿海。至20世纪90年代，日本已在其12.3%的近岸海域设置了人工鱼礁（杨吝等，2005），建立了以大分县海洋牧场为代表的一大批海洋牧场，并将增殖放流、人工鱼礁建设、鱼类行为驯化技术等充分融入了海洋牧场，形成了一整套精细化的海洋牧场管理体系，揭开了海洋牧场"工业革命"的序幕。根据日本水产厅网站报道，日本在其渔港和沿岸渔场整治修复计划（2017～2021年）中制定了基于水生生物全生活史特征的渔场环境整治方案，力争通过5年的努力，实现鱼礁、育幼场修复面积5万$hm^2$，渔场空间环境优化面积15万$hm^2$，退化藻场和滩涂恢复面积7000$hm^2$。

美国的海洋牧场建设同样起步于人工鱼礁建设。1935年，美国在新泽西州梅角附近建造了世界上第一座人造鱼礁。第二次世界大战后美国的人工鱼礁建设逐步加快，建礁范围从美国东部海岸逐步扩大到西部和墨西哥湾以及夏威夷地区；1968年美国政府提出了建造海洋牧场计划，1972年通过92-402号法案以法律形式付诸实施，自此掀起了美国人工鱼礁建设的高潮，并于1974年在加利福尼亚建成巨藻海洋牧场；20世纪80年代，随着美国《国家渔业增殖提案》的通过，以及1985年《国家人工鱼礁计划》的出台，美国成为继日本之后第二个把人工鱼礁建设纳入国家发展计划的国家，促使美国的人工鱼礁建设迅速发展。在20世纪80年代初期，美国已在近岸海域投放了1200处人工鱼礁，至2000年时已达到2400处，游钓人数已达1亿人左右，海洋生态和经济效益得到显著提升（杨金龙等，2004）。据美国国家海洋和大气管理局相关报道，从2014年起，美国佐治亚州、弗尼吉亚州、马里兰州、特拉华州、佛罗里达州、南卡罗来纳州、马萨诸塞州以及墨西哥湾沿岸各州县相继开展了新一轮的大规模人工鱼礁建设活动，建设项目包括近岸人工鱼礁（inshore artificial reef）、离岸人工鱼礁（offshore artificial reef）和牡蛎礁（oyster reef）等多种人工鱼礁类型。

韩国在1973年开始在沿海大规模投放人工鱼礁，20世纪90年代中期制订了《韩国海洋牧场事业的长期发展计划（1998—2030）》，并于1998年开始实施海洋牧场计划，在韩国东海、西海、南海沿岸建设5个不同类型的海洋牧场示范区。截至2000年韩国已在海洋牧场建设领域投资约4253亿韩元，累计建设海洋牧场约14万$hm^2$。2005年，韩国制定了《小规模海洋牧场推进计划》，计划从2006年开始到2020年，投资2500亿韩元，在全国建设50多个小规模海洋牧场，覆盖全部沿海海域。2009年韩国又将最初的“小规模海洋牧场”更名为“沿岸海洋牧场”，开始逐步建设海洋牧场示范基地，进一步推进沿岸海洋牧场建设事业。2014年，总投资240亿韩元的韩国庆尚南道统营市海洋牧场竣工，成为韩国首个完成建设的海洋牧场，标志着韩国的海洋牧场建设事业进入了新阶段。2019年，韩国海水部发布了《海洋生态轴设定和管理路线（2019—2023）》，并制定了《海洋生态轴构建方案》，强化了对海洋生物洄游路径和栖息地的保护，以及对海洋生态系统的综合系统性管理和保护。推动从保护个别栖息地或生物种为中心的管理模式，转向把握海洋生态系统整体结构、机能和连通性，开展基于生态系统的保护与管理（杨宝瑞和陈勇，2014）。

在欧洲及大洋洲等地区，自20世纪以来，许多国家都制定了各自的海洋牧场发展计划，开展以人工鱼礁建设为基础的海洋牧场建设。自60年代开始，挪威、法国、西班牙等国纷纷开展人工鱼礁建设与增殖放流实践。挪威最早于19世纪末在其南部海域开展鳕鱼的增殖放流，并于1990年提出了海洋牧场建设计划，2000年开始人工鱼礁的建设。西班牙于1979年在巴塞罗那沿岸海域完成了第一个面积约1000$m^2$的人工鱼礁建设，并于1983年颁布了《关于人工鱼礁的多年度指导计划》（王凤霞和张珊，2018）。位于南半球的澳大利亚、新西兰等国，也已针对本国的渔业资源特点开展了多年的资源增殖与人工栖息地营造工作（中国农业百科全书水产业卷编辑委员会和中国农业百科全书编辑部，1994）。

为了进一步在世界范围内推动人工鱼礁的建设与研究工作，1974年，290余名与会者在美国休斯敦召开了第一届国际人工鱼礁和人工栖息地大会（International Conference on Artificial Reefs and Related Aquatic Habitats，CARAH），旨在加强世界各国人工鱼礁相关研究工作者的沟通交流，并提高人们对人工鱼礁在渔业资源管护与资源增殖方面应用的关注。1977年，第二届CARAH在澳大利亚的布里斯班召开。第三届CARAH于1984年11月3日至5日在美国加利福尼亚新港海滩举行，有超过7个国家的代表出席本次会议。此次会议对以往人工鱼礁的研究结果进行了严格的审查，将权威性研究纳入未来与人工鱼礁相关的项目中。第四届CARAH于1987年11月2日至6日在美国佛罗里达州迈阿密举行。有来自26个国家的代表出席此次会议，对人工鱼礁研究的热潮显著增加。第五届CARAH于1991年11月3日至7日在美国加利福尼亚州长滩举行。本次会议并未延续前三届会议名称中包含的“人工鱼礁”一词，而是将会议名称改为了“水生生境改善”。会议主办方认为，名称的改变反映了人工鱼礁从之前主要用于渔业发展，到如今应用于改善栖息地，标题的变化反映了人们对人工鱼礁如何应用于自然资源管理的认识发生了历史性的变化。第六届CARAH于1995年10月29日至11月2日在日本东京举行，会议由日本国际海洋科学技术联合会主办。与会人员一致认为人类活动对环境的改变已严重限制了未来地球持续提供同等价值生态系统服务的能力，因此，人工鱼礁的应用具备扭转全球海洋生态系统服务下降趋势的潜力。在第六届国际会议上普遍反映了人工鱼礁在栖息地改善中的广泛应用。会议提出了建设具有特定生物特征（如物种特定生活史属性）的人工鱼礁的概念。第七届CARAH于1999年10月7日至11日在意大利圣雷莫举行。会议通过了将首字母缩略词CARAH作为系列会议的简称。会议的目的是“促进关于利用人工生境保护海洋与淡水资源以及自然环境等相关信息的交流”。第八届CARAH于2005年4月10日至14日在美国密西西比州比洛克西举行。此次会议上相关学者提出将增殖放流计划与人工鱼礁计划相结合，重点强调未来需要在资源管理方面做出努力。2009年11月8日至13日在巴西库里蒂巴举行了第九届CARAH。会议主题包括了“研究与开发、应用与评估、人工鱼礁项目管理和专题”。2013年9月23日至27日在土耳其伊兹密尔召开了第十届CARAH。相关学者介绍了人工鱼礁研究人员可致力于与社区合作，帮助解决海洋牧场管理问题。此外，更复杂的取样方法和应用分析以及更具目的性、可测试性的研究内容有了明显增加。2017年9月11日至13日在马来西亚吉隆坡召开了第十一届CARAH。该次会议主题包括：人工鱼礁的环境和社会经济影响；个体渔业和社区渔业管理中的人工鱼礁；人工鱼礁管理的长期研究；海洋保护中的人工鱼礁；渔业和水产养殖中的人工鱼礁；人工鱼礁及人造材料的设计；作为自我维持生态系统的人工生境；人工鱼礁在降低冲突和改善/发展海洋生物资源开发中的作用；人工鱼礁在水产养殖或其他人类活动之间的整合作用；规划多功能海事基础设施，即沿海防护的基础设施、桥梁支柱、风电场支柱、石油平台等。

为了进一步提高资源增殖及海洋牧场研究的全球合作水平，提升资源增殖对改善渔业资源状况的效率，1997年，第一届国际资源增殖与海洋牧场论坛（International Symposiums on Stock Enhancement and Sea Ranching，ISSESR）在挪威卑尔根举行。该次会议的议题主要有以下几部分：增殖放流的理论基础；影响放流成功的因素；放流效果评价；增殖放流的影响；增殖放流的管理；案例研究等。该专题研讨会的主要目的是使参会者能够从全球的增殖放流集体实践中汲取经验教训，并用严格、负责任的方法来评估增殖种群数量。会议还商定了未来的专题研讨会将每四年召开一次，使科学家和管理者参与其中，以促进资源增殖领域研究人员的交流和最新研究成果的展示。第二届ISSESR研讨会于2002年1月28日至2月1日在日本神户市举行。该次会议议题主要由以下几部分组成：增殖放流的现状；苗种质量和有效放流技术；增殖苗种的健康管理；放流效果评价方法；增殖放流和海洋牧场的种群管理；增殖种群管理；与野生种群的生态交互作用；放流和野生种群的遗传管理；增殖放流的社会经济学；案例研究等。此次研讨会为科学家、研究人员、工程师和行政人员提供了交流机会，就世界各地开展的鱼类种质改良和海洋牧场项目研究交换了资料。其主要目标是加强与会者对增殖放流和海洋牧场现状的了解，共同确定需要克服的瓶颈和进一步发展增殖放流和海洋牧场相关研究课题。第二届ISSESR研讨会集中讨论了幼鱼放流技术和放流效果评价；自然资源保护；增殖放流资源的利用以及海洋牧场专项等。研究对象包括海洋鱼类、甲壳类、头足类及其他贝类。第三届ISSESR研讨会于2006年9月18日至21日在美国西雅图举行。该次会议的主要议题包括：资源增殖与重建在渔业管理中的作用；增殖放流何时能提高其他管理形式的附加价值；渔业体制及社会经济问题；放流策略；野生和放流种群间的相互作用；增殖放流的生物学见解；相关领域的研究进展；综合讨论等。中心议题是增殖放流与其他管理形式的集成，生物学研究成果与利益相关者社会经济需求的整合，从而保证增殖放流项目的成功等。这次会议为人们提供了一个改善并实现负责任增殖放流实践的交流平台。第四届ISSESR研讨会于2011年4月21日至23日在中国上海举行，这是ISSESR系列会议首次来到中国。该次会议的主题是：综合评价养殖动物放流在渔业管理中的作用；模拟和评估放流物种在渔业管理和养护方面的效果；放流项目的管理和社会经济学；制定最佳放流策略；野生和放流动物之间的相互作用及其生态和遗传学意义；通过增殖放流增进对种群和生态系统的了解；适应气候、生境和社会经济的变化等。第五届ISSESR研讨会于2015年10月11日至14日在澳大利亚悉尼举行。该次会议的议题包括：适应环境变化——资源增殖与重建的作用；增殖放流和海洋牧场对粮食生产与安全的贡献；促进资源增殖和重建的水产养殖技术研究进展；评估放流策略的新技术和新方法；基于统计学和遗传学的增殖管理；通过实验和Meta分析评估增殖放流效果；增殖放流——一种强化渔业管理的工具；激励和规范增殖方式的管理型渔业；渔业和水产养殖业管理系统的可持续性评估；资源增殖的经济性与投资关系的建立；谁投资谁受益——成本分担和捕捞管理体系。此次会议的主题是在一个不断变化的世界中加强和恢复受损渔业，探讨增殖放流和海洋牧场领域如何适应性发展，以应对21世纪渔业可持续发展所面临的挑战。第六届ISSESR研讨会于2019年11月10日至14日在美国佛罗里达州萨拉索塔举行。会议议题主要由以下几部分组成：基于水产养殖的增殖学基础——生态学、遗传学和人文因素；通过生境修复、人工鱼礁、牡蛎礁和产卵礁等改善渔业环境；基于繁殖技术改善增殖效果和管理遗传风险；生态学视角——渔业生态、渔业增殖和大生态系统；渔业增殖支持休闲渔业发展；商业规模的增殖实践——成功、失败和阻碍；资源恢复和修复型水产养殖；整合基于水产养殖和栖息地的渔业增殖——新技术创造大产出和新机遇；渔业增殖项目的社会与经济效益；立法、政策和管理——负责任资源增殖保障政策能否抓住机遇？本次研讨会延续的传统主题是，有效加强增殖放流和海洋牧场建设的资源补充和物种恢复能力。论坛强调了创新和整合资源增殖策略从而改善和修复渔业，探讨了加强以水产养殖和栖息地为主的渔业增殖，呼吁科学家强化基础和实践研究，提供创新的解决办法，为渔业资源管理创造新的发展机遇。

以上国际学术会议的举办对于推进海洋牧场研究成果的交流和相关技术的融合发展等发挥了重要作用，已成为海洋牧场研究领域重要的国际会议。

在海洋牧场理论体系研究方面，近年来国际上有关人工鱼礁建设和增殖放流研究的著作不断涌现。目前与人工鱼礁相关的书籍有，2000年William Seaman Jr. 主编出版了*Artificial Reef Evaluation: With Application to Natural Marine Habitats*；Jensen Antony Collins K. 和Lockwood A. P.主编出版了*Artificial Reefs in European Seas*；2004年Relini G.和Ryland J.主编出版了*Biodiversity in Enclosed Seas and Artificial Marine Habitats*；2011年Stephen A. Bortone和

Federico Pereira Brandini等主编出版了*Artificial reefs in Fisheries Management*；2014年Michael V. Hynes、John E. Peters、Denis Rushworth出版了*Artificial Reefs: A Disposal Option for Navy and MARAD Ships*；2018年Stephen A. Bortone主编出版了*Marine Artificial Reef Research and Development—Integrating Fisheries Management Objectives*；Frank M. D'Itri主编出版了*Artificial Reefs: Marine and Freshwater Applications*；2019年David Walter主编出版了*Reef Making: Transforming Oceans One Artificial Reef at a Time*等。

相比多部人工鱼礁的著作，增殖放流领域的相关论著数量有限，如1999年Saleem Mustafa编著了*Genetics in Sustainable Fisheries Management*；2013年Kai Lirenzen编著了*Aquaculture-based Fisheries*；Kenneth M. Leber、Shuichi Kitada、Blankenship H. L.等2014年编著出版了*Stock Enhancement and Sea Ranching Developments, Pitfalls and Opportunities*；2015年Johann Bell P., Rothlisberg J.等编著出版了*Restocking and Stock Enhancement of Marine Invertebrate Fisheries*。

此外，基于Web of Science核心合集数据库的文献分析发现，1968～2019年，全球发表的有关海洋牧场的论文数量不断攀升，从学科分布看，国际海洋牧场研究多为跨学科研究，其论文的学科分布较为集中，主要分属于海洋与淡水生物学、渔业科学、环境科学与生态学、海洋学四个学科；在研究热点方面，水产养殖、海湾、人工鱼礁、资源增殖放流一直以来都是本领域主要研究关注点，未来10年生态系统和栖息地恢复将受到研究者越来越多的关注。在国家层面上，美国、日本和澳大利亚在海洋牧场研究领域位居前三，我国在发文量上具有一定优势，但论文总体质量仍有待提高（董利苹等，2020）。

上述海洋牧场相关论著的出版和发行，初步构建了海洋牧场生态学理论框架，进一步推动了世界各国人工鱼礁和资源增殖领域相关研究的发展与进步。

## 二、国内发展历程

我国海洋牧场建设同样经历了初期的渔业资源增殖放流、人工鱼礁投放及系统化的海洋牧场产业发展等阶段。早在20世纪70年代中后期，我国就开展了对虾的增殖放流实践（尹增强和章守宇，2008）。从20世纪80年代末开始，逐步开展了海蜇、三疣梭子蟹、金乌贼、曼氏无针乌贼、真鲷、黑鲷、大黄鱼、牙鲆、许氏平鲉、虾夷扇贝、魁蚶、仿刺参等多种海洋经济种的规模化增殖放流工作（杨红生，2016）。我国的人工鱼礁建设最早始于20世纪70年代末。1979年，在广西钦州地区（现属防城港市）投放了26座试验性小型单体人工鱼礁，标志着我国的海洋牧场建设进入了探索阶段。从20世纪80年代起，人工鱼礁建设工作进一步得到国家的重视，全国各地共投放了2.87万件人工鱼礁，总计8.9万空立方米①。进入21世纪以来，广东、浙江、江苏、山东和辽宁等沿海省（自治区、直辖市）通过政府提供资金和政策支持、依托企业实施建设的新模式，掀起了新一轮的人工鱼礁建设热潮。2002年起，我国对海洋渔业的发展模式进行了重大的战略性调整，在沿海各地全面启动和实施了海洋捕捞渔民转产转业项目，安排资金用于开展海洋牧场建设，全国沿海各省（自治区、直辖市）开始积极组织开展海洋生物资源增殖放流及人工鱼礁建设。2005～2009年，仅山东省就开展了20余种海洋生物的增殖放流，累计投放苗种约95.5亿单位，投放礁体226.6万空方（游桂云

① 空立方米指人工鱼礁外部轮廓包围的体积，是人工鱼礁的计量单位，可简称“空方”或用“$m^3$·空”表示。

等，2012）。2001～2006年，浙江省在大陈、鱼山、秀山等7个生态区共投放鱼礁$4.66\times10^5$空方（王伟定等，2007）。据不完全统计，全国沿海各地在建设实验期（1979～2006年）共投放28 000多个人工鱼礁，建立了23个人工鱼礁实验点。

2006年，国务院印发了《中国水生生物资源养护行动纲要》，提出“积极推进以海洋牧场建设为主要形式的区域性综合开发，建立海洋牧场示范区”，标志着我国海洋牧场建设进入了建设推进期。自2010年起，天津、广东、海南等沿海省（自治区、直辖市）均已开启了人工鱼礁的规划和建设活动（张健和李佳芮，2014）。在此期间，全国累计投入建设资金49.8亿元，建设鱼礁6094万$m^2$，形成了海洋牧场852.6$km^2$，海洋牧场建设取得极大进展。2013年发布的《国务院关于促进海洋渔业持续健康发展的若干意见》中明确要求“发展海洋牧场，加强人工鱼礁投放，加大渔业资源增殖放流力度”，海洋牧场建设迎来新的建设高潮。

2015年，随着“绿色发展”理念的提出，农业部发布《农业部关于创建国家级海洋牧场示范区的通知》，决定组织开展国家级海洋牧场示范区创建活动，明确提出了创建国家级海洋牧场示范区的指导思想和建设目标，极大地促进了我国海洋牧场建设的发展，由此我国海洋牧场建设进入了加速期。据不完全统计，截至2018年，全国已累计投入海洋牧场建设资金超过55亿元，已建国家级海洋牧场示范区达50处，人工鱼礁投放量达$6.094\times10^{11}$空方（陈坤等，2020）。2019年，农业农村部发布了修订的《国家级海洋牧场示范区建设规划（2017—2025年）》，根据该规划，到2025年，将在全国创建区域代表性强、生态功能突出、具有典型示范和辐射带动作用的国家级海洋牧场示范区178个。

在建设规范方面，《人工鱼礁建设技术规范》（SC/T 9416—2014）、《人工鱼礁资源养护效果评价技术规范》（SC/T 9417—2015）、《海洋牧场分类》（SC/T 9111—2017）、国家《海洋牧场建设技术指南》（GB/T 40946—2021）等标准相继发布，这些标准的制定与发布进一步推动了我国海洋牧场的规范化建设，沿海各地的海洋牧场建设正如火如荼开展，海洋牧场产业规模正日益扩大。截至2022年1月，农业农村部已批复建设国家级海洋牧场示范区153处，这对我国近海生物资源养护和生态环境修复发挥了积极的推动作用。

随着我国海洋牧场建设的持续开展，海洋牧场的内涵也不断得到发展与完善，海洋牧场的理论研究体系逐步形成，相关著作不断涌现。据不完全统计，1968～2019年，我国与海洋牧场研究相关的论文发文量以年均11.44%的速度迅速增长（董利苹等，2020）。2005年，我国第一部人工鱼礁专著《中国人工鱼礁的理论与实践》出版，该书借鉴国外人工鱼礁建设的成功经验，详细介绍了人工鱼礁的历史和发展概况，以及开展人工鱼礁建设所涉及的一些基本知识和构建方法，总结了我国人工鱼礁建设的基本理论及实践经验，并基于人工鱼礁的发展趋势对我国人工鱼礁建设的前景作了展望。2011年，又有一部人工鱼礁新著作——《人工鱼礁关键技术研究与示范》出版。该书总结了我国人工鱼礁建设项目研究的理论和技术成果，是我国第一部以自主创新研究成果为基础资料形成的人工鱼礁专著，丰富和充实了我国人工鱼礁和海洋牧场研究的理论基础。同年出版的《海州湾海洋牧场：人工鱼礁建设》以我国海州湾海洋牧场为例，进一步详细介绍了人工鱼礁建设的基本原理及其生态环境效益。2014年出版的《韩国海洋牧场建设与研究》是我国第一部较详细介绍韩国海洋牧场建设历程、总结韩国海洋牧场建设经验的书籍，为我国海洋工作者了解国外海洋牧场建设情况提供了较好的参考。2017年出版的《海洋牧场构建原理与实践》重点介绍了我国海洋牧场建设的历程，对海洋牧场的生产过程与承载力、海洋牧场的基本分类与功能设计等内容进行了总结与探讨。同年出版的《国家海洋发展战略与浙江蓝色牧场建设路径研究》，详细介绍了浙江省的蓝色牧场建设背景、理论体系构建、建设现状及影响因素等，对浙江省海洋牧场相关研究进行了详细的总结。2018年，又有一部热带海洋牧场丛书——《海洋牧场概论》出版。该书全面梳理了海洋牧场的概念、发展历程及趋势，并对日本、美国、韩国等国外主要海洋牧场建设国家以及我国的海洋牧场建设发展历程进行了较详细的总结与对比。同年出版的《海洋牧场监测与生物承载力评估》则以我国黄渤海典型海洋牧场为例，针对不同海洋牧场的发展模式，评估了其主要经济生物承载力，分析了各海洋牧场的承载力现状，并预测了其承载力的发展趋势及潜力，为海洋牧场的科学构建提供了理论参考。

## 第四节 海洋牧场发展理念与态势

### 一、发展理念

#### （一）生态优先、生境修复

在现有捕捞和养殖业面临诸多问题的背景下，海洋牧场作为一种新的产业形态，其发展有赖于健康的海洋生态系统，因此必须重视生境修复和资源恢复，根据承载力确定合理的建设规模，这是海洋牧场可持续发展的前提。目前，我国除了少数海洋牧场在设计中涉及对红树林、海草床、海藻场、牡蛎礁、珊瑚礁的修复，其他多以增殖经济价值较高的水产品为目的，忽视了环境和生态系统功能的恢复，对渔业资源的种群结构、遗传多样性的恢复等关注不足。若在海洋牧场建设中仍将提高产量作为首要目的，不仅会导致产品品质下降，更会对海洋牧场生态系统的稳定性造成不利影响，违背了可持续发展的建设理念。因此，“生态优先”理念必须在未来的现代化海洋牧场建设实践中作为第一要务加以重视。当然，“生态优先”并不意味着完全杜绝开发利用，而是要道法自然，与自然和谐共建。针对不同海区的条件和现状，能够采取限制性措施进行保护的，就不用额外人工干预进行修复；能够修复受损现状的，就不要轻易改变物理环境条件开展重建；在生态优先的前提下，要用合理地开发，换取最大规模生态效益的环境保护效果。

#### （二）资源养护、自然修复

国际上对海洋牧场的定义更加趋向于资源的增殖及养护。例如，《海洋科学百科全书》对海洋牧场的定义为：海洋牧场通常是指资源增殖（ocean ranching is most often referred to as stock enhancement），或者说海洋牧场与资源增殖含义几乎相等（唐启升，2019）。由此可见，资源增殖及养护是海洋牧场的重要功能之一。但海洋牧场不等同于增殖放流和人工鱼礁建设。增殖放流是海洋牧场建设的内容之一，是将人工孵育的海洋动物苗种投放入海而后捕捞的一种生产方式。人工鱼礁为入海生物提供栖息地，是海洋牧场建设过程中采用的一种技术手段。真正的海洋牧场构建包括了苗种繁育、初级生产力提升、生境修复、全过程管理等一系列关键环节。海洋牧场强调的是重复利用自然环境的自我修复能力，通过投放人工鱼礁，移植海草床等人工措施，限制以往的过度开发行为，降低人为干扰；通过增殖放流加速原有生物链的修复速度，为受损生态系统的自我修复提供时间、环境及生物条件。

### （三）陆海统筹、三产贯通

海洋牧场不仅仅局限在特定范围的自然海区，在地理区域分布上可分为陆域和海域两大部分，分别承担着不同功能，而海陆连通性的丧失不利于充分发挥海洋牧场的综合效益。海岸带生态系统属于典型的生态交错区，具有较高的生态活力，海洋牧场的建设必将带动海岸带的保护和开发工作。盐碱地生态农场的牧草和耐盐植物可作为滩涂生态农牧场的优质饲料，滩涂生态农牧场为浅海生态牧场的增殖放流工作提供了大量健康苗种，浅海生态牧场又通过海水肥料的生产促进盐碱地生态农场的建设，文化产业和生态旅游业则进一步加强了海岸带生态农牧场的内在联系。未来应打通第一、第二、第三产业，使海洋牧场成为经济、社会系统和生态系统的一部分，特别是将休闲渔业和生态旅游等产业有机融入海洋牧场建设中，充分发挥其对上下游产业和周边区域产业的拉动作用。最终形成盐碱地生态农场-滩涂生态农牧场-浅海生态牧场“三场连通”，水产品生产-精深加工-休闲渔业“三产融合”的现代化海洋牧场架构。该模式将有利于带动海岸带生物资源的合理利用，建立覆盖陆海的海岸带生态系统保护和持续利用新模式，促进我国沿海生态文明建设和社会可持续发展。

### （四）功能多元、和谐共赢

水产优质蛋白的生产只是海洋牧场诸多功能之一，现代化海洋牧场建设更加重视功能的多元化。海洋牧场是自然环境、社会环境和人类相互作用所构成的整体，其生态系统组成结构的多样性决定了海洋牧场是具备多元功能的综合体。海洋牧场建设的首要前提是在一定海域范围内营造健康的生态系统，具备净化水体环境、补充食物来源、提供栖息场所等生态功能。通过提高海区初级生产力，聚集以天然饵料为食的小型鱼虾类等饵料生物，吸引经济渔业种类，从而达到恢复渔业资源、提高水产品品质的目的。海洋牧场建设融合清洁可再生能源建设、海水综合利用、盐碱地耐盐植物栽培利用，可最大限度利用海岸带环境和空间资源，提高海洋产能。但目前海洋牧场的空间利用和开发模式落后，仅水下部分空间得以利用，而水上空间尚未得到有效开发，并且存在海上电力资源不足等问题，导致大型现代化海洋牧场运行设备和监测设施等无法长期稳定高效运行。海洋能是一种具有巨大发掘潜力的可再生能源，而且清洁无污染，但地域性强，能量密度低，现阶段可以广泛利用的主要是海上风能。海洋牧场与海上风电融合发展能够充分利用区域海洋空间，弥补各自不足。在离岸风力发电场建设之初就将水下支持设施建成资源养护设施，一方面可以更有效地发挥资源增殖的功能，另一方面能够减少风力发电站退役后的拆除成本，实现经济、生态效益最大化。在海上风电建设技术成熟的欧洲，如德国、荷兰、比利时、挪威等国家已经实施了海上风电和海水增养殖结合的试点研究，为评估海上风电和多营养层次养殖融合发展潜力提供了参考案例。以日本、韩国为代表的亚洲国家也开展了海上风电与海水养殖结合项目，进一步证明了融合发展的可行性。海洋牧场和海上风电的有效结合能发挥出巨大的空间集约效应，可有效推动环境保护、资源养护和新能源开发的融合发展，带动太阳能、潮汐能等清洁能源的开发利用，必将产生更大的生态、社会和经济效益。

海洋牧场建设成熟后，可以充分利用生态环境和生物资源，逐步由单纯的增殖型海洋牧场向综合型、休闲旅游型海洋牧场方向发展。通过合理规划布局，建设海洋牧场度假村，开展海上观光、海底潜水、海钓、低空飞行、游艇等海洋第三产业，吸引牧场周边人群参与到海洋牧场的运营中来，打造新型的海岸带绿色田园综合体。在开发浅海、近岸海域的基础上，未来向深海、远洋海域进军，在全方位、多维度层面上开发建设新型海洋牧场。

伴随人类社会的不断发展，海洋逐渐成为维持人类生存和发展的重要自然条件，大量人口聚集在沿海地区，在推动经济发展和社会进步的同时，也引发了一系列生态危机。人海和谐要求人类重新思考人与海、人与人之间的关系，以平等、友善、环保的态度对待海洋，形成人海和谐共生的文化根基。在经济价值层面，必须杜绝对海洋资源的掠夺式开发，坚持将生态文明建设融入海洋经济发展的全过程中去，通过推动海洋科技进步实现海洋经济可持续发展。在社会价值层面，主张公平分配海洋利益，协调海洋区域与陆地区域、沿海国与内陆国之间的社会发展，协调人际与代际的发展。在生态价值层面，主张人与自然建立一种和睦、平等、协调发展的新型关系，实现思维方式的转变，善待人类赖以生存的环境，生态环境保护与经济发展并重，在保护中开发，在开发中保护，使社会主动适应环境，最终实现人、地、海的和谐发展。

## 二、发展态势

当前，海洋牧场正处于国际化快速发展阶段，美国、日本、韩国等国已把发展海洋牧场作为振兴海洋渔业经济的重要战略对策，在海洋牧场尖端技术应用、相关政策调控、生态保护功能、投资管理、产业构建等方面不断开展创新研究，相关研究水平长期保持稳定发展态势。尤其是在20世纪90年代前后，随着日本《海洋研究开发长期计划（1998—2007）》、美国《海洋战略发展规划（1995—2005）》、澳大利亚《海洋科技计划》、韩国《海洋牧场长期发展计划（1998—2030）》、中国《国家级海洋牧场示范区建设规划（2017—2025年）》等各国国家战略规划的出台，海洋牧场相关研究进入快速发展阶段。据不完全统计，截至2019年上半年，国内外已发表海洋牧场研究相关论文累计达2400余篇（董利苹等，2020），海洋牧场理论及技术研究在世界范围内呈现蓬勃发展的态势。

我国的海洋牧场研究与建设虽然起步较晚，但在较短时间内走过了其他国家几十年的发展道路。从20世纪70年代至今，先后经历了建设实验期（1979～2006年）、建设推进期（2006～2015年），当前正处于建设加速期（2015～）。党的十八大以来，“绿水青山就是金山银山”的生态保护理念深入人心，海洋牧场作为实现环境保护、资源养护与渔业持续产出的有效举措得到社会各界的大力支持。目前，我国已实施了以养护型、增殖型、休闲型为主要类别，覆盖渤海、黄海、东海与南海四大海域的169个国家级海洋牧场示范区建设。据估算，我国已建成的海洋牧场年可产生直接经济效益达319亿元，生态效益高达604亿元，海洋牧场的建设成效显著。

随着我国海洋牧场建设实践的不断发展，海洋牧场的理论研究不断完善，海洋牧场建设的形式和内涵也在不断发展丰富。当前，海洋牧场建设除传统意义上的增加渔业资源外，开始更加重视海洋生境的修复与重建以及生物资源的养护，海洋牧场的建设与研究内容也逐渐由单一的增殖放流和人工鱼礁建设，开始注重整体生态系统的构建及全过程管理等，发展出了涵盖育种、育苗、养殖、增殖、回捕等过程的苗种培育技术、海藻场生境构建技术、增养殖设施与工程装备技术、精深加工与高值化利用等关键技术，现代化海洋牧场的雏形开始在我国近岸水域出现。近年来，随着淡水水域生态保护工作的开展，借鉴于海洋生态牧场的成功模式，淡水水域生态牧场也引起广泛关注，有关淡水生态牧场的理论与应用研究已开始起步，海洋牧场理念正逐渐向水域生态牧场扩展和转变（杨红生等，2016）。

尽管我国的海洋牧场事业发展迅速，但由于相关建设与研究工作起步较晚，我国的海洋牧场产业和相关科技水平总体上仍处于起步阶段，现代化海洋牧场构建原理与技术研究相对滞后，已成为制约海洋牧场发展和产业升级的瓶颈（杨红生等，2019）。此外，由于在海洋牧场建设过程中，部分政府和企业仍存在重经济轻生态的理念，为了争取投资，一味追求产量和短期利益，大量建设能够产生巨大经济效益的增殖、休闲型海洋牧场，忽视了海洋牧场在资源养护和生境修复方面的生态作用，后期监测与评估不到位，严重影响了海洋牧场的可持续发展。因此，系统开展现代化海洋牧场构建原理创新与技术攻关，已成为保障我国海洋牧场产业可持续发展的重中之重。在未来的一段时间内，我国相关学术界及产业界应针对海洋牧场的评估技术、生态环境营造技术、基于海洋牧场生态系统平衡的资源动态增殖管理技术、基于大数据平台的海洋牧场实时监测与预报预警技术，以及海洋牧场可持续产出管理技术与产出模式优化等技术领域开展重点研究，应立足绿色、高效与可持续发展目标，形成以调查与选址、牧场设施布局与布放、牧场资源环境监测与评价、牧场资源养护与管理等关键步骤为基础框架的现代化海洋牧场建设技术体系。同时还应不断加强海洋牧场管理能力及相关法律规范的建设，尽快形成科学、系统的海洋牧场建设管理与法律体系，促进我国现代化海洋牧场健康可持续发展。

在建设理念方面，应深入贯彻“两山”理念，系统总结并继承我国老一辈科学家对“海洋农牧化”的科学论断，并结合新的产业形势，坚持“生态优先、陆海统筹、三产贯通、四化同步”的海洋牧场建设理念，将大型海湾、群岛海域、河口滩涂或内陆大型湖泊作为一个整体，从近海和内陆水域“全域型”保护和持续利用角度出发，实施全域型现代化生态牧场系统研究与试点示范。在科技创新方面，应把握全域型生态牧场建设的重大科学问题和关键技术瓶颈，尤其是对于高精度监测装备和专用设施的研制等“卡脖子”技术问题，抓紧攻关，尽快实现核心技术的国产化。

在现代化海洋牧场建设方面，应坚持以下几点。①坚持生态优先，全域布局。从近海和内陆水域全域型保护和持续利用角度出发，推进全域型生态牧场建设。在北方海域，打造陆海统筹、大空间格局的海洋牧场现代升级版；在南方海域，拓展岛礁保护、渔旅融合的海洋牧场战略新空间；在内陆水域，启动以鱼养水、资源养护的水域生态牧场探索新试点。在不断提升海洋牧场环境保护功能的基础上，积极推动第一、第二、第三产业融合，支撑全域型现代化生态牧场产业全链条协同发展。②坚持问题导向，技术先导。聚焦“卡脖子”技术难题和重大科学问题，强化原创驱动，构建全域型海洋牧场技术体系。强化物联网、人工智能与大数据技术的支撑作用，重点突破全域型海洋牧场选址规划、经济动物原/良种保护、人工生境营造、食物网结构优化、生物承载力评估、自动化监测与智能化采捕等重大技术瓶颈，建立可复制、可推广的全域型海洋牧场“科学选址-生境营造-资源养护-安全保障-融合发展”技术体系，实现新理念、新装备、新技术、新模式的突破，支撑海洋牧场科学有序发展。③强化模式创建，融合发展。培育全域型海洋牧场新业态，实施海洋牧场与新能源、海洋牧场与文化旅游等产业融合发展。在保障环境和资源安全的前提下，推进海洋牧场与风力发电、光伏发电、波浪发电、休闲垂钓、生态旅游等融合发展，打造三产融合、渔能融合、渔旅融合等发展模式，探索建设水上城市综合体，开创“水下产出绿色产品，水上产出清洁能源”的新局面，支撑现代化全域型海洋牧场实现绿色高质量发展。

2017年中央一号文件已明确提出，“支持集约化海水健康养殖，发展现代化海洋牧场”，标志着中国海洋牧场建设与发展进入到了新阶段。2018年中央一号文件强调“统筹海洋渔业资源开发，科学布局近远海养殖和远洋渔业，建设现代化海洋牧场”，“现代化”特征逐步成为未来我国海洋牧场发展的核心元素之一。2018年4月，习近平总书记在庆祝海南建省办经济特区30周年大会上的讲话中说：“要坚定走人海和谐、合作共赢的发展道路，提高海洋资源开发能力，加快培育新兴海洋产业，支持海南建设现代化海洋牧场”。2018年6月，习近平总书记在山东考察工作时作出重要指示：“海洋牧场是发展趋势，山东可以搞试点”。2019年中央一号文件再次强调，“合理确定内陆水域养殖规模，压减近海、湖库过密网箱养殖，推进海洋牧场建设”。2023年中央一号文件再次提出，“建设现代海洋牧场，发展深水网箱、养殖工船等深远海养殖”。建设现代化海洋牧场已经是促进海洋经济绿色发展，实现新旧动能转换的重要举措之一。相信在党中央重大决策的带动下，在相关行业从业者的努力下，通过科研创新驱动，我国现代化海洋牧场建设将不断取得新的发展成就。

## 本章小结

1. 海洋牧场是基于生态学原理，充分利用自然生产力，运用现代工程技术和管理模式，通过生境修复和人工增殖，在适宜海域构建的兼具环境保护、资源养护和渔业持续产出功能的生态系统。

2. 海洋牧场的内涵主要体现了以下6个要素：①以增加渔业资源量为目的；②明确的边界和权属；③苗种主要来源于人工育苗或野生苗种驯化；④通过放流或移植进入自然海域；⑤饵料以天然饵料为主；⑥对资源实施科学管理。

3. 我国海洋牧场的主要分类原则包括：功能分异原则、区域分异原则、物种分异原则、利用分异原则。

4. 我国海洋牧场采用二级分类。其中，第一级分类按照功能分异原则，划分为养护型海洋牧场、增殖型海洋牧场和休闲型海洋牧场三类。第二级分类按照区域分异原则，将养护型海洋牧场分为河口养护型海洋牧场、海湾养护型海洋牧场、岛礁养护型海洋牧场、近海养护型海洋牧场；按照物种分异原则，将增殖型海洋牧场分为鱼类增殖型海洋牧场、甲壳类增殖型海洋牧场、贝类增殖型海洋牧场、海藻增殖型海洋牧场、海珍品增殖型海洋牧场以及其他物种增殖型海洋牧场；按照利用分异原则，将休闲型海洋牧场分为休闲垂钓型海洋牧场和渔业观光型海洋牧场。

5. 当前与海洋牧场相关的主要国际学术会议有国际人工鱼礁和人工栖息地大会（CARAH）和国际资源增殖与海洋牧场论坛（ISSESR）。

6. 当前海洋牧场发展的主要理念包括：①生态优先、生境修复；②资源养护、自然修复；③陆海统筹、三产贯通；④功能多元、和谐共赢。

## 思 考 题

1. 请结合自己的理解，阐述什么是现代化海洋牧场？

2. 我国海洋牧场发展历程可分为哪几个阶段？

3. 依据二级分类法，海洋牧场可以划分为哪几种类型？

4. 试述我国海洋牧场建设的意义及其未来发展方向。

## 参 考 文 献

陈坤，张秀梅，刘锡胤，等. 2020. 中国海洋牧场发展史概述及发展方向初探. 渔业信息与战略，35（1）：12-21.

陈丕茂，舒黎明，袁华荣，等. 2019. 国内外海洋牧场发展历程与定义分类概述. 水产学报，43（9）：1851-1869.

陈永茂，李晓娟，傅恩波. 2000. 中国未来的渔业模式：建设海洋牧场. 资源开发与市场，（2）：78-79.

陈勇. 2020. 中国现代化海洋牧场的研究与建设. 大连海洋大学学报，35（2）：147-154.

董利苹，曲建升，王金平，等. 2020. 国际海洋牧场研究的发展态势. 世界农业，（2）：4-13，58.

冯顺楼. 1983. 开创海洋渔业新局面的一个重要措施：从我国海洋渔业潜在危机看"人工鱼礁"建设的必要性. 福建水产，（4）：20-23.

冯顺楼. 1989. 发展人工鱼礁开辟海洋牧场是振兴我国海洋渔业的必然趋势. 现代渔业信息，（Z2）：3.

广西水产局. 1983. 广西的人工鱼礁. 中国水产，（8）：7.

黄宗国，林金美. 2002. 海洋生物学辞典. 北京：海洋出版社.

刘同渝. 2003. 国内外人工鱼礁建设状况. 渔业现代化，（2）：36-37.

刘卓，杨纪明. 1995. 日本海洋牧场（Marine Ranching）研究现状及其进展. 现代渔业信息，（5）：14-18.

农业部渔业渔政管理局，中国水产科学研究院. 2017. 中国海洋牧场发展战略研究. 北京：中国农业出版社：1-71，27-28.

阙华勇，陈勇，张秀梅，等. 2016. 现代海洋牧场建设的现状与发展对策. 中国工程科学，18（3）：79-84.

山东省质量技术监督局. 2017. 山东省海洋牧场建设规范：第1部分 术语和分类：DB37/T 2982.1-2017.

唐启升. 2019. 渔业资源增殖、海洋牧场、增殖渔业及其发展定位. 中国水产，（5）：28-29.

王凤霞，张珊. 2018. 海洋牧场概论. 北京：科学出版社：193.

王伟定，徐汉祥，潘国良，等. 2007. 浙江省休闲生态型人工鱼礁建设现状与展望. 浙江海洋学院学报（自然科学版），（1）：22-27，64.

颜慧慧，王凤霞. 2016. 中国海洋牧场研究文献综述. 科技广场，（6）：162-167.

杨宝瑞，陈勇. 2014. 韩国海洋牧场建设与研究. 北京：当代中国出版社：211.

杨红生，霍达，许强. 2016. 现代海洋牧场建设之我见. 海洋与湖沼，47（6）：1069-1074.

杨红生，章守宇，张秀梅，等. 2019. 中国现代化海洋牧场建设的战略思考. 水产学报，43（4）：1255-1262.

杨红生. 2016. 我国海洋牧场建设回顾与展望. 水产学报，40（7）：1133-1140.

杨红生. 2017. 海洋牧场构建原理与实践. 北京：科学出版社.

杨金龙，吴晓郁，石国峰，等. 2004. 海洋牧场技术的研究现状和发展趋势. 中国渔业经济，（5）：48-50.

杨吝，刘同渝，黄汝堪. 2005. 中国人工鱼礁的理论与实践. 广州：广东科技出版社.

佚名．1984．第二次全国人工鱼礁会议在广州召开．中国水产，(7)：21-22．

尹增强，章守宇．2008．对我国渔业资源增殖放流问题的思考．中国水产，(3)：9-11．

游桂云，杜鹤，管燕．2012．山东半岛蓝色粮仓建设研究：基于日本海洋牧场的发展经验．中国渔业经济，30(3)：30-36．

曾呈奎．1979．关于我国专属经济海区水产生产农牧化的一些问题．自然资源，(1)：58-64．

张健，李佳芮．2014．我国人工鱼礁建设概况、问题及建设途径．河北渔业，(3)：59-61．

中国海洋湖沼学会．2019．第230期双清论坛“现代化海洋牧场建设与发展”，浙江舟山．https://www.sohu.com/a/307601683_99896183 [2019-04-12]．

中国农业百科全书水产业卷编辑委员会，中国农业百科全书编辑部．1994．中国农业百科全书(水产业卷)．北京：中国农业出版社．

中华人民共和国农业部．2017．SC/T 9111—2017海洋牧场分类．北京：中国标准出版社．

中华人民共和国农业部．2017．农业部关于印发《国家级海洋牧场示范区建设规划(2017—2025年)》的通知．

朱树屏．2007a．朱树屏文集上卷．北京：海洋出版社．

朱树屏．2007b．朱树屏文集下卷．北京：海洋出版社．

角南篤，吴士存．2020．東アジア海洋問題研究：日本と中国の新たな協調に向けて．東京：東海大学出版部．

Buck B H, Langan R. 2017. Aquaculture perspective of multi-use sites in the open ocean: the untapped potential for marine resources in the anthropocene. Springer Nature, 23-69.

Leber K M. 1999. Rationale for an experimental approach to stock enhancement//Howell B R, Moksness E, Svåsand T E. Stock enhancement and sea ranching. Oxford: Fishing News Books: 63-75.

Thrope J E. 1980. Salmon ranching. London: Academic Press: 441.

# 第二章　海洋牧场构建原理

海洋牧场的构建需遵循其科学原理。由于海洋牧场具有学科高度交叉的特点，其构建原理可分为海洋学原理、生态学原理、工程学原理、信息学原理和管理学原理。

## 第一节　海洋学原理

### 一、海洋要素与海洋过程

海洋牧场生物增殖的目标种类是多样的，主要包括鱼类、甲壳类、贝类、藻类以及其他种类。其中以鱼类种类最多，也最为重要。同时，鱼类在海洋牧场目标种当中生态位最高，其牧场构建原理也最复杂。因而本节主要以鱼类为研究主体阐释海洋牧场构建的海洋学原理。

鱼类对海洋环境要素与过程的适应性和局限性决定了鱼类的分布和移动。外界环境是鱼类生存和活动的必要条件，环境条件发生变化，鱼类的适应也就随之发生变化，以适应变化了的环境。因此，海洋环境要素与过程对鱼类行为的影响规律，是海洋牧场选址和建设的重要科学依据。尤其是针对目标鱼种的海洋牧场建设，首先要了解目标鱼种所适应的海洋环境要素与过程。

#### （一）温度

鱼类是变温动物，俗称“冷血动物”，它们缺乏调节体温的能力，体温随环境温度的改变而变化，并经常保持与外界环境温度大致相等。当环境水温发生变化时，鱼类的体温会随之改变。同时鱼类对水温变化也具有适应性，但这种适应能力是非常有限的。根据鱼类对外界水温适应能力的大小，我们可以将鱼类分为广温性鱼类和狭温性鱼类，大多数鱼类属于狭温性鱼类。一般来说，沿岸或溯河性鱼类的适温范围广，近海鱼类的适温范围狭，而大洋和底栖鱼类的适温范围最狭。热带、亚热带鱼类比温带、寒带鱼类适温范围更狭。狭温性鱼类又可分为喜冷性（冷水性）和喜热性（暖水性）两大类。暖水性鱼类主要生活在热带水域，也有的生活于温带水域，冷水性鱼类则常见于寒带和温带水域。

温度对鱼类的生命活动来说，有最高（上限）、最低（下限）界限和最适范围之分。鱼类对温度高低的忍受界限以及最适温度范围因种类不同而有所不同，甚至同一种类在不同生活阶段也有所不同。一般认为，最适温度和最高温度比较接近，而与最低温度则相距较远。通常鱼类对温度变化的刺激所产生的行为是主动选择最适的温度环境，而避开不良的温度环境，以使其体温维持在一定的范围之内，这也就是鱼类体温的行为条件。鱼类的越冬洄游主要是由于环境温度降低引起的。

### （二）盐度

鱼类能对0.2的盐度变化起反应，鱼的侧线神经对盐度起着检测作用。鱼类对水中盐度微小差异具有辨别能力，这一特点在溯河性、降河性鱼类中尤为明显。盐度的显著变化是支配鱼类行为的一个重要因素。海水的盐度变化对鱼类的渗透压、浮性鱼卵的漂浮等都会产生影响。在大洋中，盐度变化很小，近岸海区由于受大陆径流的影响，海水的盐度变化很大。因此，经常栖息于海洋里的鱼类一般对于高盐水的适应较强，一到近海或沿岸，则适盐的能力有显著的差异。有些鱼类如果遇到盐度大幅度降低，超过了它们渗透压所能调节的范围，其洄游分布将受到一定的限制。如果盐度突然剧烈变化，往往造成鱼类死亡。只有少数中间类型的鱼类才能适应栖息于盐度不高（0.02～15）的水域。这些被称为半咸水类型的种类主要是在近海岸一带见到，但是它们的数量不多，其原因是能稳定地保持它们能适应的盐度的水域不多。

各种海产鱼类对盐度有不同的适应性。根据海产鱼类对盐度变化的忍耐性大小和敏感程度，可将其分为狭盐性和广盐性两大类。狭盐性鱼类对盐度变化的忍耐范围很窄，广盐性鱼类对盐度变化的忍耐性较广。近岸鱼类一般属于广盐性鱼类，外海鱼类属狭盐性鱼类。同种鱼类的不同种群，同一种群的不同生活阶段，对盐度的适应也是不同的。一般来说，鱼卵和幼鱼能忍受较大的盐度变化。

盐度与鱼类行动的关系主要表现在间接方面，其间接影响是通过水团、海流等来实现的。例如，暖水性鱼类随着暖流（高温、高盐）进行洄游；冷水性鱼类随着寒流（低温、低盐）进行洄游。盐度对大多数鱼类的直接影响是比较少见的。

### （三）光

鱼类对光的反应有趋光性和避光性。就目前所知，海洋中一些体型较小、生命周期短、数量多、集群性强而且比较喜暖的中上层鱼类以及对虾、蟹、头足类等均有趋光习性，其中不少种类以浮游生物为饵料。避光性鱼类有海洋中的鳗鱼、大黄鱼等；还有一些鱼类对光无反应，如当年鲤。不同种类的鱼的趋光性强弱是不同的，同一种鱼不同性别、不同生活阶段、不同季节以及不同环境条件，其趋光性的强弱也是不同的。一般来说，幼鱼的趋光性比成鱼强，鱼类在索饵期间比产卵时期的趋光性强，饥饿鱼的趋光性比饱食鱼的趋光性强，春夏季节（暖温季节）鱼类的趋光性比寒冬季节（冷温季节）要强。

### （四）溶解氧

鱼类与其他动物一样，需要从水中吸收（一般通过鳃）溶解氧，溶解氧通过血液进入机体，以保证新陈代谢的进行。海洋中氧的来源主要有三个方面：①从空气中溶解氧（通过波浪、对流等）；②河水供给；③浮游植物通过光合作用产生氧。海面含氧量通常接近饱和，水深10～50m处，一般出现过饱和，水深100m以上主要由于动植物的呼吸和有机物尸体被细菌氧化，含氧量逐渐减少，至大洋底含氧量又大量增加，其原因是极地富氧海水流入大洋深处。

海水中氧的含量达到饱和程度，海水鱼类在海洋中生活一般不缺氧，即使在深海中情况依然如此。对于多数海洋生物的分布、移动来说，氧气并不是一项决定性的因素。然而在特殊情况下，如与外海不交流的内湾，夏季表层水受热、无风，或淡水流入，海水强烈层化，上下不对流，缺氧层上升等，都会造成海水缺氧现象；近底水缺氧，则会出现硫化氢，致使生物全部死亡。缺氧水层上升，会对鱼类行动产生影响。当某些海区缺氧时，鱼卵的发育会受到抑制，鱼类也会向不缺氧的海区转移。

### （五）底质

鱼类对于底质的性质和色泽的适应与选择，因种类的不同而不同。多数鱼类不经常接触海底，有的终生不接触海底，这些鱼类的分布似乎与底质的关系不大，或根本没有关系。但是有些海洋鱼类经常接近海底或栖息在海底，有些种类虽不接触海底，但在某些时候其分布和底质有一定的联系。海洋鱼类对底质的适应，有以下几种类型。①经常埋藏或潜伏在海底。这些鱼类体型多扁平，行动较为迟缓，为躲避敌害或猎取食物而经常栖息在海底，称为底栖鱼类。②为摄取食物而在某些时期潜伏于水底。这种类型的鱼类种类甚多，当其接触或接近海底时就成为下层或近底层鱼类。它们能自由浮沉，行动也颇为敏捷，嗜食和追逐的饵料多为底栖生物，其选择喜好的底质性质与底栖饵料生物的分布有密切的联系，故常有多种类型。③为了生殖的需要而到具有一定底质的场所。鱼类在进行生殖时，必须洄游到适于产卵、孵化的场所，产沉性、黏着性或埋藏卵的鱼类，一到性腺成熟，就到具有适于鱼卵附着或埋藏的处所进行生殖。例如，太平洋鲱鱼产沉性、黏着性卵，它的产卵场一般选择在具有岩礁、海草丛生的近岸。乌贼把卵产在岩礁海底，黏着在海藻或其他物体上；银鱼则产卵在河口，使卵黏附在水底泥表或水生植物上。多数产浮性卵的鱼类对于产卵场的底质也有一定的选择。例如，大、小黄鱼产卵场的底质多为粉砂质软泥或为黏土质软泥；带鱼产卵场的底质多为粉砂质软泥、粉砂或细砂；真鲷产卵场的底质多为砂，并夹杂着砂砾、石砾、贝壳或丛生的水生生物，也有局部为砂质泥和泥质的；鳓鱼产卵场的底质为泥砂、黄烂泥、黑色硬泥砂和砂泥质；对虾的产卵场底质为黏性软泥，其在洄游过程中喜栖息的底质和越冬场的底质也几乎都是泥或黏性软泥。

离开海岸的岩礁（包括人工鱼礁）和远离大陆的岛屿边缘以及大洋中的“孤礁”附近，因水深、底质等的不同，分布着相应的底栖生物群落。岩礁附近，除海藻外，还有鲍、贻贝、龙虾、章鱼、石斑鱼等附礁性海洋动物栖息其间，也有其他鱼类来此洄游，从而形成较好的渔场。生物群集的海区，必然是鱼类的聚集场所，有的是产卵场，有的是索饵场，也有的是越冬场，或兼为两种渔场。

### （六）海流与潮流

在鱼类早期发育阶段，海流能把浮性卵和仔、稚鱼从产卵场输送到育肥场，仔、稚鱼在环境适宜、饵料充足的育肥场成长，长大到一定程度再随海流洄游到索饵场进行索饵。如果这样的正常的海流输送发生变化，把仔、稚鱼带到不利于其生长发育的海区，这一代的仔鱼可能会大量死亡，从而引起鱼类资源的数量波动。

不同流系的海流各自具有一定的温度、盐度和各种理化性质，并栖息着一定种类的海洋生物，因而各鱼类对不同的水系、水团和海流都有一定的适应性。一般暖水性鱼类多栖息在受暖流影响的海区，其洄游移动也多随暖流的变动而变动；冷水性鱼类对于寒流及沿岸性鱼类对于沿岸水系的关系，也具有同样的规律。在我国近海，外洋水系（黑潮）与沿岸水系之间的消长推移对我国近海渔业影响极大。若外洋水系势力强，渔汛来得早，渔场偏内；若外洋水系势力弱，渔汛来得迟，渔场偏外。不同流系相交汇的混合水区以及不同水团相接触的区域，往往形成一条水色明显不同的条带，通常称为“流隔”。由于“流隔”处独特的动力特征，饵料生物丰富，鱼类常会聚集于此。

潮汐及其潮流，在沿海浅海尤其是岛屿之间、岬角、港湾和河口邻近海区变化最为显著。由于潮汐和潮流的变化可以调节水体间的差异，改变温度、盐度梯度的分布和邻近水体间的含有物，还可使水位、水深、流向、流速等发生有规律的周期性水平和垂直变化，从而使栖息的鱼类受到一定影响，鱼类集群密度和栖息水层以及移动的方向和速度会发生相应的变化，所以在研究海洋环境和鱼群行为的关系以及渔场变动时，必须考虑潮汐和潮流的影响。

有些鱼类在产卵期进行排卵时，需要有一定的水流作为刺激。例如，浙江近海的大黄鱼产卵时除了需要有一定的温度外，还要有一定的流速。在岱衢渔场的大黄鱼一般在海流流速达到1～2m/s时才会集群并产卵，所以在此地捕捞大黄鱼通常选在大潮汛期间。

#### （七）波浪

波浪对鱼的行为也起到调控作用。波浪存在于海洋上层，水质点的运动随深度增加而减弱。如果波浪造成海水剧烈运动，一般鱼类都经受不住这种强烈的冲击而畏避分散，游向深处，栖息于静稳的低洼地带。经验上来讲，如果连续晴朗天气，风平浪静，鱼类一般不密集；如果隔几天来一次大风，风力强，过程短，可以促使鱼类密集成群。但是，如果是大风暴或连续的风暴，风暴期长，则情况相反，鱼群则会被打散。舟山渔场冬汛带鱼的情况就是这样。在偏北大风频繁时，鱼群偏外、偏深，迅速南移。风暴过境或向岸风持续劲吹，造成浅海海水浑浊，某些鱼类不适应浑浊的海水环境而迅速避离，有的甚至由于鳃丝积厚污泥而死。

## 二、渔场形成海洋学机制

渔场通常是指渔业生物密集或较为密集且适于开展渔捞作业的场所。海洋中形成渔业生物聚集的机制，就是渔场形成的机制。形成渔场的环境因素很多，可归纳为海洋非生物环境因素和海洋生物环境因素两大类。大多数渔场的形成，往往是这两类环境因素综合作用的结果。例如，上升流渔场的形成，首先是因非生物环境条件的海洋动力因素，导致营养丰富的深层水涌升至表层，进而使浮游生物得以大量繁殖、生长，从而形成优越的饵料生物环境条件，最终形成渔业生物优良的索饵渔场。渔业生物不同种类、不同发育时期、不同生活阶段，对水深、水温、盐度等理化环境以及浮游生物、底栖生物等生物环境条件的要求也不一样。例如，东海带鱼在越冬洄游阶段，水温及其变化是该阶段的主要因素。又如，大黄鱼、小黄鱼和鲳鱼等的生殖活动，通常会选择在初级生产力高和潮流湍急的河口、沿岸一带进行。因此，一个优良渔场的形成是多个因素综合影响的结果。例如，被誉为“东海鱼仓”的舟山渔场，它是由大陆架、堆礁、上升流、涡流渔场以及位于长江口和钱塘江口有利位置等因素在时空上综合影响的硕果。

依据渔场形成的海洋学机制可将渔场划分成大陆架渔场、上升流渔场、流界渔场、涡旋渔场和堆礁渔场等。

### （一）大陆架渔场

古今中外，大陆架是世界上开发最早、利用率最高的优良渔场。据统计，全世界大陆架面积占海洋面积的7.6%，却提供了全世界海洋总渔获量的80%左右。大陆架渔场之所以渔业资源丰富，是因其具备了以下优越条件。①大陆架渔场紧邻大陆，陆上径流携带的大量泥沙、丰富的营养盐类及有机物质注入大陆架渔场，这些物质为大陆架渔场发达的初级生产力奠定了坚实的物质基础。②大陆架渔场水深较浅，绝大部分海水能直接接受太阳光的恩惠，初级生产力显著高于大陆坡等其他海域。③大陆架海岸线往往曲折绵长，港湾众多，有的区域也有岛礁沙洲，越是近岸，水深越浅，海水越浑，潮流越急。大黄鱼、小黄鱼等主要经济鱼类选择在浑水中且有较大流速刺激时进行生殖活动，因而会形成著名的如吕泗洋大黄鱼、小黄鱼汛和岱衢洋大黄鱼汛等鱼汛。④大陆架渔场往往同时受外海流系以及沿岸水系的共同影响，因而水文状况的时空变化不但非常复杂，而且变幅很大，能够满足各种海洋生物一年中生殖、索饵、越冬等生活阶段的需求，形成一些大渔汛。

### （二）上升流渔场

长期的海洋渔业生产及科研表明，上升流海域是世界海洋中最肥沃的场所，也是世界海洋中最优良的渔场。它的面积仅占世界海洋总面积的0.1%，但其渔获量却占海洋渔获量的22%。众所周知，渔业资源的分布与饵料生物的分布有着密切的关系。上升流的存在使得海水底部的营养可以被带到上层，从而形成发达的初级生产力，发展出大量的饵料生物，进而支撑丰富的渔业资源。上升流海域由于捕捞对象的营养级较小（约1.5），且生态效率较高（20%），故该海域的渔获量颇高。

东中国海虽然没有世界知名的上升流渔场，但也有不少上升流海域被相继发现。例如，浙江省沿岸一带每年的夏秋季在西南季风的影响下，黑潮次表层水在流动过程中受海底地形的阻挡后逆坡爬升，在渔山渔场西侧、舟山渔场西南侧沿岸一带形成上升流（潘玉萍和沙文钰，2004）。这些上升流的存在为周围渔场鱼汛的形成打下了良好的基础。

### （三）流界渔场

海洋中两股不同性质的水系或者海流之间的边界称为锋面，也称为流界、流隔、水隔、海洋锋等。流界是一种海洋现象，它与渔业海洋学有着密切的关系。我国渔民很早就注意到流界的存在。流界一带经常会聚集一些木片、塑料瓶等漂浮物，甚至形成水泡和微波，其两侧的水色或透明度有明显差异。流界是形成优良渔场的重要条件，在那里捕捞作业往往会获得高产。有学者指出"鱼群一般都有集群于流界附近的倾向，尤其在流界凹凸曲折大的地方更为集中"（宇田道隆，1960）。

关于流界形成优良渔场的机制，通常是这样诠释的。在流界两侧的水体，它们的海洋理化和海洋生物环境因素明显不同，两者一旦相遇不会立即融为一体，而是会在交汇处形成一个明显的流界。流界两侧流速、流向存在明显差异，因而容易引发辐聚、辐散与涡流等动力现象。辐散现象表明有上升流存在，可以形成高生产力区；辐聚可使海水辐合下沉，于是处于流界附近的各类大小生物都将汇集于辐合区中心；随着不同海流或水系而来的各种浮游生物和渔业生物，双方都不能迅速逾越流界继续前进，都滞留在流界及其附近一带，而后继生物又源源不断地游来，结果各种生物的密度越来越大。浙江嵊山冬季渔汛是一个较为典型的流界渔场，渔汛期间如长时间没有大风和冷空气入侵渔场，在缺乏外界动力的情况下，水隔不明显，带鱼鱼群趋于分散，生产普遍不好，此时渔民们都盼望早日起大风。因为大风的扰动和降温作用，在温盐平面图上会出现一条水平梯度较大的带状混合区，被渔民们称为水隔。它是由里侧的浙江沿岸水与外侧的台湾暖流水交汇而成。根据长期生产实践经验，大风后出海捕鱼寻找好渔场的指标，就是目测“白米米”（水色14～11号）水隔和“白青”（水色10～08号）水隔。这一带鱼探影像良好，通常可以获得高产，这就更进一步印证了水隔区有鱼群聚集的现象。

两个不同性质的海流相遇而形成的流界，不仅表现在海洋表面上的水平方向，还表现在其垂直方向的深层。海洋中从表层到底层通常会形成具有一定倾斜和多变的流界面。并且，有些深层水（如黑潮次表层水、南黄海深层冷水等）始终潜伏于中层至底层之间，海洋表面根本见不到它的踪影，但是它们会在不同深度的流界面上显现温（盐）度变化较大的温（盐）跃层。这类跃层会起到流界的屏障作用。例如，1971年9月中旬，在海礁东北35n mile、水深53m一带，探到在水深17～53m层聚集着浓密的鲐、鲹鱼群，它们正处于黑潮水系（温度约为21℃，盐度约为34）之中，其上方覆盖着厚度为10m的浙江沿岸水系（温度约为26℃，盐度约为31），可见两个水系之间（厚度约为7m）存在着较强的温（盐）跃层，这类跃层就起了很好的屏障作用。因此，渔民们在用围网捕捞时，不必担心鱼群会向海表面逃窜，为围网创造了有利条件，结果一网捕获鲐、鲹鱼达52t。与之相反，鱼群聚集于中上层，而温（盐）跃层位于下层，渔民们形象化称它为“软海底”。此时，也不必担心鱼群会向“软海底”逃窜，这两次作业均获得成功。

### （四）涡旋渔场

海洋涡旋是由于海底陡坡、礁盘，或异向潮波、海流引发海水围绕一个中心做圆周运动的现象（宇田道隆，1960）。按涡旋的成因，分为力学涡流系、地形涡流系和复合涡流系三种类型。力学涡流系是两种不同流速、流向的海流交汇所产生的，流界两侧有相对流速之差，由于切变不稳定而产生不稳定波动，从而发展成为涡流，如济州岛西南部的涡旋；地形涡流系是海水在流动过程中与突变地形相遇所形成的涡流系，如舟山群岛北部海区的冷涡；复合涡流系是由力学和地形两种因素共同作用产生的涡流系，如台湾东北部的冷涡和暖涡（胡杰，1995）。

按涡流的性质又可分为暖涡流和冷涡流。暖涡又称为反气旋涡旋，为顺时针方向旋转的涡旋，表层海水辐聚下沉，下层海水有高温中心区；冷涡又称为气旋型涡旋，为逆时针方向旋转的涡旋，表层海水辐散而下层海水涌升，表层出现低温区，如果盐度高，则通常会有封闭状高密区出现。

冷涡能引起海表水辐散，导致海水向上涌升，把携带丰富营养盐的底层海水输运至真光层，使水质变得肥沃、浮游生物大量繁殖。由于海水具有连续性，使上升流区周围容易形成下降流，把高溶解氧、养料丰富的沿岸水带到底层，使近底层和底层鱼类获得所必需的溶解氧。所以冷涡附近海域往往形成良好的渔场，钓鱼岛东北部的绿鳍马面鲀、黄鳍马面鲀渔场就是东中国海著名的涡旋渔场。但遗憾的是，20世纪90年代中期以后，尽管钓鱼岛东北部的冷涡依然年年存在，但是，由于绿鳍马面鲀资源严重衰退，钓鱼岛北部绿鳍马面鲀产卵场已近乎消失。所以，渔业资源数量是渔场的核心，环境因子只是促使鱼群集群的外界因素而已。

### （五）堆礁渔场

古今中外的捕鱼史表明，海洋中隆起的沙堆（洲）、岛屿、暗礁、海岭、海山以及地形突变的海峡、海岬等附近海域，往往是鱼类经常聚集的场所，由此而形成的渔场，统称为堆礁渔场。

海洋中经久不息地流动的各种海流以及随时随地变化的各式潮流，当它们流经各类堆礁时，因地形突变导致产生响应的上升流与涡流。上升流产生于堆礁的向流侧，而涡流产生于堆礁的背流侧。例如，在秋冬季，黑潮主干及其分支在流经台湾岛与台湾浅滩时，产生的上升流形成了台湾浅滩渔场，产生的涡流形成了彭佳屿和钓鱼岛渔场。这是因为堆礁所引发的上升流将沉积于底层的无机营养盐类源源不断地输送到中上层来，形成高生产力海域，遂成为植食性、肉食性经济生物趋之若鹜的场所；沙洲和岛屿等水下堆礁增大了原本平坦的海底的表面积，扩大了底栖生物的栖息空间；堆礁还可以成为产黏着性卵，如乌贼和马面鲀等鱼种的良好产卵场所，因而可形成优良的产卵渔场。

世界著名的堆礁渔场有：加拿大纽芬兰近海大浅滩（Grand Banks）的鳕鱼渔场、日本海大和堆褶柔鱼渔场、鄂霍次克海北见大和堆的狭鳕渔场等。中国东海沿岸海区因拥有众多岛屿、沙洲和海湾，自古以来就是众多捕捞对象的产卵场和幼体索饵场以及底栖生物常年生长的栖息场所。当前，国内外发展人工鱼礁方兴未艾，也是堆礁渔场海洋学机制在海洋牧场中的成功应用。

## 三、海洋过程利用和营造

海洋牧场的建设是基于天然渔场的海洋学机制，利用现代海洋工程技术，对天然渔场的修复或者再造，从而达到保护和增殖渔业资源的目的。在海洋牧场建设中，利用现代海洋工程技术，对天然渔场海洋学机制进行利用的最基本、最核心的手段是投放人工鱼礁。所谓人工鱼礁是指在特定海域投放的人工构造物，用以为鱼类等提供栖息、索饵和产卵的场所，为水生动物、植物营造良好的生态环境，达到保护和增殖渔业资源，改良海底环境的目的。人工鱼礁的投放将使渔场功能动力过程得到加强，人工功能生境得到营造，从而起到集鱼的效果。人工鱼礁的集鱼机制一般可归纳为流场效应说、饵料效果说、本能学说、阴影效果说和音响效应说等。

### （一）流场效应说

鱼礁投放后在迎流面产生上升流，在背流面产生背涡流。其中最主要的是背涡流。背涡流影响范围大，并在鱼礁的背面产生负压区，海底底质和大量浮游生物将在此区停滞，从而诱集鱼类。此外，背涡流延伸很长，形成涡街，并干扰海底，海底被扰动后又会使底栖生物发生变化。因此鱼礁的设置能使流场流态发生变化，而流场流态的变化又会使海底情况发生变化。其次是上升流，上升流能把海底丰富的营养盐带到阳光充足的水体中上层，从而有利于浮游植物的大量繁殖，提高了鱼类饵料生物基础，进而产生集鱼效果。

### （二）饵料效应说

大量研究表明，鱼礁投放后其周围水体营养盐丰富，有利于浮游植物生长，从而使浮游动物生物量大幅度提高；同时鱼礁本身作为一种附着基，附着生物也将在其表面迅速着生。调查显示，鱼礁投放数个月后，假体表面就会全部被附着生物覆盖。鱼礁周围的浮游生物和底栖生物的种类、数量、分布也会发生变化，因而吸引鱼类在周围聚集摄食，增加了鱼礁周围鱼类生物量。

### （三）本能学说

研究显示，鱼类具有对刺激做出方向性行动反应的习性，称为趋性（中村充，1986）。鱼类具有趋光性（视觉）、趋音性（听觉）、趋流性（运动感觉）、趋化性（嗅觉）、趋触性（皮肤感觉）和趋地性（平衡感觉）等多种趋性。因内外因素引起的先天性行动称为本能。对刺激做出的反应行动称为反射。鱼类的趋性、本能和反射能力使鱼类具有生殖、索饵、越冬、模仿、逃避、探索等生活习性。人工鱼礁的投放形成了有利于鱼类栖息、生存、摄食、生长、繁殖和躲避敌害的优良环境。鱼类的趋性、本能和反射能力使鱼类聚集于鱼礁周围。

### （四）阴影效果说

有些鱼种喜欢在阴影下（如船底下、漂浮物底下、红树林丛中等）聚集栖息。鱼礁单体间形成的缝隙、坑槽、洞穴等造成的阴影，能吸引鱼类等海洋动物前来聚集休息。调查发现沉船鱼礁具有明显的集鱼效果。这与沉船具有很好的遮蔽性，即阴影效应好具有莫大的关系。

### （五）音响效应说

礁体的内部空间和礁体之间的空隙在水流的冲击下会产生低频音响。低频音响的大小与流水冲击力大小有关。虽然这些低频音响有时候小到人耳听不到，但其声波却能被鱼类感觉到，因此能够吸引喜欢低频音响的鱼类在鱼礁处聚集。

## 第二节　生态学原理

海洋牧场是基于海洋生态学原理和现代海洋工程技术，充分利用自然生产力，在特定海域科学培育和管理渔业资源而形成的人工渔场（杨红生，2016）。关于海洋牧场的定义学术界尚未统一，这说明人们对海洋牧场的认识仍在不断提高与深化。在早期关于海洋牧场概念还未被普遍接受与统一时，日本、韩国等国学者便提出了关于海洋牧场的框架式的概念，认为海洋牧场是在广阔的水域中，通过投放类似人工鱼礁设施及投放苗种，在海域进行人工繁殖，直到达到捕捞标准并进行捕捞的场所（刘卓和杨纪明，1995；杨宝瑞和陈勇，2014）。随着我国海洋牧场的发展，特别是结合生态学原理，对不同海域进行布设、管理与追踪研究，陈永茂等（2000）、张国胜等（2003）等结合各国学者的理念，对海洋牧场进行了重新定义。我国学者认为海洋牧场是建设适于鱼类生存发展的场所，结合人工增殖放流、人工鱼礁投放、人工苗种驯化投放等方式，从而达到渔业资源增加，提高捕捞效率的目的。随着科学技术的不断发展与应用，现代海洋牧场也被赋予了新的内涵，更加强调海洋牧场中科学技术手段的应用，进一步提高海域利用率和生产力，强化对生物栖息地的修复及养护，注重实现陆海统筹、三产贯通的渔业新业态。海洋牧场作为增殖渔业的重要方式，处于不同营养级的目标种群，受上行效应、下行效应等生态学原理的影响；增殖放流作为目标种群的补充手段，受资源与环境承载力等要素的影响，还受到饵料基础及敌害生物的控制调节，并涉及物质与能量的循环等生态学原理的应用。

## 一、生态系统生态学原理

### （一）生态系统及其功能

生态系统是指在一定空间中共同栖居着的所有生物（生物群落）与其环境之间由于不断地进行物质和能量的交换而形成的统一整体，能量流动、物质循环、信息传递是生态系统的三大功能。

**1. 能量流动**　能量流动是指能量通过食物网在生态系统内的传递和耗散过程。生态系统的能量主要源于太阳能，它始于生产者的初级生产，止于分解者还原功能的完成，整个过程包括能量形式的转变，能量的转移、利用和耗散。

能量流动的特点有两个：①该过程是单向的、不可逆的，只能按照太阳能输入生态系统后沿着生产者、植食动物、一级食肉动物、二级食肉动物等逐级流动；②该过程中能量是不断消耗的，即在各营养级的转化中，由于呼吸作用，都有部分能量损失，以热的形式散逸到环境中，因此能量只能一次性流经生态系统，不能再次被生产者利用而进行循环。

**2. 物质循环**　生态系统的物质循环又被称为生物地球化学循环，即地球上各种化学元素，从周围环境到生物体，再从生物体回到周围环境的周期性循环。与海洋有关的生化循环有如下两个。

海洋碳循环。表层浮游植物通过光合作用吸收溶解于水中的二氧化碳，产生有机物质。这些有机物质通过各级消费者依次传递。在此过程中，有机碳构成生物的生物量，或通过生产者、各类动物消费者和微生物的呼吸作用，转化为二氧化碳重新进入水中。生产者和消费者的死亡残体、排泄排遗物和蜕皮等构成非生命的组分，其中一部分通过食碎屑动物的利用重新构成消费者的生物量，另一部分则通过消费者的呼吸作用转变为二氧化碳。

海洋氮循环。海水中的氮气与大气进行交换，固氮菌将其转变为生物可利用的氮，这个过程被称为固氮作用。在生物代谢的再矿化作用中，蛋白质被降解为氨基酸，氨基酸的氮被氧化而释出铵根离子，可被浮游植物直接利用，未被利用的铵根离子在有氧条件下转化为硝酸盐离子，称为硝化作用，再通过反硝化作用完成氮循环。氮循环的各个过程基本都有相关的微生物参与。

**3. 信息传递**　生态系统中各种信息在各成员之间及其内部的交换流动称为生态系统的信息流。生态系统的信息在传递过程中，不断发生复杂的交换，并伴随一定的物质转换和能量消耗，但信息传递往往是双向的，有从输入到输出的信息传递，也有从输出到输入的信息反馈。

生态系统中包含多种多样的信息，大致可分为物理信息、化学信息、行为信息和营养信息。

### （二）循环再生原理

物质循环与再生利用是一个基本的生态学原理。该原理认为：自然生态系统的结构和功能是对称的，它具有完整的生产者、消费者、分解者结构，可以自我完成以“生产—消费—分解—再生产”为特征的物质循环，能量和信息流动畅通，系统对其自身状态能够进行有效的调控，不同生态位的生物处于良性的发展状态。

在生态系统中，生物借助能量的不停流动，一方面不断从自然界摄取物质并合成新的物质，另一方面又随时分解为原来的简单物质，即所谓“再生”，重新被系统中的生产者吸收利用，形成不息的物质循环。

### （三）共生共存、协调发展的原理

共生关系是指生态系统中的各种生物之间通过全球生物、地球、化学循环有机地联系起来，在一个需要共同维持的、稳定的、有利的环境中生活。自然生态系统是一个稳定、高效的复合系统，通过复杂的食物链和食物网，系统中一切可利用的物质和能源都能够得到充分利用。从本质上讲，自然、环境、资源、人口、经济与社会等要素之间存在着普通的共生关系，形成一个“社会—经济—自然”的人与自然相互依存、共生的复杂生态系统。

互利共生是共生中的一种形态，是指共生的物种均能从对方身上获得所需营养。在生态系统中，各物种之间还存在各种其他的关系，如竞争、捕食等。

### （四）应用

海洋牧场作为生态系统的特例和生态学原理的应用，应具体分析牧场的各个元素的生态位及其功能，并解析其物质、能量及信息的转化与传递方式。物质的正常代谢是维持海洋生态系统稳定的基础，海洋牧场的经济效益和生态效益、物质和能量转化效率是决定因素。只有充分熟悉并掌握投放的种类、生物量等环节的时空因素，科学地安排海洋牧场中种群结构和多层次利用，使物质循环和能量流动正常进行、高效循环，才能实现生物资源的再生和生态环境的良性循环发展。因此在海洋牧场建设过程中，不同生态位的生物量要严格遵守并坚决执行能量流动与物质循环再生原理，高生态位的生物量应该低于低生态位生物所能负担的上层生态位生物量。同时，在设计海洋牧场时，要最大限度地使用本土已有物种和资源，通过精心设计，将它们的功能发挥到极致，以减少对其他物质和资源的破坏与浪费。共生原则对海洋生物配置、增养殖等有着重要的指导作用，所以在设计时，可以将共生生物配置在相同的空间，而将生化相克的种类分别隔离培养。

## 二、资源环境承载力

### （一）概述

资源环境承载力以海洋牧场的生态系统可持续发展为基础，以经济社会系统的长期高效利用为目的；既强调生态系统整体调节能力的重要性，又注重资源与环境要素的重要性。因此，资源环境承载力包含两层含义：第一层含义是指保障生态系统结构稳定和功能完善，即保障生态系统的自我维持和自我调节能力来支撑经济社会系统的发展，为资源环境承载力的支撑部分；第二层含义是指资源环境系统所能维持的人类社会经济发展的趋势能力，即社会经济子系统发展消耗资源和破坏环境所带来的压力，为资源环境承载力的压力部分。在生态系统中，人类系统是实现生态系统可持续发展的关键因素。因为生态系统的发展方向受到人类的调控，而资源环境的供求关系亦受到人类的支配。所以，海洋牧场的可持续发展需要人类合理的调控与支配，从而构建协调发展模式以达到最优发展目的。

海洋牧场的持续健康发展有赖于资源数量维持在可控范围之内，若资源数量超出负荷则不仅与海洋牧场的设计初衷相违背，更会带来生态安全问题。因此海洋牧场资源环境承载能力是海洋牧场的重要研究方向之一。黄后磊等指出养殖承载力能随着养殖方式与养殖技术的改进而得到补充，因此养殖承载力并非固定不变，通过改善养殖方式、优化养殖技术可以提高养殖承载力。目前随着养殖承载力研究的深入，刘慧等将其定义为：在充分利用水域的供饵能力、自净能力，同时确保养殖产品符合食品安全标准的前提下，能维持水域生态系统相对稳定的最大养殖量，从而同时兼顾水产养殖的经济、社会和生态效益，并且强调养殖活动的可持续发展和养殖食品质量安全等综合因素。

### （二）资源环境承载力的特征

**1. 资源环境承载力是客观存在** 在稳定状态下，生态系统的结构和功能是一定的，其产生的资源禀赋和环境容量也是固定的。我们所探讨的资源环境承载力是从生态系统出发，落脚于经济社会系统。因此生态系统的固有功能特征具备客观存在性。

**2. 资源环境承载力是相对量** 根据生态平衡原理可知，不存在生态系统绝对稳定的状态，而是围绕中心位置呈现自然波动的趋势。该趋势根据人类活动的强弱可演变成新状态下的生态稳定性，或更低级或更高级。资源环境承载力因生态系统的相对稳定性而成为相对量。

**3. 资源环境承载力存在尺度效应** 生态系统在景观、区域、地区及生物圈等不同层次上表现出不同水平，因此，资源环境承载力也会呈现不同层次水平的相对量，即尺度效应。

### （三）应用

1991～2002年，日本冈山县建设了海洋牧场，历时12年，总投资约21亿日元。冈山县建造海洋牧场的目的是通过改良生物栖息环境和控制目标生物的行为促进其生长繁殖，增加资源量。他们利用探鱼仪探测、试捕、定点水中寻像及潜水调查等方法，建立了海洋牧场资源监测及评估技术，对海洋牧场中各种水产资源进行定期监测评估，以确定该区域的资源环境承载力；在保证目标生物最佳生长的同时，及时调整各生物资源量的比例，达到资源的均衡增长，实现了海洋牧场的综合经济效益和生态效益最大化。充分考量资源环境承载力的影响使得该项目在提高渔获产量的同时，保持了该海域生态环境的可持续利用和水产品的可持续生产。

## 三、生态位与食物网

### （一）食物链与食物网

生产者所产生的能量和物质，通过一系列捕食与被捕食的关系在生态系统中传递，形成食物链。例如，水体生态系统中的食物链：浮游植物→浮游动物→小鱼→大鱼；陆地生态系统中的食物链：草→蚜虫→瓢虫→鸟→蛇→鹰。生态系统中的食物链彼此交错连接，形成一个网状结构，称为食物网。

### （二）生态位原理

生态位是生物在漫长的进化过程中形成的，在一定时间和空间内拥有稳定的生存资源（食物、栖息地、温度、湿度、光照、气压、溶解氧、盐度等），进而获得最大或比较大生存优势的特定的生态定位，即受多种生态因子限制，而形成的超体积、多维时空的生态复合体。生态位的形成减轻了不同物种之间的恶性竞争，有效地利用了自然资源，使不同物种都能获得比较大的生存优势。这正是自然界各种生物欣欣向荣、共同发展的原因所在。

### （三）中度干扰原理

中度干扰原理认为一个生态系统处在中等程度干扰时，其物种多样性最高。这是由于如果干扰过度且频繁，不利于处于演替后期的物种对较稳定生境的要求；而如果干扰程度很低，则由于竞争排除法则，不利于处于演替前期的物种生存。该假说是由美国学者约瑟夫·康奈尔（J. H. Connell）于1978年提出的，故又称康奈尔中度干扰假说。

### （四）上行与下行控制效应

上行控制效应是指较低营养阶层种群的密度、生物量等（资源限制）决定较高营养阶层的种群结构。下行控制效应是指群落中的物种位于食物链的某一环节，较高营养级的生物一般是高级的捕食者，可以通过捕食作用控制并影响较低营养级的群落结构。

物种通过上行控制效应和下行控制效应相结合来控制群落的结构。物种通过资源的限制决定高营养级的种群结构，而高营养级物种又可通过捕食者控制来影响并控制低营养阶层的群落结构（多度、生物量、物种多样性）。

### （五）应用

生态位是生态学中的一个重要概念，它主要是指自然生态系统中一个种群在时间和空间上的位置及其与相关种群之间的功能关系。生态位对种群或生态系统的稳定性至关重要。一个稳定的生态系统，生态位不能过度叠加，生态位与生态位之间也不能相距太近，过度叠加易引起强烈的竞争，从而使一些物种灭亡或迁移，而相距太远则易导致其他物种入侵。

这一原理对海洋牧场的设计有重要的启发，在设计中，考虑经济效益常常需要去除许多物种，产生了许多空白生态位，从而使整个系统变得脆弱，而一些无关物种的入侵，导致管理与养护的费用增加，而且容易引发物种失衡现象。所以在设计海洋牧场时，需考量构建合理营养级的群落结构，适当引入适生且有经济效益的物种，以填补空白生态位。

## 四、保护与恢复生态学原理

### （一）生态平衡原理

生态平衡是指生态系统的动态平衡。在平衡状态下，生态系统的结构与功能相互依存、相互作用，在一定时间、一定空间范围内，系统内各组分通过制约、转化、补偿、反馈等作用处于最优化的协调状态，表现为能量和物质输入和输出的动态平衡，信息传递畅通和控制自如。在有外来干扰的情况下，平衡的生态系统通过自我调节可以恢复到原来的稳定状态。然而，生态系统虽然具有自我调节能力，但只能在一定范围内、一定条件下发挥作用，如果干扰过大，超出了生态系统本身的调节能力，生态平衡就会被破坏而失衡。

### （二）生物多样性原理

生物多样性是指在一定时间内，一定地区（或空间）的所有生物（植物、动物和微生物）物种及其变异与其生态系统组成的复杂生命系统的基本特征，也可以说是生物进化的结果，反映出环境影响的效应，是人类赖以生存的基础。

生物的种类越多、越复杂，生态系统就会越稳定，其抵抗力就会越强。因此，在海洋牧场的设计中，一定要充分考虑生物多样性，从而更好地维持生态系统的稳定性。最大生物多样性法是生态恢复的一种方法，是尽可能地按照该生态系统退化前的物种组成以及多样性水平进行恢复，需要大量养殖演替成熟阶段的物种，忽略先锋物种。

### （三）应用

在海洋牧场建设中，需要运用生态平衡原理。例如，在进行海洋牧场的规划与设计时，首先需要应用生态平衡的原理来考虑它最多能容纳多少生物才不至于影响生态稳定；其次，需要考虑哪些地方适于开发，开发达到何种程度才不至于破坏其环境要素的平衡；再次，既然建设海洋牧场的目标是建立一个新的生态系统，那么其本身就应有自己的运行规律，因此，必须掌握它的生态平衡并保护生物多样性，尤其是生态平衡的临界点，一旦即将超越这种界线时，就要采取人为措施来加以调节。

江苏海州湾渔场是我国八大渔场之一，但是由于海域环境污染和狂捕滥捞，在20世纪90年代，海州湾的规模鱼汛就消失了，鱼、虾、蟹、贝类大幅度减少，一些珍稀海产品几乎绝迹，导致生态平衡被打破。海洋渔业资源的严重衰退和海洋生态环境的恶化使海州湾海域急需建设海洋牧场以进行生态环境修复。连云港市海洋与渔业主管部门自2002年起开始在海州湾海域实施海洋牧场建设项目，投放各类礁体，建成人工鱼礁群，以利于维护海洋生态平衡与海洋生物资源的合理开发和利用，对连云港市落实“减船转产”政策和海州湾渔场渔业资源的恢复起到了重要作用。2010～2013年，相关部门通过放流中国对虾、经济贝类、鱼苗、刺参及鲍等种类，极大地恢复了当地渔业资源的再生能力（陈骁等，2016）。

## 五、可持续发展原理

### （一）原理概述

可持续发展这一概念是20世纪80年代提出的。该理论倡导社会以人为本，统筹人与自然、经济、社会协调可持续发展，该原理明确强调了保护环境的重要性，提出不能只注重追求片面发展。可持续发展原理认为，自然环境是一切发展的基础，发展经济的同时也要维持好人类的生存环境，在尊重自然生态环境的基础上合理利用开发自然，将生态保护与可持续发展协调统一起来，辩证地看待两者之间的关系；同时要以发展的眼光看待彼此的侧重点，将生态保护问题与现代社会快速发展导致的负面问题结合起来，综合考虑有关人类持续发展的战略性问题。人类是可持续发展的中心体，保护自然环境是永续发展的基本前提。生态环境保护是可持续发展的重中之重，然而要统筹协调自然、社会和经济的稳定发展，必须遵循以人为本的发展理念（厉秀娟，2016）。

### （二）应用

在建设海洋牧场的过程中，秉持可持续发展原则，不应急于一时的经济效益，而需具有长远的发展眼光，通过建立资源友好型捕捞技术，实施有效且环境友好的增殖放流技术，以达到渔业可持续发展的目的。

2010年，辽宁省将现代海洋牧场建设定为该省“今后一个时期海洋渔业发展方向”，同时提出要积极探索海洋牧场建设新模式、新技术；2011年初，辽宁省印发了《辽宁省现代海洋牧场建设规划（2011—2020年）》；同年，启动现代海洋牧场“1586”工程；2014年，《长海县现代海洋牧场建设试点示范项目实施方案》通过了专家评审。一系列目标和规划的提出为辽宁省海洋牧场的未来发展提供了科学而详尽的指导，进一步推动了“海上辽宁示范区”和“海上大连先导区”的建设步伐。通过苗种繁育、底播增殖、人工鱼礁投放、轮播轮收、装备升级及休闲渔业的建设，辽宁省海洋牧场形成了以虾夷扇贝、海参、皱纹盘鲍、海胆、海螺、牡蛎等海珍品为主的海洋牧场产品群和多样化产业群，促进了海洋产业的可持续发展（潘澎，2016）。

# 第三节　工程学原理

建设海洋牧场、养护和增殖生物资源是一个复杂的系统工程，涉及海洋生物学、海洋生态学、物理海洋学、海洋地质学、海洋化学、工程学、材料学以及信息学和管理学等多学科的交叉融合。

工程学是一门应用学科，是运用数学、物理及其他自然科学的原理来设计有用物体的进程，或为达到改良各行业中现有建筑、机械、仪器、系统、材料和加工步骤的设计和应用方式的一门学科。

海洋牧场本质上是系统工程化的渔业资源增殖养护和可持续开发利用项目，亦可基于生态系统修复的概念将其归类为生态工程。其工程类别分为前端工程和后端工程两大类。其前端工程基于海洋学原理和生态学原理，开展人工鱼礁单体的计算机辅助设计（computer aided design，CAD），基于计算流体力学建模的单礁体和多礁组合配置优化以及海洋牧场区选址和布局相关的本底调查和工程学研究等，以最优化的工程组织方案最大化利用海域的天然生产力，从而实现栖息地改善、改造和生物资源增殖等海洋牧场建设的目标；其后端工程包括海洋牧场的经营管理、环境与生态监测、生态资源养护效果评估等。

## 一、海洋牧场的系统生态工程属性

海洋牧场是一项典型的系统生态工程，既具备系统工程学属性，又具备生态工程学属性。

系统工程学是一种组织管理技术。所谓系统，首先是把要研究的对象或工程管理问题看作由很多相互联系、相互制约的组成部分构成的总体，然后运用运筹学的理论和方法以及计算机技术，对构成系统的各组成部分进行分析、预测、评价，最后进行综合，从而使该系统达到最优。系统工程学的根本目的是保证以最少的人力、物力和财力在最短的时间内达到系统构建的目标，完成系统工程建设的任务。

生态工程学是指运用物种共生与物质循环再生原理，发挥资源的生产潜力，防止污染，采用分层多级系统的可持续发展能力的整合工程技术，并在系统范围内同步获取高的经济、生态和社会效益的学科。主要采用模拟自然生态的整体、协同、循环、自生原理，并运用系统工程方法去分析、设计、规划和调控人工生态系统的结构要素、工艺流程、信息反馈关系及控制机构，疏通物质、能量、信息流通渠道，开拓未被有效利用的生态位，使人与自然双受益的系统工程技术或生态技术。1962年美国的奥德姆首先使用了生态工程概念，并把它定义为“为了控制生态系统，人类应用来自自然的能源作为辅助能实现对环境的控制，来管理自然”，这就是生态工程，它是对传统工程的补充，是自然生态系统的一个侧面。换言之，生态工程学理论认为：“在人类所操纵的环境中，利用一小部分额外的能量来控制一个主要能量仍源于自然资源的系统，生态工程所应用的规则虽以自然生态系统为出发点，但之后所衍生出的新系统将有别于原系统。”

海洋牧场具有显著的系统生态工程属性，海洋牧场建设的相关生态学原理已在前面章节中详述，此处不再赘述。海洋牧场所涉及生态工程的基本原理有以下几点。

### （一）物质循环再生原理

其理论基础是生态系统的物质循环。物质能够在各类生态系统（包括海洋牧场建成后形成的局部人工生态系统）中，进行区域小循环和全球尺度的生源要素大循环。物质循环往复，分层分级利用，从而达到取之不尽、用之不竭的效果。海洋牧场对底层水体营养盐的利用、其固碳能力等，均符合物质循环再生原理。

### （二）物种多样性原理

其理论基础是生态系统的抵抗力和稳定性。海洋牧场海域的物种越多，营养关系越复杂，即生物多样性程度越高，系统具有的抵抗力稳定性就越高。在有限资源条件下，可以容纳更多的生物量，提高生态系统的生产力。

### （三）协调与平衡原理

其理论基础是生物与环境的协调与平衡。生物与环境的协调与平衡，需要考虑环境承载力，以及生物对环境的适应。生物数量不超过环境承载力，可避免系统的失衡和破坏。

### （四）整体性原理

进行生态系统工程建设时，不但要考虑自然生态系统的规律，更要考虑经济和社会等系统的影响力。统一协调系统中的各种关系，可保障生态系统的平衡与稳定。

### （五）系统学与工程学原理

系统的结构决定其功能的表达，生态工程需要考虑系统内部不同组分之间的结构，通过改变和优化系统结构，可达到改善系统功能的目的。通常，分布式结构优于集中式和环式结构。系统整体性原理表明，系统整体功能大于部分功能之和。系统各组分之间要有适当的比例关系，这样才能顺利完成能量、物质、信息等的转换和流通，并且实现系统总体功能大于各部分功能之和的效果，从而使海洋牧场生态系统保持高的生产力。

## 二、底质重构与生境营造的多学科工程

着生乃至大面积覆盖有各种底栖海藻的岩礁生境，其聚集的鱼类资源非常丰富，相比该海域其他无植被着生的泥沙底质生境，有着更高的鱼类多样性和种类丰富度，以及更多的幼鱼数量。起伏错落的岩礁生境相比平坦的泥沙底质生境，具有更多的复杂小生境，能供更多的种类栖息，成为许多鱼类幼鱼阶段的避敌所和育肥场，对养护近岸经济鱼类资源、维持其一定的种群量等具有重要的作用。对于感礁性鱼类和底层岩礁种类而言，岩礁生境便是其一生所必须依赖的关键生境，近底层石首科鱼类在不同生长阶段持续利用岩礁生境，岩礁外围常出现优质底层鱼类，而中上层鳀科和鲹科鱼类则季节性高密度聚集于此。地方种对岩礁生境的周年依赖、洄游性鱼类对该生境的季节性利用和其他偶见种类的暂时性停留，这三种情况从时间尺度上展现了岩礁生境养护鱼类的基本面貌。

作为人为设置在海水中的类岩礁构造物，人工鱼礁可为鱼类等水生生物的栖息、生长和繁殖提供必要和安全的场所，营造一个适宜其生长的环境，从而达到保护并增殖渔业资源的目的。在高强度捕捞压力下，我国近海的渔业资源水平一直处于衰退态势，但在以岛礁为辐射中心的海域，其传统渔业资源密度及物种多样性仍能够维持在相对稳定的水平。岛礁海域所占面积并不大，但其对维持近岸生态系统健康、生物资源的高密度产出与高种类多样性起着重要作用，同时在维持近海渔民的生计和渔区社会的稳定等方面发挥着不可忽视的作用。海洋牧场海域以人工鱼礁建设为基础，通过对泥沙质软相底质生境的底质重构，局部放大岛礁生态功能，达到增加特定海域渔业资源增殖和养护能力的目的。

### （一）礁体材料

礁体构件的尺寸和结构的复杂程度主要取决于材料的选择。礁体材料以安全、绿色环保、易造性和经济性等为主要考量。随着技术的发展，海洋牧场建设中所使用的人工鱼礁

材料日益趋于多样化。人工鱼礁的材料分为天然材料（木材、石料、贝壳等）、废弃物材料（废旧船体、废旧轮胎、废旧电线杆等）和建筑材料（钢筋混凝土、钢材、玻璃纤维等）等几大类。目前我国常用于建造人工鱼礁的材料有废旧渔船、石料、钢筋混凝土、钢材等。

废旧船体是较理想的人工鱼礁单体，优点是空间大，便于鱼类聚集和藻类附着，运输与投放较方便，其缺点是使用寿命不长、容易腐烂，进而成为海底垃圾，不易清除。钢筋混凝土和钢制材料耐久性好而且无毒，是一种理想的人工鱼礁材料。钢制鱼礁结构稳定，建造容易，可以形成各种形状，建礁风险低，但是成本较高，在海水中容易腐蚀。钢筋混凝土施工制作容易，可做成各种形状，强度高，耐久性好，易被生物附着，可使水域中生物种类和生物量快速增长，适宜于海域底质构造和海域自然环境等，而且成本比钢制鱼礁等低。近年来，轮胎等废旧材料因其容易引起二次污染等环境不友好的特性，逐渐被弃用乃至禁用；而玻璃纤维增强塑料（glass fiber reinforced plastics，GFRP），以及天然玄武岩拉制的玄武岩纤维等新型建筑材料正在部分或全部替换钢筋使用。近年更有一种由生态混凝土制作而成的试验性生态混凝土鱼礁出现，这是一种具有多孔结构的新型混凝土鱼礁，它所具有的多孔结构使水和空气在其连续孔洞内通过或存在，从而增加了鱼类及各类海洋生物的附着及生存空间。

多数海洋牧场工程处于外海，对人工鱼礁的强度和耐久性要求较高，人工鱼礁使用的材料强度要求制造或组装、吊装、运输堆垒、投放时不易折断、破损，且具有抗浪流冲击的能力。一般来说，礁体材料选用钢筋混凝土材质成本相对较低、强度高、耐久性好。

### （二）单礁结构与多礁配置组合

海洋牧场的核心问题和目标是如何实现海域生物资源的高效增殖和持续利用，人工鱼礁作为海洋牧场的基础设施建设，通过营造放流种类生物的适宜生境，或改善它们的栖息环境等，为实现这一目标提供切实可行的途径。

为了实现通过人工鱼礁的投放来增强和拓展岩石生境功能的目标，岛礁海域的人工鱼礁一般采用中空结构复杂、平台面丰富、抗滑移性能较强的礁体结构，以利于褐菖鲉、大泷六线鱼等恋礁性鱼类的礁石触碰习性；同时，考虑黑鲷、叫姑鱼等感礁性鱼类的趋流习性，在礁体设计上还需考虑其能够产生复杂的流场效应。

**1. 礁体结构** 鱼礁单体内部为空心结构，礁体设置为直径不一的孔洞，内部有横架支撑。需基于结构力学原理，借助CAD等手段开展礁体设计。

结构力学是固体力学的一个分支，是主要研究工程结构受力和传力的规律，以及如何进行结构优化的学科，在海洋牧场礁体构建的结构选择及优化中发挥了巨大作用。目前，人工鱼礁结构类型主要有箱体型、框架型、三角棱型、梯台型和复杂异体型等，其在设计时要充分考虑所要承载生物的种类、大小和生活习性等，以此来保证礁体的结构安全性、稳定性、抗冲刷和流场等。

通过CAD系统对礁体进行造型绘制，并利用三维立体模型对礁体投入使用后可能产生的流场效果进行高精度的模拟和预测，从而为具体构建提供有力的科学支撑。同时，设计中应秉承“高强度、多样性、生态型”的设计理念，从人工鱼礁的流场效应、生物效应和避敌效应三个效应进行设计研究，力争做到以下几点。

（1）增大礁体表面积：礁体表面积直接关系到礁体上附着生物的数量，附着在礁体表面上的海洋生物是鱼类的饵料之一。

（2）良好的透空性：礁体内空隙率将影响礁体周围生物的种类和数量，因此应尽量将礁体设计成多空洞、缝隙、隔板、悬垂结构，使礁体结构具有良好的透空性和复杂性。

（3）充分的透水性：只有保证礁体内有充分的水体交换，才能使礁体表面积得到有效利用，确保礁体表面固着生物的养料供给，因为水的流动可保证所有附着生物的代谢保持稳定。

（4）因地制宜的生物适应性：依据海区生物资源种类对象的习性选择礁型，以达到鱼礁适应生物生长不同需求的目的。

（5）适宜的礁体高度：礁体的高度必须考虑礁区的水深、底质及船舶的航行安全要求。

人工鱼礁礁体的设计具有一定的标准，参照国内外研究成果及实际建设经验，设计的礁体高为建设海域水深的1/10～1/5，性价比最高。为防止礁体沉陷过快和在潮流的冲刷、洗掘作用下过早被掩埋，就要求在保证礁体强度的基础上，应尽量减轻礁体自重。在保证礁体有效高度的同时，应预留一定的下陷高度，将礁体底部加上实心底板，以增大礁体底部受力面积。为了保持礁体有较好的稳定性，降低水阻力作用，礁体需具备较好的通透性，并对礁体与海底的接触面采取一定的处理措施，使两者之间有较大摩擦系数。从增殖对象生物和礁体生态效应角度考虑，如果要产生相当规模的背涡流，在礁体周围还要有比较复杂多变的流态，礁体的结构就要相对复杂；另外还需要针对主要经济性恋礁鱼类的生活习性，考虑有充分的洞穴、较大的内部空间和阴影面积，又要有相当数量的平面。

**2. 配置组合**　海洋牧场区的人工鱼礁布设方式，取决于该海洋牧场的建设目标和建设路径对人工鱼礁的功能需求与实施可能。以海参、鲍等海珍品种类为产出目标的海洋牧场，需要大型海藻为其增殖生物提供饵料，因此人工鱼礁的布设以连片区域的礁体投放为基本特征，从而达到底质重构、营造底栖海藻场的目的。以鱼类为产出目标的海洋牧场，经过结构优化设计的礁体本身所具有的内部空隙、阴影效果等可以为鱼类提供躲避敌害空间、适宜栖息空间、喜好流速空间等功能需求；除此以外还需要为它们提供附着生物和浮游动物等饵料生物，因此人工鱼礁的布设以单位鱼礁和鱼礁群的配置为主要特征，以目标生物的营养供给和生态位，以及上升流规模等为度量，结合现场的本底环境，通过底质重构及其流场效应，实现以附着生物，以及上升流-营养盐-初级生产力-浮游动物等为营养传递路径的鱼类增殖目标。单位鱼礁内的单礁间距，或单位鱼礁之间，乃至鱼礁带之间，或人工鱼礁与天然岛礁之间的间距，需根据海域水动力特性和生物特性综合考虑后设定。

增强岛屿之间协同效应的人工鱼礁投放时，需要分别考虑鱼礁个体之间、单位鱼礁之间，以及单位鱼礁与岛屿之间这三种情况下均能产生协同效应为度量，从而实现在丰富岛屿间局地生境类型（原有的泥地生境中增加岩石底质）的同时，使得在两个或多个岛屿范围内形成一个能相互影响的整体，并提高其协同效率的鱼礁建设目标，最终提高岛礁海域对岩礁性渔业资源的增殖与养护效能。其具体配置组合方式可以在以两个岛屿之间，以岛屿间的中点为圆心，岛屿间距的1/3为直径划定圆形投礁区域，建设若干个单位鱼礁（由一定数量的人工鱼礁单体组成），任意一组单位鱼礁按内部间距1～2倍鱼礁边长，以九宫格插空四角和中心位置的形式组成，单位鱼礁之间的布局方法同上。此类人工鱼礁投放需注意对原有泥地生境的破坏控制在最低程度。

### （三）礁体稳定性

礁体的稳定性取决于底质对礁体的静摩擦、礁体的自重及其重心位置，以及礁体在浪流共同作用下的最大受力，从而决定其抗漂移与抗翻转性能。

根据礁体摩擦力的实验结果，总体趋势为随着泥沙粒径的增大，礁体的最大静摩擦系数下降（表2-1）。

**表2-1 饱和含水率下礁体最大静摩擦系数**

| 底质 | 粒径范围/mm | 最大静摩擦系数值 | 底质 | 粒径范围/mm | 最大静摩擦系数值 |
|---|---|---|---|---|---|
| 粉砂黏土 | <0.0625 | 0.886 | 粗砂 | 0.5～2 | 0.603 |
| 细砂 | 0.0625～0.2 | 0.692 | 砾石 | >2 | 0.501 |
| 中砂 | 0.2～0.5 | 0.642 | | | |

根据日本学者中村充对人工鱼礁在波浪和潮流共同作用下的流速及作用力大小的研究，不同迎流角情况下礁体所受的最大作用力与礁体拖曳系数、海水密度、某迎流角下的迎流面积以及流速的平方成正比，与重力加速度成反比。

要使礁体在水流冲击下不发生移动，即礁体不漂移，就要求礁体与海底接触面之间的静摩擦力大于水流作用力。要保持礁体在波流作用下不翻滚（图2-1），就要求礁体的重力和浮力之合力矩$M_1$大于波流最大作用力矩$M_2$，$M_1$与$M_2$的比值为抗翻转系数$S_2$，该数值必须大于1，才能保证礁体不发生翻转，安全校核计算公式为：

$$S_2=\frac{M_1}{M_2}=\frac{W(1-\omega_0/\sigma_G)\cdot l_w}{F_{max}\cdot h_0}$$

式中，$W$为礁体重量；$\omega_0$为水体密度；$\sigma_G$为礁体密度；$l_w$为倾覆中心到礁体中心的水平距离；$h_0$为流体作用力的中心高度。

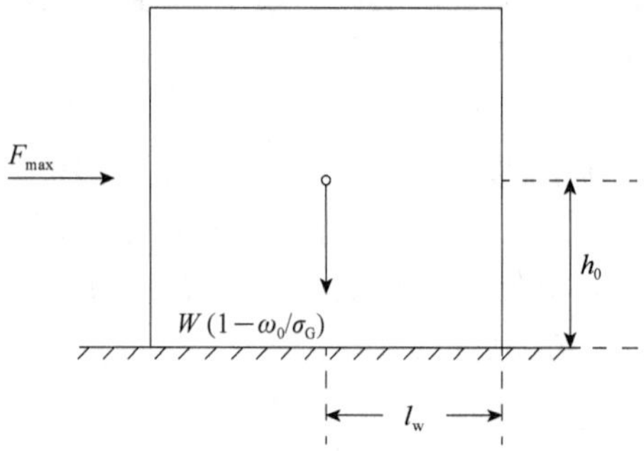

图2-1 礁体抗翻转特性示意图

在实际礁区布置中，为发挥礁体最大流场效应且避免礁体失稳，应尽量将礁体布置成设计最优正面与流向（潮流椭圆主轴）夹角为90°（即0°冲角），同时将礁体按排或按列布置。在极端恶劣海况下外围礁体抗漂移安全系数可能会小于1，会出现漂移现象，但随着礁体间距的减小，内侧礁体抗漂移安全系数会继续上升，直至达到安全的范围。

从某种意义上说，牺牲一定的空方体积、使礁体适度可控的沉降下陷，将有助于提高礁体的抗漂移与抗翻转稳定度，因此，很多礁型在设计时就考虑了适度沉降和抗漂移与抗翻转的需求。

### （四）底质承重力与礁体防沉降

人工鱼礁在不同底质下的状态会有所不同，过重的鱼礁会在淤泥质底质中下陷过深，过轻的鱼礁则会受海流或波浪冲击发生翻滚，或者在砂质等底质中因强流冲刷而倾覆，从而失去本身的生态作用并造成经济损失。海洋牧场示范区人工鱼礁区的底质情况将影响礁体的整体稳定性和使用寿命，选址应在底质较硬、泥沙淤积少、海底底质表层单位面积承载力大于礁体自重的水域，有薄层泥沙覆盖的坚硬岩石质海床是建造人工鱼礁的理想场所。同时，海洋牧场工程的建设会改变原有的水深和地貌，并引起波浪和潮流等水动力条件的相应改变，导致海底产生冲淤变化。

对人工鱼礁区备选海域附近的底质进行柱状采样，测定不同区域底质的粒度、天然密度、孔隙率、含水率、液塑性系数、压缩系数、压缩模量等物理性质以及贯入强度、抗剪强度等力学性质，计算海域底质承载力的分布特征，可为本海域海洋牧场区建设的礁体设计和礁区选址提供科学依据。根据土的抗剪强度指标确定地基承载力，按照《建筑地基基础设计规范》(GB 50007—2011)中应用的下式计算：

$$f_a = M_b \gamma b + M_d \gamma_m d + M_c c_k$$

式中，$f_a$为由土和抗剪强度确定的地基承载力特征值；$M_b$、$M_d$、$M_c$为承载力系数（表2-2）；$b$为基础底面宽度，大于6m按6m考虑，对于砂土小于3m按3m考虑；$d$为基础埋置深度；$\gamma$、$\gamma_m$为基础以下土的容重和基础底面以上土的加权平均容重；$c_k$为基础以下1倍短边宽度的深度范围内土的黏聚力标准值。

**表2-2　承载力系数表**

| 土的内摩擦角标准值 $\phi_k$/(°) | $M_b$ | $M_d$ | $M_c$ | 土的内摩擦角标准值 $\phi_k$/(°) | $M_b$ | $M_d$ | $M_c$ |
|---|---|---|---|---|---|---|---|
| 0 | 0 | 1.0 | 3.14 | 20 | 0.51 | 3.06 | 5.66 |
| 2 | 0.03 | 1.12 | 3.32 | 22 | 0.61 | 3.44 | 6.04 |
| 4 | 0.06 | 1.25 | 3.51 | 24 | 0.80 | 3.87 | 6.45 |
| 6 | 0.10 | 1.39 | 3.71 | 26 | 1.1 | 4.37 | 6.9 |
| 8 | 0.14 | 1.55 | 3.93 | 28 | 1.4 | 4.93 | 7.4 |
| 10 | 0.18 | 1.73 | 4.17 | 30 | 1.9 | 5.59 | 7.95 |
| 12 | 0.23 | 1.94 | 4.42 | 32 | 2.6 | 6.35 | 8.55 |
| 14 | 0.29 | 2.17 | 4.69 | 34 | 3.4 | 7.21 | 9.22 |
| 16 | 0.36 | 2.43 | 5.00 | 36 | 4.2 | 8.25 | 9.97 |
| 18 | 0.43 | 2.72 | 5.31 | | | | |

由于人工鱼礁的形状、尺寸、密度等尚无法确定，同时考虑设计冗余，在人工鱼礁基础承载力的计算时可暂不考虑人工鱼礁礁体宽度$b$和埋置深度$d$因素，底泥净承载能力（$f_{a0}$）计算可将公式$f_a$简化为公式$f_{a0}=M_c c_k$。

## 三、流场改造与上升流营造工程

人工鱼礁建设的主要目的是通过礁体周围产生的独特流场效应，使周边营养盐、底质颗粒和初级生产力等产生变化，从而通过影响生源要素和食物供给以及生境改造产生增殖浮游植物、中上层游泳生物与底栖生物资源的作用。人工鱼礁在水流的作用下，其迎流面会产生上升流，将底层的营养盐和沉积物带到水面附近，能提高海域的基础饵料水平，起到聚集鱼类的作用。另外，礁体背后会形成一个流速缓慢的区域，由于其中有大量漩涡存在，故称之为背涡流区域，它可以为鱼类提供庇护，供其繁殖和栖息。因此，可将上升流和背涡流的规模作为鱼礁流场效应的衡量标准。

根据已有调查结果，所有趋礁型鱼类大致可分为栖息于礁体内部的Ⅰ型、栖息于礁体周边的Ⅱ型与栖息于礁体外围的Ⅲ型。在海域中生活的鱼类大多具有趋流性，当外界流向和流速变化时以便随时调整自身的游泳方向和游速，而使自身保持逆流游泳状态，特别是对于在礁体周围活动的Ⅱ型鱼类更是如此。从鱼类行为学角度来说，由于人工鱼礁投放造成了局部空间流速相对来流速度变缓或变急，故而对目标鱼种起到了诱集的作用，鱼礁投放后对物理环境改造的效果应视其对环境水体有异于背景流场的范围而定。

目前关于人工鱼礁流场效应的研究方法主要有理论分析、现场调查分析、模型实验与数值模拟，其中模型实验主要包括风洞、水槽模拟实验、PIV水槽模型实验等。人工鱼礁的流场效应受多种因素的影响，单礁礁体构造和开口比、多礁组合方式及布放间距均会影响其流场分布。

### （一）目标种适宜流速营造

研究自然海域生长的鱼类对人工鱼礁的行为反应，找出它们之间的内在联系，从而选择更适宜鱼类聚集与栖息的鱼礁类型，是人工鱼礁及海洋牧场建设中一个不可缺少的重要环节。

在海洋牧场建设过程中，根据选定目标种的特定行为学特征确定其最佳的流场分布，是确定礁体构造、组合方式以及布放间距的关键因素。研究手段包括动水槽鱼类行为学实验、现场潜水观测和水下长周期视频监测等。

### （二）上升流与生产力提升

人工鱼礁上升流是流场区水体垂向交换、混合、循环的主要驱动因素之一，是人工鱼礁环境功能实现的基本环节。通过这种水体的垂直交换功能，上升流不断将底层、近底层低温、高盐、富营养的海水涌升至表层，使得温度、盐度格局重新分布，使水文条件更适合于中层、上层鱼类栖息和集群活动的要求。此外，饵料浮游生物高密度区主要出现在上升流区，这就为中心渔场的形成创造了必要条件。当前的相关研究，主要聚焦在置底的人工鱼礁体向上层真光层水体输送营养盐的通量，以及促进礁区水体垂向混合并增加底层水供氧的能力，提高海域整水层初级生产力的同时，一定程度上可增加层化季节底层水的供氧。

## 四、功能区协同工程

海洋牧场是由多个功能区组成的生态系统工程，常见的有人工鱼礁区、贝类增殖区、海藻增殖区、网箱养殖区、增殖放流区等，各功能区之间相互影响，相互作用，共同构成一个完整的人工生态系统，以满足特定的生物资源养护和产出要求。

海洋牧场多元生境优化布局技术以生态系统的功能完整性为基础、以目标种生活史需求的自然实现为导向、以海域物理空间和生源要素的高效利用为目标，建立牧场生境空间的优化组合技术，实现人工生境对目标种生活史需求覆盖度的最大化和最优化。

基于多元生境叠加效应和生态学原理，优化牧场功能区空间布局，确立不同类型牧场生态承载力提升技术。要以海藻规模化扩繁、多功能礁研制与礁群最优配置技术为支撑，运用鱼礁、海藻场或海草床、浮筏等在牧场海域设计多种人工生境组合，以生物多样性和功能多样性指标，评估多元生境的生态功能实现过程及其复合效应；从高效且持续利用牧场物理空间和生源要素出发，以实现牧场对洄游目标种关键生活史需求的贡献度最大和对定居目标种全生活史需求的依赖度最强为目标，根据多元生境生态效应评估结果，不断优化目标种人工生境布局。

# 第四节　信息学原理

## 一、信息获取与传输

### （一）信息获取

海洋牧场信息的获取分为直接和间接两类，前者主要通过传感器或信息采集装备在海洋环境现场获取相应的信息数据，后者主要通过其他渠道获取所需的信息数据，如第三方网站平台、公共数据源、国家单位或科研部门等。同样类型的数据可以通过不同的方式获取，如气象数据既可以使用气象传感器在海上直接测量获得，也可以通过气象局的数据库获得。

**1. 原位获取**　原位获取方法主要指的是对所需的信息数据在原来的外部环境中进行检测，而不是单独地将其分离出来使用单变量方式进行测定，或模拟环境条件进行检测。这样做可以最大限度地在接近现实情况的条件下进行分析，尽可能地还原现状，得到准确的数据。常见的原位获取信息包括气象、水文、水质、地质、生态等信息，常见的获取装备包括搭载了各种传感器的海洋浮标、潜标、海床基、考察船、海洋观测网、水下机器人等。

**2. 采样分析**　采样分析方法主要是指通过在实验室分析海洋中采集的样品或拟合海洋中采集的数据获得海洋牧场信息的方法。这类方法一般用于对无法或难以进行原位测量的目标量进行精确测量分析，常见的采样分析数据包括水质、生态、地质等信息，常见的获取装备包括采样器、光谱仪、色谱仪、质谱仪等。

**3. 信息接入**　信息接入是指直接从信息源数据库中获取海洋信息的方法。一般用于获得卫星/飞机遥感、气象、船位、岸基雷达等数据。这种方法获取的数据一般来源于专业机构，数据质量较高，相对数据成本低，但通常也存在空间、时间分辨率较低的问题。

**4. 网络收集**　网络收集是指通过公开的网络查找和收集所需的海洋信息，一般用于获取海洋经济活动、气象、水文等方面的数据。

**5. 人工录入**　人工录入是指通过人工调查、录入、扫描等方法，将非数字化的信息转化为数字信息，一般用于获得海洋经济、生态、历史资料等方面的数据。

### （二）信息传输

海洋牧场数据传输技术主要是将汇聚节点和数据感知节点汇集，实现数据的高效传递。要想不断提升数据传递的安全性和可靠性，就一定要避免数据在传输过程中出现失误。海洋牧场数据传输的方式有很多种，其中冗余传输、数据重传和多路径传输是最常见的方式。

早期海洋牧场信息的传输多采用有线方式，如RS323、RS485，考虑海洋牧场物联网设备的位置往往分散在海洋牧场各个方位，且牧场空间尺度较大，后期更多使用无线方式。

随着海洋牧场智能化设备、装备的发展，各类传感器采集数据越来越丰富，大数据应用随之而来，考虑把各类设备直接纳入互联网以方便数据采集、管理以及分析计算。海洋牧场智能化已经不再局限于小型设备、小网络阶段，而是进入完整的智能工业化、信息化领域，海洋牧场智能物联网化在大数据、云计算、虚拟现实上步入成熟，并纳入互联网＋整个大生态环境。

**1. 有线传输** 主要有电线载波或载频、同轴线、开关量信号线、RS232串口、RS485总线、USB等。

RS232串口：串行通信接口，全名是“数据终端设备（DTE）和数据通信设备（DCE）之间串行二进制数据交换接口技术标准”，是计算机与其他设备传送信息的一种标准接口；该标准规定采用一个25个脚的DB25连接器，对连接器的每个引脚的信号内容加以规定，还对各种信号的电平加以规定；RS232属单端信号传送，存在共地噪声和不能抑制共模干扰等问题，因此一般用于20m以内的通信，常用的串口线一般只有1～2m。

RS485总线：在要求通信距离为几十米到上千米时或者有多设备联网需求时，RS232无法满足，因此诞生了RS485 串行总线标准。RS485采用平衡发送和差分接收，具有抑制共模干扰的能力，加上总线收发器具有高灵敏度，能检测低至200mV的电压，使得传输信号能在千米以外得到恢复，RS485采用半双工工作方式，可以联网构成分布式系统，用于多点互连时非常方便，可以省掉许多信号线，最多允许并联32台驱动器和32台接收器。

有线载波：采用载波技术将数据调制后通过电源线或专用线缆进行传输的方式。这类方式一般具有2km以上的传输距离，传输带宽可达200Mb，由于不必专门铺设通信线缆，具有应用方便灵活的优点。

光纤：将数据调制为光信号后通过光纤传输的方式。无中继传输距离可达50km以上，传输带宽可达10Gb以上。其优势在于轻质、低损耗、高带宽、抗干扰等方面，目前普遍用于海底观测网等永久性海洋观测设施。

**2. 近距离无线传输** 设备之间用无线信号传输信息，主要有无线RF433/315M、蓝牙、Zigbee、Z-wave、IPv6/6LoWPAN等。

RF433/315M：无线收发模组，采用射频技术，工作在ISM频段（433/315MHz），一般包含发射器和接收器，频率稳定度高，谐波抑制性好，数据传输率1～128kbit，采用GFSK的调制方式，具有超强的抗干扰能力。应用范围：①无线抄表系统；②无线路灯控制系统；③铁路通信；④航模无线遥控；⑤无线安防报警；⑥家居电器控制；⑦工业无线数据采集；⑧无线数据传输。低功耗的RF433可在2.1～3.6V电压范围内工作，在1s周期轮询唤醒省电模式（polling mode）下，接收仅仅消耗不到20μA，一节3.6V/3.6A的锂亚电池可工作10年以上。

Zigbee：是基于IEEE 802.15.4标准的低速、短距离、低功耗、双向无线通信技术的局域网通信协议，又称紫蜂协议。特点是近距离、低复杂度、自组织（自配置、自修复、自管理）、低功耗、低数据速率。Zigbee协议从下到上分别为物理层（PHY）、媒体访问控制层（MAC）、传输层（TL）、网络层（NWK）、应用层（APL）等，其中物理层和媒体访问控制层遵循IEEE 802.15.4标准的规定，主要用于传感控制应用（sensor and control）。该协议可工作在2.4GHz（全球流行）、868MHz（欧洲流行）和915MHz（美国流行）3个频段上，分别具有最高250kbit/s、20kbit/s和40kbit/s的传输速率，单点传输距离在10～75m的范围内，Zigbee是可由1～65 535个无线数传模块组成的无线数传网络平台，在整个网络范围内，每一个Zigbee网络数传模块之间可以相互通信，从标准的75m距离进行无限扩展。Zigbee节点非常省电，其电池工作时间可以长达6个月至2年左右，在休眠模式下可达10年。

Z-wave：是由丹麦公司Zensys所一手主导的基于射频的、低成本、低功耗、高可靠、适于网络的短距离无线通信技术，工作频带为868.42（欧洲）～908.42（美国）MHz，采用FSK（BFSK/GFSK）调制方式，数据传输速率为9.6～40kbit/s，信号的有效覆盖范围在室内是30m，室外可超过100m，适合于窄宽带应用场合。Z-wave采用了动态路由技术，每一个Z-wave网络都拥有自己独立的网络地址（HomeID）；网络内每个节点的地址（NodeID）由控制节点（Controller）分配。每个网络最多容纳232个节点（Slave），包括控制节点在内。Zensys提供Windows开发用的动态库（dynamically linked library，DLL），开发者使用该DLL内的API函数进行PC软件设计。通过Z-wave技术构建的无线网络，不仅可以通过本网络设备实现对家电的遥控，甚至可以通过Internet网络对Z-wave网络中的设备进行控制。

IPv6/6LoWPAN：基于IPv6的低速无线个域网标准，即IPv6 over IEEE 802.15.4。IEEE 802.15.4标准设计用于开发可以靠电池运行1～5年的紧凑型低功率廉价嵌入式设备（如传感器）。该标准使用工作在2.4GHz频段的无线电收发器传送信息，使用的频带与Wi-Fi相同，但其射频发射功率大约只有Wi-Fi的1%。6LoWPAN的出现使各类低功率无线设备能够加入IP家庭中，与Wi-Fi、以太网以及其他类型的设备并网；IETF 6LoWPAN技术具有无线低功耗、自组织网络的特点，是物联网感知层、无线传感器网络的重要技术，Zigbee新一代智能电网标准中SEP2.0已经采用6LoWPAN技术，随着美国智能电网的部署，6LoWPAN将成为事实标准，全面替代Zigbee标准。

LoRa：易于建设和部署的低功耗广域物联技术，使用线性调频扩频调制技术，既保持了写FSK（频移键控）调制相同的低功耗特性，又明显地增加了通信距离，同时提高了网络效率并消除了干扰，即不同扩频序列的终端即使使用相同的频率同时发送也不会相互干扰，因此在此基础上研发的集中器/网关（Concentrator/Gateway）能够并行接收并处理多个节点的数据，大大扩展了系统容量。主要在全球免费频段运行（即非授权频段），包括433MHz、868MHz、915MHz等。LoRa网络主要由终端（内置LoRa模块）、网关（或称基站）、服务器和云四部分组成，应用数据可双向传输，传输距离可达15～20km。

**3. 传统互联网**　互联网发展到现在，基本上所有的软件系统都运行在互联网基础上，人们从互联网上获取各类数据，进行交流沟通、工作，基本上所有人都知道互联网，这里只做简单描述。

Wi-Fi：基于IEEE 802.11标准的无线局域网，可以看作是有线局域网的短距离无线延伸。组建Wi-Fi只需要一个无线AP或是无线路由器就可以，成本较低。

以太网：包括标准的以太网（10Mbit/s）、快速以太网（100Mbit/s）和10G（10Gbit/s）以太网。它们都符合IEEE 802.3，IEEE 802.3规定了包括物理层的连线、电信号和介质访问层协议的内容。

微波通信：利用专用微波频段进行传输的专用通信网络，一般采用专用的编码/解码协议和无线电频段。

**4. 移动空中网**　移动无线通信技术发展到现在，移动终端直接接入互联网世界，随着通信资费下降以及3G/4G/5G无线模块成本下降，并且3G/4G/5G可以很方便地与互联网进行通信，越来越多的设备采用移动网技术。

通用分组无线服务（general packet radio service，GPRS）技术是GSM移动电话用户可用的一种移动数据业务，属于第二代移动通信中的数据传输技术，介于2G和3G之间的技术，也被称为2.5G，可说是GSM的延续。GPRS以封包（packet）式来传输，传输速率可提升至56～114kbit。

3G/4G：第三和第四代移动通信技术，4G集3G与WLAN于一体，能够快速高质量地传输数据、图像、音频、视频等。4G可以在有线网没有覆盖的地方部署，以100Mb以上的速度下载，能够满足几乎所有用户对于无线服务的要求，具有不可比拟的优越性。4G移动系统网络结构可分为三层：物理网络层、中间环境层、应用网络层。

基于蜂窝的窄带物联网（narrow band Internet of things，NB-IoT）构建于蜂窝网络，只消耗大约180kHz的带宽，可直接部署于GSM网络、UMTS网络或LTE网络，支持低功耗设备在广域网的蜂窝数据连接，也被称为低功耗广域网（LPWA）。NB-IoT支持待机时间长、对网络连接要求较高设备的高效连接。据说NB-IoT设备电池寿命可以提高至至少10年，同时还能提供非常全面的室内蜂窝数据连接覆盖。

**5. 卫星传输** 通过卫星（一般是同步通信卫星或海事卫星）传输海洋数据的方法，适用于几乎任何海域，这是此类传输方式的最大优势所在，但在其对天气要求高、较低的传输带宽、极高的传输成本制约下，一般仅在无法采用其他传输方式的时候应用。

## 二、信息处理与识别

海洋牧场信息化的特点主要体现在可以处理传感器实时传递的大量数据，海洋牧场信息呈现海量性、复杂性与时效性的特点。海洋牧场通过大量传感器节点组合在一起形成网络，传感器的数量和采集的信息种类十分丰富。由于数据是固定周期连续采集的，因此信息量也很大。

海洋牧场信息的复杂性主要分为异构性和多态性。由于采集数据的传感器的结构和性能的不同，所采集的信息在内容和格式上具有差异。此外，由于位置和环境等因素的影响，不同位置的同类传感器采集到的信息也会存在差异。因此，海洋牧场网络中的感知设备种类与体系架构越复杂，信息的异构性和多态性就越突出。

大量的传感器在不停地周期性地采集新信息，对收集到的历史信息和新信息进行实时性融合和处理是有效使用信息的关键。海洋牧场中心信息处理设备必须实时快速地响应各种事件。反馈速度和响应时间反映了物联网系统的可靠性和可用性。

### （一）信息处理技术

**1. 数据清洗技术** 由于网络的不稳定性和环境因素的不确定性，导致数据收集到的信息出现错误、异常等问题，有时还会出现噪声数据。因此，要对这些感知数据进行清洗或离群值判断，把“脏数据”除去获得有效一致的感知数据。如果一些感知数据缺失了，要经过估算还原缺失的数据。物联网信息感知技术一般采用在感知节点或局部网络等部位应用概率统计、分类识别等方法完成感知数据的清洗任务。

**2. 数据压缩技术**　物联网的感知网络系统比较复杂庞大，感知到的信息数据非常多，在汇聚点有大量的信息传输。由于节点的资源限制和数据的空间相关性，导致感知的信息含有大量的冗余数据，所以要采取有效的数据压缩减少数据量。传统基于排序的数据压缩法和基于管道的数据压缩法数据压缩效率比较低，根据感知网络分布式特点和传统基于变换的数据压缩法，研究者开发研究出一种适合物联网庞大的感知网络的数据压缩方法：分布式数据压缩法。该方法的主要原理是各个节点共同工作完成数据压缩，效果显著。

**3. 数据融合技术**　数据融合是物联网信息感知技术的核心。数据融合一般通过漂移均值滤波法消除多元异构数据大量传输导致的噪声和冗余数据；并将少量正确的数据信息传送到汇聚点，降低了传输冲突，减少了数据传输量，提高通信效率，有效地对多元异构数据进行处理，为物联网信息感知系统提供正确、可靠、连续的数据信息。

### （二）信息的识别

物联网通过对收集到的海量数据进行有效的分类和识别来提高系统的整体效率。目前主要采取的信息分类策略是聚类算法。聚类过程是将一组物理的或者抽象的数据对象根据相互之间的相似度来划分成若干簇的过程。在这个过程中，一组相似的数据对象构成一个簇。聚类算法根据收集到的信息来搜索和确定该信息所包含的价值意义。目前广泛应用的聚类算法包括K均值算法、高斯分布测试算法和G均值算法。

## 三、信息存储与利用

### （一）海洋牧场信息的存储

海洋牧场信息的存储一般采用结构化的存储方式，信息的字段被拆分或处理后，存入数据库。信息的存储目前主要有集中式存储和分布式存储两种方式。

**1. 集中式存储**　在集中式信息管理系统中，各传感器按照一定的采样规则，将所采集的数据上传到数据中心进行统一的存储管理，数据的查询和处理可以直接在数据中心完成。由于数据中心具有相对强大得多的存储与计算能力，因此这种方式可以支持各种复杂的、密集型的查询，更加适合于物联网的相关应用环境。集中式信息管理技术目前又主要分为云计算和并行数据库技术。

云计算是通过一种协同机制来动态管理上百万台计算机所具有的处理能力，按需分配给全球用户，从而具有稳定而快速的存储能力。云计算管理系统主要属于“键-值”数据库，如Bigtable、Dybama、HBase、PNUTS和HIVE等。这类数据库能够高效地处理基于主关键字的查询，但不能有效地支持物联网数据的时空关系表示与存储、时空逻辑条件查询以及属性约束条件查询等。

并行数据库是通过将多个关系数据库组织成数据库集群来支持海量结构化数据的处理。但这种方法在处理关键字查询时的性能要远低于“键-值”数据库，无法根据传感器的标识快速地检索到所需要的数据。

**2. 分布式存储**　分布式存储的应用得益于分布式数据库（distributed dataBase，DDB）的产生。分布式数据库通过对物理上分散的各结点信息在逻辑层面上进行重新划分，从而实现局部自治和全局共享。分布式数据库的算法包括关联规则挖掘算法、精简频繁模式集和关联规则的安全挖掘算法以及事物流的动态可串行调度算法等。同时，数据库技术可以与网络通信技术、人工智能技术、面向对象程序设计技术、并行计算技术相互渗透与结合，使其在物联网的应用中具有极大的优势。

### （二）海洋牧场信息的应用

海洋牧场信息一般用于以下几个方面。

**1. 海洋牧场生态与环境评估** 借助海洋牧场建设前后以及建设后长期的生态环境数据可有效评估海洋牧场建设对于海洋生态环境的修复作用和海洋渔业资源的促进作用，从而为海洋牧场的进一步发展提供目标方向。

**2. 海洋牧场管理的智能化和标准化** 海洋牧场的管理需要以实时、完整的海洋牧场各方面信息为基础，制定管理策略、落实管理措施、调配管理资源和评估管理效果。

**3. 海洋牧场资源利用规划** 每一个海洋牧场都有其独特的地方，只有扬长避短地进行资源开发利用，才能最大限度地利用好海洋牧场的天然条件，最大限度地恢复海洋的生态环境。开发策略的选择、开发目标、开发过程的设计，均需要海洋牧场各类数据的支持。

**4. 海洋牧场灾害预警、预报和措施制定** 借助海洋牧场的地球物理模型和相应的实时数据，可有效预报或预警海洋气象、地质、生物等灾害的发生时间、地点和强度，在此基础上进行预防或减损措施的制定与落实，将有效降低海洋牧场经营的风险。

**5. 海洋牧场安全保障** 利用海洋牧场数据对海洋牧场内的人员、船只、货物进行实时监控，可有效降低事故和损失的发生风险。

**6. 海洋牧场旅游及产品宣传** 海洋牧场的经济效益主要来源于生态环境修复后的渔业资源和旅游资源的提升，利用海洋牧场的数据，特别是环境与生态相关的在线数据和影像，能够有效吸引网络用户的注意力和兴趣，进而驱动旅游经济的发展。利用海洋牧场渔业的相关数据，可形成直观的水产品质量安全追溯机制，提升产品的品牌含金量，从而推动渔业经济的良性发展。

# 第五节　管理学原理

管理学是研究人类管理活动的一般规律的科学（《管理学》编写组，2019）。时代背景不同，环境特征不同，管理活动的规律也会表现出不同的特征。管理学的研究对象既包括个体活动的管理，也包括群体活动的管理。优先利用哪些资源？以什么样的方式利用这些资源？如何才能利用可支配的资源给自己带来尽可能大的收益？所有这些问题的解决都需要借助统筹管理能力。

## 一、系统原理

系统是普遍存在的，它既可以应用于自然和社会事件，又可应用于大小单位组织的人际关系之中。因此，我们可以把任何一个管理对象都看成是特定的系统。组织管理者要实现管理的有效性，就必须对管理进行充分的系统分析，把握住管理的每一个要素及要素间的联系，实现系统化的管理。

管理的系统原理源于系统理论，它认为应将组织作为人造开放性系统来进行管理。它要求管理应从组织整体的系统性出发，按照系统特征的要求从整体上把握系统运行的规律，对管理各方面的前提做系统的分析，进行系统的优化，并按照组织活动的效果和社会环境的变化，及时调整和控制组织系统的运行，最终实现组织目标，这就是管理系统原理的基本含义。

系统是客观存在的，具有普遍性。从系统组成要素的性质来看，可以划分为自然系统和人造系统。自然系统是由自然物组成的，它的特点是自然形成的，如生态系统、星际系统等；人造系统是人们出于某种目的而制造的系统，如生产系统、交通系统、商业系统、管理系统等。还有从系统与环境的联系程度来看，可以划分为封闭系统和开放系统；从系统的状态与时间的关系来看，可以划分为静态系统和动态系统等。无论是何种分类的系统，它们都具有整体性、层次性、目的性和适应性四个特征。

林承刚等（2020）总结的海洋牧场概念和内涵：基于生态学原理，充分利用自然生产力，运用现代工程技术和管理模式，通过生境修复和人工增殖，在适宜海域构建的兼具环境保护、资源养护和渔业持续产出功能的生态系统。由此可见，海洋牧场建设就是根据管理学的系统原理，兼具自然系统和人造系统的双重特点，同时具备整体性、层次性、目的性以及适应性四个特征，是一个复杂的系统工程。目前，系统开展现代化海洋牧场构建原理创新与技术攻关，是保障我国海洋牧场产业可持续发展的重中之重。

## 二、择优原理

从管理学上的决策理解，为了解决某个问题或者实现一定的目标，对若干个可行方案进行比较，确定每一个方案对目标的贡献程度和可能带来的潜在问题，以明确每一个方案的利弊，最终选择一个相对满意的行动方案。

无论是选址决策、鱼礁和藻礁设计布局，还是承载能力评估以及生态效应评价，从广义上看都是用于保障海洋牧场生态安全的决策问题。这些成果一方面越来越重视利用信息技术提高海洋牧场的管理水平，另一方面也越来越重视对海洋牧场的科学评价，对开展海洋牧场生态安全决策有着重要的指导作用。目前，我国海洋牧场选址与生态修复设施布放不合理问题较为突出（杨红生等，2019）。一些海洋牧场在建设初期，未做详细的地质类型、水动力分析等本底调查，只是照搬国内外模式，在海区随意投放石块、水泥管作为人工鱼礁，结果几个月后原先投放的石块、水泥管不见踪迹，造成了大量资金的浪费和海域生态环境的破坏。也有部分企业未进行海域生态环境科学评估就开展以人工鱼礁为主的海洋牧场建设，因为选址不科学，将增殖礁建在局部底层缺氧区，导致极端气候条件下出现海参等增殖对象大批死亡，损失惨重。另外，生物资源增殖养护和回捕利用是海洋牧场的关键问题。日本、美国等发达国家渔业一直在大力开展资源增殖的研究工作，其放流、标记、追踪监测以及回捕评估等技术居领先地位；对资源增殖种类的亲鱼遗传管理、苗种质量控制和苗种野性驯化都有较为严格的要求，这些都需要遵循择优原则帮助提高海洋牧场的建设效果。

另外，“生态优先”是海洋牧场生态安全决策的基本原则，但与此同时该种决策也需要遵循经济性、社会性、满意性、动态性、环保性等原则。海洋牧场生态安全决策首先需要遵循特定的客观规律、管理规律，通过充分整合多方面客观数据信息，得到符合客观规律的评价结果。海洋牧场生态安全决策也需要顾及决策所涉及的利益相关者的需要，协调多方关系（林金兰等，2018），以保证决策结果能够被广泛接受并得以顺利实施。由此可见，海洋牧场生态安全决策，既要依赖客观数据信息、符合客观规律，强调决策的科学性，又要考虑多方主体需要、协调多方利益，强调决策的艺术性。只有充分协调科学性与艺术性才能保证海洋牧场生态安全决策的正确制定与顺利实施（杜元伟和王素素，2020）。

## 三、反馈原理

在管理实践中，没有控制就很难保证每个计划的顺利执行，进而组织的目标就无法实现，因此控制工作在管理活动中起着非常重要的作用。按进程控制可以分为前馈控制、现场控制和反馈控制。反馈是控制论的一个极其重要的概念。反馈就是由控制系统把信息输送出去，又把其作用结果返送回来，并对信息的再输出发生影响，起到控制的作用，以达到预定的目的。原因产生结果，结果又构成新的原因、新的结果……反馈在原因和结果之间架起了桥梁。

风险防控与综合管理是海洋牧场高质量发展的重要保障。全球气候变化和人类活动影响下海洋牧场的生态灾害时有发生，生态风险的信息化预警与精准预报支撑能力不足；海洋牧场环境资源高精度实时监测系统与设备研发针对性不强，无法实现真正意义上的“可视、可测、可报”，因此需要及时关注反馈，利用先进科学技术手段，对海洋牧场的全过程进行监测评估与预警预报，从而实时获取精准监测环境参数和生物状态，避免造成经济损失。同时，通过反馈可以了解生物增殖、养护的效果以及生态环境修复的效果，避免下个周期发生类似的问题。

## 四、效益原理

任何组织在任何时期的存在都是为了实现一定的目标。同时，任何组织在任何时期的目标活动都需要组合和利用一定的资源，从而付出一定的代价。效益是指组织目标的实现与实现组织目标所付代价之间的一种比例关系。追求组织活动的效益就是尽量以较少的资源消耗去实现组织的既定目标。追求效益是人类一切活动均应遵循的基本规则，这是由资源的有限性所决定的。解决资源的有限性与人类需要的无限性之间的矛盾，是经济学与管理学的古典课题和永恒任务。为了缓和这个矛盾，人类必须在一切社会活动特别是经济活动中遵循效益的原理。组织目标能否实现，实现的程度高低，通常与目标活动的选择有关。活动的内容选择不当，与组织的环境特点或变化规律不相适应，那么即使活动过程中组织成员的效率很高，结果也只能是南辕北辙，组织目标无法实现。组织目标实现的代价与目标活动过程中的资源消耗有关，而资源消耗的高低则取决于活动正确与否。方法正确，资源则可能得到合理配置、充分利用；方法失当，则可能导致资源的浪费。

海洋牧场建设的目的之一是实现渔业资源的可持续发展，即协调渔业资源有限性与人类利用无限性欲望的矛盾。在此过程中，需要设计制定合理的目标和活动，任何一个海洋牧场的建设都需要较大金额的资金支持，若选择不当，不仅不能实现生态环境修复、资源养护以及渔业的可持续发展，反而会造成大量资金的浪费和海域生态环境的破坏，甚至增殖对象大批死亡，出现海洋牧场绝收现象等。

## 五、科学管理原理

科学管理原理是1911年由弗雷德里克·温斯洛·泰勒提出的，其科学管理的中心问题是提高劳动生产率，并着重指出了提高劳动生产率的重要性和可能性；为了提高劳动生产率，必须为工作配备“第一流的工人”。弗雷德里克·温斯洛·泰勒认为，那些能够工作而不想工作的人不能成为第一流的工人，只要工作是合适的，每个人都能成为第一流的工人。而培训工人成为“第一流的工人”则是企业管理者的责任：要使工人掌握标准化的操作方法，使用标准化的工具、机器和材料，并使作业环境标准化。

国内外海洋牧场的发展历程和科学研究均表明，科学规划、建设和管理海洋牧场，可以保障海洋渔业资源的稳定和持续增长，可以促进海洋经济绿色健康发展。在该原理指导下，建设海洋牧场需要坚持生态保护和资源利用相结合，社会效益和经济效益相统一的原则，围绕保护海洋生态环境、增殖渔业资源和发展海洋经济，调整渔业产业结构，重点发展深远海养殖业、滨海旅游业和休闲渔业。通过实施种质资源引进工程、栖息地改造工程、增殖放流工程和增养殖品种优化工程，打造以“人工鱼礁＋增殖放流＋深远海养殖＋海上平台＋渔港游艇＋休闲海钓＋渔船民宿＋海域监管”为一体的综合立体化海洋牧场。

## 本 章 小 结

1. 海洋牧场构建的海洋学原理是在充分理解海洋环境对目标种的支撑作用和机制的前提下，选择对目标种具有较大承载潜力的海区，在充分利用该海区自然生产力的基础上，进一步通过现代海洋工程和渔业工程技术，对限制目标种资源数量增长的某些海洋环境要素或过程进行人工改造，从而将该海区对目标种的支撑潜能充分释放，进而达到渔业资源养护与增殖的效果。

2. 海洋牧场中科学原理、技术的应用，进一步提高海域利用率和生产力，强化对生物栖息地的修复及养护，注重实现陆海统筹、三产贯通的渔业新业态。海洋牧场作为增殖渔业的重要方式，处于不同营养级的目标种群，受上行效应、下行效应等生态学原理的影响；增殖放流作为目标种群的补充手段，受资源与环境承载力等要素的影响，还受到饵料基础及敌害生物的控制调节，并涉及物质与能量的循环等生态学原理的应用。

3. 海洋牧场本质上是系统工程化的渔业资源增殖养护和可持续开发利用项目，是一项典型的系统生态工程。海洋牧场所涉及的生态工程基本原理包括物质循环再生、物种多样性、协调与平衡、整体性及系统学与工程学原理。海洋牧场工程主要包括底质重构与生境营造的多学科工程、流场改造与上升流营造工程，以及功能区协同工程。重点开展单礁结构与多礁配置组合优化等研究，以达到礁体稳定、多礁组合流场效应最佳、各功能区协调发挥作用的工程建设目的。

4. 海洋牧场信息的获取分为直接和间接两类，前者主要通过传感器或信息采集装备在海洋环境现场获取相应的信息数据。海洋牧场数据传输技术主要是实现数据的高效传输，早期海洋牧场信息的传输多采用有线方式，后期更多使用无线方式，包括近距离无线传输、传统互联网、移动空中网、卫星传输等。海洋牧场信息呈现海量性、复杂性与时效性的特点，对收集到的信息进行识别和处理是有效使用信息的关键，信息处理技术包括数据清洗技术、数据压缩技术、数据融合技术。海洋牧场信息的存储一般采用结构化的存储方式，目前主要有集中式存储和分布式存储两种方式。

5. 海洋牧场的功能是保障海洋渔业资源的稳定和持续增长，促进海洋经济绿色健康发展。其方式主要是通过充分利用自然生产力，运用现代工程技术和管理模式，通过生境修复和人工增殖，在适宜海域构建的兼具环境保护、资源养护和渔业持续产出功能的生态系统。因此，海洋牧场的建设必须结合管理学中的系统原理、择优原理、反馈原理、效益原理以及科学管理原理等科学管理的手段帮助其实现目的。

## 思 考 题

1. 海洋牧场中人工鱼礁的集鱼功能是借鉴和参考了天然渔场形成的哪些海洋学机制？
2. 简述生态学主要原理在构建海洋牧场中的应用。
3. 试述获取及传输海洋牧场信息的主要方法。
4. 海洋牧场信息的主要特点有哪些？
5. 简要叙述海洋牧场信息的主要应用。
6. 海洋牧场建设与管理基本原则有哪些？简述其主要思想。
7. 如何理解海洋牧场建设是一个系统工程？
8. 简述海洋牧场生态优先管理的内涵与原则。

## 参 考 文 献

《管理学》编写组．2019．管理学．北京：高等教育出版社．

陈丕茂，舒黎明，袁华荣，等．2019．国内外海洋牧场发展历程与定义分类概述．水产学报，43（9）：1851-1869．

陈骁，许祝华，丁艳锋．2016．江苏海州湾海域海洋牧场建设现状及发展对策建议．中国资源综合利用，34（5）：43-45．

陈永茂，李晓娟，傅恩波．2000．中国未来的渔业模式：建设海洋牧场．资源开发与市场，（2）：78-79．

陈钰祥，黎小国，佟飞，等．2018．广东惠州东山海人工鱼礁对附近海域潮汐动力影响研究．南方水产科学，14（6）：17-26．

杜元伟，王素素．2020．海洋牧场生态安全的决策模式与机理：基于WSR系统方法论．中国渔业经济，38（2）：109-118．

冯英明，许丙彩，郝义，等．2020．日照市海洋牧场示范区人工鱼礁选址适宜性分析．山东国土资源，36（1）：44-50．

胡杰．1995．渔场学．北京：农业出版社．

贾后磊，舒廷飞，温琰茂．2003．水产养殖容量的研究．水产科技情报，（1）：16-21．

厉秀娟．2016．基于生态修复的海洋牧场景观设计研究．重庆：重庆大学硕士学位论文．

林承刚，杨红生，陈鹰，等．2020．现代化海洋牧场建设与发展第230期双清论坛学术综述．中国科学基金：1-9．

林金兰，赖廷和，陈圆，等．2018．北海市国家级海洋生态文明建设示范区建设评估指标构建探析．海洋环境科学，37（6）：871-878．
刘慧，蔡碧莹．2018．水产养殖容量研究进展及应用．渔业科学进展，39（3）：158-166．
刘敏，董鹏，刘汉超．2017．美国德克萨斯州人工鱼礁建设及对我国的启示．海洋开发与管理，34（4）：21-25．
刘同渝．2003．国内外人工鱼礁建设状况．渔业现代化，（2）：36-37．
刘卓，杨纪明．1995．日本海洋牧场（Marine Ranching）研究现状及其进展．现代渔业信息，（5）：14-18．
罗含思，沈敏，林军，等．2019．马鞍列岛人工鱼礁区海域底质特征及其承载力．水产学报，43（2）：1-13．
马军英，杨纪明．1994．日本的海洋牧场研究．海洋科学，（3）：23-24．
潘澎．2016．海洋牧场：承载中国渔业转型新希望．中国水产，（1）：47-49．
潘玉萍，沙文钰．2004．冬季闽浙沿岸上升流的数值研究．海洋与湖沼，35（3）：193-201．
阙华勇，陈勇，张秀梅，等．2016．现代海洋牧场建设的现状与发展对策．中国工程科学，18（3）：79-84．
萨缪尔森．2012．经济学．萧琛，译．北京：商务印书馆．
颜慧慧，王凤霞．2016．中国海洋牧场研究文献综述．科技广场，（6）：162-167．
杨宝瑞，陈勇．2014．韩国海洋牧场建设与研究．北京：海洋出版社．
杨红生，章守宇，张秀梅，等．2019．中国现代化海洋牧场建设的战略思考．水产学报，43（4）：1255-1262．
杨红生．2016．我国海洋牧场建设回顾与展望．水产学报，40（7）：1133-1140．
杨金龙，吴晓郁，石国峰，等．2004．海洋牧场技术的研究现状和发展趋势．中国渔业经济，（5）：48-50．
杨玉峰，梁浩亮，刘锦荣，等．2019．国外人工鱼礁研究动向及对我国的启示．海洋开发与管理，36（5）：19-25．
于沛民，张秀梅．2006．日本美国人工鱼礁建设对我国的启示．渔业现代化，（2）：7-8．
张国胜，陈勇，张沛东，等．2003．中国海域建设海洋牧场的意义及可行性．大连水产学院学报，（2）：141-144．
张涛，奉杰，宋浩．2020．海洋牧场生物资源养护原理与技术．科技促进发展，16（2）：206-212．
张永波，王继业，辛峻峰．2016．人工鱼礁工程技术进展研究．渔业现代化，43（6）：70-75．
章守宇，肖云松，林军，等．2019．两种人工鱼礁单体模型静态堆积效果．水产学报，43（9）：2039-2047．
章守宇，周曦杰，王凯，等．2019．蓝色增长背景下的海洋生物生态城市化设想与海洋牧场建设关键技术研究综述．水产学报，43（1）：81-96．
周爱燕．2018．人工鱼礁在海洋牧场中的应用．珠江水运，（21）：113-114．
宇田道隆．1960．海洋渔场学．东京：恒星社厚生阁．
中村充．1986．人工魚礁の計書と設計一I．水産の研究，5（25）：107-111．

# 第三章 海洋牧场生境与生态功能

海洋牧场的最显著特征是生境构建。本章将对海洋牧场建设所涉及的主要海洋生境及其所具有的生态功能进行分类解说。

## 第一节 生境的定义与分类

### 一、生境的定义

生境（habitat）的概念是由美国Grinnell（1917）首先提出的，其定义是指某一生物物种，或某一生物群落，或某一生态系统，其所赖以存在的外部环境。简单说就是生物出现的环境空间范围，一般指生物居住的地方，或是生物生活的生态地理环境。生境在希腊语中使用biotope，包含了生命（bios）和地点（topos）两层含义。生境包括必需的生存条件和其他对生物起作用的生态因素，在动物生态学上又称“栖息地”，在植物生态学中则称“生长地”，与环境（environment）、生态环境（ecological environment）等概念比较接近。生境主要由以下3个方面的要素构成：物理化学要素，如温度、湿度、盐度等；资源要素，如食物、空间、隐蔽条件等；生物之间的相互作用要素，如竞争、捕食等物种间互作等。在描述一个生物物种的生境时，一般应包括这三个基本组成要素，而在描述一个生物群落的生境时通常只包括物理化学要素和资源要素等非生物的环境。在具体应用中，需要识别这两种生境的不同用法，以避免混乱。

生境与环境、生态环境之间，在概念上有重合，但也有区别。环境是指某一特定生物体或生物群体周围一切事物的总和；生态环境是指围绕着生物体或者群体的所有生态因子的集合，或者说是指环境中对生物有影响的那部分因子的集合；生境则是指具体的生物个体和群体生活空间上的生态环境，其中包括生物本身对环境的影响。

在海洋中，对近海的环境污染和过度的人类活动所造成的生境破坏，是近海生物资源衰退、质量下降的主要元凶。而人类过量的二氧化碳排放造成的全球气候变暖、海洋酸化等，带来了全球海洋生境的深刻变化，自然对全球海洋生态系统本身及其服务功能产生深远影响。

### 二、海洋生境的分类

地球生境基本上可分为陆地生境、海洋生境、淡水生境和岛屿生境几个主要类别。世界自然保护联盟（IUCN）将地球生境细分为18个大类和100个小类（详见https://www.iucnredlist.org/resources/habitat-classification-scheme）。

其中与海洋有关的生境大类有：近海（marine neritic），大洋（marine oceanic），海底（marine deep benthic），潮间带（marine intertidal），潮上带、海岸带（marine coastal/supratidal），人工水域（artificial-aquatic）。

在海洋生境中，底栖生境无疑是多样性最丰富的生境类型。底栖生境是指海洋中栖息于海底的个体、种群或生物群落赖以生存的生态环境，其生态效应主要取决于海底地形、底质类型和海底以上水层的深度及其所具有的理化性质。全球多样化的海洋底层环境，造就了与其相适应的各种独特的海洋底栖生物群落——从间歇性裸露在空气中岩石上的藤壶等贝藻类群落到"海底热泉"附近的以庞贝蠕虫为核心的极端环境生物群落。海底地形复杂，对生物的影响各不相同，不同海底类型形成了不同的生态效应区带，生活着与其相适应的底栖生物群落。

在底栖生境中，目前流行最广的生境类型划分方法，是Boucot（1981）提出的平坦海底底栖组合类型（level bottom benthic assemblage），它以水深作为划分的主要依据，由近岸至远岸到大陆坡，按水深划分为6个底栖组合（图3-1）。①潮上带（supratidal）或后滨（backshore）生境型；②潮间带及前滨带生境型，其中又细分为潮间带上部（Lingula群落生境型）（图3-1中的BA1）和潮间带下部（Eocoelia群落生境型）（图3-1中的BA2）；③BA3，相当于BA2以下至66m处（Pentamerus群落生境型）；④BA4，相当于BA3以下至100m左右水深处（Stricklandia群落生境型）；⑤BA5，相当于BA4以下至大陆架边缘200m水深处（Clorinda群落生境型）；⑥BA6，大陆坡部位的底栖组合。

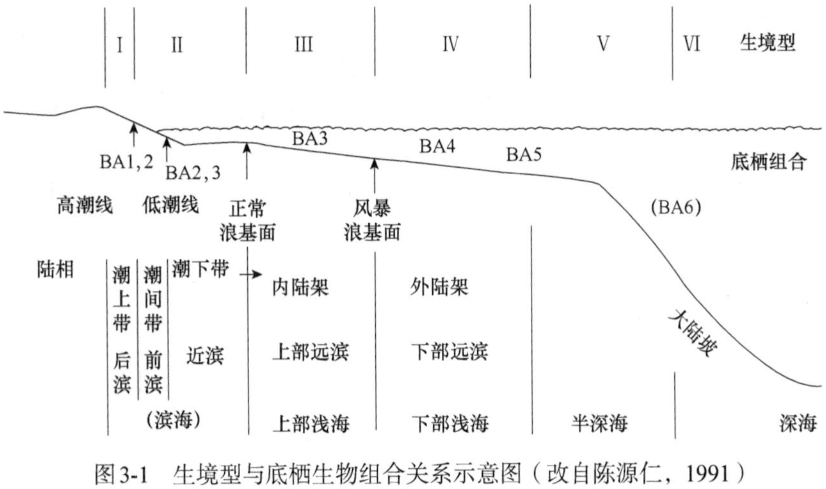

图3-1　生境型与底栖生物组合关系示意图（改自陈源仁，1991）

## 三、海洋牧场生境类型的划分

以上对于海洋生境的描述和分类，主要是从大尺度海洋学的视角来进行的。对于海洋牧场来说，其建设主要集中在近海水域，特别是5～30m水深范围内，所以海洋牧场的生境类型更多需要从小尺度的视角来观察和划分。在IUCN分类体系中隶属于近海生境大类范畴，但其下的二级分类，并不遵循某一固定的分类依据。在此，尝试采用各种分类依据，对海洋牧场涉及的生境类型进行划分（图3-2）。

海洋牧场生境类型

- 按水深：潮上带、潮间带和潮下带3种生境类型
- 按底质：泥质底生境、泥沙底生境、沙质底生境、岩礁底（包括珊瑚礁）生境等底栖生境类型
- 按某一类固着（固生）生物种群为基础：海草场生境、海藻床生境、红树林生境、牡蛎礁生境、珊瑚礁生境等类型
- 按生物生态（微尺度）视角：附着（固着）生境、繁殖生境、索饵生境、避敌（阴影）生境、埋栖生境、营巢生境等
- 其他生境类型：海山生境、沉船生境、流木生境、人工鱼礁生境等

图3-2　海洋牧场生境分类

### （一）按水深划分

按水深可分为潮上带、潮间带和潮下带3种生境类型，并以潮下带生境类型为主。潮上带区域主要用于海洋牧场相关基础设施的建设以及休闲娱乐，底栖生物群落结构以陆生动植物为主（如盐生植物），亦可以不列入海洋牧场底栖生境部分。

### （二）按底质划分

我国大陆海岸线总长度达1.8万多千米，临近海域陆架宽阔，地形复杂，四大海域底质类型各有特点。其中渤海沿岸以粉砂淤泥质海岸占优势，尤以渤海湾与莱州湾为最。黄海海岸类型复杂，沿山东半岛、辽东半岛和朝鲜半岛，多为基岩砂砾质海岸或港湾式沙质海岸；苏北沿岸至长江口以北以及鸭绿江口附近，则为粉砂淤积泥质海岸。东海北部多为侵蚀海岸，南部在北纬27°以南有红树林海岸，台湾东岸则有典型的断层海岸。南海海岸底质类型更为复杂，主要以各种形式的生物海岸占优势，如红树林和珊瑚礁。所以从底质类型的维度（中尺度）上来考察的话，海洋牧场生境类型可分为泥质底生境、泥沙底生境、沙质底生境、岩礁底（包括珊瑚礁）生境等底栖生境类型。

### （三）按固着生物种群为基础形成的底栖生物群落生境划分

以某一类固着（固生）生物种群为基础形成的底栖生物群落生境（小尺度），可以分为海草场生境、海藻床生境、红树林生境、牡蛎礁生境、珊瑚礁生境等。其中，海草场生境、海藻床生境、牡蛎礁生境、珊瑚礁生境，将在后续章节进行详细介绍。

### （四）按生物生态划分

从生物生态（微尺度）的视角来看，海洋牧场生境还可以分为附着（固着）生境、繁殖生境、索饵生境、避敌（阴影）生境、埋栖生境、营巢生境等。

（1）附着（固着）生境是指附着或固着生物所赖以生存的环境，包括岩礁、人工鱼礁、沉船、油气钻井平台等硬质表面，以及海草与海藻等大型柔性植物形成的生境及所组成的生态系统。

（2）繁殖生境是指海洋动物在繁殖期间产卵孵化的生境，主要包括浅海的岩礁、贝壳礁、人工鱼礁、海草床和海藻场。一般情况下，营固着、埋栖、穴居和小型浮游的无脊椎动物繁殖期间与平时生活环境变化不大，都集中分布在食物资源充足、环境适宜的生境斑块内。

（3）索饵生境是指鱼类和虾类等海洋生物群集摄食的水域。

（4）避敌（阴影）生境是指水生动物为了躲避敌害和光照所在的生境，如岩礁缝隙、人工鱼礁、海草床和海藻场。

（5）埋栖生境和营巢生境是指主要营埋栖或者穴居生活的贝类、鱼类、甲壳类等所赖以生存的生态系统，主要是泥沙质软相沉积物，隶属于岩礁底生境和泥沙底生境部分，具体生境特点和生物群落结构见岩礁底生境和泥沙底生境部分。有些具有领地行为的鱼类，如大部分的鮨科（石斑）鱼类、鲷科鱼类等，虽然不会构建巢穴等用作栖息场所，但会在某些特定的生活史阶段，构建个体或群体的专属领地，以规避饵料竞争。

### （五）其他生境

其他与海洋牧场建设相关的，还有海山生境、沉船生境、浮岛（垃圾岛）生境、流木生境、流藻生境、人工鱼礁生境等。浮岛（垃圾岛）生境、流木生境、流藻生境也统称为流木生境。

海山生境的主要特征是，沿海山斜坡不同的水深有不同的生物相，生物多样性很高。另外，海山可以营造较大尺度的强烈上升流，可以对改善水域生态环境起到很重要的作用。在大陆架较窄、水深较大的海域，一般的人工鱼礁受鱼礁设计、尺度的限制，其单体所产生的上升流无法发挥较大作用，所以在日本、欧美相关海域营造海山生境的案例较多。我国大部分沿海的大陆架非常宽阔，海洋牧场建设区域普遍水深较浅，很少采用海山生境。但在南海，符合海山生境营造条件的水域较多，且大多处于未开发状态，具有很大的发展潜力。

沉船生境是指因为战争、恐怖袭击、恶劣天气、碰撞及其他意外事故造成沉没的各类船舶、军舰所形成的生境。船舶沉入海底后，经过一段时间，以沉船为中心形成一个独特的生境和小型生态系统，成为海洋生态系统的一部分，也为自然海底增添了新的生境类型。沉船的结构特征为一些生物提供了良好的栖息地，所形成的生物群落因所处的海域、离岸距离、深度、底质类型、海流条件、当地生物多样性不同而有所差异。沉船为底栖动物提供了底质，为游泳性海洋动物提供了庇护所，躲避敌害的捕食或强潮流的侵袭。沉船还为海洋动物提供了保育场和索饵场。一般沉船越大，生物多样性也越高。从生态功能上看，流木生境（含浮岛与流藻生境）也为鱼虾类提供庇护场所，但尺度上比较小，其中流木、浮岛主要为某些洄游鱼类提供暂时的庇荫和休息的空间，流藻则更多为某些鱼虾类提供产卵、孵化和仔稚鱼培育的场所。

人工鱼礁生境，顾名思义就是利用人工手段，结合水域的地形地质特征，模拟自然生境所营造的人工生境。其中沉船生境经常作为海底造礁、营造人工鱼礁生境的模拟范本，特别是其宽阔的内部空间结构，为鱼类提供了较大的栖息空间，是大部分人工鱼礁结构设计灵感的最原始来源，甚至很多情况下，直接将废旧船舶，甚至坦克、公交车、集装箱等作为人工鱼礁投放，用以营造海洋牧场的多样化生境。浮岛生境、流藻生境、流木生境等，则为人工浮鱼礁的设计和安放提供了基本思路。其他如人工藻礁、人工珊瑚礁等，无一不是模拟自然生境的结果。

# 第二节 底 栖 生 境

海洋牧场建设区域主要以近海为主，本节主要对近海底栖生境进行分类解说。由于近海生境的大多数类型都可以归结为底栖生境的范畴，但人工鱼礁生境、海藻场生境、海藻床生境、牡蛎礁生境、珊瑚礁生境等，对于海洋牧场建设具有特殊意义，所以在本节之后，单独分节介绍。限于篇幅，本节主要介绍岩礁底生境、泥沙底生境、潮间带生境和潮下带生境4种典型底栖生境。从对海洋牧场的意义来说，泥质底、泥沙底、沙质底3种生境的区别不是很大，本书统一作为“泥沙底生境”进行相关说明。砾石往往位于岩礁和泥沙底的中间过渡区域，范围比较小，作为硬底质并入岩礁底生境部分。

## 一、岩礁底生境

### （一）生境特点

岩礁底生境是指底质为岩石或大块碎石构建的生境，包括岩石性海岛、海岸、岩架等向海洋中延伸的部分。岩礁的组成属性呈现多样化且有地域差异。例如，澳大利亚的金伯利海岸岩礁区域主要由火山岩和变质岩组成，而伦敦德里角沿着约瑟夫·波拿巴湾的西部海湾岩礁区域主要由砂岩（属于沉积岩）组成。我国东南沿海广泛分布着碱性玄武质岩石，青岛沿海礁石大部分都属于花岗岩，烟台、威海等胶东其他地区则以沉积岩居多。岩礁长期受到海浪、生物的侵蚀，表面的轮廓、褶皱和粗糙度各不相同，形成不同的小生境。

岩礁底生境支撑着很高的生物多样性，是一种非常重要的生态系统。这些礁石不但成为许多海洋动植物的附着基，同时也为其他底栖生物提供了良好的栖息场所，满足它们繁殖、发育和生长阶段的产卵、摄食和避敌等需求，从而形成多样化的生物类群。除了支撑内部丰富的生物区系外，岩礁底生境对邻近的软相底质区域的大型生物亦有诸多影响，一些生物的栖息密度会随着距离岩礁生境的远近呈梯度分布。

### （二）群落结构

海洋底栖生物（marine benthos或 marine benthon）是指那些生活于海洋沉积物底内、底表以及以水中物体（包括生物体和非生物体）为依托而栖息的生物生态类群，其中生活在岩礁区域的底栖生物构成了岩礁底栖生物群落结构，除定居和活动外，栖息的形式多为固定于岩礁等坚硬的基体上。岩礁底栖生物是多种渔业生物的优质饵料，是提高海洋渔业资源量的重要基础生产力之一，同时也是海洋生态系统的重要结构组成，是海洋食物网的重要环节。

岩礁底栖生物可以分为海洋底栖植物和海洋底栖动物，前者包括大型海藻和底栖单细胞藻类，后者包括大部分动物分类系统（门、纲）的代表。海洋底栖动物根据其通过筛网的大小，可以分成大型底栖动物（macrofauna）、小型底栖动物（meiofauna）和微型底栖动物（microfauna）。按生活方式可将岩礁底栖生物主要分为3种类型，包括固着型［大型海藻、几乎全部海绵动物、大部分苔藓动物和腔肠动物、棘皮动物中海百合类、部分双壳贝类（如牡蛎、扇贝和贻贝等）]、穴（巢）居型（如海笋、石蛏、寄居蟹、章鱼、方头鱼、康吉鳗等）和自由移动型（最为常见，如大部分腹足类和部分双壳类软体动物，棘皮动物中海参、海星、海胆和蛇尾类，底栖鱼类中鲂鮄类和鲆鲽类）。

我国岩礁底栖生物群落结构调查研究集中在东海，尤其是浙江省（表3-1）。底栖动物主要由软体动物、节肢动物、环节动物、甲壳动物、棘皮动物和腔肠动物组成，扁形动物、纽形动物和苔藓动物种类相对较少。大型底栖藻类包括褐藻、红藻和绿藻，种类一般是红藻＞褐藻＞绿藻。底栖鱼类主要为趋礁性鱼类，如鲂鮄类和鲆鲽类。在全球温带地区的浅海岩礁区域，海藻以褐藻纲的海带目和岩藻类为主，贝类主要由滨螺、短尾螺、菊花螺、笠螺科和贻贝科构成。不同海域底栖生物的丰度、生物量和优势种等差异较大。例如，青岛大公岛的优势种为紫贻贝，中街山列岛的优势种为厚壳贻贝，浙江南麂列岛和玉环披山的优势种为条纹隔贻贝。

**表3-1　岩礁底生境生物群落种类组成**

| 隶属海区 | 采样地点 | 采样季节 | 无脊椎动物 | | | | | | | | | | 海藻 | | | 总计 |
|---|---|---|---|---|---|---|---|---|---|---|---|---|---|---|---|---|
| | | | 环节动物 | 节肢动物 | 软体动物 | 甲壳动物 | 棘皮动物 | 腔肠动物 | 纽形动物 | 扁形动物 | 苔藓动物 | 其他动物 | 褐藻 | 红藻 | 绿藻 | |
| 渤海 | 长兴岛 | 四季 | 1 | 12 | 50 | — | 3 | — | — | — | — | — | — | — | — | 66 |
| 黄海 | 灵山岛 | 夏/秋 | 2 | — | 18 | 10 | 7 | — | — | — | — | 2 | 3 | 5 | 1 | 48 |
| | 大公岛 | 四季 | 17 | 11 | 19 | — | 6 | 2 | 3 | 2 | — | — | 6 | 19 | 3 | 88 |
| 东海 | 衢山岛 | 冬 | 1 | 15 | — | 7 | — | — | — | — | — | — | — | — | — | 23 |
| | 南麂列岛 | 夏/冬 | 1/9 | — | 42/56 | 9/9 | 2/3 | — | — | — | — | 3/3 | | 15/13 | | 72/93 |
| | 渔山列岛 | 夏 | 7 | — | 32 | 21 | 3 | — | — | — | — | 7 | | 28 | | 98 |
| | 舟山群岛 | 夏 | 3 | 20 | 39 | — | — | 4 | — | — | 3 | — | — | — | — | 69 |
| | 庙子湖岛 | 夏 | — | 5 | 20 | — | 1 | — | — | — | — | — | — | — | — | 26 |
| | 黄兴岛 | 夏 | 1 | 7 | 22 | — | 2 | 5 | — | — | — | — | — | — | — | 37 |
| | 大竹屿岛 | 四季 | 3 | — | 57 | 24 | 2 | 6 | 1 | — | — | — | 6 | 21 | 5 | 125 |

注："—"表示没有调查或该种类没有出现

### （三）动态变化

岩礁底大型底栖生物的种类、丰度和生物量季节变化明显。不同季节海洋环境呈现规律性变化，夏季水温高，溶解氧（DO）低，冬季水温低，DO高。北方海藻多为冷水性海藻，冬季和春季生长旺盛，夏季大部分海藻开始腐烂，物种以浒苔、石莼和龙须菜等耐高温海藻为主，种类、丰度和生物量都会有所降低。底栖动物与海藻季节变化刚好相反，在一定的温度范围内，食物和其他环境比较适宜的情况下，随着温度的升高，大型底栖动物的生长速度会加快，这就缩短了其周转率，从而提高了大型底栖动物的生产力。

不同海区大型底栖生物的生物量、丰度和种类季节变化趋势并不相同。大连长兴岛底栖动物种类、丰度和生物量季节性变化显著，均为冬季＜秋季＜春季＜夏季。而浙江周边海岛大型底栖生物的生物量和丰度往往是夏季大于冬季，秋季最低，这与秋季潮间带的藻类几乎绝迹有关，藻类在春夏季营造的生境不复存在，潮间带生物种类数明显减少，这也是秋季生物量和栖息密度最低的主要原因，也进一步说明生境状况对大型底栖动物的分布有关键性的影响。而在福建大竹岛潮间带，大型底栖生物平均丰度季节变化为春季>夏季>冬季>秋季，生物量为夏季>冬季>春季>秋季。

## 二、泥沙底生境

### （一）生境特点

泥沙底生境是指底质为砂、泥或其混合物所构成的生境，占据着沿海所有生境的绝大部分。泥沙底根据粒径大小可以分为泥质底和砂质底。泥质底具有沉积连续、细颗粒物质富集以及沉积环境稳定的特点，容易吸附有机质，为海洋初级生产力和次级生产力提供了丰富的养分和饵料。而砂质底表层水连续移动，间隙较大，有机质的含量要相对低一些，环境异质性增大，在过滤水的同时，多孔性砂体及其中的生物可以矿化有机质和循环养分，使之成为近岸水域有机质和营养传递中的一个关键因素。泥沙底生境为多种动物提供了栖息、索饵和产卵场所，泥沙之间的孔隙环境中栖息着间隙生物，包括细菌、原生动物、微藻、埋栖贝类等，泥沙底也为诸多半埋栖、营巢性海洋生物提供了基础生活空间，形成了独特的生物网。泥沙中含有大量的营养盐，提高了底表和近底表区域初级生产力。

### （二）群落结构

泥沙底生境的群落结构有别于岩礁底生境，因其底质比较松软，不适宜大型海藻的附着和生长，底栖初级生产者主要以硅藻、甲藻和蓝绿藻等单细胞或群体海藻为主，以及被子植物——海草，如北方的鳗草和红纤维虾形草、南方的泰来草。大型底栖无脊椎动物常穴居，包括许多门类，其中甲壳类动物、软体动物和多毛类通常是优势种，包括捕食者、食腐动物、滤食动物和食沉积物的类型，这些大型底栖无脊椎动物可以达到较高的丰度和生物量。小型底栖动物多是一些多样化并高度适应这一环境的种类，它们的适应性包括移动性、穴居能力、保护性的外骨骼、节律行为、定向机制和行为可塑性，如线虫、桡足类。部分底栖鱼类生活于泥沙底生境中，如营穴居型的康吉鳗、方头鱼，埋栖型的多鳞鱚、玉筋鱼、花园鳗等，自由移动型的鲂鮄类、鲆鲽类和鮟鱇类等。

我国主要的10个海湾（辽东湾、渤海湾、莱州湾、桑沟湾、崂山湾、胶州湾、泉州湾、杭州湾、厦门湾和大亚湾）底质以泥沙质为主，大型底栖生物群落结构组成见表3-2，种类组成均以节肢动物（甲壳类）、软体动物、棘皮动物和多毛类为主。渤海（辽东湾、渤海湾、莱州湾）总体水深较浅，海洋水文条件受陆地影响显著，三个海湾均有淡水注入，形成大体相似的环境，导致大型底栖生物相对较为贫乏和单调，区系成分没有明显差异，物种组成中占优势的主要是低盐、广盐性暖水种。大型底栖生物的生物量和栖息密度的分布趋势基本相同，高值区在渤海湾，其次是辽东湾附近水域。黄海海湾（桑沟湾、崂山湾和胶州湾）大型底栖生物种类数量差异较大，胶州湾数量最多，崂山湾最少。但是优势种类组成有一定的相似性，均为多毛类，包括沙蚕类、不倒翁虫、蚓虫类、鳃虫类等。东海是一个较开阔的陆源海，受到海流和江河入海径流等影响，生源要素丰富，造就了东海区域底栖生物物种丰富、数量多的特点。杭州湾、泉州湾和厦门湾大型底栖物种数量均超过100，但是杭州湾底栖生物的丰度和生物量明显低于泉州湾和厦门湾。南海是我国近海底栖动物物种多样性最高的区域，以大亚湾为例。大亚湾大型底栖动物以多毛类为特征种类。多毛类在大亚湾海域大型底栖动物群落中具有重要作用，其代表和反映了整个群落的特征。优势种组成较为稳定，单一种的优势地位显著。粗帝汶蛤为大亚湾大型底栖动物第一优势种，周年均保持极高的优势地位。除粗帝汶蛤外，还有毛头梨体星虫、脑纽虫、独毛虫和中蚓虫为大亚湾周年优势种，优势种组成较为稳定。

**表3-2　泥沙底生境大型底栖生物组成**

| 位置 | 季节 | 节肢动物 | 软体动物 | 棘皮动物 | 多毛类 | 其他 | 共计 | 生物量/（g/m²） | 丰度/（个/m²） |
|---|---|---|---|---|---|---|---|---|---|
| 辽东湾中部 | 春季 | 18 | 20 | 7 | 24 | 1 | 70 | 52.52 | 244.2 |
| 渤海湾 | 秋季 | 20 | 27 | 6 | 48 | 6 | 111 | 169.13 | 3378.14 |
| 莱州湾 | 夏季 | 14 | 31 | 8 | 27 | 10 | 90 | 9.09 | 1306 |
| | 秋季 | 14 | 22 | 7 | 26 | 5 | 74 | 5.19 | 1158 |
| 桑沟湾 | 夏季和冬季 | 23 | 11 | — | 45 | 4 | 83 | 20.12 | 1162 |
| 胶州湾 | 2000～2009年 | 150 | 107 | 25 | 225 | 45 | 552 | — | — |
| 崂山湾 | 春季 | 22 | 9 | 1 | 37 | 3 | 72 | 5.04 | 372.3 |
| | 夏季 | 19 | 9 | 4 | 39 | 2 | 73 | 3.74 | 475.5 |
| | 秋季 | 20 | 5 | 1 | 40 | 5 | 71 | 4.87 | 556.7 |
| 杭州湾 | 四季 | — | 19 | — | 46 | 48 | 113 | 3.61 | 21.14 |
| 泉州湾 | 2009～2012年 | 18 | 25 | 6 | 48 | 6 | 103 | 7.77 | 76 |
| | 2001～2002年 | 77 | 74 | 12 | 66 | 27 | 256 | 23.13 | 144 |
| 厦门湾 | 2004～2005年 | 56 | 34 | 10 | 129 | 18 | 247 | — | — |
| 大亚湾 | 春季 | 29 | 26 | 9 | 100 | 12 | 176 | — | — |

注："—"表示没有调查或该种类没有出现

## （三）动态变化

泥沙底大型底栖生物种类、丰度和生物多样性存在明显的季节波动，但是各海区变动范围和趋势并不完全相同，具有显著的空间异质性。如表3-2所示，莱州湾种类数、丰度和生物量为夏季最高，但是季节间的差异并不明显；而崂山湾春夏秋三季物种数量没有明显变化，生物量为春季＞秋季＞夏季，丰度为秋季＞夏季＞春季；大亚湾大型底栖生物种类春季最高，冬夏次之，秋季最低。

同时，泥沙底大型底栖生物年际变化也比较明显。2009～2010年莱州湾大型底栖生物的丰度调查结果与20世纪80年代和90年代相比整体呈下降趋势，种数减少，在渤海中部，尽管大型底栖生物丰度与10年前比有所减少，但与20年前基本相当，而种数却与莱州湾呈一致的下降趋势。莱州湾大型底栖生物在丰度上的优势种，由原先的甲壳类逐渐被体型更小的软体类取代，然后软体类又进一步被体型更小的多毛类取代，可以看出莱州湾大型底栖生物群落呈现明显的小型化趋势。2008年大亚湾大型底栖生物种类数调查结果远高于2004年，但仍低于1987年的473种，表明大亚湾底栖生物群落结构简单化的现象仍然明显，群落的种类组成仍处于变化之中。造成群落结构长期变化的原因可能主要有：地方性污染、富营养化、拖网及养殖等渔业活动、底栖动物捕食者的改变、栖息地的改变和自然界的长期变化等。

## 三、潮间带生境

### （一）生境特点

潮间带是处于最大高潮和最小低潮之间的区域，是海陆两大生态系统的生态交错带。其特点为：落潮时定期暴露于空气中，而涨潮时又淹没于水中，干湿交替频繁，环境因子（温度、盐度、暴露时间、沉积物粒度分布等）梯度变化明显，生物资源非常丰富，生境高度多样化与人类活动休戚相关。

潮间带划分为高、中、低三个潮带（图3-3）。高潮带上限是大潮高潮最高水面，下限为小潮高潮平均水面，被潮水淹没的时间很短，只有大潮高潮时才被淹没；中潮带上限是小潮高潮平均水面，下限为小潮低潮平均水面，是受潮汐影响的典型潮带，昼夜涨潮时两次被潮水淹没，退潮时两次露出水面；低潮带上限为小潮低潮平均水面，下限为大潮最低潮线。另外，根据底质的不同，可以将潮间带生境划分为四种生态类型：岩相、砂相、泥沙相和泥相。

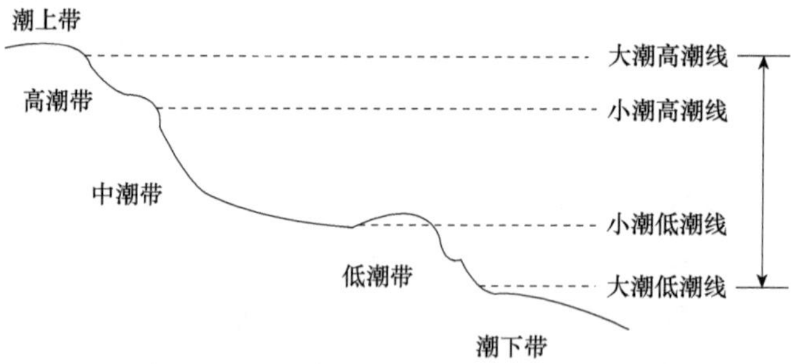


图3-3　潮间带示意图（改自冯士筰等，1999）

### （二）群落结构

潮间带生物的分布有一定的模式，其分布模式是潮间带生物对环境适应的结果。在岩相潮间带生境中，高潮带为滨螺分布区；中潮带为藤壶、牡蛎及藻类分布区；低潮带为藻类、腔肠动物及棘皮动物分布区。在软相潮间带生境中，以泥相潮间带生境为例：高潮带为蟹类分布区；中潮带为沙蚕、泥螺和宽身大眼蟹分布带；低潮带为多毛类、绝大多数软体动物及一些棘皮动物分布区。

从潮间带生物种类组成上来看（表3-3），软体动物、环节动物、甲壳动物种类较多，而棘皮动物、腔肠动物及其他类动物种类相对较少。从生物量上来看，不同海域生物量差异较大。例如，大陈岛潮间带底栖生物以软体动物的生物量最高，其次为甲壳类动物，而同在浙江省的韭山列岛底栖生物生物量以甲壳类最高，其次为藻类和软体动物。从优势种上来看，潮间带生物垂直及水平分布通常以优势种、特征种或代表种作为标志。例如，胶州湾潮间带的东方小藤壶为黄海岩相潮间带的特征种，而舟山潮间带的日本笠藤壶则为东海岩相潮间带的特征种，它同时又是东海大部分海区岩相潮间带的优势种。潮间带大型底栖藻类种类包括褐藻、红藻和绿藻，不同区域的藻类生物量有所不同，但都以绿藻数目最少，大型底栖藻类的主要类型以暖温带和亚热带占绝对优势，如浒苔、石莼、马尾藻、裙带菜、珊瑚藻等。

**表3-3　潮间带生境生物群落结构组成**

| 隶属海区 | 采样地点 | 采样季节 | 无脊椎动物 | | | | | | | 海藻 | | | 总计 |
|---|---|---|---|---|---|---|---|---|---|---|---|---|---|
| | | | 环节动物 | 节肢动物 | 软体动物 | 甲壳动物 | 棘皮动物 | 腔肠动物 | 其他动物 | 褐藻 | 红藻 | 绿藻 | |
| 渤海 | 长兴岛 | — | 1 | 12 | 50 | — | 3 | — | — | — | — | — | 66 |
| 黄海 | 大公岛 | 四季 | 17 | 11 | 19 | — | 6 | 2 | 5 | 6 | 19 | 3 | 88 |
| 东海 | 南麂列岛 | 夏/冬 | 1/9 | — | 42/56 | 9/9 | 2/3 | — | 3/3 | — | 15/13 | — | 72/93 |
| | 渔山列岛 | 夏 | 7 | — | 32 | 21 | 3 | — | 7 | — | 28 | — | 98 |
| | 大陈岛 | 夏 | — | — | 22 | 8 | — | 2 | 7 | — | — | — | 39 |
| | 兴化湾 | 春/秋 | 93 | 5 | 33 | 45 | 6 | — | 7 | — | — | — | 184 |
| | 舟山群岛 | 夏 | 23 | — | 22 | 34 | 2 | 3 | 5 | — | — | — | 100 |

注："—"表示没有调查或该种类没有出现

影响潮间带底栖生物的环境因子主要有底质、潮汐、温度和盐度等。底质环境影响了潮间带大型底栖动物种类、生物量和生物多样性的分布。例如，岩石底质适合营固着、爬行和滑行的生物种类分布，通常呈集群分布，生物多样性最低，因此岩礁海岸形成了固着生活的藤壶和牡蛎等种类构成的生物分布带。而泥滩和泥沙滩底质松软，受涨落潮的影响，有机质丰富，生境多样化，适合穴居和埋栖的生物种类，如多毛类、棘皮动物和软体动物中的蛤和蛏等生长，因此泥滩和泥沙滩生境中的生物种类呈现出物种数量多、均匀度大、多样性高的分布特征。潮汐对潮间带生物分布的影响主要表现在生物垂直分层上。一般来说，栖息于表层的生物个体较小，密度大，生物量较低。栖息于底层的生物个体大，密度小，生物量高。潮间带生境中生物出现的种数是随着潮带的向下而逐渐增多的，但是这却加剧了生物种类之间对空间的竞争。

### （三）动态变化

不同海域潮间带底栖生物的生物量、丰度季节变化趋势并不相同。例如，浙江省海岛潮间带生物量的变化除了舟山岩礁区域的秋季生物量大于春季生物量外，其他海区均是春季生物量大于秋季生物量；大连长兴岛潮间带大型底栖动物的丰度和生物量季节性变化显著，均为冬季＜秋季＜春季＜夏季。另外，海岸的开敞性也是影响物种季节性差异的原因之一。对嵊泗列岛岩相潮间带底栖生物群落的研究表明，较隐蔽岩岸以夏季和秋季生物量较大，冬季最小。由于优势种近江牡蛎等软体动物在春季繁殖，经夏季生长至秋季个体达最大，因而夏秋生物量较大，冬季生物量小是由于许多活动性较强的动物移栖到岩缝或潮下带越冬。较开敞及开敞性岩岸以春季及秋季的生物量最大，开敞岩岸受风浪和人为活动影响较大。

潮间带藻类生物量的季节变化一般以春季和秋季最高，夏季较低，这是由于大部分藻类为冷水性种，夏季的高温使藻体干枯腐烂的缘故。而小型底栖生物及其主要类群的丰度受环境因子影响显著，总丰度与气温、间隙水温度、盐度和沉积物初级生产水平密切相关。例如，青岛砂质潮间带生境的小型底栖生物的研究中，第二海水浴场（2008年）的小型底栖动物的年均丰度呈现为冬春高、夏秋低。小型底栖动物丰度为高潮带＜中潮带＜低潮带；除夏季外，小型底栖动物均集中分布在0～8cm深度，夏季表层（0～4cm）小型底栖动物向深处迁移，即表层（0～4cm）分布达全年最低。仰口浴场（2010年）小型底栖动物年均丰度呈现为春夏高、秋冬低。小型底栖动物丰度为低潮带＜中潮带＜高潮带。小型底栖动物集中分布在0～8cm深度，随温度的变化，0～8cm深度的小型底栖动物发生两次迁移活动，即在夏季和冬季小型底栖动物向深处迁移。

## 四、潮下带生境

### （一）生境特点

潮下带生境是低潮线以下完全被海水淹没的海区，下线位于10～20m水深处，其下线通常是藻类分布的最低界限，是海洋牧场建设的主要区域。相比于潮间带，潮下带受潮水周期性涨落所带来的影响较小，因此潮下带有大量的海草和无脊椎动物，如海参、扇贝、鲍等出现，也是许多鱼类的重要栖息地。

潮下带生境作为连接潮间带和浅海之间的过渡地带，其生态特点表现出过渡性质，并且与潮间带生物有着较密切的联系。从光照上来看，潮下带生境的光照明显弱于潮间带生境，藻类生长对光线较为敏感，导致潮间带藻类种类多于潮下带，尤其以绿藻最为明显。由于绿藻主要吸收红光，而红光在海水中衰减最快，因此绿藻只分布在水层较浅的潮间带，且多集中于中潮带和高潮带。此外，潮下带生境的浪击度高于潮间带生境，因此，大型褐藻，如鼠尾藻、马尾藻类，抗浪性较强，比较适合岩礁区潮下带及低潮带的环境。另外，腔肠动物、棘皮动物很多生理活动，如呼吸、排泄等需要借助海水才能顺利完成，更适合在海水淹没的区域生活，不适宜长时间暴露在空气中，因此，腔肠动物、棘皮动物潮下带种类多于潮间带。

### （二）群落结构

我国潮下带底栖动物结构的研究主要集中在大型底栖动物上。从种类组成上来看，潮下带底栖动物以多毛类、软体动物和甲壳动物为主。福建主要海湾潮下带均以多毛类占绝对优势。同样，在大多数海岛的潮下带，多毛类所占比例超过50%。棘皮动物在种类组成中所占比例较小，在长江三角洲附近的一些海岛潮下带甚至没有出现。潮下带底栖鱼类组成、多样性与生境有关，有关研究的结果表明，日本须鳎为沙地生境的特征种。从优势种角度来看，中国南北方潮下带优势种差异不大。例如，菲律宾蛤仔为胶州湾潮下带的优势种，菲律宾蛤仔、毛蚶是浙北潮下带的优势种。不同海域潮下带底栖生物生物量差异较大，但基本以软体动物贡献最高。

我国潮下带底栖植物结构的研究主要集中在大型海藻上，海藻分布受地域、水深、季节等多种因素的影响。例如，在浙江海岛岩礁区大型底栖生物藻类组成的研究中，红藻种数＞褐藻种数＞绿藻种数。厦门大管岛潮下带2m水深范围内海藻分布密度最高。海蒿子为优势种，主要集中在2m水深以内，而石花菜在水深6m范围均有一定的分布密度，当水深超过6m时则无海藻分布。

### （三）动态变化

大型底栖生物的种类、生物量和生物多样性具有一定的季节变动。相较于潮间带，潮下带由于水层的缓冲作用，生境受外界因子影响小，水温的日变化、季节变化幅度较潮间带小，故生物种类和数量的季节波动不如潮间带显著。在对中国各海岛大型底栖动物种类的研究中，不同季节各海岛潮下带大型底栖动物物种数波动幅度较大，生物量表现为秋季＞春季＞夏季＞冬季；多样性指数在总体上表现为春季＞夏季＞冬季＞秋季。大型底栖生物在特定区域的生物量和丰度季节变化趋势并不相同。例如，浙北主要海湾潮下带生物数量以夏、秋两季为高，冬季最低，而生物量的季节变动受优势类群数量动态的制约，象山港优势类群双壳类（如菲律宾蛤仔）春季、夏季是繁殖生长期，数量最高，秋季开始下降，冬季水温最低，贝类大量死亡，数量降至最低。胶州湾大型底栖动物秋冬季节的平均丰度高于春夏季节，这可能是由于秋冬温度较低，为个体较小的多毛类提供了更多的生存机会，而春夏季捕食动物活跃，控制了小个体生物的种群数量。

## 第三节　人工鱼礁生境

如前所述，人工鱼礁生境是人们为了模拟自然生境，结合水域的地形地质特征而营造的人工生境。人工鱼礁是构建人工鱼礁生境的基础，它是为了修复和优化海域生态环境，有目的地在海中设置的构造物。按照设置的水层，人工鱼礁分为设置在水域表层或特定水层的浮鱼礁和设置在海底的底鱼礁。人工浮鱼礁主要模拟浮岛、流藻、流木等生境，而人工底鱼礁则主要模拟沉船、沿岸天然岩石礁等自然生境。人工底鱼礁由于具有投放简单、成本低、材料来源广、集鱼效果显著等优点，在我国得到广泛应用，而人工浮鱼礁在我国应用得相对较少。

根据人工鱼礁的建设目的或人工鱼礁的功能，其可分为资源增殖型、资源保护型、渔获型和休闲生态型4种类型。

资源增殖型鱼礁是以修复生态环境、增殖养殖渔业资源为目的的人工鱼礁。一般投放于浅海水域，主要增殖养殖海参、鲍鱼、扇贝、龙虾等高价值品种，起到增殖和养殖的作用，如海参礁、鲍鱼礁、龙虾礁、海藻礁、贻贝礁等。 也可以结合人工放流，设计合适的鱼礁，为放流苗种提供栖息场所。

资源保护型鱼礁是通过修复生态环境和防止拖网等破坏性渔具进入，实现保护渔业资源的人工鱼礁。鱼礁的存在可以使得大型渔具不敢靠近，无论拖网还是围网，甚至刺网都要避开鱼礁区，以免网具缠住鱼礁而损坏或流失。鱼礁区自然而然地成了禁渔区和鱼类避难所，从而保护了礁区的鱼类和各种生物资源。鱼礁投放于产卵场的外围，起到保护成鱼的作用，确保成鱼正常产卵生殖，最终也能实现增加资源的目的。

渔获型鱼礁是以提高渔获量为目的而设计的人工鱼礁。通过诱集鱼类形成优良渔场，实现增加捕捞产量的效果。这类鱼礁的单个礁体略为大型，鱼礁区要有适当规模来容纳一定数量的可捕资源。

休闲生态型鱼礁是以自然增殖和人工放流增殖适宜的恋礁型鱼类相结合，以游钓、休闲、娱乐为主要利用方式的人工鱼礁。这类鱼礁一般设置在滨海城市旅游区的沿岸水域，供旅游及钓鱼等活动之用，也可以达到一定的生产效益。

构建人工鱼礁的材料可以分为天然材料、废弃物材料、建筑材料三大类别。天然材料取材方便、制作方便、价格便宜且污染性低，主要包含木质材料、贝壳、岩石（俗称“大料石”）等。废弃物材料作为人工鱼礁是对废弃物的二次利用，主要包含废旧船舰、废弃海洋平台及粉煤灰、炉渣等。建筑材料主要是指混凝土和钢材等。近年，有一些将滩涂淤泥、海底沉积淤泥等处理后，与建筑水泥混合制作人工鱼礁的研究，甚至开发特殊胶凝材料，直接利用海底沉积淤泥制作人工鱼礁。人工鱼礁结构外形主要有箱体型、三角型、圆台型、框架型、梯型、塔型、船型、半球型、星型、十字型、人字型、米字型等。人工鱼礁的结构设计需根据投放海域情况和礁体功能来确定。

## 一、人工鱼礁生境特征

### （一）拥有复杂的结构、众多的空隙和更大的表面积

沿岸天然岩石礁仅有很少的缝隙或洞穴，而人工鱼礁的结构可以设计得很复杂，拥有更多的空隙和更大的表面积。生物的丰度和多样性与生境的复杂度有关，复杂度高的生境可以为饵料生物提供更多的庇护场所，降低其遭受的捕食胁迫和对生存空间的竞争压力，因而增加了生态位维度。生存空间竞争压力的下降和生态位维度的增加能够提高生物的丰度和扩大生物的分布范围。研究表明，空间趋于复杂的礁体对底栖性鱼类和无脊椎动物的诱集作用显著，礁体附着生物亦明显增多。相关实验表明，内部结构复杂的人工鱼礁模型对幼鲍和幼鱼有着较高的聚集率。复杂度高的礁体具有较多类型的微生境，可以为更多种类的生物提供栖息空间。因此，这类礁体生境的物种多样性明显高于周围的对照区，栖息着对照区中没有的生物种类。在浙江三横山海域，人工鱼礁生境中可采捕到大黄鱼和曼氏无针乌贼，而泥地生境中没有发现。在水流速度高的环境中，结构复杂的礁体还可以为鱼类提供更好的庇护场所。研究发现，相比其他形状或结构的人工鱼礁模型，内部结构复杂的三角型鱼礁及周围聚集的许氏平鲉幼鱼最多。而从内部结构复杂的三角型鱼礁来看，栖息在其内部的许氏平鲉幼鱼最多，其次是背涡流区。人工鱼礁更大的表面积可以附着更多的生物，礁体表面附着生物的丰度和多样性越高，诱集生物数量越多，种类也更加丰富。

我国刺参增养殖业的发展也充分体现了礁体结构所产生的效果。自然海域中刺参生活在潮间带下的岩礁乱石与泥滩的结合部，尤其以礁石的背流较静且隐蔽处和有海藻、海草丛生处为多。白天蜷伏在乱石缝隙中间，晚上外出摄食。在较强的波浪冲击下，刺参会紧缩身体，成团地挤在一起并用管足紧紧黏住附着物，以防止被水流冲走。20世纪90年代后期，为满足底播增殖刺参生长的需要，以石块礁、瓦片礁、砖块礁、空心砖形混凝土构件礁等简易或方便结构为代表的礁型在中国北方池塘及浅海养参中广泛使用。此类礁型具有丰富的表面积，可供藻类附着进而为刺参等底栖生物提供丰富的饵料。同时，大量单体礁堆叠在一起形成的结构具有较好的透空性，可为底播刺参搭建良好的栖息环境。海参礁的构建大大拓展了刺参的栖息范围，产生了巨大的经济效益和生态效益，助推了刺参增养殖业的发展。

### （二）拥有多样化的流态

人工鱼礁投放后，鱼礁对水流的阻碍作用导致周围的压力场发生变化，形成新的流场

分布。水流流经人工鱼礁，在迎流面附近产生上升流和滞流，在礁体下游形成背涡流。鱼礁两侧的绕流则产生缓流区。如果鱼礁壁上开孔，水流由此进入，在鱼礁体内形成缓慢的涡流区。这些流动特性及其变化，将直接影响礁体周围及其内部的压力分布，进而使礁体周围及内部泥沙、沉积物再分布。底泥中的有机物质和营养盐在此过程中释放出来，并充分混合。在上升流的作用下，低温而营养盐丰富的深层水被带到光照充足的表层，从而促进了浮游植物生长，提高了海域初级生产力，加快了营养物质的循环速度。人工鱼礁周围及内部不同的流速条件也为不同类型的鱼类提供了流水环境。有些鱼喜欢急流，有些鱼喜欢缓流，还有些鱼喜欢躲在急流区的洞穴中、缝隙间或礁石旁。因而礁体产生的复杂流态对诱集鱼类也起到了一定作用。此外，背涡流区因相对静止的环境可为某些鱼类提供庇护，使得一些鱼类聚集于此。立方体型、米字型等方型鱼礁相对石块礁更易获得较大的空方数，而且复杂、镂空式的结构能够对礁体周围的流场产生显著影响，更加有效地促进礁体周边水体的交换混合，不但能够吸引更多的岩礁性鱼类聚集，而且也有利于洄游性鱼类在人工鱼礁区进行短暂歇脚停留。

### （三）拥有宽阔的内部空间和良好的遮蔽效果

人工鱼礁可以设计为内部空间大、遮蔽效果和阴影效果好的结构，这类结构对生物，尤其是负趋光性的生物有着良好的聚集作用。立方体鱼礁模型四个侧面和顶面开小孔时，具有更大的内部空间和表面积，长蛸的聚集效果最好。有些生物喜欢光线微弱或有阴影的环境，如刺参、海胆、鲍、许氏平鲉、褐菖鲉。在实验水槽中，许氏平鲉幼鱼更喜欢聚集在光线较弱的区域。人工鱼礁模型放入实验水槽后不久，许氏平鲉幼鱼就聚集在人工鱼礁的内部或鱼礁附近产生的阴影处，许氏平鲉幼鱼将其作为逃避敌害的隐蔽场所或栖息场所，这种现象在光照较强时比较明显。在光照条件下，大部分刺参也聚集在鱼礁模型内部或鱼礁模型的阴影区，并且长时间停留。阴影效果和遮蔽效果好，或者遮蔽效果好和内部结构复杂的鱼礁模型，许氏平鲉幼鱼的聚集率较高。有效空间最大且阴影遮蔽效果较好的鱼礁模型对褐菖鲉、黑鲷和中国花鲈的聚集效果最好。有效空间较大，但遮蔽效果和阴影效果稍差的鱼礁模型，聚集的许氏平鲉幼鱼就相对较少。相同尺寸的正方体鱼礁模型，顶面不开孔，侧面开较小的孔时聚集的牙鲆最多，显示出牙鲆也喜欢栖息在遮蔽效果和阴影效果好的环境中。

### （四）拥有良好的透水性

人工鱼礁的表面和内部可以设计为多孔结构，礁体的内部和表面的连续空隙可以让水自由地通过，保证礁体内有充分的水体交换，礁体的表面积能够得到有效利用，确保礁体表面固着生物的养料供给。

## 二、人工鱼礁的生态功能

### （一）修复生态环境

针对我国近海生态环境恶化、海底荒漠化、鱼类产卵场等栖息地遭受破坏等问题，利用人工鱼礁营造人工生境是修复生态环境的重要措施。人工鱼礁投放后，会以礁体为基础逐渐建立起小的生态系统。礁体裸露的表面逐渐吸附生物和沉积物，并开始生物群落的演替过程。根据条件的不同，几个月至数年后，礁体会附着大量的藻类、贝类、棘皮动物等固着和半固着生物。礁体形成一定的食物基础后，会吸引大型底栖动物和游泳动物来此索饵或定居。最终，人工鱼礁为生物的繁殖、生长、索饵和避敌提供了场所，解决了生物栖息地缺失的问题。

人工鱼礁上附着的大型藻类能够消耗大量的氮、磷等有机物，同时光合作用吸收二氧化碳，释放氧气。而礁体上附着的贝类等通过滤食消耗掉大量浮游植物，净化了水质，改善了水质环境，降低富营养化。人工鱼礁上着生的微生物具有消除有机碳和氨氮的功能，也起到净化水质的作用。

### （二）增加生物资源

人工鱼礁生境具有一定的食物供应，为生物量的增加奠定了基础。首先，人工鱼礁本身附着的藻类、贝类等生物为栖息在礁体环境中的生物提供了饵料基础。其次，人工鱼礁形成的流场加快了营养物质的循环速度，促进了浮游植物生长，提高了海域初级生产力。浮游生物的大量繁殖也提供了一定的食物。鱼礁复杂的结构、众多的空隙、较大的表面积和良好的遮蔽效果为生物提供良好的栖居场所。生物在礁体中既可以躲避捕食者，又可以躲避强潮流的侵袭，提高了幼体的成活率。礁体能阻止大型网具的使用，起到保护区的作用，对生物资源的增加也发挥了作用。

## 三、人工鱼礁生物群落

人工鱼礁生境中，生物种类因礁体的形状、结构与材料及投放的海域、深度、离岸距离、底质类型、海流条件、投放地物种多样性的不同而有所差异，大致包括浮游植物、浮游动物、附着（固着）生物、大型底栖藻类、底栖动物、大型无脊椎动物和鱼类等类群。

### （一）浮游植物

中国近海人工鱼礁区浮游植物主要为硅藻门和甲藻门的种类。大亚湾人工鱼礁区浮游植物所属的门类最多，除了硅藻门和甲藻门外，还有金藻门、蓝藻门、绿藻门和着色鞭毛藻门的种类。各人工鱼礁区浮游植物的优势种因所处海域不同而有所差异。天津大神堂人工鱼礁区及邻近海域浮游植物优势种以硅藻门的圆筛藻属和角毛藻属为主，主要有威氏圆筛藻、星脐圆筛藻、格氏圆筛藻、虹彩圆筛藻、圆筛藻、卡氏角毛藻、劳氏角毛藻、旋链角毛藻、尖刺伪菱形藻、柔弱几内亚藻、刚毛根管藻、翼鼻状藻印度变型和夜光藻。荣成俚岛人工鱼礁区及对照区浮游植物优势种有硅藻门的短楔形藻、具槽帕拉藻、星脐圆筛藻等和甲藻门的三角角藻和梭角藻。海州湾人工鱼礁区及对照区浮游植物优势种有夜光藻、辐射圆筛藻、弓束圆筛藻、三角角藻、长角角藻、牟勒氏角毛藻、浮动角毛藻、窄隙角毛藻和密联角毛藻。象山港人工鱼礁区浮游植物优势种有丹麦细柱藻、紧密角管藻、琼氏圆筛藻和洛氏角毛藻。大亚湾海域人工鱼礁区浮游植物优势种有尖刺拟菱形藻、菱形海线藻、尖刺菱形藻、叉状甲藻、海洋原甲藻和海洋原多甲藻。

### （二）浮游动物

中国近海人工鱼礁区浮游动物有桡足类、浮游幼体、糠虾类、钩虾类、磷虾类、毛颚动物、腔肠/刺胞动物、栉水母、原生动物和脊索动物。其中，种类数最多的是桡足类，其次是浮游幼体。獐子岛人工鱼礁区及对照区浮游动物主要优势种有拟长腹剑水蚤、中华哲水蚤、桡足类六肢幼体、短角长腹剑水蚤、短尾类溞状幼虫和小拟哲水蚤。天津海域人工鱼礁区及对照区浮游动物主要优势种有太平洋真宽水蚤、半球美螅水母、中华哲水蚤、长尾类幼虫、拟长腹剑水蚤和短尾类溞状幼虫。象山港人工鱼礁区及对照区的优势浮游动物主要有短尾类溞状幼虫、汤氏长足水蚤、真刺唇角水蚤、长额刺糠虾、长尾类幼虫和太平洋纺锤水蚤。大亚湾人工鱼礁区和中央列岛海域人工鱼礁区浮游动物优势种有红纺锤水蚤、微刺哲水蚤、夜光虫、鸟喙尖头溞、肥胖箭虫和亚强次真哲水蚤。

### （三）附着（固着）生物

中国近海人工鱼礁上附着（固着）生物的研究主要集中在福建和广东海域。福建东山县和广东珠江口竹洲、大亚湾等海域人工鱼礁上附着（固着）的生物有原生动物、海绵动物、腔肠动物、苔藓虫、扁形动物、棘头动物、环节动物、软体动物、节肢动物、棘皮动物和脊索动物。种类数较多的有软体动物、环节动物、节肢动物和苔藓虫。珠江口竹洲人工鱼礁与相邻天然礁附着生物优势种有网纹藤壶、华美盘管虫、马氏珠母贝。大亚湾混凝土鱼礁和铁质鱼礁上三角藤壶占绝对优势，其他优势种还有真蛇尾、强壮板钩虾、乳突皮海鞘、渤海格鳞虫、叶须虫、须鳃虫和背裂虫。

### （四）大型底栖藻类

目前关于人工鱼礁生境中大型底栖藻类的研究集中在山东近海。人工鱼礁上附着的大型底栖藻类主要为红藻门、褐藻门和绿藻门种类。红藻门的种类数最多。威海双岛湾人工鱼礁上附着的大型海藻优势种有红藻门的日本异管藻、扁江蓠、黄色凹顶藻、金膜藻，褐藻门的海黍子和绿藻门的孔石莼。威海小石岛人工鱼礁区大型底栖藻类优势种有厚膜藻、石莼、石花菜、龙须菜、角叉菜、橡叶藻、线形杉藻、大叶藻、单条胶粘藻。崂山湾人工鱼礁区大型底栖藻类优势种有海头红、小石花菜、小珊瑚藻、石花菜、囊藻、真江蓠。

### （五）底栖动物

中国近海人工鱼礁生境中底栖动物包括小型底栖动物和大型底栖动物。在渤海湾西岸人工鱼礁区及对照区，小型底栖动物有线虫、桡足类、动吻类、介形类、双壳类、涡虫和多毛类。其中，海洋自由生活的线虫是绝对的优势种。人工鱼礁区大型底栖动物包括环节动物、节肢动物、软体动物、棘皮动物、纽形动物、海绵动物、星虫动物、腔肠动物及其他类群动物。种类较多的大型底栖动物有节肢动物、软体动物和环节动物。

### （六）大型无脊椎动物

天津大神堂、威海小石岛、海州湾和浙江三横山人工鱼礁区大型无脊椎动物的调查结果显示，大型无脊椎动物来自节肢动物门、软体动物门、棘皮动物门和腔肠动物门。种类最多的是节肢动物，其次是软体动物，腔肠动物的种类数最少。天津大神堂人工鱼礁区大型无脊椎动物的优势种有隆线强蟹和日本蟳。威海小石岛海域人工鱼礁区的优势种为口虾蛄、多棘海盘车和日本蟳。口虾蛄是海州湾人工鱼礁区出现频率最高的优势种，其他优势种还有双斑蟳、戴氏赤虾、火枪乌贼、海蜇虾、长蛸、日本鼓虾和细巧仿对虾。浙江三横山人工鱼礁区的优势种为哈氏克肋海胆、日本蟳、锐齿蟳、甲虫螺、艾氏活额寄居蟹和短蛸。

### （七）鱼类

从北向南中国近海人工鱼礁区分布的鱼类种数呈递增趋势。从辽宁獐子岛和天津大神堂到威海小石岛和浙江三横山，人工鱼礁区鱼类种数由6种和10种增加到21种和28种。天津大神堂人工鱼礁区的优势种只有斑尾刺虾虎鱼。威海小石岛人工鱼礁区的优势种有大泷六线鱼、许氏平鲉、星康吉鳗、蓝点马鲛、赤鼻棱鳀和斑鰶。虾虎鱼科是海州湾鱼礁区高频率出现的优势种，包含六丝矛尾虾虎鱼、六丝钝尾虾虎鱼和矛尾虾虎鱼，其他优势种还有皮氏叫姑鱼和小黄鱼。浙江三横山人工鱼礁生境鱼类的优势种组成既包括偏好泥地生境的短吻舌鳎和鲬，也有喜居近岸但不趋礁的小黄鱼，这些种类在岩礁生境中往往是偶见种或非优势种。其他优势种还有褐菖鲉、黄姑鱼、大泷六线鱼、赤鼻棱鳀和蓝圆鲹。

## 四、人工鱼礁食物网结构

在人工鱼礁生境食物网中，能量的来源有浮游植物、悬浮颗粒有机物（POM）、沉积相颗粒有机物（SOM）、大型海藻等。颗粒有机物的来源既有海域腐烂的植物，又有从陆地流入海洋的其他有机物质。

人工鱼礁上的附着动物，如贝类、藤壶、苔藓虫、海绵动物、刺胞动物等构成了人工鱼礁生境的食物基础。它们直接利用水体中浮游植物、悬浮颗粒有机物和浮游动物的能量，具有较大的生物量，供更高营养级的动物摄食，如虾、蟹、鱼类等。

在美国新泽西州海域人工鱼礁区，食物网中的生物划分为5个类群，即附着生物、沙底底栖生物、礁体游移底栖生物、礁周大型捕食动物和礁外捕食动物。食物网能量流动主要有8个途径（图3-4），其中与摄食浮游植物的中上层饵料鱼有关的食物链有3条，与礁体上附着动物、游移底栖动物有关的食物链有2条，与海底碎屑、小型底栖动物有关的食物链有

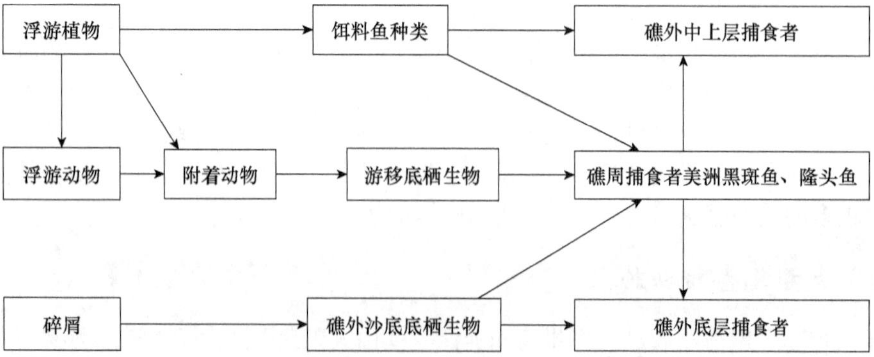


图3-4 美国新泽西州海域人工鱼礁区食物网（根据Figley，2020绘制）

3条。具体为：①浮游植物→饵料鱼→礁外中上层鱼类（扁鲹、鲨鱼等），该食物链最短，结构简单；②浮游植物→饵料鱼→礁周捕食动物（美洲黑斑鱼、隆头鱼等）→礁外中上层鱼类；③浮游植物→饵料鱼→礁周捕食动物（美洲黑斑鱼、隆头鱼等）→礁外底层鱼类（大西洋牙鲆、鮟鱇等），第2条和第3条食物链的区别在食物链末端，前者的能量向礁外中上层鱼类传递，后者的能量向礁外底层鱼类传递；④浮游植物→浮游动物→附着动物→礁体游移底栖动物（虾、蟹等）→礁周捕食动物（美洲黑斑鱼、隆头鱼等）→礁外中上层鱼类；⑤浮游植物→浮游动物→附着动物→礁体游移底栖动物（虾、蟹等）→礁周捕食动物（美洲黑斑鱼、隆头鱼等）→礁外底层鱼类（大西洋牙鲆、鮟鱇等），第4和第5条食物链最长，两者的区别也是在食物链末端，能量分别向礁外中上层鱼类、礁外底层鱼类传递；⑥海底碎屑、排泄物→礁外沙底底栖动物（虾、蟹、线虫等）→礁周捕食动物（美洲黑斑鱼、隆头鱼等）→礁外中上层鱼类；⑦海底碎屑、排泄物→礁外沙底底栖动物（虾、蟹、线虫等）→礁周捕食动物（美洲黑斑鱼、隆头鱼等）→礁外底层鱼类（大西洋牙鲆、鮟鱇等），第6和第7条食物链主要由礁体生物参与，两者的区别也在食物链末端；⑧海底碎屑、排泄物→礁外沙底底栖动物（虾、蟹、线虫等）→礁外底层鱼类（大西洋牙鲆、鮟鱇等），该条食物链最短，结构简单，能量沿底栖生物传递。

在崂山湾人工鱼礁区，鱼类关键种有星康吉鳗、许氏平鲉、大泷六线鱼、斑头六线鱼、褐菖鲉、花鲈等。在整个食物网中，小型甲壳类、端足类、多毛类、腹足类、瓣鳃类、双壳类等属于最低营养级的消费者；大型甲壳类（如鹰爪虾、日本鼓虾、长臂虾和日本蟳等）和头足类等大型无脊椎动物属于较高营养级的消费者；中级肉食性鱼类（如方氏云鳚、短吻红舌鳎）主要以虾类、端足类和软体动物为食；花鲈和星康吉鳗处于整个食物网的顶端，甲壳类、方氏云鳚、大泷六线鱼和玉筋鱼等是其主要饵料。

## 五、人工鱼礁生境营造途径

### （一）根据海域特征营造人工鱼礁生境

根据人工鱼礁生境构建海域的水深、潮流、海床坡度、底质类型等环境条件，设计适宜的礁体。如前所述，人工底鱼礁在我国得到广泛应用。但底鱼礁要求海底宽阔平坦，淤泥少，地质坚硬。在黏土、淤泥以及沙质海底，底鱼礁容易整体下沉。过多的淤泥还会覆盖甚至掩埋着生在礁体上的生物，降低含氧量，阻碍光线，影响鱼礁功能。如果淤泥层不是太厚，可以考虑在人工鱼礁底部设计支撑腿，或者采用其他能够防止鱼礁因冲刷而产生沉降的技术。如果人工鱼礁生境构建海域淤泥较深，那么就可以考虑使用浮鱼礁。例如，我国江浙地区，长江携带的悬浮泥沙使得海底淤泥堆积，浮鱼礁可能更适合这种底质类型。

构建人工海藻场生境时，除了考虑礁体的附着面面积大小、附着面的粗糙度和礁体的透水性以外，还需要考虑营造海域的水深、水质等条件。为了让大型海藻进行光合作用，必须选择海水透光性较好的浅水区。

### （二）根据目标生物营造人工鱼礁生境

结合生物的生活习性、行为学特征等设计适合的人工鱼礁。例如，刺参有附着在硬质附着基上的习性，在为刺参构建人工鱼礁生境时首先考虑增加硬质礁体的表面积。另外，刺参昼伏夜出，需要足够的空间休息和躲避强潮流的侵袭。因此，在构建刺参礁时，要设计出尽可能多的空隙和尽可能大的附着面积。研究发现，大型海藻的附着效果与附着面凹凸的粗糙程度有关。石材上粗糙面区域植被密度为80%，平滑面区域不到10%，粗糙度高的表面更利于藻类的附着。礁体的表面和内部设计为多孔结构，让礁体内部水体充分交换，有利于礁体表面附着藻类根部的水流循环，如果在礁体内部加入藻类生长所需的营养物质，对藻类的生长是有利的。因此，在设计海藻礁时需要考虑面积大且粗糙的礁体表面及良好的透水性。

#### （三）根据生物的发育阶段营造人工鱼礁生境

从产卵开始到长成成鱼，可以为每个阶段构建适宜的生境，如保护鱼卵的产卵保护礁、保护幼鱼的幼鱼培育礁、保护成鱼的藏鱼礁等。

构建产卵保护礁时，可以以海岸线为基础，在水深4～6m的海域构建以海草床为主的海中林型产卵保护礁。在海水透光性较好的区域，投放藻礁，增殖或移植大型藻类。在沿岸浑浊度较高的水域，海藻场或海草床的种植和修复难以大规模实现。利用麻、纤维等材料密度小且有一定黏附性能的特点制作成人工模拟海藻，在框架型主骨架的基础上挂设若干人工模拟海藻，投放后在海底形成类似海底森林的形状，不但非常有利于岩礁性、洄游性鱼类黏性卵的附着，不受外界因素的侵扰，也可为岩礁性、洄游性鱼类的仔稚鱼提供庇护场所。

幼鱼培育礁则是根据海洋牧场主要岩礁性鱼类的生态特点，在水深10～15m的海域，通过鱼礁内部空间和内外通道等的针对性设计，构建仅适宜幼鱼栖息，而不适合成鱼栖息和垂钓的综合培育型人工鱼礁。同时，礁体主框架上部和内部悬挂附着基，附着基有助于贝类附着和藻类生长，可清洁局部海域的水质。

#### （四）根据目的或功能营造人工鱼礁生境

如果以休闲海钓为目的构建人工鱼礁生境，为了提高游客的垂钓体验，则需要设计诱集鱼类效果好的礁体，如大尺度的立方体型、米字型等箱体型鱼礁。如果诱集恋礁性的鱼类，也可以考虑设计内部空间大、遮蔽效果和阴影效果好的鱼礁。

如果以实现特定的流场效应为目标，则需要在框架型人工鱼礁基础上，增加导流板，制作常规导流板礁、显著提高尾流区乱流效果的乱流礁、显著增加上升流的上升流礁。

## 第四节　海草床生境

### 一、海草床生境特征

#### （一）海草种类及其分布特征

海草（seagrass）是地球上唯一一类可完全生活在海水中的被子植物，全世界共发现海草74种，隶属于泽泻目的6科13属，主要包括丝粉藻属（*Cymodocea*）、二药藻属（*Halodule*）、海菖蒲属（*Enhalus*）、喜盐草属（*Halophila*）、泰来藻属（*Thalassia*）、波喜荡草属（*Posidonia*）、川蔓藻属（*Ruppia*）、虾海藻属（*Phyllospadix*）和大叶藻属（*Zostera* 等）。中国分布有海草22种，隶属于4科10属，其中黄渤海分布区有3属9种海草，以大叶藻（*Zostera marina*）分布最广；南海海草分布区有9属15种海草，以卵叶喜盐草（*Halophila ovalis*）为主。

全球海草床的分布面积为30万～60万$km^2$，不到全球海洋总面积的0.2%。除南极外，海草在全世界沿岸海域都有分布，最大分布水深可达90m。在长期的进化中，海草具有以下5点分布特性：①完全浸没于海水时能够生长；②可以在高盐度及盐度变化较大（如河口区域）的水体中生存；③可以凭借根系锚固于海底，从而抵御水流冲击；④能够在水中授粉；⑤具有与其他物种竞争的能力。

### （二）生境特征

大部分海草种类生长在沙质或泥沙等柔软底质区域，但也有一些物种（如虾形草属）附着生长于岩礁基质上。以下是分布在我国的一些代表性海草的生境特征。

（1）大叶藻（*Zostera marina*）又名鳗草，主要生长在地势平缓的泥沙质浅水海底，从潮间带到潮下带皆有分布。鳗草的生存环境具有多样性，温度范围为0～35℃，冠层光照辐照度（PAR）达到水体表面光照强度的20%即可生存。鳗草的茎枝密度和生物量通常因分布潮位不同而存在差异，并表现出明显的季节变化。通常，生长于潮间带的鳗草植株规格小、茎枝密度高；夏季具有较高的生物量。

（2）矮大叶藻（*Zostera japonica*）又名日本大叶藻、日本鳗草，其多分布于潮间带中上部，低潮时往往暴露于空气中，喜泥沙底质，潟湖、河口或较封闭的海湾是其生长的典型生境；分布水深一般为1m以浅。日本鳗草属于全球少有的从寒温带至热带均有分布的海草种类，也是我国唯一在温带和热带-亚热带海域均有分布的海草。

（3）川蔓草（*Ruppia* spp.）曾名川蔓藻，是一种广泛分布于热带和温带滨海、潟湖、盐沼地、海水养殖池、近岸沟渠、废弃盐田等泥沙质浅水水域的海草。川蔓草具有很强的环境适应能力，分布水深范围为0.5～4.5m，盐度范围为0～23。其在盐度多变的环境中主要依靠有性繁殖维持种群。

（4）喜盐草（*Halophila* spp.）是我国热带-亚热带海域优势海草种类，其中以卵叶喜盐草和贝克喜盐草分布最为广泛，从西沙群岛往北至海南、广西、广东、香港及台湾沿海均有分布。喜盐草多栖息于泥沙质、较封闭的海湾浅水区域，其中卵叶喜盐草生长潮带较为广阔，从中潮带至水下20多米处皆有分布。

（5）海菖蒲（*Enhalus acodoides*）是印度洋-太平洋热带海域独有的海草种类，在我国仅分布于海南岛西海岸，可单独成片，也常与卵叶喜盐草、海神草或者丝粉草等种类混生。

## 二、海草床生态功能

### （一）提供栖息地

海草床具有复杂的结构，可以为某些海洋生物提供栖息地、庇护所和食物。海草床也是重要的产卵场和育幼场，并可为周边的红树林、盐沼湿地或珊瑚礁输送食物及培育幼体。

### （二）保岸护堤

海草床可以降低水流及波浪的能量，从而防止海岸侵蚀。同时，海草的地上茎叶能够捕获、加速沉降海流带来的泥沙，并且通过根系加固底质，从而保护海岸底质。

### （三）净化水质

海草可以通过其根、茎、叶等组织的生理活动调节海水以及沉积物的营养盐、悬浮物、溶解氧以及重金属等物质，如大洋波喜荡草是重要的重金属指示物种。

### （四）营养循环

在光照充足的条件下，营养盐是影响海草生产力的关键因素。海草叶片可吸收较低浓度的营养盐，且吸收速率较高，但是在水体环境营养盐不足的情况下，海草会通过发达的根系从沉积物中吸收营养盐。海草组织对磷酸盐的吸收主要通过根系进行。

### （五）碳储存

海草床具有强大的碳捕获和碳封存能力，其固碳速率高于热带雨林。海草床对有机碳的固定主要来源于三个方面：海草的高生产力、对悬浮颗粒的捕获能力以及缺氧环境有机碳的稳定性。

## 三、海草床生物群落

### （一）浮游生物群落

海草床浮游植物种类众多，对流沙湾海草床的调查共鉴定出151种浮游植物，其中优势种多为硅藻门和甲藻门，共占浮游植物总量的98.6%；海草床浮游动物种类丰富，是多数鱼类的重要食物来源。浮游生物的多样性与海草床生态特征（如茎枝密度和生物量等）和环境条件等密切相关。富营养化会引起浮游植物的大量繁殖，降低浮游动物丰度和种类多样性，并导致水生动物的优势种群发生变化。

### （二）附生生物群落

海草床的附生生物包括大型海藻、微藻、动物以及菌类等，这些附生生物以海草叶片为附着基生存。不同海草种类的附生生物存在差异，并随季节的变化而不同。一般情况下，附生生物会对海草的生长发育造成负面影响，其不仅与海草形成营养盐竞争，还遮挡海草的可吸收光，这也被认为是海草床衰退的重要原因之一。另外，附生藻类的凋落降解会释放大量有机物质进入海草床，引起海草床缺氧，诱发硫元素的大量累积。

### （三）底栖生物群落

底栖生物是海草生态系统的重要组成部分，其种类和数量发生变动都会影响海草生态系统的稳定。底栖藻类通常具有较强的初级生产力，约占海洋初级生产力的10%，有些地区底栖藻类的生产力甚至超过了海草。

### （四）游泳生物群落

海草床较低的水动力条件有助于鱼类产卵，海草床还提供丰富的食物来源，从而形成了优良的产卵场和育幼场，因此栖息于海草床的鱼类的多样性和密度通常远高于邻近海域。

## 四、海草床食物网结构

海草床生态系统生物多样性高，食物网结构复杂，是一个典型的具有营养级联效应的生态系统。海草床食物网间的能量流动主要通过牧食食物链及碎屑食物链共同完成。

### （一）海草床食物网的主要组成结构

海草床食物网结构虽然较为复杂，但其营养级一般为4～5级。第一营养级为初级生产者，如海草、附生藻类和大型藻类等；第二营养级为植食者，主要包括底栖动物（包括多毛类、寡毛类和腹足类）、浮游动物、植食性鱼类和龟类，以及一些大型哺乳动物（如儒艮等）；第三营养级为虾蟹类以及小型肉食性鱼类等小型捕食者；第四营养级为大型捕食者，包括肉食性海龟和大型肉食性鱼类等；第五营养级为顶级捕食者，一般为较凶猛的肉食性鱼类。

### （二）海草床食物网的特征

海草和附生藻类是海草床主要的有机碳源，但两者的食物贡献率在不同海域存在不同。例如，热带海草床的食物网，海草是主要的有机碳源，一些棘皮动物、多毛类、甲壳类和多数鱼类也都以海草作为主要的食物来源；而一些温带海草床的食物网，海草的附生藻类被认为是无脊椎动物的主要食物，对植食动物的食源贡献平均为52%。

另外，根据海草床食物网的典型营养级结构特征，海草床食物网的营养级相互作用类型主要有以下几种：食物网整体的相互作用；捕食者-植食者-初级生产者的营养级联效应、植食者-初级生产者的植食作用、捕食者-植食者的捕食作用；捕食者-初级生产者的间接作用以及初级生产者之间、捕食者之间的种间相互作用等。

### （三）海草床食物网的研究方法及现状

目前对于食物网的研究多采用胃含物分析法、稳定同位素分析法、脂肪酸生物标志法、DNA分子技术等方法。胃含物分析法及稳定同位素分析法多被用来对食物网的营养级结构关系进行研究，其中稳定同位素分析法相比胃含物分析法具有对样品数量需求少、结果更为准确等优点。脂肪酸生物标志法多被用来揭示物质在食物网中的传递路径，DNA分子技术则是一种新兴的技术手段，其主要利用DNA序列的唯一性来检测识别研究对象的物种信息。还有一些研究通过构建模型来研究海草床食物网的营养层级及物质能量的流动，常用的方法有物质平衡动态模型或生态通道模型（如Ecopath with Ecosim）、贝叶斯模型等。

## 五、海草床退化现状

### （一）全球海草床退化现状

由于近岸海域高强度的人类活动和全球气候变化的影响，全球海草床分布面积急剧萎缩。据统计，1879～2006年，全球海草总消失率达到29%，1990～2006年，全球海草床面积的退化速度约为每年7%。目前，全球范围内已有15种海草受到威胁（包括濒危种、易危种和近危种），22种海草资源量在减少。尽管许多威胁是局部或区域性的，但这些威胁极大地加速了全球海草种群的减少。为了遏制并扭转海草物种的下降，需要将减少开发、保护栖息地、提高水体透明度及人工修复等结合在一起，采取政策和行动保护海草生境和物种免于退化和灭绝。

### （二）中国海草床退化现状

由于中国海草研究起步较晚，20世纪鲜有我国海草床分布面积记录，故目前无法准确估测出我国海草床退化的面积和速率，但大量事例可以说明我国海草床已急剧萎缩。例如，位于广西北海市合浦英罗港附近的海草床，面积由1994年的267hm$^2$减少到2001年的0.1hm$^2$，面临完全消失的危险。胶东半岛的特色民居“海草房”是鳗草、虾形草等海草曾广布于胶东半岛近海的最好证据，但目前威海市海域超过90%的海草床在近20年内消失，消失速率远大于1879～2006年全球海草床的平均消失率。

尽管《中国物种红色名录》未将海草列入其中，但近年来的调查结果显示我国海草多样性丧失严重。在全球海草濒危等级评定中，我国热带海草只有贝克喜盐草被列为易危（VU），但历史上分布于海南的全楔草和毛叶喜盐草、分布于广东的针叶草和全楔草、分布于广西的针叶草在近年来的调查中均未在相应海域被发现；我国温带海草中，黑纤维虾形草被列为濒危（EN），红纤维虾形草和丛生鳗草被列为易危（VU），宽叶鳗草和具茎鳗草被列为近危（NT）。这些事例均表明我国海草床面积的急剧萎缩已严重威胁到海草的物种多样性。

海草床的衰退，直观的表现就是海草面积的减少和覆盖度的降低，但海草床退化后的生态后果相当严重，不仅造成部分食草动物食物来源地和栖息地的丧失，生物多样性降低，更加剧了沿岸生态环境的恶化，导致生态系统的不稳定性和脆弱性。

## 六、海草床修复途径

### （一）海草床修复方法概述

海草床的修复需要通过海草的有性繁殖和无性繁殖来实现，一般依靠海草的种子或构件（根状茎），主要的方法有生境恢复法、种子法和移植法。

### （二）生境恢复法

生境恢复法是通过保护、改善或者模拟生境，借助海草的自然繁衍，来达到逐步恢复的目的，实质是海草床的自然恢复，是一种时间周期较漫长的过程。通过对海草床生境的保护或者改善，减少对其干扰以达到修复的目的已有一些成功案例。澳大利亚阿德莱德海岸由于水动力较强，底质含沙量较高，不适合海草生长，通过在海底平铺泥沙袋以改良底质及减缓水动力强度，根枝草草床修复取得了较好效果。也有的在海底铺设人造海草以改善水动力环境及底质条件，创造适宜海草生长的环境。

生境恢复的效果受海草根状茎延伸速率影响。例如，加勒比海龟裂泰来草根状茎的生长速率是22.3cm/年，西班牙沿岸大洋波喜荡草根状茎的生长速度仅为2.3cm/年。在澳大利亚杰维斯（Jervis）湾，大洋波喜荡草根状茎的生长速度为2.5～29.0cm/年，受损海草床自然恢复的时间大概需要100年。

生境恢复不需要大量的人力、物力投入，恢复海草床的成本相对较低，但是通过海草的自然繁衍，将破损的海草床恢复到原有状态需要相当长的时间，是一个比较缓慢的过程，易受人为活动（如挖螺耙贝、围海造陆、排污等）的影响。生境恢复法不应该作为一种孤立的修复方法，而应该与其他修复方法结合使用，并注重对海草床生境的改善和保护，如添加种子拦截、水流减缓装置等，划定保护区或示范区加强保护，既能通过增加植株数量在一定程度上缩短生境恢复法的时间跨度，又能增强移植海区环境的稳定性，最终逐步促进海草床生态系统的恢复。

### （三）种子法

**1. 定义**　植株栽植修复技术是指从自然条件下生长茂盛的海草床中采集移植单元，利用某种方法或装置将其移栽于待修复海域的一种方法。移栽方法的不同主要由移植单元及固定装置的差异造成。目前的移植单元主要分为三类，分别为草皮、草块及根状茎。固定装置的类型较多，可选择枚订、麻绳、框架等。

**2. 原理**　海草的繁殖方式可分为有性生殖和无性生殖。有性生殖为植株的种子生殖，无性生殖包括分枝型克隆和根状茎型克隆。分枝型克隆是指在母株最靠近地面处的茎节外形成侧枝，母株与侧枝、分株之间可进行营养转移；根状茎型克隆是指母株的根状茎伸出横走茎，横走茎的每一个茎节均可长出若干根，进而生成完整的新植株，且理论上横走茎能够无限生长。植株移栽修复理论与技术运用了海草无性繁殖的原理，将海草植株移栽于待修复区域，通过海草植株侧枝、分株、分枝的产生促进植株产量的提高，通过根状茎的频繁分枝克隆，将更多的资源投入水平扩展中，获得较高的植株密度，从而达到海草床修复的目的。

**3. 方法概述**

1）*草皮法*　草皮法是最早报道的植株移栽方法，是指采集一定单位面积的扁平状草皮作为移植单元，然后将其平铺于待修复区域的一种移栽方法。该方法操作简单，易形成新草床，但移植单元的采集对草床的破坏较大，且移植单元缺乏固定，易受海流的影响，在遭遇暴风雨等恶劣天气时移植单元的留存率非常低。

2）*草块法*　草块法，也称为核心法，是继草皮法之后，提出的一种用于改良移植单元固定不足的移栽方法，是指通过PVC管等空心工具，采集一定单位体积的圆柱体、长方体或其他不规则体的草块作为移植单元，并在移植区域海底挖掘与移植单元同样规格的“坑”，将移植单元放入后压实四周底泥，从而实现海草植株移植的一种方法。澳大利亚对草块法的研究较多，并研发专门的草块移植设备，植株存活率可达70%以上。与草皮法相比，草块法加强了对移植单元的固定，因此移植植株的留存率和成活率均明显提高，但该方法由于移植单元的采集而对草床的破坏很大，劳动强度也大幅增加。

3）根状茎法　草皮法和草块法的移植单元具有完整的底质和根状茎，运输不便，且对原生草床的破坏较大。随后，根状茎法被提出，该方法的移植单元为长度约5cm的根状茎，不包含底质，移植单元经手工采集后通过固定装置埋入底质中，根状茎法注重了对移植单元的固定，具有易操作、无污染、破坏性小等特点。根状茎法主要包括直插法、订书针法、枚订法、沉子法、贝壳法、框架法和夹系法等，其中对移植植株固定效果较好的是框架法（图3-5）。移植单元与框架之间的绑缚材料采用可降解材料，能够对框架进行回收再利用。

彩图

图3-5　框架法移植单元制作（曾星，2013）

**4. 存在问题**　尽管目前已报道的海草植株栽植方法取得了一定的成功，并在许多海域开展了受损海草生物群落的修复，但依然存在如下一些问题。①固定装置的选择。不同的固定装置，在移植成本、移植效果、污染程度等方面均有显著差异，因此研发操作简单、污染小、固定效果好的固定装置尤为重要。②供体植株采集对天然草床的影响。由于供体植株的采集以人工采集为主，采集方法的不规范易对天然草床生态系统结构和功能产生不利影响，因此选择合适的海草床供体采集策略十分必要。③栽植后植株的保护。移栽后的海草植株由于移植胁迫以及尚未形成稳定的生物群落，易受到自然环境和人为活动的影响。

### （四）移植法

**1. 定义**　海草种子种植修复技术是指通过从自然海域收集海草种子，以不同方式播种到待修复海区，或在人工条件培育实生苗再移植于待修复海区，达到修复目标的一种方法。海草种子播种法在保持海草床种群结构和遗传特性、维持海草床稳定及拓展新的斑块草床等方面具有巨大的潜在贡献，是目前修复海草床最有效的方法之一。

**2. 原理**　种子是海草有性繁殖过程的最终产物，海草种子种植修复技术利用海草有性繁殖的原理，人工收集成熟的海草种子并进行保护性播种，不但可以提高种子的萌发率及幼苗存活率，还可促进海草植株的生长扩繁，实现受损海草床的快速修复。

**3. 技术过程**　种子种植修复技术主要包括种子采集和保存、播种、后期维护与管理等环节。

1）海草种子的采集和保存　海草种子的采集是种植修复技术的前提和关键步骤之一，包括生殖枝的收集、生殖枝的储存、种子的提取及保存四个步骤。①生殖枝的收集。不同种类、不同地域海草种子的成熟时间不同，生殖枝的收集时机也不同。通常来说，应采集授粉后带有即将成熟种子的生殖枝。②生殖枝的储存。生殖枝的储存通常采用自然海域储存方式，将生殖枝放入一定规格的网袋中，网袋的网目需小于种子短径，然后将其置于自然海域、固定，直到生殖枝降解及种子成熟脱落。③种子的提取。其是待生殖枝降解及种子成熟后，将成熟的海草种子于已降解的生殖枝中筛选出来的过程。④种子的保存。提取的种子需要在室内条件下保存，直到播种。多数海草种子应保存在低温、高盐、高溶解氧的环境之中。

*2）海草种子的播种方法*　海草种子收集后，播种方法就显得尤为重要。最早的播种方法是人工撒播法，随后漂浮箱法被提出，其是将从自然海域收集的生殖枝置于网箱中，然后将网箱（下连沉子）放于待修复海区，直至生殖枝降解、种子成熟，种子在水流的作用下自然沉降到海底。该方法由于缺乏对种子有效的保护，种子的成苗率通常不超过10%。

由于种子流失是导致海草种子萌发率及幼苗建成率低的主要原因，因此目前常用的海草种子播种方法的重点是加强对种子的保护，提升种子萌发率和幼苗建成率，主要应用的保护材料是麻袋、明胶、纱布和泥土等。人工育苗法是指在人工条件下将种子促萌并培育成幼苗，然后再将幼苗移植到修复海区进行扩繁的一种方法。Tanner和Parham（2010）使用该方法在室内对鳗草种子进行了规模化培养，并将15 000株幼苗成功移植至修复海区，最终修复效果较自然条件下生长的幼苗移植效果更好。

*3）后期维护与管理*　海草种子播种后，应定期检查海草种子的萌发和幼苗建成情况，对海草床的发育过程和出现的问题及时进行详细记录。管护工作主要包括：①制定海草床管护规章，避免人类活动对海草床的影响，定期检查海草床的飘浮型大型海藻和蟹类等资源密度，对于影响海草扩繁和生长的敌害生物，采取措施及时清理；②定期监测海草床的水质，收集建设区内对海域环境有危害的垃圾废弃物；③制定完善的台风、风暴潮、连续降雨等灾害天气的应急预案，加强海草床的保护宣传。

**4. 存在问题**　种子种植修复技术具有对供体海草床的破坏程度低、受空间限制小、便于运输、适合规模化修复等优势，但目前使用种子种植修复技术仍面临如下问题。①种子的采集。海草种子产量通常不稳定，种子库的丧失会导致在短时间内无法收集到充足的成熟种子。此外，采集生殖枝的过程对天然供体海草床也会产生一定的影响，减少供体海草床的自然补充。②种子的流失。埋入底质过深，种子易腐烂，而埋入过浅种子易受风浪影响和被海流冲走，造成种子流失。尽管目前一些播种方法加强了对种子留存、保护方法的研发，但在留存材料、留存效果和操作等方面仍存在不足，且播种后也缺乏必要的保护措施。③种子的萌发和成苗。种子萌发必须具备两个客观条件：有活力的种子和适宜的环境条件。因此，除了应保证采集的海草种子具有良好活力外，还需适宜的环境条件，才利于打破种子休眠，促进其萌发。环境条件的制约成为自然海区种子萌发率低及幼苗存活率低的重要原因。选取适宜的修复地点、合适的播种方法及播种时间，也是种子种植修复法的难点之一。

## 第五节　海藻场生境

海藻场是沿岸潮间带下区和潮下带浅水区、硬质底区大型底栖藻类与其他海洋生物群落共同构成的一种典型近岸海洋生态系统，广泛分布于冷温带以及部分热带和亚热带海岸。形成海藻场的大型藻类主要有马尾藻属、巨藻属、昆布属、裙带菜属和海带属。海藻场主要的支撑部分由不同种类的海藻群落构成。例如，红藻群落构成了红藻森林的支撑系统，海带群落构成了海带场的支撑系统，巨藻群落构成了巨藻场的支撑系统，马尾藻群落构成了马尾藻场的支撑系统等。

20世纪50年代末至60年代初，国家科学技术委员会（现科学技术部）海洋组牵头开展了中国近海海域综合调查，其中潮间带大型海藻的调查自北向南遍布辽河、鸭绿江口以及北部湾白兰河口和西沙、中沙及南沙群岛，采集海藻标本近63 300个，确定了我国潮间带大型海藻的生物区系、种类组成及地理分布。70年代之后，各地科研机构陆续对潮间带海藻生物种群及群落生态学等进行调查与研究。在曾呈奎院士等30多年的努力下，确认了我国沿海潮间带海藻种类835种，其中隶属于红藻门的有36科140属463种，褐藻门有25科54属165种，绿藻门有15科45属207种，约占世界总种数的1/8，基本掌握了各海区潮间带底栖海藻的分布和数量变动规律、群落区系特点及其与海区水系的关系。但限于当时的环境和调查手段等条件，对具有高生产力、生态功能突出的潮下带海藻及海藻场未能开展全面调查。近年来，上海海洋大学近海栖息地团队开展了从南向北的全国沿海重点区域海藻场资源调查，实地采样足迹遍布我国9个省份共计50余个区域，获得了全国沿岸海藻场的分布情况。

## 一、海藻场中的支撑海藻及生物学特征

### （一）海藻场及优势海藻种类的生物学特征

海藻场是以一种或多种大型海藻为支撑的生物群落，具有较高的生物多样性，海藻优势种或优势类群构成了海藻场的主要框架，海藻场中优势藻种的环境属性是海藻场形成的最关键因素。我国沿海海藻场资源丰富，优势海藻种类主要有铜藻、瓦氏马尾藻和裙带菜等，具有较高的生物量和覆盖度（表3-4）。

**表3-4 我国沿海潮下带重点海藻场及优势海藻种类、生物量、覆盖度和株高**（章守宇，2020，稍有修改）

| 区域和地点 | | 优势种 | 平均生物量/（g/m$^2$） | 覆盖度/% | 平均株高/cm |
|---|---|---|---|---|---|
| 海南 | 儋州市文青沟 | 匍枝马尾藻 | 3 200 | 30～60 | 10～120 |
| | 临高县新盈镇 | 亨氏马尾藻 | 700 | 30～50 | 5～30 |
| | 陵水县新村港 | 裂片石莼 | 1 400 | 70～90 | — |
| | 文昌市清澜港 | 匍枝马尾藻 | 7 700 | 50～60 | 10～180 |
| | 三亚市大东海 | 凹顶马尾藻 | 4 900 | 20～30 | 40～150 |
| | 昌江棋子湾 | 斯氏马尾藻、匍枝马尾藻 | 4 500 | 30～60 | 10～90 |
| 广西 | 北海市涠洲岛 | 三亚马尾藻、半叶马尾藻 | 7 500 | 30～50 | 17～100 |
| | 防城港市白龙半岛 | 展枝马尾藻、无肋马尾藻 | 6 000 | 30～60 | 80～240 |
| 广东 | 南澳县顶澎岛 | 亨氏马尾藻 | 30 000 | 30～50 | 20～370 |
| | 湛江市硇洲岛 | 半叶马尾藻、亨氏马尾藻 | 7 000 | 20～40 | 20～60 |

续表

| 区域和地点 | | 优势种 | 平均生物量/（g/m²） | 覆盖度/% | 平均株高/cm |
|---|---|---|---|---|---|
| 福建 | 东山县 | 半叶马尾藻、瓦氏马尾藻 | 4 000 | 30～70 | 10～60 |
| | 六鳌镇 | 鼠尾藻、草叶马尾藻 | 3 000 | 30～40 | 10～100 |
| | 平潭县 | 鼠尾藻、铜藻 | 4 800 | 30～60 | 50～170 |
| | 霞浦县 | 鼠尾藻、羊栖菜、瓦氏马尾藻 | 2 400 | 30～50 | 10～60 |
| 浙江 | 马鞍列岛 | 铜藻、瓦氏马尾藻 | 6 000 | 30～50 | 20～100 |
| | 渔山列岛 | 铜藻、鼠尾藻 | 5 000 | 30～40 | 10～200 |
| | 南麂列岛 | 羊栖菜 | 1 000 | 30～50 | 30～100 |
| 山东 | 烟台市养马岛 | 海黍子 | 1 400 | 30～50 | 10～130 |
| | 长岛县南隍城岛 | 裙带菜、海带、海黍子 | 18 000 | 35～50 | 40～400 |
| | 威海市褚岛 | 裙带菜、海黍子 | 7 000 | 20～60 | 20～90 |
| | 乳山市汇岛 | 海黍子 | 1 700 | 30～50 | 30～70 |
| | 荣成市鸡鸣岛 | 裙带菜、海黍子 | 7 500 | 20～50 | 20～250 |
| 辽宁 | 大连旅顺黄金山 | 裙带菜、海黍子、海蒿子 | 12 000 | 30～70 | 25～520 |
| | 长岛县大耗子岛 | 铜藻、裙带菜、海带 | 39 000 | 30～40 | 30～250 |

注："—"表示未测

### （二）海带属海藻的生物学特征

海带隶属于褐藻门（Phaeophyta）褐藻纲（Phaeophyceae）海带目（Laminariales）海带科（Laminariaceae）海带属（*Laminaria*），该属包括近50个物种，海带属藻类广布于南北半球的高纬度海域，主要生长于太平洋和大西洋北部沿岸地区，其中太平洋西北部沿岸海域是海带属藻类的主要栖息地，主要分布于日本、韩国和俄罗斯的太平洋海域，以及我国辽宁和山东近海的大连、烟台、威海、青岛一线。海带自然群体多生长于潮间带下部和低潮线以下8～30m深的海底岩礁上，其自然垂直分布主要受海水透明度限制，藻体不耐高温和干露。

海带具有由大型孢子体与微型配子体构成的异性世代交替生活史，孢子体为薄壁组织构造，分为固着器、柄和叶片三部分，叶片呈褐色、扁平、不分枝的带状，叶片宽度30～60cm，长2～4m；配子体是由数个细胞构成的分支丝状体。海带繁殖方式包括有性生殖和无性生殖，其中有性生殖占据主导地位，无性生殖发生在配子体及配子体克隆的培养中，生长盛期为冬春季。

### （三）裙带菜属的生物学特征

裙带菜属（*Undaria*）海藻隶属于褐藻门（Phaeophyta）褐藻纲（Phaeophyceae）海带目（Laminariales）翅藻科（Arariaceae），该属包括3个种，分别为裙带菜［*Undaria pinnatifida*（Harvey）Suringar］、阔叶裙带菜［*U. undarioides*（Yendo）Okamura］、绿裙带菜［*U. peterseniana*（Kjellman）Okamura］。裙带菜属于广温性藻类，世界分布广。在亚洲主要分布于朝鲜半岛、日本列岛，以及我国辽宁、山东、江苏、浙江等地沿海。裙带菜喜水深流大的海域环境，一般在水流通畅的外海型近岸和海湾的湾口处海底岩礁上形成较大规模藻场。垂直分布因海区的透明度不同而差异较大，一般从潮间带下部至水深十余米处均可生长，大规模群体往往集中在深度5～10m处的海底岩礁上。

裙带菜藻体呈黄褐色，长1～1.5m，有时能达到2m以上，宽0.5～1m，分为叶片、柄和固着器三部分。裙带菜的繁殖方式为有性生殖，生长盛期为4～6月。裙带菜柄部扁平状，延伸至叶片基部并与中肋相连，中肋两侧生出羽状裂叶，形成叶片。裂片深浅与地方型以及生长环境有关。目前根据我国裙带菜分布区域的不同被分为北方型种（*Forma distans* Miybe et Okam）和南方型种（*Forma typica* Yendo）两种类型。北方型体型较为细长，羽状叶片的缺刻较深并接近中肋，柄较长，孢子叶生于柄的基部；南方型羽状裂叶缺刻浅，柄较短，孢子叶接近中部。

### （四）马尾藻属的生物学特征

马尾藻属（*Sargassum*）海藻属于褐藻门（Phaeophyta）褐藻纲（Phaeophyceae）墨角藻目（Fucales）马尾藻科（Sargassaceae），该属包含3个亚属130个种（曾呈奎，2000）。其中构成海藻场的马尾藻属海藻主要有鼠尾藻、铜藻、瓦氏马尾藻和半叶马尾藻等。

鼠尾藻（*Sargassum thunbergii*）属暖水性海藻，是太平洋西部特有种，分布于千岛群岛、朝鲜半岛和日本列岛等地，我国北起辽东半岛，南至雷州半岛的硇洲岛均有分布，是沿海常见的一种经济褐藻。鼠尾藻集生于潮间带中下部的岩石上，在潮间带中上部的水洼或石沼中也有分布，退潮后较长时期暴露于日光下亦可生长。鼠尾藻藻体主要分为主干、分枝、叶、气囊和固着器，一般高30～50cm，最高可达120cm。鼠尾藻全年可见，生长盛期为3～7月。鼠尾藻繁殖方式为有性生殖和营养繁殖两种，以假根再生植株的营养繁殖方式为主，有性生殖为辅。

铜藻（*Sargassum horneri*）为北太平洋西部特有的暖温带性海藻，不连续分布在我国南北沿海，主要分布在辽宁、山东、浙江、福建、广东等地，是我国暖温带海域浅海区海藻场的主要连片大型褐藻物种。铜藻固着或漂浮生活，生长于大潮低潮线下的岩礁上或漂浮于海面及缠绕于养殖筏架等海上构筑物。藻体黄褐色，枝叶状体，高50～200cm，分为固着器、主枝、分枝、叶片和气囊。铜藻生长盛期为3～5月，雌雄异体，以有性生殖为主，残枝营养繁殖为辅。

半叶马尾藻（*Sargassum hemiphyllum*）是北太平洋西部特有的暖温带性海藻，广泛分布于中国广东、福建、台湾、浙江沿岸，生长在低潮带或潮下带的岩礁上。藻体黄褐色，枝叶状体，通常高80～100cm，分为固着器、主枝、分枝、叶片和气囊。生长盛期5～7月，雌雄异株，生殖托圆柱形，单条或总状排列，繁殖方式分为有性生殖和营养繁殖两种，以假根再生植株的营养繁殖方式为主，有性生殖为辅。

## 二、海藻场中的群落结构特征

### （一）支持生物

大型海藻是海藻场的支持生物，其生物量占有绝对优势。一个典型的海藻场的支持生物一般不会超过2个属，通常采用支持生物的种名或属名来命名海藻场，如巨藻（*Macrocystis phrifera*）支持的巨藻海藻场，铜藻支持的铜藻海藻场等（章守宇和孙宏超，2007）。

### （二）附生生物

除了支持物种大型海藻外，海藻场中还包括附生在大型海藻上的钩虾科（Gammaridae）和麦秆虫科（Caprellidae）等附着动物，以及多管藻和刚毛藻等微型海藻。在特定类型海藻场中附生生物的种类和组成相对比较稳定。

### （三）浮游生物

相对于海藻场外的区域，海藻场内的浮游植物具有多样性低、优势种明显和生物量较大的特点，如对我国浙江省枸杞岛海藻场浮游植物的研究发现，海藻场内浮游植物有55种，海藻场外有45种，海藻场内外共有种有41种，硅藻占绝对优势，占总生物量的90%。海藻场内与海藻场外的浮游植物种类组成存在季节差异，但各季节浮游植物种类的相似性指数均大于0.8。按照冬-春-夏-秋-冬的时间顺序，海藻场内外的浮游植物丰度均呈现为增-增-减-减的变化趋势。各季节海藻场内浮游动物的个体密度和总生物量均显著大于海藻场外。浮游动物主要有中华哲水蚤（*Calanus sinicus*）和肥胖箭虫（*Sagitta enflata*）（王蕾，2008）。

### （四）游泳动物

大型海藻构成的复杂立体空间结构，为众多的海洋生物提供了良好的摄食、避敌和栖息的理想场所。游泳动物是海藻场中重要的生物组成部分，以岩礁性鱼类为主。对浙江省枸杞岛海藻场内、外渔业资源的组成研究表明，海藻场内的渔业生物组成的季节变化比海藻场外明显，岩礁性鱼类褐菖鲉在夏季、秋季的藻场内皆为优势种；各种类生物学特征也存在着明显的季节差异，夏季的性别比差别大，秋季接近平衡，平均年龄秋季大于夏季，平均摄食强度夏季高于秋季；夏季海藻场为众多幼小鱼类提供了良好的索饵场所（章守宇等，2007）。我国南麂列岛的铜藻场，每年的4～5月为铜藻生长旺盛期，成片漂浮海面，蔚为壮观，堪称“海洋森林”，其间丁香鱼、中华小公鱼及棱鳀、蓝圆鲹幼鱼旺发，铜藻藻丛为之提供了遮蔽、避敌、索饵和产卵的栖息地，故有“丁香屋”的俗称（孙建璋等，2009）。

### （五）底栖生物

海藻场以基岩石块为主的基底构造，不能为沙蚕等泥沙穴居类生物提供适宜的生存空间，但海藻场近底层茂密的植被系统基质为多种贴底生物提供栖息场所。海藻场常见的底栖生物主要有海胆、海参、海葵、双壳类和腹足类等。

## 三、海藻场的生态功能

### （一）物质供应

大型海藻是光合自养型生物，其通过光合作用获取能量用以进行生长繁殖等生命活动，在这个过程中，大型海藻吸收海水中的溶解无机碳、硝酸盐和磷酸盐等多种无机物，再经过一系列生化反应后生成有机物质，并释放氧气。大型海藻的生长特性决定了它们是海洋生态系统中最主要的初级生产力之一，其能够为大量海洋生物提供稳定的食物来源。海藻场中的大型海藻是食物链的起点，可直接为植食性的腹足类、棘皮动物、甲壳类、哺乳类等提供食物，未被直接啃食的海藻在脱落或死亡后进入碎屑食物链为各类腐食性和碎屑食性动物提供食物，海藻场所支持的初级消费者又可成为高级消费者的食物，形成很大的消费者生物种群。

### （二）营养盐调控

大型海藻对矿质营养盐具有很高的吸收效率，从而使得海藻场可显著控制海域水体的营养水平。由褐藻构成的海藻场内部的藻体通常较大，并以叶片直接吸收海水中的营养盐，如每克海带每小时吸收的氮、磷可分别达到5.4μg和1.1μg。亦有研究表明，由红藻龙须菜构建的海藻场中，其海域水体中的无机氮及无机磷含量显著低于无龙须菜生长的海域（杜虹等，2010）。大型海藻具有显著的碳吸收能力，预测显示，全球陆架区大型海藻固碳潜力每年可达0.7Gt，约占全球海洋年均净固碳总量的35%。同时，大型海藻的体内具有营养库，在营养盐缺乏的条件下也能维持一定时间的正常生长。因此，海藻场对海域水体中的营养盐含量具有重要的调控作用。

### （三）生物栖息地及索饵场

大型海藻是众多海洋生物的庇护者，一些体型较小的海洋动物常年栖息在大型海藻周围或缝隙中以躲避捕食者，一些海洋动物在繁殖期间将卵产在大型海藻上以增加后代的存活率。海藻上大量的附着生物为海藻场生态系统提供了丰富的饵料来源，同时，海藻自身产生的碎屑被分解成营养盐，促进了浮游植物的繁殖，这使得海藻场生态系统饵料极为丰富，成为海洋生物的索饵场。

### （四）渔业资源增殖养护

海藻场对于海洋渔业资源具有增殖及养护的功能，是各种渔业资源种类幼体阶段的过渡地带。例如，在巨藻大片繁生的海藻场中，各种鳀、鳕、沙丁鱼、鲍、扇贝以及海参等都栖息其中，形成了良好的渔场。在浙江舟山枸杞岛的海藻场区域，夏季海藻场内的主要渔业资源种类的总生物密度大于海藻场外区域。日本静冈县海域投放藻礁形成了大型海藻与鱼类共生的良好生态环境。

### （五）其他

海藻场可改变浅海海流的动力学特征，对波浪具有显著的消减作用，是天然的防波堤，还具有促进沉降、稳定区域海岸的功用。海藻场的存在能够有效阻止较高温度的海水快速进入，使得区域内的海水温度变化较为缓慢，因此相对于开阔的海域，海藻场能够创造更为稳定的水温环境。

## 四、海藻场的修复技术及工程应用

### （一）海藻场建设的实施步骤

海藻场的建设步骤包括了场址选择、适宜目标藻种筛选、藻礁设计、人工采苗驯化及投礁、藻场维护和效果评价。海藻场应选择近海或半封闭的内湾，选址前应进行生态环境本底调查。目标藻种应能适应海区的环境条件。在藻礁的设计中，应通过实验筛选适宜海藻孢子附着的基质，根据海藻场建设海域的自然条件确定藻礁的形状和大小。对附着基质上的海藻进行人工采苗后，在室内培养至肉眼可见幼苗，需要在水质透明度高、污损生物较少的海区进行驯化培育，驯化后的附着基质镶嵌或捆绑在藻礁上进行投放，见图3-6。海藻场建设后藻体开始供给孢子并且萌发产生新的藻体，说明海藻场建设成功。

图3-6　海藻幼苗捆绑于藻礁
（引自曲元凯，2015）

彩图

### （二）海藻场的目标海藻建群技术

海藻场的目标海藻建群技术可归结为植株法和孢子法两大类，植株法包括：目标藻种投放、藻体移植、幼体移植等。孢子法包括：孢子袋、孢子喷洒、孢子扩散、苗绳附着等。植株法是指将海藻植株或剪取其部分株体或移植藻苗，在目标海域以适当方式布设，通过孢子体释放和附着，以及幼苗生长成熟，达到海藻种群的扩增，最终实现海藻场修复。孢子法是通过各种途径将海藻孢子附着于目标区海底，海藻孢子利用海域条件自行生长成熟，形成或补充种群数量，实现海藻场修复。

### （三）海藻场修复工程技术应用

种藻投放的方法适合于幼孢子体扩散范围小和沉降速度快的目标藻种来开展海藻场修复工程，实施过程中，需充分考虑投放期的潮流和风浪等环境因素。我国南麂列岛的马祖岙下间厂海域的铜藻场采用种藻投放方法进行海藻场的修复。种藻投放的方法还适合藻场荒漠化区，或者远离天然藻场的区域，尤其适合马尾藻类藻场的建设和修复。日本若狭湾西部藻场荒漠化区，即通过绳子将漂浮的马尾藻连接到设置在海底的人工藻礁上，利用漂浮马尾藻繁殖释放的孢子体实现海藻场的建设。

对于海藻孢子体扩散范围较小的藻种，原位孢子袋法是最有效和最经济的方法。孢子袋法在保留原有目标海藻种群生存的基础上，只截取部分海藻株体，如顶端和侧枝，实现孢子体的自然释放，保证了孢子体成活率。由于对原有藻体的破坏较小，是较好的生态友好型海藻场建设技术。日本四国等地就采用孢子袋技术，将成熟期的马尾藻（*Sargassum macrocarpum*）和昆布（*Ecklonia cava*）放置到孢子袋中，悬挂到海藻场建设区的人工鱼礁体和自然基质上，取得良好的建设效果。

喷洒孢子水法修复技术适合幼孢子体收集方便、沉积速度快和具有较高黏性的海藻种类，如铜藻、羊栖菜等马尾藻属海藻藻种，该方法具有经济、灵活和可操作性强的特点，可在礁石分布不规则的修复区实施，如我国南麂列岛铜藻场修复工程中采用了此种方法。

## 五、海藻场建设案例

### （一）国外海藻场的建设案例

日本川崎市海域以炼钢炉渣和疏浚土的混合物为材料建造人工藻礁，并将裙带菜、铜藻的藻体与人工石块黏合后投放其中来建设海藻场，见图3-7。

图3-7 日本川崎市海域褐藻人工藻礁

（引自 Akio et al.，2011）

日本濑户内海的坡度平缓的沙底质海域中建造阶梯状的人工藻礁，定期投放人工培育的马尾藻幼苗，可自发演变形成无需人为管理的海藻场。

韩国济州市西北部海湾的海底荒滩进行了微劳马尾藻（*Sargassum fulvellum*）和铜藻的人工藻礁的建设。在人工藻礁投放6个月后，该区域形成了“海底森林”群落。

菲律宾采用孢子袋技术进行马尾藻海藻场建设。

### （二）我国海藻场的建设案例

浙江省南麂列岛铜藻场是我国较早开展海藻场建设的区域，为国内海藻场建设提供了思路和方法。通过移植种藻、喷洒铜藻幼孢子体水，以及人工藻礁投放等方法重建铜藻场。

枸杞岛周边海藻场（以铜藻、瓦氏马尾藻和鼠尾藻为优势种），通过固定母礁底座和移植着苗子礁相结合等手段，在后头湾等17处近岸潮下带，建设了宽4m、总长约4km的藻礁带。通过比较藻礁投放前后的两次声学测扫结果，大型底栖海藻覆盖度平均净增长了32.4%，藻礁上的铜藻平均株高达95.2cm，平均密度为262.5株/m$^2$，并且藻礁上的大型海藻已散放孢子体，补充群体的附着存活情况较好，枸杞岛潮下带大型底栖海藻的生态修复取得了预期的效果。

广东省湛江市在特呈岛国家海洋公园开展马尾藻的培育和海藻场建设，使特呈岛海洋牧场渔业资源得到修复。

江苏省海州湾通过投放人工鱼礁、藻礁，并在礁区内同时抛投岩石以改善藻类生长的底质条件等实现海藻场资源恢复。

河北省秦皇岛市在南戴河海域选择羊栖菜、龙须菜和鼠尾藻作为海藻场藻类增殖的主要品种，进行人工鱼礁区海藻场的建设，为增殖渔业提供幼稚仔生物的保育场。

### （三）海藻场管理和保护

海藻场管理和保护的主要措施包括以下几个方面。

（1）掌握海藻场资源现状，在开展大型底栖海藻资源普查的基础上，全面查清特定海域海藻场的位置分布、规模、支持物种、生物学特征及季节变化等。

（2）在现有的海洋自然保护区等基础上，划定特定的海藻场保护区，并开展大型海藻的基础性研究和海藻场生态过程研究。严禁在海藻场保护区内进行海藻采割、鱼类捕获等生物资源生产活动。

（3）选择特定的海域，开展海藻场生态监测，根据支持藻种的生活史，对海藻场的大型海藻、规模、水质、光照和水体交换情况进行监测。

（4）开展海藻场建设和生态修复研究，在海藻场资源衰退的区域开展人工藻场建设。

（5）各级海洋管理部门应通过各种媒介途径向大众宣传海藻场有关知识，提高民众对海洋牧场建设认知和海洋保护意识。

# 第六节　牡蛎礁生境

牡蛎礁是由牡蛎固着于硬基质表面生长或沉积形成的礁体。牡蛎礁能够为其他海洋生物提供适宜的栖息和摄食场所，从而形成典型的海岸带生态系统。除作为优质蛋白来源产出野生牡蛎、产生直接经济效益外，牡蛎礁在净化水体、提供栖息生境、促进渔业生产、保护生物多样性和耦合生态系统能量流动等方面同样发挥着重要的生态功能。受海岸带开发等人类活动影响，全球牡蛎礁退化严重，多处牡蛎礁已经消失，是遭受破坏最严重的海岸带生境之一。建设海洋牧场牡蛎礁，恢复生态系统功能，增殖渔业资源，是实现海洋牧场生态、经济效益双赢和可持续发展的一项重要措施。本节将从牡蛎礁生境特征、牡蛎礁中的群落结构特征、牡蛎礁生态功能、牡蛎礁生境威胁因素以及牡蛎礁建设与修复五个方面进行介绍。

## 一、牡蛎礁生境特征

### （一）牡蛎礁及其类型

牡蛎礁是以牡蛎为造礁生物，不断生长、沉积形成的生物礁。海洋牧场中的牡蛎礁可以是天然形成的，或在此基础上修复或恢复的自然牡蛎礁，也可以是人工手段建成以增殖渔业资源的人工牡蛎礁（即牡蛎鱼礁）。其中，人工牡蛎礁主要是通过投放易于被牡蛎附着生长的基质物，或在基质物大量存在的海区移植牡蛎，使牡蛎苗自然附着于基质表面生长繁殖形成。

根据牡蛎礁存在的水层，牡蛎礁可分为潮间带牡蛎礁和潮下带牡蛎礁。而根据造礁牡蛎是否相互固着，牡蛎礁又可分为单体牡蛎礁和固着型牡蛎礁。我国单体牡蛎礁见于黄河口、小清河口、辽河口等河口区，由近江牡蛎构成。在这种牡蛎礁中，近江牡蛎幼虫以海底泥沙颗粒或蛎壳为附着基，成体相互不固着或极少固着，故呈单体状。在固着型牡蛎礁中，牡蛎幼虫以原始基质物或已有牡蛎壳为附着基，固着生长、层层叠加，使牡蛎礁高度逐年提升。目前，海洋牧场中的人工牡蛎礁多是固着型牡蛎礁。

此外，根据牡蛎礁发育方向，又可分为礁体和礁床。礁体是指垂直于基底面发育的牡蛎礁，即随着牡蛎生物量不断增加，牡蛎礁逐渐增高。礁床指平行于基底面发育的牡蛎礁，造礁牡蛎极少叠加，牡蛎生物量的改变仅造成牡蛎礁面积发生变动，如海南亚龙湾咬齿牡蛎礁床。因此，牡蛎礁的类型与造礁牡蛎的种类密切相关。

### （二）造礁牡蛎及其种类

牡蛎是近海牡蛎礁生态系统的关键物种，对整个生态系统起着关键调控作用，被喻为“生态系统工程师”。在不同海区，牡蛎礁中造礁牡蛎的种类常有较大差异。北美洲、欧洲、大洋洲等沿岸牡蛎礁分布区主要的造礁牡蛎有美洲牡蛎（*Crassostrea virginica*）、欧洲牡蛎（*Ostrea edulis*）、澳大利亚安加西牡蛎（*Ostrea angasi*）和悉尼岩牡蛎（*Saccostrea glomerata*）等。亚洲地区造礁牡蛎主要为巨蛎属物种。我国牡蛎物种资源丰富，目前共发现2科13属30余种，巨蛎属造礁牡蛎主要包括以下几种。

**1. 长牡蛎（*Crassostrea gigas*）** 又称太平洋牡蛎、大连湾牡蛎，自然分布于长江口以北各地沿海，栖息于潮间带至水深20m左右的潮下带浅海区。长牡蛎为我国北方海区经济价值最大、最常见的牡蛎品种，年养殖产量居全国第三位。规模化养殖促使海区长牡蛎苗种补充量充足，满足了形成牡蛎礁的先决条件。代表性牡蛎礁区域有天津大神堂、山东莱州湾等。

**2. 福建牡蛎（*Crassostrea angulata*）** 又称葡萄牙牡蛎，为长牡蛎的亚种，分布上大致与长牡蛎以长江口为界，往南自然分布至海南岛，同样栖息于潮间带至水深20m左右的潮下带浅海区。福建牡蛎是福建省产量最大的牡蛎品种，形成了多处自然牡蛎礁，代表性区域有福建深沪湾、围头湾等。

**3. 近江牡蛎（*Crassostrea ariakensis*）** 俗称“红肉”，在我国南北沿海均有分布。近江牡蛎为低盐种，自然栖息于河口区潮间带至10m水深的浅海，因此是河口牡蛎礁重要的造礁牡蛎。牡蛎礁主要分布在江苏海门小庙洪，山东潍坊小清河口、东营黄河口、滨州漳卫新河河口等地。

**4. 香港牡蛎（*Crassostrea hongkongensis*）** 俗称“白肉”，自然栖息于潮间带至十余米水深的浅海，是我国福建至广西海区最重要的暖水性经济牡蛎品种。珠江口地区香港牡蛎养殖在历史上尤其出名，有着上千年养殖历史，野生苗种充足，因此推测有一定规模牡蛎礁存在。当前，广东、广西、海南等地区牡蛎礁系统调查较少，相关研究亟待开展。

**5. 熊本牡蛎（*Crassostrea sikamea*）** 为暖水性巨蛎属种类，在我国自然分布于江苏盐城以南沿海，栖息于潮间带至水深10m浅海。熊本牡蛎个体偏小，代表性牡蛎礁为江苏海门小庙洪蛎岈山牡蛎礁。

此外，舌骨牡蛎属的中华牡蛎（*Hyotissa sinensis*）、异壳舌骨牡蛎（*Hyotissa inaequivalvis*）以及小蛎属的咬齿牡蛎（*Saccostrea mordax*）、棘刺牡蛎（*Saccostrea echinata*）等构成的牡蛎礁在我国也有发现。许多牡蛎礁的造礁牡蛎并非单一品种，如江苏海门小庙洪牡蛎礁主要的造礁牡蛎是近江牡蛎和熊本牡蛎，广西涠洲岛潮下带牡蛎礁由多种舌骨牡蛎属种类共同构成。

### （三）牡蛎礁的分布

牡蛎礁广泛分布于温带河口和滨海地区，是全球河口区生态的重要组成部分，被称为“温带珊瑚礁”。在国外，美国切萨皮克湾、加拿大温哥华岛西北部、澳大利亚乔治湾、瑞典卡特加特波罗的海沿岸等区域均存在大量的牡蛎礁。我国已探明的规模较大的自然牡蛎礁主要有天津大神堂牡蛎礁、山东莱州湾牡蛎礁、江苏蛎蚜山牡蛎礁、福建深沪湾牡蛎礁等。近一个世纪以来，受海水污染、过度采捕、病害、海岸带开发等因素影响，全球85%的自然牡蛎礁已经退化或消失。其中，北美洲东西两岸、欧洲和大洋洲南岸的自然牡蛎礁破坏程度最为严重，而拉丁美洲海域牡蛎礁状况相对较好。

为更好地发挥牡蛎礁在恢复渔业资源、提升生物多样性、改善环境质量和保障生态安全等方面的生态功能，中国、美国、日本、澳大利亚及欧洲各国进行了大量的人工牡蛎礁建设，积累了丰富的经验。其中，美国的人工牡蛎礁建设开始得最早。自20世纪50年代中期起，美国使用贝壳（牡蛎壳、扇贝壳、蛤壳和海螺壳等）作为基质材料，在大西洋及墨西哥湾沿岸陆续开展了一系列的牡蛎礁恢复项目，前后建造了数百个牡蛎礁，取得了良好的效益。在我国，人工鱼礁投放是海洋牧场建设的一项基础生态工程。在牡蛎野生苗种充足的海洋牧场区投放人工鱼礁，牡蛎幼虫大量附着生长，即可形成牡蛎鱼礁，即人工牡蛎礁。

### （四）我国的牡蛎礁现状

我国海岸线绵长，牡蛎资源丰富，牡蛎礁多分布在水深不超过5m的近岸，受人类活动影响较大，很多牡蛎礁都受到了相当大的干扰或破坏。由于缺乏系统性的调查，仅通过经验性数据无法详细掌握国内牡蛎礁的分布、现状和受威胁程度，这给相关政府部门对这一宝贵资源进行保护、修复和可持续利用造成了很大的困难。

**1．天津大神堂牡蛎礁**　大神堂牡蛎礁现存于天津大神堂村以南5m水深处的潮下带海域内，主要由长牡蛎构成。礁区曾有着丰富的扇贝、毛蚶等贝类资源，是当地渔民赖以为生的渔场。然而，由于高强度、规模化采捕，牡蛎礁生态系统严重退化，礁区渔业资源日渐枯竭。据不完全统计，1999～2006年，通过拖网采捕的牡蛎量累计达10万t。牡蛎礁面积由20世纪70年代的35$km^2$减少至2011年的4.75$km^2$，至2013年，保存良好的牡蛎礁仅剩0.6$km^2$。现存的牡蛎礁中存在大量的死亡牡蛎壳，活体牡蛎平均仅占31.9%。为限制海洋开发活动对大神堂牡蛎礁的影响，2012年12月国家海洋局批准建立了天津大神堂牡蛎礁国家级海洋特别保护区（现已划入天津滨海国家海洋公园），至2019年，新生连片牡蛎礁面积达2$km^2$以上，呈现明显的“牡蛎扩张现象”。

**2．江苏海门小庙洪牡蛎礁**　江苏海门小庙洪牡蛎礁位于江苏省海门市东灶港小庙洪潮间带下区，是我国已知现存面积最大的潮间带自然牡蛎礁，包括蛎蚜山和洪西堆两片区域。活体牡蛎主要分布在蛎蚜山，主要造礁牡蛎品种为熊本牡蛎和近江牡蛎，另有少量密鳞牡蛎。蛎蚜山牡蛎礁由750个潮间带礁体斑块组成，受海洋开发、环境变化和泥沙淤积影响，礁区总面积急剧减少。2006年，为保护牡蛎礁资源，国家海洋局批准建立了江苏海门蛎蚜山牡蛎礁国家级海洋特别保护区（2012年更名为江苏海门蛎蚜山国家级海洋公园）。

**3．山东莱州湾牡蛎礁**　莱州湾牡蛎礁的造礁牡蛎主要为喜低盐的近江牡蛎，因此牡蛎礁仅在河口区域分布，在莱州湾没有相互连通形成区域性规模，且牡蛎礁位置随着河口进退和平均海平面升降而发生迁移。由于区域内多为小型河流，河口浮游生物总量和初级生产力水平高、河口径流量和输沙量小，故牡蛎礁受泥沙淤积影响较小，发育环境较好。目前，莱州湾牡蛎礁主要分布于莱州湾西南河口区域，如小清河、支脉河和永丰河的河口区域，活体牡蛎礁面积分别为0.2km$^2$、0.17km$^2$和0.24km$^2$。然而，过度采捕和生境破坏使得莱州湾牡蛎礁资源亟须保护和修复，当地政府已经成立“潍坊莱州湾近江牡蛎原种自然保护区”，并实施牡蛎礁修复。

**4. 福建围头湾牡蛎礁**　福建地区牡蛎礁分布较广，数量较多。围头湾（金门岛东北海区）牡蛎礁发现于20世纪70年代初期，位于潮下带水深9～20m处。该处牡蛎礁发育于全新世晚期，总面积超过20km$^2$，其中大伯水道和金门东北水道的礁体规模最大，总储量5000万～7000万m$^2$，造礁牡蛎主要为福建牡蛎，另有少量猫爪牡蛎（为3%～5%）。

**5. 人工牡蛎礁**　近年来，以海洋牧场牡蛎礁建设为主的人工牡蛎礁建设卓有成效，礁区生态系统结构显著优化，生产力有效增加，渔业产出量不断提升，推动了国内海洋牧场的快速发展，促进海洋渔业产业升级。较为成功的案例有唐山海洋牧场实业有限公司、荣成市桑沟湾海洋牧场有限公司、山东富瀚海洋科技有限公司和山东蓝色海洋科技股份有限公司等建设的海洋牧场牡蛎礁。

唐山祥云湾国家级海洋牧场（图3-8）示范区于2010年开始采用大型混凝土鱼礁开展首批牡蛎礁（人工鱼礁）建设工程，目前已经形成较为稳定的人工牡蛎礁群，牡蛎礁区内单位捕捞努力量渔获量显著高于非礁区，至2018年，牡蛎平均附着密度为200～250个/m$^2$，个别礁体基质平均附着密度达到276个/m$^2$。研究发现，祥云湾海洋牧场人工牡蛎礁已经发挥重要的水质净化和资源养护等生态功能，具备优良的发展前景和较好的技术推广潜力。山东省荣成市桑沟湾海域国家级海洋牧场示范区（图3-9），在2020～2021年度分别投放方形钢筋混凝土构件礁1.8万空方和石块礁1.6万空方，构建适合于牡蛎苗附着的硬基质。在此基础上，基于本地长牡蛎苗自然扩散、附着生长的方式，形成牡蛎礁面积约29hm$^2$。经调查发现，该牡蛎礁主要造礁牡蛎为长牡蛎，平均生物量约14.26kg/m$^2$，礁区渔业资源生物丰富，物种多样性较高。礁区许氏平鲉、大泷六线鱼和中国花鲈等鱼类、日本蟳等甲壳类、脉红螺等腹足类生物的生物量，与非礁区相比较均有显著增加。

彩图

图3-8　唐山祥云湾海洋牧场牡蛎礁（张云岭摄）

图3-9　桑沟湾海域国家级海洋牧场示范区固着型牡蛎礁（方建光和王军威摄）

彩图

## 二、牡蛎礁中的群落结构特征

### （一）食物网结构

牡蛎礁的建设为许多重要的无脊椎动物和鱼类等生物提供了充足的立体生存空间，礁区海洋初级生产力较高，食物网结构复杂。基于稳定同位素分析和生态营养模型（如Ecopath模型）的研究发现，牡蛎礁生态系统内各类生物的营养级范围为1～4，第一营养级（即初级生产者）以浮游植物、底栖微藻和大型藻类为主，第二营养级（即初级消费者）以浮游动物、沉积物中的碎屑食性底栖生物、底表上的刺参、礁体上的滤食性贝类、礁体上附着的碎屑食性生物和植食性生物为主，第三营养级（即次级消费者）主要包括中上层小型鱼类、近底层杂食性小型鱼类、虾类、以双壳贝类为食的脉红螺、日本蟳和海星等，第四营养级（即顶级捕食者）主要是许氏平鲉、花鲈、头足类等游泳型掠食生物，在部分海域还具有更高营养层次的海鸟、哺乳动物和鲨鱼等生物。各类生物依据其生态习性具有不同的生态位，在生态系统食物网结构中扮演着不同角色，一般形成4条营养路径：①从大型藻类到植食性小型附着生物和大型底栖生物，它们进一步被广食性鱼类摄食；②从浮游植物和碎屑到浮游动物或沉积物中的底栖动物，这些饵料生物被小型虾类/鱼类利用，最后流向上层的游泳类捕食者；③浮游植物和碎屑，主要被大量的双壳类动物过滤，然后被大型食肉底栖动物，如脉红螺、海星和大型蟹类捕食；④从碎屑到海参，主要以渔业捕捞活动收获。在牡蛎礁生境中，不同的地理空间和人为活动，如水深、水流、捕捞目标种以及捕捞强度、增殖活动等会塑造不同的营养路径。

天津大神堂浅海牡蛎礁区有浮游植物34种、浮游动物16种、大型底栖生物32种、游泳动物27种。唐山祥云湾海洋牧场人工牡蛎礁区共发现16种附着生物，隶属于6个门类，其中软体动物门长牡蛎、紫贻贝和节肢动物门尖额麦秆虫在总密度和总生物量上所占比例超过95%，渔业资源的优势种主要包括矛尾虾虎鱼、日本蟳和许氏平鲉等。

### （二）密度和生物量

人工牡蛎礁的建设为定量评价牡蛎礁对渔业产出的促进作用提供了便利。得益于牡蛎礁的人为保护，区域内其他生物的受采捕压力降低，因而生物量得以提高。调查显示，海洋牧场人工牡蛎礁区内生物资源量显著高于非礁区。在唐山祥云湾国家级海洋牧场示范区的人工牡蛎礁区，水深6m以内的附着生物总生物量随水深增加呈上升趋势，而底层长牡蛎生物量显著高于中层和表层；牡蛎礁上牡蛎平均生物量为23.97kg/m$^2$，礁区脉红螺密度达1.25个/m$^2$，刺参密度达2～3头/m$^2$。山东省荣成市桑沟湾海域国家级海洋牧场示范区的牡蛎礁区长牡蛎平均生物量约14.26kg/m$^2$，礁区渔业资源生物丰富。

### （三）底栖生物

牡蛎礁区最常见的底栖生物有软体动物、节肢动物、环节动物和棘皮动物等。在渤海海域，大神堂牡蛎礁生境共有大型底栖生物32种，其中软体动物12种、节肢动物门甲壳纲10种、环节动物门多毛类4种、棘皮动物门蛇尾纲2种以及脊索动物门硬骨鱼纲4种，生物密度和生物量平均值分别为199.69个/m$^3$和91.23g/m$^3$，主要优势种为凸壳肌蛤；唐山祥云湾海洋牧场牡蛎礁区内牡蛎平均附着密度为200～250个/ m$^2$，个别礁体牡蛎附着密度达到276个/ m$^2$，礁体上共出现日本刺沙蚕、凸壳肌蛤、滩栖阳遂足和红带织纹螺等大型底栖生物22种，随与牡蛎礁距离的增大，小型底栖动物的总丰度降低。莱州湾人工牡蛎礁大型底栖动物主要为软体动物、多毛类和节肢动物，其中藤壶、凸壳肌蛤和钩虾（Gammaridea）优势度显著高于其他物种。而莱州湾河口牡蛎礁共生底栖生物则以河口型贝类为主，包括蓝蚬（*Corbicula* sp.）、红肉河蛤（*Aloidis* sp.）、毛蚶（*Arca subcrenata*）、青蛤（*Cyclina sinensis*）、蝐螺（*Umbonium vestiarium*）、四角蛤蜊（*Mactra veneriformis*）、金蛤（*Anomia outicula*）、扁玉螺（*Neverita didyma*）等。小庙洪牡蛎礁中共有大型底栖动物66种，分属于六大门类，其中软体动物种类最多，为24种，其次为环节动物21种和节肢动物12种，另外棘皮动物和腔肠动物各4种，星虫动物1种。主要优势种为可口革囊星虫、丽核螺、多齿围沙蚕、齿纹蜑螺、中华近方蟹和特异大权蟹等，此外，短文蛤、青蛤、毛蚶等也较为常见。

### （四）浮游生物

浮游生物是悬浮在水层中随水流移动的海洋生物，包括浮游植物和浮游动物。浮游植物能够通过光合作用产生有机物，是牡蛎礁区重要的初级生产力。在牡蛎礁区，浮游生物是多种贝类、节肢动物和大多中层、上层鱼类的饵料。

2013年调查发现，大神堂牡蛎礁区共有浮游植物34种，分属硅藻门、甲藻门，其中硅藻门30种，甲藻门4种，主要优势种为虹彩圆筛藻、格式圆筛藻、具槽直链藻、浮动弯角藻、丹麦细柱藻、劳氏角毛藻等，平均密度为$4.05\times10^6$细胞/m$^3$；浮游动物共16种，主要优势种为无节幼虫、强壮箭虫、长尾类幼虫、双壳类幼虫等，密度变化范围1.52～19.60个/m$^3$，生物量变化范围0.01～51.25mg/m$^3$。

### （五）游泳动物

鱼礁是鱼类隐蔽、休息、逃避敌害的场所。对于岩礁型和恋礁型鱼类来说，在鱼礁内部或周围栖息是其本身的生态习性。因此，牡蛎鱼礁的建设能够显著诱集、增殖鱼类资源。在黄渤海海域，牡蛎礁生境内的游泳动物主要是许氏平鲉、大泷六线鱼、花鲈、黄盖鲽和褐牙鲆等鱼类，短蛸和长蛸等头足类，以及大型蟹类和虾类，并且具有明显的季节变化。在东海海域，牡蛎礁生境内石首鱼科和鲷科鱼类的种类和生物量明显较高。调查显示，大神堂牡蛎礁区域有游泳动物27种，其中鱼类15种、甲壳类10种、头足类2种，现存平均资源量为1617.59kg/km$^2$，优势种为口虾蛄，重要种和常见种主要为焦氏舌鳎、日本蟳、六丝钝尾虾虎鱼、斑鰶、火枪乌贼等。

## 三、牡蛎礁生态功能

### （一）水体净化

作为典型的滤食性贝类，牡蛎不断过滤水体中的悬浮物、营养盐及单细胞藻类，从而提高水体的透明度，防止水体富营养化和预防有害赤潮发生。牡蛎礁区沉积物表面沉积的颗粒有机物促进海藻、海草等植物的生长，驱动了底栖生态系统正常的能量流动。研究发现，香港牡蛎在水温超过20℃时滤水速度快，水温30℃时，壳高90mm的一龄至两龄香港牡蛎单个体每小时滤水量达到29.8L。此外，牡蛎对锌、镉等重金属有生物富集作用，能够减轻水体污染。

### （二）提供栖息地

牡蛎礁形成的三维结构是许多重要海洋生物的适宜生境，吸引鱼类和大型无脊椎动物栖息、避敌、索饵和繁殖，提高成活率，从而提高牡蛎礁区渔业产出。例如，在我国北方海洋牧场牡蛎礁区，由牡蛎排泄假粪生成的沉积物是刺参等重要经济物种重要的食物来源；牡蛎礁上的牡蛎是海洋牧场区脉红螺等肉食性螺类主要的食物来源，支撑着海洋牧场牡蛎礁区的脉红螺资源产出；在光照强度适宜的牡蛎礁区，非常适合海黍子、孔石莼等大型海藻附着生长，牡蛎礁与大型海藻相依而生，形成非常有特色的贝藻礁生境，可以进一步提高海洋牧场的生态、经济效益。

### （三）能量耦合

滤食性双壳贝类的“生物泵”作用将水体中大量颗粒物质以假粪形式输送到沉积物表面，支撑沉积物中营养物质的循环和储存，是维持底栖生态系统能量流动的重要动力。牡蛎还可以吸收水体中有机氮化合物，并通过促进周围沉积物中的反硝化作用来帮助清除水体中多余的营养物质，避免水体富营养化和有害藻华暴发。碳储存是牡蛎礁的重要生态功能之一。牡蛎利用钙化作用将海水中碳酸氢根转化为碳酸盐壳体，长期地储存大量碳，同时牡蛎通过生物沉积作用将水体颗粒有机物质传输沉降到海底，加速有机碳向海底输送过程，提高海洋碳汇。此外，牡蛎礁能够改变周边沉积物体系，进一步促进沉积质中的碳封存。

### （四）岸线防护

利用礁体三维结构消减海浪能，降低海浪对岸线的侵蚀，能够保护岸线，因此，近岸海域的牡蛎礁是一种天然防浪消浪设施。美国岸线生态修复工程将牡蛎壳加入防浪堤的制作中，不仅具有缓冲作用，又促进了近岸鱼类等生物资源的增殖。同时，牡蛎礁对海岸基建和桥梁有着重要的固基作用，泉州的洛阳桥巧妙运用“种蛎固基法”使得桥体屹立千年仍稳固。

## 四、牡蛎礁生境威胁因素

尽管牡蛎礁能够带来诸多生态、经济效益，但由于人类长期以来对其缺乏科学认识，缺少对牡蛎礁的保护，目前全球牡蛎礁都面临退化危机。保守估计，世界上85%的牡蛎礁已经消失。在有足够数据支持的144个海湾、40个生态区内，牡蛎礁普遍退化严重，已不足最高历史记录的10%。而在北美洲、欧洲和澳大利亚近1/3海湾或生态区里，现存牡蛎礁甚至不到历史记录的1%，发生功能性灭绝。牡蛎礁全球性退化的主要威胁因素分为生物因素和非生物因素，包括过度捕捞、沉积物堆积、水质污染以及病害等。

### （一）生物因素

牡蛎的主要食物是水体中的浮游植物。海水中浮游植物资源量与海区水质状况密切相关，极易受气候异常、水体污染、海区环境恶化等影响而发生改变。当牡蛎礁区饵料性浮游植物大量减少或有毒甲藻暴发时，牡蛎摄食不足，健康状态不佳，进而影响牡蛎礁的正常发育。

渔业和水产养殖活动相关的异地贝类引入还可能会造成病害和入侵物种的传播，进一步破坏牡蛎的生存环境。2006年，美国东海岸佛罗里达州发现一种入侵型贻贝 *Mytella strigata* 与本地美洲牡蛎竞争食物，影响牡蛎生存。此外，病毒暴发也是影响牡蛎生存的重要威胁因素。20世纪中期，美洲牡蛎曾遭受两种原生动物病害（MSX和Dermo）的重创，无论养殖群体还是野生群体，均出现高感染率、高死亡率的现象，牡蛎数量迅速下降，这使美国东海岸的牡蛎产业几乎崩溃。

### （二）非生物因素

牡蛎的过度采捕降低了幼虫的自然补充量，影响牡蛎礁的维持和发育。19世纪初，安加西牡蛎和悉尼岩牡蛎构成的牡蛎礁在澳大利亚南部较为常见，随着食用或制造石灰为目的的大规模商业采挖，该地的牡蛎礁在19世纪70年代便已消失殆尽。美国切萨皮克湾在19世纪70年代存在着丰富的由美洲牡蛎组成的潮间带牡蛎礁，随着牡蛎商业开发，切萨皮克湾东岸牡蛎采捕量由1887年的$5.5\times10^4$t降至20世纪50年代的$1.4\times10^4$t，而2004年则仅为39.6t，牡蛎礁资源几近灭绝。小庙洪牡蛎礁附近沿海牡蛎采捕历史悠久，形成“劈牡蛎”的地方特色文化。由于受到海洋开发活动导致的海域环境变化和泥沙淤积，牡蛎礁面积大幅度减少。

不合理采捕造成的牡蛎礁生境破坏直接损毁了礁体的物理结构，造成牡蛎礁生境迅速退化。20世纪初，手钳—挖泥机—液压疏浚机的牡蛎开采方式的更新，提高了切萨皮克湾的牡蛎采捕效果，同时加剧了当地牡蛎礁生境的破坏。在我国黄河口海域，侧扫声呐分析显示牡蛎礁边缘海底布满渔网拖痕，表明该牡蛎礁受到大量拖网捕捞作业的影响。

泥沙沉积也是造成自然牡蛎礁退化或丧失的重要原因。河流上游流域沿岸的人类活动产生的大量泥沙随河流被冲进海湾，或因海岸带的开发建设、填海、航道清淤等活动产生大量沉积物，造成入海口附近浊度升高，影响沉水植物生长。泥沙沉积后，极易掩埋并造成牡蛎等底栖生物缺氧窒息，导致群落结构发生变化。另外，淤泥附着于礁体表层也会降低牡蛎幼虫固着效率，阻碍牡蛎种群补充和维持。

水体污染物，如重金属、石油、陆源化肥和农药等，能够破坏牡蛎礁区水质条件，影响礁区生物生长发育。经河流带入海湾的粪便、化肥以及污水处理厂排出的污染物带来大量氮磷营养，造成水体富营养化。营养物质引发藻类暴发，导致大叶藻等沉水植物、鱼类、贝类等缺氧死亡，食碎屑者被迫转移到有氧区，致使牡蛎礁区食物网结构发生剧烈变化。

## 五、牡蛎礁建设与修复

### （一）海区选择

海洋牧场牡蛎礁建设区域选址前应开展本底调查，获取建设海域水文动力、地形地貌、地质底质、生态环境、牡蛎资源和渔业资源等方面基础数据资料，开展牡蛎礁建设的适宜性评价，确定最适宜的海洋牧场牡蛎礁建设区域。除满足海洋牧场建设的一般需求外，应重点考虑造礁牡蛎苗种供应、生长繁育需求和礁体建造的水文、地形和底质要求。经充分论证，确定建设或修复海区，并形成科学、可行的实施方案。

归纳起来，海洋牧场牡蛎礁建设海域须满足以下特殊条件：①有较高的造礁牡蛎自然补充量，投放适宜的基质物能发育形成牡蛎礁；②分布有以牡蛎礁为栖息生境的海洋牧场资源养护生物；③水深小于20m。

### （二）建设方式

牡蛎礁的建设方式主要包括牡蛎移植和基质投放两种。牡蛎移植时应选用本地种牡蛎，避免引入其他牡蛎品种和入侵生物，影响建设海域生态系统稳定性。通常，在我国黄渤海海域，应以长牡蛎、近江牡蛎、熊本牡蛎为造礁牡蛎；在东海和南海海域，应以近江牡蛎、熊本牡蛎、福建牡蛎、香港牡蛎等为造礁牡蛎。由于牡蛎幼贝环境适应性更强、采购成本低，因此应以移植幼贝为主，移植性腺发育良好的成贝为辅，特殊情况下可选择投放幼虫。此外，为保证海区环境利于牡蛎存活，牡蛎移植活动应在牡蛎繁殖高峰期前后开展。

基质投放是指在牡蛎自然补充量较高的海区，通过人为添加硬基质供海区牡蛎幼虫附着变态。基质的选择与设计应满足功能性、稳定性、耐久性、经济性和环保性等要求。通常采用表面积大、结构稳定的基质材料，包括贝壳、混凝土构件，以及添加牡蛎壳、水泥等多种材料人工浇筑成型的构件等，构建出具有足够强度的复杂三维生境以增大牡蛎附着量，同时形成的流场能够促进各水层水体交换混合。基质投放应在牡蛎繁殖高峰期之前进行，一般为春末至夏初。如果投放时间与目标物种的产卵周期不同步，原本专门设计用来使天然幼虫附着的底质物上有可能会被非目标物种覆盖。

### （三）监测评估

牡蛎礁建设完成后，牡蛎密度常呈现先升高，后降低（自疏），直至稳定的过程。因此应该加强牡蛎礁定期监测，掌握礁体发育动态。海洋牧场牡蛎礁建成1年后至5年内，应定期对牡蛎礁环境指标（水温、盐度、溶解氧量、pH、叶绿素）、景观指标（面积、高度、分布）和生物指标（生物种类、密度、大小、生物量、群落结构）等进行跟踪监测，应重点监测牡蛎礁区关键种和优势水产经济生物的资源量，基于本底调查和跟踪监测结果，综合评估海洋牧场牡蛎礁对渔业资源的养护与增殖效果。

### （四）管理维护

海洋牧场牡蛎礁建成后，应建立牡蛎礁管理制度，定期对牡蛎礁进行管理维护。

牡蛎礁建设工程结束后1个月内，进行牡蛎礁区面积测量及GPS定位，绘制牡蛎礁分布的数字地图，并在礁体四周设置明显标识。每年至少开展1次常规维护，强台风、风暴潮、赤潮、绿潮、海洋污染等海洋灾害事件过后应增加1次应急维护。检查牡蛎礁表面及四周泥沙淤积和杂物堆积情况，视淤积程度开展相应的清洁维护工作。

牡蛎礁建设后海洋牧场管理部门或营运公司应及时开展牡蛎礁跟踪监测，定期检查牡蛎礁牡蛎种群生长和生态系统发育状态，评估牡蛎礁建设效果。依据牡蛎礁评估结果，及时调整礁体基质投放数量、牡蛎幼贝和牡蛎成贝移植数量，进一步优化牡蛎种群；定期检查牡蛎礁基质整体稳定情况，对于发生倾覆、破损、埋没的牡蛎礁基质，应采取补救和修复措施；依据牡蛎礁生态系统评估结果，开展牡蛎礁区资源增殖等活动，优化牡蛎礁生物群落结构；评估牡蛎礁生态系统重要经济生物承载力与最适捕捞量，依据牡蛎礁区生物最适捕捞量进行科学采捕；建立牡蛎礁生态系统定期巡视与监测相结合的监测管理制度，严禁在牡蛎礁区开展底层拖网等破坏牡蛎礁的渔业捕捞活动；开展牡蛎礁周边可能的污染源调查，严格防控周边人类活动等造成的污染对牡蛎礁的破坏。此外，还可以积极开展牡蛎礁保护与利用相关的社会宣传活动，增强公众对牡蛎礁的保护与科学利用意识，提高海洋牧场牡蛎礁建设的社会效益。

## 第七节　珊瑚礁生境

珊瑚礁被称为“海洋中的热带雨林”，是海洋生态系统的重要组成部分。健康的珊瑚礁生态系统在海洋牧场建设中的海洋生物资源增殖、生态环境保护、抗浪护堤与休闲旅游等方面均发挥着重要的作用。

我国珊瑚礁面积约3.8万$km^2$，对我国海洋自然资源与环境、社会经济发展乃至科学研究均具有重要价值，尤其是南海诸岛海域的珊瑚礁，更具有重要的国家战略意义。本节将从珊瑚礁生境及其生态功能、珊瑚礁生物群落、珊瑚礁退化现状以及珊瑚礁修复途径4个方面进行介绍。

# 一、珊瑚礁生境及其生态功能

## （一）珊瑚礁及其分布

珊瑚礁是以造礁石珊瑚的石灰质骨骼为主体，与珊瑚藻、有孔虫等其他钙质造礁生物的遗骸经过生物堆积而形成的一种岩石体，其主要成分是碳酸钙（$CaCO_3$）。简而言之，造礁石珊瑚死后，其遗骸构成的岩体即为珊瑚礁。根据形态和地理位置，珊瑚礁可分为岸礁、堡礁、环礁、台礁、塔礁、点礁和礁滩等。全球热带和亚热带的珊瑚礁总面积达$2.8\times10^5$～$6\times10^5km^2$，由于造礁石珊瑚对生存环境条件要求较为严苛，珊瑚礁分布范围只局限于南北纬30°之间的热带和亚热带浅海海区。从世界范围来看，集中分布于印度-太平洋区系和大西洋-加勒比海区系两个海区的珊瑚礁，分别占全球珊瑚礁总面积的78%和8%。

中国珊瑚礁资源广阔，主要分布在华南大陆沿岸、台湾岛和海南岛沿岸以及南海的东沙群岛、西沙群岛、中沙群岛和南沙群岛。我国南海北部分布的珊瑚礁主要受一支热带暖流“黑潮”的影响，其主支由于台湾岛和琉球群岛的阻挡，往北拐向日本群岛，没有到达我国沿岸海域，造成我国沿岸的现代珊瑚礁绝大部分分布在北纬20.5°以南的热带海域，尤其是西沙、南沙群岛等岛屿；受到“黑潮”的影响，我国台湾岛及其离岛仍有珊瑚礁分布。其中，广西涠洲岛和广东徐闻的造礁石珊瑚仍能形成珊瑚礁，再往北分布的造礁石珊瑚则不能形成珊瑚礁，只能称之为造礁石珊瑚群落，如分布在广东大亚湾和福建东山的造礁石珊瑚群落。

## （二）珊瑚礁生态功能

**1. 生物聚集效果**　造礁石珊瑚作为珊瑚礁生态系统的框架生物，因其独特的三维立体结构，为众多生物（游泳、底栖生物等）提供了栖息、避难、产卵的场所，因而具有显著的生物聚集效果。据统计，健康珊瑚礁系统生活的鱼类种数达3000多种，每年渔业产量达$35t/km^2$，全球近10%的渔业产量源于珊瑚礁地区，在印度洋-太平洋的某些国家甚至可达到30%左右。南海众多岛礁海域珊瑚礁区域广阔，各种珊瑚礁鱼类、大型石斑鱼、鲷科鱼类资源十分丰富（图3-10）。东沙群岛、西沙和中沙群岛、南沙群岛分别记录鱼类514种、632种和548种。据估算，南沙群岛岛礁水域鱼类的年生产量不低于$2.1t/km^2$。南海的海参资源也很丰富，据统计，分布于南海岛礁海域的可食用海参种类有24种，资源量较大的包括梅花参、玉足海参、图纹白尼参、蛇目白尼参、黑海参等。除此之外，重要的资源种类还包括各种贝类、甲壳类等。

图3-10　在珊瑚礁中栖息的鱼群

彩图

**2. 旅游价值**　珊瑚礁是热带、亚热带旅游业的重要资源，集海洋风光、海底风光、珊瑚礁生态系统于一体，为发展潜水、开展滨海生态旅游和人文景观游览提供了优越条件（图3-11）。珊瑚礁每年为人类提供大约3750亿美元的收益和服务，全球海岛旅游年收入为2500亿美元，是全球最大的产业之一。珊瑚礁区每年观光产值：加勒比海达89亿美元，美国佛罗里达州为16亿美元，澳大利亚大堡礁约为10亿美元。斐济、马尔代夫、毛里求斯、帕劳和加勒比海等的旅游业也都一定程度上依赖珊瑚礁生态景观。

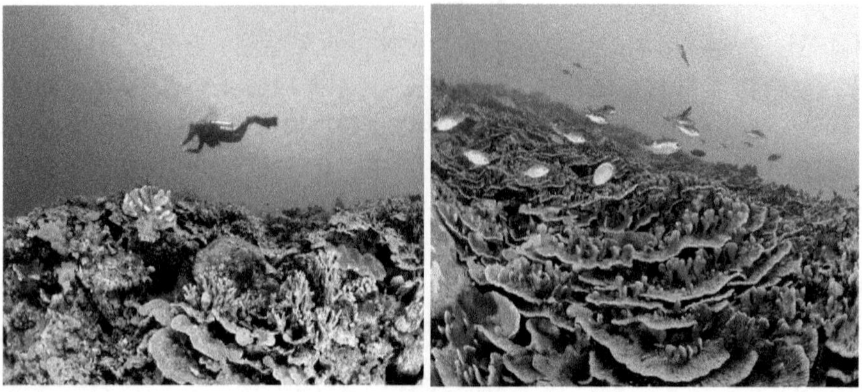

彩图

图3-11 珊瑚礁水下美景

**3．消波固堤** 沿岸的珊瑚礁具有保岸护堤的功能。珊瑚礁、红树林和海防林是海岸线的三道防线，珊瑚礁在防止海岸线侵蚀中发挥着重要的作用，是抵御暴风雨的第一道天然屏障。由于珊瑚礁结构的复杂性，其与一般的礁石或泥沙质海底结构差异明显，珊瑚礁对于波浪的衰减能力更强。因此，沿岸的珊瑚礁能阻滞海潮，减少海浪波能，护堤保岸，防止水土流失，保护人类生产。

**4．蓝色国土** 珊瑚礁是一种重要的国土资源。由珊瑚礁堆积而成的灰沙岛或干出的珊瑚礁都是陆地，按照《联合国海洋法公约》规定可成为一国领土的一部分，宜作为该国领海基线上的点。以我国南海为例，南海诸岛的陆地面积虽小且分散，但其包含的领海、毗连区和专属经济区的面积却很可观，意义重大。首先，这些岛礁及其覆盖的海域处于亚太地区的“咽喉”，对于我国具有重要的战略意义；其次，南海海域是各国海上交通的重要枢纽，也是我国与世界各国联系的重要经济纽带；最后，南海海区还蕴藏着不可估量的矿产资源、石油、天然气与可燃冰资源，是我国重要的能源储备区域。

## 二、珊瑚礁生物群落

珊瑚礁生态系统具有极高的生物多样性和生产力，被誉为海洋中的“热带雨林”。珊瑚礁占全球海洋面积的比例不到0.25%，但它却为接近1/4的海洋生物提供了安身立命之所。

### （一）珊瑚生物

在动物分类学上，珊瑚均隶属于刺胞动物门（Cnidaria），其中珊瑚虫纲（Anthozoa）根据触手、隔膜对数和隔片数目，又可以分为六放珊瑚亚纲（Hexacorallia）和八放珊瑚亚纲（Octocorallia），其中造礁石珊瑚属于六放珊瑚亚纲石珊瑚目（Scleractinia）；此外，角珊瑚也属于六放珊瑚，软珊瑚和苍珊瑚则属于八放珊瑚。除此之外，花裸螅目（Ahthoathecata）的多孔螅科（Milleporidae）、柱星螅科（Stylasteridae）的物种则合称为水螅珊瑚。

其中，作为珊瑚礁生态系统框架生物的造礁石珊瑚是从生态学意义上划分出的一个类群，其钙化过程对珊瑚礁礁体的形成起着关键性的作用。造礁石珊瑚的主要生长型有团块状、柱状、皮壳状、分枝状、叶状、板状和自由生活（图3-12）。然而石珊瑚的群体形态并不完全受基因型的限制，其生长型具有较高的可塑性，光线以及海浪强度的变化会影响珊瑚的生长型。

图3-12　各种造礁石珊瑚（引自黄晖，2018）

第一排从左至右分别为：多孔鹿角珊瑚、佳丽鹿角珊瑚、湾石芝珊瑚，
第二排从左至右分别为：辐石芝珊瑚、疣状杯型珊瑚、海洋盘星珊瑚

彩图

### （二）珊瑚礁鱼类

现有已经命名的所有鱼类中，有将近1/3生活在珊瑚礁区，其中有多种鱼类是珊瑚礁区的特有种。珊瑚礁复杂的水下生境吸引着各种各样、姿态万千、色彩斑斓的珊瑚礁鱼类在此落户，使得整个水下王国显得生机勃勃（图3-13）。由于栖息环境和生活习性的差异，珊瑚礁鱼类进化出纷繁复杂的形制，常见的有纺锤形（如马鲛鱼、鲐、鲨鱼等）、侧扁形（如石斑鱼、棘鳞鱼、鹦嘴鱼、蝴蝶鱼、刺尾鱼、篮子鱼等）、平扁形（如鲼、蝠鲼）、鳗形（如海鳗、豆齿鳗、管口鱼、虾虎鱼等）、箱形（如箱鲀）、海马形（海马）和不对称形（鲆、鲽）。

### （三）其他珊瑚礁大型底栖动物

珊瑚礁中生物群落的种类组成丰富，栖息着门类众多、体态万千、五颜六色的海洋生物，除珊瑚、鱼类外，还包括诸多大型底栖动物。

珊瑚礁中的海绵种类繁多，生物丰度也很高，据统计在大堡礁可能一共存在1000种以上的海绵，这些海绵首先可以为其他微型生物提供栖息住所，再者它们的空间竞争能力也很强，对造礁生物和造礁过程也可以产生积极或负面的影响。例如，一些穴居海绵通过生物侵蚀钻入珊瑚骨骼，它们不以碳酸钙为食，而是通过隐藏在坚硬的珊瑚结构中来保护自己的组织免受捕食者伤害，最为典型的种类是穿贝海绵。

珊瑚礁中的双壳类多是滤食性隐居生物，多属于翼形亚纲和异齿亚纲，嵌居种类，如魁

彩图

图3-13 珊瑚礁鱼类（引自黄晖，2018）

第一排从左至右分别为：金目大眼鲷、直线若鲹、四带笛鲷，第二排从左至右分别为：叉纹蝴蝶鱼、主刺盖鱼、新月锦鱼，第三排从左至右分别为：双斑海猪鱼、绿唇鹦鹉鱼、白背双锯鱼

蛤、海扇蛤、砗磲等，它们可以为礁体结构贡献少部分材料并黏合礁体；双壳类中还有大部分属于钻孔侵蚀生物，其多样性非常高，代表性有海笋、石蜊、肠蛤、珊瑚蛤、开腹蛤、石蛏、住石蛤和开腹蛤等。

珊瑚礁生态系统中的甲壳动物生活方式多样化，有一些种类营寄生生活，如桡足类、寄居类的寄居蟹；还有许多种类与珊瑚、海葵共栖或共生，如藤壶、藻虾、隐虾、猥虾和梯形蟹等。此外常见的还有管虫，是节肢动物门多毛纲中许多海生管栖蠕虫的通称，滤食性，具有革质或胶质的栖管，头部长，特化为漏斗螺旋状的鳃冠。棘皮动物也是珊瑚礁常见的一类生物。虽然棘皮动物也是无脊椎动物，但是在结构上已经出现了一些类似脊椎动物的特点。它们的身体表面往往是粗糙的、凹凸的、带有外刺的，有坚韧的外皮用以保护内脏，这种特化的体表与贝类的钙质外壳有异曲同工之妙。珊瑚礁中常见的棘皮动物有海百合、海星、海胆、海参、蛇尾。

## 三、珊瑚礁退化现状

由于过度捕捞、全球气候变化、海洋酸化等人为和自然的多重压力，严重干扰和破坏了珊瑚礁生态系统，导致珊瑚礁分布面积不断缩小，退化严重。据全球珊瑚礁监测网（GCRMN）2008年的评估报告，全球19%的珊瑚礁已遭到严重破坏并且无法修复。除非采取有效管理，否则35%的珊瑚礁将在未来数十年内消失。据Burke等（2011）的报道，目前全球各主要珊瑚礁生态系统中等以上受威胁程度最大的区域就在东南亚，而且这一程度在2030年将超过该区域珊瑚礁总面积的90%，在2050年，高度威胁将接近95%。

在全球气候变化的影响下，我国的珊瑚礁生态系统也出现了不同程度的退化现象。以三亚小东海为例，2009年之前小东海珊瑚覆盖率可以达到40%以上，而2010～2011年由于人为活动影响，使得珊瑚覆盖率降到10%左右，并且进一步退化；2019年最新数据显示珊瑚覆盖率仅为8%。我国珊瑚礁面临的往往是复合型压力。例如，近岸珊瑚礁面临着污染、富营养化和破坏性捕捞等长期持续压力，而西沙群岛在过度捕捞和短期长棘海星暴发的影响下，珊瑚大面积死亡和珊瑚礁发生退化，然而过度捕捞导致的植食性生物的生物量下降，使得其无法通过下行控制来去除珊瑚礁中的大型藻类，进而不利于珊瑚礁的恢复，造成西沙珊瑚礁珊瑚覆盖率和幼体补充长期维持在较低水平。再者，虽然目前主流观点认为气候变化对我国珊瑚礁产生的压力远小于人类活动，但随着气候变化的加剧，未来气候变化对珊瑚礁产生的负面影响会逐渐凸显。尤其值得注意的是，气候变化和人类活动极有可能互相叠加产生更加复杂严峻的效应，它们在未来会耦合作用于我国珊瑚礁生态系统，共同影响并决定着我国南海珊瑚礁的健康状态及其生态服务功能和经济价值。

## 四、珊瑚礁修复途径

珊瑚礁修复是以恢复珊瑚礁生态功能与资源为目的，对受损退化的珊瑚礁生态系统采取有效的保护措施，开展生态修复适宜性评估，制定可行的修复方案并予以实施，重建珊瑚礁生境，促进珊瑚礁生态系统的恢复。

目前已经有多个国家开展珊瑚礁生态修复的相关实验与研究，在日本、菲律宾、美国、以色列等国家已经积累了30年以上的研究经验。基于目前的珊瑚礁修复研究与示范工作，珊瑚礁生境与资源修复的主要技术方法有造礁石珊瑚的有性繁殖技术、造礁石珊瑚的断枝培育技术、造礁石珊瑚的底播移植技术以及珊瑚礁生态系统其他特色生物资源的人工放流技术。

### （一）造礁石珊瑚的有性繁殖技术

**1. 造礁石珊瑚的有性繁殖技术概念及目的**　造礁石珊瑚的有性繁殖技术主要是利用珊瑚的繁殖生物学特性，在繁殖期期间通过促进珊瑚生殖配子结合形成受精卵，提高受精率；随后对其进行培育至浮浪幼虫阶段，此时通过放入附着基或附着诱导物促使珊瑚浮浪幼虫在合适的附着基表面附着变态形成珊瑚幼体，增加附着率；再通过对珊瑚幼体的人工培育，提高幼体存活率，使其生长至合适的大小。通过人工技术的辅助，降低珊瑚繁殖过程中限制因素的影响，相较于自然状况下的珊瑚有性繁殖的恢复过程，能够大大提高珊瑚受精卵发育至珊瑚幼体的比例。此外，有性繁殖的珊瑚为非克隆体，能保留遗传多样性的特征。

**2. 造礁石珊瑚有性繁殖的发展现状**　实际上多个国家已经利用造礁石珊瑚有性繁殖产生的配子进行人工受精，并在适宜的人工条件下培育受精卵至幼体乃至成体。这已成为造礁石珊瑚增殖和珊瑚礁修复的一个重要手段。我国在此方面的工作刚刚起步，最早开展造礁石珊瑚有性繁殖研究以促进其资源增殖的是中国科学院南海海洋研究所，他们在海南省三亚市的三亚湾和西沙的永兴岛上进行了珊瑚有性繁殖实验与珊瑚幼体培育增殖实验（图3-14），并在每年的繁殖季持续对三亚不同种类珊瑚的繁殖活动与幼体发育过程进行研究，目前已经掌握芽枝鹿角珊瑚（*Acropora gemmifera*）、壮实鹿角珊瑚（*Acropora robusta*）、中间鹿角珊瑚（*Acropora intermedia*）、风信子鹿角珊瑚（*Acropora hyacinthus*）、中华扁脑珊瑚（*Platygyra sinensis*）、丛生盔形珊瑚（*Galaxea fascicularis*）、鹿角杯形珊瑚（*Pocillopora damicornis*）等种类的繁殖规律和幼体发育过程（图3-15）。

彩图

图3-14 造礁石珊瑚正在排卵

左为简单鹿角珊瑚（*Acropora austere*），右为细枝鹿角珊瑚（*Acropora nana*），摄于2020年

彩图

图3-15 壮实鹿角珊瑚幼体附着过程

## （二）造礁石珊瑚的断枝培育技术

**1. 造礁石珊瑚的断枝培育技术概念及目的** 造礁石珊瑚的断枝培育技术则是通过造礁石珊瑚的无性增殖特点，利用人工培育条件或野外培育技术促进造礁石珊瑚断枝的增长，达到移植所需大小。造礁石珊瑚的断枝培育主要目的是为了减少在珊瑚礁资源与生境修复过程中对造礁石珊瑚供体的数量需求，减轻对造礁石珊瑚供体所在珊瑚礁的影响。通过对少量造礁石珊瑚断枝的培育，经由人工控制的适合条件或合适的培育技术，降低环境中的胁迫因素影响，进而提高珊瑚的生长速率，使其增长至合适大小，达到数量与个体大小上的增加，以满足珊瑚礁修复所需的造礁石珊瑚尺寸与数量，并提高底播移植的造礁石珊瑚存活率。值得注意的是，培育的环境对于造礁石珊瑚断枝或碎片的存活与生长至关重要，只有恰当的培

育条件才能促进造礁石珊瑚断枝或碎片的快速生长，保证造礁石珊瑚培育的效果。

**2. 造礁石珊瑚断枝培育的方法**　造礁石珊瑚培育的环境包括自然环境与人工条件两种。自然环境下的人工培育是将造礁石珊瑚断枝或碎片培育在已经放置在条件适宜、人为干扰少的海水环境中的培育平台上，使其在没有严重干扰的环境中生长。野外培植虽然成本较低，但对环境条件的控制不足，无法去除恶劣环境条件与生物因素的影响，可能造成培植失败。人工断枝培育是将珊瑚断枝或碎片培育在人为维持的环境下，通过人为控制温度、光照、盐度、pH、营养盐等条件营造适宜造礁石珊瑚生长的水体，培育水体的体积可从十几升至数千立方米。人工条件下的无性培植技术主要在于严格控制培育环境在珊瑚生长的最适水平范围内。相较于野外培育技术，人工控制下的珊瑚培植成本十分昂贵。

目前用于珊瑚礁生境修复的造礁石珊瑚断枝培育以野外培育为主，主要方法有：珊瑚树断枝培育法、浮床断枝培育法、缆绳断枝培育法（图3-16）。在选择造礁石珊瑚断枝培育方法时，需要综合考虑修复区域原生造礁石珊瑚种类、底质类型、台风及海浪发生频次以及经费预算等情况。

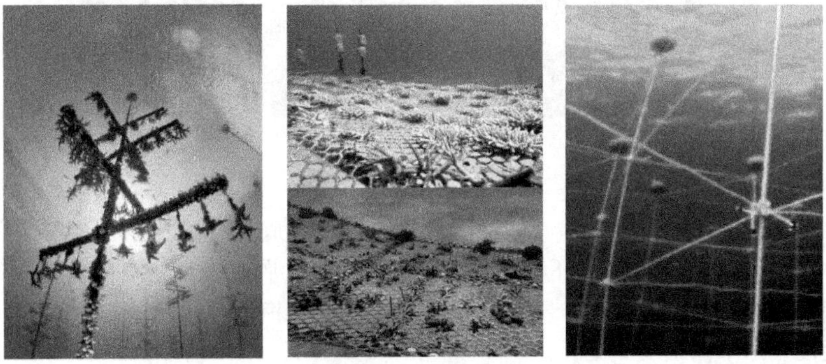

图3-16　造礁石珊瑚断枝培育方法

从左至右依次为珊瑚树断枝培育法、浮床断枝培育法和缆绳断枝培育法

彩图

## （三）造礁石珊瑚的底播移植技术

**1. 造礁石珊瑚的底播移植技术概念及目的**　退化珊瑚礁的修复技术相对珊瑚礁管理来说是一种更为积极主动的手段，造礁石珊瑚移植被认为是珊瑚礁人工修复的首要基本技术，但造礁石珊瑚移植只是珊瑚礁修复技术中的一部分，而造礁石珊瑚的底播移植技术是珊瑚移植的最后一个环节。造礁石珊瑚的底播移植技术是指将无性培育、有性繁殖培育出的珊瑚个体或者从健康珊瑚礁区采集的供体造礁石珊瑚小块、断枝通过一定的固定方式播种在退化的珊瑚礁区底质或人工生物礁上，利用这些移植造礁石珊瑚的自然生长以及繁殖来促进退化珊瑚礁区的自然恢复，以此实现退化生境的结构重建和功能恢复。底播移植的最终目标是提高退化海区造礁石珊瑚的覆盖率、物种多样性以及生境异质性。

**2. 造礁石珊瑚的底播移植技术方法**　目前主要采用的造礁石珊瑚底质移植技术有：铆钉珊瑚移植技术、生物黏合剂珊瑚移植技术以及生态礁珊瑚移植技术。

1）铆钉珊瑚移植技术　利用底质上的天然孔洞缝隙或手持螺旋钻或者压缩空气钻孔机在硬底质上人为打孔，打入铆钉后，用可降解扎带将珊瑚固定。铆钉的形状、材质、大小均根据待恢复区域底质类型、珊瑚类型所决定。铆钉珊瑚移植技术的优点是操作简单，不需要花费较多的人力物力，成本较低；然而这种技术只适合珊瑚礁底质类型的区域，泥沙底质无法进行铆钉珊瑚移植（图3-17）。

彩图

图3-17 铆钉珊瑚移植

2）生物黏合剂珊瑚移植技术　目前在造礁石珊瑚底播移植中利用的黏合剂主要有硅酸盐水泥、环氧树脂油灰、海洋环氧树脂及氰基丙烯酸盐胶水。其各自的优劣及适用范围见表3-5。对于底播中黏合剂的选择具有很大的弹性，可以根据移植的对象、经费以及操作便利性做出选择（图3-18）。

**表3-5 造礁石珊瑚底播移植所用的生物黏合剂类型与特点**

| 黏合剂或固定材料 | 优点 | 缺点 | 注释 |
| --- | --- | --- | --- |
| 硅酸盐水泥（portland cement） | 便宜、使用广泛、黏合效果好、已商业化生产 | 使用时不方便、需预先混合包装好才能水下使用、固化时间长、对珊瑚基部组织损伤大 | 适合大的团块或亚团块状造礁石珊瑚 |
| 环氧树脂油灰（epoxy putty，两组分） | 黏合效果好、水下原位使用方便、将两组分混匀即可在10～16.6min内固化、可以按需来配比 | 相对昂贵、每次混合量小 | 使用时使造礁石珊瑚和底质接触位点面积最大化以促进珊瑚的再附着，尤其适合枝状珊瑚原位移植以及培育，固定前要先清理固着面的其他生物 |
| 海洋环氧树脂（marine epoxy，树脂和硬化剂） | 黏合效果好、便宜、常用 | 不能在水下混合、固化时间长（约30min）、用量大 | 使用时使造礁石珊瑚和底质尽量多接触，以促进珊瑚的再附着 |
| 氰基丙烯酸盐胶水 | 常用、固化时间短、用量小、适合小的断枝及人工培育的断枝固定 | 水下使用不方便、在水动力强的环境容易脱落、不适宜大断枝 | 通常适用于将小断枝固定于人工基底以及可以快速再附着的种类 |

图3-18　生物黏合剂珊瑚断枝移植

彩图

3）生态礁珊瑚移植技术　　利用人工鱼礁体除了可以克服在非珊瑚礁底质下进行珊瑚移植之外，还可在稳定碎屑的同时增加珊瑚幼体可附着面积。通过特别设计的人工鱼礁体，将珊瑚礁的基底碎屑稳固在礁体下或礁体中空的内部，最终实现稳固珊瑚礁底质的作用。目前使用的人工鱼礁体主要有以下几种：生物礁球（reef ball），平板状、四角、盒装礁体，生态礁（eco-reef）以及金属生物石礁（图3-19）。

图3-19　用于造礁石珊瑚断枝移植的大型仿生礁

彩图

### （四）珊瑚礁生态系统其他特色生物资源的人工放流技术

**1. 珊瑚礁生态系统其他特色生物资源的人工放流技术概念及目的**　　珊瑚礁生境发生退化后，珊瑚礁生物种群间的平衡也同时被打破，这也意味着许多生物的生态功能出现退化或丧失。珊瑚礁自身的恢复同其内部的生态功能与平衡的建立是同步的，退化状态下的珊瑚礁生态功能得不到完善，其自身也无法得到完全的修复。为了促进珊瑚礁生境和资源的修复，就需要人为对其生态功能性种群进行恢复。珊瑚礁区其他特色生物资源的人工放流就是修复的重要手段。这些功能生物包括了多种对珊瑚礁修复有益的种类，如可限制藻类生长的草食性动物，可清除覆盖在珊瑚礁上沉积物的某些杂食性动物，过滤海水中的悬浮物质、清净水质的滤食性动物等。此外，还要有针对性地选择抑制造礁石珊瑚敌害的生物，形成一定规模的种群，以有效地抑制造礁石珊瑚敌害生物的种群增长，实现生物防治。

**2. 珊瑚礁生态系统其他特色生物资源种类**

1）植食性鱼类　珊瑚礁内的植食性鱼类种类与数量众多，是控制藻类数量的重要功能种群。常见的种类主要有篮子鱼、雀鲷、蝴蝶鱼、刺尾鱼、鹦嘴鱼等，它们摄食有害大型藻类，能够有效地控制珊瑚礁内藻类的数量。我国不论是近岸的珊瑚礁还是南海的西沙、南沙的珊瑚礁都存在藻类数量过多、植食性生物数量低等问题，因此鱼类的保护与补充成为珊瑚礁修复过程中必不可少的一环。

2）植食性无脊椎动物　同植食性鱼类一样，许多植食性的无脊椎动物也对造礁石珊瑚的主要竞争者——藻类，有着显著的控制效果。大马蹄螺、银塔马蹄螺、金口蝾螺螺类是珊瑚礁内常见的植食无脊椎动物。此外，许多以藻类为食的甲壳动物与软体动物也对藻类数量起控制作用，但效果可能未必有草食性鱼类的效果明显。

3）海参　海参通过对珊瑚礁中底质的造礁石珊瑚骨骼碎屑与砂子的翻动，摄食其中的有机碎屑与微生物，降低珊瑚礁底部的营养物质，起到清洁珊瑚礁的作用。通过海参翻动砂层的活动，将表面的砂层与底下的砂层交换，降低表面砂层生长海藻的机会。

**3. 功能生物人工放流技术方法**　珊瑚礁内功能生物的人工放流技术应用还并不广泛，在珊瑚礁生态修复上的使用也有限，放流的效果也不及合理的保护与管理的成效显著。但在需修复珊瑚礁区范围内的功能生物种群已经崩溃无法重建时，就需要功能生物的人工放流。

放流的技术包括幼体放流与成体放流两种。

幼体放流是将功能生物的幼体培育至一定阶段后放流至需修复区域。这种放流技术多应用在繁殖力强、幼体具备一定活动能力、能够快速在珊瑚礁内找到庇护所或附着下来的生物种类。这类生物一般都是r对策的种类。例如，马蹄螺、海参等生物可采用此种方法进行放流。其优点就是只需培育亲本个体，促使其繁殖后，即能获得大量的受精卵，也无须培育幼体至成体，可以节约培育成本和时间。但其缺点也较明显，首先，由于幼体较脆弱，往往对环境的抵抗力低，所以在不适宜的环境下，效果会受到很大影响。其次，珊瑚礁内幼体的天敌种类众多，幼体被捕食的概率远高于成体，幼体能否存活依赖于是否能够及早找到庇护所躲避或及早附着下来。

成体放流技术则是将功能生物培育至成体后再放归于需修复的珊瑚礁区域。放归时要根据生物的生活区域、栖地环境选择适当的位置。这种放归的方式一般适用在k对策的鱼类种类上，其繁殖力较低，幼体需要亲本照料，生长率较慢，因此不能采用幼体放流方法。其耗费时间长，需要人工培育成本高，但优点在于放归的生物存活率较高，能够较快看到其产生的效果。不过，由于生命周期长、繁殖慢，此类生物种群的构建需要较长时间。

## 本章小结

1. 生境是指某一生物物种，或某一生物群落，或某一生态系统，其所赖以存在的外部环境。生境主要由物理化学要素、资源要素以及生物之间的相互作用要素构成。海洋生境类型主要从大尺度海洋学的视角来进行划分，而海洋牧场生境类型划分更多是基于小尺度的视角，如按照水深、底质、某一类固着（固生）生物种群为基础、生物生态（微尺度）及其他视角等。

2. 在海洋牧场生境中，底栖生境无疑是多样性最丰富的生境类型，其生态效应主要取决于海底地形、底质类型和海底以上水层的深度及其所具有的理化性质。基于底质和水深划分的岩礁底、泥沙底、潮间带和潮下带4种典型底栖生境各具特点，生物群落结构组成和动态变化与其生境相适应。

3. 人工鱼礁生境是为了模拟自然生境，结合水域的地形地质特征而营造的人工生境，其中人工鱼礁是构建人工鱼礁生境的基础。人工鱼礁具有复杂的结构、更大的表面积、多样化的流态、宽阔的内部空间和良好的遮蔽效果及透水性等特点，可以达到修复生态环境、增加生物资源的目的。该生境中生物群落结构因礁体、海域环境的不同而有所差异。人工鱼礁生境可以根据海域特征、目标生物的生物学习性和发育特点、建设的目的或功能等途径营造。

4. 海草床是近岸海域生产力极高的生态系统，可以为水生动物提供栖息地、食物来源等，并且还具有水质净化、营养循环功能、固碳调节气候、巩固海岸等生态作用。然而，受人类活动和自然环境变迁的影响，全球绝大多数海草床均处于严重的衰退趋势。海草床的修复迫在眉睫，目前主要通过有性繁殖和无性繁殖方式，依靠海草的种子或构件（根状茎），主要的方法有生境恢复法、种子法和移植法。

5. 海藻场是沿岸潮间带下区和潮下带30m以浅硬质底区大型底栖藻类与其他海洋生物群落共同构成的一种典型近岸海洋生态系统，广泛分布于冷温带以及部分热带和亚热带海岸。海藻场不仅可以进行物质供应和营养盐调控，还是生物重要的栖息和索饵场所以及增殖养护渔业资源。目前海藻场主要通过植株法和孢子法进行修复，在国内外均已成功实施。海藻场管理和保护措施、制度有待完善。

6. 牡蛎礁指由大量牡蛎固着生长于硬底物表面所形成的一种生物礁系统，它广泛分布于温带河口和滨海区。牡蛎礁具有净化水体、提供栖息生境和耦合生态系统能量流动等生态功能。由于牡蛎礁受人类活动影响较大，全球牡蛎礁都面临退化危机。该生境生物群落结构也因生物因素和非生物因素影响而发生变化。目前，世界各地陆续开展了牡蛎礁的恢复项目，牡蛎礁建设的理论和技术手段逐渐完善，而建设后的长期监测成为更大的挑战。

7. 珊瑚礁作为海洋生态系统的重要组成部分，在海洋生物资源增殖、生态环境保护、抗浪护堤与休闲旅游等方面发挥着重要的功能。珊瑚礁根据形态和地理位置可分为多种类型，形成机制研究呈现多样化特点。珊瑚礁生态系统具有极高的生物多样性和生产力，但人为和自然的多重压力导致珊瑚礁资源退化严重，目前主要通过造礁石珊瑚的有性繁殖、断枝培育和底播移植等技术修复珊瑚礁生境。

## 思考题

1. 海洋牧场生境的分类主要有哪些？
2. 底栖生境主要有哪些类型？其生境特点是什么？
3. 请阐述人工鱼礁的生境特征及生态功能。
4. 海草适应海洋环境的生态特征有哪些？

5．海草床的重要生态功能主要体现在哪些方面？
6．海草床食物网的有机碳源组成有哪些种类？
7．影响海草床退化的因素主要表现在哪些方面？
8．植株移栽技术有什么优缺点？
9．种子种植修复技术的关键环节有哪些？
10．请阐述海藻场的群落结构及主要的支持海藻。
11．请阐述海藻场的生态功能。
12．请阐述海藻场衰退的主要原因。
13．请阐述国内外海藻场的建设案例及管理措施。
14．请阐述牡蛎礁的生态功能。
15．请阐述牡蛎礁生境的主要威胁因素。
16．请阐述热带岛礁养护型海洋牧场建设中珊瑚礁生境和资源的重要性。

## 参 考 文 献


蔡立哲，郑天凌．1994．东山岛潮下带大型底栖生物群落及其环境影响评价．厦门大学学报（自然科学版），S1：37-42.

陈骁，许祝华，丁艳锋．2016．江苏海州湾海域海洋牧场建设现状及发展对策建议．中国资源综合利用，34（5）：43-45.

陈勇，杨军，田涛，等．2014．獐子岛海洋牧场人工鱼礁区鱼类资源养护效果的初步研究．大连海洋大学学报，29（2）：183-187.

陈源仁．1991．海洋底栖古生态学．北京：海洋出版社.

杜虹，郑兵，陈伟洲，等．2010．深澳湾海水养殖区水化因子的动态变化与水质量评价．海洋与湖沼，41（6）：816-823.

范航清，石雅君，邱广龙．2009．中国海草植物．北京：海洋出版社.

方少华，吕小梅，张跃平，等．2000a．台湾海峡小型底栖生物数量的量分布．海洋学报，22（6）：136-140.

方少华，吕小梅，张跃平．2000b．厦门浔江湾小型底栖生物数量分布及生态意义．台湾海峡，19（4）：474-477.

冯士筰，李凤岐，李少菁．1999．海洋科学导论．北京：高等教育出版社.

韩秋影，黄小平，施平，等．2007．人类活动对广西合浦海草床服务功能价值的影响．生态学杂志，26：544-548.

何明海．1990．东山湾潮下带多毛类的分布．台湾海峡，3：206-211.

黄晖，董志军，练健生．2008．论西沙群岛珊瑚礁生态系统自然保护区的建立．热带地理，28：540-544.

黄晖，俞晓磊，雷新明，等．2020a．环境变化对造礁石珊瑚营养方式的影响及其适应性．海洋科学进展，38：189-198.

黄晖，张浴阳，刘骋跃．2020b．热带岛礁型海洋牧场中珊瑚礁生境与资源的修复．科技促进发展，16：225-230.

黄晖，张浴阳．2019．珊瑚礁生态修复技术．北京：海洋出版社.

黄晖．2018．西沙群岛珊瑚礁生物图册．北京：科学出版社．
黄小平，江志坚，张景平，等．2018．全球海草的中文命名．海洋学报，40：127-133．
蓝锦毅．2018．儒艮保护区及周边海草床（2010～2017年）研究调查．中国科技信息，22：88-89．
李冠国，范振刚．2004．海洋生态学．北京：高等教育出版社．
梁振林，郭战胜，姜昭阳，等．2020．“鱼类全生活史”型海洋牧场构建理念与技术．水产学报，44（7）：1211-1222．
刘鸿雁，孙彤彤，曾晓起，等．2018．崂山湾人工鱼礁区星康吉鳗摄食生态及食物网结构．应用生态学报，29（4）：1339-1351．
刘鲁雷．2019．东营垦利近江牡蛎礁现状调查与资源修复研究．大连：大连海洋大学硕士学位论文．
刘燕山．2015．大叶藻四种播种增殖技术的效果评估与适宜性分析．青岛：中国海洋大学硕士学位论文．
牛淑娜．2012．大叶藻（*Zostera marina* L.）种子萌发生理生态学的初步研究．青岛：中国海洋大学硕士学位论文．
曲元凯．2015．三种马尾藻的生长繁殖和人工藻场的构建．湛江：广东海洋大学硕士学位论文．
全为民，安传光，马春艳，等．2012．江苏小庙洪牡蛎礁大型底栖动物多样性及群落结构．海洋与湖沼，43（5）：992-1000．
任彬彬，袁伟，孙坚强，等．2015．莱州湾金城海域鱼礁投放后大型底栖动物群落变化．应用生态学报，26（6）：1863-1870．
沈新强，全为民，袁骐．2011．长江口牡蛎礁恢复及碳汇潜力评估．农业环境科学学报，30（10）：2119-2123．
时翔，王汉奎，谭烨辉，等．2007．三亚湾浮游动物数量分布及群落特征的季节变化．海洋通报，26：42-49．
孙建璋，庄定根，王铁杆，等．2009．南麂列岛铜藻场建设设计与初步实施．现代渔业信息，24（7）：25-28．
孙万胜，温国义，白明，等．2014．天津大神堂浅海活牡蛎礁区生物资源状况调查分析．河北渔业，（9）：23-26，76．
王贵．2013．南戴河海域人工鱼礁区藻场建设．河北渔业，10：41-51．
王蕾．2008．枸杞岛海藻场大型底栖海藻和浮游植物相互关系研究．上海：上海海洋大学硕士学位论文．
王如才，王昭萍．2000．海水贝类养殖学．青岛：中国海洋大学出版社．
杨红生．2017．海洋牧场构建原理与实践．北京：科学出版社．
殷鸿福，丁梅华，张克信，等．1995．扬子区及其周缘东吴期-印支期生态地层学．北京：科学出版社．
于沛民，张秀梅，郝振林，等．2006．藻场的生态意义及人工藻场的建设．齐鲁渔业，23（6）：49-50．
曾呈奎．2000．中国海藻志 第三卷 褐藻门 第二册 墨角藻目．北京：科学出版社．
曾晓起，任一平，苏振明，等．1997．大管岛礁区潮下带大型底栖海藻群落的初步研究．海洋湖沼通报，3：52-58．
曾星．2013．北方海域典型泻湖大叶藻植株移植技术的研究．青岛：中国海洋大学硕士学位论文．
张慧鑫．2019．湛江市海洋牧场建设研究．湛江：广东海洋大学硕士学位论文．
张沛东，曾星，孙燕，等．2013．海草植株移植方法的研究进展．海洋科学，37（5）：100-107．
张志南，周红，于子山，等．2001．胶州湾小型底栖生物的丰度和生物量．海洋与湖沼，32（2）：139-147．

章守宇，刘书荣，周曦杰，等．2019．大型海藻生境的生态功能及其在海洋牧场应用中的探讨．水产学报，43（9）：2004-2014．
章守宇，孙宏超．2007．海藻场生态系统及其工程学研究进展．应用生态学报，（7）：1647-1653．
章守宇，汪振华，林军，等．2007．枸杞岛海藻场夏、秋季的渔业资源变化．海洋水产研究，（1）：45-52．
章守宇．2020．中国沿海潮下带重点藻场调查报告．北京：中国农业出版社．
郑丽杰，缪晓冬，韩威，等．2020．铜藻主要化学成分分析及抗氧化活性评价．食品工业科技，41（22）：232-239．
中华人民共和国农业部．2014．SC/T 9416—2014 人工鱼礁建设技术规范．北京：中国农业出版社．
邹仁林．2001．中国动物志：腔肠动物门．珊瑚虫纲．石珊瑚目．造礁石珊瑚．北京：科学出版社．
Akio H, Hirokazu T, Katsuya S, et al. 2011. Effects of the seaweed bed construction using the mixture of steelmaking slag and dredged soil on the growth of seaweeds. ISIJ International, 51(11): 1919-1928.
Beck M W, Brumbaugh R D, Airoldi L, et al. 2011. Oyster reefs at risk and recommendations for conservation, restoration, and management. BioScience, 61(2): 107-116.
Boucot A J. 1981. Principles of Benthic Marine Paleoecology. New York: Academic Press: 1-463.
Boucot A J．1991．海洋底栖古生态学．陈源仁，译．北京：海洋出版社．
Burke L, Reytar K, Spalding M, et al. 2011. Reefs at Risk Revisited. Washington DC: World Resources Institute.
Glynn P W. 2004. High complexity food webs in low-diversity eastern Pacific reef-coral communities. Ecosystems, 7: 358-367.
Nakajima R, Yamazaki H, Lewis L S, et al. 2017. Planktonic trophic structure in a coral reef ecosystem—Grazing versus microbial food webs and the production of mesozooplankton. Progress in Oceanography, 156: 104-120.
New Hampshire Estuaries Project. 2006. State of the Estuaries. Durham: University of New Hampshire: 20-30.
Perry C T, Morgan K M. 2017. Bleaching drives collapse in reef carbonate budgets and reef growth potential on southern Maldives reefs. Scientific Reports, 7: 40581.
Perry C T, Steneck R S, Murphy G N, et al. 2015. Regional-scale dominance of non-framework building corals on Caribbean reefs affects carbonate production and future reef growth. Glob Chang Biol, 21: 1153-1164.
Rotjan R D, Lewis S M. 2008. Impact of coral predators on tropical reefs. Marine Ecology Progress, 367: 73-91.
Sherr B F, Sherr E B, Hopkinson C S. 1988. Trophic interactions within pelagic microbial communities: indications of feedback regulation of carbon flow. Hydrobiologia, 159: 19-26.
Tanner C E, Parham T. 2010. Growing Zostera marina (eelgrass) from seeds in land-based culture systems for use in restoration projects. Restoration Ecology, 18(4): 527-537.
van Engeland T, Bouma T J, Morris E P, et al. 2011. Potential uptake of dissolved organic matter by seagrasses and macroalgae. Marine Ecology Progress Series, 427: 71-81.
Yuan Y, Song Z, Guo C, et al. 2010. Morphological characters and microstructure of *Zostera marina*. Transactions of Oceanology and Limnology, (3): 73-78.

# 第四章 海洋牧场建设设施

海洋牧场建设需要以海水增养殖工程设施为技术手段和支撑，增养殖工程设施是人们利用自然物或人工合成物，研制具有特定功能的工程装置并应用于陆基和浅海海域，从而实现海洋经济生物的人工养殖和自然增殖。海洋牧场建设设施主要包括人工鱼礁设施（包括底鱼礁、浮鱼礁）、藻礁设施、鱼类音响驯化设施、环境监测设施、资源管理设施及休闲渔业设施等。

设施现代化是提高海洋牧场生产效率和单位效益及有效管控风险的重要手段，是资源节约、高效环保、智能管理型现代海洋农业的重要标志（贾敬敦等，2014）。在增养殖空间与层次方面，海水增养殖工程领域已从最初局限于近岸单一物种养殖层面的筏式养殖设施、底播养殖设施、池塘与围堰养殖设施，发展为近岸与离岸兼顾、养殖与增殖并举的多营养级立体生态养殖的海洋牧场构建技术。在增养殖工程设施可操控性方面，海洋牧场工程设施也由传统的人工操控向自动化、智能化方向转变。

## 第一节 底鱼礁设施

底鱼礁是指设置于海底的人工鱼礁，即在选定的水域中设置的旨在保护和改善水域生态环境、养护和增殖水生生物资源的人工设施。

### 一、底鱼礁的作用与效应机制

#### （一）底鱼礁的作用

底鱼礁建设主要是改善、修复海洋生态环境，通过适当地制作和放置底鱼礁，来增殖和诱集各类海洋生物，为海洋生物提供繁殖、生长、索饵和庇护的场所，是保护、增殖海洋渔业资源的重要手段。我国40多年的实践证明，底鱼礁主要有以下作用（夏章英，2011）。

**1. 改变流场，促进海底营养盐循环，形成良好的饵料场**　投放底鱼礁后，在底鱼礁的周边及内部会形成上升流、加速流、滞缓流等多种流态，从而使礁体周围的海洋环境和生态环境产生多种效应，围绕底鱼礁逐渐形成新的人工生态系统，如图4-1所示。海流经过底鱼礁，由于底鱼礁对流体产生了阻碍作用，部分流体在底鱼礁的周围形成了上升流和背涡流。上升流的产生将海底营养盐带到水域上层，提高了各水层间的垂直交换效率，形成理想的营养盐转运环境，提高海域初级生产力水平，为礁体表面附着的藻类和海洋表层水体中的浮游生物提供了丰富的营养物质，有利于鱼类摄食、滞留和聚集。部分流体绕过礁体在其后方形成低流速区域的背涡流，大部分恋礁型鱼类喜栖息于流速缓慢的背涡流区。因此，底鱼礁的投放可以为海洋生物提供缓变的流速条件，形成有利于海洋生物附着和栖息的人工生态系统，有效改善海洋生态环境，营造海洋生物栖息的良好环境，吸引各种鱼类到鱼礁区聚集和栖息，达到保护海洋生态环境、增殖和提高渔获量的目的。

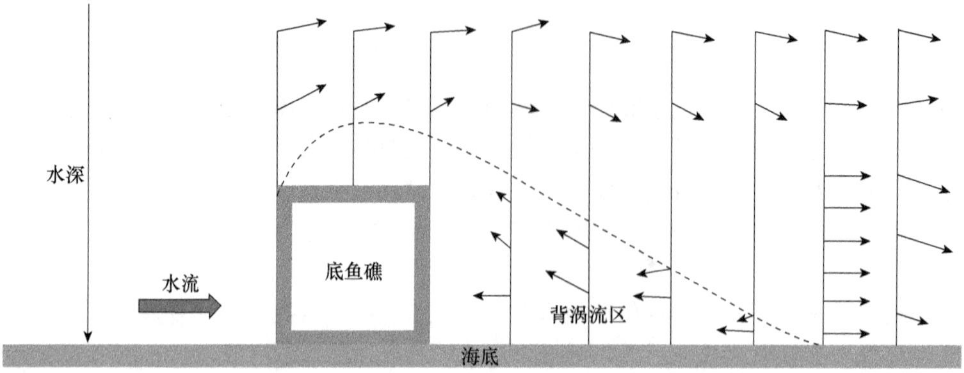

图4-1 底鱼礁流场效应示意图

**2. 底鱼礁结构空间效应有效保护鱼类** 底鱼礁的空间结构复杂，多孔隙、洞穴等结构元素使底鱼礁具备良好的空间异质性。中上层洄游性鱼类有聚集在底鱼礁上层的习性，在海底形成空间层次分布，使底鱼礁成为洄游性或底栖性鱼类摄食、避敌、定居和繁殖的适宜场所。同时，底鱼礁的孔隙、洞穴也可以作为鱼类产卵的温床，为礁体内孵化不久的仔稚鱼提供安全的空间，避免捕食者的吞噬，从而有效地保护了底层鱼类资源。

**3. 改善修复海洋生态环境和防止底拖网的滥捕** 底鱼礁能够改善海洋生态环境，使得原本生产力较低、鱼种较少的泥沙底质得以改善，变成生产力较高、鱼种较多的岩礁性底质环境，从而有助于渔民开发新的渔场，有利于捕捞业的持续健康发展。同时，底鱼礁的投放，有利于防止底拖网的作业和渔民的滥捕行为，起到保护渔业资源的作用。

**4. 聚集恋礁性优质鱼类，提高渔民的经济效益** 底鱼礁能够诱集鱼类，方便渔民寻找渔场，节约成本和作业时间，提高渔获产量，并且人工鱼礁聚集的鱼类多为恋礁性优质鱼类，从而提高渔民的经济效益。

**5. 底鱼礁有利于黏性鱼卵附着，为仔稚鱼提供成长场所** 底鱼礁结构的表面及孔隙，可为黏性鱼卵、乌贼卵等提供附着和孵化的场所，并为孵化后的仔稚鱼提供保护和适于成长的场所。

**6. 净化水质，减少赤潮的发生** 底鱼礁的表面附着的大型藻类和贝类可以吸收海水中的氮、磷等有机物质，起到净化水质的作用，降低了富营养化程度和赤潮的发生频率，有效地改善海域的水质环境。

**7. 充分利用大量废旧材料** 底鱼礁的制造，可以利用大量的废旧材料，如钢渣、矿渣、废旧船体等，从而解决造礁材料和废物处理等问题。

**8. 底鱼礁区成为休闲游钓业的理想场所** 底鱼礁投放后，营造适合各种海洋生物生长与繁殖的生境，形成天然的生态系统，成为休闲游钓业的理想场所，为人们提供更多的休闲娱乐活动，从而带动滨海地区观光旅游业的发展。

## （二）底鱼礁的人工生态系统形成机制

底鱼礁能产生诸如流场效应、生物效应和避敌效应等，能够给鱼类及其他海洋生物提供躲避敌害和风浪的庇护场所，因此，它们喜欢在鱼礁区进行摄食、产卵等活动。

### 1. 底鱼礁环境效应机制

1）*流场效应*　底鱼礁放置在海底会改变底层海水的流态，海流遇到结构物发生绕流。由于礁体结构边界层作用使得礁体周围的流场发生变化，产生上升流和背涡流等多种流态，改变海域内流场的分布。海流流经底鱼礁结构，在礁体结构周围形成的上升流能够带动底层营养盐丰富的低温流与表层暖流水体进行交换，从而加强营养盐向上的输运通量，为上层水体内浮游生物的繁殖和生长提供养分，促进了浮游生物的生长，形成了丰富的饵料场，促使鱼类在底鱼礁周围聚集。同时，在底鱼礁的背面形成低流速的背涡流，此区域内充满旋涡且流速缓慢、水流方向改变，使得海底泥沙和大量漂浮物都会在此停滞。背涡流的影响范围大且流态多变，鱼类用侧线感知局部水流及压力的变化，选择喜欢的流速，定栖于底鱼礁周围。

图4-2A为梯型鱼礁模型，每个侧面均开有三个孔，顶部的盖板开一个孔。图4-2B为该鱼礁模型在烟风洞中进行模型试验，得到梯型鱼礁形成的流态图（刘同渝等，1987）。

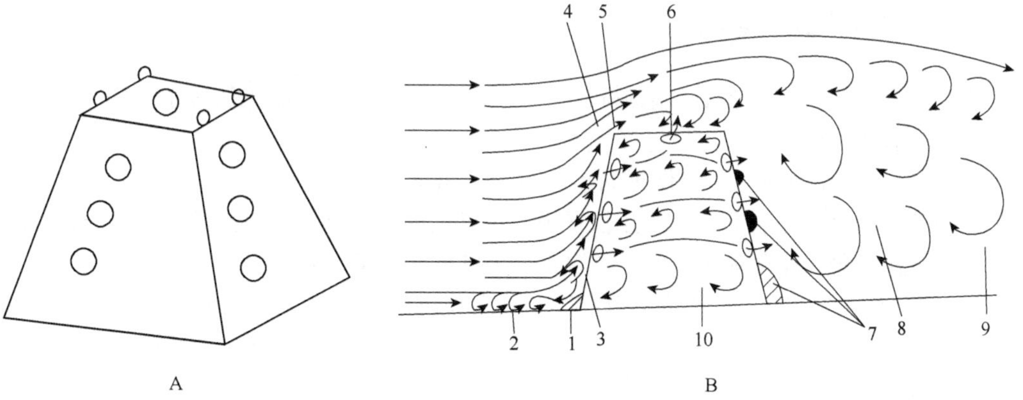


图4-2　梯型鱼礁模型及形成的流态图

1. 死水区；2. 回流区；3. 轻微涡流区；4. 气流加速区；5. 气流分离点；6. 鱼礁顶部气流上升区；7. 死水区；8. 涡流区；9. 涡流；10. 鱼礁体内缓流区

2）*生物效应*　在选定海域投放底鱼礁后，一段时间后底鱼礁裸露的表面会附着大量的生物，如甲壳类、贝类、多毛类幼虫等，为鱼类提供了丰富的饵料，吸引鱼类在底鱼礁周围聚集。由于不同的环境条件，南北方在人工鱼礁区具有不同的生物群落，附着生物有不同的种群和不同的数量。例如，广东、广西、海南及福建南部沿海处于亚热带区，附着生物常见的优势种有网纹藤壶、曲线索贻贝、翡翠贻贝、岩虫等。辽宁、山东、浙江北部沿海处于暖温带，附着生物常见的优势种有苔藓虫类、软体动物和节肢动物等。

3）*避敌效应*　动物生态学的研究表明，鱼类的幼体易被大型动物捕食。因此，鱼类需要寻找隐秘的庇护场所，减少被大型动物捕食的厄运，提高幼鱼的存活率。人工鱼礁的设置为鱼类建造了良好的“居室”。许多鱼类选择礁体及其附近作为暂时停留或长久栖息的地点，礁区就成了这些种类的鱼群密集区。许多幼鱼将礁体作为隐蔽庇护场所，大大减小了幼鱼被凶猛鱼类捕食的概率，从而提高幼鱼的存活率。

**2. 底鱼礁集鱼机制** 底鱼礁复杂的洞穴结构和表面结构，除了具有流场效应、生物效应和避敌效应外，还会产生阴影效应、音响效应等，可以为各种不同的鱼类提供索饵、避害、产卵、定位的场所。人工鱼礁聚集鱼类的原理有以下几个学说（何大仁和蔡厚才，1998）。

1）*阴影效果说* 鱼寻找鱼礁内部及其附近所形成的阴影而集群。

2）*饵料效果说* 在鱼礁区除了鱼类外，还生长着各种各样的生物，鱼的饵料十分丰富，鱼为摄食而集群。

3）*本能说* 认为鱼聚集于鱼礁是鱼的本能。

4）*涡流效果说* 礁区潮流的变化、涡流的产生引起了浮游生物的集合，从而促使鱼类聚集。

5）*音响效果说* 涡流带来的声音产生了作用。

6）*趋触性学说* 鱼为接触物体而聚集成群。

7）*逃避目标说* 遭遇危险物时逃入鱼礁。

## 二、底鱼礁的类型

根据鱼礁功能、结构形状、制礁材料、投礁水深4个方面可将底鱼礁划分为不同的类型。

**1. 按鱼礁功能分类**

1）*幼鱼保护型鱼礁* 以保护幼鱼为目的，鱼礁的结构设计与其他类型礁体的区别在于鱼礁内部有隔墙，隔墙上开孔的孔径要小于鱼礁表层结构所开孔的孔径，以便幼鱼可以在鱼礁内部逃逸，避开捕食者和恶劣环境的威胁，提高幼鱼存活率。

2）*增殖型鱼礁* 以增殖渔业资源为目的，使海洋生物在鱼礁单体或单位鱼礁中栖息、生长、繁殖。并结合人工放流增养殖经济鱼类，以保护和改善产卵场生态环境，丰富海洋牧场资源，达到增养殖渔业资源的目的。

3）*渔获型鱼礁* 以提高渔获量为目的，一般投放于鱼类洄游的通道上，主要为诱集鱼类形成优良的渔场，以达到增加捕捞产量的效果。渔获型鱼礁与增殖型鱼礁的不同在于两者的布局模式有很大的差异。一般来说，渔获型鱼礁所形成的鱼礁区要有适当规模，单体结构要求偏大，这样可以使得形成的礁区能够提供足够的空间，容纳一定规模的可捕资源，同时又能为进行捕捞生产留出足够的作业范围。

4）*游钓型鱼礁* 以为旅游者提供垂钓等娱乐活动为目的，一般放置于滨海城市旅游区的沿岸水域，供旅游及钓鱼等活动之用，也可以达到一定的生产效益。这类鱼礁以半球型设计为宜，要求鱼礁表面光滑、没有棱角，避免绊住钓钩或钓线。游钓型鱼礁也是以盈利为目的的底鱼礁设施。

**2. 按结构形状分类** 底鱼礁有不同的结构和形状，比较常见的有箱体型礁、框架礁、多孔方型礁、梯型礁、三角型礁、半球型礁、星型礁、圆台型礁、塔型礁、船型礁以及其他功能性底鱼礁（上升流礁、乱流礁、导流板礁、车叶型礁等）等，图4-3给出不同结构形状的人工鱼礁结构示意图（唐衍力等，2017）。

**3. 按制礁材料分类**　按照制作礁体的材料对底鱼礁进行分类，可以分为自然材料礁、人造材料礁和固废材料礁三种类型。自然材料包括木材、贝壳和石块；人造材料包括混凝土、钢材、混合材料；固废材料包括矿渣、钢渣等。

1）木材鱼礁　以木材为原材料，将木材钉成框架，中间压以石块，投放于沿岸、近海海底成为一种沉底式鱼礁。

2）石块鱼礁　以天然石块作为材料，直接投放于海底堆叠形成一定形状的底鱼礁；或者将天然石块加工成条石料，然后再将其固定成所需形状的底鱼礁。

3）贝壳礁　以贝壳作为材料，多被用作建造投放在近岸的底鱼礁。

4）混凝土鱼礁　以混凝土为主要材料，配钢筋或复合纤维筋加强鱼礁结构强度。混凝土预制构件可塑性较强，可制成各种不同结构形状的礁体，如方型礁、三角型礁、梯型礁、圆台型礁、复合型礁等。目前，混凝土礁使用最为广泛，效果好且使用寿命长。

图4-3　不同结构形状的底鱼礁

5）钢制鱼礁　以钢材为主要原料制成的鱼礁。进行大型礁体制作时，采用钢制鱼礁制造和运输方便。钢制礁的高度一般能够达到30～40m，重量可达60t以上。由于体型较大，多投放在深水海域，水深40～100m。

**4. 按投放水深分类**

1）近海底鱼礁　一般投放在水深10～40m的近海水域的各种类型的底鱼礁，常见的有增殖型鱼礁、幼鱼保护型鱼礁、渔获型鱼礁等。

2）外海底鱼礁　一般投放在水深40～100m的外海水域的各种类型的鱼礁，常见的有增殖型鱼礁、渔获型鱼礁等。

## 三、底鱼礁材料

### （一）礁体材料选用的依据

随着人工鱼礁事业的不断发展，底鱼礁的制作材料的选取成为鱼礁设计中着重考虑的问题之一。由于底鱼礁的建造不能对航海和海洋环境产生威胁，所以制作底鱼礁的材料首先要考虑环保性，其次是耐久性。自20世纪50年代以来，世界许多国家或地区均对不同材料制作的人工鱼礁所产生的效果进行了大量的研究。结果表明，不同材料制作的礁体所能发挥的效应有明显的差异。在早期进行底鱼礁建设时，选择的材料多以来源容易、价格低廉、制作和投放简单且费用少的天然材料为主，如石块、木材、废弃物等。目前，无污染、环保、坚固耐用、易加工制作、成本低等要求，逐渐成为选择底鱼礁材料的基本依据，如混凝土、钢材、石材、废旧船体等材料。另外，贝壳（Liu et al.，2017）、淤泥（姜昭阳等，2015）、粉煤灰（Frease and Windsor Jr，1991）、钢渣、矿渣、尾矿石（Huang et al.，2016）等大宗固废材料，在经过检测与评估对海洋环境无污染之后，可以将其作为底鱼礁混凝土的掺入物或骨料材料。

### （二）底鱼礁材料的种类

**1. 自然材料**

1）*木材* 木材是比较理想的人工鱼礁材料，与环境亲和性好，生物附着速度快，但耐久性比较差。有记载的在海洋环境中利用木材为原材料建造人工鱼礁的最早考证，是在美国加利福尼亚南部的沿岸水域中建造类似木棚的构造物，以吸引鱼类前来栖息，使用的木材包括竹子、木笼、棕榈树叶以及树枝等（Holbrook，1864）。而在人工鱼礁建设的早期，世界上许多地方都采用木材作为鱼礁材料吸引鱼类，尤其是在当地的传统渔业中（Grove and Sonu，1991）。目前，除部分木质渔船被投放作为底鱼礁外，木材被使用的比例逐渐下降。

优点：①广泛性和亲和性好，容易获得；②材质松软，更易附着微生物、植物，栖息一些善于钻孔的软体动物，使栖息场所的结构趋于复杂；③鱼类聚集效果好，据观察由于木制鱼礁的损坏而提供的大量的食物和复杂结构能吸引鱼群的注意，尽管有时鱼礁所处的位置比起这些鱼种通常栖息的地方较深和较冷。

缺点：①耐久性差，长时间的浸泡会使礁体结构逐渐分解，成片的木块从鱼礁上脱落漂走，即便经过化学处理可以降低木材的腐蚀速度，但是木材会向水环境中溶出一些有毒的化合物；②密度小，木材是一种很轻的材料，在投放之前要加重物以使其固定。

2）*贝壳* 贝壳一般多被用作建造投放在近岸鱼礁的材料，而对于离海岸较远的鱼礁建设可行性较小。贝壳作为底鱼礁材料的主要用途，是补充和建造牡蛎鱼礁，其目的不仅是为了牡蛎的丰收，也为休闲渔业创造了有利环境。1947～1982年，美国得克萨斯沿岸建起了41座人工贝礁，1989年之后建造了3座贝礁，1990年又在加尔维斯顿湾完成了大型贝壳填充牡蛎礁的建造。此外，在3～4年内，一旦附着的牡蛎数量固定不变后，这些贝壳礁就变成了天然鱼礁。

3）*石块* 石块（料）是最常见的底鱼礁材料之一。大量研究与调查结果表明，石块是首选的鱼礁材料。主要原因是与混凝土鱼礁、钢制鱼礁的效果进行比较，石块鱼礁在吸引鱼群的效果上仅次于水泥类材料，并且它成本低，易取材，与其他的鱼礁材料相比较，它可以减少鱼礁周围受到的冲刷和沉积作用。

优点：①亲和性好，石灰石的组成成分是碳酸钙，与海域中绝大部分天然礁石的主要成分是一致的；②密度较大，除非特殊原因，否则一般不会发生移位；③耐久性好，具有长期的使用寿命；④诱集效果好，石块礁吸引和聚集鱼类的效果较好。

**2. 混凝土材料** 混凝土材料是目前使用最多、最广泛的底鱼礁材料。在海洋或入海口等多种环境下，混凝土作为底鱼礁的材料都被证明是非常成功的，与天然礁区相比，混凝土礁区的物种丰富度基本无太大区别，而且它在改变海域海流流场效应和消解海浪等方面有显著作用。混凝土鱼礁的使用较为普遍，可以用于各种类型底鱼礁的制作。最早的关于混凝土材料底鱼礁的报道出现在20世纪60年代，至今已有60多年的历史，除预制构件外，混凝土材料的类型还包括坍塌的建筑物、桥梁及桥墩、轨枕、道牙、水泥管、废弃建筑物的水泥块等。

优点：①强度高，密度大；②耐久度高，稳定且容易获得；③可塑性强，施工工艺简单，可以制成不同形状的产品，对于预制构件来说是比较理想的材料；④提供的表面积多，易被生物附着，混凝土可为附着生物的固着和生长提供理想的表面和栖息地；⑤礁体的空方数大，可为鱼类和其他无脊椎动物提供饵料和避难场所。

**3. 钢材**　除了直接用钢材焊接而成的鱼礁外，钢制鱼礁还包括报废船体（军舰、钢制渔船等）、车体（火车、坦克等）、旧集装箱、石油平台等。关于钢材的海水腐蚀问题，根据日本钢制鱼礁使用经验，由于近海海底氧气稀少，腐蚀速度较慢，测算出的年腐蚀速度为0.2mm。有研究表明，钢材鱼礁表面的附着物对钢材的腐蚀速度有一定的延缓作用。日本、韩国投放的钢材鱼礁较多。例如，在渔船上焊接钢结构，它能提升礁体的流场效应和遮蔽效应。韩国学者对1999～2001年的调查结果进行了研究，结果表明钢材鱼礁的底栖生物附着率比混凝土材料鱼礁高1/3左右。2006年5月，美国将退役航母“奥里斯坎尼”号炸沉在彭萨克拉外海，这是世界上最为著名的钢材鱼礁并且是最大的人工鱼礁。

优点：①礁体大型化，适宜建造高度大和单体轻的礁体；②制造工期短；③容易聚集成鱼鱼群。

**4. 固废材料**　固废材料主要以大宗工业、矿业废弃物为主，使用依据主要是基于废弃物的综合利用，使其充分发挥其残余价值，变废为宝。例如，掺入粉煤灰、矿渣、尾矿石、淤泥等其他原料制成底鱼礁。掺入淤泥的鱼礁可以溶出一定量的营养物质，有助于藻类的附着和生长，而其他类型的材料在保持礁体原有强度的前提下，可减轻礁体的重量。此外，此类材料均有降低混凝土碱度的效果，已逐渐成为底鱼礁材料开发的新趋势。

除了上述常用的鱼礁材料外，还有许多其他的材料用于建造人工鱼礁，无论采用哪种材料制成，都应符合无污染、环保、坚固耐用、易加工制作、经济等要求。对于制作人工鱼礁材料的选择，应从以下几方面考虑。

1）*功能性*　适宜鱼类、贝类和其他生物的聚集、栖息和繁殖，能与渔具渔法相适应。

2）*安全性*　礁体在搬运以及投放过程中不易损坏变形，放置后不因风浪和潮流的冲击而发生移动、流失或埋没，所用材料不能溶出有毒物质，不能对海域环境造成污染。

3）*耐久性*　单体礁结构能长期保持预定形状，且使用寿命要长。

4）*经济性*　制作材料价格便宜，制作、组装、投放容易，费用低。

5）*广泛性*　制作材料来源广泛、充足。

## 四、底鱼礁结构设计

**1. 底鱼礁结构设计的基本原则**　底鱼礁是通过流场效应、生物效应、避敌效应发挥其作用的。底鱼礁投放后，首先，在鱼礁周边及内部形成上升流、加速流、滞缓流等流态，不仅扰动了底层、近底层水体，提高了各水层间的垂直交换效率，形成了理想的营养盐转运环境，为礁体表面附着的藻类和海洋表层水体中的浮游生物提供丰富的营养物质，而且还提供了缓变的流速条件供海洋生物选择栖息；其次，礁体裸露的表面会逐渐吸附生物和沉积物，并开始生物群落的演替过程，根据条件的不同，礁体在几个月至数年后会附着大量的藻类、贝类、棘皮动物等固着和半固着生物。藻类的生长可以吸收大量的二氧化碳和营养盐类并释放出氧气，起到净化水质环境的作用；同时，底鱼礁的设置为鱼类建造了良好的“居室”，许多鱼类选择礁体及其附近作为暂时停留或长久栖息的地点，由于有礁体作为隐蔽场所，幼鱼被凶猛鱼类捕食的概率大大减小了，从而提高幼鱼的存活率。底鱼礁结构设计原理可归结为流场效应、生物效应和遮蔽效应三个方面。这三种效应是相互联系、相辅相成的，是底鱼礁发挥其诸多作用的一般过程。

**2. 底鱼礁设计的方法**

1）*流场效应方面*　通常人们认为复杂的礁体结构可以产生更优异的流场效果，但实际上，复杂的、异体型的礁体结构，反而不利于水流通过礁体，礁体结构安全性低，且制作成本高。而在绝大多数的实际应用中，与其充分、严格地从流场效应的角度去设计鱼礁结构，不如更多地将制作方便和降低成本作为优先的考虑事项，因此，多数情况下采用简单化设计，图4-4列出了我国近海使用普遍的几种礁型。

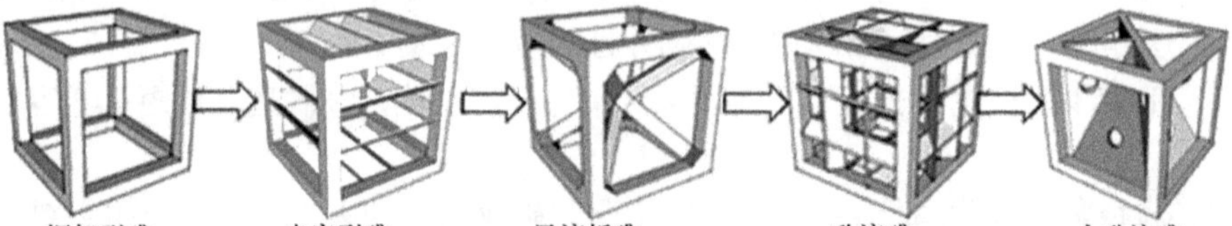


图4-4　流场效应鱼礁的结构演变

礁体流场效应的指标参数通常采用礁体结构所能产生的尾流区范围、上升流高度等。例如，为了提升简易框架型礁体的流场效应，在框架结构上可加装连接部件或类似导流板的结构。通过计算流体力学方法，结合正交试验设计，可对导流板的安装角度进行优化，或延伸改造导流结构，要么可显著提高尾流区的乱流效果（图4-4中的乱流礁），要么可显著提升简易礁型的上升流效应（图4-4中的上升流礁）。其中的上升流礁，是通过来流的动能集中和势能转换等作用原理，实现了较高的上升流高度和上升流量。

此外，在鱼礁表面开孔，是礁体结构设计中的常规选择，但对于开孔形状和大小的选择，一直无据可循。同样，通过计算流体力学方法，对礁体的开孔率和开孔大小进行结构优化，亦可显著提升底鱼礁的流场效应。

2）*生物效应方面*　底鱼礁是一种附着基，投放后会逐渐附着大量生物，而附着的生物又是礁区栖息鱼类和其他大型生物的主要饵料来源。礁体表面附着生物的丰富度和多样性越高，诱集生物数量越多，种类也更加丰富。礁体上附着生物种类和数量的多寡是底鱼礁生物效应的重要体现。因此，在礁体材料用量和质量相同的基础上，如何获得更多的可附着表面积，是人们设计鱼礁结构时重点考虑的因素之一。

伴随着底播刺参行业的发展，“造礁养参”的模式已在中国北方（辽宁、河北、山东、江苏北部）发展多年，形成的产业颇具规模。以石块礁为例，其材料本身近似天然礁石，表面积大，具有天然优势，堆叠投放在一起形成礁区后，生物效应非常显著，除对底播刺参有良好的增殖效果外，对该海域其他海洋生物也具有显著的聚集作用。例如，恋礁性鱼类（许氏平鲉、大泷六线鱼等)、蟹类、螺类等，其资源量均远高于非礁区。但生物量过大也会造成生态环境的脆弱，特别是在突发极端天气变化导致诸如溶解氧、温度、盐度等环境因子形成跃层时，极易导致礁区及附近生物大量死亡。

因此，在进行鱼礁结构设计时，从增加礁体纵向空间结构、表面积的角度出发，以恋礁性鱼类和附着生物在不同水层的行为习性为依据，增加礁体的主体高度，充分利用礁体所占据空间，综合地设计与优化底鱼礁结构，使鱼礁能够吸引各水层不同种类的附着和栖息生物，从而增加礁区栖息生物的丰富度和多样性。例如，采用增加鱼礁尺度、在框架型礁体内悬挂附着基等方式，可提高鱼礁内部空间的有效附着面积，在不同水层附着和聚集相应的生物种类，避免底层生物量过度集中，从而降低在礁区突发缺氧层、温跃层等环境灾害时暴发大规模死亡灾害的风险(图4-5)。

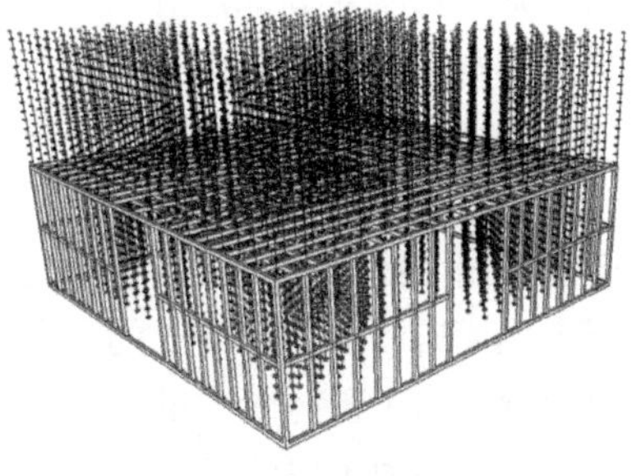

图4-5 混合功能型鱼礁

3)*遮蔽效应方面* 一般来说，礁体结构形成的光影效果，是决定鱼礁聚集效果的主要因素。大量的水槽实验和海域试验研究结果表明，底鱼礁对主要恋礁性鱼类的行为产生影响，同时对底栖、洄游性鱼类具有显著的诱集和聚集效果。例如，海参、短蛸、鲍、海胆等对礁体形状的选择主要取决于礁体空隙大小、数量及光照度；相对于藻类，恋礁性鱼类更趋向于停留在鱼礁模型中，特别是表面积大且无孔的礁体对鱼类的诱集效果更好。将实验结果中礁体结构的遮蔽效应，转化到实际鱼礁结构设计中，即可转化为阴影礁和具有藻类移植模块功能的生态型人工鱼礁(图4-6)。此类结构可通过在礁体顶面开孔的方式为礁体内部栖息的鱼类提供遮蔽效应，或者结合可移植藻类模块为恋礁性鱼类提供庇护场所。

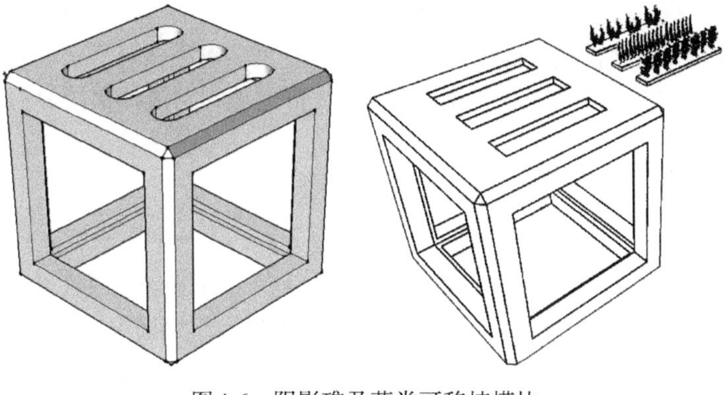

图4-6 阴影礁及藻类可移植模块

关于人工鱼礁遮蔽效应方面的研究，尚存在一定的局限性。主要是受实验水槽尺度等实验条件的影响，绝大多数研究中所采用的鱼礁模型和对象生物均难以再现人工鱼礁区的实际场景。日本水产工学研究所在20世纪八九十年代建了一个相对较大的鱼类行为实验室，其研究成果为日本开展大范围的人工鱼礁建设提供了技术支撑。国内的实验水槽规模都很小，所进行的行为实验中采用的礁区模式生物尺寸较为单一，且多为低龄个体，无法覆盖其全部生活史阶段(梁振林等，2020)。

**3. 底鱼礁水动力分析及安全校核** 日本自20世纪60年代开始，就对人工鱼礁的水动力特性做过较为系统的研究（中村充，1991）。主要包括利用水动力水槽对各种底鱼礁模型周围流场的变化和影响范围进行定性测量，利用理论分析方法计算礁体的受力情况并进行安全校核等。而韩国学者对浅水区鱼礁在波浪作用下的局部冲刷和下陷进行了实验室研究，认为鱼礁的形状对局部流有明显影响，从而也决定了局部冲刷程度。另外，底层流的扰动使鱼礁底部与底质的接触面积减少，造成了鱼礁的不稳定和下陷，因此，海流特征对人工鱼礁礁体设计来说是一个重要因素。目前分析较多的鱼礁均为混凝土材料礁体。

1）水动力 对于圆柱体、球体等规则形状的鱼礁，经典流体力学和试验空气动力学已对其阻力的分类和成因做了比较充分的研究，具有完整的系统试验数据和经验公式。但对于鱼礁而言，即便是常见的立方体型鱼礁，目前也仅在经典理论公式的基础上结合有限的试验数据提出了礁体受力的计算公式。混凝土材料的底鱼礁投放水深一般在10m以上，波浪对礁体的作用力可以忽略。因此，礁体水动力的计算公式如下所示：

$$R_x=C_x\frac{\rho\cdot V^2}{2}S=C_xqS \tag{4-1}$$

式中，$R_x$为礁体所受水阻力（N）；$\rho$为流体的密度（$kg/m^3$）；$S$为礁体在与流向垂直的平面上的投影面积（$m^2$）；$V$为礁体与流体相对运动速度（m/s）；$C_x$为礁体的阻力系数；$q$为水动压力（$N/m^2$）。

大量的试验结果表明，对称结构的鱼礁，如立方体型鱼礁，其阻力系数$C_x$在一定来流速度范围内（常规海区流速0.2～1.5m/s）基本保持不变，这符合圆柱体、球体阻力系数与雷诺数Re之间关系的一般规律，即存在自动模型区。立方体型鱼礁的阻力系数一般为1.02～1.65。

2）安全校核 安全校核包括如下两个方面。

（1）不滑移的安全性校核：礁体不发生滑移，这就要求礁体与海底接触面间的最大静摩擦力大于流体作用力，即礁体在各个流向下的最大静摩擦力与流体作用力的比值应该大于1，才能保证礁体不发生滑动。

$$M=\frac{V（\sigma-\rho）g\mu}{R_x}>1 \tag{4-2}$$

式中，$M$为不滑移安全系数；$V$为鱼礁实体体积（$m^3$）；$\sigma$为单位体积钢筋混凝土的质量，一般取$\sigma$=1900～2500$kg/m^3$；$\mu$为礁体与海底的最大静摩擦系数，一般取0.5；$\rho$为海水密度（$kg/m^3$）；$R_x$为礁体所受水阻力（N）。

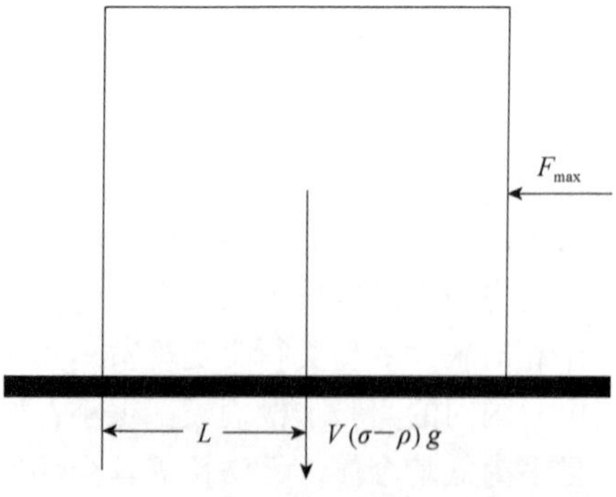

图4-7 不倾覆安全系数计算示意图

（2）不倾覆安全性校核：礁体不发生倾覆的条件是礁体的重力与浮力的合力矩$M_1$大于流体的作用力矩$M_2$，即礁体的抗倾覆安全系数$S$大于1。合力矩$M_1$的计算方式为$M_1=V（\sigma-\rho）g\cdot L$，流体的最大作用力矩为$M_2=Fh$［$F$为流体作用力（N）；$h$为流体作用力的作用高度（m）］，如图4-7所示。

所以，$S$的表达式如下：

$$S=\frac{M_1}{M_2}=\frac{V(\sigma-\rho)g\cdot L}{F_{\max}}>1 \tag{4-3}$$

式中，$S$为不倾覆安全系数；$V$为鱼礁实体体积（$m^3$）；$\sigma$为单位体积钢筋混凝土的质量，一般取$\sigma=1900\sim2500kg/m^3$；$\rho$为海水密度（$kg/m^3$）；$L$为从倾覆中心到礁体重心的水平距离（m）。

# 第二节 浮鱼礁设施

## 一、浮鱼礁设施概述

### （一）浮鱼礁的概念

浮鱼礁是指设置在海域中层、上层，可浮动的以聚集、滞留、诱集水产生物为目的的人工构造物。在多种创新渔场的技术当中，投放人工浮鱼礁是最直接、效果很显著的一种措施。对于陆续开发出来的一些中层、上层人工浮鱼礁，通过研究其力学性能和集鱼机制有助于人工浮鱼礁的设计、制作和投放。因此，为了大力推广利用投放人工浮鱼礁来实现创新渔场，使渔民在实际的渔获作业中获得利益，研究人工浮鱼礁的结构设计对于合理开发浮鱼礁，降低制作成本，提高经济效益，具有非常重要的意义。

近些年来在日本、美国、菲律宾、澳大利亚等国家均进行了浮鱼礁试验，且都取得一定的成绩。利用浮鱼礁诱集中层、上层鱼类，如鲣、麦氏金枪鱼、肥壮金枪鱼等，还能诱集鲨和其他鱼类。这些鱼聚集在浮鱼礁的附近或下方，数量往往很大。例如，在热带水域的浮鱼礁附近看到金枪鱼鱼群，它们的聚集给渔船捕捞带来了方便，大大提高了渔获量。鱼类之所以会聚集在浮鱼礁附近，有的认为鱼群为了索饵，有的则认为是为了找庇护所等。

在制作浮鱼礁的材料方面，印度尼西亚使用系泊固定的筏，筏上采用棕榈叶诱鱼，日本采用金属管和竹头，马耳他使用系有锚链的软木浮子；在浮鱼礁施放位置和系锚的深度方面，美国在浅层、中层、近底层都有设置。西澳大利亚设置在大陆架金枪鱼洄游的路线上，系锚的深度为120～200m。日本布设在南太平洋巴布亚新几内亚一带，系锚深度在24m左右。西澳大利亚1980年12月初在埃斯佩兰斯附近设置4只浮筏后，这个海域的金枪鱼渔获量12 000t里有1/3产量几乎都是在该装置5km的半径范围内捕到。

实践表明，浮鱼礁有许多优点：①浮鱼礁能够使得渔船侦察鱼群和围赶鱼群的时间大大缩短，因为鱼群基本上在浮鱼礁附近游动；②渔民可以直接驶向浮鱼礁目的地，减少盲目性，大大节约燃料；③竿钓船上的饵料鱼变质危险性明显减少，海上航程相对缩短；④渔获量提高且稳定。

2002年初至8月，中国水产科学研究院南海水产研究所、中山市海洋与渔业局联合进行了中山海域人工鱼礁建设可行性研究和礁区规划，选定的规划礁区位于珠江口灯笼水道东侧的大沙尾沙和进口浅滩之间的东西向楔形海槽，面积约31.32hm$^2$，实测水深3～6m，在规划礁区西部内缘建造了1座以旧塑料浮桶和茅竹等材料搭架为主体（39.7m×30.9m）、下面悬挂每串2～3个废旧轮胎的浮式鱼礁（图4-8）进行试验。

图4-8　中山海域浮式试验鱼礁

中国台湾于1994年在其西南海域，投放了12组中层人工浮鱼礁（图4-9），渔民每年捕获高达200～300t的洄游鱼类，不但激活了近海渔业的发展，也造福很多渔民。人工浮鱼礁形成的渔场中，渔获鱼种有黄鳍鲔、正鲣、旗鱼及鬼头刀等，占总渔获量的80%以上，其中，以黄鳍鲔最多，占总渔获量的35%左右。2002年又在南部海域投置人工浮鱼礁，吸引大批洄游鱼类聚集。高雄分所是岛内唯一研发及投置浮鱼礁的单位，以往浮鱼礁是放置在海面上为主，但近几年来开发出中层浮鱼礁，放置在海面下25～50m处。如此不影响航道，而且使用年限更久。屏东县恒春渔民在浮鱼礁一带，钓到大批黑皮旗鱼，效益很好，这些都是人工浮鱼礁成功的案例。另外，在浮鱼礁海域作业只准用钓渔具，不准用网具及诱鱼灯，以利海洋资源保护。

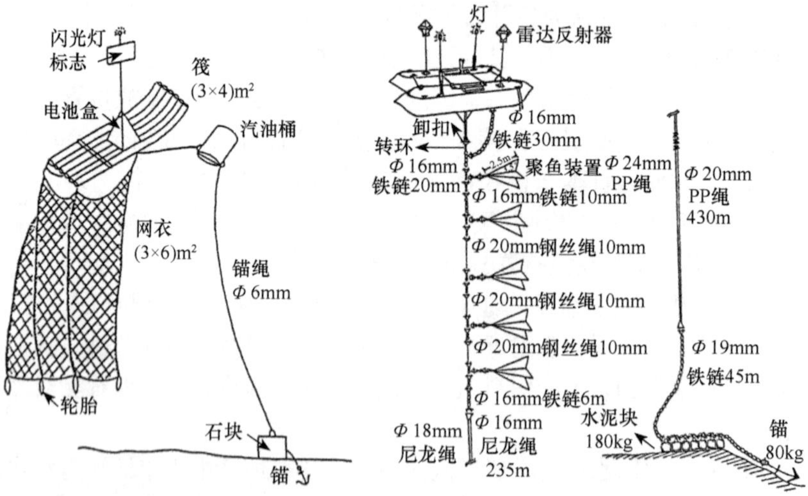


图4-9　塑胶浮体和双船浮体的人工浮式鱼礁

### （二）浮鱼礁的种类

浮鱼礁可根据其具有的功能和结构不同进行分类。从功能上分为单功能和多功能型，即单以提高鱼类集结程度的为单功能型。若在此基础上，配备给饵、散水、散光和观测装置即为多功能型。

按浮体设置位置，又可分为表层浮鱼礁和中层浮鱼礁。表层浮鱼礁的浮体一般放置在海面上，用系泊缆绳、锚来维持、固定其位置，缆绳呈悬垂线系泊；中层浮鱼礁的浮体一般设置在海水之中，依靠浮体的剩余力、系缆、锚来固定其位置，绳索呈张紧系泊。另外，中层浮鱼礁的优点是制作成本较低，并且浮体远离水面，不会被航行船只碰撞而损毁，不阻塞航道，浮鱼礁有利于吸引金枪鱼、鲣鱼、鰤鱼等高度洄游性鱼类，其设置场所可从海面至100m以深的海域。

### （三）浮鱼礁的集鱼机制

浮鱼礁之所以能够诱集鱼群，除了鱼礁提供的礁体表面适于许多生物，如藻类、海绵动物等附着生长，培养了鱼类赖以为生的饵料生物外，最重要的是投放后的堆栈效果，造成大大小小的孔隙、洞穴，可供鱼类栖息繁衍。鱼礁复杂的洞穴结构和投放后所形成的流、光、音、味以及生物的新环境，为不同的鱼类提供了索饵、避害、产卵和定位的新场所。

**1. 鱼礁区营养丰富**　鱼礁区所形成的复杂流态，促进了低温而营养盐丰富的深层流和表层暖流的混合，从而加速了底栖动物的成长。鱼礁表面的附着生物以及鱼礁周围的浮游生物，成为一些鱼类的饵料来源。

**2. 鱼礁反射性高**　尽管鱼类的视野在1m范围内，但在外界水流和声波的作用下，凭借视觉、听觉、嗅觉、触觉等的共同作用，可以感知到1km远处的目标，这是鱼类躯体侧线（感官）对反射声波感应的结果。不同的介质对声波的反射作用是不同的，如泥底反射系数为30%（即70%被吸收），沙底约为40%，而岩底则为60%，可见鱼礁的反射性能要好于其他介质。

**3. 鱼礁区吸引鱼类**　鱼类还具有各种不同的先天和后天的行为特点，如有的鱼类喜欢接触固态物体，有的则喜欢以固态形体作为行动的定位，有的喜欢阴影，还有的喜欢流体的刺激等。从鱼类的活动空间看，有的喜欢在鱼礁中的阴影部分滞留，有的喜欢在鱼礁的上部滞留，有的则喜欢在鱼礁周围洄游。鱼类在各种习性的作用下，本能地游向饵料充足、水流多变和有阴影的场所。鱼礁就给鱼类提供了索饵、休养和繁衍的一种优越生态环境。

**4. 遮蔽效果**　鱼礁孔洞可提供仔稚鱼躲藏的空间，逃避大鱼或天敌的吞食。

**5. 光线、颜色及音响**　光线会影响海水中藻类进行光合作用，一般在混浊地区投置在较浅的海域，在清澈地区可投置在较深的海域。鱼也有色感，对某些颜色也特别喜好，因此鱼礁可以适当着色来吸引鱼群。由于海浪作用在浮鱼礁上造成声响，声音也有聚鱼效果。

### （四）浮鱼礁的结构

浮鱼礁是利用鱼类有聚集洄游于人工构造物附近水域的习性，诱集鱼群而形成新的渔场。浮鱼礁大致是仿效流木可吸引鱼群过来栖附并大量聚集的现象而制作、投放的。中层、表层浮鱼礁的主要区别是，中层浮鱼礁的浮体漂浮于水深20～60m，而表层浮鱼礁的浮体则漂浮在水面。浮鱼礁的种类大致有竹筏结附网片、塑料筏结附网片、圆形礁浮体结附中层三角形锥体、网袋浮体结附中层三角锥形礁体及大型长方体浮台结附中层三角形锥形礁体等，其主要构造可分为以下几部分。

**1. 浮体** 浮于水面并兼具有聚鱼的功能。常用的浮体装置有以下几种。

1）金属容器 一般有金属圆筒、鼓形金属筒。金属圆筒与汽油桶大小相同。鼓形金属筒可根据需要，将钢板卷成直筒加封盖焊接而成。

2）密封塑料桶 一种是由塑料直接制成的圆筒；另一种是用较粗的聚乙烯管，两头用封头焊接而成，其长度、粗度可根据具体设计确定。

3）聚苯乙烯泡沫块 由合成树脂厂直接生产，可以制成板状、长方体或圆柱体。

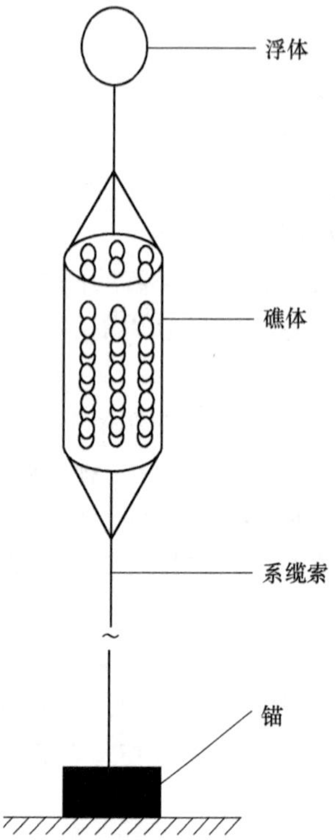

图4-10 浮鱼礁结构示意图

4）塑料浮子 在渔业上应用较广，规格种类繁多，一般用塑料压制成空心球形物体。

**2. 礁体** 位于浮体下方，其主要功能是聚集鱼群。构成礁体的材料一般有玻璃钢（FRP）、天然的竹木、塑料材料、网片、废旧轮胎等。礁体材料的选择应该从生物、工程、经济等方面综合考虑，一般礁体材料的选择主要考虑以下几点：①在海水中能长期浸泡，不溶出有害物质；②制造工艺简单，造价便宜；③原料来源稳定，供应量能保证。

**3. 系缆索** 用于连接浮体、礁体与锚，使浮体及礁体不会流失，系缆索在浮鱼礁建设中起重要的作用。系缆索的材料有棉麻纤维、尼龙、铁环铁链等种类。

**4. 锚** 主要功能为利用系缆索固定浮体与礁体，使其不随水流漂移，锚依据固定方式分为重力式锚（如水泥块）及插入式锚（如铁爪锚）。

1）重力式锚 是利用锚本身的重力和海底的摩擦力来固定浮鱼礁，一般所用材料是沉石、砂囊和混凝土块。沉石可以直接利用大的石块，凿成一定的形状，并开有系绳孔。砂囊使用稻草或其他材料囊袋或一大眼网袋盛满砾石、石块、砂土。混凝土块以钢筋混凝土浇制成块体，沉入海底。如图4-10所示。

2）插入式锚 使用时把锚爪刺入海底砂土中，锚爪周围的砂土对其产生压力，即爬驻力，利用爬驻力来产生固定力，而且插入式锚所产生的固定力比重力式锚要大。

插入式锚有铁锚和木碇两种。一般铁锚小，重量轻，使用简便，耐久性高，固定力大。木碇采用铁木混合制造，锚爪部多包上铁爪，并设法增大锚爪面积，以增加爬驻力。但在硬质海底使用时，铁锚或木碇的固定力极小，在使用中应充分加以注意。

### （五）浮鱼礁的结构设计

在设计人工浮鱼礁时，必须对预定投放海域的环境情况进行调查，并评估该海域是否适合投放，若评估结果为适合投放，则可根据调查的海况资料，开始设计人工浮鱼礁系统。人工浮鱼礁的主要构造有浮体、礁体、系缆索及锚。在浮体方面，其强度须能承受碎波压力，且系缆索呈紧绷的直线状时其剩余浮力必须大于海况作用的张力的垂直分力；在礁体方面，其高度必须能满足产生涡流的条件，其形状应以受流作用的抗力最小者为宜；在系缆索方面，先估算海况对浮鱼礁作用的张力，再考虑安全系数，求出系缆索所需的破断强度，据此确定系缆索的材料和粗度；在锚方面，其必须有足够的水中重量及固定力，以防止浮鱼礁的移动，依海底底质的不同可使用重力式锚或插入式锚。

**1．浮鱼礁设计的基本原则**

1）功能性　能符合诱集对象的生态习性的需要，能适应鱼类及其他水产生物的聚集、栖息、繁殖，并起到养护作用。因此，应充分了解它们的习性与行为，为人工浮鱼礁的设计提供充分的理论依据。

2）耐久性　浮鱼礁的礁体在海水中浸泡要长期保持预定的形状。

3）稳定性　礁体的结构能承受运输、安装、投放的强度要求，并且应具备抗风浪的侵袭、抗碰撞等功能，这样就不会因海流、波浪的冲击而毁坏。

4）经济性　制作浮鱼礁的材料应便宜易获得，制造、安装和投放简单、方便，费用少。

5）环保性　制作礁体的材料要环保，不会造成海域的污染。

**2．鱼礁设计中主要考虑的因素**

1）海区自然环境　要考虑的环境条件包括如下几个。①底质条件：根据底质的情况选择合理的下锚方式，一般底质硬的海底不宜用插入式锚。②水文条件：海流是设计和投放人工浮鱼礁的基本参数，要测出不同水层的流向和流速。波浪是人工浮鱼礁形状、礁体稳定性设计的依据，要调查波高、波向和周期，以及一年中波浪的分布、变动情况和30年一遇的概率波。③气候条件：如气温、风力、降水等。

2）海洋生物　不同的鱼类生活习性不同，与鱼礁的密切关系也不同。必须要了解诱集鱼类的种类与分布，以及产卵、索饵和越冬等各阶段的行为特点。

3）浮鱼礁的强度与耐久性

（1）强度要求：浮鱼礁因其设置在海域的中层、上层，其所受波浪力的影响较大，对其强度要求也较高。根据经验，设置浮鱼礁的水域的流速，最好在3kn以下，流速太大，浮鱼礁的耐久性欠佳。日本学者认为，浮鱼礁的固定物的水中重量，最好能达到鱼礁的浮力与系缆索的破断力之和的2倍以上，这样能保证浮鱼礁的稳定性。浮鱼礁的系缆索的牢固性也是一个很关键的参数，日本学者曾就系缆索的破断力（$T_0$）与浮体浮力（$W$）之比与索被拉断的时间之间的关系进行过一些实验。对于聚乙烯绳，$W/T_0=0.8$时，3min以后绳即被拉断，$W/T_0=0.5$时，6h后绳被拉断。对于长期受到浮力的情况，$W/T_0$应小于0.2为宜。

（2）耐久性：当材料长时间承受一定的载荷时，它会慢慢地产生变形，这就是蠕变现象，蠕变现象因应力和温度而异。不论是钢材还是塑料，在常温下都会发生蠕变现象。对钢材来说，海水对它的腐蚀量因海水中溶解氧、pH、盐度、温度、流速和附着生物等因素而异。一般每年为0.1～0.2mm的腐蚀程度。

4）附着生物量　浮鱼礁设置后，必然有生物附着其上。随着生物量的增加，鱼礁的浮力将减小，它所受的流体作用力将增加。所以，设计浮鱼礁时，一定要考虑生物附着量的影响。附着生物量的多少，因海域、水温、礁体所处水深、礁体材料、礁体构造以及投放年限而异。

### （六）浮鱼礁在水中的受力分析

**1. 浮体和礁体的受力分析**

1）浮力（$F$）

$$F=\rho gv \tag{4-4}$$

式中，$F$为浮力（N）；$\rho$为海水的密度（kg/m$^3$）；$g$为重力加速度（m/s$^2$）；$v$为浮体或礁体的体积（m$^3$）。

2）水阻力（$R$）

浮体或礁体所受的水阻力为：

$$R=\frac{1}{2}C\rho SV^2 \tag{4-5}$$

式中，$R$为浮体或礁体所受水阻力（N）；$C$为阻力系数；$\rho$为海水的密度（kg/m$^3$）；$S$为浮体或礁体在水流方向上投影面积（m$^2$）；$V$为与水流的相对速度（m/s）。

**2. 系缆索在水中受力分析** 悬浮于水中的系缆索分为紧拉索和非紧拉索两种。前者中轴线不弯曲或弯曲较小，如连接浮体和礁体的系缆索；后者两端固定，悬线与水流垂直，受水流冲击后，其形状近似悬链线，如连接礁体和锚碇的系缆索。由于两种情况的受力状态不同，两者在水中所受阻力计算方法也有区别。

（1）连接浮体和礁体的系缆索所受水阻力为

$$F_j=\frac{1}{2}C_j\rho dlV^2 \tag{4-6}$$

式中，$F_j$为紧拉系缆索所受水阻力（N）；$\rho$为海水密度（kg/m$^3$）；$d$为系缆索直径（m）；$l$为系缆索的长度（m）；$V$为系缆索与水流的相对速度（m/s）；$C_j$为阻力系数。

（2）连接礁体和锚碇的系缆索所受水阻力为

$$F_f=9.8K_0LdV^2 \tag{4-7}$$

式中，$F_f$为非紧拉系缆索所受水阻力（N）；$K_0$为非紧拉索的阻力系数；$L$为系缆索弦长（m）；$d$为系缆索直径（m）；$V$为系缆索与水流的相对速度（m/s）。

**3. 浮鱼礁的抗风浪措施**

1）增加浮鱼礁在水中深度　仅在海面上保留一些标志物，而把浮鱼礁主体沉降到水下一定深度处，利用波浪强度随水深增加呈指数迅速衰减的自然规律，通过减小鱼礁所在处的波浪强度来达到抵抗台风浪的目的。根据海洋学理论，当浮鱼礁沉降的深度为波长的1/9时，该处的波高仅为海面波高的一半，因此这是一种有效的措施。

2）利用制造材料的柔弹性　这是目前最主要的抗风浪措施，并且已在国内外的抗风浪鱼礁中获得了应用。主要是利用了材料的柔弹性来吸收和分散波浪对于浮鱼礁系统的冲击力。拉伸屈服强度为20MPa、具有良好柔弹性的HDPE材料，即可抵抗波高达5～7m的台风浪袭击。

3）降低锚绳张力的张力缓冲措施　浮鱼礁布置在海中，均利用锚和锚绳来固定。为了减轻锚绳对浮鱼礁的直接冲击力可能造成锚移位，可以在锚和鱼礁主结构之间使用锚绳张力缓冲设备。该装置可降低的对鱼礁系统的冲击力相当于使波高降低0.5～1m。

国内外对浮鱼礁进行了大量的研究，并应用到实际生产中，取得了明显的经济效益和生态效益。但是由于自然环境条件的不同，投放的目的不同，浮鱼礁的结构形式各种各样。由此可知，有关人工浮鱼礁的设计、制作及投放技术的研究，不但在渔业研究发展上确实为突破性的新观念与新方法，经过实际推广应用后，亦证实其对近海渔场的改善与创新，以及对我国渔业的发展具有特殊的贡献，因此，应该重视浮鱼礁的研究开发及推广。

## 二、浮筏礁体

浮筏礁体设施主要以筏式养殖设施为基础。筏式养殖的基本形式有两种：一种是浮台式筏式养殖设施（史继孔，1986），其结构参照网箱养鱼所采用的木（竹）结构组合式筏架，适于风浪较小并可避风的海区使用。另一种是延绳式筏式养殖设施（张汉华等，1997），通常适合水深流急的海区使用。浮台式筏式养殖设施的优点是养殖对象排列较集中，便于操作和管理，其单位面积产量受水流及食物的影响较大，而且还影响海区景观，并与游钓、游艇等用途相冲突，因此在西方国家应用较少。在我国，浮台式筏架在南方应用比较广泛。

延绳式筏式养殖设施主要有两大类：一类为单筏，由一绠两橛构成，一个筏体由两个橛子与海底固定；另一类为框筏，由单筏组合而成，由大绠构成框架，用框架大绠固定单筏，框架大绠上不加浮子，只起形成框架的作用。单筏结构较框筏简单，抗风浪能力强，是我国目前贝类、藻类养殖的主要设施。

在我国，延绳式筏架养殖设施在北方海区应用比较广泛。筏式养殖可以有多种养殖模式，如垂养、平养、单养或混养。目前，垂养和单养占主导地位，平养主要用于藻类养殖，而垂养则主要用于贝类的养殖。混养是一种值得推广的生态养殖模式，可以利用不同养殖对象在养殖过程中的生态互补性，以达到高产、高效和优化养殖环境的目的。

筏式养殖设施就是在浅海水域设置浮动筏架，筏上挂养对象生物（如藻类、贝类等），在人工管理下进行的养殖生产，主要用于规格化商品的生产。可以平面养殖，也可充分利用水域空间，进行立体养殖。筏式养殖便于优选水层、合理调整养殖密度，是利用自然肥力和饵料基础进行藻类、贝类不投饵养殖的一种主要方式。中国筏式养殖始于20世纪40年代后期，从养殖海带开始使用，以后随养殖规模的扩大，筏架结构与组合日趋合理，已发展成为可以进行多品种综合养殖的方式。由于海况条件不同，养殖品种及其对环境条件的要求不同，筏式养殖有以下几种形式。

**1. 单筏**　即单绠浮筏。固定设置在浅海一定水域，浮于水面的一种筏架，由木橛（或沉砣）、橛缆、浮绠、浮子等组成，在浮绠上系以吊绳，用以接挂苗绳进行垂下式养殖。筏距为6～8m，绳距为0.5～0.8m，视需要而定。浮绠长60m，在风浪大、流急的海区可适当缩短浮绠长度，以减少阻力。排架横流独立设置，比较牢固安全，操作方便，是中国养殖海带、裙带菜、石花菜、贻贝、扇贝等所采用的主要筏架形式（图4-11）。

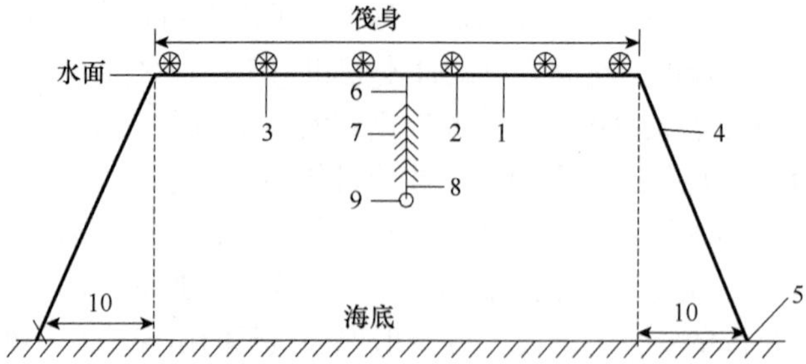


图4-11 单筏

1. 浮绠；2. 浮子；3. 绑浮子绳；4. 橛缆；5. 橛或砣；6. 吊绳；7. 苗绳；8. 坠石绳；9. 坠石；10. 橛筏距离

**2. 延绳式浮筏** 又称一条龙养成法，是在水深流大的外海养殖海带所用的设施。结构与单筏相同，苗绳沿浮绠平挂，每根吊绳同时吊挂两根苗绳的一端，使一架浮筏上的苗绳连接成与浮绠平行的一根长苗绳（图4-12）。浮筏设置方向与流向垂直，使海带群体受流、受光均匀，能充分发挥个体生长潜力，缺点是水面利用率较低。

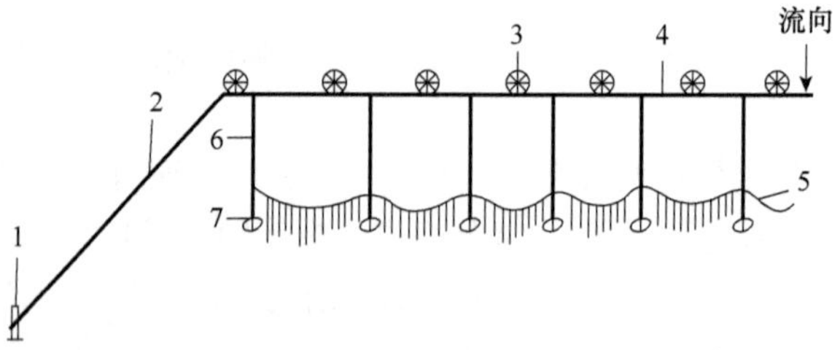


图4-12 延绳式浮筏

1. 木橛；2. 橛缆；3. 浮子；4. 浮绠；5. 苗绳；6. 吊绳；7. 坠石

**3. 延绳式潜筏** 日本为在外海风浪大的海区养殖虾夷扇贝而开发的一种养殖设施。根据无波浪振动时贝类摄食良好，以及贝壳破损会提早性成熟造成减产等特点，设计为在水面浮绠上装大型浮子，浮子数量尽量少，以保持整个浮筏的平衡，浮绠下水平系一干纲，用较多小型浮子使之保持在一定水深，以减轻受表面波浪的影响。垂吊在干纲上的养殖笼成为一个柔性结构，同水流保持均衡协调，以免上下剧烈颠簸，影响养殖贝类的生长。浮筏顺流或顺波浪方向设置，也可顺流和波浪的合力方向设置。日本在陆奥湾50m水深处，把干纲悬挂在水下20m深处，吊挂养殖扇贝，成活率高，生长良好，已广为应用。中国巨藻养殖则将干纲设置在距海底1m处，称为潜绳养殖筏，实验证明这种方法适合巨藻特性，效果较好。

**4. 半浮动式浮筏** 根据紫菜耐干露习性而设计制作的设置在潮间带的紫菜专用养殖筏，可随潮汐作用而起落。由木橛、橛缆、浮绠、浮竹、支撑腿五部分组成双架式（双浮绠）浮筏。整个筏架设置在潮间带一定潮位，涨潮时漂浮在水面上，潮退时依靠支撑腿平稳地落在海滩上，直到涨潮时重新浮起。使用结果表明，这种浮筏适于紫菜生长，硅藻等杂藻不易繁生，养殖的紫菜质量较高。

**5. 全浮动式浮筏** 一种紫菜养殖筏，主要用于潮下带养殖，日本称浮流式养殖。是在潮间带滩涂面积不大或近岸水域受到污染的情况下，而把养殖场地移向离岸较远水域的一种养殖方法。整个筏架不受潮涨潮落影响，全部浮动于海面，具有适用面广的优点。在结构上除了没有支撑腿外，其余与半浮动式浮筏完全相同。这种方法养殖的紫菜生长较快，但衰老早，易滋生杂藻，紫菜质量较差。日本现采用支柱挂网法加以改进，收到效果。中国早期海带、裙带菜养殖用过此法。

**6. 大排架**　用圆木、竹竿组装成纵横排列的大型排筏，以浮筒加大浮力使浮于水面，以缆和锚（或砣）将排筏固定于养殖海区（图4-13）。主要用于养殖牡蛎、珍珠贝、扇贝等。养殖管理直接在筏架上进行，也可用小船管理。养殖时在排架下系好吊绳，再吊挂（垂养）附有牡蛎苗的贝壳串或内装珍珠贝和扇贝苗的养殖笼。笼的形状和大小因养殖生物种类和成长时期不同而异。例如，在水深20m海域，长20m、宽10m的大排架上，可挂养牡蛎贝壳串500根。这是日本早期采用的筏式养殖方式之一，一直沿用至今。中国南方养殖大型牡蛎也采用这一方式。

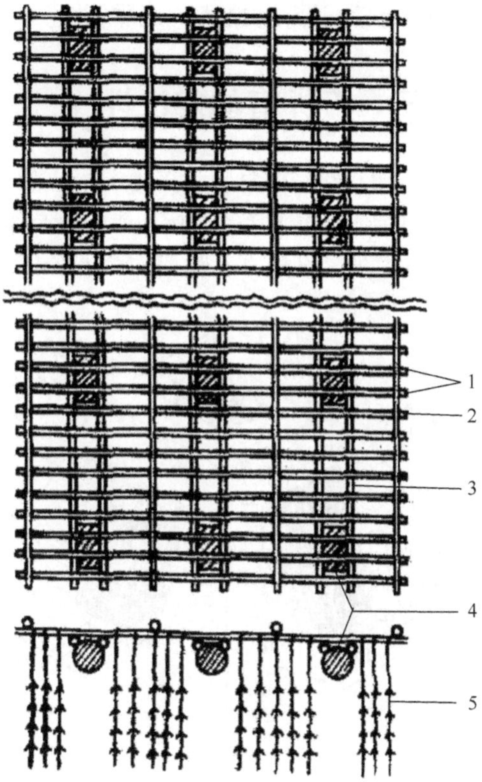


图4-13　大排架

1．横主梁；2．横梁；3．纵主梁；4．浮子；5．贝壳串或养殖笼

# 第三节　产卵育幼设施

## 一、产卵育幼礁的概念

产卵育幼礁是以亲鱼产卵、幼鱼发育成长为目的设计的人工鱼礁，可以给鱼类提供产卵、摄食、发育的场所。饵料场是形成渔场的重要原因，更是鱼礁可以聚集鱼类等水生生物的根本原因。因此，在礁体上种植水生植物，为鱼类提供食物来源是聚集鱼类的最直接的方法。海藻（草）床是近岸浅海重要的产卵场，尤其是对产黏性卵的生物。在鱼类和无脊椎动物的繁殖期，海藻（草）床生境繁殖亲体的数量密度、卵的数量密度和成活率均显著高于邻近的裸露区。所以，产卵育幼礁大多是以海藻床为附着基进行设计的一类人工鱼礁。

## 二、产卵育幼礁的作用

产卵育幼礁从字面意义上来说具有产卵、育幼的作用，但其还包括以下作用：提供亲鱼产卵孵化场所；提供幼鱼生长发育场所；提供幼鱼躲避敌害场所；提供幼鱼摄食场所；防止幼鱼被恶意捕捞；改善海洋底质环境。

## 三、产卵育幼礁设计

产卵育幼礁体材料大多为混凝土加入底泥，并在其上种植海藻等水生植物，吸引大量的繁殖亲体是海藻床产卵场功能的核心作用，因此，设计的产卵育幼礁要以海藻床等为附着基，即产卵育幼礁首先需要为产卵个体提供卵的附着基质。此外，幼体在自然界中处于弱势，容易被天敌和其他肉食性鱼类摄食，因此鱼礁需要具有较小的和多变的空间，为它们提供保育区。另外，幼鱼的游泳能力也比较弱，抵抗潮流的能力差，因此鱼礁内部应能够减缓潮流的作用。鱼礁还需要具有较好的通透性，使鱼礁内部与外部的海水形成良好的交换，保持鱼礁内部海水的清洁、较高的含氧量和食物的丰富性，利于幼鱼的生长。

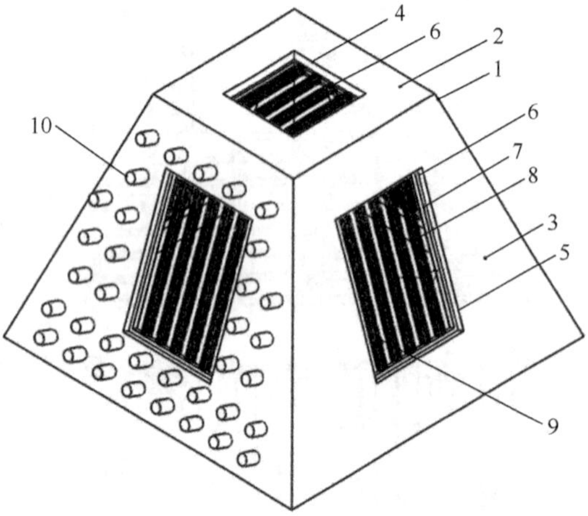


图4-14 梯型产卵育幼礁

1. 礁体；2. 上盖板；3. 侧面板；4. 天窗；5. 开孔；6. 开口框架；7. 窗口棱；8. 产卵附着基；9. 内部产卵空间；10. 圆柱形凸起

这类鱼礁的设计与其他鱼礁的区别在于鱼礁内部有隔墙，隔墙的开孔要小于鱼礁外层所开的孔，以便幼鱼躲入鱼礁后仍可四处逃逸，阻碍大鱼或其他大个体敌害的追捕。另外，在躲避风浪时也更加安全，浅海产卵育幼礁应该考虑顶盖设计。

梯型产卵育幼礁的礁体由钢材和混凝土构成（图4-14），兼顾聚鱼和藻礁的功能。礁体内设导流盘，可形成复杂流场效应，较大空间和复杂的内部结构形成良好的庇护场所，鱼礁外部可供藻类附着，营造出饵料场和繁育栖息场，适宜大多数中型、小型鱼类的栖息、繁衍。

## 四、乌贼产卵礁

金乌贼是中国北方沿海重要的经济头足类，主要渔场在山东沿海。金乌贼生命周期短、生长迅速、蛋白质含量高，是一种具有较高经济价值的优良品种，与曼氏无针乌贼一起曾是中国传统四大海洋渔业之一。从 20 世纪 80 年代开始，由于捕捞压力增大及产卵场环境恶化等原因，金乌贼资源一直持续衰退，至今仅作兼捕对象。人工鱼礁是改善水域生态环境、治理水域荒漠化的有效手段之一，在金乌贼产卵场投放人工鱼礁，将为金乌贼提供产卵附着基，同时阻止有害作业方式进入产卵场破坏产卵亲体，有助于金乌贼资源的修复和保护。

20 世纪 80 年代末，中国水产科学研究院黄海水产研究所在调查和分析了山东近海金乌贼资源和捕捞状况后得出结论：金乌贼资源已充分利用，随着近海传统经济鱼类的严重衰退，对金乌贼等头足类资源的捕捞强度可能会进一步加大。在金乌贼产卵场投放人工鱼礁以保护底栖藻类，禁止拖网作业，以改善产卵环境，保护金乌贼资源，是合理开发金乌贼资源的一条重要措施。

为扩大金乌贼增殖规模，改进增殖方法，开发新型金乌贼产卵礁成为增殖工作面临的主要问题。金乌贼在整个生殖活动期间，分批产卵，卵子分批成熟，卵子单个产出，卵为黏性，常附着于海藻、礁石等附着基上。金乌贼对产卵场有一定的选择性，产卵场多位于沿岸带盐度较高、水清流缓、藻密礁多的岛屿周围或底质较硬的内湾。金乌贼卵子在整个胚胎发育期的密度皆大于水，若在此时脱离附着物，卵子必然沉入水底，被泥沙埋没而死亡。金乌贼对卵子附着物存在选择性，喜欢选择细长的表面较为粗糙而富有固着力的物体作为产卵基质。

**1. 金乌贼产卵礁**　山东日照沿海是金乌贼产卵场的主要分布区之一，当地科研人员和渔民根据金乌贼的产卵习性，利用陆生植物柽柳、黄花蒿、地肤草等，将其结扎成束，坠以水泥墩投放到海底，为金乌贼提供产卵挂卵附着的基质，取得了良好的效果。由此构筑的产卵礁制作简单，成本低，而且受精卵附着率高，经济实用，同时还不损害产卵亲体（图4-15）。

图4-15　金乌贼产卵礁

彩图

**2. 乌贼箱式产卵礁**　乌贼箱式产卵礁（图4-16），是在方体形的框架外固定包有塑料板，该塑料板上设有多个圆形孔洞，且在框架内布设作为产卵附着基的网衣，每个孔洞对应由网衣间隔而组成的产卵室，且有网衣封顶。上述的塑料板为PVC白色塑料板。考虑到生物的磁场效应，在塑料板内侧固定有若干磁体。由此构筑的产卵礁充分利用了生物趋光、喜钻洞的习性和磁场效应，结构稳定，制作简单，成本低，而且便于管理，同时充分利用了空间，且不损害产卵亲体。

**3. 乌贼绳式产卵礁**　乌贼绳式产卵礁（图4-17），是在钢制框架的基础上，将网绳或尼龙绳缠于钢制框架之上，网绳为乌贼提供了产卵附着基，钢制框架为开放式空间，空间较

彩图

图4-16 乌贼箱式产卵礁

彩图

图4-17 乌贼绳式产卵礁

大，每段网绳可构筑成联通的产卵室，方便乌贼进出礁体内外。

**4. 乌贼管式产卵礁** 乌贼管式产卵礁（图4-18）以陶瓷、水泥等各类空心管为产卵栖息空间，中间开有可供产卵亲体进入的孔洞，在管体内部敷设有供产卵亲体挂卵的附卵网片。此类产卵礁一是通过孔洞的设计为产卵群体发挥其钻洞习性提供栖息空间，二是通过内部的附卵网片为产卵群体提供附着基质。

彩图

图4-18 乌贼管式产卵礁

**5. 十字型可折叠金乌贼产卵礁** 十字型可折叠金乌贼产卵礁（图4-19）包括缆绳和缆绳上按照一定间距均匀分布的十字型产卵礁，缆绳的两端各具一个使产卵礁悬浮于水中的浮球。十字型产卵礁包括两个长方形管框架和一个固定中轴，管框架的两个宽边中部开有孔洞，固定中轴穿过孔洞将两个管框架连接起来形成十字型；固定中轴底端具有一个圆形托盘，用于托住管框架，顶端扣有一个固定扣，用来固定管框架防止其在水中晃动，固定扣呈环形；固定扣中间具有通过固定中轴的圆孔，周围具有插槽，管框架可以卡在插槽中从而将管框架固定住。使用十字型产卵礁时，可随时将两个管框架组装成十字型，拆卸和组装均十分方便，有利于运输和存放。并且十字型产卵礁迎流阻力小，孵卵面积大。十字型的开放式

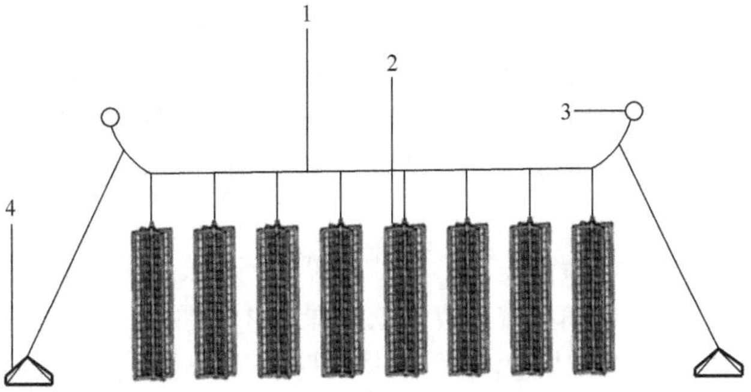


图4-19　十字型可折叠金乌贼产卵礁

1. 缆绳；2. 十字型产卵礁；3. 浮球；4. 水泥坨

结构，不会对产卵亲体造成任何损害，符合金乌贼多次产卵的习性。

在金乌贼产卵季节投放到山东日照近岸浅水海域进行试验，在缆绳两端系上浮球和水泥坨；同时投放传统柽柳、黄花蒿产卵礁作对照；结果表明，柽柳产卵礁上的卵附着率为74%，黄花蒿产卵礁上的卵附着率为71.2%，十字型产卵礁上的卵附着率达到87.2%；相对于乌贼笼，十字型产卵礁对金乌贼亲体无伤害。

**6. 防沉降式并仿海草复合结构产卵礁**　防沉降式并仿海草复合结构产卵礁（图4-20）包括混凝土框架和仿海草结构，此类混凝土框架是一个由若干块水平布置的混凝土板和用于将水平布置的混凝土板均匀分隔成若干空间的竖直布置的混凝土板组成，且竖直布置的混凝

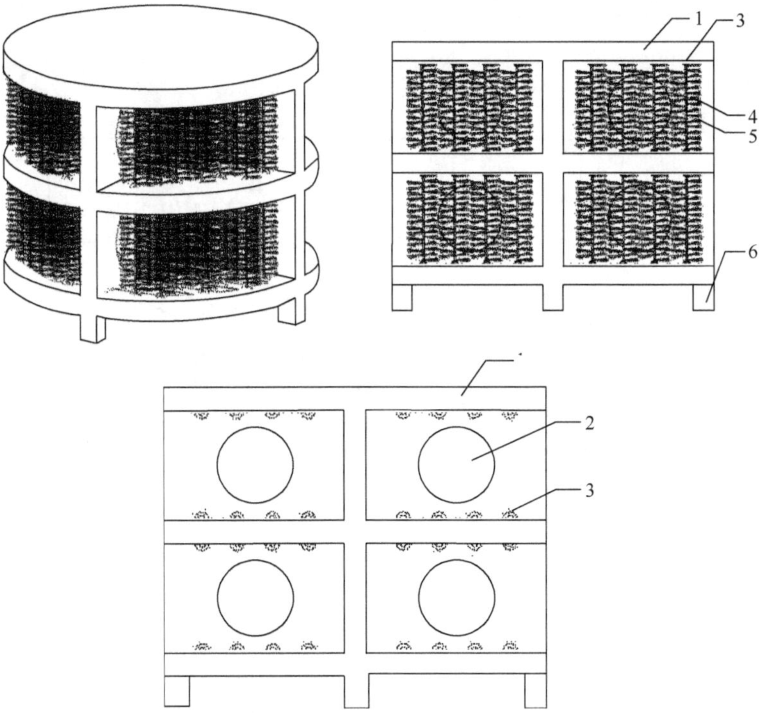


图4-20　防沉降式并仿海草复合结构产卵礁

1. 混凝土框架；2. 开孔；3. 不锈钢拉绳环；4. 聚乙烯绳；5. 仿海草聚乙烯单丝；6. 支架

土板上开有开孔，该混凝土框架每两片水平布置混凝土板之间竖直连接有仿海草结构，并且在混凝土框架下面装有支架。礁体的优点在于，礁体底部设计支架防止或减少混凝土礁体在多淤泥、泥沙底质海区造成礁体主体的沉降以及海流冲积造成的埋淤，礁体主体结构为柱体框架型，内部装配数条聚乙烯绳索制成多毛仿水草结构。此结构可发挥人工鱼礁礁体的集鱼、诱鱼及鱼卵附着功能。

礁体整体为圆柱形钢筋混凝土框架，其结构可以产生良好的流态效应，吸引鱼类聚集。礁体由三层混凝土板组成，中间拉有三股聚乙烯绳，并穿插聚乙烯单丝制成的仿海草结构。底部有20～30cm的支架，在泥沙底中支撑礁体，防止礁体陷入泥沙，底板为栅格结构，防止泥沙在上面淤积。礁体中间由混凝土板隔开，增加礁体结构的复杂性，并设计开孔，增加礁体的透水性能以及流态的多样性。整个礁体的设计结合诱导型鱼礁及增殖型礁的特点，以吸引鱼类聚集并提供藻类附着，使鱼类能集于此觅食、产卵，从而形成良好的海洋牧场。

**7. 灯笼型可折叠金乌贼产卵礁** 灯笼型可折叠金乌贼产卵礁（图2-21）包括缆绳和悬挂于缆绳上的若干个灯笼型产卵礁单元，产卵礁单元由灯笼型框架和包覆在灯笼型框架上的网衣组成。产卵礁为灯笼型，应流阻力比较小，适用于风浪小的近岸浅水海域，且空间利用率高，孵卵面积大；灯笼型结构比较顺滑，不会对产卵的亲体造成任何的损害，符合金乌贼多次产卵的习性，保证金乌贼产卵的质量；使用灯笼型产卵礁时，可以随时将四个半圆形管框架组装成灯笼型，拆卸和组装均十分方便，有利于运输和存放；提供的产卵礁由多个部分组装而成，即便是其中一个部分损坏也不会破坏整个产卵礁的可利用性；进一步的，产卵礁的灯笼型框架为高密度聚乙烯材料，具有良好的耐热性、耐寒性、刚性和韧性，化学性质稳定、机械强度好，而网衣由聚乙烯制作，具有优良的耐低温性能、耐酸碱腐蚀。

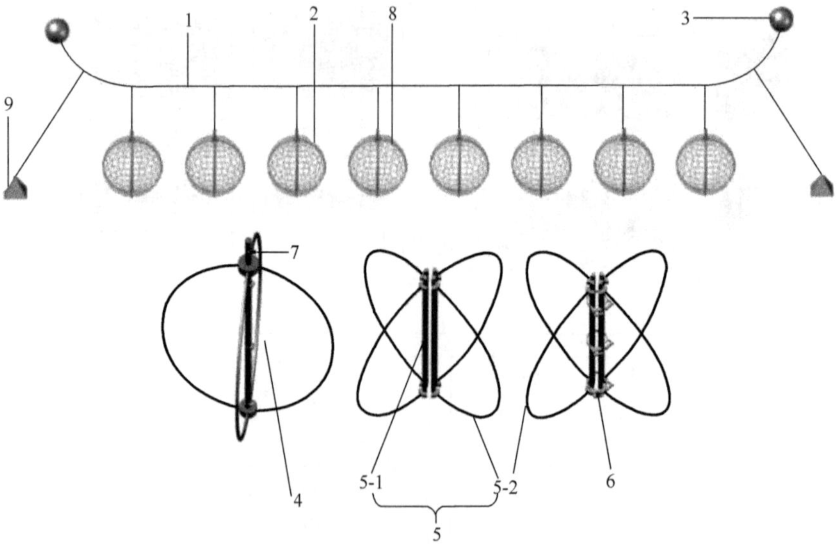


图4-21 灯笼型可折叠金乌贼产卵礁

1. 缆绳；2. 灯笼型产卵礁单元；3. 浮球；4. 灯笼型框架；5. 半圆形管框架；
5-1. 固定中轴；5-2. 半圆形管；6. 固定扎带；7. 小孔；8. 网衣；9. 水泥坨

**8. 可回收式乌贼类产卵礁** 日本在20世纪90年代也专注于金乌贼的资源保护，由于当地采用笼壶网具进行乌贼采捕，采捕期正值金乌贼产卵期，因此，成熟的金乌贼将卵黏附到采捕网具的网上，当地研究人员和渔民将这些网具收集起来，把网片卸下后放到自然海域，使附着在网上的受精卵能正常孵化从而补充野生群体。另外，研究人员还专门设计了轻型可回收式产卵礁（图4-22），产卵礁制作简便、成本低廉、投放方便，同时由于其轻型结构便于回收再利用，经现场实验效果良好，成为乌贼等头足类适宜的产卵礁，同时对于一些鱼类种类的仔稚鱼也起到一定的诱集、养护作用，对于恢复资源起到了重要的作用。

图4-22　可回收式乌贼类产卵礁

彩图

## 五、大泷六线鱼产卵礁

大泷六线鱼俗称黄鱼，为冷温性近海底层岩礁鱼类，主要分布于辽宁、山东等近海多岩礁海区。此鱼肉质细嫩、味道鲜美，素有“北方石斑”之称，经济价值较高。大泷六线鱼是中国北方网箱养殖的理想种类，也是开展渔业增殖放流和发展游钓渔业的理想品种。

大泷六线鱼鱼卵较大，卵径1.6～2.3mm，亲鱼怀卵量低，属黏性卵，自然状态下受精后的卵粒互相黏着成团，卵块内部的卵会因缺氧而不同程度受到影响，孵化率仅有20%左右。在自然海区，大泷六线鱼多产卵于苔藓和礁石表面，呈扁平状卵块，可平铺于产卵基上。自然产卵基由于形状结构的不确定性，产在表面的鱼卵遇海水后会在10min内迅速凝结成块，内层鱼卵受精时精卵接触率较小，从而导致受精率和孵化率均较低。大泷六线鱼雌鱼产卵后，雄鱼在产卵基附近护卵直到卵粒孵化，雄鱼对产卵基的庇护性有一定的选择性。产卵基的形状是鱼类选择的一个重要因素，当鱼类将卵产于不适合的产卵基上时，在卵粒孵化前很容易从产卵基剥离，剥离的卵块得不到雄鱼的看护，很容易被捕食者捕食。

叉型产卵礁（图4-23）为斜面设计，大泷六线鱼雌鱼在倾斜的表面上排卵，卵子呈液态，会随斜面向下流动，因此，斜面设计可以更好地降低卵子的层叠数，使鱼卵呈松散排列的片状，可以增加卵子的受精率及孵化率。叉型礁体形成了更多具有遮挡的空间结构，更利于鱼的护卵。研究发现，具有护卵行为的大泷六线鱼更喜欢栖息在礁石突出的边缘或凹槽部分，以便掩蔽，因此，叉型的设计及固定中轴中空的结构增加了产卵礁的复杂性，形成了更多的掩蔽空间以供亲鱼栖息。

## 六、章鱼产卵礁

**1. 多功能章鱼产卵礁**　章鱼俗称“八带鱼”“蛸”，广泛分布于我国南、北沿岸海域，

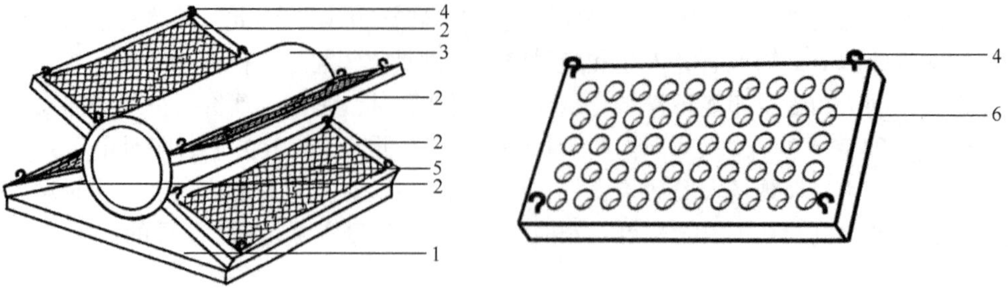


图4-23 大泷六线鱼产卵礁

1. 底板；2. 承卵板；3. 固定中轴；4. 挂钩；5. 网袋；6. 孔洞

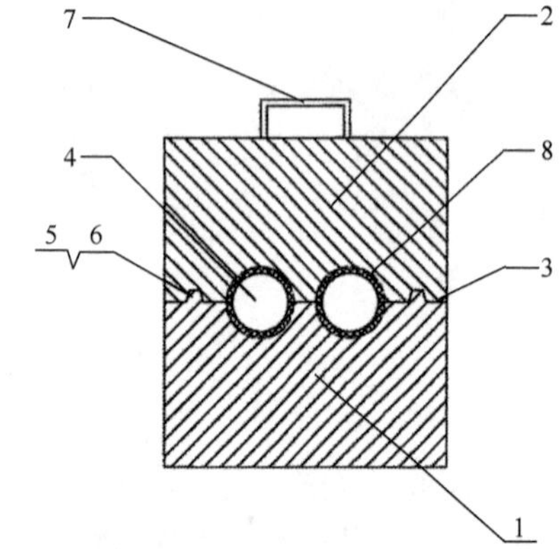


图4-24 多功能章鱼产卵礁

1. 下礁体；2. 上礁体；3. 接触面；4. 通孔；5. 梯形凸起；6. 梯形凹槽；7. 把手；8. 陶瓷层

北方海域主要以短蛸和长蛸为主。章鱼肉质鲜美、营养丰富，可鲜食也可干制。章鱼生命周期短，生长迅速，是一种很有养殖潜力的经济品种。近年来，随着乌贼类资源的过度开发，对章鱼的捕捞强度过大以及生态环境的恶化，致使章鱼野生资源骤减。章鱼资源的丰歉主要取决于产卵量的多少及成活率的高低。章鱼所产卵为黏着性卵，产卵时需要将卵黏附于其他附着物上。但目前的章鱼产卵礁体结构多为一体式，不但缺乏灵活性而且功能比较单一，即礁体只为章鱼产卵而设计，章鱼卵孵化后，此礁就会变成废弃品，从而造成资源的浪费。

多功能章鱼产卵礁（图4-24）由下礁体和上礁体叠加而成，在下礁体和上礁体的接触面上设有通孔，通孔的中心线位于或平行于接触面。结构简单、成本低，受精卵附着率高、不损害产卵亲体。既可作为章鱼产卵礁，为章鱼室内人工孵化提供良好的场所，也可在章鱼卵子孵化结束后将其投入海中作为包括章鱼在内的海洋生物诱集礁，达到一礁双用的效果。因其结构灵活，可随时将礁体拆开细致观察孵卵效果及卵子的发育状况，也可随时将礁体拆开进行清洗，便于管理，经济实用。

**2. 管状章鱼产卵礁** 管状章鱼产卵礁（图4-25）包括至少一根其上布设有两个以上小孔的PVC 管，且每根PVC管的一端由网片封闭，并且有一条上端带有浮子的绳索系在PVC管上；由数个一端用网片封闭的PVC管叠加而成的复合礁体最底一层的PVC管灌注厚度少于PVC管半径的混凝土层作为沉子。也可以由数个尺寸相同、对侧开小孔、一端用网片封闭的PVC管进行叠加，并从上部PVC管通过绳索连接浮子，从而形成复合礁体。PVC管上的小孔适宜章鱼钻入其中栖息，这是基于章鱼喜好钻穴的

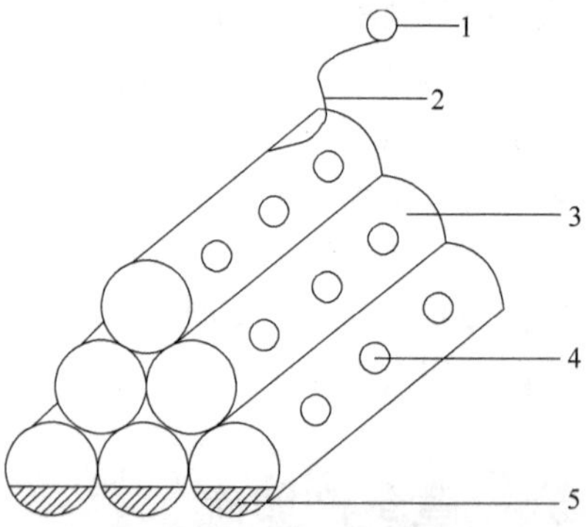


图4-25 管状章鱼产卵礁

1. 浮子；2. 绳索；3. PVC管；4. 小孔；5. 混凝土层

生态学习性，在PVC管两侧开小孔既可以诱集章鱼进入其中产卵，又可以增加产卵礁内部空间的利用效率，从而达到良好的诱集效果。

PVC管的一端用网片封住，不仅可以帮助章鱼躲避敌害，也可以为章鱼索饵设置陷阱，同时保持产卵礁内通光和水流通畅，为章鱼产卵孵化提供良好环境，从而有效地提高章鱼产量，达到增殖和恢复章鱼资源的目的；将多个单体礁有序叠加在一起，可以增加复合礁内部空间的利用效率。使用时，为了便于随时收放，需用一根绳索连接浮子作为标志物。

这种产卵礁制作简单，重量较轻，可以为章鱼提供产卵附着基质和育幼场所。所用PVC材料不会对海洋环境造成不良影响，是一种为章鱼提供良好的产卵附着基的产卵礁，其诱集和增殖章鱼效果明显。

## 七、其他产卵礁

**1. 枝式产卵礁**　日本在产卵育幼礁方面的研究开展较早，在20世纪80年代，由于拟乌贼产卵场条件变化，引起了人们对其资源衰减的担忧。日本静冈县富户渔协发展“栽培渔业”，通过投放用树枝制作成的产卵礁，使渔获量逐年上升，取得了明显的效果。具体做法是，将柯树的树枝扎成若干捆，在富户渔港堤防海面一侧水深10～15m区域，呈带状投放。为便于打捞，把产卵礁系在延绳上。投放时间是1985年5月2日，试验表明，产卵礁的投放位置以沙质、水深10m左右的场所为宜。9月7日，把产卵礁所得的20个卵块（卵数约5000个）放入蓄养池，进行人工孵化和饲养试验。自9月22日起，每天孵出体长7～10mm的幼体20～30尾。体表有斑状色素，呈白色或黑色，有体色变化。孵化出的稚乌贼活泼健壮，但由于不清楚其食性，孵化后第23天全部死亡。

**2. 漂浮产卵礁**　20世纪80年代，日本儿岛湾淡水渔业协会以振兴淡水渔业和净化水质为目的，设置利用以芦苇为材料制作的“漂浮产卵礁”，超过原来设想的结果。该产卵礁用长2.5m的四方塑料框和合成纤维做成网状物，然后在组件上插上日本芦苇。日本儿岛湾淡水渔业协会接受国家、县及有关市、镇的补助总事业费为500万日元，共制作了64 个漂浮产卵礁。设置方法是用锚固定而漂浮在水面，伸入水以下的根部成为鱼的产卵场，并从根部吸收氮、磷等营养成分。设置后，通过半年的中间阶段调查，日本芦苇的根部伸下150cm，虾、鰕虎鱼等很多小鱼、虾栖息在网的中间。

**3. 阶梯型产卵育幼藻礁**　阶梯型产卵育幼藻礁（图4-26）整体可拆卸、组装，便于运输和投放使用。其整体结构稳定，部件之间的连接结构牢固，使用金属以及混凝土材料，整体质量较大，在投放使用后，中心平稳不易发生倾覆，其最底层与水底接触面积较大，不易出现下陷的问题。在阶梯型框架上设置了网格网以及附着绳，能够增加整个装置结构的复杂性，其适于各种鱼类的栖息要求，可对幼体进行保护。礁体设置有

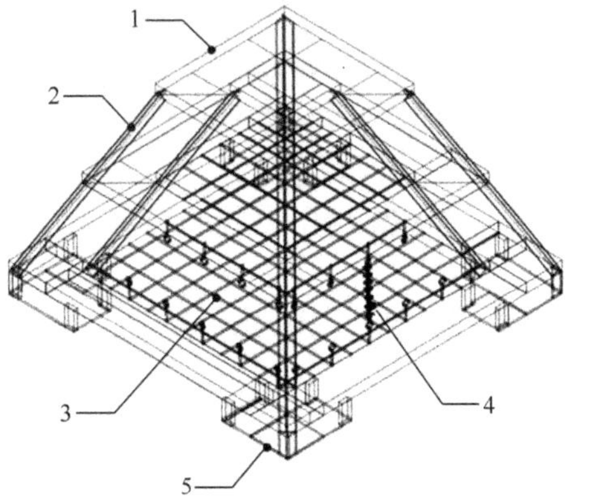

图4-26　阶梯型产卵育幼藻礁

1. 附着基板；2. 连接部件；3. 网格网；4. 附着绳；5. 底座

藻类附着生长区，不同层之间间隔相同距离且不发生重叠，便于附着藻类。螺旋形部件为产卵基体，该设计适于黏性鱼卵的附着，每层之间的网格网可使鱼类穿梭于礁体内部。螺旋形部件和网格形部件均采用聚乙烯材料，其具有较高的强度和优良的柔韧性。长方形的平板为钢筋混凝土材料，制作费用低，效果好，经久耐用。

2015年4月，研究者在青岛崂山青山湾三亩前附近海区投放了6个阶梯型产卵育幼藻礁，投放1个月后开始逐月潜水录像调查该礁体的诱集鱼种类和生物量，附着生物与藻类附着的种类和生物量，鱼卵的附着情况。投礁后2～7个月的录像调查显示，共出现大型底栖藻类7种；附着生物18种；采集到1128粒大泷六线鱼鱼卵；鱼类7种，共计323尾。其投放后，礁体上附着的藻类生长繁茂，礁体表面被大量藻类覆盖。调查结果表明，阶梯型产卵育幼藻礁在海区的鱼类诱集、藻类和鱼卵附着方面效果显著，礁体具有很好的投放应用价值，弥补了当前人工鱼礁发明专利缺乏海区实践验证的缺陷，可以作为修复产卵场和藻场的人工鱼礁。

# 第四节　藻 礁 设 施

## 一、藻礁设施概述

藻礁（seaweed reef）是为了改善海洋生态环境，通过一定的生态工程技术手段，在特定水域中设定的供大型海藻固着和生长的构造物。随着全球气候变化和海洋工程等人类活动日益加剧，近海生态环境恶化，海藻场生态系统受到威胁，其规模不断衰退，部分海域的海藻场甚至消失。藻礁可为海洋微藻和大型海藻提供良好的生长环境，使其形成大的藻场，有助于海底环境的优化，为海洋鱼类、虾类和贝类等生物的幼体提供良好的栖息环境和索饵场所，有助于资源的恢复和增长（于沛民，2007；姜昭阳等，2015）。

## 二、藻礁设施类型

根据藻礁设施的材质，可以将藻礁划分为天然藻礁和人工藻礁两种类型。天然藻礁主要是指能够供大型海藻固着生长的自然礁石、贻贝和牡蛎等生物体，天然藻礁是大型海藻优良的附着基质。人工藻礁主要是指经人为加工改造以供大型海藻固着生长的基质，如混凝土、竹、木材、钢材、聚丙烯板、布带帘、维尼纶绳帘等（孙建璋等，2008；王惠等，2019）。

## 三、藻礁设计

根据藻场建设目标藻种的生态习性和藻场建设海域生态环境特征来确定藻礁的形状和制作材料。

**1. 生态环保**　可利用天然的礁石块，通过大型海藻种藻移植和孢子释放等，让大型海藻孢子体在礁石块上附着并生长，从而达到大型海藻增殖和海藻场建设的目的。

**2. 藻礁形状**　藻礁的形状可以影响礁体上附着藻类的种类和密度，进而影响藻场建设和修复的效果。于沛民（2007）研究了混凝土模型礁与锯齿凸形、锯齿凹形、圆凸形和圆凹形4种不同形状模型礁的海藻附着效果，结果发现，混凝土模型礁、锯齿凸形和圆凸形的模型礁上藻类的附着率普遍高于锯齿凹形和圆凹形模型礁。藻礁表面凹凸不平，适合藻类的附着，凸部流速大，不利于浮泥等杂物的堆积，同时凸部聚集的藻食性动物少，对海藻的危害少，海藻的根部在凸部有足够的空间伸张，附着力大，海浪难以将其剥离（于沛民，2007）。

藻礁的形状还可以影响植食性动物攀爬和啃食海藻，同样是藻礁设计中需要考虑的重要问题。田涛等（2008）通过设计8种不同形状的藻礁，选用光棘海胆和中间海胆作为实验对象，分析了不同形状藻礁阻碍海胆攀爬的效果。结果表明，侧周面为锯齿形或侧周面缠挂多孔柔性材料的藻礁阻止海胆攀爬的效果最好，能够达到防止海胆摄食藻礁顶部藻类的目的。

**3. 藻礁材料**　藻礁制作材料一般根据藻场建设的区域特征、施工的便利、大型海藻附着特性等确定，可以采用自然礁石、混凝土等，不同的材料海藻的附着效果存在较大差异。

Fredriksen等（2020）通过在天然的小砾石上附着褐藻（*Saccharina latissima*）孢子体，制作一种附着褐藻的绿色砾石，在实验室中培育到2.3cm，然后移植到野外，移植的海藻在9个月的时间里具有很高的存活率和生长速度（图4-27），该方法技术简单，可以大面积恢复退化的海藻场。

图4-27　制作绿色砾石工作流程

A. 采集褐藻繁殖体；B. 分离生殖组织，释放游动孢子；C. 孢子附着到托盘中的小砾石上；D. 几周后可见的孢子体幼苗；E. 绿色砾石分散到礁石上；F. 原位生长2.5个月的褐藻

彩图

姜昭阳等（2015）通过筛除、烘干等方法将滩涂淤泥制成人工藻礁的原料，按照不同比例与水泥混合制备成人工藻礁礁块，研究了不同淤泥-水泥混合比藻礁中的营养盐溶出效果和各混合比礁体的抗压强度。结果表明，各比例礁体中氮、磷的溶出规律基本符合线性模式，各混合比礁体中营养盐的溶出效果符合缓释肥的释放规律，可持续向周边水体中溶出含有氮、磷的营养物质；铵盐的溶出效果随淤泥含量的增加呈上升趋势，且各混合比礁块之间有极显著差异；磷酸盐的溶出效果随淤泥含量的增加呈上升趋势，但各混合比礁块之间并无显著差异；礁体的抗压强度随淤泥含量的增加呈下降趋势。

王惠等（2019）选用混凝土、黄泥砖、牡蛎壳、聚丙烯板、橡皮条、沥青6种废弃物材质对比了硇洲马尾藻（*Sargassum naozhouense*）幼孢子体的附着效果，通过周年观察比较了其在人工藻礁与自然藻礁的生长差异，不同材质藻礁对硇洲马尾藻幼孢子体附着差异显著，附着效果依次为混凝土＞黄泥砖＞牡蛎壳＞聚丙烯板＞橡皮条，沥青完全没有幼孢子附着。当年人工藻礁苗有性生殖苗较自然生态苗生长慢，第二年假根再生苗生长与自然苗生长无显著性差异。人工藻礁苗成活率为29.2%，此后不出现消退死亡，并以假根再生维持种群的繁衍。该研究表明，在马尾藻原生态藻床恢复实践中，混凝土是较理想的人工附着基，而黄泥砖、牡蛎壳、聚丙烯板等废弃物也可作为天然硇洲马尾藻以及室内有性苗源的附着基。

## 四、藻礁制作

**1. 天然藻礁** 藻场建设海域的礁石和牡蛎礁等可为大型海藻提供良好的附着基质，是良好的天然藻礁，可通过移植种藻和喷洒孢子水等方法开展藻场建设。在开展种藻移植前，一般要对礁石等进行改良，主要包括清除礁石等上面的沉积物和淤泥、移除海胆等植食性生物和附着的微藻等。

**2. 人工藻礁** 人工藻礁制作主要是泥沙岩等材料的调整和酸碱度调节，在设计好的模具中进行藻礁的制作。制作过程包括模具的开发、加工工艺过程和退模工序，挑选合适的混凝土注入位置，按优质低耗的标准设计模具；然后选择适当的凸模夹紧装置，在模具下部装置一台振荡机，浇注过程中，伴随着混凝土的注入，振荡机持续振荡，保证混凝土的密实性和结构的稳固。浇注完成后，运到建设海域进行投放。由混凝土等材料制作的人工藻礁，要在海水中浸泡一段时间，以充分释放出藻礁中的碱性物质，提高大型海藻的附着效果。

## 五、藻礁投放

藻礁制作完成后，经过一定时间的保养，即可投放到藻场建设的区域，藻礁投放过程主要包括建设海域选择和海域投放两个部分。

**1. 海域选择** 藻礁投放海域主要根据海藻场建设的目标藻种的生态习性和修复海域的环境特征确定，主要考虑以下因素。①藻礁投放海域有目标藻种的种群自然分布，避免引用非本地种，以免造成本地目标藻种的种质下降等。②拥有天然附着岩礁自然基质，岩礁基质的坡度不宜过大，应适宜海藻自然附着和人工藻礁的布设。③周边无悬浮泥沙来源、岩礁基质表面无大量沉积物。海水中的悬浮泥沙影响有效光照辐射和海水透明度，天然的岩礁和人工藻礁等基质表面泥沙沉积会影响海藻尤其是孢子附着和幼苗的成活。研究表明，沉积物对铜藻早期定居阶段的影响对其分布具有重要作用，尤其是在幼孢子体附着和幼苗生长阶段，沉积物平均厚度为0.362mm时，铜藻幼孢子体附着率为22.2%，但沉积物厚度达到0.724mm时，铜藻幼孢子体无法附着，且幼苗存活率仅为24.0%，当沉积物厚度达1.81mm时铜藻幼苗无法成活。另据报道，南麂列岛海岛修建公路使沿岸海水浑浊，造成礁石上有1～3cm厚的淤泥沉积，改变了铜藻赖以生存的附着基质，相关区域的铜藻藻场消失。④海藻场建设周边海域大量淡水注入，会带来一定的泥沙，引起海水的浑浊和泥沙的沉积，同时大量的淡水会降低海水的盐度，减弱海水的上下交换等，除一些广盐性的种类（如紫菜等）外，马尾藻属等种类的生存和生长将受到限制，有研究表明，盐度降低会限制鼠尾藻光合作用效率和吸收氮、磷等营养盐的速率。⑤光照影响海藻分布和生长，研究表明，光照对铜藻的生长起重要作用，低光照强度明显抑制铜藻的生长，248μmol/（$m^2$·s）的光照强度下铜藻生长速度最快。考虑到我国不同海域的情况，江河入海处透明度较低，海水透明度最低在0.5m以上，规定海底光照强度不低于海面光照强度的10%，以保证海藻生长需要。⑥投放海域的海水交换好、流速不高于1.0m/s。马尾藻属和海带属等藻类宜生长于有一定海流和风浪的区域，海水流动性强，沉积物不宜沉积，营养盐交换充分，高流速有利于海藻对营养盐和二氧化碳的摄入，促进其生长，但流速过大会影响幼苗的附着导致成体断裂。⑦敌害生物少，在马尾藻、海带和羊栖菜等藻类幼苗培育过程中，藤壶、丝状绿藻、硅藻等附着生物会挤占幼苗生长空间，覆盖幼苗，影响幼苗的生长和发育，端足类等生物还会附着并啃食幼苗，造成海藻幼苗死亡。我国的南海区和东海南部篮子鱼会大量摄食麒麟菜和马尾藻幼苗，尤其是在海南周边海域，5～10月最为严重，对热带海域马尾藻和麒麟菜藻场造成毁灭性破坏，海胆啃食海带和裙带菜，因此在藻礁投放前要摸清当地海域这些生物的分布和数量情况，提前做好防护措施，在人工藻礁上加防止海藻被啃食的保护网，以防控这些植食性生物影响移植海藻的生存和生长。

**2. 海域投放**　对于礁石和砾石等天然藻礁，主要是对这些基质进行必要的淤泥和附着微藻的清理，随后再现场搬运、摆放和固定到适合大型海藻生长的区域。

对于人工藻礁的投放，如果藻场建设海域的地形相对平坦，可以将保养好的藻礁摆放到海底，如果藻场建设的自然礁石存在较大的坡度，则需要通过水下工程，如在礁石上开孔，通过膨胀螺丝等将人工藻礁固定在目标藻种适宜生长的水层。

### 六、藻礁设施的维护和管理

藻礁设施投放到藻场建设海域后，相关管理部门要加强海域维护和后续的跟踪监测，良好的管理和维护是藻礁投放和藻场建设成功的关键。

**1. 政府层面**　政府要重视藻场建设对海洋生态环境保护和修复的重要作用，通过建设海藻场保护区等立法的方式，加大对藻场和藻礁设施的保护。

**2. 资金投入**　藻礁设施的建设和后续管理需要一定的资金投入，现在我国已经把海藻场列入海洋牧场建设范围，设有专门的藻场建设资金，用于藻礁投放和藻场建设。

**3. 公众参与**　各级政府通过宣传，加大公众对海藻场生态功能和海藻场建设效果的认识，在海藻场建设海域，特别要加强宣传，避免捕捞等渔业活动对藻礁设施的破坏。

**4. 科学研究**　海藻场建设主管单位加强与相关科研院所的合作，根据我国的实际情况，可在藻礁设施的材料、目标藻种的高效附着藻礁投放和固定技术等方面开展研究。

## 第五节　鱼类音响驯化设施

### 一、鱼类音响驯化及野化训练的概念

**1. 鱼类音响驯化的概念**　音响驯化是利用声音刺激使鱼定时定点主动摄食的新型渔业技术（田涛等，2004），它利用鱼类对声音的正趋向反应，用特定仪器记录鱼类的生物学声音（摄食、求偶、集群等），然后在水中播放，诱集鱼类成群，并加以引导使鱼群进入预定的捕捞区域而达到捕捞目的，特别是对于底质特殊（底质不平、突兀岩块）、水体深的水域有着更重要的意义。

**2. 鱼类野化训练的概念**　海洋牧场的鱼类野化是提高放流鱼类存活率的主要手段，通过再驯化及适应性训练，恢复其在自然条件下的繁殖生存能力，逐步扩大种群，最终达到

在自然界中自然繁殖生存的目的。野化训练有别于自然野化，是在人为干预下通过野化设施、声、光、流等仿自然环境刺激下用于提高野化鱼类对环境适应能力的一种方法。同时，通过活饵投喂、敌害可控共养等手段提升野化鱼类的生存能力，能较大程度提升海洋牧场增殖放流种群的存活率。

## 二、鱼类音响驯化及野化训练水域的选择

### （一）鱼类音响驯化水域的选择

**1. 基本要求**

（1）音响驯化设备设置的海域应符合国家和地方有关法律法规及海域（或水域）利用总体规划与海洋牧场建设规划。音响驯化设备宜保持较好的稳定性，设置后不发生颠覆、滑移和倾覆等现象。设置安放音响驯化设备前，宜根据音响驯化设备设置水域的基本要求，对拟安放音响驯化设备的水域进行本底调查。

（2）音响驯化设备设置的海域应适宜音响驯化对象生物栖息、繁育和生长或洄游。

**2. 环境因素条件**

1）*海洋环境噪声*　海洋环境噪声（测量方法参照GB/T 5265—2009）不影响该海域栖息生物的生存和生长。

2）*水文状况*　水深、海流、潮汐、波浪、水温、盐度、水团等调查方法应符合《海洋调查规范 第1部分：总则》（GB/T 12763.1—2007），相关要求应符合《海洋调查规范 第2部分：海洋水文观测的规定》（GB/T 12763.2—2007）。

3）*流速*　海域最大流速≤0.8m/s。

**3. 生物条件**　音响驯化对象生物的竞争生物或敌害生物分布较少。

**4. 选址条件**　生产管理应选择海洋牧场人工鱼礁区，宜距离渔业港口（或码头）较近，易于锚泊，往返航道安全，通信无干扰。

**5. 气象水文历史资料的搜集**　收集拟设置音响驯化设备海域的台风、风暴潮等灾害性天气、潮汐、强波、台风浪、海流等历史资料。宜包括以下内容：①台风的最大风速和最大降雨量、破坏力最强的台风实例；②潮汐性质、涨落潮历时、年均海平面、年均高潮位、年均低潮位、年均潮差；③风暴潮的最大增水值、最高风暴潮位及其出现日期；④强波浪的走向、波高、周期和各月频率；⑤海流流场特征、潮流性质、潮流运动形式、潮流的最大可能流速。

### （二）鱼类野化训练水域的选择

**1. 活体暂养地点选择**　该阶段暂养位置应该临海，即靠近放流海域，且尽量靠近作业渔场或水产养殖场以及码头。原因有以下几个：临海暂养可以更加方便地使用海水，减少暂养前后水体差异，节约投资与暂养成本；靠近渔场和水产养殖基地，可以保证有充足的货源且减少运输时间，提高运输成活率；码头可以吸引渔船停靠，方便收购，缩短运输至暂养地的时间，鱼、虾、蟹体力损耗少，暂养效果好。

**2. 海中网箱暂养地点选择**　网箱应设置在临近渔场的避风港湾内，该港湾必须水质

清新、无污染、水流平缓、无大风大浪。若水流过急，网箱固定就有困难，且有些鱼、虾、蟹长时间受急流冲击，体力损耗大，会影响成活率。

## 三、鱼类音响驯化及野化训练方法

**1．鱼类音响驯化鱼种的选择**　鱼类音响驯化鱼种一般选择Ⅰ型和Ⅱ型恋礁性鱼类的天然幼鱼或人工繁育幼鱼，健康体表无损伤、体长大于该种鱼类的放流规格。

**2．鱼类音响驯化系统的构建**　音响驯化自动控制系统，如图4-28所示，是由服务中心系统、自动投饵机、放声设备、摄像及存储设备和能源组成的。整体仪器可以实现自动控制放声和投饵以及远程监控的功能。音响驯化系统主要用于建设音响驯化型海洋牧场。

图4-28　音响驯化自动控制系统

彩图

1）服务中心系统　服务中心系统也是整套装置的控制系统，如图4-29所示，对设备的放声、视频的储存、时间的控制以及对能源的控制等整体的控制，属于音响驯化自动控制系统的核心。

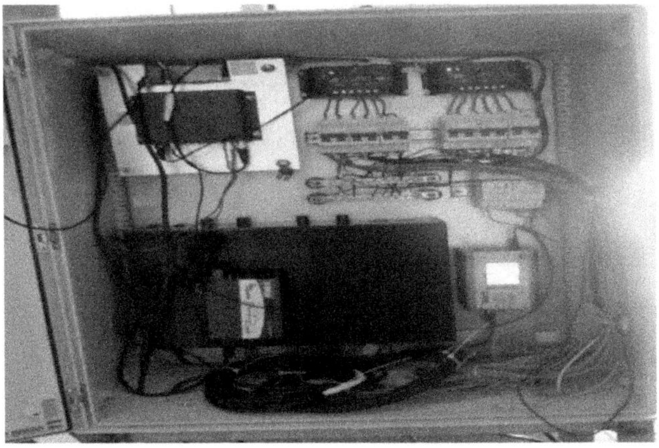

图4-29　服务中心系统

服务中心系统内部包括：两个开关，一个是对整套装置供电的控制，另一个是对太阳能电磁板为蓄电池充电的控制；两个定时控制开关，一个定时控制开启或关闭放声设备，另一个定时控制开启或者关闭视频监测设备；信号发生器在该系统中起对声音信号的产生和控制作用；信号放大器对信号发生器产生的声音信号进行放大；逆变器将12V电压转换为220V电压，对信号放大器供电；视频监测设备对水下情况进行录制；移动硬盘对视频进行储存。

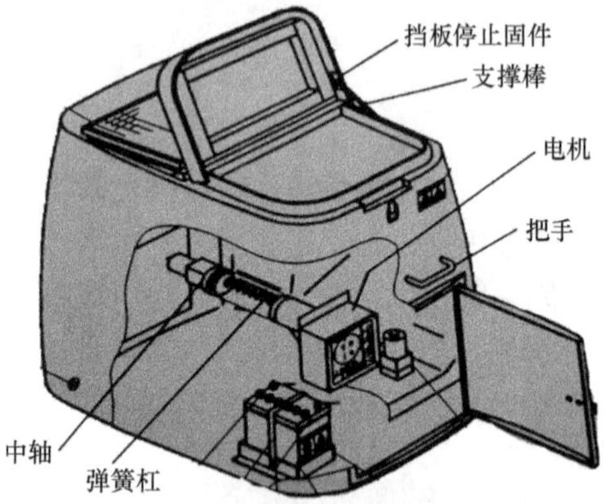


图4-30 自动投饵机内部结构

2）自动投饵机 自动投饵机在音响驯化自动控制系统中相对独立，可自己独立工作。自动投饵机可以定时、定量投饵。它是由饵料箱、电子控制器、马达、蓄电池和太阳能电磁板组成，如图4-30、图4-31所示。

图4-31 自动投饵机

自动投饵机的电子控制器可以定时开启自动投饵，并且可以设置投饵量和投饵的时间间隔。

时间的定时是12h制，分为上午和下午，以1h为单位，每1小时分为四个时刻，所以定时只能是15min的倍数，本次试验投饵半小时；投饵量共有9个档位，每个档位投饵量不同。

档位为1每次投饵为100g左右，档位越高，投饵量越大，但不成比例。自动投饵机基本参数如表4-1所示。

表4-1 自动投饵机基本参数

| 信息 | 参数 | 信息 | 参数 |
|---|---|---|---|
| 型号 | PFX-200S | 电源 | DC-12V |
| 对象饲料 | 颗粒状 | 最大吐出量/（kg/h） | 150 |
| 长×宽×高/$mm^3$ | 1100×800×1050 | 对象饲料直径/mm | 1～15 |

续表

| 信息 | 参数 | 信息 | 参数 |
|---|---|---|---|
| 重量/kg | 54 | 运转类型 | 持续型、间断型 |
| 容重/kg | 200 | 本体材料 | FRP |
| 投饵方式 | 飞散落下式 | | |

3）放声设备　放声设备由信号发生器、信号放大器和水下扬声器三部分组成，可以通过信号发生器发射一定频率不同的波形（连续波或断续波），然后经过信号放大器对声音信号放大一定倍数，最后通过水下喇叭在水中进行播放，达到声音在一定范围的传播。

放声设备中的信号发生器是重中之重，既是声波的产生者，也是声波的控制者，具有完全对称的两个通道，能够同步工作，相位差可调，具有正弦波、三角波、方波、锯齿波，以及占空比可调的脉冲波等基本函数波形，波形频率分辨率最小可达10μHz，幅度分辨率最小达到10mV，脉冲波占空比调节精确到0.1%。

4）摄像及存储设备　摄像及存储设备构成一个完整的录像设备，是由水下摄像头、视频器、移动硬盘和录制器组成，其工作是水下摄像头接受视频信号，对水下情况进行录制，经过录制器存储到移动硬盘中，视频器可以实时监控水下情况，对水下情况及时了解，也可以查看录制好的视频，对没有观察到的情况进行反复查看。

5）能源　能源主要是两块（110Ah、12V）蓄电池，其中为保持供电的连续性，太阳能电磁板是不可或缺的。在设备进行工作的时候，两块蓄电池轮流进行供电，太阳能电池板可以对不处于工作状态的蓄电池进行充电，这样可以保证给系统持续供电。

**3. 鱼类音响驯化参数的确定**　声源声压宜选择在150～160dB（0 dB re 1μPa）；放声频率宜选择在200～500Hz范围内，建议设定为300Hz；放声声音波形宜在以下波形中选取：正弦波、方形波、锯齿波或其他对目标鱼种有诱集作用的复合波形；音响驯化参数可根据水域环境条件、驯化对象进行调整（张国胜等，2002）。

**4. 音响驯化设备工作流程**　每日驯化次数2～10次，每次间隔1～12h，每次放声10～30min（驯化间隔时间和放声时间逐渐减少，驯化流程见图4-32），放声和投饵同时进行，每日投饵量为驯化鱼总体重的1%～2%（殷雷明，2017）。具体工作流程图详见图4-33。

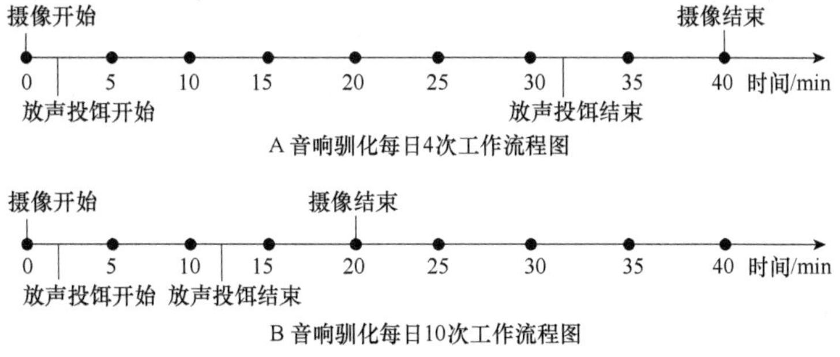


图4-32　音响驯化设备工作流程图

**5. 音响驯化设备在海洋牧场的布设**　由于驯化对象听觉阈值限制，单台音响驯化设备水下声压传播有效作用距离有限，加之单点驯化设备聚集过多的驯化对象不利于增殖，在

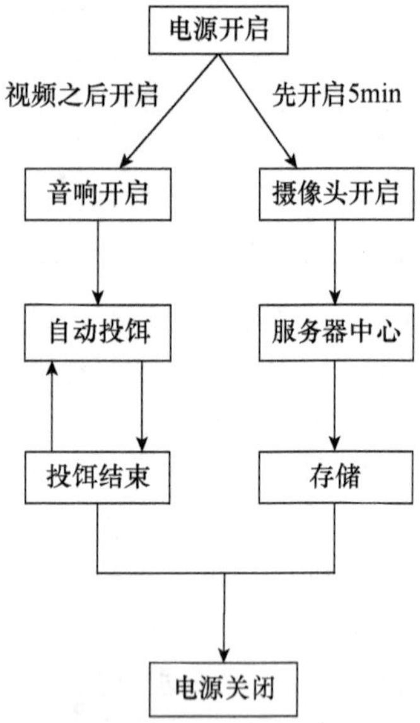


图4-33 音响驯化技术运行流程图

实际海洋牧场海域尽可能多台布设，两台设备间以150m左右距离为宜。单个海洋牧场根据面积确定设备的台套数，一般不少于3台，以形成群控效应。

## 四、鱼类音响驯化及野化训练设备的维护与管理

### （一）鱼类音响驯化设备的维护与管理

**1. 维护** ①驯化期间，每隔15天对设备补充饵料，确保饵料充足，设备正常运转；②每周检查设备的构件连接和整体稳定性情况，尤其在恶劣天气之后，对于发生倾覆、破损、异常工作等现象，应及时采取补救和修复措施；③在驯化期间，每隔5天对设备（信号发生器、信号放大器、水下扬声器）进行检查矫正，确保水下放声波形、频率和声压级的参数正确有效；④每月检查设备，对于设备的水下部分，如果表面缠挂网具、附着生物以及其他的有害入侵生物等，应采取措施及时清除；⑤至少每半年监测一次设备设置海域的水质，清理该海域内对环境有危害的垃圾废弃物；⑥建立档案，对设备使用过程中出现的问题及时进行详细的记录。

**2. 管理** 应配备专门人员对远程操控的计算机主机、视频资料、海上音响驯化设备进行监管，分析视频资料和海上观测数据，优化驯化方案，达到预期驯化效果。

### （二）音响驯化自动控制系统使用注意事项

**1. 音响驯化控制系统注意事项** 定期查看自动投饵机的饵料箱是否含有饵料，防止没有饵料的情况下，对鱼类的集群有影响；自动投饵机电子控制器的时间一定要与服务中心的定时控制开关的时间相一致，防止时间差异对试验结果的影响；定期清理水下摄像头的绿藻，防止摄像不清晰。

**2. 自动投饵机的安全注意事项** 海上饵料箱工作时，禁止小型物品靠近弹簧杆，防止小型物品卷入使得机器损坏；投饵机高速运行的情况下，禁止身体靠近马达，防止机器开始运转的情况下将身体带入机器内，造成人体上的伤害；投饵机运行时，禁止头部伸向出料口处，防止飞散出的饵料进入眼睛或者耳朵内；当饵料投入饵料箱时，一定要把挡板固定住，防止挡板下落夹到手；更换电瓶时要关闭投饵机，同时要用遮光布把太阳能电池板遮住，防止产生的电对机器产生不必要的损害。

**3. 信号发生器使用注意事项** 确保输入电源适配器正确；仪器显示液晶模块属于易碎、易腐蚀物品，请不要猛烈撞击和靠近化学物品以免腐蚀。当感觉到液晶表面有污尘时，请用柔软的布料小心擦拭；工作温度：−10～50℃，存储温度：−20～70℃，并使仪器处于干燥环境中；仪器正常工作时尽量避免仪器的剧烈移动以免对内部电路造成不可修复的损坏；正常按键在开启声音选项时，会伴有清脆的响声。

# 第六节　休闲渔业设施

以发展海洋休闲旅游业为建设目标，选择基础设施条件好的岛礁，开展生态系统养护、集鱼型人工鱼礁区建设及景观型人工鱼礁布放，养护恢复鱼类资源；开展高值经济鱼类增殖放流，配建陆基或船基旅游保障单元和开发海上旅游项目，发展游钓、潜水等旅游产业（杨红生等，2018）。海洋牧场休闲渔业是现代海洋渔业与旅游业及其产业链耦合形成的一种新的复合型渔业经济形态，其作用是在带动旅游相关产业发展的同时，又促进现代渔业产业结构升级。海洋牧场休闲渔业也可为休闲渔业旅游者提供以休闲体验为主的渔业经济文化活动（张广海和张震，2013）。

## 一、鱼类生态采捕平台

### （一）鱼类生态采捕平台的设计

**1. 生态渔具渔法概述**　渔业可以分为通过渔具渔船对水生动植物进行采捕作业的捕捞渔业和人工对水生动植物进行饲养的养殖渔业。生态渔具渔法就是指通过采取相应的技术和管理措施，使用具有选择性捕捞效果且对生态环境影响较小的渔具获取水产经济动物的作业方法。主要包括：鱼群侦察，如鱼探仪侦察、水声仪侦察等；目标种的行为控制，如光照诱集、声音诱集等；还有网具、钓具的正确操作技术。根据各类海洋生物不同的行为特点，基于光学和声学基础，有选择性地进行捕捞，可以高效地捕获目标种，同时，还能使得幼鱼得到释放与保护，避免渔业资源受到损伤，符合我国构建可持续发展生态渔业的要求。

**2. 基于光学诱集的生态采捕平台**　为了提高对恋礁性鱼类的捕捞效率，在考虑了海洋牧场环境特点后，通过利用灯光及声音诱捕，对不同种类、不同大小、不同年龄的鱼，我们可以做到有选择的、健康的“绿色”捕捞，通过整套系统有效协调工作，实现鱼类诱集功能，还利于提高我国海洋牧场相关装备缺乏的现状。

1）平台设计　如图4-34所示，针对礁石区难以捕捞的鱼类，通过光诱将其聚集至指定区域。本试验平台是由30m×30m的钢管焊接成的集鱼平台，且有浮筒分布在平台框架内部（28×4个），使框架稳定地浮于水面。在平台4个边角位置分别焊接等高（7m）的升降装置（顶端带滑轮），在平台其中一条对角线上放置可移动的诱鱼灯/音箱（1000W/1000Hz），将诱鱼灯/音箱下放至水面位置，通过4个升降装置连接于网片的钢索，由两个电机均匀收放置于水底的网具，使水面附近诱集到的鱼群困于网具之中。该装置在不破坏原有环境的情况下，将生活于岩礁环境中的鱼类诱集出来加以捕捉。该装置在海洋牧场内应用较为广泛。其优点是既保证幼鱼生长不受影响，提高成活率，又大大提高生产效率，降低劳动强度，节省网具破坏的成本。该装置符合环境友好型的设定。

2）装配方法　①用钢管焊接成正方体框架（30m×30m），分别将4组每组28个浮筒（60cm×100cm）均匀装入方形框架内，如图4-35和图4-36所示；②分别将1、2、3、4四个杆焊接到方形框架4个边角上，且在杆的顶端分别设置4个定滑轮，再在杆1、杆3之间的滑

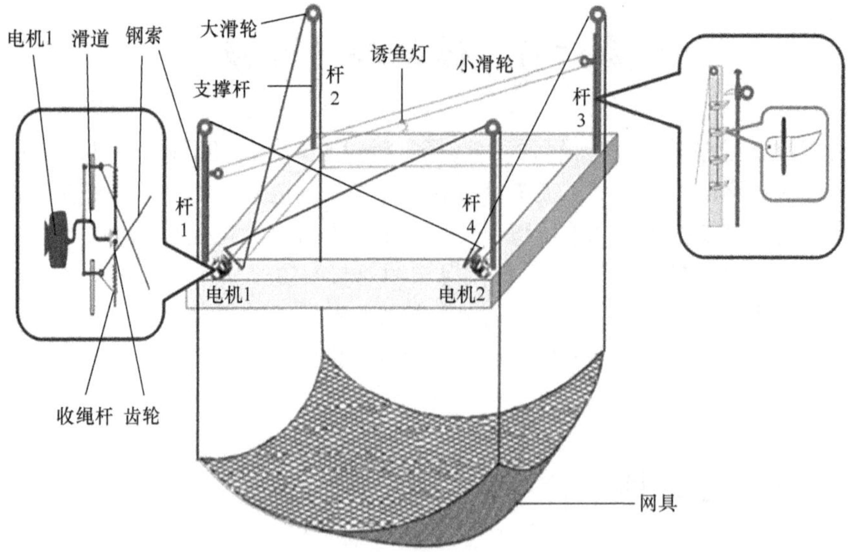


图4-34 捕捞平台设计图

轮组上放置诱鱼灯/音箱，见图4-37；③网具四角绑缚升降钢索，再将升降钢索分别穿过杆1、2、3、4顶端的滑轮，将穿过杆2、4顶端滑轮的钢索交叉连接至电机1装置上，其余钢索按同样方法连接至电机2装置上；④平台所需材料见表4-2。

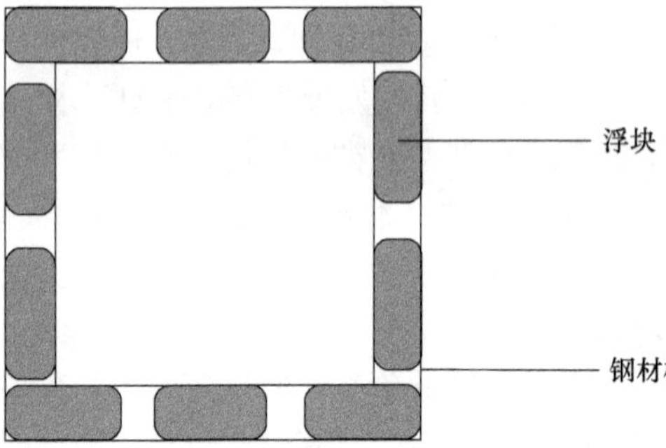


图4-35 框架结构图

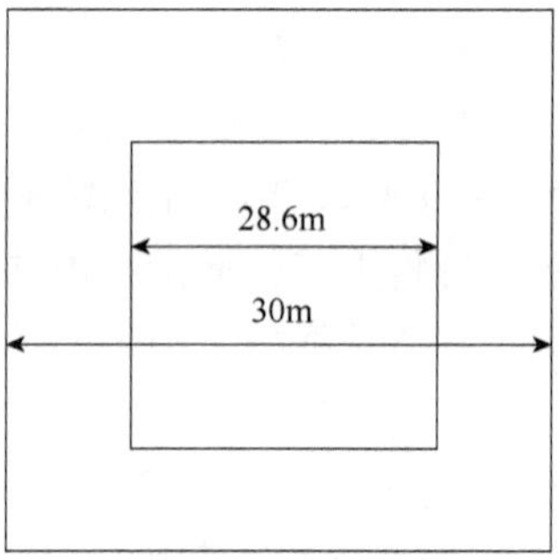


图4-36 平台俯视尺寸图

**表4-2 平台所需材料**

| 名称 | 尺寸 | 材质 | 数量 | 名称 | 尺寸 | 材质 | 数量 |
|---|---|---|---|---|---|---|---|
| 框架 | 30m×30m | 不锈钢 | 1 | 电机 | 主机功率44.1kW | — | 2 |
| 浮块 | 60cm×100cm | 泡沫 | 28×4 | 绳索 | 直径1.5cm | PE | 4 |
| 支撑杆 | 支撑杆为圆柱形，长7m，外径20cm | 铁 | 4 | 网片 | 30m×30m | PE | 4 |
| 大滑轮 | U型槽深21mm | 不锈钢 | 4 | 诱鱼灯 | 1000W | 玻璃 | 1 |
| 小滑轮 | 内径15mm | 不锈钢 | 2 | | | | |

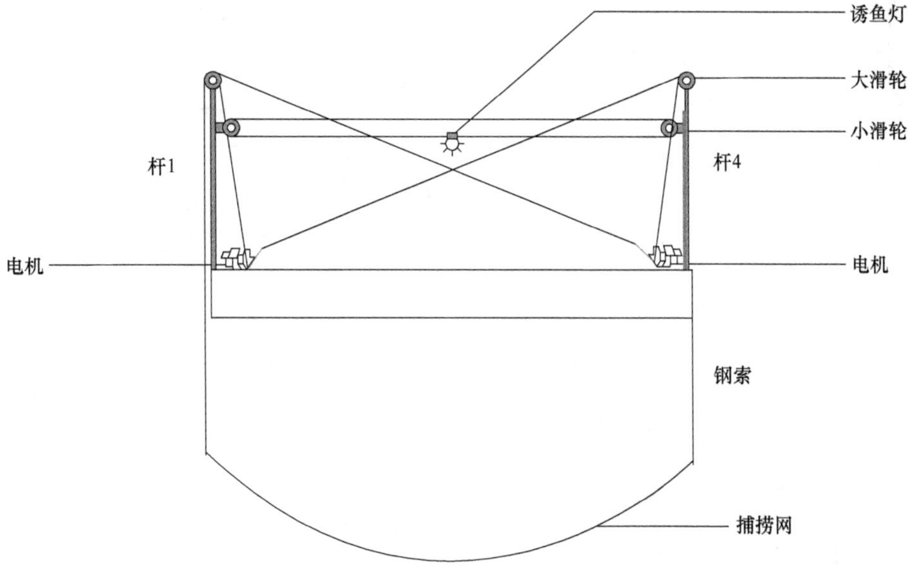


图4-37　基于光学诱集的生态采捕平台剖面图

**3. 基于声学诱集的采捕平台**　为提高恋礁性鱼类的捕捞效率，基于对恋礁性鱼类听觉阈值的测量，针对恋礁性鱼类设计对应的声音诱集装置。通过建设海上捕捞平台，根据目标鱼种的鱼体特征设计对应网具，配合声音诱集装置捕捞恋礁性鱼类，建立生态高效的捕捞系统，为海洋渔业的可持续发展做出贡献。

1）平台设计　针对礁石区难以捕捞的鱼类，通过声音将其诱集至指定区域。试验平台是由30m×30m的钢管焊接成的集鱼平台，且有浮筒分布在平台框架内部（28×4个），使框架稳定地浮于水面。平台底部焊接一个直径为30m的圆形轨道，圆形轨道上安装32组滑轮用于连接网具。平台上焊接两根支撑杆，用于悬挂照明灯，方便夜间作业。在平台下方4个方向水深0.5m处放置水下声诱装置，该装置可以发射不同频率的正弦波，用于诱集目标鱼种。平台上安置两个电机，用于收放连接网具的钢索。该装置通过滑轮引导网具的收放，极大地提升捕捞效率，减少人工劳动强度。同时，网具固定于圆形轨道上不易损坏，降低网具损耗成本。该装置主要通过声音诱集受过音响驯化的目标鱼种，不易对其他海洋生物造成影响，符合生态高效的设计理念，该装置十分适合在海洋牧场内推广使用。

2）装配方法　①用钢管焊接成正方体框架（30m×30m），分别将4组每组28个浮筒（60cm×100cm）均匀装入方形框架内（图4-35），将支撑杆1和支撑杆2连接在平台上方，并将照明灯安置好，如图4-38～图4-41所示；②将平台连接杆与平台和圆形轨道连接好，并将轨道滑轮安置在轨道内，见图4-42；③在平台正中间水下0.5m处安置1个水下扬声器，网具每3m连接1组滑轮，将网具与轨道连接好，并在底环收缩装置上固定铁锚，见图4-42；④在平台上安置两个电机，电机1连接轨道网具钢索，电机2连接网具底部钢索，用于收放网具，见图4-42；⑤平台网具网衣装配图见图4-43；⑥平台所需材料见表4-3。

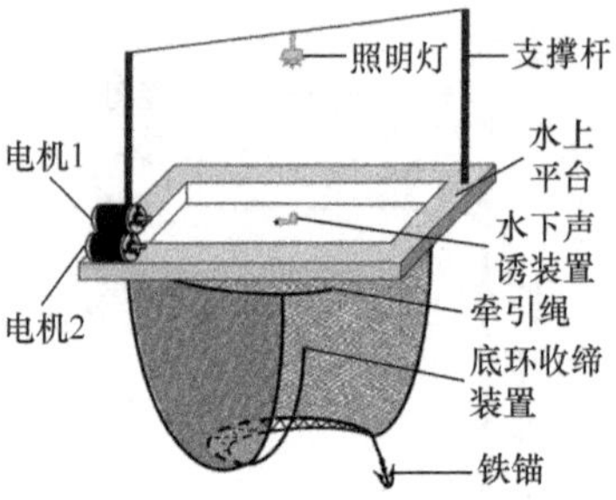


图4-38　平台整体结构图

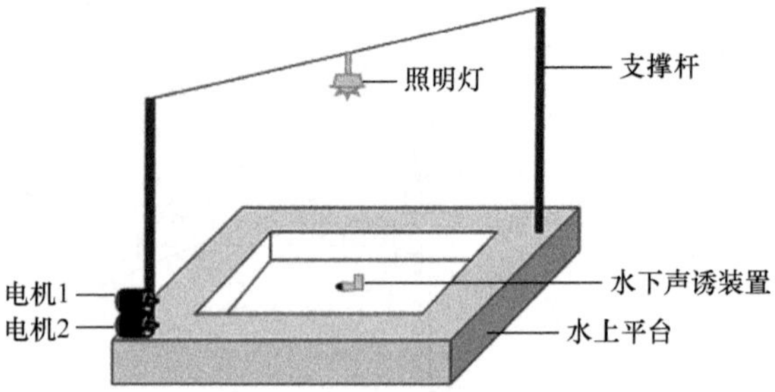


图4-39　平台水上部分结构图

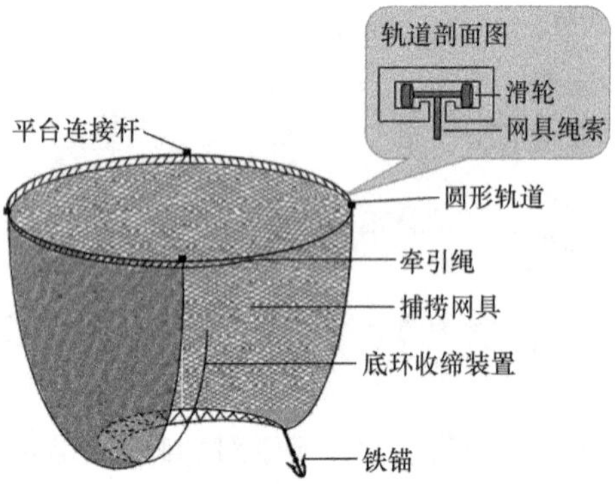


图4-40　平台水下部分结构图

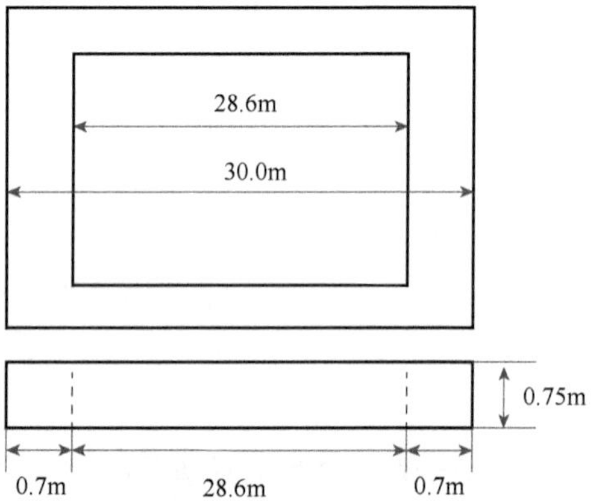


图4-41　平台尺寸图

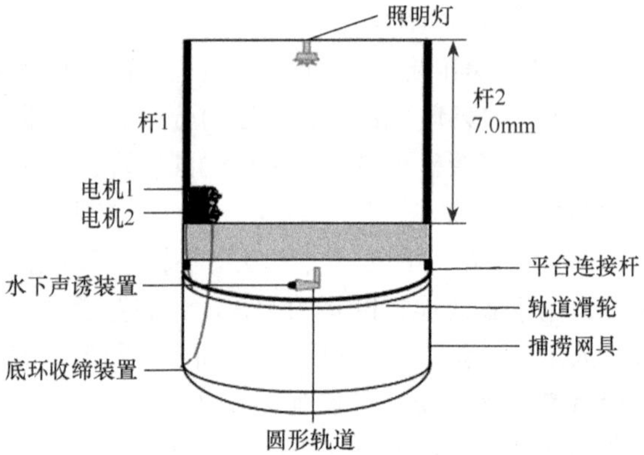


图4-42　基于声学诱集的采捕平台剖面图

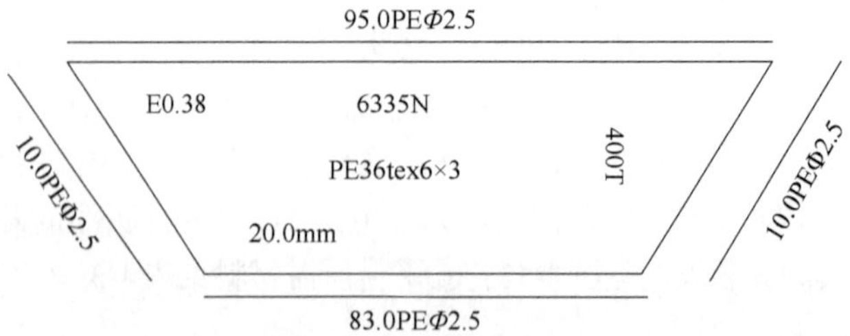


图4-43　网衣装配图

表4-3　平台所需材料

| 名称 | 尺寸 | 材质 | 数量 | 名称 | 尺寸 | 材质 | 数量 |
|---|---|---|---|---|---|---|---|
| 框架 | 30m×30m | 不锈钢 | 1 | 网片 | 36tex6×3 | PE | 2 |
| 浮块 | 60cm×100cm | 泡沫 | 28×4 | 照明灯 | 1000W | 玻璃 | 1 |
| 支撑杆 | 支撑杆为圆柱形，长7m，外径20cm | 铁 | 2 | 水下扬声器 | 30W | — | 1 |
| 滑轮 | 直径2.0cm | 不锈钢 | 32×2 | 圆形轨道 | 直径30.0m | 不锈钢 | 1 |
| 电机 | 主机功率44.1kW | — | 2 | 平台连接杆 | 连接杆为圆柱形，长0.5cm，外径15cm | 不锈钢 | 4 |
| 钢索 | 直径2.0cm | 铁 | 2 | | | | |

### （二）鱼类生态采捕平台的选址

**1. 基本要求**　鱼类生态采捕平台选址的基本要求包括如下两个。①音响驯化设备设置的海域应符合国家和地方有关法律法规及海域（或水域）利用总体规划与海洋牧场建设规划。音响驯化设备宜保持较好的稳定性，设置后不发生颠覆、滑移和倾覆等现象。②音响驯化设备设置的海域应适宜音响驯化对象生物栖息、繁育和生长。

**2. 环境因素条件**

1）*海洋环境噪声*　海洋牧场一般建立在水深不超过100m的浅海海域，与稳定的深海环境不同，浅海的环境噪声极其复杂。海湾、港口和沿海的噪声源很多，噪声数据很离散，不同海域环境噪声源有很大的差异，不同的时间和地点的噪声都显著不同。在一个特定的时间和地点，噪声级依旧多变，因此，在浅海地区，仅仅能给出噪声级的粗略指示。建议平台设置海域海洋环境噪声不影响该海域栖息生物的生存和生长。

2）*水文状况*　水深、海流、潮汐、波浪、水温、盐度、水团等调查方法和要求应符合GB 3097—1997、GB 11607—89、GB 17378.1—2007、GB 17378.4—2007、GB/T 12763.1—2007、GB/T 12763.2—2007、GB/T 12763.3—2020、GB/T 12763.5—2007、GB/T 12763.6—2007的规定。

3）*流速*　海域流速≤0.8m/s。

**3. 生物条件**　音响驯化对象生物的竞争生物较少，无敌害生物分布。浮游植物量应大于$5.0\times10^5$个/$m^3$，浮游动物量应大于30mg/$m^3$，底栖生物量应大于10g/$m^2$。

## 二、休闲潜水设施

休闲潜水采捕属于休闲潜水的范畴，休闲潜水的原意为进行水下查勘、打捞、修理和水下工程等作业而在携带或不携带专业工具的情况下进入水面以下的活动。后逐渐发展成为一项以在水下活动为主要内容，从而达到锻炼身体、休闲娱乐目的的休闲运动，广为大众所喜爱。一般潜水可以从浮潜开始，简单并且能够看到不一样的水下风景，寻找采捕目标，兴致来了也可以闭气一段时间到水底下看看，会有不一样的感觉。更熟练之后可以去学习水肺潜水，考取国际专业潜水教练协会（PADI）的开放水域初级潜水员证（OW）。

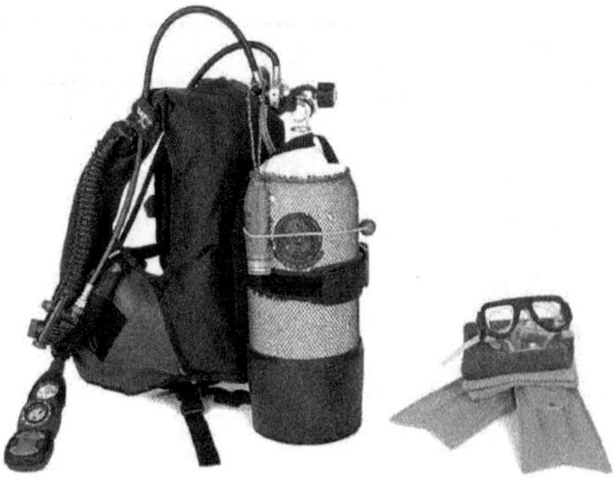

彩图

图4-44 潜水三宝

## （一）基本个人装备——潜水三宝

潜水镜、呼吸管、脚蹼合称为简易潜水的“潜水三宝”，如图4-44所示。使用“潜水三宝”可以在水面进行浮潜，即Snorkeling，也被译为“通气管潜水”。

**1. 潜水镜** 戴在脸上，罩住眼鼻。它的主要作用是：①使潜水员能够清楚地观察水中的景物；②防止鼻子呛水，平衡耳压。潜水镜由镜片、镜架、裙边及头带组成。与游泳镜不同，专业的潜水镜镜片由耐压钢化玻璃制成，上面印有“TEMPERED”，与一般的泳镜有天壤之别。潜水镜有用于平衡压力的鼻囊，并可阻止水进入鼻腔。

**2. 呼吸管** 水面浮潜时使用，可以使人不必把头抬离水面也能呼吸；在水肺潜水中，潜水者在水面休息或游动时可通过呼吸管来呼吸，以节省气瓶中的空气。从结构上分，呼吸管基本上可分为两大类：有排水阀型和无排水阀型。从造型上看，有L型、J型、C型、G型等。长度通常在42cm左右，口径为2～2.5cm。

**3. 脚蹼** 脚蹼又称蛙鞋，提供潜水员水下前进的推动力。与游泳不同，潜水只是依靠腿部的运动来实现移动，而双手通常用来做其他的事情（如水下摄影、操纵其他仪器设备等）。根据使用和设计不同，脚蹼又分为套脚式和调整式两种。套脚式不用穿潜水靴，可以光脚按号码直接穿着；调整式的脚蹼需要选配专用潜水靴。

## （二）水肺潜水装备

在国外，人们通常将潜水称为SCUBA Diving，那么什么是SCUBA Diving？ SCUBA就是自己（self）、携带（contained）、水下（underwater）、呼吸（breathing）、设备（apparatus）的意思，业内沿用港台地区的称谓，形象地称之为“水肺”。SCUBA Diving即“水肺潜水”，就是指由潜水者利用随身携带的气瓶和呼吸器等潜水装备进行的潜水活动。

**1. 呼吸调节器** 呼吸调节器（简称呼吸器）是保障潜水者在水下呼吸的关键设备。由一级减压器、二级减压器和中压管组成。人不可以直接吸入气瓶里的高压空气，而需要通过呼吸调节器两级减压装置，将气瓶内的高压气体自动调节为与潜水员所在深度相适应的压力，供给潜水员呼吸。

**2. 浮力调整器** 浮力调整背心是近年来国际上流行的潜水浮力调整装置，它形状像马甲，所以英语也称为Jacket。在水下时，通过以中压管与气瓶连接的充排气装置微调浮力调整器内的空气来实现最佳的浮力状态，使潜水员可以在任何深度保持中性浮力；可兼有水中救生的用途。浮力调整背心已成为休闲潜水的必备设备。

**3. 潜水仪表** 潜水仪表是保证潜水安全的重要器材。有单联、双联和三联表之分，是由残压计、深度计、指北针、潜水计算器的不同组合构成的仪表，可以将深度、方向、温度及空气供应量等数据综合在一起，让潜水员一目了然。

**4. 残压计** 用于显示气瓶中气体的存量，潜水员据此掌握在水下的停留时间，安排潜水计划，潜水员必须养成经常察看残压计的习惯。

**5. 深度计** 可显示潜水员在水中所处当前位置的深度及当次潜水所下的最大深度。因为水肺潜水者要根据深度判定是否需要减压，所以深度表是至关重要的装备。

**6. 指北针** 潜水员用于在水下辨别方向。

**7. 潜水计算机** 潜水计算机是现代潜水仪表中的电子高科技产品，功能非常全面，显示内容包括深度、潜水时间、无减压时间、减压时间、上升时间、上升速度过快警告、水面休息时间等，还可以与计算机相连，对潜水资料做出分析和处理。单体潜水计算器适合与指北针、残压计双联式仪表组件并用。

**8. 气瓶** 气瓶是钢制或铝合金制的圆筒，能安全地储存高压空气或混合气体，供潜水者水下呼吸用。气瓶的工作压力和容量大小的规格很多，常见的气瓶容量有8L、10L、12L、14L等，工作压力有150kg/cm$^2$、200kg/cm$^2$、207kg/cm$^2$、250kg/cm$^2$等。

### （三）辅助潜水装备

让潜水采捕更安全、更有乐趣，需要配备足够的辅助潜水设施。

**1. 潜服** 以氯丁二烯橡胶和化纤面料制成，有湿式和干式之分。休闲潜水一般选择湿式，最好量身定做，以求合体。潜服的作用首先是防止体温的大量散失，起到保持体温的作用。即使是在热带地区最热的日子里潜水，最好也要穿上相适合的潜水衣，因为深水中的温度比较低，而潜水活动在通常情况下并不像游泳那样激烈，寒冷可能会造成疲倦、反应迟钝、肌肉痉挛等症状。

**2. 潜水靴** 又称沙滩鞋，既可在潜水时穿着，也可在沙滩和礁石上行走时穿着。优质潜水靴的防滑靴底和靴腰通常用原生橡胶制成，由专用的尼龙布和发泡材料制成靴面和靴腰，靴腰的一侧有拉链。潜水靴的作用是：①保护双脚，避免双脚被粗糙的礁石和沙滩上尖利的贝壳、珊瑚碎片划伤；②防滑作用，避免因踩到青苔或其他水生植物而滑倒；③保温作用，在水温较低的情况下潜水，穿着潜水靴可保护双脚不会失温和冻伤。

**3. 潜水手套** 手在各种活动中是最容易被刺伤的，戴手套就是保护手最简单有效的办法，同时也起到保温的作用。

**4. 潜水刀** 潜水刀是潜水员在水下解除鱼线、渔网或海藻的缠绕和防身的工具。潜水刀通常戴在腿侧，也可配在臂侧，是开放水域潜水必备的辅助工具。潜水刀通常用不锈钢制成，同时具有切削刃和锯齿刃，并配有可绑缚的刀鞘。

**5. 配重和配重带** 配重是为了平衡潜水者本身、潜水服、各种潜水设备等所产生的浮力。通常配重是铅制的，用配重带系在潜水者的腰上。如遇有某些紧急情况需要立即上升的，潜水者可以迅速解开配重带、抛弃配重。

**6. 潜水帽** 防止头部热量大量散失，保护头部、颈部。

**7. 潜水手电** 夜潜和深潜的必备工具，除了照明之外还可用来发出求救等灯光信号。

**8. 潜水记录手册** 用来记录潜水经历。

**9. 水下记录板** 用来和潜伴在水下进行充分的沟通，简要记录潜水信息。

**10. 潜水减压表** 可在潜水前后对无减压潜水时间和需减压潜水时间、水面休息时间、重复无减压潜水系数、高地潜水深度调整等数据进行计算、参考。

**11. 潜水表** 潜水表是潜水员在水下计时的工具。潜水表的耐压性能通常可达10～30

个标准大气压[①]（100～300m）。专业的潜水表通常为机械表，功能也较简单，表盘刻度大而清晰，利于在较暗的水中观察，表链长度可调节。

**12. 水下照相机和摄像机** 有了特制的防水外壳，普通的数码照相机和摄像机就可用于水下摄像，也有些专用的水下摄影器材和附件。

**13. 潜水浮标** 潜水时必须在水面放置浮标，以告知水面船只避开该处。

**14. 医药箱** 用来放一些常用药，如创可贴、晕船药、感冒药、腹泻药、医用酒精、氨水（或其他碱性溶剂）等。

**15. 装备袋** 专门用来放置潜水用品、设备，当然，贵重的东西最好随身携带（如潜水计算机、相机等）。

**16. 浮力袋** 可在水下向其中充气，用以从水下提升需要打捞的重物等。

## 三、海钓设施

海钓，又称海洋游钓，是一种海洋休闲活动，人们通常的理解是以大海为载体，通过对自然界以及钓鱼行为的亲身体验，获得乐趣、愉悦心情的过程。区别海钓人的类型主要是看其对钓获物的处理，即是“以娱为鱼”还是“以渔为鱼”，所以，对大多数休闲钓鱼者来说，注重的是钓鱼的过程，而非渔获本身，这是一种社会进步（王依欣，2009），如图4-45所示。

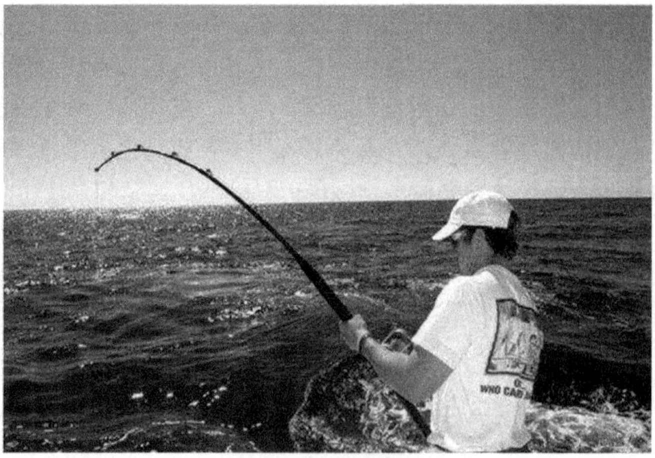

图4-45 休闲海钓

海钓作为中高端休闲旅游产品在欧美国家基本上与游艇概念出现同步，已有上百年历史。美国有海钓爱好者8000余万人，拥有海钓游艇1500万艘以上。日本是亚洲地区最大的海钓消费国，海钓爱好者占全国总人口的20%以上。韩国国内市场供应的海洋鱼类品种中有40%来自于游钓。当前，由于全球性的资讯畅通和交通趋于便捷，大量亚洲国家（如日本、韩国、新加坡等）的海钓爱好者的活动地点向中国转移，海南岛、万山群岛、舟山群岛、庙

① 1标准大气压$=1.013\times10^5$Pa，下同。

岛群岛和长山群岛等地将成为他们最愿意选择的海钓乐园。

我国台湾从20世纪80年代起实施"减船"措施，把海洋捕捞业大批转型为休闲渔业，通过建设海钓游艇码头、建立海钓俱乐部、兴办海鲜美食广场等，使渔业资源得到较快恢复。在我国沿海城市，海钓业发展从1998年起步，目前已有规模不等的俱乐部300余家，达到专业级别的海钓人数30余万人，亲近海洋的休闲体验者更是一个不可估量的消费群体，而且主要集中在沿海及其周边大中城市。目前国内已形成三大海钓区域中心：黄渤海以天津、北京、秦皇岛、大连、烟台、青岛为中心；东海以舟山、宁波、上海、温州、福州、台北为中心；南海以珠海、澳门、深圳、香港、阳江、湛江、海南三亚为中心。全国性的海钓服务网络已经形成，海钓爱好者队伍不断壮大。海钓业对拉动"渔区经济"、"游艇经济"和"旅游经济"的作用越来越显著，并将成为沿海资源环境型城市的又一大发展亮点。

### （一）海钓基地的功能和意义

海钓基地就是指具有一定的区域海钓资源条件优势，具备当地相应的海洋渔业产业基础，赋予特定的游钓专业服务与配套功能的基地机构与设施。海钓基地在一定区域范围内提供海钓休闲渔船码头、港湾避风、物料供给、器具、船只维护、应急救助、垃圾处理、保鲜保活、渔获监管、钓鱼培训、导钓员服务、接入交通、休闲活动以及系列生活服务等配套的服务设施，而具备国际接待功能的还应增加游艇码头中转服务和签证服务项目等。

海钓基地是海钓生物资源维护、海洋游钓活动组织、海钓接待与管理服务的系统集成，包含了一种系统结构与系统工程的理念思路（王依欣，2013）。创建海钓基地具有以下意义：①对于挖掘各类海洋生物资源，发展配套服务产业，形成完善的、广阔的旅游产业链，提高区域旅游整体效益，具有极大的推动作用；②对于旅游与海洋等其他产业的整合互动，进而促进区域渔业产业结构调整，提升区域的可持续发展能力，具有重要的引擎作用；③对于塑造区域地方形象，提升区域文化品质，打造区域城市名片，具有不可估量的意义。

### （二）海钓基地的类型

海钓基地根据所在地理位置、交通通达性与活动区域的距离、周边海钓资源特性、环境容量以及投资规模，主要可以分为3种类型。

**1. 区域中心基地**　是区域性的，以出入基地便捷作为主要考虑因素，能为专业海钓者和休闲体验游钓者提供较为全面、相配套的海钓休闲活动、生活服务、安全保障的区域性游钓综合性服务基地。

**2. 爱好者俱乐部基地**　是以会员为主要服务对象，除了通常的生活服务，还应具有自备码头以及一定的专业配置和专业服务能力，能为会员提供人性化、个性化服务的专业性游钓服务基地。

**3. 公共游钓体验基地**　是以当地良好港湾及特色游钓资源为基础，以普通海洋休闲体验者为主要服务对象，具有船队、码头、钓场等设备、设施，具备一定的活动指导、生活服务、安全保障等配套服务功能的大众化游钓体验接待服务基地。

### （三）海钓装备

海钓是一项很有挑战性及高难度的运动，涉猎海况、气象、地势地貌、生物物种和钓饵采集的休闲活动；四季交替，鱼群或栖息浅水区或迁徙深场；海域使然，鱼种的分布各具地方特色；习性各异，暗礁和泥沙滩各有所好。“工欲善其事，必先利其器”，拥有一套得心应手的钓具装备，垂钓的过程无疑将会事半而功倍。结合钓场地理环境和钓技实施因素，钓具的种类一定要做到配置齐全。

**1. 鱼竿**

1）矶钓钓具　浮游矶钓竿1号和2号的各一支，配3000型旋压式绕线轮。浮水主线3号或4号，碳子线1.5号或2号。阿波漂2B至5B，远投立式漂1号、1.5号各数枚（支），颗粒大小不同的咬铅一盒。棉线结、半圆挡豆、太空豆、水中漂、卡拉曼棒和8字环等也要有所准备。

2）路亚钓具　直柄式或枪柄式路亚竿两支，竿长2m以上和超过3米的各一支，配3000型或4000型绕线轮。长竿主要是用于岸钓的，而短竿船钓时用起来较方便。绕线轮内蓄4号PE主线，前导线可大于主线一个号数。用于海钓的路亚竿调性最好略硬些，抛投负荷至少要达到20g。

3）船钓钓具　树脂船竿两支，竿长分别是1.8m和2.1m，配大型旋压式绕线轮或鼓形半封闭式绕线轮，配6号或8号编织线。习惯使用传统钓具的钓友，亦可用手提线来代替钓竿。手提线的线径宜粗不宜细，直径至少要达到0.66mm，以防勒手。

**2. 辅助用品**

1）钓坠　重量100～600g的钓坠各数枚。之所以要求准备不同重量的钓坠，原因是要根据钓技实施的不同而灵活地运用。远投钓法100g和125g的坠子最常用，而200g以上坠子主要是用于船钓的。

2）钓钩　根据钓场常见鱼类的种类、个体的大小而区别使用。例如，钓场有鰈鱼分布，因这种鱼的口裂比较小，钓钩的型号不必过大，小于15号钩比较合适。钓捕六线鱼、康吉星鳗可用16号至18号钓钩。鲈鱼、许氏平鲉的口裂大而且咬钩凶狠，21号以上大钩能减少跑鱼。钓钩的材质最好是铁钩或碳钢钩，遇到挂钩稍用力即可拉直或拉断，不然很可能会导致钓组折戟沉沙。

3）竿包　存储钓竿和绕线轮的背包，侧面有口袋可以放置钓具辅件，有手提带和背带便于携带，具有防水功能的比较好。

4）支竿架　分组合式和单体式两类。重量轻，体积小，便于携带，使用方便。堤坝钓、悬崖钓应尽量选择组合式支竿架，不受硬场地环境限制，高度可随意调节。滩钓、矶钓宜选用分体式支竿架，安插、换位机动灵活。

5）钓箱　保存钓获和冷藏钓饵的容器，有硬塑料外壳和软塑胶面料的保温箱，也有软塑胶制成的窝料箱。保温箱内可以存放冰媒，能长时间保存食品和钓饵，使之不变质。而窝料箱则主要是用来搅拌和盛装诱饵的。

6）沙蚕盒　盒子底部有排水孔，盒盖上有通气孔，能保持盒内排水通气，确保钓饵长时间存活。

7）水手刀　用于切割食品、钓饵和钓线，亦能用于救生和防身，是垂钓过程中不可或缺的辅助工具。

**3. 钓装**

1）钓鱼服　钓鱼人专用外套。色彩鲜艳，目标明显，集保温、透气、防风、防雨功能于一体。

2）钓鱼马甲　前后内外都有口袋，封闭性良好，可用来存储小配件，保管贵重物品。矶钓更应选择一件有救生功能的马甲，以应付意外落水，确保生命安全。

3）钓鱼帽　帽檐被加长和加宽，后脑处有可拆卸的布帘，另有锁扣可防止被大风刮跑。一些夏装还采用了网格面料，可保暖、防雨、通风和遮挡强烈阳光。

4）钓鱼手套　用来保护手背皮肤免遭强光灼伤，扯线和抛投时能保护手掌和手指免遭钓线割伤，摘钩时使用更能防止被鱼鳍刺中受伤。

5）偏光镜　能够改变光线的照射角度，具有滤除光线中有害光束的功能，保护视力少受强紫外线辐射，便于及时发现鱼群并观察中鱼信号。

6）矶钓坐垫　具有防潮、耐摩擦功能，用来保护下装免遭污渍的沾染，不被锋利贝壳所划破，主要用于安放钓椅不方便的矶钓。

7）矶钓鞋　鞋子的底部安装了钢钉，防水、防滑，是保证矶钓时不至于滑倒摔伤的鞋子。

## 四、休闲渔船

随着旅游业的快速发展和人民提高生活品质的需求，休闲渔船作为一种新兴的产业，因具有融合渔业、旅游、观光等休闲功能的优势而迅猛发展，已经成为休闲渔业经济发展的重要领域。

### （一）休闲渔船的主要特点

在休闲渔业中，休闲渔船是一种重要的组成部分和发展业态，它体现了休闲渔业的品质和档次，除保障游客安全外，休闲渔船提供了渔业体验、观光、娱乐等功能服务。我国部分地方政府已对此产业的管理颁行了具体制度办法，如浙江省印发了《浙江省休闲渔业船舶管理办法》等。

从全国来看，休闲渔船的发展呈现持续增长扩大的趋势。2011年，厦门以试点形式开始推动休闲渔船发展，首批试点建造休闲渔船为两艘木质渔船，试点渔船于2012年正式投入运营。2013年，浙江宁波试点建造两艘休闲渔船，首次尝试休闲渔船经营活动。2014年，厦门市在总结前期试点工作的基础上，扩大休闲渔船试点数量至76艘。广东省休闲渔船数量已达到114艘，而且该省还规划新建休闲渔船50艘。此外，山东省的休闲渔船数量也达到154艘，按船体材质分类为：玻璃钢渔船146艘、钢质渔船4艘、木质渔船4艘。

从作业方式上看，休闲渔船与传统从事捕捞、养殖等渔业生产的渔业船舶不同，主要让游客参与海上捕捞、垂钓、水产品采集等休闲体验活动。

从产业链来看，休闲渔船具有资金密集、技术密集、文化密集、劳动密集等特点，相对传统渔业船舶具有较长的产业链。

从功能上看，休闲渔船作为水上休闲工具，为个人、家庭及企业休闲活动提供出海、垂钓、运动等多种功能。

从管理现状上看，休闲渔船具有受政策因素制约大、管理体制不健全的特点。作为一类特殊的渔业船舶，所以与海事、渔业、旅游、安监、水运和海洋等诸多部门相关，在国家层面尚未出台统一的管理规定，各地监管水平不一。

### （二）休闲渔船的基本要求

根据《渔业船舶检验规则》，休闲渔船的基本要求如下：①休闲渔船应是船长不小于8m，推进功率不小于14.7kW的甲板船，除应符合本章的规定外，尚应符合中华人民共和国船舶检验局相应技术法规的规定；②休闲渔船应具有提供捕捞作业演示或供垂钓娱乐等相应渔业活动所必需的设备；③休闲渔船的船舶技术状况应良好并符合安全航行及相应渔业娱乐活动的适用条件；④船龄超过10年的渔业船舶，不得改作休闲渔船；⑤每船搭乘的休闲人员应不超过12人。

休闲渔船作业条件限制：仅限于白天且能见度良好的情况下作业。风力不超过蒲氏5级，距岸不超过5n mile，但对船长小于12m的休闲渔船应限定风力不超过4级，距岸不超过2n mile。

### （三）休闲渔船船型选择的基本要素

休闲渔船船型方案主要是指休闲渔船的载客数量、主尺度、航速和耗能等参数。休闲渔船船型方案的设计为布置型，船舶主体尺寸大小和船型要素都主要由休闲活动需求确定，通常更加侧重于基于空间的布设角度加以探讨，并选中方案，计算得到船体长、宽、吃水和型深等关键尺寸参数。结合各地实际运营的休闲渔船船型的材质、航速、主机型号等方面确定其他船型要素，形成备选船型。

**1. 船舶主尺度** 船舶的主尺度是表示船体外形大小的主要尺度，是计算船舶各种性能参数、衡量船舶大小、核收各种费用以及检查船舶通过运河、船闸等限制航道的依据。船舶的大小可由船长（L）、型宽（B）、型深（H）和吃水（T）等主要尺度来度量，这些特征尺度统称为船舶主尺度。船舶的主尺度、船型系数及尺度比是表示船舶大小、形状、肥瘦程度的几何参数，这些参数对船舶的设计、建造、使用和性能分析计算起着决定性作用。

休闲渔船的主尺度和休闲活动空间、布置方案等参数联系密切，船舶主尺度方案由休闲空间需求决定，主尺度同样会对休闲空间尺寸造成极大影响。

**2. 船舶航速** 船舶航速作为船舶航行性能中一项极为重要的性能指标，主要取决于船舶主尺度、船型系数及主机功率等因素。从船舶设计角度来说，为解决船舶快速性问题，要合理选择船舶主尺度、船型系数和主机功率。

**3. 船舶舾装** 船体主要结构造完后，就从造船平台下水，舾装是泛指在各个生产阶段的安装工程，涵盖设备、管系、通风、电气、铁舾、内舾等各个方面。简言之，就是除船体以外的所有船上的东西。休闲渔船不同于生产渔船，它的经营效益取决于休闲游客体验的满意度，它需要从提高游客趣味性、体验性等方面充分考虑船舶舾装的配备和档次。也就是说对于休闲渔船，舾装很大程度上直接影响到服务质量和水平，从而对经营效益产生直接的影响。

**4. 航区情况** 航区是指船舶所允许航行的区域。因休闲渔船吃水较浅，受航线影响较小，因此航线较为灵活多变。但出于安全考虑，渔业行政主管部门对休闲渔船的经营范围有明确的限制，划定了允许从事休闲活动的海域。主管部门对于休闲渔船的经营条件同样有着较多的限制，如能见度要良好、风力不得超过5级风等。因此在拟订休闲渔船船型方案时必须将航区的海况情况作为重要的因素来考虑。

## 本章小结

1. 底鱼礁是指设置于海底的人工鱼礁，即在选定的水域中设置的旨在保护和改善水域生态环境、养护和增殖水生生物资源的人工设施。底鱼礁通过其流场效应、生物效应和避敌效应，来达到诱集或聚集鱼类的目的。通过适当的制作和放置底鱼礁，可以增殖和诱集各类海洋生物，为海洋生物提供繁殖、生长、索饵和庇护的场所，是保护、增殖海洋渔业资源的重要手段。

2. 浮鱼礁是指设置在海域中层、上层，可浮动的以聚集、滞留、诱集水产生物为目的的人工构造物。在多种创新渔场的技术当中，投放人工浮鱼礁是最直接、效果很显著的一种措施。浮鱼礁结构一般包括浮体、礁体、系缆索和锚，通过研究其力学性能和集鱼机制有助于人工浮鱼礁的设计、制作和投放。

3. 浮筏礁体设施主要以筏式养殖设施为基础。筏式养殖的基本形式有两种：一是浮台式筏式养殖设施，其结构参照网箱养鱼所采用的木（竹）结构组合式筏架，适于风浪较小并可避风的海区使用。另一种是延绳式筏式养殖设施，通常适合水深流急的海区使用。

4. 产卵育幼礁是以亲鱼产卵、幼鱼发育成长为目的设计的人工鱼礁，可以给鱼类提供产卵、摄食、发育的场所。产卵育幼礁大多是以海藻床为附着基进行设计的一类人工鱼礁。产卵育幼礁的作用包括：提供亲鱼产卵孵化场所、提供幼鱼生长发育场所、提供幼鱼躲避敌害场所、提供幼鱼摄食场所、防止幼鱼被恶意捕捞、改善海洋底质环境。

5. 藻礁是为了改善海洋生态环境，通过一定的生态工程技术手段，在特定水域中设定的供大型海藻固着和生长的构造物。藻礁可以分为天然藻礁和人工藻礁两种类型。天然藻礁是大型海藻优良的附着基质。人工藻礁主要是指经人为加工改造以供大型海藻固着生长的基质，如混凝土、竹、木材、钢材、聚丙烯板、布带帘、维尼纶绳帘等。

6. 音响驯化技术是利用鱼类对声音的正趋向反应，用特定仪器记录鱼类的生物学声音（摄食、求偶、集群等），然后在水中播放，诱集鱼类成群，并加以引导使鱼群进入预定的捕捞区域而达到捕捞目的。海洋牧场的鱼类野化是提高放流鱼类存活率的主要手段，是通过再驯化及适应性训练，恢复其在自然条件下的繁殖生存能力，逐步扩大种群，最终达到在自然界中自然繁殖生存的目的。

7. 海洋牧场休闲渔业是现代海洋渔业与旅游业及其他产业链耦合形成的一种新的复合型渔业经济形态，其作用是在带动旅游相关产业发展的同时，又促进现代渔业产业结构升级。海洋牧场休闲渔业也可为休闲渔业旅游者提供以休闲体验为主的渔业经济文化活动。休闲渔业设施包括休闲潜水采捕设施、游钓设施、休闲渔船等。

## 思考题

1. 简述人工鱼礁的一般集鱼机制。
2. 底鱼礁有哪些类型？各有何特点？
3. 底鱼礁的流场效应有何意义？
4. 简述各种鱼礁材料的优缺点，及鱼礁材料的发展趋势。
5. 鱼礁结构设计的基本原则是什么？
6. 在流速为1.4节的海区投放3m×3m×3m钢筋混凝土鱼礁（无底无盖），已知礁体壁厚15cm，每侧面开4个直径为500mm的圆孔，钢筋混凝土的密度为2000kg/m$^3$，海水密度为1025kg/m$^3$，水阻力系数$C_d$=1.6，礁体与海底的最大静摩擦系数为0.5，计算：①礁体空方体积（$B$）；②礁体混凝土体积（$b$）；③礁体重量（$W$）；④礁体表面积（$F$）；⑤正面迎流时水阻力（$R$）；⑥礁体是否会发生滑移？

7．什么是浮鱼礁？

8．浮鱼礁基本结构包括哪几部分？

9．什么是藻礁？

10．论述藻礁投放海域的选择条件。

11．鱼类野化训练暂养地点的选择，原因是什么？

12．音响驯化自动控制系统主要包括哪几部分，各部分的功能是什么？

13．鱼类野化训练的方法有哪些？

14．声音在水中传播的速度主要受什么因素影响，其传播速度如何？

15．鱼类的听觉特性主要包括哪些？

16．鱼类音响驯化的声音参数应如何选择？

17．与传统渔业船舶相比，休闲渔船应具备的特点是什么？

18．休闲潜水人员在下水前应做好哪些充分准备？

19．从拉动经济发展的角度分析核算，同样获得单位重量的渔获物，休闲海钓的资金投入大约是市场购买的多少倍？

## 参 考 文 献

何大仁，蔡厚才．1998．鱼类行为学．厦门：厦门大学出版社．

贾敬敦，蒋丹平，杨红生，等．2014．现代海洋农业科技创新战略研究．北京：中国农业科学技术出版社．

姜昭阳，梁振林，刘扬．2015．滩涂淤泥在人工藻礁制备中的应用．农业工程学报，31（14）：242-245．

梁振林，郭战胜，姜昭阳，等．2020．“鱼类全生活史”型海洋牧场构建理念与技术．水产学报，44（7）：1211-1222．

刘同渝，洪桂善，黄汝堪．1987．鱼礁模型流态观察．全国人工鱼礁技术协作组，人工鱼礁论文报告集．

史继孔．1986．褶牡蛎养殖新方法．中国水产，（7）：21．

孙建璋，庄定根，陈万东，等．2008．铜藻*Sargassum horneri*繁殖生物学及培育研究．南方水产，4（2）：6-9．

唐衍力，龙翔宇，王欣欣，等．2017．中国常用人工鱼礁流场效应的比较分析．农业工程学报，33（8）：97-103．

田涛，张国胜，姜昭阳，等．2004．音响驯化技术在红鳍东方纯养殖中的应用试验．水产科学，23（12）：29-31．

田涛，张秀梅，张沛东，等．2008．防海胆食害藻礁的设计及实验研究．中国海洋大学学报（自然版），38（1）：68-72．

王惠，谢恩义，徐日升，等．2019．硇洲马尾藻*Sargassum naozhouense*幼孢子体附着及原生态恢复．广东海洋大学学报，39（1）：42-48．

王依欣．2009．中国海钓的产业化之路．中国渔业经济，27（2）：97-101．

王依欣．2013．我国海钓基地建设推进路径的探讨．渔业信息与战略，28（4）：253-258．

夏章英．2011．人工鱼礁工程学．北京：海洋出版社．

杨红生，杨心愿，林承刚，等．2018．着力实现海洋牧场建设的理念、装备、技术、管理现代化．科技与社会，33（7）：732-738．

殷雷明．2017．大黄鱼声诱集行为反应与机理研究．上海：上海海洋大学博士学位论文．

于沛民．2007．人工藻礁的选型与藻类附着效果的初步研究．青岛：中国海洋大学硕士学位论文．

张广海，张震．2013．海洋牧场化解休闲渔业发展矛盾．中国渔业经济，3（31）：25-28．

张国胜，张沛东，陈勇，等．2002．鲫幼鱼音响驯化的研究．大连海洋大学学报，17（1）：48-52．

张汉华，杨渡远，黄国光，等．1997．大亚湾翡翠贻贝增养殖技术及效果的研究．中国水产科学，4：28-35．

中村充．1991．水产土木学．东京：工业时事出版社．

Frease R A, Windsor Jr J G. 1991. Behaviour of selected polycyclic aromatic hydrocarbons associated with stabilized oil and coal ash artificial reef. Marine Pollution Bulletin, 22(1): 15-19.

Fredriksen S, Filbee-Dexter K, Norderhaug K M, et al. 2020. Green gravel: a novel restoration tool to combat kelp forest decline. Scientific Reports, 10: 3983.

Grove R S, Sonu C J. 1991. Artificial habitat technology in the world-today and tomorrow. Proceedings of Japan-U.S. Symposium on Artificial Habitats for Fisheries, June 11-13, Tokyo, Japan, 3-9.

Holbrook J E. 1864. Review of Holbrook's icthyology of South Carolina. American Journal of Science, s2-37(109): 89-94.

Huang X Y, Wang Z J, Liu Y, et al. 2016. On the use of blast slag and steel slag in the preparation of green artificial reef concrete. Construction and Building Material, (112): 241-246.

Liu G S, Li W T, Zhang X M. 2017. Assessment of the benthic macrofauna in an artificial shell reef zone in Shuangdao Bay, Yellow Sea. Marine Pollution Bulletin, 114(2): 778-785.

# 第五章 海洋牧场选址与布局

海洋牧场的选址与布局是海洋牧场建设前进行海洋牧场规划设计的重要内容，选址是否准确关系到海洋牧场建设的成败，同时对于建设内容的有效布局也会提升海洋牧场的建设效益，直接影响海洋牧场的后续建设与维护管理。因此，在前期对拟建海洋牧场区域调查分析的基础上，运用多项选址技术开展选址工作，并针对不同的建设类型开展布局设计，是海洋牧场建设前的基础工作之一。

## 第一节 选址原则

海洋牧场的位置，决定着海洋牧场建设过程的难易及后续的运营管理过程的效率，甚至决定海洋牧场建设及运营的成败。海洋牧场的选址，是多目标下的优化过程与决策行为；其每一目标又是多因素影响下的可能结果，因而是不确定性下的决策行为。一般而言，这些因素不外乎经济、政治、社会、自然四大类，但不同类型海洋牧场选址时又有不同侧重。

### 一、基于目标定位的选址原则

海洋牧场从本质上是一个生产系统，其产品为生物及其生境。若其产品（主要是生物产品）在市场上被出售或交换，则海洋牧场的运营管理就是企业生产行为；若其产品没有被出售或交换，海洋牧场的运营与管理是社会（政府）公益行为。

海洋牧场作为一个生产系统，其选址应考虑一般意义上的生产收益与生产安全。

#### （一）基于区位理论的收益最大原则

利益最大化是生产的永恒原则。利益可分为直接经济利益和社会效益，两者之间的平衡也是选址决策中的目标之一。一般地，海洋牧场选址时要考虑但不局限于以下内容：交通成本、人力资源、聚集经济、文化与信息空间。

**1. 交通成本** 交通曾作为选址的首要条件。随着基础设施建设的推进，交通可达性已解决，但交通费用仍是相当部分企业团体运营成本的重要内容。

海洋牧场距合适的海港码头越近，相应地建设和运营成本越低。

**2. 人力资源** 人力资源成本是海洋牧场运营成本中最大的成本，充足的人力资源和人才资源可为海洋牧场稳定运营提供持续的支持。

**3. 聚集经济** 海洋牧场集聚建设发展，可共享信息、技术、相关配套产品，促进海洋牧场健康快速发展。

**4. 文化与信息空间** 同源文化更易吸引投资，稳定人才与人力资源。通畅的信息传输与交换是现代产业发展的基础和要求，有助于文化的融合。

### （二）基于安全生产理念的环境安全原则

影响海洋牧场建设和运营过程中生产安全的因素来自两个方面：一是生产运营过程中的操作行为是否符合相关的操作规程、物品存放是否符合规范要求、人员防护是否到位、信息渠道是否通畅，以及应对事故的预案和物资准备等，这些是海洋牧场建设和运营中的日常管理的内容，在其他章节介绍；二是外部环境因素的变化，一般指自然灾害，如地质灾害中的山体滑坡、地质塌陷，气象灾害中的风暴潮、海冰等。特殊情况下，应考虑社会稳定性的影响。

为保障安全，海洋牧场选址时一般应考虑但不局限于以下内容：地质稳定性、气候适宜性、水文条件适宜性、气象灾害突发性、社会稳定性。

**1. 地质稳定性**　大部分海洋牧场建设时需投放鱼礁、藻礁等人工设施，海域地质稳定性会影响这些设施的稳定与安全。

海洋牧场建设过程中，生境营造是个长期过程，也是海洋牧场持久运营的基础条件。稳定的地质环境是生境营造工作的基础。

**2. 气候适宜性**　特殊海域可能会需要考虑极端条件下的气候变化的影响，如大量淡水涌入、冰层覆盖范围变化等。

对热带海区的海洋牧场，由于珊瑚基本上生活在最适应温度范围的上限附近，因而要注意海水温度升高的影响。

中温带以北海区，冬季可能会有海冰出现，对海水中溶解氧、海面设施和近岸海底设施都会有一定影响。

**3. 水文条件适宜性**　水文条件既影响海洋牧场的建设，也影响海洋牧场的运营。

生物对水温和盐度有适应性，也对水温和盐度的变化可能造成的损害有规避性。但水温和盐度变化可能引起水体分层，并进而造成底层水的溶解氧含量下降，影响底层生物的生长和繁殖。

**4. 气象灾害突发性**　气象灾害频发的地区，建设海洋牧场方案中应有应对预案。

台风、风暴潮、海冰的到来，会对海洋牧场设备造成损害。台风、风暴潮会扰动水体，影响局部水文环境。

**5. 社会稳定性**　若海洋牧场建设在其他国家，应考虑当地政局稳定性和社会治安情况，确定投资安全和人员安全。

## 二、基于生态系统的选址原则

海洋牧场是人工干预的生态系统，其建设阶段是仿自然生态系统的人工生态系统，运营阶段是辅以少量人工干预的半自然生态系统，其目标是基本恢复其自然生态系统的状态和过程。海洋牧场的建设实质上是生境的建造；海洋牧场的运营，实质上是生态系统的演化。

### （一）基于生物区系的适宜性原则

尽管海洋中存在大量的广布种，水平空间和垂直空间对许多物种不存在限制，但在海洋牧场选址过程中，还不能忽略生物适宜性、生物生长的限制因子，考虑但不限于以下内容：

温度和盐度、食物、捕食者。

**1. 温度和盐度** 温度和盐度同时会影响生物种类。例如，我国黄海、渤海区水温的季节变化比较剧烈，在渤海和黄海北部及近岸区冬季有结冰现象，夏季水温高，温度的年变幅可达29℃，因此限制了许多狭温性种类和喜暖生物的生存。生物的区系组成较其他海区贫乏，主要是温水性种类。本区海水盐度相对较低（30‰～31‰），所以一些广温、低盐性种类占优势。浮游生物多属广温、低盐性生物，底栖生物也是广温性低盐种。东海浅水区受大陆影响，水温变化大，盐度低；东海深水区受"黑潮"暖流控制，温度终年较高。南海温度和盐度均高，生物以暖水性种和热带种为主。

大部分海洋牧场建设选择本地物种，这些物种已适应了所在海域的温度和盐度。对于引入的生物物种，应考虑其对水温的要求，如山东省三文鱼养殖将海洋牧场设置在黄海冷水团中。

**2. 食物** 尽管近岸海区水体中营养盐含量偏高，浮游生物生长旺盛，但近年来，许多海域浮游生物种群结构发生了变化，对于特定生物，尤其是引入物种，应考虑其生命史各阶段对食物的需求，同时应考虑食物的季节特征与变化。

**3. 捕食者** 对海洋牧场中的生物物种应考虑其捕食者的种类和数量。评估捕食者对生物生命史各阶段的影响，以及对海洋牧场整体生态系统的影响。评估捕食者出现的可能性，捕食者种群增长的可能性。

捕食者包括一般捕食者和天敌捕食者。一般捕食者是指从生态位角度考虑的非特定物种。天敌捕食者是指特定物种间的捕食关系。

### （二）基于生态系统平衡的生态安全原则

尽管环境条件适宜某些物种的生长繁衍，但从生态系统平衡角度看，并不是所有的适宜性物种都应在海洋牧场中生长。基于生态安全，应考虑但不限于以下内容：营养级结构复杂性（层次）、功能群多样性、生物入侵。

**1. 营养级结构复杂性** 营养级结构复杂性决定了生态系统的稳定程度、对外界胁迫的抵抗力。理论上，营养级结构复杂度越高越好。

**2. 功能群多样性** 功能群是生态系统中某一生态位物种的集合。功能群多样性越高，其应对外界胁迫的能力越强。

功能群多样性是对营养级结构复杂性的补充，两者共同为生态系统顺畅完成其生态过程提供了保障，是系统自组织能力的基础。

**3. 生物入侵** 对引入物种，应评估其成为入侵物种的可能性，以及其成为入侵物种后的影响，设想可能的应对措施。

评估入侵物种的影响，至少应包括对竞争物种的影响、对食物链上下游生物的影响，以及对生境的影响。

## 三、基于系统管理的选址原则

海洋牧场建设和运营过程，涉及资源资金调配、人力人才流动，涉及海域空间利用，既是一个系统工程，也是一个社会工程。尤其是海洋牧场建设的社会需求决定了海洋牧场的管理不仅仅是企业管理，更是社会管理。

### （一）基于区划的和谐原则（基于社会和谐的守法原则）

《中华人民共和国海域使用管理法》第一章第四条规定，“国家实行海洋功能区划制度。海域使用必须符合海洋功能区划。”据此，海洋牧场用海须在海洋功能区划中相应的功能区内建设。

### （二）基于生态系统的系统管理原则

基于对生态系统结构和功能、过程的整体性认识，海洋牧场的建设和运营是大的生态系统结构中的一个要素，须定位其在海岸带生态廊道系统中的位置和功能，明确其在海岸带区域社会经济发展规划中的位置和作用。

### （三）基于公共安全的食品质量原则

食品安全关系着人民的健康和福祉，关系着社会的长治久安，关系着国家的持续竞争力。海洋牧场作为食品的源头，其产品质量直接关系着后续的食品质量及食品安全。

海洋牧场建设及运营环境和过程管理，应能保证其所提供的生物产品的质量——即使经过食物链的传递、富集和累积，重金属、放射性、生物毒素等都应在国家标准范围内。

同时建立海洋牧场产品地理标识制度将成为潮流，海洋牧场选址应适当考虑。

# 第二节 选址技术

在海洋牧场建设中，通常基于海域的自然禀赋来确定海洋牧场工程的建设类型和主要生物增殖对象。根据海洋牧场规划设计明确的建设规模、类型、内容，养护和增殖的主要目标种等，确定选址与布局的目标。海洋牧场海域选址应能保证长期可持续地形成相对稳定的局域生态系统，投放人工鱼礁的应能保证不发生严重的礁体冲刷、掩埋、滑移、沉降和倾覆等现象。选址前有必要进行的本底调查工作包括海域水深、底质、水文、气象、水环境、初级与次级生产力水平、生物资源历史和现状，以及当地社会经济发展等。需要收集统计的资料包括历史资料、现场海域补充调查的资料，以及在实测资料基础上进行的数值模拟研究资料等，基于以上调查和研究资料开展选址研究。

## 一、选址调查内容与技术

### （一）水深多波束测扫

水深是表征海洋牧场海域垂向空间尺度的参数。在海洋牧场选址工作的前期，需要收集备选海域历史上出版的各版本的大比例尺海图，通过比较岸线和水深的变化，初步研判海域海底地形的稳定性、演变趋势和强度。在实践中，往往存在海域的海图水深资料测量时间太过久远、过于老旧，或者比例尺过小不符合海洋牧场工程设计需求等问题，需要运用多波束测深技术对备选海域进行水深测扫。

多波束测深系统，又称为多波束测深仪、条带测深仪或多波束测深声呐等，与传统的单波束测深系统每次测量只能获得测量船垂直下方一个海底测量深度值相比，多波束探测能获得一个条带覆盖区域内多个测量点的海底深度值。与单波束回声测深仪相比，多波束测深系统具有测量范围大、测量速度快、精度和效率高的优点，它把测深技术从点、线扩展到面，并进一步发展到立体测深和自动成图，特别适合进行大面积的海底地形探测。多波束测深系统是利用安装于船底或拖体上的声基阵向海底发射超宽声波束，接收海底反向散射信号，经过模拟/数字信号处理，形成多个波束，同时获得几十个甚至上百个海底条带上采样点的水深数据，其测量条带覆盖范围为水深的2～10倍，与现场采集的高精度差分导航定位及姿态感知数据相结合，绘制出高精度、高分辨率的数字海底地形图。另外，需在测深海域附近布放一个潮位仪，以便对不同时间所测得的深度数据进行潮位校正。

海洋牧场区一般选取适宜海洋生物进行光合作用的海域，我国近海多以10～40m等深线作为投放人工鱼礁的重要参考依据。人工藻礁投放海域的水深不宜过深，一般不超过10m，以5m左右为宜，否则会影响底栖海藻的光合作用效果，从而削弱人工藻礁的修复效果。因此，对于我国现阶段的海洋牧场建设，浅水多波束测深仪即可胜任海域的水深测量。

由多波束测深所得水深数据，可计算得到海底的坡度。坡度描述了海底地形的起伏程度，是影响鱼礁投放后安全性与稳定性的重要因素。海底坡度较大、地形较陡，则不利于鱼礁的稳定性，容易导致鱼礁在海流和波浪的作用下倾覆和漂移，从而失去相应的功能。研究表明，海底坡度在小于5°时能够较好地确保鱼礁的稳定性。

### （二）浅地层剖面仪测扫

浅地层剖面探测是一种基于水声学原理的连续走航式探测水下浅部地层结构和构造的地球物理方法，所用设备为浅地层剖面仪，又称浅地层地震剖面仪，是利用声波探测浅地层剖面结构和构造的仪器设备。探测结果以声学剖面图形反映浅地层组织结构，具有很高的分辨率，能够经济高效地探测海洋牧场海域海底的浅地层剖面结构和构造。

浅地层剖面仪是在上述测深仪基础上发展起来的，只不过其发射频率更低，声波信号通过水体穿透床底后继续向底床更深层穿透，结合地质解释，可以探测到海底以下浅部地层的结构和构造情况。浅地层剖面探测在地层分辨率（一般为数十厘米）和地层穿透深度（一般为近百米）方面有较高的性能（图5-1），并可以任意选择扫频信号组合，现场实时设计调整工作参量，可以在海洋牧场区本底调查、航道勘测中测量海底浮泥厚度，也可以勘测海上油田钻井平台基岩深度。

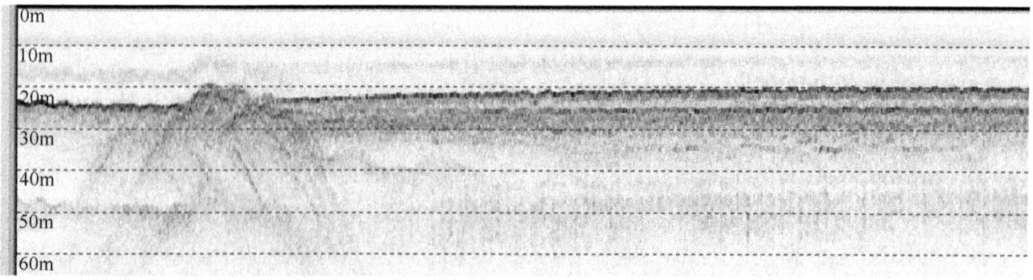


图5-1　典型海底礁石及邻近海床的浮泥厚度剖面

不同于多波速测深系统，浅地层剖面仪所得仅为一条测线的垂向剖面。在海洋牧场备选区大面积初筛阶段测线间距可以比较大，缩小备选范围后可以开展小间距的精确测量。同时，需结合底泥的柱样采样来验证浅地层剖面仪测扫的精度。如图5-2所示，岛礁附近海域的底泥沉积层薄，即使有少部分的礁体沉降，礁体也很快会得到基岩的支撑。底泥含水量高且厚度大的浮泥区则是需要筛选排除的海域。

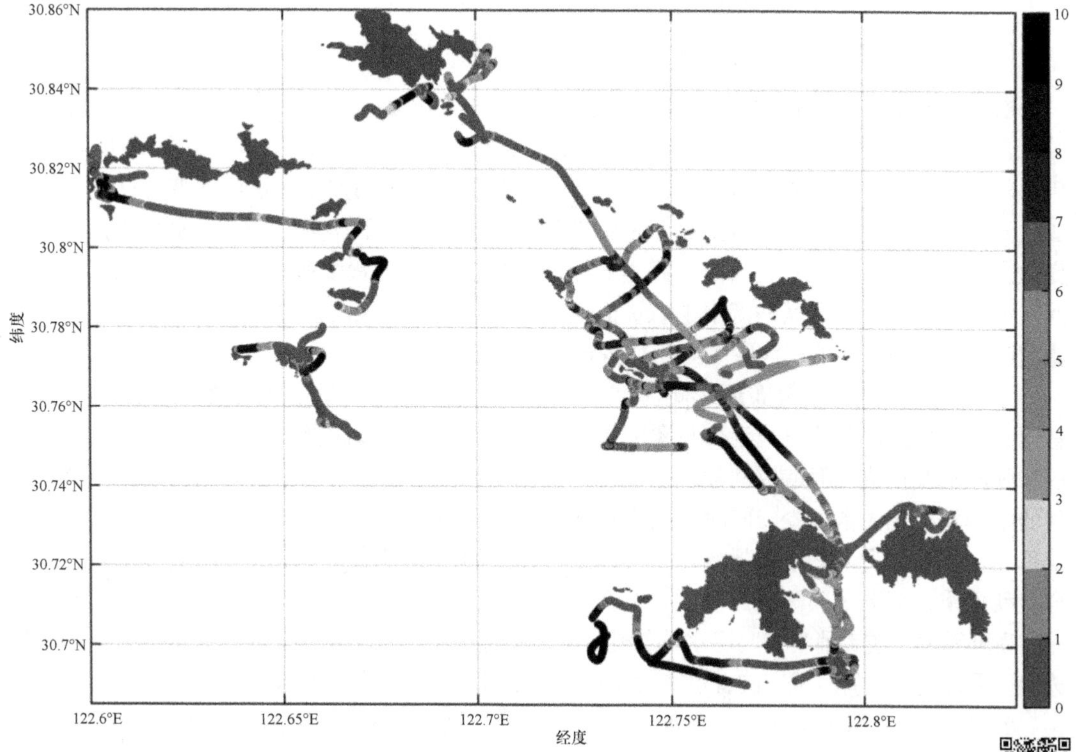


图5-2　浅地层剖面测量所得岛礁海域初筛航次底泥厚度

彩图

### （三）底质柱状采样与承重力勘测

底质是影响海洋牧场区，特别是投放人工鱼礁工程安全性及有效性的重要因素。人工鱼礁投放区要求具有较高承重力的海底底质，以避免礁体投放后由于底质太软而沉入底泥湮灭。一些研究还表明，人工鱼礁投放的位置与现存的天然硬质海底的距离是影响生物多样性和生物密度的一个因素，当人工鱼礁投放在远离天然硬质底的海域时，最具有底质改造效果且对岩礁鱼类的增殖效果显著。对于重点考虑底质因素的选址工作，应事先对拟选址海区做好详细的底质柱样采样等本底调查工作，并验证具体礁型在实际底质承重力下的稳定性。

底质柱状样品经妥善密封存储，在现场调查结束后送回实验室进行土工测试分析。根据将柱状整根剖开后的沉积物岩性不同及每段需要测试土工物理指标不同，分别截成30cm的分段，测量每层样品的含水量、湿容重、孔隙比、液塑性系数、压缩系数、压缩模量、抗剪强度指标等物理力学参数，并对每层底泥样品进行粒度分析。以土工试验成果分析计算确定底泥样品的抗压缩性和抗剪强度等土工性质。

为增加礁体下底泥的供氧量，可在保证底质对礁体承重安全的前提下，采用非全底面铺设的方案，在礁体底板上均匀打孔，以降低礁体自重，达到礁体重量、底泥供氧与底质承重力之间的最优选择。

有研究表明，底泥的含水率和粒径组成与其承重能力有直接的关系，是最关键的物理参数之一。通常，底泥随潮流或波浪作用，产生起悬、冲淤变化，所以通常以小粒径的悬移质为主。此外，在底质以大粒径推移质为主，且水深浅易受强波浪作用的海域，风暴过后海底地形变化较大，则不适合投放鱼藻礁。

### （四）水文气象与灾害天气

**1. 水温盐度与水体层化** 通常需要收集海洋牧场海域的年平均气温、极端高温和极端低温数据；气温的季节变化通过海面热通量影响局部海域水温的季节变化及其垂向分布，年平均水温、常年的表底层水温变化范围等，都是需要收集的数据；水温的变化往往较气温变化滞后一段时间。此外，需要收集多年平均降水量和多年平均蒸发量，降水量与蒸发量的变化影响海域的盐度变化。当前，我国的海洋牧场多位于近岸海域，因此长江、珠江等大江河入海径流量的变化及其冲淡水羽状锋面的扩展深刻影响海域的盐度及其分布。海域水温和盐度的时空分布是影响海洋牧场区生物种群构成的重要因素。

水温和盐度的时空分布还影响海域密度的时空分布。水体密度的分布是导致水平方向斜压流动和垂向层化或对流混合现象的重要原因。春夏季因海面吸热而导致垂向层化，温跃层和强降水及径流入海造成的盐跃层复合，形成季节性密度跃层，导致海洋牧场区底层水得到的溶解氧补充大幅减少，同时易因为化学和生物耗氧而造成底层水的季节性缺氧现象；夏秋季，台风带来大风大浪和强降水，台风中心经过的海域因埃克曼抽吸效应造成垂向强烈混合。秋冬季，寒潮等天气造成表层水的急剧降温和垂向对流，季节性的底层水缺氧现象此时才能得到缓解，或者消失。底层水季节性缺氧是海洋牧场选址中需要重点考虑的因素，要尽量选择夏季含氧量高的海域，或者可考虑采用投放上升流礁等工程措施来促进底层水体的供氧。

**2. 气温、大风天与雾天、海冰** 如前所述，气温对海洋牧场生态环境的影响主要体现在对水温的直接影响上，升温季节近海面空气对表层水温加热并促进海水垂向层化，降温季节导致表层水的冷却对流并促进海水垂向混合。同时，海域的局地极端低温还是冬季是否冰冻的重要指示。

大风天除了产生波浪导致表层水体混合，并影响航行安全之外，还与雾天、海冰等天气因素一起，决定了海洋牧场海域每年可以正常海上作业的天数。

**3. 极端浪高** 极端浪高通常分为2年、5年、10年、25年、50年和100年不同重现期的1/10波高值，选址中需要综合考虑海洋牧场的局地水深、波浪的垂向影响深度，以及海洋牧场设施的布置水层等因素。

如图5-3和图5-4所示，以某海域2年、10年和50年一遇的1/10波高为例，分别已知波高、波长和周期等参数时，可根据二阶近似的非线性有限振幅波理论，计算得到无限水深条件下，不同水深处的波高和水质点水平和垂向运动速度。

假设礁体在水中静止，则其所受流体作用力（包括背景环流、潮流甚至浅水区波浪的动力）可根据下列公式计算：

$$F_0=\frac{C_d \rho a v^2}{2g}$$

式中，$C_d$为拖曳系数，取2.0；$\rho$为海水密度；$a$为迎流面积；$v$为水流速度；$g$为重力加速度。

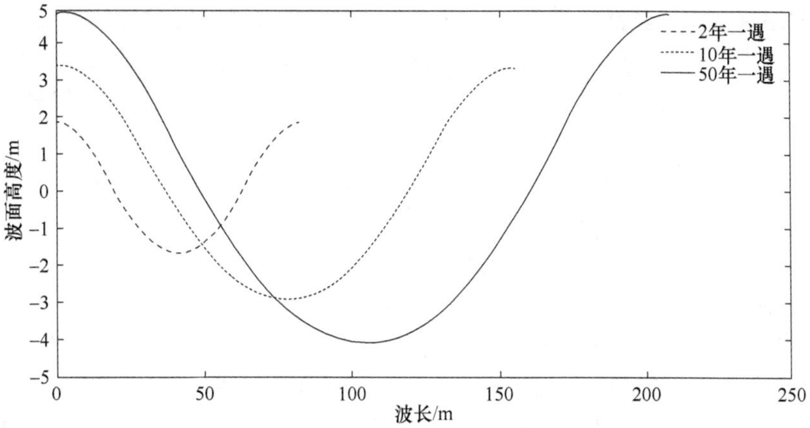


图5-3　某海域2年、10年和50年一遇波浪的海面波形

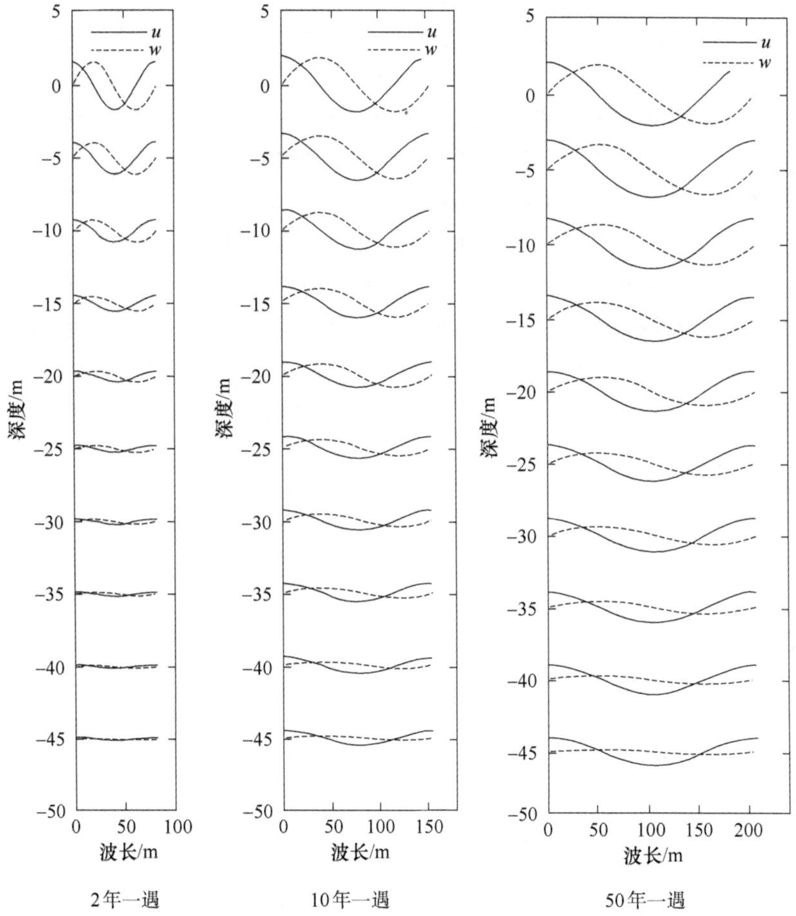


图5-4　某海域2年、10年和50年一遇波浪在不同水深的水质点运动速度（m/s）

*u*. 水平速度；*w*. 垂直速度

### （五）水动力及泥沙冲淤勘测与评估技术

**1．潮汐潮流观测及其数值模拟** 流速是影响人工鱼礁功能发挥的重要物理因素。一方面，底层潮流影响礁体周边泥沙的冲淤平衡，流速大小影响着鱼礁的安全性与稳定性；另一方面，鱼礁投放后也会对海域原来的流场产生作用，改变礁区内海流速度和方向的分布，从而实现营养物质的重新分配。有研究表明，流速过小时鱼礁上的附着生物容易因泥沙覆盖固着而窒息；流速过大则容易造成鱼礁投放后底部被冲淤和洗掘，从而影响鱼礁的稳定性，具体表现为移位、倾覆等。通常认为鱼礁投放海域的平均流速以小于0.8m/s为佳；从增养殖的角度出发，海区需要一定的流速，以利于减少自身污染、改善水质、提高增养殖种类的品质；但流速不能过大，一般要求短时最大流速小于1.1m/s。

选址过程中，通常需要连续实测海洋牧场区及周边海域6个站点的潮汐潮流25h以上，大小潮各执行一次。所测得潮汐潮流数据除了直接用于海洋牧场区水动力条件的分析之外，也用于建立数值模型时的模型验证。国内常用于分析测算海洋牧场建成前后流场变化的数值模型以FVCOM（finite volume coastal ocean model）、ROMS（regional ocean modeling system）、ECOM-si（estuarine coastal and ocean model-semi-implicit）等为主。

**2．波浪场数值模拟** 波浪对鱼礁的作用主要表现为冲击，波浪的能量、波幅和周期是表征波浪的重要指标。如前所述，鱼礁在波浪的作用下会产生扭力，当波浪作用力过大时，容易导致鱼礁直接被倾覆。或由于波浪导致的近底层水质点的往复运动，易造成礁体周边泥沙的强烈冲淤，因此需要避免海洋牧场设施受到波浪直接的强烈冲击。大范围的波浪场模拟通常采用耦合波浪模型SWAN（simulating waves nearshore）的水动力模型，如上述代码开源的FVCOM、ROMS等，或者商业软件MIKE21等。小尺度的波浪场数值模拟通常采用商业软件ANSYS Fluent，或者代码开源的OpenFOAM（open field operation and manipulation）等。

**3．泥沙冲淤数值模拟** 通常采用耦合了泥沙模型的海洋动力学数值模型，如ROMS和FVCOM，上述两个三维海洋动力学数值模型均加入泥沙输运和底床形态算法。若是在浅水区，还需考虑波浪的作用。ROMS实现了与波浪模型SWAN的双向耦合，由FVCOM_SWAVE、FVCOM_SED与FVCOM组成的三维全耦合模型系统因其在岸线拟合和局部水平分辨率加密方面的优势而得到广泛使用。

除了数值模型的直接模拟外，也可对底床泥沙冲淤变化采用半经验半理论公式进行计算：

$$P=\frac{\alpha S\omega t}{\gamma_c}\left[1-\left(\frac{v_2}{v_1}\right)^2\left(\frac{H_1}{H_2}\right)\right]$$

式中，$P$为鱼礁山经过时间$t$后的冲淤量；$\alpha$为泥沙沉降概率；$S$为水流挟沙力；$\gamma_c$为泥沙干容重；$\omega$为沉降速度；$v_1$、$v_2$分别为工程前后的流速；$H_1$、$H_2$分别为工程前后的水深。经过推导得：

$$\beta=\frac{\alpha S\omega}{\gamma_c}H_1-H_2=0.5\left[(H_1+\beta\Delta t)-\sqrt{(\beta\Delta t-H_1)^2+4\beta\Delta tK^2H_1}\right]$$

式中，$\beta=\dfrac{\alpha S\omega}{\gamma_c}$；$K=\dfrac{v_2}{v_1}$；当$t\to\infty$时，极限冲淤厚度为$H_1-H_2=(1-K^2)H_1$。在计算时取$\alpha$为0.5，$\gamma_c$根据经验公式取$\gamma_c=1750D_{50}^{0.183}$。

小尺度的泥沙数值模拟，可以采用商业软件Fluent耦合颗粒计算模块EDEM、商业软件FLOW-3D的泥沙冲淤模块，或是开源软件OpenFOAM耦合LIGGGHTS（CFDEM的一部分）模块。目前国内此类研究开展得还不多。

### （六）水环境及生源要素

人工鱼礁建设包括基本的栖息地改造、资源增殖放流、生态养殖、休闲渔业等要素，属于典型的海洋生态类建设，有别于一般海洋工业类项目，人工鱼礁要求较好的海洋水环境质量，以确保鱼礁区域内水生生物的生存基础。水质要素包括适宜的水色、盐度、溶解氧浓度、透明度、悬浮物、氮磷含量、重金属、含量油类污染物等。

### （七）生物条件

生物环境是实现人工鱼礁生态效益和产出经济性的重要因素，通常考虑产出目标种及其生活史、初级生产力水平、渔业资源水平等。

**1. 目标种及其生活史**　人们在建设人工鱼礁前，一般都会明确人工鱼礁需要养护或增殖的目标生物，如寒系海珍品人工鱼礁，其目标生物为鲍、扇贝等移动能力弱，且需要岩礁硬质底质或细砂砾底质的生物，在进行人工鱼礁选址时需要充分考虑目标种的上述特征。除此之外，目标种的生活史也是影响人工鱼礁选址的重要因素，它具体包括繁殖阶段、保育阶段、索饵阶段、洄游阶段、避害阶段等，当考虑目标种的具体生活史时，选址工作就具有了特殊性和针对性。

**2. 初级生产力水平**　人工鱼礁以目标生物的产出为主体目标，要求海区有较高水平的初级生产力及次级生产力以满足目标生物的饵料供给。初级生产力是标志海域生物资源产出水平的重要指标，是关系人工鱼礁建设成败的关键因素，如果初级生产力不足也可以通过建设鱼礁来营造有利于其发生的环境来实现。

**3. 渔业资源水平**　渔业资源是指具有开发利用价值的鱼、虾、蟹、贝、藻和海兽类等经济动植物的总体。渔业资源水平一定程度上反映了海区的生态环境综合水平，资源水平较高的海域其生态健康程度一般较高。因此，通过对渔业资源历史与现状水平的判断能够有效查明海区是否适宜通过建设人工鱼礁实现生态环境保护和生物资源养护与增殖的目的。此外，对海区渔业资源水平的考察也能够帮助分析海区与目标种生活史各阶段的匹配程度，有利于针对性地开展选址工作。例如，某海区调查发现目标种仔稚鱼资源量较高，则可初步判断该区域可能为目标种的繁育场所或索饵场所，则可根据判断针对性选取该区域开展养护型的人工鱼礁建设。

### （八）社会经济发展现状

由于我国海岸线漫长，在实际工作中，海区与海区之间的社会、经济和生态环境的差异较为明显，导致海洋牧场区及人工鱼礁建设在各海域间存在一定的差异。根据海洋牧场建设模式、产出目标种及其采捕模式、交通便利性等进行海洋牧场选址时，需充分考虑区域社会、经济发展水平与从业人口等现状。

## 二、选址目标决策技术

人工鱼礁区选址最终是要为实施鱼礁建设选择较为适宜的区域，因此，人工鱼礁区选址其本质是一种决策问题。所谓决策，从狭义上讲就是做出一种选择和决定，决策针对某个具体问题，为了实现特定的目标，人们在采取某项行动之前，通过分析各种要素，预先设计多个方案，再对各个方案进行评价和比较，最后做出方案优劣的评判；从广义上讲，决策也可以理解为一个过程，对于建设方案的确定有一个反复思考的过程，经过提出问题、确立目标、搜集资料、拟定方案、分析评价和综合决策等一系列的过程。

### （一）选址可行性分析

在进行人工鱼礁区选址时，需要综合考虑的因素较多；同时，选址区域还要满足不同的目标。例如，从安全上讲，鱼礁选址需要适宜的物理环境；从增殖效果上讲，鱼礁选址需要适宜的生物环境；从区域协调上讲，鱼礁选址需要适应现有的海洋功能区划等。可根据上述的主要选址因子开展可行性分析。

### （二）选址决策技术

若考虑多因素的综合影响，海洋牧场选址从本质上归纳为“多目标决策问题”，即系统方案的选择取决于对多个目标的满足程度，也称为多目标最优化。多目标决策一般按照目标性质可划分为“多目标属性决策”和“多目标优化决策”。人工鱼礁选址是利用已有的决策数据和信息，通过一定的方法分析并评价一组已有的礁区选址方案，对其进行排序，属于多目标决策问题中多目标属性决策的问题。多目标属性决策问题的解决方法一般分为以下5种。

**1. 简单加权法** 简单加权法是多属性决策分析方法的基础，其步骤主要包括：①对决策矩阵进行预处理，使原本不可比的各个指标之间具有可比性；②确定各个指标的权重；③通过加权法综合分析和评判各个方案，确定各个方案的值，数值越大，则表明方案越优。

简单加权法的优点是简单快捷，但其缺点也较多，主要是该方法只提供决策方案之间的相对优劣排序，它假设各属性偏好相对独立，而不考虑指标之间的依赖关系，评价指标间存在可补偿性，即一个指标上较优的表现可以弥补其他表现较差的指标。

**2. 多属性价值函数** 多属性价值函数是在加权法的基础上提出属性价值函数，用以确定决策者单属性的局部偏好信息和总体偏好信息，但它同样假设各属性的偏好相对独立，且属性间具有可补偿性。

**3. 接近理想点法** 接近理想点法的核心理念是拟定理想方案A和负理想方案－A，然后应用距离的概念找出与理想方案最近，且与负理想方案最远的方案作为最佳方案。其优点在于决策流程清晰，简单易用；其缺陷是决策者参与决策的程度相对较低，主观效能无法充分发挥，而且在实际操作过程中很难给出理想方案和负理想方案。

**4. 层次分析法** 层次分析法是由美国匹兹堡大学运筹学家萨蒂（Saaty）教授提出的，是一种定量与定性相结合的多属性决策方法，其特点是将决策者的经验判断予以量化，在目标结构复杂且相对缺乏数据的时候较为实用。这种方法可以将复杂的问题层次化、简易化、数学化，方便分析和计算。

在具体运用层次分析法时也要注意其缺陷。例如，九分法设计的合理性缺乏论证，指标的层次性和数量会严重影响权重赋值等。但是，从理论发展和应用实践来看，层次分析法是当前使用最多、效果较好的一种多属性决策分析方法。

**5. 其他方法**　随着人们对于多目标决策问题的不断深入研究，越来越多的新方法被人们所发掘并使用，如基于AHP发展而来的ANP网络分析法、模糊综合评价法、模糊AHP、灰色系统理论等，这些方法都在不同领域发挥着作用。

# 第三节　选址步骤

## 一、海洋功能区分析

### （一）海洋功能区

同一海域由于使用的目的不同、使用的方式不同、使用的工具不同，往往存在有多种功能。例如，近海海域存在着港口、航道、捕捞、养殖、增殖、海水利用、旅游、矿产开采、工程建设、特殊利用及环境保护等方面的功能。某一特定海域既存在开发利用方面的功能，又存在环境保护和特殊利用方面的功能。

海洋功能区是根据海域及相邻陆域的自然资源条件、环境状况和地理区位，并考虑海洋开发利用现状和社会经济发展的需要，划定的能有利于主导功能又有利于资源合理开发利用，能够发挥最佳效益的区域。《全国海洋功能区划（2011—2020年）》将海洋功能区分为八大类，即农渔业区、港口航运区、工业与城镇用海区、矿产与能源区、旅游休闲娱乐区、海洋保护区、特殊利用区和保留区，同时每一大类功能区又可以划分为若干个二级类海洋功能区。

海洋功能区划是指依据海洋自然属性和社会属性，以及自然资源和环境特定条件，界定海洋利用的主导功能和使用范围。它是结合海洋开发利用现状和社会经济发展需要，划分出具有特定主导功能，适应不同开发方式，并能取得最佳综合效益区域的一项基础性工作，是海洋科学管理的基础。

### （二）农渔业区

农渔业区是指适合拓展农业发展空间和开发海洋生物资源，可供农业围垦，渔港和育苗场等渔业基础设施建设，海水养殖、渔业资源增殖和捕捞生产，以及重要渔业资源养护和水产种质资源保护的海域，包括农业围垦区、渔业基础设施区、养殖区、增殖区、捕捞区和水产种质资源保护区。区内主要用于渔业基础设施、开发利用和养护渔业资源的用海活动，限制近海捕捞，近岸围海养殖控制在现有规模，发展现代渔业，保障海洋食品清洁、健康生产。海岸基本功能区主要用于近岸渔港、渔业基础设施基地建设，近海基本功能区主要用于开放式养殖、捕捞、渔业资源养护、海洋牧场建设。

**1. 农业围垦区**　适用于农业、林业、牧业的围垦生产，分为农业区、苇田区、林业区和畜牧区。农业区主要应用于农作物种植。苇田区主要用于芦苇的种植，同时达到污染物质降解和生态环境修复的目的。林业区主要用于营造经济林、绿化林、水土保持林及沿海防护林带等。畜牧区用于牧草种植，发展畜牧产业。

**2. 渔业基础设施区** 主要用于为渔业生产服务的渔港经济区、造船厂、修船厂、冷库、加工厂、渔需物资供应等渔业设施建设，以及提供海水养殖和渔业资源增殖放流使用的苗种生产基地。其中渔港按属性应为港口航运区，但考虑到渔港的服务对象主要是海洋渔业，在每次的海洋功能区划中均归类到农渔业区的渔业基础设施区。

**3. 养殖区** 主要用于海水养殖产业的发展，分为港湾养殖区、滩涂养殖区和浅海养殖区。港湾养殖区用于海湾内鱼类、虾蟹类和贝类等水产经济生物的网箱、网围、筏式和吊笼等养殖。滩涂养殖区用于潮间带和潮上带低洼盐碱地开展鱼类、虾蟹类、贝类和藻类等经济生物的工厂化养殖、池塘养殖、滩涂护养和底播增殖。浅海养殖区用于潮下带和沿岸海域的网箱、网围、深水网箱、筏式、吊笼等养殖，以及底播增殖、人工鱼礁和海洋牧场建设。其中滩涂护养、底播增殖、人工鱼礁和海洋牧场，在类型上属于增殖区的范畴，考虑到用海的排他性、资源的占有性和增殖效益的非公益性，在海洋功能区划中归类为养殖区。

**4. 增殖区** 主要用于增殖放流、底播增殖和人工鱼礁建设等公益性项目的用海。其划区条件如下：①具有一定数量经济生物种类，目前仍有相当数量的苗种资源或拥有育苗场，采取人工增殖或保护措施后，资源可能恢复的区域；②原具有良好的自然繁殖或养殖的资源条件，由于人为因素（过度捕捞或生态环境遭破坏）使资源、环境遭到破坏，已不符合养殖条件或其资源已不能够构成稳定捕捞的区域；③目前社会经济条件和科学技术力量有能力开展治理，并使其在较短时间内能恢复养殖或捕捞的区域。

**5. 捕捞区** 主要用于拖网、围网、流刺网、定置网和钓具等商业捕鱼活动，发展海洋捕捞生产。捕捞区是一种公众使用的功能区，其资源具有公共财富性、洄游性，国家因海域施行统一禁渔期、禁渔区、伏季休渔和总量控制等管理规定。

**6. 水产种质资源保护区** 用来保护具有重要经济价值和遗传育种价值及重要科研价值的渔业资源种类及其产卵场、越冬场、索饵场和洄游路线等栖息繁衍生境。《水产种质资源保护区管理暂行办法》由农业部公布于2011年1月5日，具有法律效力，按功能区性质和作用，水产种质资源保护区应归类为海洋保护区。

**7. 休闲渔业区** 主要用于开展海钓、体验和休闲旅游等休闲渔业活动。休闲渔业是我国近年来发展起来的新兴产业，在《全国海洋功能区划（2011—2020年）》中尚未列入。

## 二、海洋牧场区预选

海洋牧场区预选阶段，也称预可研阶段，即对拟建牧场区的区域稳定性和适宜性做出评价。预选阶段勘察包括以下内容：搜集区域地质、地形地貌、地质构造、岩土层的成因、分布与性质、地震、海洋水文气象条件、海洋开发活动和海底灾害地质等资料。在充分搜集和分析已有资料的基础上，还可通过海上踏勘取样和单波束测深，了解场地底质、水深等工程地质条件。预选阶段工作对于筛选合适的工程场址是非常重要的环节，其目的在于从总体上判定拟建工程建设区域的工程地质条件能否适宜人工鱼礁建设项目。一般通过取得几个候选场址的工程地质资料进行对比分析，对拟选场址的稳定性和适宜性做出工程地质评价。当确定工程建设区时，在工程地质条件方面，避开软土等不良地质现象发育且对工程建设区域稳定性有直接危害或潜在威胁的地区或地段。

## 三、预选海洋牧场区的大面调查

预选海洋牧场区的大面调查阶段，可称为海洋牧场初步设计阶段，主要任务在于查明海洋牧场区场地工程地质条件，为确定人工鱼礁总平面布置、结构和基础形式、施工方法和场地不良地质因素的防治提供地质依据，对人工鱼礁地基进行岩土工程评价，提供地基基础初步设计所需的岩土参数。

海洋牧场初步设计阶段工作包括以下内容。

（1）搜集、调查海洋水文气象资料，研究区内风暴与海浪，探讨台风规律和百年一遇的狂浪特征，进一步探讨灾害性气象特征；研究区内潮流、海流，探讨海底侵蚀、海底堆积与底流的关系，进一步探讨灾害性水文要素对人工鱼礁的建设与破坏作用。

（2）补充搜集或调查水深地形、已有的工程地质和岩土工程资料。

（3）收集和调查海底地形地貌资料，获得海底地貌成因和地形发展趋势对工程建设的影响。

（4）收集和调查拟建人工鱼礁工程设计区域的海底地质构造、地层结构及岩土体的物理力学特性。

（5）初步查明障碍物与废弃物的种类、分布及影响。

（6）查明海底冲刷沟槽、滑坡、活动沙丘、潮流沙脊、古河道、古湖泊、浅层气、浅断层的成因、分布、规模及发展趋势，对场地的稳定性进行评价。

（7）抗震设防烈度大于6度或等于6度的场地，应进行地震效应的初步分析评价。

（8）初步判定腐蚀环境对人工鱼礁材料的腐蚀性。

（9）对不良地质作用与地质灾害的防治、可能采取的地基基础类型进行初步分析评价。

海洋牧场初步设计阶段要在充分搜集和利用已有资料的基础上，通过海洋工程地质测绘、钻探、取样、原位测试和室内试验等勘察手段，初步查明拟建海洋牧场区工程地段的工程地质及其他相关的自然环境条件，对拟建人工鱼礁工程地段的稳定性做出评价，保证拟建人工鱼礁工程设计的经济合理和安全可靠。

## 四、地质调查与评价

地质调查与评价阶段，可称为海洋牧场详细设计阶段。此阶段应在充分搜集已有资料和开展相关调查分析工作的基础上，通过勘探、取样试验及原位测试等手段，提供人工鱼礁施工图设计所需要的环境资料、岩土工程资料和岩土参数。对人工鱼礁工程施工图设计和不良地质作用与地质灾害的防治等提出建议。

（1）查明人工鱼礁区影响范围内地层结构、分布及物理力学性质、工程特性，分析评价地基的均匀性、稳定性，提供并推荐设计所需的各项岩土参数。

（2）提供人工鱼礁地基变形计算参数，并预测其沉降特征。

（3）查明环境水土对人工鱼礁材料的腐蚀性。

（4）预测人工鱼礁施工及使用期间可能产生的工程问题，并提出防治方案建议。

详细勘察阶段的勘察工作应采取海洋工程测绘、取样、钻探、原位测试和室内试验相结合的方法。勘探点的位置、数量和深度应根据人工鱼礁类型、可能的组合荷载情况和岩土性质，结合所需查明的问题综合确定。

## 五、生态环境调查与评价

### （一）水环境调查与评价

**1. 监测项目** 水温、透明度、盐度、pH、悬浮物（SPM）、化学需氧量（COD）、溶解氧（DO）、亚硝酸盐、硝酸盐、氨、无机磷、油类、硫化物、铜（Cu）、锌（Zn）、铅（Pb）、镉（Cd）、汞（Hg）、砷（As）。

**2. 调查方法与技术规范** 水温、盐度、pH和DO以多参数水质检测仪或温盐深仪进行现场观测，按照水深分层进行；其余水质指标的含量，在现场采集水样后带回实验室检测，采样层次按照水深分层进行。样品的现场采集、保存、测定和分析等过程参照《海洋监测规范 第4部分：海水分析》（GB 17378.4—2007）进行，具体方法见表5-1。

**表5-1 海水水质分析方法**

| 测定项目 | 分析方法 | 测定项目 | 分析方法 |
|---|---|---|---|
| 水温 | 表层水温表法或颠倒温度表法 | 铜 | 无火焰原子吸收分光光度法 |
| 盐度 | 盐度计法或温盐深仪（CTD）法 | 锌 | 火焰原子吸收分光光度法 |
| DO | 碘量法 | 铅 | 无火焰原子吸收分光光度法 |
| pH | pH计法 | 镉 | 无火焰原子吸收分光光度法 |
| 透明度 | 透明圆盘法 | 汞 | 原子荧光法 |
| $COD_{Mn}$ | 碱性高锰酸钾法 | 砷 | 原子荧光法 |
| 氨 | 次溴酸盐氧化法 | 油类 | 荧光分光度法 |
| 亚硝酸盐 | 萘乙二胺分光光度法 | 硫化物 | 亚甲基蓝分光光度法 |
| 硝酸盐 | 锌-镉还原法 | 悬浮物 | 重量法 |
| 无机盐 | 磷钼蓝分光光度法 | | |

**3. 海水质量评价**

1）评价标准 依据《海水水质标准》（GB 3097—1997）中的第二类标准（表5-2），对调查海域海水中溶解氧、pH、无机氮、活性磷酸盐、化学需氧量、石油类和重金属的污染状况进行评价。

**表5-2 海水水质评价标准（二类）**

| 指标 | 限量值 | 指标 | 限量值 | 指标 | 限量值 | 指标 | 限量值 |
|---|---|---|---|---|---|---|---|
| 溶解氧 | ≥5mg/L | 铜 | ≤10μg/L | 活性磷酸盐 | ≤30μg/L | 镉 | ≤5μg/L |
| pH | 7.8～8.5 | 锌 | ≤50μg/L | 化学需氧量 | ≤3mg/L | 汞 | ≤0.2μg/L |
| 无机氮 | ≤300μg/L | 铅 | ≤5μg/L | 石油类 | ≤50μg/L | 砷 | ≤30μg/L |

2）评价方法

（1）水质指数法。

a. 一般性水质因子（随着浓度增加而水质变差的水质因子）的指数计算公式：

$$S_{ij}=C_{ij}/C_{si}$$

式中，$S_{ij}$为评价因子$i$的水质指数，大于1表明该水质因子超标；$C_{ij}$为评价因子$i$在$j$点的实测统计代表值（mg/L）；$C_{si}$为评价因子$i$的水质评价标准限值（mg/L）。

b．溶解氧（DO）的标准指数计算公式：

$$S_{DO,j}=DO_s/DO_j \qquad DO_j \leqslant DO_f$$

$$S_{DO,j}=|DO_f-DO_j|/DO_f-DO_s \qquad DO_j > DO_f$$

式中，$S_{DO,j}$为溶解氧的标准指数，大于1表明该水质因子超标；$DO_j$为溶解氧在$j$点的实测统计代表值（mg/L）；$DO_s$为溶解氧的水质评价标准限值（mg/L）；$DO_f$为饱和溶解氧浓度（mg/L），对于河流，$DO_f=468/(31.6+T)$，对于盐度比较高的湖泊、水库及入海河口、近岸海域，$DO_f=(491-2.65S)/(33.5+T)$，其中$S$为实用盐度符号；$T$为水温（℃）。

c．pH的指数计算公式：

$$S_{pH,j}=\frac{7.0-pH_j}{7.0-pH_{sd}} \qquad pH_j \leqslant 7.0$$

$$S_{pH,j}=\frac{pH_j-7.0}{pH_{su}-7.0} \qquad pH_j > 7.0$$

式中，$S_{pH,j}$为pH的指数，大于1表明该水质因子超标；$pH_j$为pH实测统计代表值；$pH_{sd}$为评价标准中pH的下限值；$pH_{su}$为评价标准中pH的上限值。

（2）海水有机污染评价方法：采用有机污染指数法进行评价，计算公式为

$$A=\frac{COD_i}{COD_s}\frac{DIN_i}{DIN_s}+\frac{DIP_i}{DIP_s}-\frac{DO_i}{DO_s}$$

式中，$A$为有机污染指数；COD为化学需氧量含量（mg/L）；DIN为无机氮含量（mg/L）；DIP为活性磷酸盐含量（mg/L）；$i$为实测值；$s$为一类海水的水质标准。评价标准见表5-3。

**表5-3　海水有机污染分级评价标准**

| 有机污染指数$A$ | 污染程度分级 | 水质量评价 | 有机污染指数$A$ | 污染程度分级 | 水质量评价 |
|---|---|---|---|---|---|
| <0 | 0 | 良好 | 2～3 | Ⅲ | 轻度污染 |
| 0～1 | Ⅰ | 较好 | 3～4 | Ⅳ | 中度污染 |
| 1～2 | Ⅱ | 开始受到污染 | >4 | Ⅴ | 严重污染 |

（3）海水营养水平评价方法：海水营养水平采用水体富营养指数法进行评价，计算公式为：

$$E=COD \times DIN \times DIP \times 10^6 \div 4500$$

式中，$E$为富营养化指数；COD为化学需氧量含量（mg/L）；DIN为无机氮含量（mg/L）；DIP为活性磷酸盐含量（mg/L）。根据表5-4确定海域营养水平。

**表5-4　$E$值营养水平分级**

| $E$值 | 营养水平分级 | 营养水平 | $E$值 | 营养水平分级 | 营养水平 |
|---|---|---|---|---|---|
| 0～0.5 | 1 | 贫营养 | 1.0～3.0 | 3 | 富营养 |
| 0.5～1.0 | 2 | 中营养 | ≥3.0 | 4 | 高富营养 |

## （二）生物环境调查与评价

**1. 监测项目** 监测项目包括：叶绿素a、浮游动物、浮游植物、大型底栖生物、鱼卵、仔稚鱼等。

**2. 监测方法与技术规范** 海洋生态环境调查方法依据《海洋调查规范 第6部分：海洋生物调查》（GB/T 12763.6—2007）的规定进行。

**3. 生态环境评价**

1）多样性指数、均匀度指数、丰富度指数和优势度指数 根据各站位的生物密度，分别计算浮游生物、底栖生物多样性指数、均匀度指数、优势度指数和丰富度指数，计算公式如下：

多样性指数（Shannon-Wiener指数）

$$H'=-\sum_{i=1}^{S} P_i \times \log_2 P_i$$

式中，$H'$为多样性指数；$S$为样品中的种类数量；$P_i$为第$i$类种的个体数与总个体数的比值。

均匀度指数（Pielou指数）

$$J=\frac{H'}{\log_2 S}$$

式中，$J$为均匀度指数；$H'$为多样性指数；$S$为样品中的种类数量。

优势度指数

$$Y=n_i/N \times f_i$$

式中，$Y$为优势度指数；$n_i$为第$i$种的个体数；$N$为所有站位所有种出现的总个体数；$f_i$为第$i$种在各站位中出现的频率。一般以0.02作为优势种的评判依据，当$Y \geq 0.02$时，为优势种；当$Y<0.02$时，为非优势种。

丰富度指数（Margalef指数）

$$d=\frac{S-1}{\log_2 N}$$

式中，$d$为丰富度指数；$S$为样品中的种类数量；$N$为样品中的生物个体总数。

2）生态环境分级标准 根据《人工鱼礁资源养护效果评价技术规范》（SC/T 9417—2015），对生态环境各项指标进行分级评价。生物量的分级标准参照表5-5。

**表5-5 生物量分级标准**

| 评价等级 | Ⅰ | Ⅱ | Ⅲ | Ⅳ | Ⅴ | Ⅵ |
|---|---|---|---|---|---|---|
| 浮游植物/（$\times 10^4$细胞/$m^3$） | <20 | 20～50 | 50～75 | 75～100 | 100～200 | >200 |
| 浮游动物/（$mg/m^3$） | <10 | 10～30 | 30～50 | 50～75 | 75～100 | >100 |
| 底栖生物/（$g/m^3$） | <5 | 5～10 | 10～25 | 25～50 | 50～100 | >100 |
| 分级描述 | 低水平 | 中低水平 | 中等水平 | 中高水平 | 高水平 | 超高水平 |

多样性指数$H'$和均匀度指数$J$分级评价标准见表5-6。

表5-6　多样性指数$H'$和均匀度指数$J$的分级标准参照表

| 评价等级 | Ⅰ | Ⅱ | Ⅲ | Ⅳ |
|---|---|---|---|---|
| $H'$水平分级 | <1 | 1～2 | 2～3 | ≥3 |
| $J$水平分级 | <0.50 | 0.50～0.70 | 0.70～0.85 | ≥0.85 |
| 分级描述 | 低水平 | 中低水平 | 中高水平 | 高水平 |

### （三）游泳动物调查与评价

**1. 调查要素**　调查要素包括游泳动物的种类组成、数量分布、群体组成、生物学和生态学时空变化。

**2. 调查方法**　游泳动物调查方法依据《海洋调查规范　第6部分：海洋生物调查》（GB/T 12763.6—2007）的规定进行。

1）拖网采样　定点站位每站拖网时间为1h，拖速应根据调查对象游泳速度的强弱和调查船的性能综合考虑，调查小型底层鱼类以2～3kn为宜，调查游泳能力强的大型底层鱼类（鳕鱼等）和中上层鱼类以3～4kn为宜。

2）样品采集　渔获物总质量在40kg以下时全部取样分析，大于40kg时，从中挑出大型的稀有的标本后，从渔获物中随机取出渔获物分析样品20kg左右，然后把余下的渔获物按品种和不同规格装箱，记录该站次准确渔获总质量（kg），并从中再留取特殊需要的样品，如不同体长组的年龄、胃含物和怀卵量的样品等。

样品如不在现场分析，应装箱（袋）扎好标签，做好记录，核对无误后及时冰鲜或速冻或浸制。如是小型标本要装好瓶子放好标签，用体积分数5%的甲醛或工业乙醇固定。

**3. 游泳动物评价**

（1）计算各站次和各航次渔获物种类组成：首先把留取部分样品的种类（含非游泳动物种类）质量和尾数换算成该站次总渔获量和尾数，然后计算各站次渔获物种类每小时的质量（kg/h）和尾数（ind/h）及百分比。

（2）绘制各站位总渔获量和主要种类数量分布图：一般以不同大小的实心圆或含有不同图案的圆圈表示。取值标准可由计算机自动分级，也可根据数值的分布状况人为分级。图示的单位一般有kg/h和ind/h两类。

（3）绘制各航次（月份或季度或年份）调查的游泳动物种类组成和数量的百分比图。

（4）各站次长度组成：将每次测定的个体长度资料按长度组整理，统计其分布频数、频率，最小和最大体长，优势体长组的范围和比例，求算平均长度。

# 第四节　布局设计

## 一、海洋牧场布局依据原则

### （一）生态优先原则

在海洋牧场布局中，保护自然资源和维持自然生态过程功能主要的景观基质性要素，如自然形成的滩涂、海滩、大面积的海水、海洋自然生长的物种、历史演变的遗迹斑块等，它们是保持海洋牧场基本生态过程和生态系统稳定的基础，保护和维护生物多样性是合理开发利用资源的前提，对生物多样性具有直接的作用和意义，是景观持续性的基础条件，因此在规划时要优先考虑自然生态资源。

### （二）异质性和多样性原则

海洋牧场布局不同于陆地，其布局结构在海洋中的复杂程度会影响特定系统中环境资源的变异性和复杂性，海洋牧场景观异质性的维持和发展要遵循景观异质性基础原则，包括各斑块间的多样性、类型多样和格局多样性原则，统筹规划合理开发利用。

### （三）区域针对性与景观个性原则

不同区域的海洋牧场有不同的空间功能结构、格局与生态过程，布局目的也不尽相同。例如，南北方海洋牧场的差异性，北方海洋牧场多以增养殖为主，加以人工鱼礁、海藻场等生态修复功能，如辽宁獐子岛海洋牧场、山东日照万宝海洋牧场等；南方海洋牧场多以生态修复为主，如浙江省东极海洋牧场以大规模投入人工鱼礁，恢复资源和保护生态环境为主。还有为保护生物多样性及珊瑚礁保护区、以海藻养殖为主建设的生态修复型海洋牧场。每一处景观都有自身不同的个性特征，这些差异又反映在景观的结构与功能上，因此布局要因地制宜，要注重针对性规划，根据不同的研究区域现状及规划目的不同来分析指标，建立适合该区域的布局策略与评价。

### （四）可持续发展原则

海洋牧场是目前恢复近海渔业资源、修复海域生态环境和实现近海渔业可持续发展的普遍而有效的措施，而景观的可持续性是人与景观在时间上扩展所产生的协调性，在此基础上结合海洋牧场休闲渔业进行科学合理布局，是立足于海洋牧场生态景观资源的可持续利用，满足人类的基本需要和维持布局整合性的重要举措。可持续发展原则包括生产力、生物多样性、土壤和水源，保证生态和经济、社会的可持续发展。

### （五）经济与社会性原则

海洋牧场建设有效提升渔业资源的同时修复海洋环境资源，有利于发展以观光旅游、垂钓、海底潜水等为主要内容的休闲渔业，休闲渔业与海洋牧场相结合是经济可持续发展的重要措施。人的社会行为、价值观和文化观念直接影响着布局系统变化的方向和进程，考虑所研究区域海洋牧场的社会经济条件和当地的发展战略等进行生态环境规划实施后的影响评价十分必要。以人类对生态环境需求值、价值观为出发点，充分考虑综合利益需求，制定被公众接受和支持的方案，才能客观的进行布局，体现海洋牧场科学性和实用性。

## 二、布局依据

### （一）海洋环境与海洋生态系统

海洋牧场建设是基于海洋生态系统原理，在特定海域通过一些措施进行渔业资源养护，改善海域生态环境的可持续利用的渔业模式，在海洋与陆地进行布局所处的生态系统环境不同。在海洋生态环境中要考虑不同海洋环境的基本特征，海洋具有三大环境梯度：纬度地带性、环陆地带性、垂直梯度。每一个环境梯度都有它们自身的生物学及生态学意义上的重要性，根据不同的海洋环境可以区分不同层次的海洋布局系统中不同生物种类相互之间的作用和影响。海洋生物在海洋中影响重大，其中包括海洋浮游生物、游泳生物、底栖生物，每种类型的生物都有对于海洋环境和海洋生态系统特有的意义和作用。同时海洋环境和生态因子，如光照、温度、海流、盐度、溶解气体等对其生物也有重要作用。海洋牧场建设人工鱼礁、网箱增养殖、生物底播、海藻场和海草场等生物增养殖设施，要综合考虑生物的基本特征及其受不同海域环境和生态因子的影响，布局景观时要注重生物多样性演变，以生物资源提升和保护为前提。在海洋中主要包括海岸带与浅海（河口和盐沼、沿岸潮间带和沙滩、红树林沼泽、珊瑚礁、海藻场和海草场、浅海陆架区及近岸上升流区）生态系统。不同的海洋生态系统所包含的生态意义不同，对于海洋环境的影响也不同。例如，海洋牧场建设时所处的海洋环境不同，有的在河口、海湾、岛礁或近岸等生态系统下建立；还有不同的功能区域，如海藻场、红树林及珊瑚礁等。遵循区域针对性原则，根据不同区域海洋环境与海洋生态系统因地制宜地选择最优规划方案，也是进行海洋牧场布局的重要依据。

### （二）海洋功能区划

海洋功能区划是基于海域地理位置、自然环境因素及自然资源和社会经济等因素，按海洋功能标准，将不同类型的海洋功能区选择性划分，用来指导和约束海洋实践活动的开发，加强海洋生态环境的保护与建设，同时促进海洋资源利用。《全国海洋功能区划（2011—2020年）》中将海洋功能区划分为了八类：农渔业区、港口航运、工业与城镇用海、矿产与能源、旅游休闲娱乐、海洋保护、特殊利用、保留等。海洋牧场是模拟自然海洋生态系统中的高生产力系统及各种类型的高产渔场而建造出的人工渔场，属于海洋功能区域规划中的农渔业区，在进行布局时要依据科学的国家标准与准则，合理利用海域空间，加强海洋水产种质资源保护，严格按照海洋牧场建设规范中对水质的要求进行增养殖区、渔业基础设施区等布局，保护海洋生态环境与功能的稳定。不同区域的海洋牧场进行景观规划时要考虑有不同地域的海洋功能区域规划，要遵循每个地域不同的海域规划现状来合理开发和利用。

### （三）海洋生态红线

海洋生态红线制度是指为维护海洋生态健康与生态安全，将重要海洋生态功能区、生态敏感区和生态脆弱区划定为重点管控区域并实施严格分类管控的制度安排。海洋生态红线主要有禁止开发区和限制开发区两个管控类别，其目的是保护重要的滨海湿地、河口、海岛和海洋保护区、珍稀濒危物种、历史文化遗迹和重要渔业水域资源、红树林、海藻场及珊瑚礁等海洋生态系统，控制人类活动范围来合理地维护海洋生态系统稳定。人类活动影响在海洋牧场中较大，对生物栖息地和海洋环境会产生不同效应，进行海洋牧场布局时海洋生态红线是重要的参考依据，也是保持海洋牧场生态系统稳定的前提。根据各个区域的生态红线标准进行合理规划，了解区域海洋的禁止开发区和限制开发区，严格依据国家政策和标准进行海洋牧场布局。

### （四）海洋保护区

随着人类活动的不断发展，海洋开发力度加大，威胁到海洋生物多样性与海洋生物栖息环境，使得保护措施不断加强和升级。海洋保护区是保护典型海洋生态系统和生物多样性、拯救珍稀濒危物种的重要方式。我国的海洋保护区体系主要分为两大类：海洋自然保护区和海洋特别保护区，对保护海洋生物多样性具有重要作用，也是海洋生态文明建设、优化海洋空间的前提条件。海洋牧场的建设是修复海域生态环境和实现近海渔业可持续发展普遍而有效的措施，我国养护型海洋牧场主要以保护和修复生态环境、养护渔业资源或珍稀濒危物种为主要目的，对于河口、岛礁、海湾及近岸等区域进行海洋生态系统养护。海南省三沙市七连屿海洋牧场以珊瑚礁自然保护区为主，在三沙岛礁生态系统中建立海洋牧场，更好地保护三沙的海洋生态环境与物种多样性。海洋牧场布局，要考虑特定区域的特定海洋保护物种，遵循当地海洋保护区管理办法进行合理规划。

### （五）海域航道

我国的港口较多，对外贸易及港口生产的需求是海洋经济发展的重要条件，在进行海域活动规划时航道的使用会对海洋生态及渔业资源等方面有多重影响。随着近海渔业转型、休闲渔业的不断兴起，休闲渔业成为海洋牧场管理开发的一项新兴产业，在养护型和增殖型海洋牧场中也得到不断发展。休闲渔业开发是贯穿整个海洋牧场布局的重要组成部分，是海洋牧场与休闲旅游景观结合的重要过程。在海域航道中考虑海洋牧场休闲垂钓、观光旅游景观的连通性和各景观结点之间的贯穿性，同时还要考虑近海及近岸港口区域航道规划情况，遵循《中华人民共和国航道管理条例》（2008修订）及地方航道管理法律法规等，合理进行景观廊道规划与空间格局分配。

### （六）休闲渔业发展相关政策

海洋牧场布局规划以海洋牧场休闲渔业为主导，遵循休闲渔业相关管理办法与准则，在休闲渔业的基础上与景观美学相结合发展可视化景观效果。每个地区会根据当地具体情况进行休闲渔业管理，约束人为因素对于海洋环境及海洋生态系统造成的影响，同时也是作为海洋牧场休闲渔业建设的一种规范管理办法，为规划设计景观效果的同时约束人类行为和保护生物生境提供科学依据。

### （七）相关法律法规

《海洋牧场建设技术指南》（GB/T 40946—2021）为我国海洋牧场的健康发展提供了技术保障，同时具有科学规范性和有效性，在对海洋牧场进行布局规划时要遵守相关建设规划，规范合理地开发和应用海洋牧场资源。在严格遵循《中华人民共和国海洋环境保护法》（2017修正）、《中华人民共和国渔业法》（2013修正）、国家及地域性渔业发展规划等相关法律法规、发展规划等的前提下开展布局规划，目的是在保护海洋生态环境和生物多样性的前提下建设海洋牧场。

## 三、各类型海洋牧场布局策略分析

国内海洋牧场建设大部分是“1+$X$”的形式，一般以人工鱼礁配以适合海域的海草床、红树林或海藻场等建设内容，是兼顾两项或者多项功能的综合型海洋牧场。在进行海洋牧场布局时，首先根据不同类型海洋牧场分析布局分类、格局结构等内容，综合不同类型的海洋牧场功能建设进行景观的利用开发评价分析，从海洋牧场景观组成、结构、功能、动态的分析，结合一定的景观功能需求，综合提出最优景观利用方案。海洋牧场的景观空间格局取决于不同的选址地点，气候、水温、水深、海域情况、海域内风浪情况、特殊天气影响等诸多因素会影响其空间结构，其中主要包括研究对象所在海域的现状，如宽阔情况、可供海洋经济发展的空间有多少、所建设的海洋牧场空间结构对海洋航运、港口交通、休闲旅游和沿海工业等其他海洋经济建设的影响状况等。根据因地制宜的原则，以研究区域相关法律法规、海洋功能区域划分、海洋生态红线、保护区及海洋航道规划为依据进行景观生态规划。水产行业标准《海洋牧场分类》（SC/T 9111—2017）将海洋牧场分为养护型海洋牧场、增殖型海洋牧场和休闲型海洋牧场三种基本类型，依据不同海洋牧场类型分析不同布局规划策略。

### （一）养护型海洋牧场

根据海洋牧场分类标准把养护型海洋牧场界定为以保护和修复生态环境、养护渔业资源或珍稀濒危物种为主要目的的海洋牧场，按海域区域划分为4类：河口养护型海洋牧场、海湾养护型海洋牧场、岛礁养护型海洋牧场、近海养护型海洋牧场。根据不同海域特征及地域差异等因素，在进行资源养护的同时合理利用景观自然环境要素提升生态、经济与美学价值。

**1. 海湾养护型海洋牧场**　海湾养护型海洋牧场是建设于海湾海域的养护型海洋牧场，根据海湾生态系统特征及海洋牧场建设规范，绘制海湾养护型海洋牧场布局模式图（图5-5）。

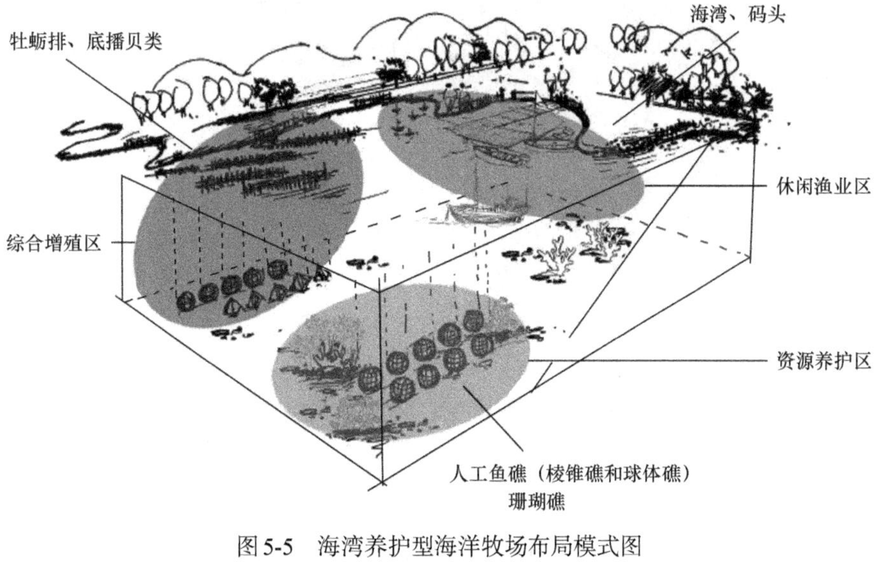


图5-5　海湾养护型海洋牧场布局模式图

彩图

由于不同研究区域的景观空间结构组成不同，具体划分还需要因地制宜，综合该类型海洋牧场主要特征归纳出三种主要布局功能类型分析其规划策略。海湾养护型海洋牧场主要划分为三个景观功能区域：休闲渔业区、资源养护区、综合增殖区，主体以保护和修复海湾区域生态环境为主，养护渔业资源的同时增加渔业资源产出，同时促进周边产业发展。休闲渔业区以休闲渔业活动为主，与近岸滨海旅游业相结合，可设置垂钓平台进行垂钓运动或渔事体验、休闲垂钓等休闲渔业活动，在港口和码头区域可设置近岸亲水观景台、渔家乐、水族观赏等项目，综合提升区域海洋经济；资源养护区为远离近岸的保护区域，主要以养护型珊瑚礁、人工鱼礁或珍稀濒危物种保护为主，减少人类活动的影响；综合增殖区以经济品种增殖为主，可设置体验增殖产品加工等项目，依据区域经济特色需求等选择增殖品种，如近岸水面的牡蛎排等、水下贝类底播、渔获型人工鱼礁等。

**2. 岛礁养护型海洋牧场** 岛礁养护型海洋牧场是建设于海岛、礁周边海域或珊瑚礁内外海域，生态工程建设区域与海岛、礁或珊瑚礁距离不超过6km的养护型海洋牧场。我国海岛类型众多且丰富，海岛及岛礁区域独特的自然景观要素为布局规划提供了优势条件，依据海洋牧场建设标准，结合岛礁生态系统不同特征及生态修复工程等方面因素，绘制岛礁养护型海洋牧场布局模式图（图5-6）。综合划分三个主要景观功能区：资源养护区、资源保护区、休闲渔业区。资源养护区主要以海洋环境修复及岛礁、珊瑚礁生态修复工程为主，配合岛礁自然风景适度开发生态旅游或观赏性游船路线等特色景观节点，提升生态效益及景观效益的同时增加区域经济效益；资源保护区以远离近岸的物种保护区为主，增加生物多样性保护及珊瑚礁、人工鱼礁的养护工程，减少人类活动对海洋环境的破坏；休闲渔业区主要以渔船垂钓、近岸休闲渔业及海岛生态旅游为主，合理利用海岛自然资源以发挥海洋牧场生态、经济效益。

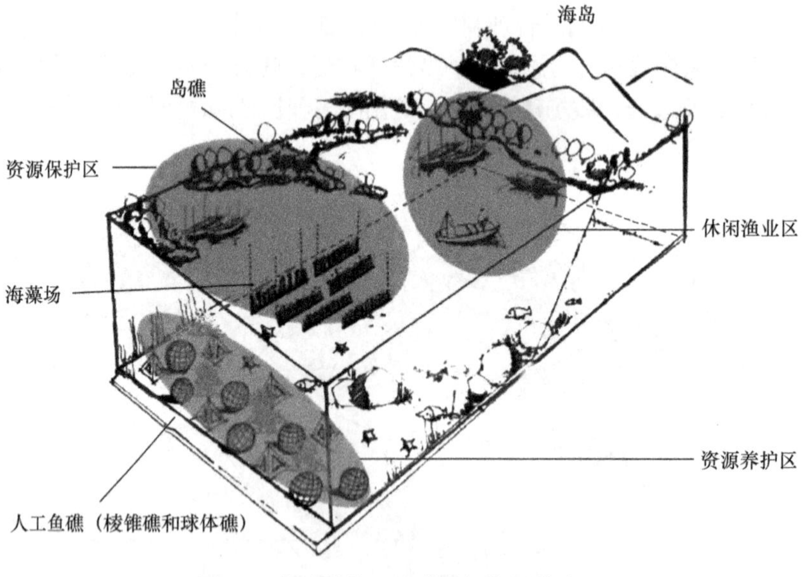


彩图

图5-6 岛礁养护型海洋牧场布局模式图

## （二）增殖型海洋牧场

增殖型海洋牧场在海洋牧场分类标准中定义为以增殖渔业资源和产出渔获物为主要目的

的海洋牧场，按增殖对象划分为6类：鱼类增殖型、甲壳类增殖型、贝类增殖型、海藻增殖型、海珍品增殖型、其他物种增殖型海洋牧场。依据不同区域需求进行景观优化配置，在增加海洋经济和渔业资源的同时发展生态景观化模式，提升海洋牧场综合效益。

**1. 海藻增殖型海洋牧场** 海藻增殖型海洋牧场是以海藻为主要增殖对象，并以收获海藻为主要目的的海洋牧场。海域环境和海洋地理特征等因素的差异，会影响海藻场的整体布局也不相同，具体依海洋牧场建设情况而定，但可根据不同研究区域海洋牧场建设情况进行景观格局分析，依据海洋牧场建设规范及海藻场生态特征等归纳绘制布局模式图（图5-7），为布局提供策略参考，主要综合划分为四个区域：休闲观光区、资源养护区、鱼礁资源区、综合增殖区。休闲观光区可在近岸增设亲水平台体现景观观赏性效果，增加休闲垂钓或海带筏架式养殖等，在休闲观光的同时带动渔业资源和海洋经济发展；资源养护区以海藻吊养为主，通过海藻养殖修复海域环境、净化水质等，在海藻增殖的同时注重环境修复和资源养护；鱼礁资源区以建设人工鱼礁、人工藻礁为主，产出渔获物为目的，在修复海洋环境的过程中增加渔业资源；综合增殖区以贝藻综合增殖为主，依据不同区域环境选择贝类与藻类品种进行综合配置增殖，以综合利用经济资源为主要目的。

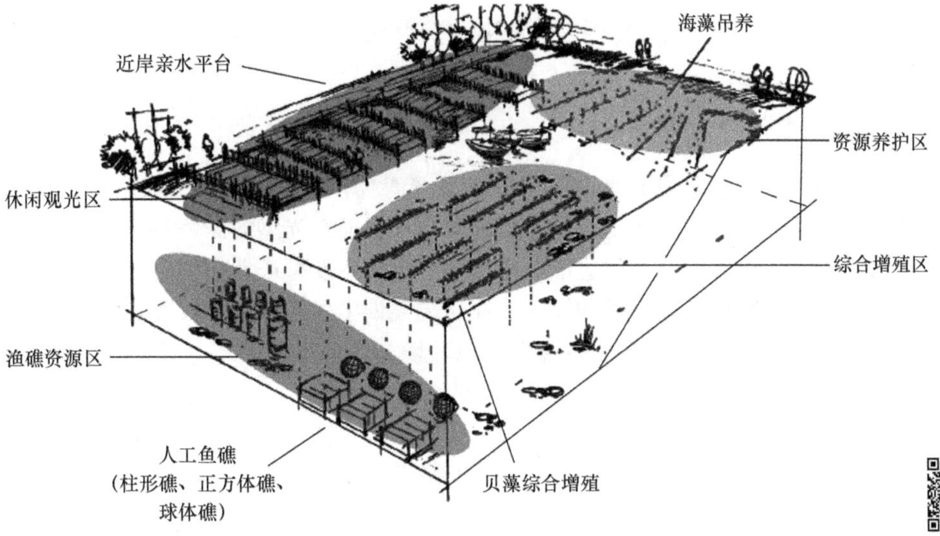


图5-7 海藻增殖型海洋牧场布局模式图

彩图

**2. 海珍品增殖型海洋牧场** 海珍品增殖型海洋牧场主要以海珍品为增殖对象，且各生物类别产量中海珍品的产量最高。海珍品增殖型海洋牧场可分为综合增殖区、休闲渔业区、资源养护区、海珍品增殖区。综合增殖区以网箱增养殖、贝类底播等养殖区域经济品种为主；休闲渔业区主要发展近岸渔家乐、渔船垂钓等休闲活动，增加海洋牧场的休闲功能，提升增殖型海洋牧场综合效益；资源养护区以养护型人工鱼礁和海藻场、海草床等修复功能为主，充分发挥海洋牧场生态环境修复和维护生物多样性的作用；海珍品增殖区以海珍品为主要增殖对象，根据具体地域及海域环境筛选适合的增殖品种，结合海珍品人工鱼礁综合发展海洋牧场经济特色效益（图5-8）。

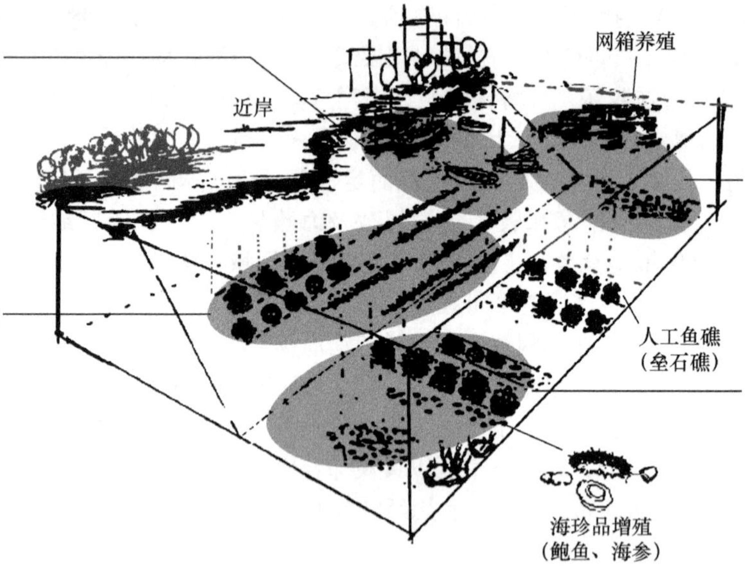


彩图

图5-8　海珍品增殖型海洋牧场布局模式图

## （三）休闲型海洋牧场

休闲型海洋牧场是以开展休闲垂钓和渔业观光等休闲渔业活动为主要目的的海洋牧场，按主要开发方式可以划分为：休闲垂钓型海洋牧场和渔业观光型海洋牧场。海洋牧场休闲渔业是现代海洋渔业集合旅游业及周边产业链，综合形成的新型产业模式，在发展旅游产业的同时，又促进了海洋牧场渔业资源的提升。在布局规划中海洋牧场不仅要实现海洋渔业资源增殖和海洋生态环境的修复，并且能够将生态环境与渔业工程技术、社会文化等因素相结合，同步加速海洋牧场生态、经济和社会效益的可持续发展。

**1. 休闲垂钓型海洋牧场**　　休闲垂钓型海洋牧场主要以垂钓渔业活动为主，兼具人工鱼礁生境构建及修复工程，围绕休闲垂钓开展渔船垂钓、岸边矶钓、垂钓运动、浴场体验、渔家乐、渔业科普及渔文化博览等活动项目，休闲垂钓活动是经济收益的首要来源。海洋牧场是通过人工构置物给海洋生物提供栖息空间，从而吸引更多的海洋生物，垂钓过程在自然海域环境内完成给游客带来不同体验。不同研究区域休闲渔业管理制度与政策不同，进行布局规划时要依据地方法律法规。同时，不同研究区域的海洋牧场休闲渔业建设状况又各不相同，还需根据具体景观格局进行分析后规划。根据海洋牧场建设标准结合海洋牧场休闲渔业研究分析，绘制休闲垂钓型海洋牧场布局模式图（图5-9），综合将其划分为4个主要景观功能区：近岸垂钓区、鱼礁垂钓区、资源养护区、渔业增殖区。近岸垂钓区以近岸滨水垂钓平台为主，提供休闲垂钓、渔船垂钓、渔家乐等休闲渔业活动；鱼礁垂钓区以渔获型人工鱼礁为主要对象，设置海上垂钓平台给游客提供自然生态的垂钓环境，同时感受非人为养殖环境下的垂钓乐趣；资源养护区以增养殖海藻为主，利用海藻场自身的海洋生态环境修复能力，发挥海藻场修复功能的同时发展海洋牧场休闲渔业产业；渔业增殖区以渔业资源产出为主，

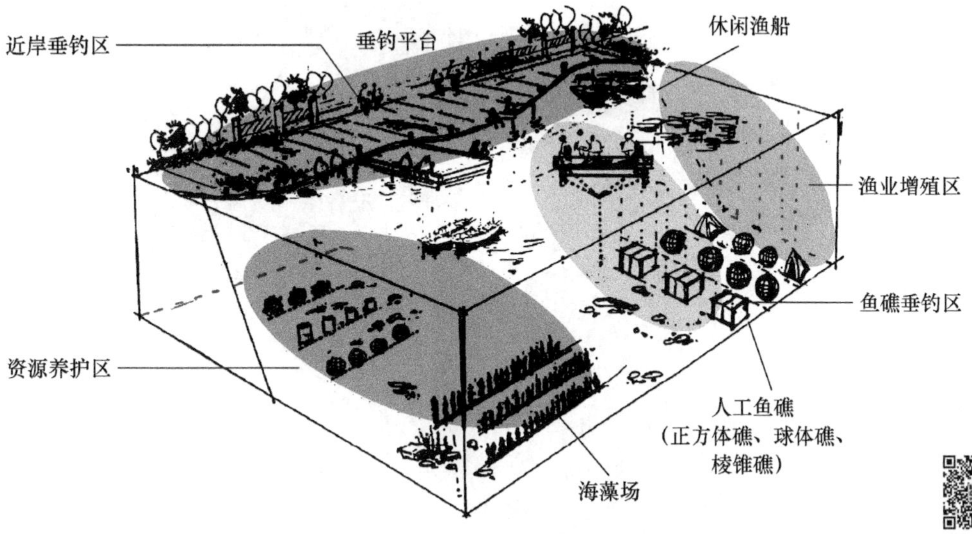


彩图

图5-9　休闲垂钓型海洋牧场布局模式图

结合人工鱼礁及网箱增养殖达到渔业经济可持续发展，综合近岸休闲垂钓提供海产品加工及体验项目等。

**2. 渔业观光型海洋牧场**　渔业观光型海洋牧场以开展观光休闲活动为主要目的，人工鱼礁构建或修复工程为主，围绕休闲渔业活动开展渔村观光、渔港观光、滨海浴场旅游、游艇游览、潜水体验及海上运动等项目，开发利用渔业观光活动为经济产业首位。渔业观光将渔业生产与休闲旅游相结合，不仅提供观光游览、滨海旅游垂钓等休闲娱乐性项目，而且同步提升海洋牧场渔业资源与经济效益。依据海洋牧场建设规范及渔业观光发展状况等绘制渔业观光型海洋牧场布局模式图（图5-10），由于研究区域不同，整体景观格局也不相同，应根据不同区域格局具体确定，综合分析可以划分为4个主要景观功能区域：滨海休闲区、休闲渔业区、鱼礁潜水区、资源养护区。滨海休闲区以滨海浴场、滨海观光旅游为主，发展滨海生态旅游项目，设置海上游艇观光、垂钓及海上运动等娱乐活动提高景观丰富度；休闲渔业区以海上垂钓平台为主，结合渔获型人工鱼礁开展休闲渔业活动，综合提升海洋牧场经济效益；鱼礁潜水区以人工鱼礁为主要对象开放潜水区域，发展海洋牧场娱乐休闲功能的同时多样化发挥人工鱼礁价值；资源养护区以底层海藻场修复工程及养护型人工鱼礁为主，给海洋牧场生态环境修复与生物生境提供优质的海洋环境。

## 四、布局设计过程

### （一）布局设计的原理与步骤

**1. 布局设计的原理**　海洋牧场建设设施的布局应根据海域范围、功能定位、对象生物、自然条件、投资金额等因素综合考虑。多种类型设施相结合进行布局，增加对不同生物的增殖养护功能，提升生态修复效果。

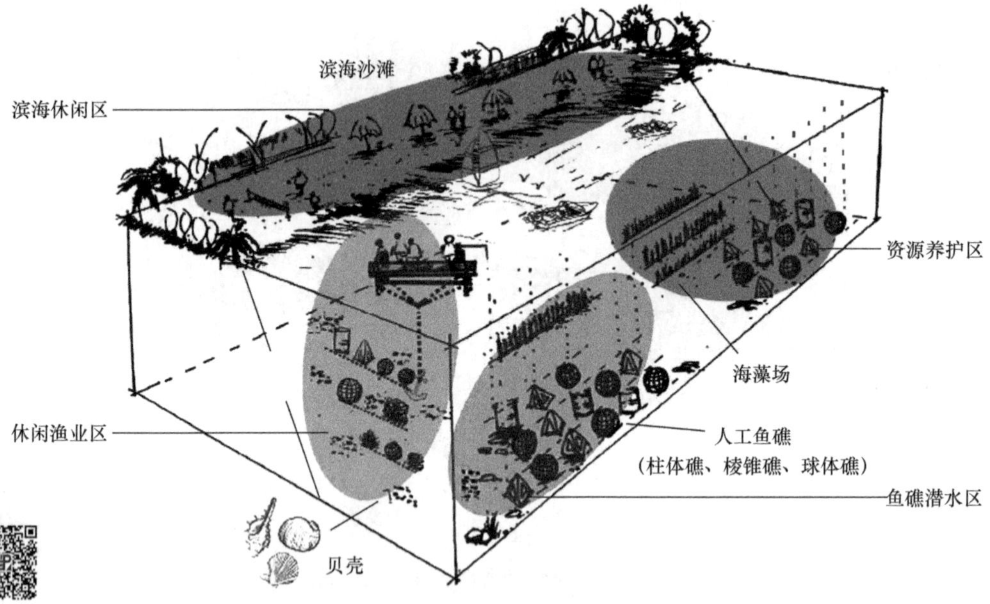


图5-10 渔业观光型海洋牧场布局模式图

**2. 布局设计的步骤** 海洋牧场的布局设计涉及许多主要步骤，包括评估海洋环境，评估海洋资源，分析海洋使用现状，分析未来工业对海洋使用的需求情况，提供环境保护/农业专题研究以及渔业需求，定义目标和目的，对海洋空间进行分区和制图，指定管理标准以及制定成果，包括地图、相关文件和报告。

步骤1：评估海洋环境

在进行海洋牧场功能区划分前，应该前往选址海区进行本底调查，调查出海区的地形地貌、地质类型、生物量、水深等环境要素，以供海洋牧场功能区划分进行参考分析。

步骤2：分析海洋使用状况

海洋功能区划给海洋利用分析明确了所有类型海洋利用活动的位置、区域、设施和海洋利用特征，同时还分析了对海洋资源和环境的主要影响。对于海洋牧场，此步骤应阐明海洋牧场部署的海域状态。此外，此步骤分析了其他活动对海洋牧场产生的影响。

步骤3：分析区域的需求

在省级海洋功能区划中，应通过基于海区的叠加分析来确定某些海洋地区中最合适的活动，在不同计划中对此进行阐明。针对国民经济和社会的长期发展计划、区域发展计划、工业计划、土地利用计划和城市计划，应根据适用性对各个计划的重要性和优先级进行排序。各个省（自治区、直辖市）在海洋渔业资源状况中都设定了单独的渔业资源发展目标。

步骤4：确定海洋牧场发展目标

首先，应确立基本目标。这些目标已在国家海洋功能区划中定义，主要包括海洋保护区（MPA）的比例，农业和渔业区、填海区和保留区的面积，以及污染海洋区和被破坏的海岸线的修复区。这些目标分配给沿海省（自治区、直辖市）。在设定了省级基本目标的范围后，可以确定海洋牧场的目标，包括建设面积、各建设内容的规模和数量、环境修复效果、渔业资源增殖效果、预期产出及效益等。

步骤5：对海洋牧场各个功能区进行分区和制图

海洋牧场分区是一个逐步的过程，包括主要的优先顺序，迭代的讨论和分析以及映射区域。ArcGIS软件是用于可视化每个区域的位置并执行重叠分析的主要工具。海洋功能区划指南中阐明了优先顺序。

第一步是对MPA（跨尺度预测模型）进行分区，包括对科学、文化、景观和生态系统服务具有高价值的特殊生态系统和重要物种栖息地。

第二步是对特殊用途区域进行分区，包括军事用途区域和其他特殊用途区域，如铺设管道、废水排放和倾倒。

第三步是根据海洋需求和资源丰富程度将工业区划分为区域，包括农业和渔业、港口和航海、矿产和能源以及旅游和娱乐区。在分割这些海洋用空间单位之后，可以启动海洋牧场分区。有两种设置海洋牧场分区的方案。第一种情况是标记与海洋牧场功能兼容的区域。第二种情况是选择一个需要修复环境与生物资源的区域，该空间可以定义为渔业资源的再生区。但是，该空间必须遵循以下规则：不得在任何工业区、特殊利用区、海洋保护区、特殊海洋保护区、典型的海洋生态系统、河口、海湾、历史文物保护区和其他脆弱地区等自然环境中进行规划。

此外，在确定了所有区域之后，应为需要高生态质量的活动设置缓冲区，如海洋保护区、旅游娱乐区。此外，其余区域应定义为保护区。

第四步，必须将相邻的区域合并为同一类别，并且必须调整区域的边界以利于海洋管理。

### （二）划分功能区域

#### 1. 功能区域划分原则

1）依法依规，绿色发展　严格遵照相关法律法规、技术标准，与海洋功能区划、海洋主体功能区划及用海规划紧密衔接，积极贯彻“创新、协调、绿色、开放、共享”的新发展理念，以蓝色经济产业为主导，推进海洋牧场产业绿色发展，努力实现生态海洋、和谐海洋和安全海洋。

2）尊重自然，尊重实际　立足区域海域资源禀赋与区位优势，充分结合渔业产业发展和养殖用海分布实际现状，明确海洋牧场的功能定位与建设内容，科学布局人工鱼礁、底播增殖、设施养殖、围海养殖等各种建设类型。

3）统筹考虑海洋牧场的海洋水产品产出、休闲渔业发展、水域生态环境修复等各种功能，确保海洋牧场建设和管理的生态合理性优于经济合理性，追求生态、经济和社会三大效益在内的综合效益最大化，实现海洋渔业与资源环境的可持续协调发展。

#### 2. 功能区域组成

1）人工鱼礁区　投放人工鱼礁，建设人工鱼礁区，可以有效地保护缺乏保护能力的幼鱼幼虾，提高其成活率，为鱼类提供良好的栖息环境和索饵场所，有助于资源成倍或数十倍的增加。据美国科研人员长期对比分析：人工鱼礁的鱼类品种一般由非礁区的3～5种，增加至45种左右；人工鱼礁的渔产量，一般比非礁区提高10～100倍，最高达1000倍；对海洋环境起净化作用，投放人工鱼礁后，附近海域的海藻数量成倍增加，海藻可以起到净化海水的作用。人工鱼礁建设后，相当于在沿海营造一批小型的良性人工生态系统，提高海域生产力。

2）贝类增殖区　贝类增殖是在一个较大的水域或滩涂范围内，采取一定的人工措施，创造贝类增殖和生长的条件，增加水域中经济贝类的资源量，以达到增殖贝类产量的目的。其主要措施有封滩养护、改良环境条件、引种或亲贝养殖、孵化放流、防灾除害、保护海洋环境、合理采捕等。

近些年来，我国积极进行贝类的增殖放流，虽然取得了很大的效益，但是仍然不乏负面报道。其原因是我国增殖放流管理部门管理有漏洞，缺乏正确的指导方针、成熟的育种技术以及缺少效果评估技术去规范增殖放流，导致增殖放流从放流水域和时间的选择，到放流物种的选择、放流的规模和质量等都存在盲目性。有些劣质苗种的放流甚至导致病毒在自然水域大规模暴发，影响了原有野生种群的正常生长，影响恶劣。

3）海藻增殖区　用投石方法或投放人工藻礁来增加海藻孢子的附着基，以提高海藻生长量的方法，最终形成海藻床。增殖方法有两种：一种是在有海藻自然苗源的海区中，投放人造基改良底质，增加海藻附着基，使海藻生长更为茂密；另一种是采孢子投放，先在海藻繁殖季节，将石块或人造基投放在海藻生长茂盛的海区，让海藻释放的孢子附着在上面，然后将附着有海藻孢子的石块或人造基移至适宜海藻生长而无海藻的海区，从而扩大海藻生长的范围，达到增殖的目的。为了有效地增殖，往往两种方法兼用。

4）增殖放流区　人工增殖放流是用人工方法直接向海洋、滩涂、江河、湖泊、水库等天然水域投放或移入渔业生物的卵子、幼体或成体，以恢复或增加种群的数量，改善和优化水域的群落结构。广义地讲还包括改善水域的生态环境，向特定水域投放某些装置（如附卵器、人工鱼礁等）以及野生种群的繁殖保护等间接增加水域种群资源量的措施。

增殖放流目标定位不能仅局限于提升增殖种类的资源量，还应确保野生资源群体的环境适应性、遗传资源多样性不会因为投放人工繁育苗种而发生退化和降低；应充分考虑增殖水域生态系统的承载能力，注重其结构和功能的维持和稳定，决不能以破坏增殖水域环境和原生自然生态系统平衡为代价，片面追求增殖放流可能带来的渔业增产收益。

增殖放流是根据现在水生生物资源状况和水域生态环境状况，采取的养护资源、恢复资源的一种措施。因为这些年来，水生生物资源或者称为渔业资源，总体处于衰退的状态。不但是海洋，包括内陆的江河湖泊，甚至一些水域呈现荒漠化状态，水域中已没有水生生物生存，就像陆地上的沙漠一样，这种状态我们形象地称之为水域生态荒漠化。

5）休闲渔业区　休闲渔业就是利用渔村设备、渔村空间、渔业生产的场地、渔法渔具、渔业产品、渔业经营活动、自然生物、渔业自然环境及渔村人文资源，经过规划设计，以发挥渔业与渔村休闲旅游功能，增进人们对渔村与渔业之体验，提升旅游品质，并提高渔民收益，促进渔村发展。换句话说，休闲渔业就是利用人们的休闲时间、空间来充实渔业的内容和发展空间的产业。

### （三）明确设施方法

#### 1. 功能设施

1）人工鱼礁　鱼礁是适合鱼类群集栖息、生长繁殖的海底礁石或其他隆起物。其周围海流将海底的有机物和近海底的营养盐类带到海水中上层，促进各种饵料生物大量繁殖生长，为鱼类等提供良好的栖息环境和索饵繁殖场所，使鱼类聚集而形成渔场。建设单位选择适宜的海区，投放石块、树木、废车船、废轮胎和钢筋水泥预制块等，以形成人工鱼礁，可诱集和增加定栖性、洄游性的底层和中上层鱼类资源，形成相对稳定的人工鱼礁渔场。

2）浮标　浮标，指浮于水面的一种航标，是锚定在指定位置，用以标示航道范围，指示浅滩、碍航物或表示专门用途的水面助航标志。浮标在航标中数量最多，应用广泛，设置在难以或不宜设立固定航标之处。浮标标示航道浅滩或危及航行安全的障碍物。装有灯具的浮标称为灯浮标，在日夜通航水域用于助航。有的浮标还装有雷达应答器、无线电指向标、雾警信号和海洋调查仪器等设备。在海洋牧场上多用于标定功能区位置与检测海域部分要素。

3）多功能平台　近些年新增的海洋牧场设施，是数字化海洋牧场的重要设施，可以实现生产、监测、休闲娱乐等功能。

海洋牧场多功能平台是创新的一种平台体系，以海工平台的概念和主体为依托，以海洋牧场及海上养殖基地为目标用户，打造海上牧场的多功能中心平台，可以通过搭载水文水质监测设备和水上水下监控设备，实现海洋环境监测、牧场看护管理，同时亦可作为海上休闲垂钓观光、海洋垃圾回收等综合服务平台。

**2. 建设方法**

1）人工鱼礁　首先确定预定区域的人工鱼礁类型与结构。设计该海域的人工鱼礁施工方案。依据人工鱼礁建设标准进行施工。

2）浮标　浮标有不同的种类和规格，按布设的水域可分为海上浮标和内河浮标。海上浮标标身的基本形状有罐形、锥形、球形、柱形、杆形等。由于浮标受风、浪、潮的影响，标体有一定浮移范围，不能用作测定船位的标志。若采用活结式杆形浮标则位置准确，受撞后可复位。内河浮标有鼓形浮标、三角形浮标、棒形浮标、横流浮标和左右通航浮标等。浮标的形状、涂色、顶标、灯质（灯光节奏、光色、闪光周期）等都按规定标准制作，均有特定含义。

通过各个功能区位置坐标与各地的相关标准，在其边界建立位置浮标，在部分功能区可以设立检测浮标以监控海域情况。

## 本章小结

1. 海洋牧场选址是海洋牧场建设的基础。应从海洋牧场的生产性、生态系统过程性、人工管理干预性三个角度，系统考虑经济性、安全性、适宜性，进行多目标下的优化决策。海洋牧场选址包括七大原则：基于区位理论的收益最大原则，基于安全生产理念的环境安全原则、基于生物区系的适宜性原则、基于生态系统平衡的生态安全原则、基于区划的和谐原则、基于生态系统的系统管理原则、基于公共安全的食品质量原则。

2. 海洋牧场建设中，根据规划明确的建设类型、建设内容与规模和主要的增殖养护生物对象，开展选址研究。海洋牧场选址应能保证长期可持续地形成相对稳定的局域海洋生态系统，投放人工鱼礁的应能保证不发生严重的礁体冲刷、掩埋、滑移、沉降和倾覆等现象。海洋牧场选址的本底调查内容包括水深、水温、底质、水文、气象、寒潮和台风等灾害天气、潮汐潮流、极端浪高、水体季节性层化、水环境、生物资源历史和现状，及当地社会经济发展等；涉及的技术包括水深、底质及承重力勘测技术，水动力及泥沙冲淤勘测与评估技术，选址目标决策技术等。

3. 海洋牧场选址时，首先根据海洋功能区分类，人工鱼礁的选址应位于农渔业区中的养殖区、增殖区或休闲渔业区；其次，在充分搜集和分析已有资料的基础上，对拟建牧场区的区域稳定性和适宜性做出评价；再次，对预选海洋牧场区进行大面调查，称为海洋牧场初步设计阶段；最后，开展地质环境、水文环境、水质环境和生态环境调查与评价，称为海洋牧场详细设计阶段。

4. 海洋牧场建设是生态系统恢复和重建的过程，即“先场后牧”，综合效益突出体现在生态系统保护、资源养护和经济效益。其中为了使海洋牧场发挥出它的综合效益，科学合理的布局是关键，其中系统的调查评估是海洋牧场布局的基础，科学合理的布局可以打造出具有理念现代化、设备现代化、技术现代化和管理现代化的代表性特征的现代化海洋牧场，使建设的海洋牧场的每个功能区都可以完整的运作。

## 思 考 题

1. 基于目标定位的选址原则有哪些？
2. 基于生态系统的选址原则有哪些？
3. 选址调查的主要内容有哪些？
4. 多目标属性决策问题的解决方法一般有哪几种？
5. 海洋牧场初步设计阶段的工作包括哪些内容？
6. 海洋牧场建设前的地质调查主要目标有哪些？
7. 海洋牧场布局依据的主要原则有哪些？
8. 海洋牧场布局设计的主要步骤有哪些？
9. 海洋牧场主要功能区域组成有哪些？

## 参 考 文 献

卞盼盼．2018．海洋牧场用海适宜性评价空间分析模型研究．徐州：中国矿业大学硕士学位论文．
蔡学廉．2005．我国休闲渔业的现状与前景．渔业现代化，(1)：46-48．
陈德权．2018．辽宁海洋休闲观光渔业发展瓶颈与策略研究．辽宁经济，(10)：68-70．
陈克龙，苏旭．2013．生物地理学．北京：科学出版社．
陈勇，杨军，田涛，等．2014．獐子岛海洋牧场人工鱼礁区鱼类资源养护效果的初步研究．大连海洋大学学报，29(2)：183-187．
崔勇，关长涛，万荣，等．2010．海珍品人工增殖礁模型对刺参聚集效果影响的研究．渔业科学进展，31(2)：109-113．
段丁毓．2019．海洋牧场景观规划策略研究．上海：上海海洋大学硕士学位论文．
高月鑫，曾江宁，黄伟，等．2018．海洋功能区划与海洋生态红线关系探讨．海洋开发与管理，35(1)：33-39．
公丕海．2014．海洋牧场中海珍品的固碳作用及固碳量估算．上海：上海海洋大学硕士学位论文．
黄伟，曾江宁，陈全震，等．2016．海洋生态红线区划：以海南省为例．生态学报，36(1)：268-276．
李滨勇，王权明，黄杰，等．2019．“多规合一”视角下海洋功能区划与土地利用总体规划的比较分析．海洋开发与管理，36(1)：3-8．
李河．2015．山东省海洋牧场建设研究及展望．秦皇岛：燕山大学硕士学位论文．

李磊．2010．珠江口海洋牧场建设思考．海洋开发与管理，27（9）：105-108．
李连凯，陈胜．2011．舟山市白沙岛海洋牧场建设现状分析及发展对策研究．绿色科技，（10）：13-15．
李陆嫔．2011．我国水生生物资源增殖放流的初步研究．上海：上海海洋大学硕士学位论文．
李永振，陈国宝，袁蔚文．2004．南沙群岛海域岛礁鱼类资源的开发现状和开发潜力．热带海洋学报，23（1）：69-75．
李正楼．2002．国家海洋局发布《全国海洋功能区划》．海洋开发与管理，19（5）：64-65．
梁君，王伟定，虞宝存，等．2015．东极海洋牧场厚壳贻贝筏式养殖区可移出碳汇能力评估．浙江海洋学院学报（自然科学版），（1）：9-14．
廖彬彬．2013．热带珊瑚岛礁生态系统风险评价与管理研究．上海：华东师范大学硕士学位论文．
刘卫东，等．2013．经济地理学思维．北京：科学出版社．
刘晓颖．2016．海洋生态红线区遥感监测方案设计与实践．天津：天津师范大学硕士学位论文．
卢飞．2009．基于满意度的休闲渔业体验研究：以甘水湾休闲渔业民俗村为例．青岛：中国海洋大学硕士学位论文．
潘永奇，王慧晨，薛衍祥．2018．基于4P理论海洋牧场中的休闲旅游分析．南方企业家，（2）：231．
秦树辉．2010．生物地理学．北京：科学出版社．
山东省质量技术监督局．2017．DB37/T2982.1-2017．海洋牧场建设规范．
施炜纲．2009．长江中下游流域放流物种选择与生态适应性研究．中国渔业经济，27（3）：45-52．
宋瑞玲，姚锦仙，吴恺悦，等．2018．海洋保护区管理与保护成效评估的方法与进展．生物多样性，26（3）：74-82．
孙芃．2015．海湾生境退化诊断与生态系统结构：功能关系初步研究．青岛：中国海洋大学硕士学位论文．
田涛，陈勇，陈辰，等．2014．獐子岛海洋牧场海域人工鱼礁区投礁前的生态环境调查与评估．大连海洋大学学报，29（1）：75-81．
王超，张伶．2001．航道疏浚对珠江口附近海洋生态环境影响及预防措施．海洋环境科学，20（4）：58-60．
王栋梁，余景，陈丕茂．2020．海洋牧场建设技术研究进展．安徽农业科学，48（6）：7-11．
王倩，郭佩芳．2009．海洋主体功能区划与海洋功能区划关系研究．海洋湖沼通报，（4）：188-192．
王伟定，梁君，毕远新，等．2016．浙江省海洋牧场建设现状与展望．浙江海洋学院学报（自然科学版），35（3）：181-185．
王文彬．2015．休闲观光渔业的发展模式与措施．新农村，（5）：32-33．
王雁，吕冬伟，田雨，等．2020．大型海藻、海草在生态养殖中的作用及在海洋牧场中的应用．湖北农业科学，59（4）：124-128．
吴桑云，王文海．2000．海湾分类系统研究．海洋学报（中文版），22（4）：83-89．
颜泽贤，范冬萍，张华夏．2006．系统科学导论：复杂性探索．北京：人民出版社．
杨红生，许帅，林承刚，等．2020．典型海域生境修复与生物资源养护研究进展与展望．海洋与湖沼，51（4）：809-820．
姚天舜．2017．青浜大型海洋藻类生态分布与人工海藻场生境构造技术．舟山：浙江海洋大学硕士学位论文．
于亚群．2016．獐子岛海洋牧场区游憩价值评估．大连：大连海洋大学硕士学位论文．
张广海，张震．2013．海洋牧场化解休闲渔业发展矛盾．中国渔业经济，31（3）：25-28．

张桂华．2005．我国休闲渔业的现状及发展对策．长江大学学报（自科科学版），2（8）：98-102．
张涛，奉杰，宋浩．2020．海洋牧场生物资源养护原理与技术．科技促进发展，16（2）：206-212．
张志强．2017．环渤海地区海洋产业生态系统适应性研究．大连：辽宁师范大学硕士学位论文．
赵锦霞，张志卫，布局王晶，等．2016．浅谈我国生态岛礁分类建设．海洋开发与管理，33（z2）：19-23．
朱晓东，李扬帆，吴小根，等．2005．海洋资源概论．北京：高等教育出版社．
Anderson W P．2017．经济地理学．安虎森，吴浩波，陈飞，等译．北京：中国人民大学出版社．
Cox C B，Moore P D．2007．生物地理学：生态和进化的途径．7版．赵铁桥，译．北京：高等教育出版社．

# 第六章 海洋牧场生态系统构建

海洋牧场生态系统的构建是利用自然的海洋生态环境，通过一系列规模化的渔业设施和系统的管理体制，为人工放流的经济海洋生物营造适宜的栖息场，从而进行有计划、有目的的持续开发利用。海洋牧场生态系统的建设与运行管理涉及海洋物理、海洋化学、海洋地质、海洋生物、海洋环境等基础科学的理论知识应用集成。

## 第一节 养护种类选择与生态适应性

生物资源养护是指采取有效措施，通过自然或人工途径对受损的某种或多种生物资源进行恢复和重建，使退化的渔业资源或生态系统功能得到改善、恢复的过程。生物资源养护是现代化海洋牧场建设的核心内容，主要内容包括生物栖息生境营造、适宜性增殖物种筛选与扩繁、牧化物种增殖与采捕、效果评估和管理等技术的研究与运用，以实现牧场渔业生物的资源产出功能最优。生物资源养护是一个复杂的系统工程，主要包括资源恢复工程和保护管理工程。资源恢复工程包括增殖放流（stocking enhancement）和自然增殖（restocking），强调了增殖放流活动应该有利于海洋牧场生态系统的食物网结构优化，增殖放流前应该进行增殖潜力评估；自然增殖则应该注重海洋无脊椎动物幼虫附着变态机制研究与重要经济动物产卵场的恢复技术研发。保护管理工程则包含了栖息地修复与保护、生物资源调查与监测、生物资源评估与预测、生物资源科学采捕四部分。目前我国有关海洋牧场生物资源养护的理论基础仍较弱，制约了我国现代化海洋牧场建设。

### 一、增殖放流原则

开展渔业资源增殖放流是扩增渔业种群数量最直接有效的手段，也是贯彻《中国水生生物资源养护行动纲要》的重要措施。在拟增殖水域开展经济种类的增殖放流，可迅速扩大这些物种的种群数量，加快自然种群的恢复，从而保证海洋牧场的可持续发展。

增殖放流活动应充分考虑生物资源之间的竞争、遗传结构变化以及不同物种间的捕食关系，应有利于海洋牧场生态系统的食物网结构优化。食物网通过描述生产者与消费者之间的捕食作用来表征生物间最重要的相互作用，也是研究生态系统脆弱性与优化生态系统结构的切入点。受增殖品种类型单一、生态位重叠严重，以及整体近岸生态系统食物网结构的简单化等因素影响，我国海洋牧场生态系统食物网结构也趋于简单化。以优化海洋牧场食物网结构为目标的增殖放流活动，将有利于海洋牧场生物资源的恢复（张涛等，2020）。

每个海洋牧场的水域形态、地形地貌、水文环境、渔业群落组成、渔业捕捞的对象、方式等均存在差异，因此，必须在不同的水域有针对性地实施资源增殖放流，确保放流对象尽可能迅速地适应该水域的生态环境，融入原有的天然种群中去，从而实现扩增种群数量的目标（图6-1）。在确定具体放流种类前应全面调查拟放流水域的渔业生态状况，掌握该水域的渔业资源本底资料，以便科学地确定放流对象的类型和数量。首先要考虑水生生态系统的饱和程度及放流对象对饵料资源的利用状况，应视水体饵料状况区别对待：①若水生生态系统处于饱和状态，各营养级饵料资源都能得到充分利用，经济价值低的野杂鱼数量控制在较低水平，则不宜开展人工放流；②若水域饵料资源组成中的某个类群数量不足，不能满足原定居鱼类的饵料需要，则应考虑先行引入饵料资源，如适当放流低营养级的饵料鱼类；③若水域中饵料基本正常，但没有得到充分利用，则可考虑开展水域原有鱼类的人工放流，或引入能够利用该水域剩余饵料的鱼类；④若水域中的饵料资源被具有经济价值的鱼类加以利用后尚有剩余，则可考虑引入新的种类，以重构新的鱼类区系，引进数量应根据水体中饵料的实际存量确定。其次，确定了放流物种的类型后，应根据以下四点原则具体选择放流种类和数量（施炜纲，2009）。

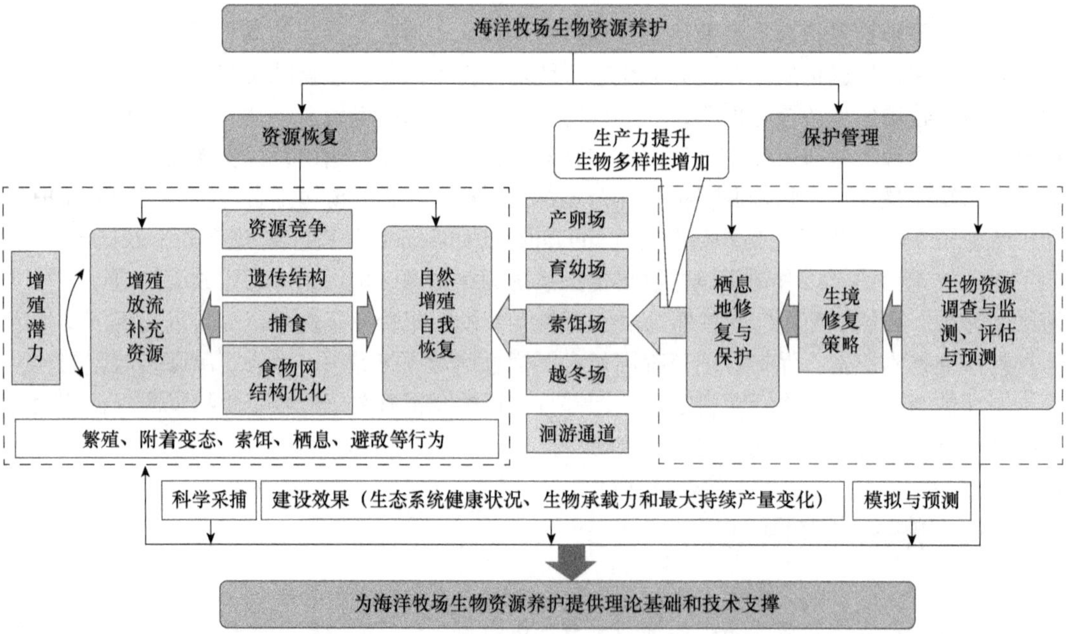


图6-1　海洋牧场生物资源养护原理与技术示意图（张涛等，2020）

**1. 生态优先原则**　人工放流只是针对性地对生态系统进行完善，而并非改变。如果放流品种选择不当，有可能出现生物入侵或生态失衡现象，给土著种类的生态造成难以估量的破坏。因此，在选择人工放流的种类时，必须首先保证生态安全性，严格控制人工放流的数量，不得超过系统所能承受的生态阈值，使放流活动在有针对性扩大某些种群数量的同时，又能够促进放流水域生态系统的良性发展，以期获得理想的生态效益。

**2. 经济回报原则**　海洋生态系统中生物多样性的自身结构，就具有一定稳性和抗性来保持其生态功能的完整，这种功能的完整是维持多样性、持续均衡渔产潜力的基础。牧场建设中通过合理调整渔业组成结构，适量增殖放流部分短缺的经济种类，有利于培育平衡、高效的渔业生态系统；通过向系统中输入更多的物质与能量，使其能够以更高的效率产出生物产品，达到经济效益与环境效益的协调发展。因此，在选择放流品种时，在生态优先的前提下应充分考虑该种类可能带来的经济效益，选择具有经济价值较高、适应性强、生长周期短、生长快、饵料利用率高、食物链短、滤食性等特征的放流种类使渔民增产增收是牧场长期运维的重要基础。

**3. 自然增殖原则**　自然增殖包含两个方面的含义，一是生长增殖，二是繁殖增殖。生长增殖是指在天然水域条件下，在没有向水体输入外源饵料的情况下，利用天然水体中的天然饵料资源自然生长。因此，增殖种类选择时应充分考虑拟选种类的食性与天然水体中的剩余饵料资源是否一致。繁殖增殖则要求选择的放流种类在天然水体中能够自行生长，发育达到性成熟，最终能自然繁殖，形成一定的野生种群。

增殖放流不是恢复海洋牧场生物资源的唯一方式和途径。对一些适应性强的品种（如脉红螺、滩涂贝类和头足类等），通过有效保护野生种群和修复栖息地环境，即可以达到恢复生物资源的目的。目前我国对一些重要野生经济物种的自我补充规律研究基础薄弱，无法为野生种群自我恢复提供足够的理论依据与技术指导。

海洋牧场建设过程中的栖息地修复和资源养护行动，可以使海洋牧场区成为一些海洋生物的重要产卵场，从而对生物资源的自我恢复起到积极推动作用（张涛等，2020）。

**4. 质量优良原则**　水生生物资源增殖放流种类的选择首先应当是原种或者原种子一代种苗，应禁止向天然水域放流杂交种、转基因种、外来物种及其他种质不纯的不符合生态安全要求的物种。其次，应选择种苗培育技术成熟、能够进行大批量培育，而且培育成本低、生长快、经济价值高的种类，如对虾、梭鱼和海蜇等，这样才能缩短拟放流海区的食物链，提高海区的资源量，达到资源增殖的目的。放流增殖种类的选择还应考虑该种类在海区的栖息分布习性和水生生态系统的饱和程度及放流对象对饵料资源的利用状况。外来物种增殖放流必须经过严格的科学论证，并通过省级以上渔业行政主管部门组织的生态安全评估方可进行；所有的放流苗种都必须由省级以上渔业行政主管部门批准的水生野生动物驯养繁殖基地、原良种场和增殖站提供。对放流水产苗种生产过程要进行全程跟踪。要求生产单位提供水产苗种生产日志、亲本状况、苗种生产方式和苗种检疫证明等。

另外，考虑到长距离洄游的种类，由于其洄游分布距离长，无法对其进行管理和利用，所以应当放流一些短距离洄游或者定居性的种类（李陆嫔，2011）。

## 二、养护种类选择

人工鱼礁是人为放置在海床上的一种或多种天然或人工构造物，可以改变与海洋生物资源相关的物理、生物和社会经济过程，达到保护、增殖和提高渔获量等目的（杨红生等，2020）。人工鱼礁具有的生态功能主要有：改善海域的生态环境，营造海洋生物的良好栖息环境，为鱼类、贝类等海洋生物提供生长、繁殖、索饵和避敌的场所等。

国内主要研究了真鲷、许氏平鲉、牙鲆、鲍、海胆、刺参等在不同结构、材料鱼礁表面的附着效果与周围的聚集效果，从生物学角度为人工鱼礁的结构选型提供依据。在此基础上，逐渐形成了适宜的增殖种类筛选流程，并建立了生态系统水平的增殖种类生态容量评估技术。构建了融合增殖群体数量动态、生态适合度和生态风险于一体的增殖效果量化评估指标体系，建立了以调查实测和模型模拟为核心的增殖功效评估方法，研发了基于回捕强度和回捕规格的增殖资源高效利用方式。针对海洋牧场牧化品种增殖放流技术研发了适宜品种筛选技术、最适放流规格和数量技术、鱼虾苗种中间培育技术、标志放流技术，目前我国已建立起南海生态增殖型、东海聚鱼增殖型和黄海海珍品增殖型海洋牧场配套技术模式，并建立了海洋牧场立体优化增殖技术模式，有力推动了我国海洋牧场的建设（王栋梁等，2020）。

## 三、海洋牧场分类

海洋牧场按照建设规划、方式和功能的核心特色，可划分为5种类型。

### （一）游钓型海洋牧场

主要是休闲海钓示范基地。坚持“礁、鱼、船、岸、服”五配套，即投放生态礁、放流恋礁鱼、规范海钓船、美化海岸线、搞好系统服务，以休闲海钓为核心特色，注重全产业链、全服务链，打造特色鲜明的“海上高尔夫”。

### （二）投礁型海洋牧场

主要是经济型人工鱼礁建设。尊重自然法则，以投放人工鱼礁、改良海洋生态环境为核心特色，把维护海洋生态、修复生物资源作为主要方向，形成有利于海洋生物繁衍生长的天然渔场。

### （三）底播型海洋牧场

主要是浅海贝类和优质海珍品增殖。以底层贝类和底栖性海珍品的增殖为核心特色，对海域滩涂进行整体规划，按园区牧场的模式打造。例如，在黄河三角洲以及胶东半岛沿海区域建设的滩涂贝类、优质海珍品等底播型海洋牧场。

### （四）装备型海洋牧场

主要是深海养殖工船和大型智能网箱。运用现代技术装备、实施离岸自然养殖，根据不同海域环境特点、水动力变化规律、水质特征和适养品种，深入研究深水网箱结构、大型养殖工船构造、适合的养殖技术，实现养殖生产的生态化、自动化、高效化。

### （五）田园型海洋牧场

主要是以筏式养殖为标志的立体生态布局。要把立体、生态、循环养殖作为核心特色，充分利用海域不同的空间，采用传统农业间作的模式，实现鱼、虾、贝、藻、参多营养层级科学增养殖，推进渔业生态化发展。

## 四、生态适应性

海洋牧场建设皆需考虑海洋物理化学等环境因素的影响，选择水质和海域环境适合的海域用于牧场用海，具体包括海洋水文条件因素、海洋水质条件因素和海洋生物生态条件因素等。此外还要考虑由人类活动而产生的空间制约条件因素。这些因素中又包含了更多次级的指标，如海洋水文条件因素包括坡度、水深、海流；海洋水质条件因素包括溶解氧、透明度、无机氮、叶绿素a、硅酸盐、硫化物等；生物生态条件因素包括浮游动物密度、浮游植物密度、底栖生物密度等；空间制约条件因素分为可量化指标和剔除性因素指标，可量化指标与前面三大指标类似，做指标的量化提取，包括社会经济因素、台风灾害因素、寒潮灾害因素；剔除性因素指标则表示该指标所包括的区域直接不考虑作为海洋牧场的用海建设。

海洋牧场建设区水质非常重要，直接影响着增殖生物的生长和繁殖。例如，在较深海域海水含氧量低进而导致以人工鱼礁为主的海洋牧场区不能很好地发挥其功能，另外，人类活动会引起海水质量的变化，要注意海洋牧场建设用海周围海域的污染状况。

海洋牧场构建海域的水环境应满足国家和水产养殖行业发布的基本水质标准要求，如《海水水质标准》(GB 3097—1997）和《渔业水质标准》(GB 11607—89)。浊度、盐度（河口或近岸海域)、溶解氧、生物耗氧量、水文范围污染水平等因子会直接影响海域的生物生产力。例如，溶解氧低的海域生物量会相对较少，浊度高的海域会影响潜水员的视线使得海产品的采捕工作变得困难，而此时可能会适宜一些鱼类的聚集。有水体污染风险的海域直接不予考虑，以防造成日后的食品安全问题。水体营养状况适中，贫营养会造成浮游植物初级生产力过低，难以满足海区生产需求，而富营养化容易导致赤潮或藻华。海洋牧场用海海域还应保证水体无重金属或有机物等有毒物质的污染（卞盼盼，2018)。

投放人工鱼礁的海域应具备一定的底质条件。投放人工鱼礁海域的底质最好为平坦、较坚硬的海床。人工鱼礁的投放可以改变海域底质地貌，在鱼礁区形成涡流，有利于形成良好的饵料环境，促进鱼类栖息。通常认为，投礁海域的水深一般不能低于15m，低于15m时，投放鱼礁会影响海面船只的正常航行，鱼礁也容易受到恶劣天气时波浪的冲击，从而影响鱼礁的稳定性。良好的透明度以及适宜的盐度和温度可以促进礁体上生物附着及其光合作用，提高海域初级生产力。海域的流速以平缓为宜，平缓的流速有利于冲刷人工鱼礁上附着的污染物，而且不会导致鱼礁移动或翻倒。水质和浮游生物的优良状况也是选择投放人工鱼礁海域必须满足的条件，即所选海域的水质必须能满足鱼类栖息、繁殖的条件，而海域内丰富的浮游生物也是良好渔场形成的基础。目前，中国投放人工鱼礁都选择在良好的鱼类索饵场且有多种鱼类栖息的海域（田涛等，2014)。

海洋牧场建设的本质仍为海水增养殖，然而，这与海岸带的其他活动，如旅游、航运等因素相冲突，因此，海洋牧场用海适宜性评价除考虑海洋水域本身自然环境因素，如海洋水文环境、海洋水质环境、海洋生物生态环境等因素影响，还应考虑由自然灾害、人类活动等引起的空间制约因素的影响（卞盼盼，2018)。

人工鱼礁对鱼礁区的海洋生物具有良好的聚集、养护和增殖效果。海洋牧场鱼礁区建成后，鱼类的栖息环境良好，生长环境得到了改善，同时鱼礁流场效应也对鱼类聚集产生了影响，一些岩礁型鱼类的资源量增加，群体个体平均体质量增长显著，促进了鱼类的生长。鱼礁的布设虽为小型鱼虾类提供了庇护所，但肉食性鱼类的增多给小型鱼虾类的生存带来了压力。因此，在鱼礁区建设中，应根据海域的实际情况，投放不同种类、不同礁型的人工鱼礁，以形成良好的鱼礁区生态系统（陈勇等，2014)。

生态适应性是一个动态过程，它是根据当前环境发展的现状、预期可能出现的状况对发展目标等方面所具有的调整能力、学习能力。适应性是一个目标，它是生态系统和经济需要的功能在两个方面建立一种预定目标，通过提高科学的管理和监控及管理活动的控制，目标是实现各子系统、影响因素良性互动、循环发展，以满足不断变化的生态系统的功能需求。此外，适应性是一种行动，在不同的阶段采取不同的调整策略，以期能够实现利益最大，损失最小，进而在过程、行动、实践上进行改变。

海洋产业生态系统适应性评估指标体系的建立遵循了下列基本原则。

### （一）主导性与综合性相结合

主导性是为了突出重点，对影响较大和具典型代表性的因素进行着重分析；综合性是为了全面地分析影响海洋产业生态系统适应性的自然资源条件、环境条件以及社会发展等因素。

### （二）科学性和可操作性相结合

科学性要求我们在选取评价指标体系进行评价时，须以科学的态度客观、公正地选取指标，指标体系内的各项具体指标能够反映研究对象的本质特征。可操作性则要求我们在选取指标体系时要考虑指标体系的实用价值，即指标体系中各指标应易于被测定或量化。

### （三）动态性与静态性相结合

海洋产业生态系统是开放变化的系统，因此采取动态性与静态性结合的方法，指标体系中应包括反映现状的指标和反映未来变化趋势的指标，以准确地评价地区海洋产业生态系统适应性现实情况并预测其未来发展趋势。

### （四）独立性与可比性相结合

独立性是指选取的指标应相互独立，剔除相关性较大的评价指标以避免重复计算。可比性是指指标的选取要易于理解，准确规范（张志强，2017）。

# 第二节　苗种扩繁与中间培育

优质的种苗是提高水产品增养殖产量和改善品质的基础。目前，我国主要的水产增养殖种类的人工育苗技术已经成熟并逐渐规模化和商业化，能够满足生产实际需求，某些品种甚至会出现产能过剩。水产苗种繁育是指在传统的选种育种和杂交育种基础上，通过染色体操作、细胞工程、基因工程等手段进行水产品育种，已是全球化的趋势，经济效益显著。本节主要包括苗种繁育方式选择、繁育场设计要求、海产经济动物繁育技术三个主要部分。

## 一、苗种繁育方式选择

### （一）苗种

苗种繁育也称繁育、人工育苗或苗种扩繁，可分为全人工繁育和半人工繁育。全人工繁育是指从人工繁殖的苗种培育至性成熟并繁殖后代的生产过程。半人工繁育是指利用自然群体中的个体培育至性成熟进而繁殖后代的生产过程。苗种繁育的优点是能够按照生产计划进行，苗种规格整齐、健康，缺点是对技术要求较高且成本相对较高。

海区半人工采苗的优点是成本低，省去亲体培育、促熟、催产等环节，缺点是生产不稳定，受制于自然条件限制，不能按计划生产。在潮间带的高潮区、中潮区或饵料丰富的泥质滩涂的涂面四周筑低坝，塘底涂面低于塘外涂面，塘的下角留出入水口，涨潮时海水可淹过塘坝，退潮后滩面蓄水供埋栖性贝类幼体附着，或者在潮下带和浅海区投放附着基供贝类幼体附着，以实现利用自然海区贝类繁殖亲体采苗的目的。

### （二）中间培育

达到出苗规格的苗种一般偏小，可供池塘放养。由于刚出繁育池的幼体体质幼嫩，摄食能力、适应能力及抗病能力都比较弱，必须有适宜的生长环境和良好的饲养管理，才能使苗种生长发育正常，达到增殖放流的要求，提高成活率（王克行等，2008）。中间培育包括培育设施的选择、设施消毒、进水过滤、放养密度选择、饲养过程管理五大环节。

## 二、繁育场设计要求

苗种繁育工艺流程包括苗种繁育设施的准备、亲体购入与培养、产卵与孵化、幼体培育及出苗。其关键技术是水环境调控、科学投饵和病害防控。

各种鱼、虾、蟹、贝的苗种繁育技术虽有所不同，但其基本原理一致，在此介绍苗种繁育的共同原理和通用技术。

苗种繁育场场址的选择、设计和建造是建场后能否维持正常生产的关键。因此，设计者必须根据鱼、虾、蟹、贝等亲体和幼体发育的生态学需求选择适宜的环境，因地制宜设计出既利于幼体变态发育，又便于操作和节省能源的苗种繁育场。此外还应考虑苗种繁育场的综合利用，既有利于虾、蟹苗培育，又可培育贝苗和鱼苗，以提高经济效益。

### （一）苗种繁育场选址

**1. 地理位置** 苗种繁育场应选择海水水质良好的区域，且具有充足淡水水源的沿海地区，交通尽可能方便，淡水资源和电力能源供应有保障。理想的位置是背山面水的潮上带，地势平坦或具有一定坡度。应远离养殖区，避免成体养殖中的病原体对繁育用水的潜在危害。

**2. 水源条件** 海水鱼、虾、蟹、贝苗种繁育场应选沿海潮流通畅，不受工农业及养殖污水影响的海区。海水的盐度为25～33、pH为8.0～8.4，淡水pH应为7.0～7.6。化学耗氧量3mg/L以下，氨态氮0.1mg/L以下，不含硫化氢等有毒物质。

苗种繁育阶段幼体对环境有害物更为敏感，对水质要求更加严格，其水质指标应按照行业标准要求，如《无公害食品 淡水养殖用水水质》（NY5051—2001）和《无公害食品 海水养殖用水水质》（NY5052—2001）。甲壳类幼体对有毒的重金属离子、农药均很敏感，特别是对杀虫剂耐受能力极低。

淡水资源要有保障，苗种繁育过程的海水盐度调节、锅炉用水及生活用水均应满足生产需求。

**3. 浮游生物** 有益的饵料生物占优势的海区通常繁育较顺利。例如，牟氏角毛藻、骨条藻、菱形藻、金藻为优势种的海区，一般都是繁育的高产区；相反，裸甲藻、原甲藻、海洋尖尾藻（残沟虫）、夜光藻及蓝球藻占优势的海区，则繁育多不顺利。所以，选择苗种繁育场址时应进行全年特别是生产季节的浮游生物的定性、定量调查，选择浮游生物组成较好的海区附近建场。陆地水塘较多的地区，常有大量野生轮虫繁殖，可为虾苗培育提供优质饵料。

**4. 能源条件** 工厂化苗种繁育需要充足的电力保障和热源，应选择供电充足而稳定的地方，以保证生产的正常进行。池水加热需要大量的热能，若能选择具有天然地热或工厂余热的地方建场可降低生产成本。

**5. 社会条件** 交通、治安、劳动力、市场等条件也是建场应考虑的因素。由于近年市场流通的发展，亲体、苗种常需空运，选择离机场近的地方更为有利。

### （二）苗种繁育场基本设施

苗种繁育场的设计应根据生产性质和规模以及场地特点灵活掌握。苗种繁育场的规模可根据苗种需求量设计，有从亲体培育、产卵、孵化、幼体培育，直到商品苗种的全过程生产。设计规模应以苗种需求量为基准。以对虾苗种繁育场为例，一般可按每立方米繁育池（水体）单茬培育商品规格虾苗10万尾左右设计，其他品种各异。

一个规范的海产动物繁育场基本构成包括：一场二区三室四系统。一场即繁育场；二区包括生产区（主体）加办公、生活区（附属），原则上两个区要保持一定的间隔距离，降低相互影响；三室是指苗种繁育室、饵料培养室和实验室；四系统包括供水系统、供电系统、供气系统和供热系统。

**1. 苗种繁育室** 苗种繁育室通常东西走向为主，应具备光照可调、保温、通风等条件，一般房顶用平板玻璃或透光率70%以上的原色玻璃钢波形瓦或透明塑料薄膜覆盖。在白天室内光照可达10 000lx左右。池顶、窗户设遮光帘，以调节光照强度。北方繁育室墙壁通常为砖混结构，最好用保温材料。塑料有单层和双层两种，保温和采暖效果均很好，且成本低。亲体培育室要求保温性强、光线较暗，屋顶不需透明。南方繁育池还可设在凉棚内。

苗种繁育池和亲体培育池可以通用，平面形状通常设置为长宽比2∶1或5∶3的长方形为宜，池深1.5～1.8m，容积10～50$m^3$，池壁砖砌，水泥抹面，池内四角抹成弧形，池底排水孔与其他区域的高度差（坡度）应不小于1%。排水孔设在池子低端，孔径因池子的大小而异，一般以10cm为宜。每个繁育池都应设有供水、供气和加温管道，管道安装要坚固安全，便于操作和维修。排水口外设置集苗水槽，槽底应低于池底排水口30～40cm。集苗槽的长、宽、高一般为1.2m×1.0m×0.8m，集苗槽外接排水沟。

**2. 饵料培养室** 包括卤虫孵化室、单细胞藻类培养室和动物性饵料培养室（如轮虫）。

（1）卤虫卵孵化可采用卤虫冬卵孵化器或小水泥池、水缸等设施。

（2）单细胞藻类培养室主要培养饵料用单细胞藻类，光照要求在晴天中午能达到10 000lx以上，屋顶采用玻璃或透光率强的玻璃钢波形瓦覆盖，有较大的窗户。室内设有单细胞藻类保种间、二级培养池和三级培养池，且二级、三级培养池的总容量为繁育池的10%～15%。二级培养池面积可为1.5～2.0$m^2$，池深0.8m左右；三级培养池面积可为10～15$m^2$，池深1.0m。二级、三级培养池均应配有人工光源、增温及充气设备。单细胞藻类培养也可采用塑料袋吊挂式、立柱式及封闭流动式培养方法，还可建室外水泥池或土池培育混合饵料。

（3）动物性饵料培养室主要用于培养轮虫，培育池面积10～15m$^2$，池深1.2～1.5m。池内必须有充气和增温设备。其总容量约为繁育池的10%。轮虫也可在室外塑料大棚内或露天土池培养。

**3. 实验室** 实验室主要进行胚胎及幼体检查、水质检验等工作，应配备生物显微镜、天平、水质监测仪器或试剂盒等常规器材。

**4. 供水系统** 包括水源、蓄水池、高位水池、过滤池（或过滤器）、水泵及进出水管道等。

（1）水源应为符合苗种繁育要求的水源。

（2）蓄水池有蓄水和沉淀两个作用，土池或水泥池均可，为达到较好的沉淀效果，蓄水池最好建2个以上，轮流使用，蓄水量至少应能满足一个生产周期使用。通过闸门或水泵纳水，采用水泵提水的也可将蓄水池建在高位处，兼顾高位水池功能。

（3）高位水池利用势能自动供水，应建在高于用水池1m以上的位置。高位水池水量为100～200m$^3$，通常设置两个，便于轮换清洗。

（4）砂滤池或反冲式过滤器通常采用开放式砂滤池，利用水的重力自动过滤，该方式过滤速度稍慢，需要人力冲洗，但水质较好，经济适用。反冲式密闭加压过滤设备体积小、过滤快，费用略高。

（5）供水管道宜使用聚乙烯、聚丙烯或PVC管，切勿使用镀锌管。

**5. 供气系统** 亲体培育池、繁育池和卤虫孵化、生物饵料培养池等均应具备充气条件，要求使用无油的鼓风机。供气量每分钟应达用气水体的1%～3%。供气系统包括风机、储气罐、主供气管道、阀门、支供气管道、池内支管和散气石。

鼓风机风量大、压力稳定，气体不含油污，可长时间不间断运行，适合大型繁育场使用。小繁育场可选用旋涡气泵或层叠式气泵，以降低能耗。在选用鼓风机时注意风压与池水深度间的关系，如水深1.5m的繁育池，应选用风压为0.35kg/cm$^2$的鼓风机；水深1.0m以内的繁育池，应选用风压为0.20kg/cm$^2$的鼓风机。

池内散气有两种方式。一是用散气管，即在池底安装直径2cm的硬质聚乙烯管，每60～80cm一根，管上每隔3～5cm钻一个孔径2mm的出气孔。该法优点是简便，缺点是气泡较大，增氧效果差。二是使用散气石，即在充氧软管的末端接散气石，气泡大小可调，增氧速率显著好于散气管。

**6. 供热系统** 依不同地区气候和能源状况的差异，可采用不同的增温设备，如热水锅炉、电热器、工厂余热和地热源等。利用锅炉增温，每1000m$^3$繁育水体需配备蒸发量为（0.5～1）t/h的锅炉一台。池内用耐腐蚀的钛管或不锈钢管作散热管道。

**7. 供电系统** 繁育期需不间断地充气和供水，因此，繁育场必须有稳定的电源或备用发电机组。此外，应具备水质分析室、生物监测室及工人工作室。

## 三、海产经济动物繁育技术

### （一）繁育前的准备工作

周全的准备工作是保证繁育工作顺利进行的前提条件。落实生产计划，准备生产器具，准备繁育池、常用药品和饲料，开展车间管理培训后，可模拟实际生产进行一次试运行。目的是检验各个系统，特别是供气、供热系统是否能够正常运行，发现问题及时解决。

### （二）亲体培育

用于苗种繁育性成熟的鱼、虾、蟹、贝等称为亲体（亲本）。亲体培育不仅可避免捕捞天然亲体对资源的破坏，也是解决异地引种的必要手段。人工培育亲体，还可根据生产需要，提早或推迟其繁殖期，以便进行多批次繁育。亲体培育也是选种育种的一个重要手段。由于近亲繁殖等原因，连续多代地培育也会造成种质退化或变异，因此，建议通过异地亲体配对解决近亲交配问题，获得的则是更适于环境条件的遗传特征，从而选育出优良品种。因此，从引种、选种育种、资源保护和发展养殖的观点，人工培育亲体具有重要意义。亲体培育包括亲体来源与选择、亲体培育两个主要环节。

### （三）产卵与孵化

**1. 促熟与催产** 为了能够按照计划进行苗种繁育，当亲体培育临近性成熟时，在产卵前需对繁育用亲本采取促熟或催产措施。

**2. 产卵与受精** 当亲体发育至性腺成熟时即进入产卵、受精与孵化阶段。鱼类的产卵通常有两种形式，一是自然产卵，实施人工培育的亲鱼，如果性腺发育良好，在适宜的温度等条件下，经催产或不经催产，亲鱼可自然产卵受精。二是人工诱导挤卵，当发现卵巢的卵接近成熟时，可采用催产剂进行诱导产卵，一般注射催产剂1～2天便可进行采卵、取精，人工授精。虾蟹类产卵有两种方式，一种是直接将卵产于海水中，纳精囊同时排出精子，受精卵在水中受精并开始胚胎发育，如中国对虾、日本囊对虾等；另一种是抱卵，即产出的卵受精后直接附着在雌体腹部附肢的刚毛上，由亲体保护胚胎发育，直至孵出幼体，如三疣梭子蟹、拟穴青蟹等。

**3. 受精卵的孵化** 对于非抱卵的种类，通常将洗卵及消毒处理后的受精卵移至专用的孵化池、孵化缸、网箱等设施中进行孵化，也可以在原产卵池或幼体培育池中进行孵化。孵化密度依不同种类、受精卵规格、孵化周期等而有很大差异，鱼类的孵化密度为（5～100）$\times 10^4$尾/$m^3$。虾蟹类孵化密度一般控制在（5～20）$\times 10^4$只/$m^3$范围内，而贝类的孵化密度在（10～60）$\times 10^6$只/$m^3$。抱卵种类的受精卵孵化，主要是抱卵亲体的饲养，根据胚胎发育所需要的环境因子，提供充足而营养丰富的饵料让胚胎在亲体的保护下完成孵化过程，在胚胎发育过程中，抱卵亲体是单独进行培养的，待胚胎发育至即将脱模前移至孵化池或幼体培育池，抱卵亲体的饲养密度为2～10只/$m^3$。

**4. 选优** 根据活力、集群能力、形态等初孵幼体可以分为几个等级，或幼体发育到某一阶段出现明显的强弱之分，弱的幼体难以培育且无培育价值，必须经过选优（去除活力弱、畸形等幼体）。健壮的幼体多集中于水体的中上层，因此，可以将中上层健壮的幼体选入另池培育，此过程称为选优或选育。常用的选优方法有虹吸法、网箱浓缩法、撇取法等。

### （四）幼体培育

**1. 生物饵料的培养** 开口饵料是苗种繁育过程中的关键。目前，最好的开口饵料还是生物饵料，如单细胞藻类等。生物饵料是苗种繁育生产中不可或缺的物质基础，至少目前尚无法被人工配合饲料所完全替代。生物饵料具有营养丰富、易消化吸收、可人工规模化培育等优点，单细胞藻类除了可作为饵料以外，还可净化和稳定水质（成永旭等，2013）。

**2. 饵料与投喂**　不同种类的幼体，由于消化系统结构及完善程度不同而导致消化吸收能力不同；同种类幼体不同发育阶段其摄食方式不同、对营养物质的需求也不同。所以，饵料的选择与投喂必须满足不同种类、不同发育阶段幼体的需要。

（1）开口饵料：鱼、虾、蟹、贝等受精卵完成胚胎发育即进入孵化阶段，初孵幼体的共同点就是突破卵膜，从一个相对稳定的内部环境开始面临一个复杂多变的外部环境，能否适应外部环境是决定其能否顺利发育成长的第一关。初孵仔鱼大多数具有卵黄囊，此时不需要从外界获取营养，靠卵黄囊里的物质提供营养，该阶段为内源性营养阶段；幼体消化系统不完善，历经前仔鱼期、后仔鱼期、稚鱼期和幼鱼期四个发育阶段，因品种和水温不同，短则数日，长则数十天。开口饵料最基本的要求：适口性、营养性、易消化吸收性、易得性和无毒副作用。

（2）投喂量：投喂量也是影响幼体发育的关键因素之一。幼体培育阶段饵料投喂量不应受限于幼体培育密度，必须使培育水体中饵料维持一定的密度。幼体生长发育摄食需求的最低密度又称临界密度。第一次投喂必须达到临界密度，之后根据摄食情况适时补充投喂，使培育水体中的饵料始终保持在临界密度以上，确保饵料供应充足。微颗粒配合饲料的投喂量既要防止投饵不足无法满足幼体生长发育的需要，也要避免过量投喂造成水质、底质污染。

（3）投喂方法：为了投喂均匀建议对生物饲料采用全池泼洒，而代用饵料，如鱼糜等或微颗粒配合饲料，投喂时建议泼洒均匀且保持良好的充气状态，最大限度减少饵料沉底。具体投喂次数需综合研判，一般采用“少量勤投”的措施实现精准投喂。

（4）分苗或移池：根据实际情况和生产计划，如出苗规格、密度等，需定期进行分池疏苗或移池培养。分苗是将原来一个幼体培育池中的苗种按照培养密度计划分到两个或更多个池中进行培养，分苗方法常采用虹吸法。鱼类幼体培育过程中一般要进行数次分苗。一些贝类幼体发育至特定阶段需要附着、固着或潜底，或者为减少蟹类幼体自残提高成活率，适时投放符合要求的附着基是保证苗种繁育顺利进行的有效措施之一。

（5）病害防控：病害防控贯穿于整个苗种繁育生产过程。为保证苗种繁育的顺利进行，应坚持以防为主，科学、合理调控水质，既保持水质清新，满足幼体生长发育的需求，又能够使水质相对稳定不引起幼体的应激反应。一旦发生病害应认真检查病原，严谨分析，找出病因，根据病害性质、种类及病害程度，进行分类处理。若不能治疗或治疗成本太高应果断放弃治疗，严格隔离发病池口，进行无害化处理后排空，再进行严格消毒处理，投入下一批次生产。

**3. 出苗与运输**　当幼体经过一段时间的培养，达到商品规格时即可出苗销售、放养或放流，商品规格在很多种类有国家、地方或行业标准，若暂时无标准可以按照行业内约定俗成的规格，也可根据商场供求关系协商确定出苗规格。出苗方法主要分为带水出苗（如蟹苗）和干法出苗（如贝苗）。

苗种的运输分干法运输和带水运输两类。干法运输主要用于蟹苗和贝苗，运输应注意分装数量、运输距离，注意保湿、保温、防晒和防止雨淋。带水运输又分为帆布桶充氧运输和塑料袋充氧运输两种，根据温度、运输距离和苗种规格确定装苗密度，运输途中注意保温。

### （五）中间培育

**1. 培育设施与条件** 依中间培育的种类不同设施也不尽相同，主要的培育设施有室内外水泥池、海上网箱、浮筏、滩涂及池塘。中间培育的条件参照苗种繁育的要求执行。

（1）鱼类的中间培育：主要采用水泥池和海上网箱两种方式，水泥池培育即在育苗培育的基础上，降低培育密度，强化水质和饵料管理，通过一段时间的培育达到大规格苗种标准。海上网箱培育，主要是根据海区水环境条件及培养鱼类的适应能力，经过一定时间的培养，达到中间培育的要求。海上网箱培育除强化饵料投喂外，生产安全管理也是重点内容。鱼类中间培育目标通常使育苗规格达到5cm以上。

（2）虾蟹类中间培育：此类苗种的中间培育多采用水泥池、土池和网箱，网箱多设置在较大面积的土池中，也可设置在内湾中。虾类中间培育规格应达到3cm以上，蟹类达到Ⅳ～Ⅴ幼蟹。

（3）贝类中间培育：埋栖性贝类，如缢蛏、文蛤、杂色蛤和蚶等的中间培育是将工厂化培育的稚贝移至滩涂或池塘中进行培育，附着性和固着性贝类，如扇贝、贻贝、鲍和牡蛎等挂在海区的筏架上培育。贝类苗种的中间培育无论采用何种方式，对海区的选择是关键，要求水质清洁、肥沃，生物饵料丰富，水流适宜，敌害生物少，底质适宜。贝类苗种中间培育依不同种类规格要求也不尽一致，通常定为1～2cm，甚至更大。

**2. 培育管理** 三分种七分管，在整个中间培育过程中应充分重视管理工作。中间培育的管理内容和要求参照苗种繁育的管理执行，不再赘述。

# 第三节 驯化与控制

在现代化海洋牧场渔业系统中，培育苗种对海洋牧场环境的环境适应能力决定着海洋牧场增殖种群的存活率。放流种类在牧场海域的栖息时间、范围，以及能否通过放流改善增殖水域的栖息地生境质量吸引野生鱼类迁入牧场海域，是衡量牧场功能的两个重要指标。海洋牧场对苗种的驯养和诱集能力决定着增殖种群资源保持率及回捕率，而基于增殖种群行为学习的驯化与控制对增殖种群的保持、回捕非常重要。

## 一、驯化原理

鱼类行为相关研究表明，鱼类驯化是在对鱼类行为方式分析，鱼类感知因素和诱导因素关联刺激分析的基础上实现的。对目标鱼类进行驯化，引导鱼类的学习行为，从而通过控制环境要素来控制鱼类行为。

### （一）鱼类学习行为方式分析

动物神经系统结构和机能的复杂性决定了动物行为的复杂性。生物进化过程中，神经系统不断发生变化，行为的复杂程度也发生了很大的变化，往往是从简单的、暂时的、定型的发展到高度负责和高度变化的一连串动作。就鱼类而言，先天性行为是其主要行为方式，但获得性学习行为也有发展。通过对鱼类学习行为分析和研究，可实现合理的驯化。

学习行为通常指的是随着经验或者学习过程而改变的行为，是后天获得的。鱼类具有学习能力，且此成分在鱼类的一般行为中起着重要的作用。相关研究表明，鱼类的记忆力、识别力都相当高。鱼类的学习行为与其他动物的一样呈现出多样化，包括印记、习惯化、条件反射等行为方式。鱼类音响驯化就是一种通过人为附加音响配合投饵反复刺激鱼群达到记忆的方式，属于条件反射的范畴。

### （二）鱼类感知因素分析

鱼类通过各种感觉器官感受自身的体内外环境，并转变为神经冲动传至中枢神经系统产生感觉。鱼类的感觉是神经系统的重要机能之一，也是机体适应外界环境变化时不可缺少的，对于鱼类自身的摄食、生殖、集群等行为都有非常重要的意义。鱼类的感知因素包括视觉、听觉、侧线感知、嗅觉等，产生的感觉有光感觉、机械感觉、化学感觉、电磁感觉等。

**1. 鱼类的视觉**　鱼的光感觉（视觉）感受器官——眼睛不仅能感觉光明暗和颜色，同时还能够感受到物体的形状、大小、状态等。不同鱼类眼睛的位置、大小因其生活的水域环境和生活习性不同而存在较大差异。有些鱼类眼睛很大，如带鱼、狗鱼、白鲈等；有些鱼类眼睛很小，如鲇鱼、条鳅、白鲟等；有的鱼眼睛长在头部上方，如底栖鱼类中的比目鱼、鳐鱼等。多数鱼类都缺乏眼睑，也就意味着它们的眼睛永远是打开的。

在鱼类驯化研究方面，对鱼类的视觉研究主要是关于鱼眼对光的敏感性，一般用光刺激阈来表示眼睛对光的敏感性，阈值越低敏感性越高，阈值越高则敏感性越低。各种鱼类的光刺激阈有很大不同，这与视网膜感光细胞的组成情况有很大关系。视网膜不同光亮适应状态也会显著地影响光刺激的阈值。暗适应时光刺激阈值减小，灵敏度增加；明适应时光刺激阈值增大，灵敏度降低。不同种类的鱼从明适应状态过渡到暗适应状态时的照度界限不同，有的种类很高，如银汉鱼幼鱼、草鱼幼鱼等；有的种类很低，如鲤鱼、圆臀欧洲鲦等。一般来说，底层鱼照度过渡界限比中上层鱼来得低，成鱼比幼鱼来得低，这与它们的生活环境的光线强弱有关。在鱼类驯化过程中，不同鱼类所生长环境不同，须考虑不同的光照条件。

**2. 鱼类的机械感觉**　鱼类的机械感觉是指它们在受到各类机械性刺激（使感受器细胞产生机械变形，如声音、压力、流水）时产生的感觉。鱼类的机械感受器官主要是内耳和皮肤感受器（侧线）。一般认为内耳具有听觉（频率范围为16～13 000Hz）和平衡感觉机能，而侧线有感知水流、水压、外界接触及低频率环境声音（1～25Hz）等方面的机能。鱼类侧线感觉器官是随着它们的生活方式和生态环境变化的，经常在流水中生活的鱼类，如鲨鱼等，它们的身体经常受到水流流动影响，所以游动迅速，头部侧线管系统就很发达。底栖鱼类，如狗鱼，心动迟缓所以侧线管相对较少；鳐类生活在近地层，善于感受来自上下的振动，所以背部、腹部的侧线器官发达。以游泳生物为食的鱼类，通常体两侧侧线发达。

**3. 鱼类的嗅觉与味觉**　嗅觉的产生主要是由气体状态物质的刺激引起的，味觉的产生是由溶液状态物质的刺激所引起的。值得指出的是，气体物质也必须在黏膜上先转变为溶液状态之后才能让陆生生物所感受。对于鱼类来说，无论是嗅觉和味觉都是由溶液状态的物质刺激所引起的，因此区分鱼类的嗅觉和味觉较为困难。实际上，通过解剖学发现，嗅觉中枢在鱼类端脑，味觉中枢在延髓，所以两者还是较能明确的区分的。嗅觉在鱼类的寻食、会友、防御、生殖集群等行为的形成和维持过程中都起到了重要的作用。

### （三）音响驯化原理

音响驯化的原理是根据驯化对象的生物学习性，采用播放一定频率的声波结合投饵的方式使其建立对音响的条件反射，达到人为将分散个体诱集成群进行有效管理的目的。将驯化后的苗种进行增殖放流，在放流初期利用放声吸聚并适当投喂饵料，可以有效地实现放流苗种从人工育苗状态到自然海域觅食生活状态的转变，提高放流苗种的成活率；在鱼类繁殖期间，放声使鱼群聚集，可以增加鱼卵体外受精成功率；在海洋牧场区资源增大后，成鱼游向外海，可以增加目标增殖海域资源量；有利于在海洋牧场区和周边海域开发休闲渔业，配合适宜的渔具渔法实现牧化鱼类的合理开发利用。

在海洋牧场中对鱼类的驯化与控制技术领域，通过声音刺激鱼类听觉器官以实现对其控制是当前主要方式之一。鱼类的听觉会因种类的不同而有所不同，无鳔鱼类的听觉能力比较差，真鲷等非骨鳔鱼类的听觉能力比无鳔类要好。

## 二、驯化技术

能够影响鱼类行为的方式有很多种，影响主要是通过刺激鱼类的感觉器官来实现的。目前，通过声音驯化鱼类是有效控制海洋牧场鱼群行为最有效的方式之一。该项技术对于海洋牧场建设中放流生物行为的人工控制起重要作用。利用音响驯化技术对放流到海洋牧场的牧化生物进行牧场化管理，能大幅度提高放流生物的增殖养护效果；利用音响驯化技术可进行选择性捕捞，对保护渔业资源和保持海洋生态系统的平衡会起到积极的作用。音响驯化型海洋牧场的建立对恢复和增加海洋渔业资源、修复和保护海域生态环境、促进海洋渔业的可持续发展均具有非常重要的意义（张沛东等，2004）。

### （一）典型音响驯化成果

在音响驯化型海洋牧场的基础研究方面取得了突出成绩的主要包括日本、苏联等。例如，20世纪70年代末，日本根据本国增殖水域实况，针对真鲷（*Chrysophrys major*）、牙鲆（*Paralichthys olivaceus*）、黑鲪（*Sebastodes fuscescens*）等当地近海经济鱼种开展音响驯化，设计并建设了音响驯化型海洋牧场，分别在大分、长崎、岛根三县的内湾海域进行了以真鲷为主的海洋牧场建设。上城義信等采用300Hz的正弦波音频对真鲷放流鱼苗进行音响驯化，放流至海洋牧场后当年真鲷回捕率为11.64%，其中1龄真鲷的回捕率高达28.3%。小谷弘行、大塚修分别在岛根、新潟两县近海设计建造了以牙鲆为目标鱼种的音响驯化型海洋牧场。佐藤靖以黑鲪为目标鱼种，在宫城县等地研究了音响驯化型海洋牧场效果，表明黑鲪适合在海上进行音响驯化及后期的放流管理。上城義信比较了未经音响驯化的种苗和受过驯化的种苗放流效果，发现音响驯化后鱼群的回捕率比对照鱼群高约2倍，且放流后两年多的回捕率高达21.5%（大塚修等，1993；上城義信和寿久文，1990；小谷弘行和后藤悦郎，1990；佐藤靖，1992）。

苏联渔业部于1946年组建了鱼类和无脊椎动物驯化组，开始了有计划的驯化工作。20世纪二三十年代根据电流和声刺激对鱼类行为的影响，使用电流和声刺激驯化了黑海鲻鱼（*Mugil cephalus*），结果表明，电流和声刺激对黑海鲻鱼建立条件反射具有积极作用。六七十年代起苏联在南方河库利用具高效味觉和嗅觉的食物刺激剂处理饵料，投喂高刺激性饵料的同时用声信号刺激鱼体，从而使鱼体形成对音响可靠的条件反射。此外，韩国也将音响驯化技术应用到音响驯化型海洋牧场建设中。

Heyes和Galef（1996）发现音响驯化完成后的个体会影响其他未被驯化的个体和群体；在未被驯化的个体或群体中放入1尾或几尾被驯化的个体会使得未被驯化的个体或群体更容易被音响驯化，这种现象被称为“社会性易化”，其可能是由于视觉或化学因素引起。

Köehler（1976）利用700Hz声频结合投饵驯化鲤，发现鲤对700Hz具有良好的条件反射；在放声时，1尾驯化完成的鲤能带领6～10尾其他鲤游到声源区。Zion等（2007）采用400Hz正脉冲音频结合投饵的方式开展了鲤的音响驯化研究，在放声时，鲤能迅速在声源附近聚集。Björnsson等（2010）开展了鳕鱼（*Gadoux macrocephalus*）的音响驯化，在待驯化的群体中加入1尾完成声音驯化的鳕鱼能显著缩短建立条件反射的时间。

### （二）音响驯化装置

**1. 音响驯化装置组成及功能**　根据海洋牧场中鱼类的趋声性和趋光性，以及海洋牧场环境特征，通常采用声音、灯光、饵料配合信息素实现音响驯化装置无人值守的自动驯化，并通过现代化技术对驯化装置进行远程定位和监控，然后在适当时机开展回捕。一种典型音响驯化装置功能模块如图6-2所示。

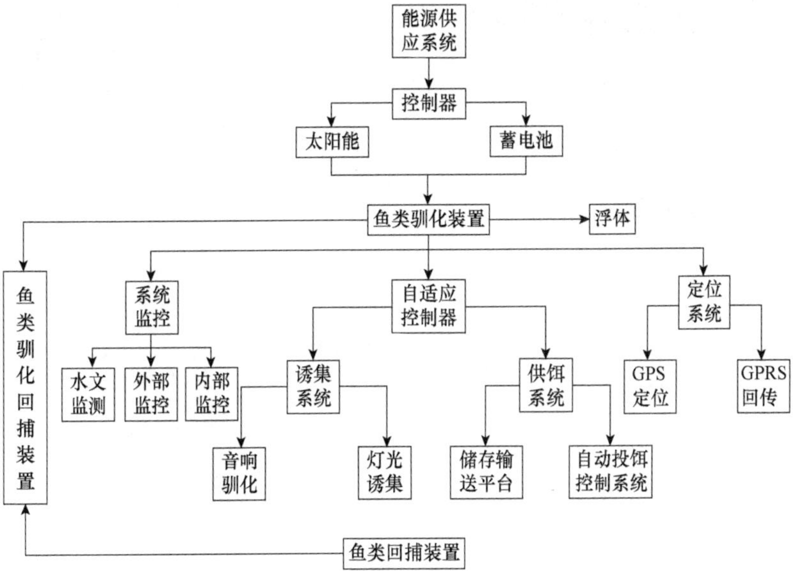


图6-2　一种典型音响驯化装置功能模块图

音响驯化装置部分主要包括浮体、饵料供给系统、诱导信号系统、能源供应系统、定位通信系统以及环境监控系统。浮体是整个驯化装置的支撑，其他所有的系统都依托于浮体的设计。由于海洋牧场中有一定的风浪和涌浪，所以驯化装置需具备较强的抗风浪性能。驯化装置的饵料供给通过控制系统每天定时定量为鱼类提供饵料。诱导信号系统包括声音诱集和灯光辅助诱集两部分。其中，声音诱导部分采用声音放大的设计，结构简单重量轻，满足声强传播距离远的要求，针对不同的鱼类选择不同的音频，灯光诱导则主要起辅助作用。能源供应系统采用太阳能电池板配合车载蓄电池实现新能源供电，满足整个系统用电设备连续工作的电源需要，以实现长期无人值守驯化。定位通信系统采用GPS实现定位，借助GPRS通信网络将定位信息和实况图像信息回传，从而实现驯化信息的无线远程监控，节省劳力亦可避免人为因素对鱼类驯化效果的影响。监控系统则可采用网络摄像仪，通过对驯化装置的内部和外部工作监控或水下监控观察鱼类受驯效果。此外，该系统中还可装配附属设备，如潮流仪、温度计等，监测驯养水域的水温、潮流等环境要素。

**2. 驯化回捕装置** 海洋牧场鱼类驯化回捕装置主要利用鱼类的趋声性和趋光性进行设计，有时也包括鱼类对信息素配合饵料的趋向性。一种驯化回捕装置结构如图6-3所示，该装置利用光伏电板进行自主供电，且采用现代化监控与定位通信技术，实现了无人值守的长期自动驯化，大幅缩减了海洋牧场驯化的成本，提高了经济效益；平台上加载各种环境监测设备，可实现对海洋环境的实时监测。

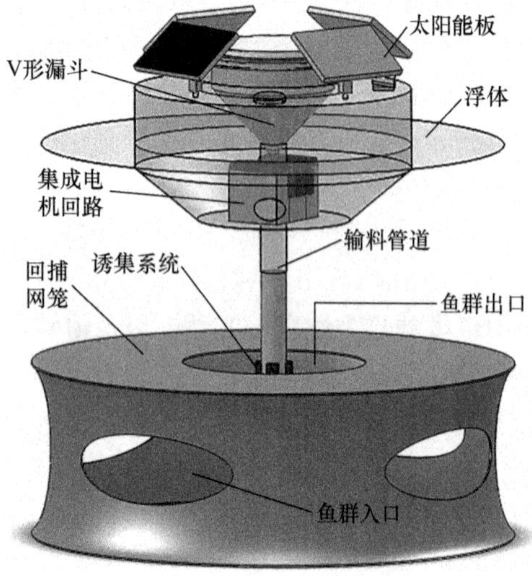


图6-3 驯化回捕装置结构示意图

鱼类驯化装备的预期目标：经过驯化后的鱼群以鱼类驯化装备为中心，围绕其附近环境生存；当鱼类驯化装备开始工作后，鱼群接收到声、光等信号，向驯化装备集群并摄食，如图6-4所示。

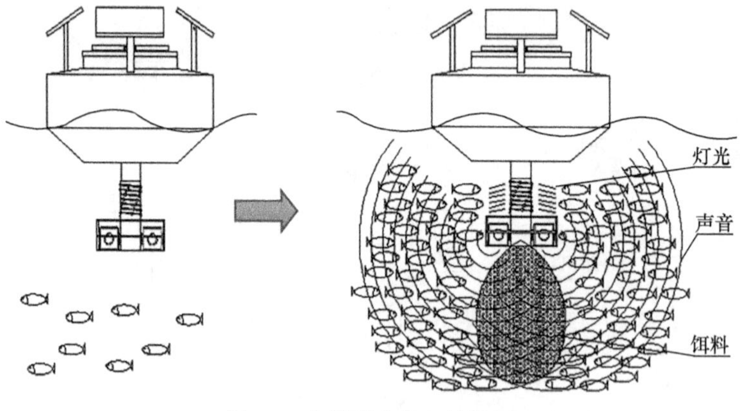


图6-4 鱼类驯化装备效果图

### （三）育苗及暂养阶段的驯化

育苗及暂养阶段的驯化在海洋牧场鱼类驯化与控制的整个过程中属于前期阶段，却具有非常重要的意义。该阶段主要选择目标鱼类的幼鱼，在长达数十天的人为控制下，使其建立对光照、声音、饵料在内的多种因素产生条件反射和应激反应，以实现对其行为的控制。

**1. 灯光及音响控制** 有些鱼类的眼睛发育比听觉等其他器官要略早，在仔鱼期间，视觉是其开口摄食的最主要感觉器官。在海水中进行音响驯化时，可以同时进行灯光驯化，根据鱼类学知识或者灯光对比实验，得出鱼类对灯光颜色的喜好，利用灯光进行驯化。通常是在投饵前1min左右开启灯光，投饵结束后1min左右关闭灯光。

音响控制是鱼类驯化的主要方式，目标鱼类对声音建立的反射也是在暂养阶段建立的。关于鱼类趋音性以及敏感音频频段的研究国内外均有所涉及。多数鱼类对低频的声音敏感，如黑鲷的最佳感受音频为300～400Hz。由于黑鲷是沿礁性鱼类，礁石附近是其主要的生息场所，因此可提取自然栖息水域的背景噪声作为驯化音频。待放音投饵形成条件反射后，再将黑鲷放流入海更能适应自然水域，并降低放流死亡率。由于音源的响度高于自然水域，在一定范围内海中播放驯化者，黑鲷可以判断或识别出驯化音频。实验表明，用自然水域采集的复杂声波进行音响驯化能使黑鲷对声音产生正趋性。操作方法通常是投饵之前1min打开音响，在音响位置垂直水面上分多次投放饵料，投饵结束后1min关闭音响。放音驯化设备包括功率放大器、扬声器、MP3播放器等，以及蓄电池、逆变器等供电设备，各部分连接如图6-5所示。

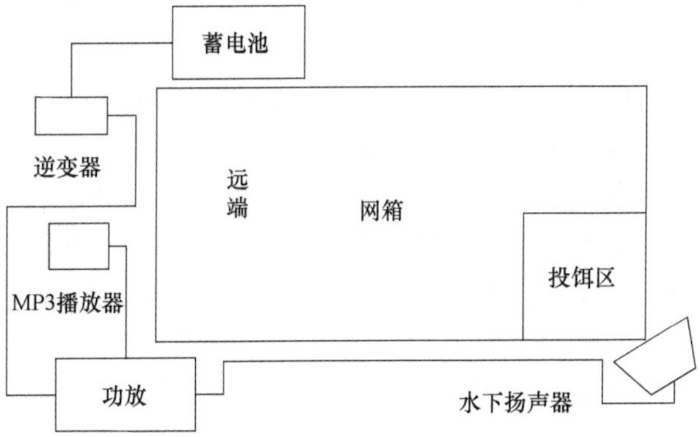


图6-5　放音驯化设备各部分示意图

**2. 饵料数量及形式**　在驯化过程中，需要在一定程度上保留鱼类的野性，方法一般是控制饵料的数量和形式。以黑鲷鱼为例，黑鲷属于杂食性鱼类，成年后多以肉食性为主，在暂养阶段，应以冰鲜鱼饵料为主。为了保证黑鲷鱼的野性，需要使其保持饥饿感，相关研究和实验表明，饵料数量通常占鱼群总体数量的3%～6%。暂养前期，由于鱼类体型较小，饵料形式以肉糜为主；喂养一段时间后，为了培养黑鲷对食物的撕扯性，将肉糜与肉块混合进行投喂。

**3. 水流和氧气控制**　为模拟水体流动并锻炼鱼类运动能力，需要通过一定手段使得水体产生有变化的流动，通常是通过水泵来实现的。氧气是鱼类生存的必要条件，由于暂养地点可能选择室内水池，必须对水中氧气进行补充，通常是通过氧气泵和氧气管向水中输入氧气以及每天定时给鱼池换水（1～2次/d）来实现。

**4. 暂养网箱选择与管理**　暂养网箱的规格、数量根据暂养规模与起放容易程度而定。网箱材料可用机制定型硬塑料网片，也可采用金属网或聚乙烯网线编织；网孔大小可根据暂养种类的大小而定，也可设置不同规格的网箱，暂养或驯化不同规格、数量的亲鱼。

海中网箱暂养宜选择风平浪静、水质洁净的港湾，布置起放操作简便的网箱，进行适当的管理，是放流前使目标种鱼适应海洋环境的临时性养殖过程。网箱暂养过程中通过网箱内外水流的直接交换提高网箱的有效暂养水体；此外，它不需要室内水池暂养所必需的注排水系统和增氧系统，优越性明显。暂养箱可根据暂养要求制造或利用养鱼的网箱。它包括暂养网箱主体、浮架或吊架及固定设备。

暂养阶段需要密切注意海区的水质状况，防止油及其他化学物质的污染。在天气恶劣情况下，注意加固网箱，防止网箱倾覆或位移。在冷空气频繁的低温季节，不宜暂养不耐低温的种类。由于海中适宜鱼、虾、蟹生存，故可适当提高密度。相克种类宜分开暂养，防止残杀而影响暂养效果。此外，海面常有杂物漂浮，易堵塞网眼或刺破网衣，应及时清除。不定时起网观察鱼、虾、蟹等活动情况。捞除死亡个体，检查网衣是否破损等。

## 三、控制原理

驯化是在动物先天的本能行为基础上建立起来的人工条件反射，是动物个体后天获得的行为。驯化主要通过对目标物种营造新的环境，给予食物保障及其他必要的生活条件而实现。驯化最重要的时期是在个体发育早期阶段，通过人工饲养管理而创造出特殊的环境条件，并使被驯化动物不受敌害的侵袭，不受寄生虫及传染病菌的感染。由此可见，驯化是人们在生产生活实践当中出现的一种文明进步行为，是将野生的动植物的自然繁殖过程变为人工控制下的过程。而驯化的最终结果和目的就是控制。

驯化的控制原理就是利用被驯化过的动物对驯化过程中人为控制的各种因素产生的条件反射和应激反应，以实现对该物种的控制。控制的形式有多种，如经过长期驯化后失去野性的家畜；如从出生到成年阶段一直在人为模拟下的野生环境生存，保留野性并最终回归自然的濒危野生动物的野化等。就鱼类来讲，鱼类的行为控制即引导鱼类的学习行为，从而达到通过控制环境要素（常用声音作为环境要素）来控制鱼类行为的目的。

## 四、控制技术

在海洋牧场领域，对鱼类的控制和驯化本质上是一样的，主要区别有以下两点：一是对鱼类的驯化通常指行为控制的初期阶段，即鱼类的幼鱼阶段。目标鱼类所处环境在较长一段时间内都是在人为控制下的，尽管各外部环境因素都尽量模拟实际情况，但依旧与真实环境有本质区别，而控制阶段通常是在鱼类的成鱼期进行的，所处环境也通常在开放性海域，水域环境复杂，各物理因素与生物因素会对鱼类产生各种刺激。二是控制阶段包含了驯化阶段的部分流程，即保留和进一步引导目标鱼类对声音等人为控制因素的条件反射和应激反应，使鱼类释放野性的同时保留“奴性”。

海洋牧场控制技术主要有两个，一是原位放流技术，二是开放海域驯化诱集技术，且两者是相辅相成的。

### （一）原位放流技术

濒危物种的放流，通常在完成驯化后，已具备一定生存能力后回归自然并进行自然增殖以提高该种类的数量；对于经济鱼类来说，放流意味着在自然条件下生存，包括躲避敌害，自然生长和繁殖等，提高鱼群数量并降低饵料成本。原位放流技术，指的是将幼苗暂养阶段已经进行驯化的鱼群或者未进行驯化的大量鱼苗直接放流在目标海域，通常包括生产性增殖放流和驯化性增殖放流。

放流后，放流鱼苗进入自然海域。为了更好地观察放流鱼苗的变迁我们通常在放流之前对鱼苗进行标记。根据陈锦淘和戴小杰（2005）对放流标记技术的研究，我们总结出各种标记放流的优缺点，见表6-1。

**表6-1 各种标记放流方法优缺点比较**

| 标记方法 | | 优点 | 缺点 | 适合范围 |
|---|---|---|---|---|
| 体外标记 | 剪鳍 | 成本低；操作简单；无需特殊监测仪器；对鱼体伤害小 | 鱼体小及剪鳍的操作不当易导致死亡率增加；辨认准确率低 | 适于大量标记，不适用于个体标记 |
| | 荧光标记 | 成本低，时间长（1年以上）；操作简单；无需特殊监测仪器；对鱼体伤害小；有多重颜色可选；可配半自动标记系统；检测直观 | 标记在色素组织的下方检测困难；主要用于批量编码 | 适合大规模放流 |
| | 挂牌标记 | 成本低；操作简单，容易识别，不需仪器识别 | 标易丢失；易产生纠缠；可能产生磨损或扩大标签伤口 | 适合大规模放流 |
| 体内标记 | 微型金属标记 | 体积小；可在鱼体的不同部位进行标记；对鱼类生长、行为等影响小；标记物有高的保留率 | 必须靠仪器检测才能发现；需要确认不同个体时，需将标从鱼体内取出，并在显微镜下读码；设备贵 | 适于长期研究 |
| | 被动整合雷达标记 | 体内标签，不易破坏；可循环使用；编码唯一；非接触式信息收集，阅读距离2～20cm；对鱼类生长、行为等有小影响；标记物有高的保留率 | 成本高；需专业人员操作；标记尺寸大；信号检测范围短 | 适合较大规格的鱼、适于长期研究 |
| | 内藏可视标记 | 不需要专门仪器检测 | 信息量不高；可供选择的标记部位不多 | |

标记方法基本分为：体内标记、体外标记、自然标记、生物遥测标记等。其中体外标记适合大规模放流使用；体内标记适于长期研究使用；生物遥测标记适于大型鱼类的群体标记；自然标记适于科学研究，且对研究对象的影响最小。此外，影响放流效果的因素很多，如放流海域的选择、放流鱼苗的规格以及放流时间都将影响放流后鱼群的聚集效果，因此要针对这些因素制定放流方案。以浙江宁波象山港海洋牧场为例，象山港位于浙江省宁波市东南部，港湾呈半封闭状态，是个天然的避风港湾，其水深为10～15m。象山港天然的避风港湾为增殖型放流提供了有力的保障，而象山港海洋牧场的建设为该海域营造了良好的栖息环境，这些得天独厚的地理和人为条件为放流试验提供了先决条件。

### （二）开放海域驯化诱集技术

将经过音响驯化的目标鱼类在指定位置放流后，待鱼群适应新环境半小时之后，再进行诱集回捕工作。根据放流海域当天的海水透明度情况，在保证对诱集鱼群观察效果的前提下，将扬声器下沉至离水面一定距离（通常在1m以内），具体放音投饵时间以及放音音源的选择需要参考驯化阶段的设定。

诱集效果的好坏与诸多因素有关：当目标鱼群被放入完全陌生的环境时，由于驯化阶段放音装置长期固化性，同时在观察时人为的走动从视觉和听觉上都会对目标鱼类产生影响；由于不同鱼类对温度和光强的适应性和趋性不同，放流时间和当天天气都会对目标鱼类产生不同情况的影响，如黑鲷，属于底层鱼类，不喜高温强光环境，如果选择在夏季正午，自然环境条件会制约其上浮；水体能见度对鱼类诱集也有很大影响，在驯化阶段，网箱或水池内都会辅助有光照系统以改善鱼类视野；放流区域水体环境，包括水体流向、水流速度都会影响目标鱼类的诱集，且对水面上实验观察船的位置稳定性影响较大；对放流目标鱼群做的标记，如标志牌刺透鱼体后会影响鱼类侧线系统的相关神经细胞，影响各种器官的能力，不利于鱼群在自然海域中的正常生存和觅食；此外，目标海域中的渔业传统作业方式，如地笼网作业也会影响整体放流和诱集效果。

## 第四节 增殖放流

水产品是国际公认的优质蛋白来源。海洋牧场为立体、多品种、多层次的半自然生态空间，增殖放流是增加鱼、虾、蟹、贝、藻等经济生物种群数量、缓解资源衰退、促进资源利用的重要方式。

### 一、增殖放流原理

增殖放流是指向天然水域中投放鱼、虾、蟹、贝等水产动物苗种而后捕捞的一种渔业方式。广义的增殖放流还包括改善水域的生态环境，向特定水域投放某些装置（如附卵器、人工鱼礁等）以及野生种群的繁殖保护等间接增加水域种群资源量的措施（唐启升，2019）。增殖放流是养护近海渔业资源、改善渔业水域生态环境、保护生物多样性的重要手段，也是海洋牧场建设的有机组成部分（陈勇，2020）。

### 二、增殖放流技术

增殖放流是一项集渔业捕捞、水产养殖、环境保护等多领域于一体的复杂工程，围绕“在哪放、放什么、放多少、怎么放、怎么评”这五大问题，形成放流水域区划、放流操控和增殖效果评估3个技术子系统，涉及放流水域的渔业资源与生态调查研究、重要种类的生物学研究、渔业生物的环境适应性研究、增殖放流种类甄选、苗种繁育与质量管控、暂养运输与现场放流、增殖放流容量评估、增殖放流效果评估等多方面的内容，构成了一套独特的渔业资源增殖放流技术体系。

#### （一）增殖水域区划

**1. 渔业资源与生态调查研究** 开展渔业资源与生态调查是了解拟增殖放流水域生态系统功能、掌握资源增殖本底状况、确定增殖水域区划的基础。通常采用渔具捕捞法、水下摄像法和声学评估法开展渔业资源调查。渔具捕捞法采样面积小且易受限于海域底质类型，但其渔获种类可直接鉴定；水下摄像法调查范围虽不大，但能直接观察生物在水下的行为；

声学评估法虽然很大程度取决于生物学取样网次中渔获物的组成比例，但其调查覆盖面广且不损害生物体（陈刚和陈卫忠，2003）。多种调查方法的有效结合有利于更加全面掌握增殖水域渔业资源种类组成和群落结构变化。

**2. 重要种类的生物学研究** 对增殖水域中具有重要经济、生态价值的种类进行识别并研究其功能特征、基础生物学，能为增殖放流目标种的时空分布、生态风险分析等方面提供基础资料。利用科考船和捕捞渔船开展定点调查或进行主要渔业对象的专项调查，进而研究渔业资源生物学、种群生态学等，可探明主要经济种类种群的大致地理位置及范围，为其资源合理利用与管理提供参考（郑元甲等，2013）。

**3. 渔业生物的环境适应性研究** 生物与栖息地间的关系一直是生态学的研究重点，也是渔业资源管理上的重要决策依据。栖息地的质量可以直接从生物对其利用程度上反映出来，栖息地的质量越高，其生物资源密度往往也越高（章守宇和汪振华，2011）。通过适合度曲线拟合生物密度与生物因子、非生物因子之间的关系，可评估生物的栖息地适应性，有助于深入了解增殖水域生态系统关键生物功能组的物质循环与能量流动特征（Benaka，1999）。

### （二）放流操控

**1. 增殖放流种类甄选** 合理选择放流种类是渔业资源增殖放流的首要任务，是确保增殖效果的前提条件（李忠义等，2020）。目前增殖放流种类的甄选主要依据以下条件：①经济价值高且易于进行苗种培育和放流的地方种；②食物链营养级层次较低、适应性强的种类；③生活周期短、生长快的种类；④移动范围小的底栖性种类或回归性很强的种类。后续还应围绕“技术可行”、“生物安全”、“生物多样性”和“兼顾效益”4个筛选原则开展深入系统的研究。技术可行，即放流种类在人工繁殖、苗种暂养管理、苗种运输技术上可靠。生物安全，即放流种类必须是在本海域自然生长的土著种，放流苗种必须是野生亲本繁殖的子一代或子二代，防止放流种群对自然种群的遗传污染。生物多样性，即首先考虑放流资源衰退较严重或濒危的种类，以保护放流水域的生物多样性。兼顾效益，即放流种类本身要有较高的经济价值，实施放流后能产生较好的生态、经济和社会效益。

**2. 苗种繁育与质量管控** 随着水产养殖与生物技术的发展，我国突破了多种生物的人工繁育，为增殖放流奠定了良好基础。近年来，已可以规模化生产对虾、乌贼、海蜇、鲷科鱼类等几十个经济种类，并成功应用于沿海多地的增殖放流活动中。而对于一些珍稀濒危种、关键生态种，由于其种群数量少，或者对环境变化较敏感，或者经济价值不高等因素，导致苗种无法规模化生产。在放流苗种质量控制方面，为了防止病害风险或遗传变异，沿海各省、市对于放流物种的种质要求做了明确规定，在增殖放流前需要提供有资质部门出具的苗种检验检疫报告。

**3. 暂养运输与现场放流** 为了提高放流苗种的存活率，一般需要在正式放流前对苗种进行暂养并开展野外驯化。通过运动强化驯养及港湾网箱暂养，有利于苗种快速适应野外环境，能有效提高苗种在自然环境中的成活率。苗种暂养后的合理运输也是确保成活率的关键步骤，运输方法因物种而异，在各地的增殖放流规范和地方标准中有相关规定。目前，增殖放流方式主要有3种：①从海面直接放流；②通过船载放流装置（如滑梯、吊机）进行放流；③人工潜水放流。第一种方法简单且成本低廉，是国内放流的主要方式，但直接放入海中对苗种的冲击力大，容易造成机械性损伤甚至致死。第二种方法能起到缓冲作用，减少对苗种的物理伤害，但无法避免苗种在放流过程中被水流冲散造成增殖区苗种流失的现象。第三种方法是由潜水员携带装有苗种的聚乙烯网袋潜入海底播撒至放流区域，操作性强，可达到定点定位的效果，主要应用于海珍品的放流。

**4. 增殖放流容量评估**　增殖放流目标包括增加资源量、修复生态以及改善生态结构等。因此要根据具体的放流目标制定合理的增殖放流策略，科学确定水域中放流对象的生态容量。利用Ecopath生态动力学模型从物质平衡的角度研究不同营养层次的生物量，可估算增殖品种的最大生态容纳量，为确定放流数量提供参考（刘岩等，2019）。

### （三）增殖效果评估

**1. 基于采样调查的效果评估**　增殖放流效果评估作为整个放流过程中的重要环节，是检验增殖放流是否取得预期效果的重要手段。基于采样调查的放流效果评估主要包括本底调查和后续监测调查。前者是放流前在增殖水域开展定点海上调查，获得增殖对象的时空分布特征以及捕捞量等数据。后者是放流后继续在该海域开展跟踪监测调查获得相关数据。通过放流前后增殖对象以及增殖水域整体的资源变化进行效果评估。

**2. 基于标志方法的效果评估**　对放流个体做标志并结合回捕率评估放流效果是当前的主要方法。标志的方法分为两大类，一类是表观的，包括物理标志、化学标志、寄生虫标志等；另一类是基于分子生物技术的遗传标志。物理标志方法中的T型、工型等体外挂牌标志因具有操作简便、性价比高、易于识别等优点，目前仍是鱼类批量化标志放流的主要方法之一（吕少梁等，2019）。回捕率的计算一般是通过海上定点调查、码头定点采样和渔民捕获回收的方式获得的数据进行统计。结合所获数据分析放流对象的生长、死亡、移动等状况，综合评估放流效果。

**3. 基于效益角度的效果评估**　完整的增殖放流效果评估应从生态、经济和社会效益多角度进行。生态效益就是使放流水域生态系统各组成部分在物质与能量输出输入的数量上、结构功能上处于相互适应、相互协调的平衡状态，使渔业水域自然资源得到合理的开发、利用和保护，促进增殖渔业持续、稳定发展。经济效益则主要注重对增殖放流过程中各个经济指标、投入产出进行的全成本、全效益价值评价。社会效益是指最大限度地利用增殖放流产生的生物多样性丰富程度、水域生态环境质量提高程度等满足人们日益增长的物质文化需求，是从社会总体利益出发来衡量的某种效果和收益，往往在比较长的时间后才能发挥出来。

## 第五节　渔业资源持续利用

海洋是人类获取优质蛋白的“蓝色粮仓”。现阶段，渔业资源衰退与生态环境恶化是海洋捕捞业、养殖业等传统海洋产业可持续发展的最大瓶颈。海洋牧场建设是解决海洋渔业资源可持续利用和生态环境保护矛盾的金钥匙，是探索海洋渔业转方式、调结构、促进海洋经济发展和海洋生态文明建设的重要途径。

## 一、生态采捕原理

生态采捕是指以可持续收获海洋生物为目标，在科学评估牧场资源产出能力和制定科学合理采捕策略的基础上，选用幼鱼幼贝保护型、生态友好型等高选择性渔具渔法，对海洋牧场中可捕的经济种类进行合理采捕的渔业方式，主要包括采捕策略制定和渔具渔法选择两个部分。

## 二、生态采捕技术

### （一）制定科学的采捕策略

科学合理的采捕策略与实施是促进海洋牧场可持续发展的重要保障。超出海洋牧场生物资源产出能力的采捕量，一方面可能使海洋牧场出现过度捕捞；另一方面，由于海洋牧场相比周边海域饵料与栖息环境条件更好，对鱼类等生物有较强吸引力，过量采捕可能导致海洋牧场成为诱捕周边渔业生物的陷阱，反而进一步加剧牧场及周边海域生物资源的衰竭，这明显与我国海洋牧场建设目标相悖（张涛等，2020）。

海洋牧场生物资源的采捕，必须在科学评估牧场资源产出能力和制定科学合理采捕策略的基础上进行。国际上对海洋牧场资源产出能力的评估，大多通过调查捕捞物种饵料资源量，基于饵料资源评估牧场物种产出量（Mustafa，2003）。由于我国海洋牧场往往包含贝类、甲壳类、鱼类和头足类等多种经济种，物种之间通过食物网能流传递等作用互相影响资源量，通过单一食物链能量传递作用评估生物资源产出量，并不能满足对多物种资源采捕策略的要求。基于生态系统水平，综合食物网、水动力、生态系统能量平衡等各方面因素评估各生物资源产出能力，制定我国海洋牧场科学合理的采捕策略是未来发展趋势（张涛等，2020）。

基于生态系统水平评估经济物种最大种群量（生物承载力），并利用最大持续产量（maximum sustainable yield，MSY）理论（周可新和王翠平，2006），设定捕捞产量为最大种群量一半时为最适采捕量，制定各物种采捕策略，是当前我国海洋牧场科学采捕策略制定的可行方法。然而，从理论上获得的MSY仅是一个平均状态值，实际最大持续产量却具有动态性质。因此，可持续采捕策略的制定，还需要综合考虑资源、环境的变化等方面因素的影响，对最大持续产量作出进一步限定或修正。对于科学采捕策略的制定，还有待进一步的研究（张涛等，2020）。

### （二）渔具渔法技术

#### 1. 高选择性渔具渔法

（1）刺网类：刺网是以网目刺挂或网衣缠络为作业原理的渔具。它是以几片、几十片，甚至几百片矩形网衣连接成网列，放置在预定水层中呈垣墙状、之字形状或从字形海藻状，利用鱼类、虾类、蟹类等洄游习性、产卵习性、寻食活动习性，刺挂于网衣网目或被网衣缠络，从而达到捕捞目的。刺网是一种具有高选择性的渔具，个体较小的捕捞对象可以穿过网目，而个体较大的捕捞对象在接触渔具后因为无法刺入而可以逃逸（张健和孙满昌，2006）。有研究认为，当目标种类个体大小与最适捕捞体长相差20%时很难被捕获。

刺网类渔具的生产作业具有以下特点。①网具结构简单，捕捞操作技术不甚复杂，对渔船的动力要求不高。②生产机动灵活，不受水域环境、底质影响，作业渔场广阔。③能捕捞上、中、下各水层比较集中或分散的鱼类，某些甲壳类和某些头足类等。选择性强，所捕鱼、虾的个体较大且整齐，质量较好，有利于渔业资源的繁殖与保护。④常年均可作业，非鱼汛期也能发挥一定的捕捞作用，是开展兼作、轮作的良好渔具。⑤渔业投资少，成本低，生产管理简便。⑥刺网类渔具的缺点是：摘除刺缠在网衣上的渔获物麻烦，费时又费力，有时在摘取渔获物时，往往使鱼体受到损伤；流刺网占用渔场面积较大，在多种渔具作业的渔场容易与其他渔具纠缠，从而影响生产并引起纠纷；在航道上放网作业会影响船舶航行；刺网类渔具在海洋的丢失也会对其他海洋生物造成不利影响和伤害。

（2）围网类：围网作业是根据捕捞对象集群的特性，利用长带形或一囊两翼的网具包围鱼群，采用围捕或结合围张、围拖等方式，迫使鱼群集中于取鱼部或网囊，从而达到捕捞目的。围网属过滤性渔具，其有两种结构类型：一种是由一囊两翼组成，形状如拖网，但两翼很长，网囊很短；另一种是长带形网具。

围网捕捞对象主要是集群性的中层、上层鱼类。随着现代化探鱼仪的使用以及捕捞技术水平的提高，捕捞对象不断扩大，除捕捞中层、上层集群性鱼类，还能捕获近底层集群性鱼类，也可以采取诱集和驱集手段使分散的鱼类群集并加以围捕。

围网类渔具的生产作业具有以下特点：①生产规模大，网次产量高；②捕捞对象具有较稳定的集群性；③生产技术水平要求较高；④作业渔船具有良好的性能和较好的捕鱼机械设备；⑤围网类渔业成本高，投资大。

（3）钓具类：钓具类渔具捕鱼原理是在钓线上系结钓钩、卡，并装上诱惑性的饵料（真饵或拟饵），利用鱼类、甲壳类、头足类等动物的食性，诱使其吞食而达到捕获目的，也有少数钓具不装钓钩，以食饵诱集而渔获。钓具具有以下作业特点：①适宜捕捞分散鱼群（包括虾、蟹、鱿鱼等甲壳类和头足类），能在水流较急、底质差的渔场作业。②作业条件具有广泛的适应性，四季均可作业；不受渔场底形、地质和水域深浅的限制，近岸和远洋均可进行捕捞作业。③能钓捕上、中、下各水层的集散鱼群，渔获个体大，质量好，有利于资源的繁殖保护。④结构简单，制作容易，投资少，成本低。

（4）笼壶类：笼壶类渔具是指利用笼状、壶状器具进行诱捕作业的渔具。笼壶类渔具的捕鱼原理是根据捕捞对象特有的栖息、摄食或生殖习性，设置带有洞穴状物体或内装有饵料并设防逃倒须的笼具，以诱其入内而达到捕获目的。笼壶类渔具是一种被动式的渔具，但可以在笼壶中设计某种防逃结构来阻止进入的捕捞对象逃逸，以实现捕捞的目的。笼壶类渔具结构比较简单、巧妙，渔获选择性强，渔期较短，捕捞效果好。它是渔业轮作、兼作或副业生产的地方性小型渔具。尤其在底层拖网、底层延绳钓等难以作业的地形起伏较大的海域，笼壶类是最适合的作业方式。在有效地开发利用深海渔业资源方面，该渔具也被各国所重视。

笼壶类渔具具有以下生产特点：①渔具结构简单，操作技术也不复杂，但集鱼、诱鱼、捕鱼方法比较科学；②一般都是小型渔具，生产规模不太大，作业人员不多，能耗低；③由于它捕捞的鱼、虾、蟹类等都是无损伤的鲜活产品，产量不多，但产值均很大。

（5）声诱捕技术：声诱捕技术是一种在渔业捕捞上应用声学原理诱鱼的新型捕捞技术，

利用鱼类对声音的正趋向反应，在水中播放由特定仪器记录下来的鱼类的生物学声音（如摄食、求偶、集群等的声音），使鱼集群，并诱导鱼群进入预定的捕捞区域，从而达到捕捞目的的方法。这在一定程度上将被动性渔具变成了主动性渔具，可有效提高捕捞效率。声诱捕技术应利用声音的诱引作用，使鱼的活动区域变小或者使鱼类的集群率提高，从某种意义上说是增强了渔具的空间有效捕捞率。特别是对于底质特殊（底质不平、突兀岩块）及水体较深的水域捕捞具有重要意义。通过声音诱捕，对不同种类、不同大小、不同年龄的鱼，可以做到有选择的、健康的"绿色"捕捞，从而达到有效保护种鱼和幼鱼，进而保护渔业资源的目的（张国胜等，2012）。

（6）滩涂贝类采捕机采捕：采捕是贝类养殖生产的重要环节。传统采捕方法一般采取蛤耙、翻滩和挖捡等人工作业方式，存在劳动强度大、效率低、人力成本高、在较深水域无法作业等问题，制约了贝类大规模采捕。随着养殖生产规模的不断扩大，捕捞方式也应由人工采捕过渡到机械化采捕。国内外常见的采捕设备以水力喷射式采捕为主（王林冲和高永胜，2006），也有泵吸式采捕法（刘茂君，1983），但该类采捕方式激起的大量泥沙导致收获的贝类含沙量大、成活期缩短、海水透明度下降、捕后留下沟痕滞留时间长等问题，影响贝类生产的可持续发展（Goldberg et al.，2012）。

目前对生态影响较小的是振动采捕机。振动采捕机是利用机械或液压激振使埋栖贝类生活的底质流化，通过网筛振动促使贝类和泥沙分离并将贝类采集到网具中。振动一方面可刺激埋栖贝类及时闭壳，减少贝肉含砂，另一方面有利于底质疏松并提高底质中的溶解氧。振动采捕机生产效率高、选择性好、生态影响小，但存在贝类破碎率高等问题（母刚等，2020）。

**2. 捕捞辅助技术**

（1）信息技术：受限于助渔仪器以及捕捞信息技术的欠缺，国内主要依赖于捕捞船长自身的经验积累。国外则比较重视人员的信息技术应用等方面。目前，国外相当重视渔场、资源的调查与探捕，渔业生产企业自行组成行业联盟或协会，通过集体的物力与人力，开展各项调查工作，并将成果与会员共享，提高了作业区域的准确度，同时，在生产中将作业信息进行实时共享，减少了生产的盲目性，提高了生产效率。例如，日本渔场信息可达到每日更新，而欧盟国家也可通过卫星即时传送渔场水文等环境数据。我国目前仍处于起步阶段，信息覆盖范围仅限于太平洋和中大西洋，信息每周更新一次（刘劲科和卢伙胜，2005；陈新军等，2013；周为峰，2021）。

（2）助渔仪器设备技术：为了提高自动化程度，国外相当注重助渔仪器的研发与使用，配备的助渔仪器比较齐全，有渔具监测仪器（围网监测仪、拖网三维监测仪等）、水平声纳（探鱼仪）、绞机自动控制仪（可根据作业不同情况自动调节纲索程度等）、雷达（搜索海鸟、发现鱼群）等。受价格、操作等方面的影响，我国绝大多数渔船仅配备垂直鱼探仪，在实际作业中的应用仍需加大推广。欧洲已实现拖网作业自动控制，根据拖网作业实际受力变化情况，自动调节曳纲长度，保证网具的正常展开，并结合渔获传感器，调整拖网作业时间（杨吝，1998；卢伙胜和夏章英，2023）。

## 三、敌害生物驱除原理

驱除敌害生物是以维持海洋牧场生态系统平衡为前提，采用生物调控，或是人为干预等方式，控制敌害生物的物种数量，以降低该物种对整个海洋牧场产生的不利影响。开放式的海洋牧场能否获得预期的生态效益或者经济效益，很大程度依赖于敌害生物的防范成功与否。如何避免敌害生物对产业的影响，是海洋牧场建设的重要一环。敌害生物可分为有益的和有害的两种类型。例如，海螺和扇贝都可产生经济效益，但海螺长一斤要捕食数倍重的扇贝，从效率看，养殖海螺得不偿失；但如果吸引来了捕食扇贝的海星，那么海星就是完全的敌害，因为海星的经济效益很低。海洋牧场中除了大型敌害生物外，还有多种小型、微型的敌害生物。

## 四、敌害生物驱除技术

### （一）敌害生物的调查

调查敌害生物在生态系统中的功能，是成功驱除敌害生物并维持系统平衡的前提。根据生态学的原理，生态系统中的一切物种都是相互作用和影响的，生物群落内部通过食物链或食物网调控不同物种的分布和多度，而关键种还决定着群落的稳定性、物种多样性和许多生态过程的持续或改变。Paine（1969）在实验中将潮间带群落中的食肉动物海盘车（*Asterias rollestoni*）去除后，群落的物种多样性大大降低，仅仅一两个固着物种（贝类）成为群落的绝对优势种。敌害生物和养殖生物是相对而言的，这些海洋生物各自的生态功能适合于各自所处的生态位，都是海洋生态系统中不可或缺的一分子（李生尧等，2009）。盲目驱除敌害生物显然不利于海洋牧场的长期发展，须对该生态系统组成结构、能量流动关系作出相应调查后，再采取对应的措施。

### （二）生物调控

生物调控是指利用同一生态系统中，不同生物间直接或间接的相互作用，以维持系统平衡或控制某物种数量的方式。例如，在藻类数量控制环节中，可采用鱼类种群的下行调控，如增加肉食性鱼类或减少食浮游动物或食底栖动物的鱼类，从而使浮游动物通过捕捞浮游植物来调控藻类数量；或者直接利用“食藻鱼”控制蓝藻水华（王国祥等，2002）。

除了直接利用捕食关系还可通过加剧生物竞争的方式控制生物数量。1997年，生态学家Holt首次提出了似然竞争的概念。似然竞争是一种间接竞争，是指一个种个体数量的增加将会导致捕食者种群个体数量增加，从而加重了对另一物种的捕食作用，一般指两个被捕食者之间在共同的捕食者作用下而产生的竞争。同一营养级的两个或两个以上的物种，在具有不同食物资源的情况下，可通过共同的自然天敌的中介作用，彼此相互影响而产生负的作用（Holt and Lawton，1993）。近年来，似然竞争理论已经被应用于岛屿的生态系统、控制外来物种和害虫防治等生态领域。

### （三）人工处理

采用人工处理的手段可直接清除海洋牧场的敌害生物。例如，21世纪初，我国辽宁省庄河的贝类底播海洋牧场建设中，采用边生产边防控的办法进行敌害生物的控制，让工人将贝类和敌害生物一同采捕，并以相同价格收购。将敌害控制于日常的生产，效果良好（廖静，2019）。

## 本章小结

1．生物资源养护是现代化海洋牧场建设的最核心内容，主要内容包括生物栖息生境营造、适宜性增殖物种筛选与扩繁、牧化物种增殖与采捕、效果评估和管理等技术的研究与运用，以实现牧场渔业生物的资源产出功能最优。

2．生物资源养护亦是一个复杂的系统工程，主要包括资源恢复工程和保护管理工程。资源恢复工程包括增殖放流（stocking enhancement）和自然增殖（restocking）；保护管理工程则包含了栖息地修复与保护、生物资源调查与监测、生物资源评估与预测、生物资源科学采捕四部分。

3．海洋牧场的建设要充分考虑生态适应性，注重系统性。增殖放流的物种确定要基于本底调查，综合考虑群落稳定与食物网结构。坚持生态优先、经济回报、自然增殖与质量优先四个原则。

4．优质的种苗是提高水产品增养殖产量和改善品质的基础。苗种繁育方式选择、繁育场设计要求、海产经济动物繁育技术是苗种扩繁与中间培育的三个关键环节。

5．基于鱼类行为学的苗种驯化和野化通过人工控制环境要素引导鱼类的学习行为，建立条件反射。作为牧场建设效果的重要内容，驯化在放流前、放流后的放流对象中均要开展。原位放流和开放海域驯化诱集技术是海洋牧场控制的主要技术。

6．增殖放流包括增殖水域区划、放流操控和增殖效果评价3个技术子系统。

7．渔业资源衰退与生态环境恶化是海洋捕捞业、养殖业等传统海洋产业可持续发展的最大瓶颈。生态采捕和敌害生物驱除是渔业资源的持续利用和海洋牧场建设效果保障的重要措施。

## 思考题

1．什么是海洋牧场生物增殖技术？
2．水生动物对生态的适应性有哪些？
3．如何协调好生物资源-修复设施-海洋环境三者之间的关系？
4．海洋牧场技术的发展趋势有哪些？
5．简述海洋牧场建设存在的主要问题。
6．简述推动海洋牧场高质量发展的相关建议。
7．简述鱼类音响驯化的原理。
8．简述鱼类控制的原理。
9．在开放海域进行驯化诱集时，需要注意哪些因素？
10．简述增殖放流的原理。
11．增殖放流效果评估方法有哪些？
12．简述生态采捕原理。
13．简述敌害生物驱除原理。
14．敌害生物驱除有哪些技术？

## 参考文献

卞盼盼．2018．海洋牧场用海适宜性评价空间分析模型研究．徐州：中国矿业大学硕士学位论文．

陈刚，陈卫忠. 2003. 渔业资源评估中声学方法的应用. 上海海洋大学学报，12（1）：40-44.
陈锦淘，戴小杰. 2005. 鱼类标志放流技术的研究现状. 上海海洋大学学报，14（4）：451-456.
陈新军，高峰，官文江，等. 2013. 渔情预报技术及模型研究进展，水产学报，37（8）：1270-1280.
陈勇，杨军，田涛，等. 2014. 獐子岛海洋牧场人工鱼礁区鱼类资源养护效果的初步研究. 大连海洋大学学报，29（2）：183-187.
陈勇. 2020. 中国现代化海洋牧场的研究与建设. 大连海洋大学学报，35（2）：147-154.
成永旭，张德民，蒋霞敏，等. 2013. 生物饵料培养学. 2版. 北京：中国农业出版社.
李陆嫔. 2011. 我国水生生物资源增殖放流的初步研究. 上海：上海海洋大学硕士学位论文.
李生尧，叶定书，郭温林，等. 2009. 羊栖菜栽培敌害生物调查及其防治. 现代渔业信息，24（9）：19-22.
李忠义，袁伟，王新良，等. 2020. 基于渔业资源群落结构稳定性对崂山湾增殖放流种类甄选的设想. 中国水产科学，27（7）：739-747.
廖静. 2019. 做大做优做强贝类养殖：专访国家贝类产业技术体系首席科学家张国范. 海洋与渔业，（1）：16-17
刘劲科，卢伙胜. 2005. 我国海洋捕捞业可持续发展的问题与对策. 中国水产，15（6）：74-76.
刘茂君. 1983. 贝类采捕机自吸装置的试验研究. 渔业现代化，（6）：18-19.
刘岩，吴忠鑫，杨长平，等. 2019. 基于Ecopath模型的珠江口6种增殖放流种类生态容纳量估算. 南方水产科学，15（4）：19-28.
卢伙胜，夏章英. 2023. 捕捞工程学. 北京：科学出版社.
吕少梁，王学锋，李纯厚. 2019. 鱼类标志放流步骤的优选及其在黄鳍棘鲷中的应用. 水产学报，43（3）：584-592.
母刚，段富海，杨津宇，等. 2020. 埋栖贝类采捕机研究进展. 大连海洋大学学报，35（1）：19-30.
施炜纲. 2009. 长江中下游流域放流物种选择与生态适应性研究. 中国渔业经济，27（3）：45-52.
唐启升. 2019. 我国专属经济区渔业资源增殖战略研究. 北京：海洋出版社.
田涛，陈勇，陈辰，等. 2014. 獐子岛海洋牧场海域人工鱼礁区投礁前的生态环境调查与评估. 大连海洋大学学报，29（1）：75-81.
王栋梁，余景，陈丕茂. 2020. 海洋牧场建设技术研究进展. 安徽农业科学，48（6）：7-11.
王国祥，成小英，濮培民. 2002. 湖泊藻型富营养化控制：技术、理论及应用. 湖泊科学，14（3）：273-282.
王克行，马甡，陈宽智，等. 2008. 虾类健康养殖原理与技术. 北京：科学出版社.
王林冲，高永胜. 2006. 文蛤取捕机的开发与研制. 江苏农机化，（6）：25-26.
杨红生，许帅，林承刚，等. 2020. 典型海域生境修复与生物资源养护研究进展与展望. 海洋与湖沼，51（4）：809-820.
杨吝. 1998. 国外海洋捕捞业发展趋势. 现代渔业信息，13（5）：1-9.
张国胜，杨超杰，邢彬彬. 2012. 声诱捕捞技术的研究现状和应用前景. 大连海洋大学学报，27（4）：383-386.
张健，孙满昌. 2006. 刺网渔具选择性研究进展. 中国水产科学，（6）：1040-1048.
张沛东，张国胜，张秀梅，等. 2004. 音响驯化对鲤鱼和草鱼的诱引作用. 集美大学学报（自然科学版），9（2）：110-115.

张涛，奉杰，宋浩. 2020. 海洋牧场生物资源养护原理与技术. 科技促进发展，16（2）：206-212.

张志强. 2017. 环渤海地区海洋产业生态系统适应性研究. 大连：辽宁师范大学硕士学位论文.

章守宇，汪振华. 2011. 鱼类关键生境研究进展. 渔业现代化，38（5）：58-65.

郑元甲，洪万树，张其永. 2013. 中国主要海洋底层鱼类生物学研究的回顾与展望. 水产学报，37（1）：151-160.

周可新，王翠平. 2006. 最大持续产量原理在可持续发展实践中的应用. 生态经济，（6）：28-30.

周为峰. 2021. 渔情速预报关键技术与应用：以南海外海为例. 北京：科学出版社.

大塚修，関泰夫，池田徹. 1993. 底生魚類を対象とする海底牧場造成技術の研究開発. 见：新潟県栽培漁業センター. 新潟県栽培漁業センター業務研究報告書. 真野町（新潟県）：新潟県栽培漁業センター：51-54.

佐藤靖. 1992. クロソイ音響馴致型海洋牧場開発事業（MF21受託事業）. 见：宮城県栽培漁業センター. 宮城県栽培漁業センター事業報告. 牡鹿町（宮城県）：宮城県栽培漁業センター：68-77.

上城義信，寿久文. 1990. 音響馴致によるマダイの滞留効果. 见：大分県水産試験場. 大分県水産試験場调査研究報告. 上浦町（大分県）：大分県水産試験場：29-39.

小谷弘行，后藤悦郎. 1990. 島前湾海洋牧場開発事業. 见：島根県栽培漁業センター. 島根県栽培漁業センター事業報告書. 西ノ島町（島根県）：島根県栽培漁業センター：47-56.

Benaka L. 1999. Fish habitat: essential fish habitat and rehabilitation. Bethesda: American Fisheries Society.

Björnsson B, Karlsson H, Gudbjörnsson S. 2010. The presence of experienced cod (*Gadus morhua*) facilitates the acoustic training of naïve conspecifics. France: ICES Annual Science Conference.

Goldberg R, Mercaldo-Allen R, Rose J M, et al. 2012. Effects of hydraulic shellfish dredging on the ecology of a cultivated clam bed. Aquaculture Environment Interactions, 3(1): 11-21.

Heyes C, Galef B. 1996. Social learning in animals: the roots of culture. New York: Academic Press.

Holt R D. 1997. Predation, apparent competition, and the structure of prey communities. Theoretical Population Biology, 12(2): 197-299.

Holt R D, Lawton J H. 1993. Apparent competition and enemy-free space in insect host-parasitoid communities. American Naturalist, 142(4): 623-645.

Köehler D. 1976. The interaction between conditioned fish and naive schools of juvenile carp (*Cyprinus carpio*, pisces). Behavioural Processes, 1(3): 267-275.

Mustafa S. 2003. Stock enhancement and sea ranching: objectives and potential. Reviews in Fish Biology and Fisheries, 13(2): 141-149.

Paine R T. 1969. A note on trophic complexity and community stability. The American Naturalist, 103(929): 91-93.

Zion B, Barki A, Grinshpon J, et al. 2007. Social facilitation of acoustic training in the common carp *Cyprinus carpio* (L. ). Behaviour, 144(6): 611-630.

# 第七章 海洋牧场监测与评价

海洋监测是指在设计好的时间和空间内，使用统一的、可比的采样和监测手段，获取海洋环境质量要素和陆源性入海物质资料，以阐述其时空分布、变化规律及与海洋开发、利用和保护关系之全过程。海洋牧场作为基于海洋生态系统原理、实现渔业资源可持续利用的渔业模式，本身具有增殖养护渔业资源、改善海域生态环境的作用，因此，对海洋牧场进行监测与评价，符合生态优先原则，对我们进一步认知自然规律、了解掌握海洋牧场水域生态环境和渔业资源状况，均具有重要意义。本章主要介绍海洋牧场监测的主要方式、主要监测要素的监测方法、海洋牧场评价评估方法、基于监测的预警预报方法。

通过本章学习，读者将了解掌握以下内容：海洋牧场监测的内容和方法；主要监测方式的技术手段、应用现状及未来展望；环境、生物、渔业资源等海洋牧场主要监测要素的监测内容及施测方法；海洋牧场资源与环境评价、生产力与承载力评估的内容和方法；基于监测与评估的海洋牧场预警预报现状及发展。

## 第一节 监测方式

海洋牧场监测的主要监测内容包括环境要素、生物要素、渔业资源要素。传统的海洋牧场监测方式主要为常规监测，即在海洋牧场区及其对照区设置监测站位，长期逐年相对固定时期的对监测要素进行监测。随着监测设备的改进及监测技术的革新，海底在线监测系统、浮标、移动平台、岸基雷达等一大批高技术监测装备逐渐完善并投入使用，海洋牧场的监测已进入“天空岸海”的立体化监测时代。得益于信息化技术及在线监测手段的成熟，高度数字化、网络化和可视化的“智慧海洋牧场”是大势所趋，集实时监控、数据分析、信息化管理、预警预报于一体的海洋牧场信息化建设是实现海洋牧场现代化的重要标志。

### 一、监测内容

海洋牧场监测内容应考虑海洋牧场特点及需求，主要监测内容可分为环境要素、生物要素、渔业资源要素，其中环境要素主要包括水文要素、海水化学要素及表层沉积物，生物要素主要包括叶绿素a及初级生产力、微生物、浮游生物、游泳生物、底栖生物、鱼礁附着生物、目标生物等，渔业资源要素主要包括渔业生产要素、渔业资源放流种群、渔业资源野生种群等。某些在线监测方式（如海底在线监测）的监测内容还包括水下生境的视频监测。

#### （一）环境要素

环境要素是用以衡量海洋牧场水质优劣和水中各物质变化趋势的重要指标，主要包括水文要素、海水化学要素及表层沉积物。

水文要素：主要指海水的物理性指标，包括水深、水温、盐度、透明度、潮汐、海流、波浪等。

海水化学要素：主要指海水的水质指标，包括溶解氧、pH、五项营养盐、化学需氧量、重金属、悬浮颗粒物、颗粒有机物等。

表层沉积物：主要包括粒径、含水率、石油类、有机碳、氧化还原电位、重金属等。

### （二）生物要素

生物要素是用以衡量海洋牧场生物资源开发利用情况和环境资源保护状况的重要指标，主要包括初级生产力、微生物、浮游生物、游泳生物、底栖生物、鱼礁附着生物、目标生物等，部分海洋牧场可能还包括潮间带生物。

叶绿素a及初级生产力：主要指海洋牧场建设前后相关海域初级生产力的监测，如叶绿素a、初级生产力及生产力指数等。

微生物：主要指分布在海洋牧场中的个体微小、结构简单、生物类型多样的单细胞或多细胞生物，包括海洋细菌、真菌及噬菌体等，监测内容包括微生物的现存量、活性及分类鉴定等。

浮游生物：主要指分布在海洋牧场中的缺乏发达的运动器官、运动能力很弱、只能随水流移动、被动地漂浮于水层中的生物群，包括浮游植物、浮游动物及鱼卵、仔稚鱼等，监测内容包括不同粒径级浮游动植物的种类组成、优势种及丰度，可重点关注对海洋牧场环境有重要影响的关键种及其生活史。

游泳生物：主要指分布在海洋牧场中的具有发达运动器官、可自由游动、善于更换栖息场所的生物，包括鱼类、龟鳖类及部分生活在水中的哺乳类，监测内容包括其种类组成、数量分布、群体组成、生物学和生态学特征及时空变化等。

底栖生物：主要指分布在海洋牧场基底表面或沉积物中的生物，重点关注鲍、刺参等底栖海珍品，监测内容包括其类群组成、栖息密度、生物量和优势类群的种类组成、群落及其种类多样性等。

鱼礁附着生物：主要指附着于海洋牧场人工鱼礁礁体上的生物群落，包括微生物、浮游生物甚至一些大型动植物，监测内容包括附着生物种类、附着厚度、覆盖面积、丰富度及多样性等。

目标生物：主要指海洋牧场主要增殖或养护的生物，监测内容包括其资源量及驯化情况等。

### （三）渔业资源要素

渔业资源要素是开展海洋牧场水产捕捞和渔业资源管理的重要指标，主要包括渔业生产要素、渔业资源放流种群及渔业资源野生种群。

渔业生产要素：主要指海洋牧场海域的渔业生产类型、区域、规模和周期等，包括商业捕捞监测、休闲捕捞监测、生计捕捞监测和海水养殖监测等。

渔业资源放流种群：主要指在海洋牧场区进行增殖放流的生物种群状况，包括放流种类、放流规模（量）、放流技术、回捕技术、放流种群动态变化，并通过放流群体和野生群体的比例估算海洋牧场区放流群体的资源增量。

渔业资源野生种群：主要指在海洋牧场各种捕捞和养殖活动中收获的渔获物中的自然群体状况，包括群体组成、分布、数量特征、密度变化等时空动态，根据侧重点不同，还可分为海洋牧场目标种资源监测、海洋牧场资源优势种监测、海洋牧场保护性资源监测。

## 二、监测手段

海洋牧场建设至今，产生了巨大的经济、社会和生态效益，但建设过程中也暴露出了诸多问题，对牧场生物资源的时空变化分布及行为规律难以获取、对经济物种的生物承载力及环境响应情况无法掌握及评估、对海洋灾害无法有效预警预报等问题尤为突出。因此，海洋牧场的监测越来越引起相关部门的重视，主要监测方式除常规监测外，还包括海底在线监测、浮标监测、移动平台监测、遥感监测等，并向海-空-陆结合的立体化海洋牧场监测体系不断发展，各种监测手段不断应用于海洋牧场监测并取得了良好的效果，对海洋牧场的管理、生产、防灾减灾发挥了重要作用。在监测保障的基础上，海洋牧场的信息化建设也得到发展，如“山东省海洋牧场观测网”及海洋牧场观测预警预报数据中心的建立，初步实现了海洋牧场的“可视、可测、可控”。

### （一）监测发展史

海洋牧场的监测一直伴随海洋牧场的建设与发展，早期主要是针对海洋牧场生产力及生物资源变化的专项调查，以此评估海洋牧场在增殖渔业资源等方面的作用，如日本在20世纪末对50多种海洋经济生物进行繁育并对其实际生产情况进行监测和评估，日本还曾对其投放的鱼礁及增殖放流状况进行监测，其在100多个海区共投放5000余座鱼礁，放流种类超过30种、数量达上千万苗种单位，令近海渔业产量增殖至$8\times10^6$t；美国也曾对其人工鱼礁建设后的渔业资源状况进行过监测，结果表明，人工鱼礁建设后，海洋鱼类资源是建设前的43倍，每年增加500万t渔业产量（王篮仪和黄叶余，2019）。

20世纪90年代后，随着计算机技术和通信技术的发展，国外海洋监测技术发展迅速，海洋环境自动监测、卫星遥感、水声遥测等技术手段日趋完善，如50年代初，美国首先发展了潜标系统，用于次表层及深海的海洋环境监测；60年代，美国又发展了锚系资料浮标，用于表层海洋水文、气象、水质参数的监测（朱光文，1997）；70年代末，海底有缆观测技术开始出现，迄今为止，日本、加拿大、美国、欧洲等均已建设海底有缆大型观测网络，其真正实现了海底环境的原位、长期、实时、连续观测（翟方国等，2020b）。虽然在线监测技术不断成熟，但专门针对海洋牧场的大规模在线监测鲜有涉及。

中国的海洋牧场建设起步较晚，海洋监测工作在很长一段时间内也处于跟踪和模仿阶段。在我国的海洋牧场进入建设加速期后（杨红生等，2019），海洋牧场监测暴露出诸多问题。例如，对海洋动力、生态环境缺乏长期、连续监测，导致无法掌握海洋牧场中各类海洋灾害的时空变化特征及形成机制，从而导致不能对海洋灾害进行有效的预警预报，造成严重经济和生态损失；对生物资源缺乏长期、连续监测导致无法掌握海洋牧场生物资源的时间变化、空间分布和行为规律，从而使得海洋牧场经济物种的管理整体呈现“难觅踪迹”的现状，导致海洋牧场经济物种基本呈“失控状态”。

因此，现代化海洋牧场的高质量健康可持续发展亟须加强海洋牧场的信息化技术创新与装备研发建设，实现海洋环境和生物资源的长期、连续和实时在线监测。自2015年开始，山东省开始建设海洋牧场生态环境海底观测站，首次实现了海洋牧场生态环境及水下生物活动实况的在线直播，在此基础上，山东省开始建设“海洋牧场观测网”，截至2019年底，山东省海洋牧场观测网已覆盖山东半岛周边海域23处海洋牧场（翟方国等，2020a）。此外，基于浮标的多水层水质环境多参数在线监测系统等各类海洋牧场在线监测系统也在不同海洋牧场得到应用。

### （二）常规监测

常规监测一般包括建成前的本底调查及建成后的定期监测。本底调查主要在海洋牧场建设前进行，主要目的是掌握拟建海洋牧场区的环境、生物、生态系统功能及地质特征；建成后的定期监测主要针对已建成的海洋牧场及其对照区，监测内容与本底调查类似，一般需长期逐年在相对固定的时期进行监测。常规监测是海洋牧场监测的基本手段，可方便快捷的对相关要素直接观测或取样分析，但也存在监测效率较低、时空连续性差等缺点。

**1. 技术设计**　常规监测开始前，需按照一般监测的要求进行技术设计，包括站位设计、监测项目及监测频次确定，设计时需充分考虑海洋牧场的类型与特征。

1）站位设计　首先监测站位应充分覆盖整个牧场区域，包括牧场中心区域、边缘区域及对比区，因为海洋牧场不同区域的环境、生物、渔业资源等特征是不同的，如此设计可避免出现以偏概全、以局部替代全局的错误，还可充分了解海洋牧场与周边海域的空间分布差异。

其次，对于海洋牧场特殊区域（如鱼礁区、海藻场或海草床区、珊瑚礁区等）需进行加密观测。海洋牧场特殊区域一般为代表牧场类型的功能区域，其资源环境特征也更具代表性，应重点加密监测。

2）监测项目　监测项目与上文介绍的监测内容基本一致。需要注意的是，要根据海洋牧场的类型特征选取重点监测项目，如养护型海洋牧场，一般应将环境、生物资源等要素的变化作为重点监测项目；增殖型海洋牧场，一般应将渔业生产、渔业资源状况等作为重点监测项目；以底栖海珍品养殖为主的海洋牧场，海底区域的环境及视频监测尤为重要。

不同海洋牧场可能有不同的生境构造方式，如人工鱼礁、海草床、海藻场、牡蛎礁、珊瑚礁等方式。对于不同生境的海洋牧场，相关生境状况也应为重点监测项目，如生境的面积、分布、生物状况等。

3）监测频次　监测频次应根据监测目的、海洋牧场的功能特点及海域环境条件而定。一般在牧场建成前应至少进行一次本底调查；牧场建成后，主要监测要素每年至少监测一次，若条件允许，可每季度进行一次监测。需根据资源增殖和采捕的情况调整目标生物及渔业资源要素的监测时间和频次。对于某些变化缓慢的监测对象，如人工鱼礁位移及礁体完整状况等，监测频次可适当增大，如2～3年监测一次。

**2. 监测方法**　常规监测的主要方法包括传感器直接测量和采集样品进行实验室分析。前者需要我们对相关设备及传感器的性能、特点及使用方法有所了解，后者则需要我们对样品采集、分析、保存的方法及要求进行学习。不同监测内容的具体监测方法在本章第二、第三、第四节中有详细介绍，在此不再赘述，仅针对海洋牧场常规监测特点，介绍水下视频监测方法。

水下视频监测对海洋牧场监测有特殊意义，其能够了解鱼类在自然环境中的真实行为和习性、海洋牧场生境区域生物多样性状况及牧场建设情况等。早期水下视频监测主要通过调查人员借助水下摄像机及照明灯在水下直接对海洋生物的行为进行观测、拍摄，但该方法容易受到排气噪声和气泡等人为干扰，且人工消耗大、无法长时间作业。

随着监测手段的发展，一些便携式直读设备开始越来越多地应用于海洋牧场常规监测，由调查人员操纵水下摄影机器人或便携式水下视频监测设备的方法也已开始普及，该方法可将视频信息直接传回水面调查船或实验室，更为方便快捷。

以便携式水下视频监测设备为例，由甲板单元、连接线缆、水下单元框架、LED灯及水下高清摄像机等部分组成，配备小型发电机即可实现对水下状况的实时、连续视频监测，监测视频可通过软件直接分析、展示及保存（图7-1）。

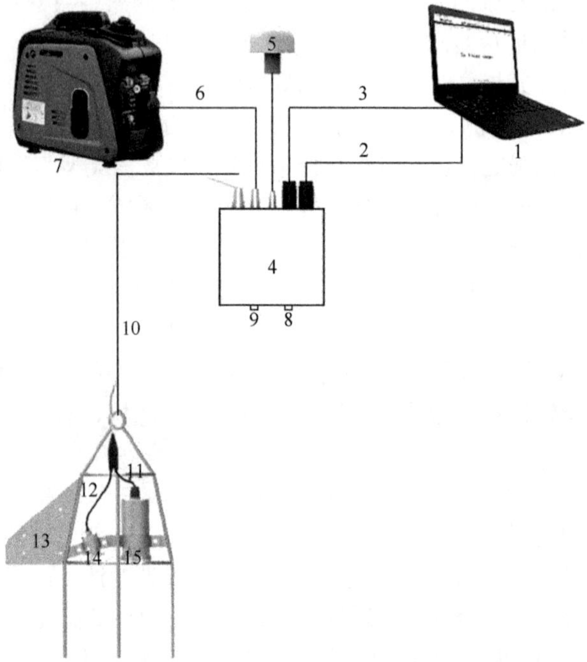


图7-1　便携式水下视频监测设备结构示意图

1. 软件分析及展示；2. USB传输线；3. RJ45（网络）传输线；4. 甲板单元；5. GPS及传输线；6. 甲板单元电源线；7. 发电机；8. 摄像机开关；9. LED灯开关；10. 水下连接线缆；11. 水下摄像头线缆；12. 水下LED线缆；13. 水下单元框架；14. LED灯；15. 水下高清摄像机

### （三）海底在线监测

目前的海洋牧场监测多集中于表层或有限水层，对海洋底层的监测开展较少，但该区域尤其是鱼礁区等特殊区域的监测是海洋牧场监测的重要内容，仅靠表层或有限水层的要素数据，难以对海洋牧场的环境状况进行全面了解。实现海底区域在线监测，是海洋牧场监测的重要发展方向，也是了解和认识海洋牧场的重要手段。海底在线监测通过布放于海底的在线监测系统，实现了对海洋牧场水下区域原位、长期、连续和实时的观测，且易于建设和维护、运行成本低、安全性高，适合在海洋牧场进行广泛推广。

**1. 技术手段** 海底在线监测是指将观测平台布设到海底，通过各种仪器探测海底附近的海洋参数，并通过线缆等进行电力供给与通信以实现数据信息实时传输的监测方式，其摆脱了船时与舱位、电池寿命、天气和数据延迟等局限，且实现了海底多节点、多传感器设备的同步观测，因而受到各国海洋科学研究与业务监测的青睐，目前欧美多国及日本均基于海底在线监测技术建设海底观测网，我国也在东海及南海建设了海底观测系统（朱俊江等，2017；翟方国等，2020b）。

但传统海底观测网多采用光电复合缆、超高压供电，建设维护费用高昂、技术难度大，不适合海洋牧场业务化监测。针对海洋牧场监测特点，一种新型的海底有缆在线观测系统被研发出来，系统主要由海底观测设施、岸基控制设施、信息传输及电力供给设施构成（图7-2），可直接接入市电，技术简单、易于建设维护、经济性好，实现了海底生境要素长期、稳定、实时、连续的业务化监视监测。

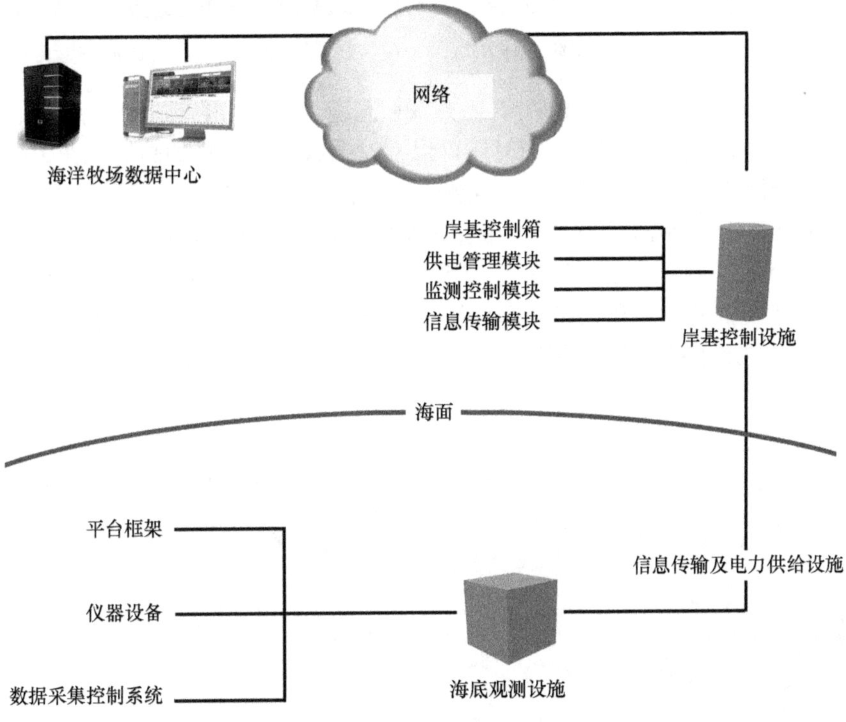


图7-2 海底有缆在线观测系统一般架构图

海底观测设施布放于海底，由平台框架搭载仪器设备实现海底数据信息的采集。岸基控制设施布放于岸边，可直接控制海底观测设施，还可接入地面网络将数据视频传送至用户与管理者手中。信息传输及电力供给设施一般采用性价比更高的电缆，若海底观测设施离岸较远，也可采用微波中继的方式辅助传输（图7-3）（王志滨等，2017；翟方国等，2020b）。

**2. 应用现状** 海底有缆在线观测系统目前已在山东省海洋牧场得到了广泛应用，在浙江、广东、海南等地的部分海洋牧场也采用了海底在线的监测方式。观测系统一般集成安装了多参数水质仪、水下高清摄像头和LED灯，部分海洋牧场的观测系统还安装了声学多普

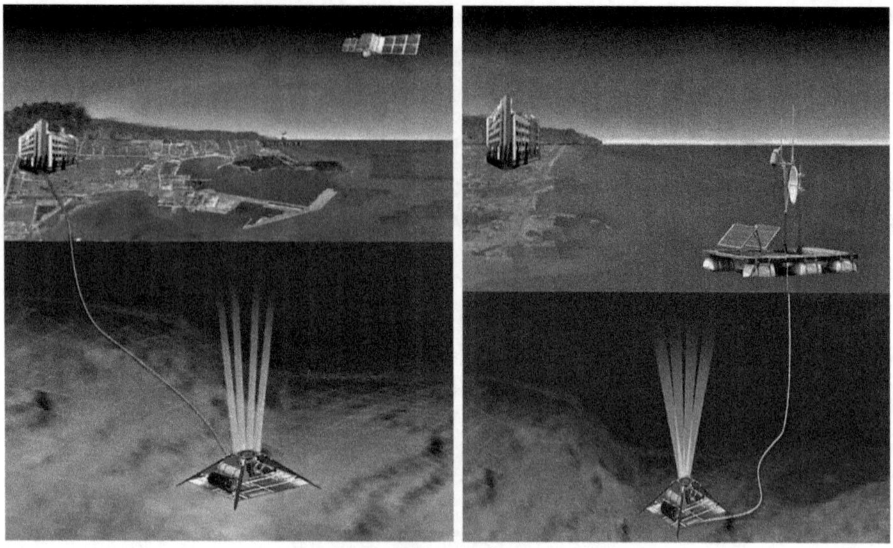

彩图　　图7-3　海底有缆在线观测系统工作示意图（左为线缆直接传输，右为微波中继传输）

勒流速剖面仪，不但实时在线观测海水温度、盐度、溶解氧、叶绿素、海水剖面流速和流向等环境参数，同时还可以实时播报水下生物的高清视频（扫描二维码可查看海底有缆在线观测系统观测到的精彩视频）。

扫扫看视频

海底有缆在线观测系统的应用令山东省海洋牧场真正实现了海洋生态环境和生物资源的“可视、可测、可控、可预警、可评估”。监测数据可为海洋牧场科学管理提供业务化辅助决策，如海洋生态灾害的监测和预警；还可为海洋牧场区域的动力和生态环境特征等科学研究提供数据支持，水下视频资料为渔业资源识别与评估提供科学依据（图7-4）（翟方国等，2020a）。

彩图　　图7-4　基于水下视频的海洋牧场渔业资源识别与统计

## （四）浮标监测

浮标监测一直是海洋环境离岸、现场、长时序、连续自动监测的主要技术手段，是世界各国高度重视和大力发展的在线监测方式。浮标系统发展较早、技术成熟、种类繁多，发展适合海洋牧场的专用型浮标，对海洋牧场区域各要素进行长期、连续采集，是海洋牧场浮标监测的重要研究问题，如用于监测海洋环境和海洋水质污染状况的水质监测浮标，就十分适合海洋牧场使用。

**1. 技术手段**　浮标是一种用于获取气象、水文、水质、生态、动力等参数的自动化监测平台，一般锚泊在指定位置进行监测。浮标系统涉及结构设计、数据通信、传感器技术、能源电力技术自动控制等多个领域，一般由六大部分组成：浮标标体部分、数据传输与通信部分、数据采集与控制部分、传感器部分、系留系统部分、能源供给部分（王波等，2014）。

**2. 应用现状**　近年来我国已初步建立起包含约130个浮标的近海浮标观测网，基本覆盖我国整个近海区域（图7-5）。但通用型浮标多是针对大尺度海洋环境监测要素设计且建设的，运行和维护成本较高，并不完全适合海洋牧场使用。发展适用于海洋牧场海域的专用型浮标是海洋牧场浮标监测的发展趋势，如一种基于浮标系统的海洋牧场多水层水质环境多参数在线监测系统（图7-6），包括了浮体（浮标、潜标、浮筒、浮筏等）、主控处理模块、多参数集成传感器模块、水样采集模块、远程数据传输模块、太阳能板等，可完成对海洋牧场表部、中部、底部不同深度水质环境的自动化周期采样、分析检测、实时数据传输等，实现了对海洋牧场多水层水质环境长期连续实时在线监测，是浮标监测在海洋牧场中的重要应用示范（杨红生，2018）。

A　小型海洋生态监测浮标　　B　中型气象水文监测浮标　　C　大型海洋资料综合监测浮标

图7-5　各类国产海洋浮标

彩图

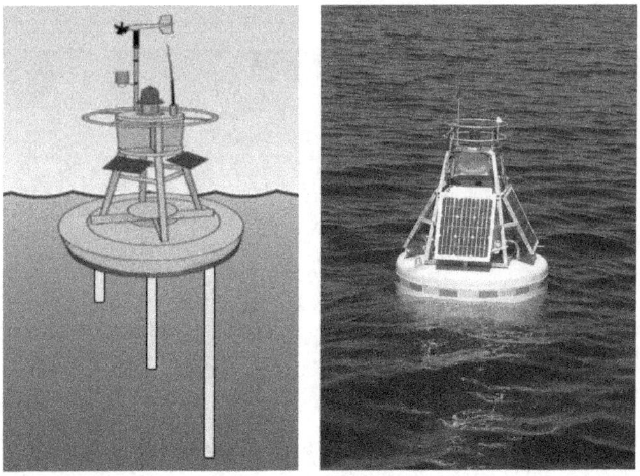

图7-6　海洋牧场多水层水质环境多参数在线监测系统示意图（左）和海洋牧场现场图（右）（改自杨红生，2018）

彩图

### （五）移动平台监测

移动平台主要包括无人船、潜水器等，其最大的特点就是机动性强、灵活便捷，是一种智能化海洋监测平台，能有限弥补一些传统观测平台机动性差、收放困难等问题。随着人工智能及潜水器技术的研究与开发日益成熟，该类移动平台也进入了快速发展的时代，其作为新型海洋观测平台加速了人类对海洋的认识。

**1. 技术手段**

1）无人船　无人船是一种可执行某类任务，并在水面航行的水面机器人。其主要工作于海洋表面，可搭载大部分表面原位和剖面测量传感器，如温盐深仪、单/多波束测深仪、声学多普勒流速剖面仪等，配合自动采样系统，可应用于浅水湖泊、近岸、岛礁周边等复杂区域甚至大洋的多要素同步测量（金久才等，2015；常继强等，2019）。

2）潜水器　潜水器是一种具有水下观察和作业能力的活动潜水装置，可分为载人深潜器和无人潜水器，适用于海洋牧场监测的一般是无人潜水器，搭载水下摄像机或在线水质监测等智能终端采集水质参数、视频等信息。无人潜水器按照控制方式的不同，一般可分为无人遥控潜水器（remotely operated vehicle，ROV）、自主式潜水器（autonomous underwater vehicle，AUV）和水下滑翔机（autonomous underwater glider，AUG）。

ROV是一种灵活的水下运动平台，需要母船或者操作平台通过电缆为其供电，其监测行为不是完全自主的，大多需要人为干预才能进行。AUV拥有自身的动力系统和智能控制系统，没有了电缆的束缚其活动范围大大增加。AUG是一种节能型AUV，其通过调整自身浮力驱动上升下潜，通过固定机翼获得升力，从而以锯齿形轨迹运动（金久才，2011）。

**2. 应用现状**

1）无人船　由于在测量深度、取样数量等方面受到限制，且观测易受到海流、波浪和生物等因素的影响，无人船在海洋牧场监测中的应用案例较少。但随着无人船自主航行、智能避障、自动返航等性能不断完善，已有海洋牧场考虑无人船监测，如在海洋牧场选址时对水下地形地貌进行测量测绘、对海洋牧场水域水质情况监测、对礁体或水下设施投放位置探测与测量等（图7-7）。

彩图

图7-7　无人船海上测量

2）*潜水器*　针对海洋牧场来说，小微型的无人潜水器，具有体积小、视野大、携带便捷等优势，能精准追踪监测目标，是较为合适的海洋牧场监测设备。例如，国产的白鲨MINI缆控水下机器人，仅重3.8kg，搭载6推进器可实现全姿态控制，已应用于日本冲绳海域观察海洋生物（图7-8）。国产“河豚”缆控水下机器人也应用于广西涠洲岛的珊瑚礁观测中。除视频监测外，潜水器搭载一定的传感器，还可用于水质监测，一些具备作业型能力的水下机器人甚至可以协助完成鱼礁建设、病鱼打捞等任务。

图7-8　白鲨MINI在日本冲绳海域观察海洋生物

彩图

### （六）遥感监测

相比其他监测方式，海洋遥感具有监测范围广、重复周期短、时空分辨率高等特点，可在较短时间内对大范围海域成像，可监测船舶等不易到达的海域。相较海洋牧场的小片区域，卫星遥感监测有些大材小用，更加灵活便捷的无人机遥感在海洋牧场得到更广泛应用。本节简要介绍岸基雷达、航空遥感在海洋牧场中的应用。

**1. 技术手段**

1）*岸基雷达*　岸基雷达的一类应用为高频地波雷达，以电磁波入射为主要技术特征实现近岸区域海流、海浪、风场甚至溢油状况的监测（王静等，2012）。另一类应用为雷达视频监控系统，利用了雷达的目标定位与识别功能，实现对海洋牧场区域相关目标的探测识别、自动跟踪、标识记录等功能（张香利，2017）。

2）*航空遥感*　航空遥感包括了载人航空遥感及无人机（unmanned aerial vehicle，UAV）遥感。相较而言，无人机遥感更适合海洋牧场监测需求。无人机是利用无线电遥控设备和自备程序控制和操纵的不载人飞机，一个完整的无人机系统一般由飞行器、飞行控制系统、任务传感器、地面控制系统及数据处理与应用分析系统等部分组成（图7-9）。无人机可人为操控或按预定航线自主飞行、摄像，实时提供遥感监测数据和低空视频监控，且获取图像的空间分辨率可达到厘米级，有效弥补了卫星遥感、航空遥感和现场监测技术手段的不足。

**2. 应用现状**

1）*岸基雷达*　高频地波雷达对布放环境要求高，且监测要素并非海洋牧场十分关心的要素，因此基本无法应用于海洋牧场。雷达视频监控系统目前尚未在海洋牧场普及，但海

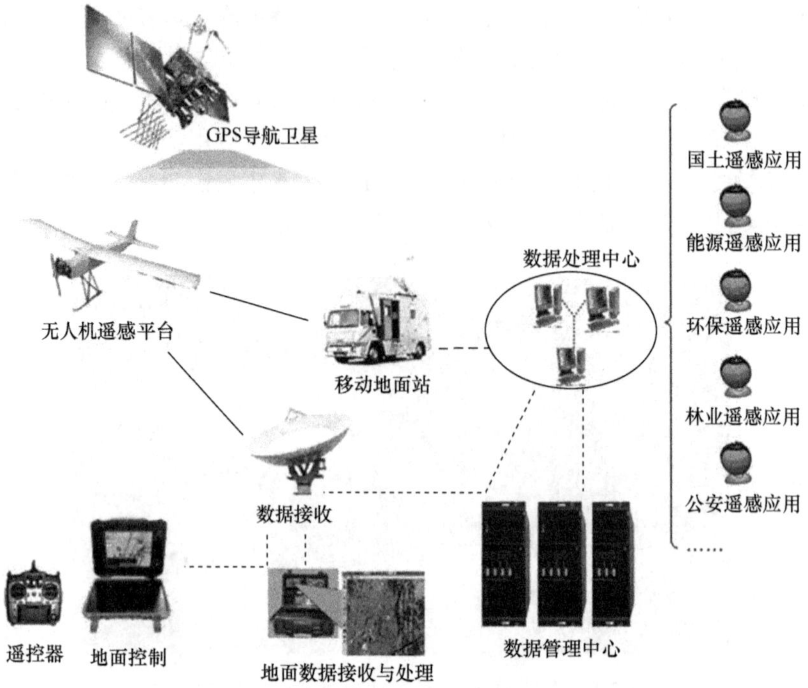


图7-9 无人机工作原理图（引自侍茂崇和李培良，2018）

洋牧场未来向智能化、信息化趋势发展，该类监控系统受到重视是必然趋势。目前海洋牧场的建设已对雷达监测提出了一些要求，以实现对海洋牧场船只及生产运营状况的长期、连续监视，一些新建的海洋牧场监测平台已经开始配备相关系统，如大连财神岛国家级海洋牧场示范区新建的海洋牧场信息监测管理平台就搭载了雷达和视频监控系统，对海洋牧场示范区进行实时看护。

2）*航空遥感* 无人机遥感可获取高分辨率遥感监测数据及视频数据，在海洋牧场监测中，有较为典型的应用案例，如有研究组利用飞马F1000固定翼无人机和大疆“悟”系列无人机开展养马岛海洋牧场区域的遥感和无人机连续监测，主要针对海洋牧场周边近岸海域的绿藻发生发展过程进行航拍监测工作，生成了海洋牧场所在的牟平近岸区域的无人机监测影像图集，根据航拍结果记录了浒苔生消的基本过程，并通过DNA测序得到了海洋牧场沿岸海藻为本地绿藻而非江苏漂移来的绿藻的结论（杨红生，2018）。

## 三、信息化建设

信息化建设是海洋牧场实现高效、健康、快速发展的重要保障，是“智慧海洋牧场”的重要标志。通过信息化建设将各监测手段获取的数据信息集成整合，为决策部门、牧场管理者及公众用户提供全方位、多层次的海洋信息服务。随着信息化建设的发展，预报预警、辅助决策等功能将不断完善并融入海洋牧场信息化平台中。目前我国的海洋牧场信息化建设尚处于起步阶段，但山东省海洋牧场观测网的建设为全国提供了一个良好的示范。

### （一）信息化建设概述

欧美等西方发达国家均十分重视海洋信息化建设。以美国为例，其在20世纪60年代就建立国家海洋数据中心积累海洋信息，在2007年进一步启动了综合海洋观测系统，实现了对海洋环境的追踪、预测、管理和应对。我国的海洋信息化建设起步较晚，“九五”期间开始专题数据库的建设，“十五”至“十一五”期间开始着手建立海洋信息系统（姜晓轶和潘德炉，2018；程骏超和何中文，2017）。

随着物联网、大数据、云计算等信息技术的深入应用，“透明海洋”“智慧海洋”等概念相继提出，使用智能化信息技术及海洋装备，实现智慧经略海洋的目标，是海洋信息化建设的必然趋势，信息化也成为现代化海洋牧场的重要标志。

海洋牧场的信息化平台一般应具备数据存储、分析、信息发布及可视化等功能，且应逐步开发数值模拟、预警预报、决策支持等功能，最终完成数据层、技术层、应用层的相互统一协作。水下视频信息的存储、识别、分析也是海洋牧场信息化建设的一个关键问题。

### （二）建设现状

海洋牧场的信息化建设刚刚起步，目前针对海洋牧场生态环境方面的信息化平台较少，值得借鉴的是山东省海洋牧场的信息化建设。

山东省2015年启动海洋牧场观测网，开始海洋牧场的信息化建设，提出海洋牧场“一厅、一室、一院、一馆”的“四个一”建设标准，即海洋牧场陆域配套建设展示厅、监控室、研究院和体验馆，提升海洋牧场信息化建设的可见性和可控性。在观测网提供的海量观测数据的基础上，建立了山东省海洋牧场观测网数据中心，通过山东省海洋牧场观测网网站及手机APP对外进行信息发布，相关管理部门及海洋牧场用户通过账号登录后可直接查看相关信息（图7-10），包括：①海洋牧场实时生态环境数据、动力环境数据及水下视频；②历史数据查询、典型视频点播；③相关监测设备的运行状态（翟方国等，2020b）。

目前的山东省海洋牧场信息化平台已具备权限管理、地图动态查询、实时查询、多元数据集成、历史数据查询、海洋灾害预报预警等功能，为全省海洋生态文明建设、海洋牧场健康发展提供了技术支撑、决策依据和服务保障，为海洋牧场信息化建设提供了很好的模板。

### （三）未来发展及建议

随着在线监测、超算、人工智能、5G等高端技术的发展与成熟，未来海洋牧场信息化平台将是一个集生态监测、生产管控、安全救助、预报预警、科学指导于一体的综合性智能化管理平台。在未来海洋牧场信息化建设中，应注意并解决以下问题。

（1）建立大数据平台的概念。形成“天空岸海”立体协同、水上水下一体化的信息获取能力及信息快速提取与智能解译能力，将数据产品信息及时提供给广大用户群。

（2）提高业务化预报及海洋灾害预警能力。在海量监测数据的基础上，研发水动力-生态耦合数值同化预报系统，赤潮、低氧等海洋灾害的统计预报模型，并应用于信息化平台中，实现海洋牧场预报预警的常态化。

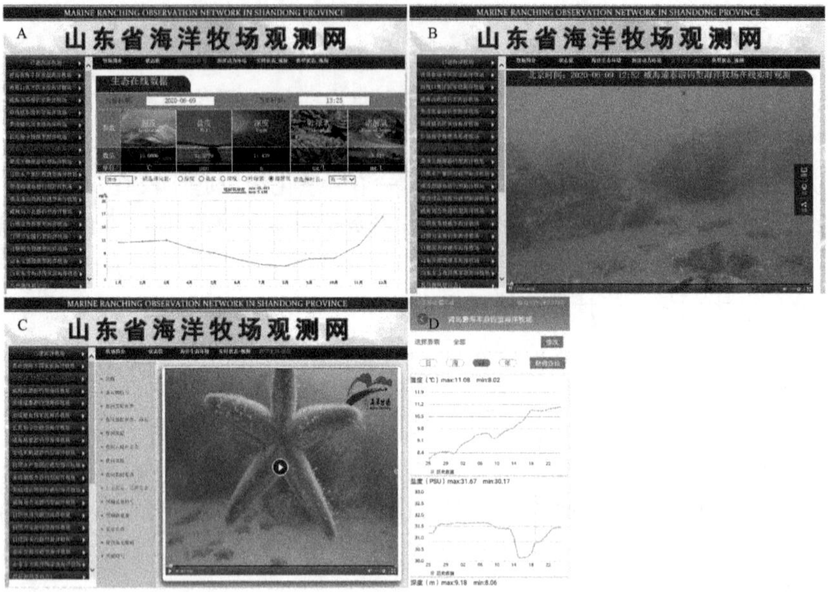


彩图

图7-10 山东省海洋牧场信息化建设（引自翟方国等，2020b）

A．山东省海洋牧场观测网网站展示水文生态环境参数；B．实时水下高清视频；C．历史典型水下高清视频；D．手机应用程序展示水文生态环境参数

（3）建立海洋牧场辅助决策系统。在业务化监测与预报的支持下，开发符合牧场需求的辅助决策系统，实现智能化、科学化的管理，是海洋牧场信息化建设的最高水平。例如，根据海洋牧场经济物种的生化特性，以生态环境的业务化预报结果和海洋灾害的预警结果为基础，建立海洋牧场播种和收获时间、区域、数量等辅助决策系统。

## 四、监测发展趋势

拓展阅读7-1

前文已对各监测手段进行了介绍，随着监测技术的不断进步，这些监测手段也在不断发展，对不同监测手段的发展趋势感兴趣的同学请扫拓展阅读7-1二维码进行进一步学习，在本节不再赘述。下面对海洋牧场监测未来整体发展趋势进行展望与概述。

（1）“天空岸海”一体的全方位立体监测体系建设。不同的海洋监测手段均有各自的优点与不足。例如，海底在线监测、浮标等虽实现了实时、连续监测，但覆盖范围有限，遥感监测虽空间覆盖范围广，但无法对水下区域监测，因此，需综合各监测手段，打造适用于海洋牧场的全方位立体监测体系，实现监测的时间、空间全覆盖（图7-11）。

（2）多学科交叉融合，监测目标更加多元化。“现代化海洋牧场”建设理念要求我们对海洋生态系统有综合认识，这需要我们深化海洋牧场区域大气-海洋-陆地相互作用、多学科耦合过程的基础研究，一些新的监测目标也不断提出，如基于水下生物视频监测的生物识别及鱼类监测分类，低氧、赤潮等海洋灾害监测等。

（3）实现海洋牧场监测的业务化运行。海洋牧场监测的业务化运行是现代化海洋牧场“信息化、智能化”的重要标志，包括常规监测的常态化及周期化、在线监测系统的业务化运行、海洋牧场数据中心的建立等。

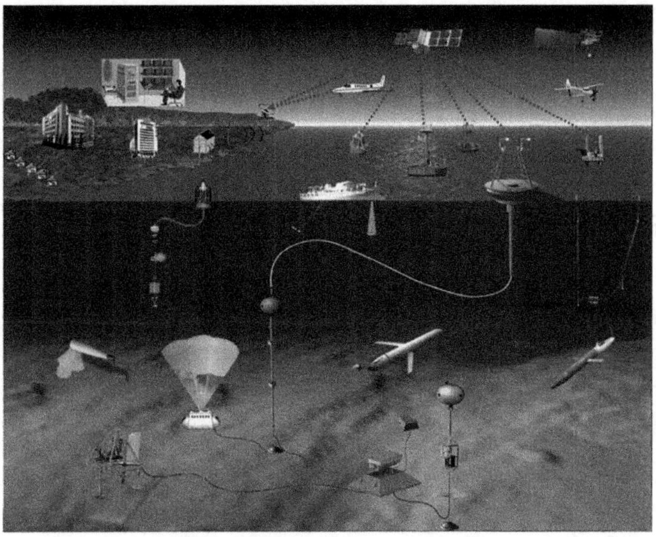

图7-11 海洋调查立体监测体系

彩图

（4）统一数据格式、提高数据质量、实现数据共享与深度挖掘。获取高质量数据是海洋监测的根本，数据的深度挖掘则是进一步关心海洋、认识海洋、经略海洋的重要基础，应基于大数据、“互联网＋”等高新技术实现对海洋牧场监测数据的共享及深度挖掘。

（5）实现观测设备的自主研发。海洋牧场区域普遍位于近海，水域环境极为复杂，是对监测设备尤其是长期连续在线监测设备的极大考验。目前海洋牧场监测平台及设备大多由国外进口，价格昂贵且运行维护成本高，阻碍了海洋牧场监测的业务化运行，因此，发展针对海洋牧场监测的国产设备十分必要。目前在“山东省海洋牧场观测网”的建设中已有相关尝试，实践证明，这些自主研发设备性能高、能耗低，降低了观测网建设和维护成本，进一步了解国产化设备可扫描拓展阅读7-2二维码。

拓展阅读7-2

# 第二节 环境监测

## 一、海洋牧场监测

环境监测是环境科学的一个重要分支学科，应用化学或仪器分析手段，对物理、化学和生物学等各指标进行测定，为环境科学研究、工程设计、环境影响评价等提供技术服务。“监测”一词可以理解为监视、测定等，因此环境监测就是通过测定环境质量的指标要素，从而反映环境质量的现状及变化趋势。同样的，海洋牧场监测就是应用物理、化学和生物等科学的方法，监测海洋牧场环境和资源质量及其发展变化趋势的各种数据的过程。海洋牧场监测是了解和研究海洋牧场的基础，也是制定保护和管理海洋牧场策略的科学依据。

### （一）海洋牧场监测的目的与意义

**1. 海洋牧场监测的目的和分类** 海洋牧场环境监测的目的是准确、全面地了解该区域内的环境质量现状及发展趋势，为海洋牧场的建设、管理、规划提供科学依据。具体可归纳为以下四种。

1）例行监测　在海洋牧场建设前进行本底调查和建成后进行定期、长时间的监测工作。可以通过例行监测来确定海洋牧场建设前后生态环境变化、生态修复效果等。

2）应急监测　对发生在海洋牧场区域或附近海域的突发性环境污染事故进行的应急监测，如赤潮、石油泄漏等。应急监测主要是为了能及时、准确掌握发生污染事故后的污染状况和影响，为善后处理和环境恢复提供科学依据。

3）咨询服务监测　咨询服务监测主要是为政府部门、企业提供的服务性监测，如建设海洋牧场项目环境影响评价中要求的环境监测，拓展开发垂钓、潜水等休闲游钓型海洋牧场功能提供的参考。

4）科研监测　科研监测属于较高层次和技术比较复杂的一种监测工作，主要是针对海洋牧场关键前沿技术而进行的科学研究监测活动。

**2. 海洋牧场监测的意义**　近年来，海洋牧场在我国得到了快速的发展，各沿海地区也推出了相关支持政策，开展了我国近海区域以海洋牧场建设为主要形式的生态健康、环境友好、资源养护型的海洋渔业资源开发利用模式，推动了海洋生态文明建设和海洋经济的产业升级。为保障海洋牧场健康可持续发展，必须对海洋牧场的生态环境进行长期监测，开展对海洋牧场建设前后的监测评估工作，对海洋牧场的海洋环境保护、生态环境修复效果进行科学评价，对海洋牧场的后续运行管理起到有效的支撑作用，从而引领我国现代化海洋牧场的规范化建设和健康发展。

### （二）主要监测指标

监测指标是根据监测目的进行筛选的。海洋牧场环境监测要素指标可以大致分为以下几种：①水文要素指标，包括水深、水温、盐度、海流、透明度等，主要涉及海洋物理学，可以了解海洋牧场区域海水流动情况，可以为人工鱼礁投放及建设效果提供参考；②常规要素指标，包括溶解氧、pH、悬浮物等，主要涉及海水的物理化学参数；③营养要素指标，是指活性硅酸盐、活性磷酸盐、亚硝酸盐、硝酸盐、铵等能被浮游植物摄取的营养盐；④污染物要素指标，包括化学需氧量、生化需氧量、总有机碳等，主要是有机物污染的相关指标；⑤有害要素指标，石油类，铜、铅、锌、镉、铬、砷、汞等重金属等，当超过一定的安全阈值范围就会对水生生物造成严重的影响；⑥沉积物环境要素指标，包括粒径、含水率、氧化还原电位等，通过这些指标可以了解人工鱼礁投放后的位置能否稳定，是否随着潮汐发生迁移。

### （三）检测分析方法

选择正确的检测分析方法是获取准确结果的关键因素。一般选择国家或行业标准方法，这些方法比较成熟，抗干扰性强，灵敏度和准确度都能满足测定要求。按照监测分析方法原理，环境要素监测的主要方法有如下几个。

（1）化学分析法：包括重量法、容量法、滴定法。

（2）分光光度法：包括紫外、可见、红外分光光度法，可测定多种金属、非金属离子或化合物。其中，有些测定项目引入自动监测技术，如连续流动分析仪、化学间断分析仪等。

（3）原子吸收光谱法：分为火焰原子吸收光谱法、石墨炉原子吸收光谱法、冷原子吸收光谱法，可以测定多种重金属元素。

（4）电化学法：如溶解氧仪、CTD、pH计等，主要是借助不同的探头传感器进行电化学分析，如多参数水质分析仪已经在常规海洋监测中普遍使用。

（5）其他方法：特殊的指标专用仪器，如声学多普勒流速剖面仪（ADCP）、测定沉积物粒径的激光粒度仪、测定总有机碳的总有机碳分析仪等。

随着科学技术的发展，监测技术正在向自动化、信息化、智能化的方向发展，并在海洋牧场建设中得到良好的应用（邢旭峰等，2017）。以山东省海洋牧场监测平台为例，借助浮标、海床机、无人机、无人艇等新兴设备，已经实现海洋牧场生态环境参数的长期、连续、稳定的实时在线监测（刘辉等，2020）。

## 二、监测方案制订

### （一）基础资料收集与实地调查

**1. 基础资料收集**　在制定监测方案前应该收集的海洋牧场及所在区域的有关资料如下所述。

（1）海洋牧场建设情况，包括人工鱼礁、网箱、浮子、筏架等设施投放时间、类型及规模等，人工放流的具体位置（最好明确经纬度），方便后续调查及采样站点的确定。

（2）海域水体的水文、气候、地质地貌情况，如水位、水量、水温层结、流速、流向、大小潮及沉积物特性等。

（3）海洋牧场建设区域周围城市分布、工业发展情况、入海河流分布、潜在的陆域和海域的污染源排放等。

（4）海洋牧场附近区域的海洋环境功能区划分。

**2. 实地调查**　在基础资料和文献资料收集的基础上，有必要对调查目标海洋牧场海域进行现场调查，判断搜集到的资料的可靠性，更准确地掌握目标海域环境信息的变化情况及趋势。另外，深入现场实地调查，了解以往进行环境要素监测时所设置的断面或采样站位是否需要调整，以便为制定更为科学合理的监测方案提供依据。

### （二）采样点的布设

海洋牧场环境要素监测站位布设一般采用网格法，选择若干条横向和纵向断面布站，覆盖整个海洋牧场区域。或者扇形法（收敛型集束式），以海洋牧场为中心，向外辐射。具体可以根据海洋牧场环境监测目的和要求，不断优化采样站位的布设，需要综合考虑以下因素。

（1）在保证监测站位能反映海洋牧场环境质量和空间趋势的前提下，以最少数量的站位满足监测目的要求。

（2）尽可能沿用历史监测站位，适当利用海洋断面调查站位，照顾站点分布的均匀性与岸边固定站位的衔接。

（3）在海洋牧场标志物，如人工鱼礁、筏式养殖、网箱等周围设置站位。另外按需求在海洋牧场周边较开阔或人工干扰较小的海域设立对照站位。

海洋牧场水样采集一般设置为表层、5m、10m、20m、30m、底层，也可以根据监测目的进行调整。值得注意的是，对于海浪较大的海域，采水器被海流冲走导致的采样深度的误差，可以根据拉绳的倾角进行修订。

### （三）采样时间和采样频率

按照监测目的、性质、内容、水环境条件，确定采样频率和时间。一般海洋牧场水环境监测一年2～4次，按季度4次；枯水期、平水期、丰水期3次；枯水期、丰水期2次。若有条件，也可以每隔一个月进行一次环境要素监测。沉积物每年取样一次；生物样品每年在生物采捕期取样一次。

### （四）海上调查安全保障要求

应严格按照《海洋调查规范》采集样品，并注意以下安全事项。

（1）在各种天气条件下采样，都必须确保采样人员和仪器设备的安全。采样作业期间，采样人员要穿好救生衣、劳保鞋，戴好安全帽，各种仪器设备均应固定牢固。

（2）采样人员应避免独自在岸边礁石、养殖木筏和网箱等存在安全风险区域采样作业，至少安排三人一组，并采取相应安全措施。

（3）租用船舶进行采样作业期间，因航行安全问题不能到达预定点位进行采样任务时，应听从船长指挥。

## 三、环境要素样品采集与保存

样品采集与保存是海洋牧场环境监测中第一关键环节。样品采集应当保证具有代表性，其基本原则是所采样品不仅代表原环境，而且应在采样及其保存和处理过程中不变化、不添加、不损失。

### （一）海水样品的采集与保存

**1. 采水装备** 海洋牧场环境监测常用的采水装备主要有两种：简易采水器（图7-12左）和多通道采水器（图7-12右）。简易采水器多用有机玻璃制成，主要用于规模不大的监测活动，通过带浮动底板和活动上盖，采样时水体能够顺畅的从瓶体中贯通，可用于不同深度的水样采集。多通道采水器可用于水深较深的海洋牧场区域，一次取样即可满足多种水体环境参数的水样采集需求。

**2. 海水要素的采集**

1）溶解氧和生化需氧量样品的采集 溶解氧样品应最先采集，需直接采集到水样瓶中，采集时防止搅动水体，并注意不使水样曝气或有残存气体。之后采集生化需氧量。采样步骤如下：①乳胶管的一端接上玻璃管，另一端套在采水器的出水口，放出少量水样淌洗水样瓶2次；②将玻璃管插到分样瓶底部，慢慢注入水样，待水样装满并溢出约为瓶子体积的1/2时，将玻璃管慢慢抽出；③立即用自动加液器（管尖靠近液面）依次注入氯化锰溶液和碱性碘化钾溶液；④塞紧瓶塞并用手按住瓶塞和瓶底，将瓶缓慢地上下颠倒20次，使样品与固定液充分混匀。待样品瓶内沉淀物降至瓶体2/3以下时方可进行分析。

图7-12 简易采水器（左）和多通道采水器（右）

彩图

2）pH样品的采集　①初次使用的样品瓶应洗净，用海水浸泡1天；②用少量水样淌洗水样瓶2次，再慢慢将瓶充满，立即盖紧瓶塞；③加1滴氯化汞溶液固定，盖好瓶盖，混合均匀，待测；④样品允许保存24h。

3）营养盐样品的采集　①采样时先放掉少量水样，混匀后再分装样品；②在采样时，应立即分装样；③在灌装样品时，样品瓶和盖至少洗2次；④灌装水样量应是瓶容量的3/4；⑤采样时，应防止船上排污水的污染、船体的挠动；⑥要防止空气污染，特别是防止船烟和吸烟者的污染；⑦推荐用采样瓶采营养盐样品；⑧应用0.45μm过滤膜过滤水样，以除去颗粒物质。

4）重金属样品的采集　①水样采集后，要防止现场大气降尘带来沾污，尽快放出样品；②防止采样器内样品中所含污染物随悬浮物的下沉而降低含量，灌装样品时必须边摇动采水器边灌装；③立即用0.45μm滤膜过滤处理（汞的水样除外），过滤水样用酸酸化至pH小于2，塞上塞子存放在洁净环境中。

5）悬浮物样品的采集　①水样采集后，应尽快从采样器中放出样品；②在水样装瓶的同时摇动采样器，防止悬浮物在采样器内沉降；③除去杂质，如海藻、塑料泡沫等。

6）油类样品的采集　①测定水中油含量时应用单层采水器固定样品瓶在水体中直接灌装，采样后立即提出水面，在现场萃取；②油类样品的容器不应预先用海水冲洗。

**3. 海水样品的固定与储存**　水质样品的固定通常采用冷冻和酸化后低温冷藏两种方法。未过滤的水样应冷冻储存。水质过滤样加酸酸化，使pH小于2，然后低温冷藏。值得注意的是，不同环境要素的现场处理及储存方法不同，按照《海洋监测规范 第4部分：海水分析》（GB 17378.4—2007）的规定对不同要素各自执行。

### （二）沉积物样品的采集与保存

**1. 沉积物采集装备**　用于海洋牧场环境监测的采泥器主要有两种，抓斗式采泥器

（图7-13左）和箱式采泥器（图7-13右）。抓斗式采泥器携带方便，操作简单，主要用于较小规模的环境监测，但每次获取沉积物样品较少，每次取样需多次操作。箱式采泥器对监测船只大小有较高要求，操作复杂，但每次取样获得的沉积物样品较多，且不扰动沉积物样品。

彩图

图7-13　抓斗式采泥器（左）和箱式采泥器（右）

**2. 表层沉积物样品的采集**　表层沉积物样品采集按以下步骤操作：①将绞车的钢丝绳与采泥器连接，检查是否牢固，同时，测采样点水深；②慢速开动绞车将采泥器放入水中，稳定后，常速下放至离海底一定距离（3～5m），再全速降至海底，此时应将钢丝绳适当放长，浪大流急时更应如此；③慢速提升采泥器，离底后，快速提至水面，再行慢速，当采泥器高过船舷时，停车，将其轻轻降至接样板上；④打开采泥器上部耳盖，轻轻倾斜采泥器，使上部积水缓缓流出，若因采泥器在提升过程中受海水冲刷，致使样品流失过多或因沉积物太软、采泥器下降过猛，沉积物从耳盖中冒出，均应重采；⑤样品处理完毕，弃出采泥器中的残留沉积物，冲洗干净，待用。

**3. 沉积物样品的储存**　用于储存海洋沉积物样品的容器应为广口硼硅玻璃和聚乙烯袋。聚乙烯袋强度有限，使用时应用两只袋子双层加固或套用白布袋保护。聚乙烯袋不能用于湿样测定项目和硫化物等样品的储存，应采用不透明的棕色广口玻璃瓶作容器。用于分析有机物的沉积物样品应置于棕色玻璃瓶中。测痕量金属的沉积物样品用聚四氟乙烯容器。聚乙烯袋要使用新袋，不得印有任何标志和字迹。样品瓶和聚乙烯袋预先用硝酸溶液（硝酸：$H_2O$＝1：3）泡2～3天，用去离子水淋洗干净、晾干。凡装样的广口瓶均需用氮气充满瓶中空间，放置阴冷处，最好低温冷藏。一般情况下也可以将样品放置阴暗处保存。

## 四、环境要素监测

### （一）海水水文要素监测

海洋牧场水文观测是为了解海洋水文要素分布状况和变化规律进行的观测。观测项目随调查任务而定，一般包括水深、水温、盐度、海流、波浪、水色、透明度、海冰、海发光等观测。观测方式则包括大面观测、断面观测、连续观测。大面观测是在调查海区布设若干观测站，每隔一定时间（一个月或一季度）在各观测站观测一次。断面观测是在调查海区布设几条有代表性的若干观测站组成的断面，每隔一定时间在各观测断面上巡回观测一次。连续观测是在调查海区布设若干有代表性的观测站，按任务要求在每一观测站上进行一昼夜以上的连续观测。海洋水文观测一般用海洋调查船进行，还可用卫星、飞机、水面浮标站、水下潜水器等工具，组成“立体观测系统”。具体测量指标、定义和测量方法见表7-1。

**表7-1 海洋牧场水文观测指标及其定义和测量方法**

| 指标 | 定义 | 测量方法 | |
|---|---|---|---|
| 水深 | 现场测得的自海面至海底的垂直距离 | 现场水深 | 现场水深测量采用回声测深仪；如条件不具备或水深较浅，可采用钢丝绳测深法；钢丝绳有倾角时用偏角器量出倾角再计算深度 |
| | | 仪器水深 | 仪器自带压力传感器，或参照钢丝绳法 |
| 水温 | 现场条件下测得的海水温度，单位为℃ | 水层 | 表层、5m、10m、15m、20m、25m、30m、底层 |
| | | 定点测温 | 温盐深仪（CTD）、颠倒温度计 |
| | | 走航测温 | 抛弃式温深仪（XBT）、抛弃式温盐深仪（XCTD）和走航式CTD（MVP300）等仪器 |
| 透明度 | 表征海洋水体透明程度的物理量，表征光在海水中的衰减程度 | 观测应在主甲板的背阳光处进行。观测时将透明度盘铅直放入水中，沉到刚好看不见的深度后，再慢慢提升到白色圆盘隐约可见时读取绳索在水面的标记数值，即为该次观测的透明度值 | |
| 浊度 | 指溶液对光线通过时所产生的阻碍程度，它包括悬浮物对光的散射和溶质分子对光的吸收 | 浊度仪测量 | |
| 海流 | 海水的宏观流动，以流速和流向表征 | 目前常用的主要有直读海流计（非自记）和安德拉海流计（自记）等。走航测流主要使用船载ADCP进行海流观测 | |
| 盐度 | 海水中含盐量的一个标度 | 定点测盐 | 温盐深仪（CTD） |
| | | 走航测盐 | 抛弃式温盐深仪（XCTD）和走航式CTD（MVP300）等仪器 |
| 海浪 | 海洋中由风产生的波浪。包括风浪及其演变而成的涌浪。主要观测要素为波高、周期、波向、波型和海况 | 目测 | 以目力观测海面征象，根据海面上波峰的形状、峰顶的破碎程度和浪花出现的多少，判断海况所属等级 |
| | | 以船只为承载工具观测波浪 | 目前一般采用浮球式加速度型测波仪 |
| | | 锚碇测波 | 常使用声学测波仪和重力测波仪 |
| 水位 | 观测点处海面相对于某参照面的垂直距离 | 可采用压力式和声学式等水位计进行观测 | |
| 水色 | 位于透明度值一半的深度处，白色透明度盘上所显示的海水颜色 | 水色依水色计目测确定。观测完透明度后，将透明度盘提升到透明度值一半的水层，根据透明度盘上方海水呈现的颜色，在水色计中找出与之相似的色级号码，即为该次观测的水色 | |
| 海发光 | 夜间海面上出现的生物发光现象 | 海发光观测只在夜间进行 | |
| 海冰 | 在海上所见到的由海水冻结而成的冰 | 大面或断面测站，船到站即观测。连续测站，每两小时观测一次 | |

海水水文要素监测的指标很多，在每个指标测量之前，要明确每个指标的目的和步骤，

主要有技术指标、观测时次、测量的标准层次、观测方法、仪器设备、观测步骤和要求、资料数据处理、根据公式计算结果。每项指标基本都要按照这8项要求操作，步骤清晰，操作准确，得到比较完整准确的结果。

### （二）海水化学要素监测

**1. 样品取样前的准备**

（1）根据采集样品的调查计划列出出海取样所需器材、物资的清单，包括海上分析仪器、采样设备、样品瓶，水样预处理和储存容器、相关试剂与标准溶液。

（2）标准溶液及分析记录表等相关物资名称与数量。

（3）按规范要求清洗采样设备、样品瓶和器皿。

（4）对各调查项目的样品瓶进行编号；溶解氧样品瓶还应附上相应的瓶号的容积数据表。

（5）按船上分析项目需要，制备纯水、配制试剂溶液和标准溶液，并按分析样品数量备足。

（6）安装船上采水设备并调试；安装、固定、调试和校准船用分析仪；安装固定其他调查物品。

**2. 样品的储存与预处理**

（1）不同的样品对应相应的容器，按照各要素分析对所使用器皿材质要求，合理选择储存容器，保存水样主要用细口瓶和棕色玻璃瓶。

（2）按取样规范取得水样后先观察水样是否符合标准（主要排除水下不明因素，如取水器到海底有底泥的影响、碰到礁石取样不标准、船只漏油等不确定因素）。

（3）清洗容器应采用恰当的洗涤方法，洗涤剂不应含有被测成分，不会对样品检测结果有影响。

（4）分装水样，水样采上甲板后，先填好水样登记表，并核对瓶号，然后，立即按以下分样顺序分装水样：溶解氧、pH、总碱度与氯化物、五项营养盐、总磷与总氮。

（5）符合标准的水样按规范要求倒入清洗过的储存容器，并加入保存试剂，封口膜封口保存。

**3. 明确质量保证的任务与内容**　质量保证的任务：是根据各要素的质量目标和误差来源，采取相适应的质量控制措施，使各要素调查数据的误差减小到所需水平。

质量保证的内容主要包括：仪器设备检定和调查技术人员的业务培训，现场与陆地实验室的科学管理。采样与分析全过程的质量控制与质量评价；数据、资料和成果的质量控制。

**4. 采样与样品的预处理的质量控制**

（1）采样时，应严禁船舶排污，采样位置应远离船舶排污口。

（2）恶劣天气可能危及作业人员安全时，应停止采样。

（3）严格按规定程序和操作要求进行采样、分样和样品预处理。

（4）分样与样品预处理的工作台应远离洗手间。

（5）水样过滤滤膜不能重复使用。

（6）应按样品规定的储存条件储存样品。

**5. 化学试剂要求**　化学试剂应按规定条件配制成溶液，并应在规定条件下保存，在规定期限内使用。

自配的标准溶液，应用具有保证值的国家标准溶液校准合格后，方可使用。

试剂空白值应低至与分析方法检出限同一水平，若明显超过此量值，应检查原因，并对产生高试剂空白值的主要试剂再做纯化处理，或选用新批号或者其他厂家生产的试剂。若试剂空白值确实难于降低的，则加入的试剂量应准确，在分析过程中，应平行测定分析空白，以监视其空白值变化。

海水化学要素监测的各项指标（表7-2）及其方法原理如下所述。

**表7-2 海水化学要素监测的主要指标及其方法**

| 指标 | 定义 | 测定方法 |
|---|---|---|
| 溶解氧 | 溶解在海水中的氧气 | |
| 溶解氧饱和浓度 | 在任何给定水温和盐度条件下，氧在海水中溶解至饱和时的特定浓度 | 碘量滴定法；分光光度法 |
| 溶解氧饱和度 | 测得的溶解氧浓度与水样现场水温、盐度条件下的溶解氧饱和浓度之百分比 | |
| pH | 海水中氢离子活动的负对数 | pH计 |
| 总碱度 | 中和单位体积海水中弱酸阴离子所需氢离子的量 | pH计测出碱量，用公式计算 |
| 活性硅酸盐 | 能被硅质生物摄取的溶解态正硅酸盐和它的二聚物 | 硅钼蓝法 |
| 活性磷酸盐 | 能被浮游植物摄取的正磷酸盐 | 抗坏血酸还原磷钼蓝法 |
| 亚硝酸盐 | 能被浮游植物摄取的亚硝酸盐 | 重氮-偶氮法 |
| 硝酸盐 | 能被浮游植物摄取的硝酸盐 | 锌镉还原法 |
| 铵 | 能被浮游植物摄取的铵盐 | 次溴酸钠氧化法 |
| 氯化物 | 溶解于海水中的无机氯化物 | 银量滴定法 |
| 总磷 | 海水中溶解态和颗粒态的有机磷和无机磷化合物的总和 | 过硫酸钾氧化法 |
| 总氮 | 海水中溶解态和颗粒态的有机氮和无机氮化合物的总和 | 过硫酸钾氧化法 |

溶解氧：水样中溶解氧与氯化锰和氢氧化钠反应，生成高价锰棕色沉淀。加酸溶解后，在碘离子存在下即释放出与溶解氧含量相当的游离碘，然后用硫代硫酸钠标准溶液滴定游离碘，换算溶解氧含量。

pH：海水中的pH根据测定玻璃-甘汞电极对的电动势而得。

总碱度：向水样中加入过量已知浓度盐酸溶液以中和水样中的碱，然后用pH计测定此混合溶液的pH，由测得值计算混合溶液中剩余的酸量，再从加入的酸总量减去剩余的酸量即得到水样中碱的量。

活性硅酸盐测定：水样中的活性硅酸盐在弱酸性条件下与钼酸铵生成黄色的硅钼黄络合物后，用对甲替氨基酚硫酸盐-亚硫酸钠将硅钼黄络合物还原为硅钼蓝络合物，于812nm波长处进行分光光度测定。

活性磷酸盐：在酸性介质中，活性磷酸盐与钼酸铵反应生成磷钼黄络合物，在酒石酸氯锑钾存在下，磷钼黄络合物被抗坏血酸还原为磷钼蓝络合物，与882nm波长处进行分光光度测定。

亚硝酸盐测定：在酸性条件下，水样中的亚硝酸盐与对氨基苯磺酰胺进行重氮化反应，反应产物与1-萘替乙二胺二盐酸盐作用，生成深红色偶氮染料，于543nm波长处进行分光光度测定。

硝酸盐测定：用镀镉的锌片将水样中的硝酸盐定量地还原为亚硝酸盐，水样中的总亚硝酸盐再用重氮-偶氮法测定，然后对原有的亚硝酸盐进行校正，计算硝酸盐含量。

铵盐测定：在碱性条件下，次溴酸钠将海水中的铵定量氧化为亚硝酸盐，用重氮-偶氮法测定生成亚硝酸盐和水样中原有的亚硝酸盐，然后，对水样中原有的亚硝酸盐进行校正，计算氨氮的浓度。

氯化物测定：海水中的氯离子在中性或弱碱性条件下，用硝酸银溶液滴定形成氯化银沉淀，以荧光黄钠盐为指示剂判断滴定终点，当溶液由黄绿色刚转变为浅玫瑰红色时，即为滴定终点，用相同方法滴定氯化钠标准溶液，从而计算海水样品的氯离子浓度。

总磷测定：海水样品在酸性和110～120℃条件下，用过硫酸钾氧化，有机磷化合物被转化为无机磷酸盐，无机聚合态磷水解为正磷酸盐，消化后水样中的正磷酸盐与钼酸铵形成磷钼黄，在酒石酸氧锑钾存在下，磷钼黄被抗坏血酸还原为磷钼蓝，于882nm波长处进行分光光度测定。

总氮测定：海水样品在酸性和110～120℃条件下，用过硫酸钾氧化，有机氮化合物被转化为硝酸氮，同时，水中的亚硝酸氮、铵态氮也定量地被转化硝酸铵，硝酸铵经还原为亚硝酸盐后对氨基苯磺酰胺进行重氮化反应，反应产物再与1-萘替乙二胺二盐酸盐作用，生成深红色偶氮染料，于543nm波长处进行分光光度测定。

### （三）表层沉积物监测

沉积物的评价指标（表7-3）分为理化性质指标、一般污染指标和特殊污染指标，不同类别的评价指标在沉积物质量评价中的功能有所不同。粒度作为沉积物质量评价的辅助参数，用于评估沉积物类型变化和辅助阐释污染要素分布特点。

**表7-3 沉积物测量指标、定义及方法**

| 指标 | | 方法 |
|---|---|---|
| 底质样品采样现场描述内容 | 颜色 | 目测 |
| | 气味 | 人测 |
| | 厚度 | 用尺子测量，根据样品管确定 |
| 粒径 | | 筛分法、沉析法、自动化粒度分析仪 |
| 含水率 | | 重量法 |
| 有机碳 | | 重铬酸钾氧化还原容量法 |
| 总氮 | | 凯式定氮法 |
| 总磷 | | 分光光度法 |
| pH | | 电位法 |
| Eh | | 氧化还原电位法 |

续表

| 指标 | | 方法 |
|---|---|---|
| 重金属 | 汞 | 原子荧光法、冷原子荧光法、冷原子吸收法 |
| | 镉 | 无火焰原子吸收分光光度法、火焰原子吸收分光光度法 |
| | 铅 | 无火焰原子吸收分光光度法、火焰原子吸收分光光度法 |
| | 锌 | 火焰原子吸收分光光度法 |
| | 铜 | 无火焰原子吸收分光光度法、火焰原子吸收分光光度法 |
| | 铬 | 无火焰原子吸收分光光度法、二苯碳酰二肼分光光度法 |
| | 砷 | 氢化物-原子吸收法、原子荧光法 |
| 多氯联苯 | | 气相色谱法、气相色谱-质谱法 |
| 硫化物 | | 亚甲基蓝分光光度法、离子选择电极法、碘量法 |
| 滴滴涕 | | 气相色谱法 |
| 六六六 | | 气相色谱法 |
| 12种沉积物金属元素 | | 王水提取电感耦合等离子体质谱法 |
| 病原体 | | SS平板分离法 |

理化性质的评价指标有硫化物、有机碳，它们用于沉积物质量的综合评价。一般污染指标有汞、铜、镉、铅、锌、铬、砷重金属类，石油类，六六六，滴滴涕和多氯联苯，它们用于沉积物质量综合评价。特殊污染指标有多环芳烃、酞酸酯类和酚类化合物等，它们在目标评价区域沉积物中的特殊污染指标，在GB 18668规范中无对应标准，所以从该类要素在海洋环境中检出状况和含量分析其污染状况，不参与沉积物质量综合标准。

沉积物是完整水体环境的一个重要组成部分，没有底栖生境的安全，便没有水生生态系统的健康。大量研究表明，水体沉积物通过富集重金属及其他有毒难降解有机物而成为水环境中污染物的蓄库。沉积物污染不仅会对底栖生物产生负效应，还会对位于食物链上端的生物和人类产生影响，同时也是对水质有潜在影响的次生污染源。海洋沉积物环境质量的评价问题是当前水环境污染研究的热点问题之一，其中研究的焦点集中于海洋沉积物中污染物的生物可获得性和生物毒性方面，以及在剂量-响应关系基础上如何建立海洋沉积物质量基准。

## 五、环境监测质量保证与质量控制

### （一）监测人员质量控制

①监测人员应专门培训，经考核取得合格证书持证书上岗；②对监测人员进行质量意识教育，明确质量责任。

### （二）质量保证和质量控制

海洋监测的质量保证是整个海洋监测过程的全面质量管理，它包含了为保证环境监测数据准确可靠的全部活动和措施，包括从现场调查、站位布设、样品采集、储存与运输、实验室样品分析、数据处理、综合评价全过程的质量保证。

质量控制是为达到监测质量要求所采取的一切技术活动，是监测过程的控制方法，是质量保证的一部分。

以下几点在质量保证和质量控制中应值得强调。

**1. 原始工作记录** 现场原始工作记录在指定的表格上用硬质铅笔书写、字迹端正，不应涂抹。需要改正错记时，在错的数字上划一横线，将正确数字补写在其上方。

**2. 平行样品** 平行样品测试是分析质量控制的方法之一。原则规定，不与内控样同步测定的项目，一律测试双平行分析样。溶解氧、水中油类等须测原始样双平行（此类不必测分析样双平行）。

**3. 有效数字** 表示测试结果的量纲及其有效数字位数，应按照该分析方法中具体规定填报。若无此规定时，一般性原则是一个数据中只准许末尾一个数字是估计（可疑）值，其他各数字都是有效（可信）的，依此决定整数及小数的位数。

**4. 可疑数据** 未执行业务主管部门规定的质量控制程序所产生的数据，视为可疑数据。可疑数据不得用于海洋牧场环境质量和环境影响评价。

**5. 可比性** 可比性是指除采样、监测等全过程可比外，还应包括通过标准物质和标准方法的准确度传递系统和追溯系统，来实现不同时间和不同地点（如国际、区域间、行业间、实验室间）数据的可比性和一致性。

**6. 实验室内质量控制** 实验室内质量控制又称内部质量控制，是指分析人员对分析质量进行自我控制和内部质控人员实施质量控制技术管理的过程。内部质量控制包括方法空白试验、现场空白试验、校准曲线核查、仪器设备定期校验、平行样分析、加标样分析、密码样分析、利用质控图校核等。内部质量控制是按照一定的质量控制程序进行分析工作，以控制测试误差，发现异常现象，针对问题查找原因，并作出相应的校正和改进。

**7. 实验室间质量控制** 实验室间质量控制也称为外部质量控制，是指由外部有工作经验和技术水平的第三方或技术组织，对各实验室及分析人员进行定期和不定期的分析质量考查的过程。对分析测试系统的评价，一般由评价单位发密码标准样品，考核各实验室的分析测试能力，检查实验室间数据的可比性。也可在现场对某一待测项目，从采样方法到报出数据进行全过程考核。

## 第三节 生 物 监 测

### 一、叶绿素a及初级生产力监测

叶绿素a是直接测定水体中浮游植物现存量的指标。通过叶绿素a浓度的测定，可以表征该水域单位面积或体积光合色素的生物量。光合色素生物量约为实际细胞生物量的0.45%。

叶绿素a及初级生产力是水体环境很重要的表征要素，其水平和垂直分布及季节变动能直接决定海洋牧场的健康状况。

叶绿素a测定的水样需要用规定的采水器采水，采水器容积可为2.5L、5L或10L。叶绿素a的采样层次见表7-4。如遇海洋牧场区有温跃层，可以加采跃层上、跃层中、跃层下三层。叶绿素样品采集后应尽快过滤，过滤海水的体积视调查海区而定，富营养海区一般可过滤50～100mL；中营养海区过滤200～500mL；寡营养海区可过滤500～1000mL。过滤后的滤膜应在1h内提取测定，如果没有条件测定，可将滤膜对折用铝箔包好，存放于低温冰箱（－20℃），保存期可为60天，放入液氮中保存期可为一年。叶绿素a测定可以采用分光光度法、萃取荧光法及高效液相色谱法。叶绿素a的单位为毫克每立方米（$mg/m^3$）。

**表7-4　叶绿素a水样采集层次**　（单位：m）

| 测站水深范围 | 标准层次 | 底层与相邻标准层的最小距离 |
|---|---|---|
| ＜10 | 表层、中层、底层 | 2 |
| ＜15 | 表层、5、10、底层 | 2 |
| 15～50 | 表层、10、30、底层 | 2 |
| ＞50 | 表层、10、30、底层 | ＞2.5 |

初级生产力测定按光学深度，在光强为表层的100%、50%、30%、10%、3%和1%的深度上采集水样。初级生产力测定主要用$^{14}C$示踪法。用到的采样设备有水下光量子仪、水下照度计或透明度盘。用于测定初级生产力的采水器需不透光及没有铜制部件，避免阳光直接照射水样，以保证样品测定的准确性。采样后，尽快在弱光下，将水样经孔径为200μm左右的筛绢过滤，分装至培养瓶，具体的实验及测定步骤参照海洋生物生态调查技术规程。初级生产力的单位为毫克每立方米小时[mg/（$m^3$·h）]。

## 二、微生物监测

### （一）海洋中的微生物

海洋中存在数量巨大、种类繁多的微生物，包括细菌、真菌、古菌和病毒等。从近岸海域到开阔大洋，从不同深度的海水到海底沉积物，海洋微生物广泛分布。其中，近岸海域受人类活动影响较大，海洋微生物的密度尤其高。微生物是生物地球化学循环的主要推动者，因此海洋微生物从根本上影响海洋生产力。有些生活在海水中或者经海水运输的微生物还会威胁人类健康。

细菌是没有细胞核的单细胞生物，广泛存在于海水水体、海底沉积物表面和沉积物内部。有些海洋细菌是好氧的，有些是厌氧的。部分海洋细菌能独立生存，也有一些与其他生物互营共生。例如，许多深海鱼类与发光细菌互营共生，鱼类利用发光细菌发出的光作为种内成员间的交流信号。海洋细菌影响海洋中的元素循环。在非洲纳米比亚海岸硅藻沉积物中存在一种纳米比亚珍珠硫细菌，在硫化氢的喷发中发挥重要作用。在本格拉涌流区，海水表面浮游植物高速生长，随后大量死亡，残骸沉降到海床上，造成海底沉积物缺氧环境，而厌氧菌能在低氧或者无氧条件下降解有机物，产生硫化氢气体。蓝细菌是海洋细菌的一种，在地球和海洋的形成过程中发挥重要作用，包括叠层石的形成。蓝细菌以菌落的形式存在，在光合作用过程中放出氧气，其释放在地球大气中的氧气是许多生物生存所必需的。

海洋真菌存在于各种海洋生境中，包括海底热液口、深海沉积物次表层、北极海冰、表层海水、盐沼和低潮期沙质海滩等。海洋真菌多生活在其他海洋生物的体表或者体内，这些海洋生物包括藻类、珊瑚、海绵，甚至其他种类的海洋真菌。虽然鲜有定量数据，海洋真菌的生物量很可能超过海洋细菌，尤其是在那些有机碳丰富的生境。海洋真菌在海洋环境中分布极广，是海洋生态系统的重要组成部分。在海陆交界处的盐沼和红树林沼泽，海洋真菌与高等开花植物互营共生，在营养盐循环和纤维素类物质的降解中发挥关键作用。有关海洋真菌在深海沉积物、海水水体、珊瑚礁以及浮游生物体内发挥的生态学功能研究较少。

古菌在1997年首次作为独立的分类单元与细菌区分开来，是重要的地球生物。古菌在地球上的许多极端环境中被发现，如海底热液口。近年来，科学家们在开阔大洋也发现了古菌的存在。古菌可能占据海洋生命一半的生物量，也因此可能对发生在海洋中的生物地球化学过程发挥重要作用。海底沉积物中存在一类可以利用甲烷的古菌，能够降低全球温室气体的排放。此外，还存在能够以海底岩石为食物的细菌，这类细菌从海底沉积物释放的物质可能影响海洋化学过程。

病毒是需要依赖于细菌或其他宿主细胞而生存的亚生命体，利用宿主细胞的系统来复制遗传物质、合成新的衣壳。研究表明一小勺海水中存在数以千万计乃至上亿个病毒。存在于海洋中的病毒对海洋生态系统健康既可能是有害的，也可能是有益的。一方面，有些病毒侵染并杀死浮游生物，毁坏了特定区域海洋食物链的基础。另一方面，死亡浮游生物又为其他海洋生物提供了可利用的碳源。据估计，在海洋中，约有25%的可利用碳源由病毒提供。病毒通过这种方式维持海洋生态系统的平衡。

有些海洋微生物能够使人类或者其他动物致病。在受人类活动影响较大的海岸带区域，原本生活在人体和其他温血动物肠道的大量致病细菌和病毒随生活污水被排放到海洋，受污染的海水就可能成为疾病传染源。除了细菌和病毒，有些海洋真菌也能侵染不同营养级别的海洋生物，包括藻类、珊瑚、甲壳类动物，甚至海洋哺乳动物。

海洋微生物的数量、种类、群落结构等在某种程度上能指征海洋环境的健康状况，因此微生物监测是海洋牧场监测与评价的重要内容。

### （二）海洋牧场微生物监测

海洋牧场微生物监测的站位布设如下：在人工鱼礁区的4个边界点和人工鱼礁区中心各设1个以上调查站位，人工鱼礁对比区设1个以上调查站位；海藻场等其他功能区各设3个以上调查站位。

海洋牧场微生物监测的调查频次和调查时间如下：调查频次设本底调查1次以上，跟踪调查每年1次以上。调查时间设每季度一次，即在每年的春季、夏季、秋季和冬季分别采样一次，相邻两次采样间隔3个月，跟踪调查时间与本底调查时间保持一致。

海洋牧场微生物监测的样品采集包括海水样品采集和海底表层沉积物样品采集，采样方法按《海洋监测规范 第7部分：近海污染生态调查和生物监测》（GB 17378.7—2007）内容执行。不同水深海水样品的采样层次见表7-5。用采水器在各断面不同水层分别采集1000mL海水，迅速装入无菌采样瓶，冰盒保存，在24h之内完成后续微生物监测实验。对表层海水样品和底层海水样品分别进行微生物监测；对多于1个中间层的站位，将不同中间层海水样品等体积混匀后制成混合水样进行微生物监测。海底沉积物的采样断面与海水的采样断面一致。在各站位用抓斗式采泥器采集500g以上海底沉积物，出水后用无菌刮板刮取适量（100g左右）表层沉积物，迅速装入无菌自封袋，冰盒保存，在24h之内完成后续微生物监测实验。

表 7-5　微生物监测海水样品采样层次

| 水深/m | 标准层次 | 底层与相邻标准层最小距离/m |
|---|---|---|
| <10 | 表层 | |
| 10～25 | 表层、底层 | |
| 25～50 | 表层、10m、底层 | |
| 50～100 | 表层、10m、50m、底层 | 5 |
| >100 | 表层、10m、50m、以下水层酌情加层（每50m或100m加一层）、底层 | 10 |

注：表层为海面以下0.1～1m；底层为海底以上2m

海洋牧场微生物监测内容包括细菌总数测定、粪大肠菌群计数、细菌和真菌群落结构测定。

**1. 细菌总数测定**　细菌总数测定采用吖啶橙染色法，按GB 17378.7—2007中10.2节内容执行。海底表层沉积物样品制备方法是称取10g沉积物样品，悬浮于适量无菌海水中制成悬浊液，按国标方法测定。用吖啶橙染色法测定海水样品和海底表层沉积物样品细菌总数时，应根据样品中细菌的实际浓度调整取样量，使得荧光显微镜下每视野的细菌数在30～50个。

**2. 粪大肠菌群计数**　粪大肠菌群计数采用滤膜法，按GB 17378.7—2007中9.2节内容执行。海底表层沉积物样品制备方法同“细菌总数测定”，按国标方法测定。用滤膜法计数海水样品和海底表层沉积物样品粪大肠菌群时，对同一样品应设置3个不同的稀释倍数分别过滤，以获得50个菌落数以下的滤膜。

**3. 细菌和真菌群落结构测定**　绝大多数海洋微生物以群落的形式存在，群落结构高度组织化，群落成员之间存在密切的相互作用，群落生态功能复杂。海洋微生物群落能够对环境变化迅速作出响应，因此可以用来指征海洋环境变化。事实上，海洋微生物既是海洋环境变化的早期预警者，也是海洋环境变化的推动者。为了识别未来海洋环境变化，海洋微生物多样性本底值数据的获得至关重要。受制于传统培养方法的局限性，海洋微生物群落的研究长期存在取样不充分、数据不足的问题。高通量测序技术的出现使得基于非培养方法鉴定环境样本中微生物群落结构成为可能，人们对海洋微生物多样性的了解越来越多。

采用分子生物学方法测定海洋牧场海水中和表层沉积物中细菌和真菌的群落结构，具体如下。

1）样品处理　用于细菌和真菌群落结构测定的海水样品处理方法如下：使用事先灭菌的抽滤器，取500mL左右海水样品，先用无菌定性滤纸初滤，弃滤纸，收集滤液，用0.22μm孔径的无菌微孔滤膜进行第二次抽滤，滤取海水浮游微生物。取滤膜，−80℃冰箱保存，备提取DNA用。

用于细菌和真菌群落结构测定的海底表层沉积物样品处理方法如下：对从同一站位采集的表层沉积物样品，用灭菌不锈钢药匙多次、随机、均匀挖取5g左右样品，快速混合后装入无菌样品袋，−80℃冰箱保存，备提取DNA用。

2）总DNA提取　对经过处理的海水样品和海底表层沉积物样品，采用试剂盒方法提取总DNA。

3）目标基因PCR扩增　对各DNA样品，扩增16S rDNA的V3-V4区用于后续高通量测序和细菌多样性分析，扩增18S rDNA/ITS区用于后续高通量测序和真菌多样性分析。

4）高通量测序和生物信息学分析　基于Illumina HiSeq测序平台，利用双末端测序（paired-end）的方法，构建小片段文库进行测序。通过对读长（reads）拼接过滤，运算分类单元（operational taxonomic unit，OTU）聚类，并进行物种注释及丰度分析，可以揭示样品的物种构成；进一步进行α多样性（alpha diversity）分析、β多样性（beta diversity）分析和显著物种差异分析等。

对各样品收集、记录的数据包括：细菌群落结构、细菌α多样性指数、真菌群落结构、真菌α多样性指数。

微生物多样性数据还可结合海水样品和海底表层沉积物样品的理化因子进行β多样性分析，找出微生物群落结构与环境因子的关联。

## 三、浮游生物监测

海洋浮游生物是食物链中链接微生物和鱼类等大型海洋动物的一类关键生物，可以很好地指示海洋生物资源的变动。另外，由于海洋浮游生物缺少有效地抵御海流的游泳器官，只能随波逐流，因此，其可以很好地指示海洋牧场的物理和化学环境。浮游生物按其包含的浮游生物类型可以分为微生物（病毒、细菌等）、浮游植物和浮游动物，按其粒径大小可以分为微微型浮游生物（picoplankton，0.2～2μm）、微型浮游生物（nanoplankton，2～20μm）、小型浮游生物（microplankton，20～200μm）、中型浮游生物（mesoplankton，0.2～20mm）、大型浮游生物（macroplankton，2～20cm）及超大型浮游生物（megaplanktonn，＞20cm）。本部分内容按照浮游生物的粒径大小来介绍其监测方法。

### （一）微微型、微型和小型浮游生物监测

海洋牧场环境中微小型浮游生物的种类组成、优势种、优势度及其时空分布关系到海洋牧场微环境的健康，也会进一步影响海洋牧场的其他生物种类，因此，需要对这些关键的调查要素进行分类测定。

微小型浮游生物粒径小、数量大，在海洋牧场环境监测中，通过定量取水样的方式基本可以满足对其进行生物各要素的测定要求。但与微微型和微型浮游生物相比，小型浮游生物个体增大，因此，除了定量的采水器取样外，还需辅助以浮游生物网的垂直拖网取样，主要用于详细分析浮游植物的种类组成。另外，由于微生物测定的要素及方法的特殊性，本章将微生物的监测内容单独列出，但本部分中的微微型、微型浮游生物的取样方法会与微生物的取样方法相同。

微微型、微型和小型浮游生物定量取样用到的标准采样设备为采水器，采水器容积可为2.5L、5L或10L。微小型浮游生物的采水量根据采样区域环境的不同会有所变化。在海洋牧场区（水深小于200m的海区均适用），对于微小型浮游生物中的浮游植物，采水量一般不少于500mL；而富营养化或赤潮发生海区，浮游生物量较高，需视具体情况而定，一般每次采

水量在100mL。对于微小型浮游生物中的浮游动物，则依据海洋牧场区浮游动物平均的密度而定，一般调查控制在1～50L；但在浮游动物丰富的内湾和发生浮游动物性赤潮的水域，采水量可减少为100mL。

基于海洋牧场的特点，参考海洋生物生态调查规范，微小型浮游生物的标准采样水层与叶绿素a的采样水层相同，见表7-4。除了采水，对于需要拖网采样的小型浮游生物，可以用规定的网具自海底至水面垂直拖网采样。微小型浮游生物采样的网具标准见表7-6。为了进一步分析微小型浮游生物的垂直分布特性，可以采用垂直分段拖网来进行分水层拖网，需根据测站深度来规定采集水层（表7-7）。另外，基于不同海洋牧场区的特点，为了监测特定牧场区的上升流、温跃层等，可视监测要求按现场温度、盐度、叶绿素等跃层进行分段采样。如需进行24h连续观测，通常安排的时间与频次为每3h采样一次，共采9次。

**表7-6　微小型浮游生物网具规格**

| 网具名称 | 网长/cm | 网口内径/cm | 网口面积/m$^2$ | 筛绢规格（孔径近似/mm） | 适用范围及采集对象 |
|---|---|---|---|---|---|
| 小型浮游生物网 | 280 | 37 | 0.1 | JF62（0.077）JP80（0.077） | 30m以深垂直或分段 |
| 浅水III型浮游生物网 | 140 | 37 | 0.1 | JF62（0.077） | 30m以浅垂直或分段 |
| 手拖定性浮游植物网 | 60 | 22 | 0.038 | NY20HC（0.020） | 微型或小型 |

**表7-7　微微型、微型和小型浮游生物垂直分段拖网采样水层**（连续观测站采样水层，单位：m）

| 测站水深 | 采样水层 | 测站水深 | 采样水层 |
|---|---|---|---|
| <20 | 10～0，底层～10 | 30～50 | 10～0，20～10，30～20，底层～30 |
| 20～30 | 10～0，20～10，底层～20 | 50～100 | 10～0，20～10，30～20，50～30，底层～50 |

除了上述微小型浮游生物采样的基本技术要求外，还需其他辅助采样的设备，如网口流量计、量角器、沉锤、绞车及钢丝绳、吊杆及冲水设备等。另外，还需采样所需的样品瓶及固定剂。其中根据微小型浮游生物的调查要素、站数、层次计算采样数量，配以足量的样品瓶及相应的固定剂。通过采水或拖网获取的微小型浮游生物样品，需根据其生物组成特点，选取相应的固定液进行保存，后续实验室进行分析。固定液类型主要为鲁氏碘液（Lugol's solution）、缓冲甲醛溶液及多聚甲醛溶液。相应的固定液配方及适用生物类型见《海洋生物生态调查技术规程》。

微小型浮游生物获取的主要生物要素为种类组成及丰度。但由于微微型浮游生物与部分微型浮游生物很难直接进行显微镜分析，通常用微生物的分析方法获取呼吸率、光合效率等生物要素。微型和小型浮游生物的种类和丰度等生物要素，需要进行显微镜直接镜检。水采样品的每个标本镜检浮游生物的数量不少于100～200个；网采样品每次实际镜检的浮游生物数量不少于500个。为了保证该镜检数量，微小型浮游生物的样品通常需要进行预处理才能分析计数。常用的方法有沉降计数法和浓缩计数法。沉降计数法用于采水样品浮游生物的计数，浓缩计数法用于网采或水采样品浮游生物计数。微小型浮游生物样品分析完后，需要记录到相应的浮游生物分析表格中，并进行微小型浮游生物种类分析及丰度计算。采水和网采浮游生物数量分别以个/升（cell/L，浮游植物）和个/立方米（ind/m$^3$，浮游动物）表示。

## （二）大、中型浮游动物

与微小型浮游生物相比，大、中型浮游动物粒径变大，部分种类在水体中也存在昼夜垂直移动现象，甚至有些浮游动物形成的密集群体能够抵御水流的作用。因此，大、中型浮游动物的调查方法要根据其粒径大小及生态习性进行相应的调整。按照浮游动物生态调查标准，大、中型浮游动物调查的方法基本一致，但有些大型和超大型浮游动物，需要配合渔业调查的方式进行监测。海洋牧场的渔业资源生物产出是人类最关注的，而大、中型浮游动物直接与渔业资源生物关联，甚至有些大、中型浮游生物种类直接被作为渔业资源利用，如毛虾、磷虾、海蜇等。

基于海洋牧场的监测目的，大、中型浮游动物的调查要素主要包括种类组成、数量及生物量的时间、空间分布。另外，还需对能够引起海洋牧场关键过程变动的大、中型浮游动物生态聚集事件，如水母暴发、浮游虾类集群、鱼类浮游生物集群等，进行专门的调查。

海洋牧场海区水深理论上不足200m，按照大、中型浮游生物的采样技术要求，需进行大面观测，用浮游生物网具从底至表垂直拖曳。在浮游动物聚集区或已知有温、盐等跃层分布的区域，可在关键断面进行垂直分段拖网。

进行大、中型浮游生物监测用到的浮游生物网具与微小型浮游生物网具不同，且根据调查区域水深分成了两大类，30m以浅的海域应采用浅水型浮游生物网，30m以深的海域应采用大、中型浮游生物网，两种类型的网具网口面积及网长均有不同。标准的大、中型浮游动物调查，会根据大、中型浮游动物的大小及捕获效率，将网具又进一步分成浅水Ⅰ型和Ⅱ型及大型和中型浮游生物网。在重点区域进行分层监测，还需用到分层网，如有特殊要求，也可以选择其他网具取样。国内外常见网具规格见表7-8。大、中型浮游生物量测定可以用体积分数、湿重、干重来表示，常用的为湿重。其他的采样技术要求参照本节第一部分的内容。

通过拖网获取的大、中型浮游生物样品通常用中性甲醛溶液固定，加入量为样品体积的5%。需进行电镜观察的样品，用戊二醛固定，加入量为样品体积的2%～5%。大中型浮游生物的种类和丰度等生物要素，需要进行显微镜直接镜检。样品分析要求90%以上的物种鉴定到种（幼体除外），并按种计数。浅水Ⅰ型或大型浮游生物网通常全部计数，或分样计数但每次实际镜检的浮游生物数量不少于500个。浅水Ⅱ型或中型浮游生物网可以分样计数，通常为1/16～1/2分样。大、中型浮游生物样品分析完后，需要记录到相应的浮游动物分析表格中，并进行浮游生物种类分析及丰度计算，以个/立方米（$ind/m^3$）表示。

**表7-8 大、中型浮游生物网具规格**

| 序号 | 网具名称 | 网长/cm | 网口内径/cm | 网口面积/$m^2$ | 筛绢规格（孔径近似/mm） | 适用范围及采集对象 |
|---|---|---|---|---|---|---|
| 1 | 大型浮游生物网 | 280 | 80 | 0.5 | CQ14（0.505）<br>JP12（0.507） | 30m以深垂直或分段 |
| 2 | 浅水Ⅰ型浮游生物网 | 145 | 50 | 0.2 | CQ14（0.505）<br>JP12（0.507） | 30m以浅垂直或分段 |
| 3 | 中型浮游生物网 | 280 | 50 | 0.2 | CB36（0.160）<br>JP36（0.169） | 30m以深垂直或分段 |
| 4 | 浅水Ⅱ型浮游生物网 | 140 | 31.6 | 0.08 | CB36（0.160）<br>JP36（0.169） | 30m以浅垂直或分段 |

续表

| 序号 | 网具名称 | 网长/cm | 网口内径/cm | 网口面积/$m^2$ | 筛绢规格（孔径近似/mm） | 适用范围及采集对象 |
|---|---|---|---|---|---|---|
| 5 | 深水浮游生物网 | 510 | 113 | 1.0 | CQ20（0.336）<br>JQ20（0.322） | 生物高密度区长距离拖曳 |
| 6 | WP2型浮游生物网 | 271 | 57 | 0.25 | CB30（0.198）<br>JP32（0.202） | 采集中型浮游生物（国外） |
| 7 | 北太平洋浮游生物标准网 | 180 | 45 | 0.16 | CQ20（0.336）<br>JQ20（0.322） | 采集大、中型浮游生物（国外） |
| 8 | WP3型浮游生物网 | 279 | 113 | 1.0 | P7（1.025） | 采集活动能力较大的浮游动物和大型水母 |

## 四、游泳生物监测

我国海洋牧场从北至南纬度跨度较大，游泳生物种类随海域的地理位置差异较大，但整体上主要是常见的鱼类和头足类，北方牧场夏季会有洄游性海洋哺乳类（如江豚）进入，而南方的海洋牧场会有龟鳖类等。

受海洋牧场的深度（一般不超过50m）限制，鱼类和头足类等游泳生物主要用传统网具采样。根据海洋牧场监测规范的要求，跟踪调查的频次要超过每年1次，按月或季度执行。根据监测对象的水层分布可以选择拖网、刺网、钓具、笼壶等，近年来随着声学技术和水下摄影技术的快速发展，对于中上层海洋游泳生物可以利用声学走航调查方式进行监测，在较为清澈的海洋牧场，也可以人工潜水和使用水下机器人（ROV）等水下光学摄影方式进行监测。海洋哺乳类生物主要是以目测和被动式声呐监测，龟鳖类则是以水下摄影监测方式为主。游泳生物样品都需要进行生物学测定，包括种类鉴别、数量、体长、体重等基本参数测定，以及根据需求进行性腺发育、耳石和胃含物等的解剖测定。

### （一）定点监测

监测站位需要在人工鱼礁区和周边对比区各设置1个以上。由于拖网容易与鱼礁剐蹭产生破损，礁区的站位一般设置在礁区边缘，而其他网具可以设置在礁区内。对比区的站位设置在礁区外。相对于其他网具，拖网为主动式网具，具有水层覆盖率大、采样效率高和时空特征反映较好等优点。刺网是海洋牧场较为有效的采样方式，具有成本低、操作简便和可以设置在不同水层的优点，甚至对底层游泳生物，如口虾蛄、虾蟹类等也同样有效。但是单层刺网具有较强的选择性，如果监测对象生物规格跨度较大，可以使用3重刺网采样。钓具对礁区内部的岩礁性鱼类或者头足类生物非常有效，作为种类和比例分布的监测数据有效。笼壶监测主要是对底层游泳生物有效。

定点式网具监测的结果在大尺度时间上对比是有效的，通过在海洋牧场内设置常规典型的监测站位，能够反映出牧场中不同区域在不同时间阶段的游动生物的种类和密度变动情况，建议以刺网和笼壶采样方法为主。关于采样网具的详细知识和使用方法可以参看相关的渔具和渔业资源调查的书籍，以及相关的调查和使用操作规范。

国外也有使用声学技术在礁区进行在线监测的实例，通过游泳生物的回波数量和强度进行密度和水层分布等的实时变动监测，但是目前声学监测中在目标识别方面还存在问题，在游泳生物种类较多的南海海洋牧场中，种类识别较为困难，需要使用网具采样辅助识别。目前国内海洋牧场游泳生物的在线声学监测系统还处在研发阶段。

在热带透明度较高的海洋牧场中使用水下光学摄影是比较好的调查方法，选择风浪较小的时间，使用潜水或者水下机器人搭载光学摄像机的方式，对典型的鱼礁、珊瑚礁以及对照区设置标志参考物后进行光学摄像，形成映像数据资料，通过映像处理，识别目标游泳生物的种类和计数，达到对游泳生物监测的目的。由于调查过程中可以同时进行海洋牧场底栖生物和附着生物的光学摄影，调查效率较高，是珊瑚礁海洋牧场的优选方法。但是生物学的监测仍需要目标生物的网具采样。

### （二）走航监测

针对海洋生物网具定点采样在空间统计学上的样本数量不足和连续性较差的问题，国外目前在积极推进游泳生物的声学调查方法。目前该方法已经作为渔业资源的限额捕捞（TAC）管理及渔业谈判中使用的标准对比参照数据。声学调查方法是使用垂直向下的声学波束对海面以下至海底以上的生物进行声波探查，通过接收生物的反向散射声波的时间和强度获得生物的位置和规格信息。然后通过调查船的走航获得海洋垂直剖面的生物位置和强度信息，通过在海洋牧场内多次折返航行，获得整个牧场的多个垂直断面的生物空间位置分布信息和密度分布信息（图7-14）。由于同时可以获得海底和人工鱼礁的回波信息，因此游泳生物与人工鱼礁区的空间相关性评价可以做得更加精准（图7-15）。由于目前声学目标识别的能力有限，对于目标生物的识别依然主要依靠网具采样，可以在回波较为集中的区域进行刺网的布放或者使用钓具进行钩钓采样。

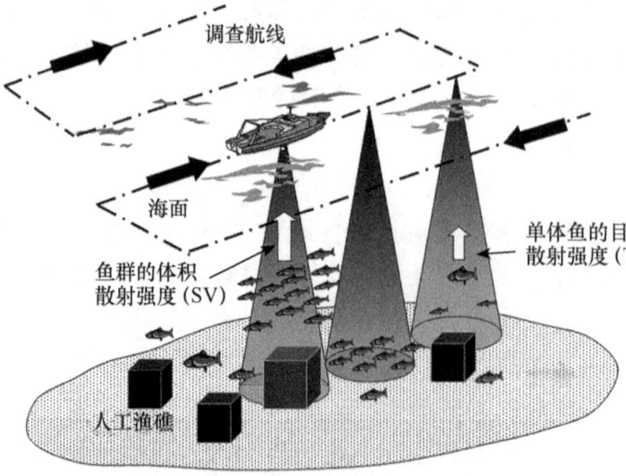


图7-14　海洋牧场游泳生物的走航式声学监测方法

## 五、底栖生物监测

海洋牧场的底栖生物主要是指栖息于牧场海底内或底表的生物，包括底栖植物和底栖动物，是海洋牧场生态系统中的重要一环。按生活方式可以分为营固着生活的、底埋生活的、

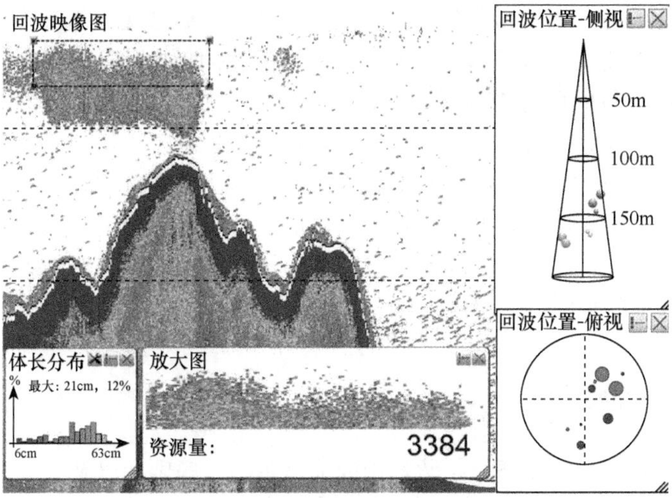


图 7-15　游泳生物的回波和体长分布及海底回波的显示

彩图

水底爬行的、钻蚀生活的、底层游泳等类型。例如，海绵、海葵、藤壶、牡蛎、海鞘和各种珊瑚在水体基底营固着生活，有较强的繁殖能力，有的出芽生殖，形成群体，有的产生大量浮浪幼虫，遇到合适的基底就固着下来。而螺类、海星、海胆、海参等属海底爬行种类。文昌鱼、鳐、鲆鲽鱼类等栖息在海底的泥沙表层中并具有游泳能力。蛏、文蛤、菲律宾蛤子等钻穴而居在海底泥沙中。一般在松软沉积物构成的基底中，底栖生物的密度随深度增加而减小。底栖植物包括大型海藻，如海带、大叶草和孔石莼等。许多底栖生物是渔业捕捞或养殖的对象，具有重要的经济价值。其中最主要的是虾蟹类、贝类、棘皮类、大型海藻等。

对于海底表面的底栖生物，监测方式以水下摄像为主，包括人工潜水和水下机器人搭载形式。根据需求设置采样站位，在海底铺设1m$^2$采样框体和站位标记物进行拍照（图7-16），收取框内的底栖生物，进行清点，获得种类、数量、规格、空壳数量等信息。在水质较为浑浊的条件下，一般监测只能通过潜水员进行海底爬行搜索拾捡，潜水员水下搜寻速度按0.5m/s，搜寻宽度按1m，长度按潜水时间计算，在起始位置和终止位置设置站位标志物并拍照。

图 7-16　海洋牧场底表栖息生物监测用的采样框体

海洋牧场功能区的海藻场和海草床的监测，主要是测量海藻（草）场的面积，在透明度较好的浅水海域可以使用无人机，水深在5m以上的可以使用侧扫声呐进行全覆盖测量，或者使用科学探鱼仪进行断面走航测量。海藻的采样一般在每个站位进行0.1m$^2$的3个平行样品采集，进行长度和重量的测定，推算海藻（草）的生物量。

对于海底表面以下的底栖生物，一般使用采泥器进行挖泥调查，将泥沙样品放入筛网，清洗并滤掉泥沙后进行底埋生物的种类鉴别、数量清点和规格测定。采泥器的种类较多，海洋牧场常用的为抓斗式采泥器，牧场区域由于水深较浅，根据调查船的绞车功率，选择较小采样面积，如0.05m$^2$的采泥器。

### 六、附着生物监测

海洋牧场中的附着生物主要是指牧场中的天然鱼礁、珊瑚礁以及人工鱼礁设施等固体表面上的植物和动物。其种类繁多，主要包括细菌、原生动物、全部海绵动物、苔藓动物、许多腔肠动物（水螅虫类、珊瑚虫类）、软体动物（牡蛎、贻贝等）、蔓足甲壳类（藤壶、茗荷儿等）、大型藻、硅藻等。附着生物有特化机构——固着器，可以牢固固着在附着物上，它们的分泌物和排泄物常在附着体上形成致密覆盖层，使黏着牢固。固着动物的运动器官退化，触觉器官发达，被动取食，其幼体为浮游状态，随海流扩散，扩大分布范围。

在投放人工鱼礁海域根据不同材料和不同形状礁体选择站位，要求每种材料和每种形状的礁体均采集到样本。选择在风浪较小、水质清晰时进行水下观测和取样。水下观测采用水下摄影和潜水摄影等方式进行。水下采样由潜水员进行，采样前应现场拍照或录像，现场测量生物附着厚度和生物覆盖面积率。采样面积根据生物的多少酌定，一般按照20cm×20cm面积采样。在人工鱼礁礁体上、中、下部位各采集3个以上平行样本。跟踪监测次数大于每年1次，按照月或季度进行。

## 第四节　渔业资源监测

海洋牧场建设前后及过程中需要对牧场建设水域进行渔业资源的调查和监测。海洋牧场渔业资源监测工作的目标是持续掌握牧场水域的渔业资源结构和时空动态，包括放流和自然群体的组成结构、生物学特征及其变化、局域种群资源量及其变化、空间分布特征及其变化以及环境方面的时空信息等。在海洋牧场尺度下进行特定种群的资源评估与传统的渔业资源评估有着很大的区别，因为海洋牧场监测往往针对放流底播群体或者天然种群的局域种群，尤其是底栖或趋礁性的种类，故其资源量的估算相对简单。

渔业资源（fishery resources）亦称水产资源，指天然水域中蕴藏并具有开发利用价值的鱼类、甲壳类、软体动物类、海兽类和海藻类等各种经济动植物的种类和数量的总称（潘迎捷，2007）。渔业资源是发展水产业的物质基础和人类食物的重要来源之一。在性质上，其具有自行繁殖和增殖的再生性；受自然环境和人为因素影响的数量波动性；因其移动性而在相关国家和地区间形成的共同开发利用的共享性等。按水域可将其分为海洋渔业资源和内陆水域渔业资源。渔业资源调查（fishery resources survey）指对水域中经济生物个体或群体的繁殖、生长、死亡、洄游、分布、数量、栖息环境、开发利用的前景和手段等的调查，是开展水产捕捞和渔业资源管理的基础性工作。渔业资源监测（fishery resources monitoring）是对渔业资源的数量和质量进行连续或定期地观察、测量和分析的一种手段。通过监测，及时掌握种群动态，揭示其存在或新出现的问题，从而制定相应措施，以控制资源的波动幅度，达到合理利用和保护资源、发展渔业生产的目的。

海洋牧场渔业资源监测的内容主要包括以下三个方面。

（1）牧场区目标资源的数量监测。渔业资源是一种可再生生物资源，具有显著的动态特性，资源数量是种群动态最重要的指标。它包括种群的绝对数量、相对数量、世代数量、补充量等。这些指标主要通过三种方式获取。①以海上调查的方式获取。例如，通过特定区域的拖网试捕、鱼卵和仔稚鱼及幼鱼数量调查、声学资源评估、遥感资源调查等取得数量监测数据。②通过当地渔业统计数据获取。基于当地政府、企业和渔村集体等的统计或生产数据提取渔获量、捕捞努力量和单位捕捞努力量等渔获量数据。③通过目标群体的生物学分析获取。例如，根据种间关系的变化，取得捕食者（或被捕食者）数量变化数据等。对于数量指标的获取，要求监测人员熟悉海洋渔业资源调查的核心理论和方法体系，具备随机应变的数据获取能力，掌握资源评估的基本方法。

（2）牧场区目标资源的生物学监测。目标种群生物学特性的变化是其在海洋牧场区资源动态的直接反映。实际操作中，可作为生物学监测指标的项目较多，其中与种群结构有关的指标有年龄、长度和体重组成等；与补充量有关的指标有繁殖率、出生率、性成熟年龄和体长等；与死亡特征有关的指标有捕捞死亡率、自然死亡率等；与生长有关的指标有体长组分布、生长量变化等；与饵料生物有关的指标包括饵料指标种的分布和数量变化等。上述指标的数据资料往往基于资源调查，并从生物学实验和数据分析中获得。

（3）在牧场区的渔业资源监测过程中，还需注意观察和收集与其相关的自然环境和渔业经济等方面的资料。例如，冷/暖水团的出现和持续时间，台风和风暴潮的发生情况以及极端气温的出现等对特定海域的海洋牧场目标群体会产生重要影响。又如，牧场区目标种的销售价格和获取成本对资源利用往往会产生较大的影响，因此，牧场区渔业劳动力的流动情况、投资情况、市场供求情况、价格变化、成本组成等也可能成为重要的监测内容。

本节从渔业生产监测、渔业资源放流种群监测以及渔业资源野生种群监测三个方面进行介绍，重点阐述相关监测的概念、特点和要素组成。

## 一、渔业生产监测

海洋牧场区的渔业生产监测主要针对牧场建设前后，相关海域的渔业生产的类型与变化、生产区域和规模以及生产周期等信息进行持续或定期监测。重点是对海洋牧场建成以后的上述指标进行常规监测。

海洋牧场建设的目的和类型不同，决定了不同海域海洋牧场的生产模式的不同。根据渔业生产的主体和目标资源利用方式的差异，将其分为以下4种类型（前3种如图7-17所示）：①商业捕捞监测；②休闲捕捞监测；③生计捕捞监测；④海水养殖监测。

彩图

图7-17 马鞍列岛海洋牧场建设区商业、休闲和生计捕捞监测

### （一）商业捕捞监测

其生产主体往往是企业或农村集体合作社，监测主体一般以企业或村集体为主，也可委托专业机构代为监测。主要存在于规模较大的增养殖型海洋牧场中，捕捞模式根据海洋牧场的目标种而定。例如，底播扇贝为主的海洋牧场，往往以耙刺网采集为主，辅以人工潜水采捕，而以海参为主的牧场区，则以人工潜水的捕捞方式为主。东海或南海区，在不久的将来会出现由企业承包并运作的海洋牧场，形成对牧场海域进行定置张网、笼壶类、刺网和钓捕以及潜水采集等方式的资源回捕利用模式。如以捕捞经济鱼类为主，则可在牧场区设置若干定置张网，通过控制网目规格捕大留小；对于集群性不高而经济价值相对较高的鱼类（如石斑鱼和鲷科鱼类），则采用钓捕和刺网等方式捕捞。对于底层趋礁鱼类，如褐菖鲉，以及甲壳类日本蟳、软体类真蛸等，则可采用笼壶类网具进行捕捞。以腹足类脉红螺和棘皮类紫海胆为主的区域，则采用人工潜水采集为主。围绕商业捕捞的渔业生产监测，要求明确：①海洋牧场区现存的商业捕捞形式；②捕捞的具体对象；③捕捞的努力量（投入的人力、物力和财力，如专业捕捞人数、渔船数、渔船马力总数、网具数量、单次生产成本以及生产的天数等）；④捕捞的区域和面积大小；⑤捕捞的周期和强度等参数，定期对特定海洋牧场区的商业捕捞信息进行采集和分析，确定资源利用的状态，并对生产中存在的问题进行完善纠正，对可能出现的问题进行预警，为牧场区捕捞生产的持续性和稳定性提供基本资料。

### （二）休闲捕捞监测

主要存在于休闲型海洋牧场中，在底播增殖和资源养护型海洋牧场中亦有一定的存在。其资源利用主体往往是以企业为具体组织单位的游客群体。监测的主体一般是企业自身，亦可委托第三方机构代为履行常规监测任务。因海域承包成本大的缘故，休闲型海洋牧场在起始阶段的规模往往不大，因此对监测区生产性数据的获取相对集中且简单。对于以体验为主的休闲型海洋牧场来说，其资源利用方式通常以钓捕为主，辅以陷阱网（笼壶类）采捕、人工设施附着资源采捕、水下目标经济物种的潜水采捕等。休闲捕捞监测工作中，需要至少采集以下几个方面的数据或信息：①海洋牧场区的休闲渔业资源种类组成情况，包括游泳动物、底栖动物和附着生物等；②目标种的生物学最小可捕规格；③休闲捕捞活动的类型和活动周期；④休闲捕捞活动的参与人群信息（人数、男女比例、年龄层等）；⑤休闲渔获的平均体长和体重等信息；⑥管理投入和休闲收入情况；⑦同步记录温度、深度、盐度和溶解氧等环境数据。虽然休闲活动和真正意义上的渔业生产有一定差别，但本质上都是对资源的利用，因此可以将其作为一种分散式的渔业资源生产模式来看待。在监测过程中，监测主体需建立起对牧场区资源结构及其动态的清晰认知，熟悉目标渔获的生物学最小可捕规格，且对每种休闲活动可能带来的负面影响进行定期评估，以确保资源的有效保护和可持续利用。

### （三）生计捕捞监测

在以增殖养护型海洋牧场为主的东海和南海海域，一般由政府主导海洋牧场建设。建设完成后的一段时间内，往往会吸引周边的个体渔民进入牧场区进行网捕、钓捕和水下采捕等生产作业，一定程度上为解决部分渔民的生计问题做出了贡献。例如，东海的海洋牧场区在没有企业接管之前，基本以生计捕捞活动为主。渔民为了获取尽可能大的经济利益，往往采用高强度的捕捞方式。由于海洋牧场区资源利用方式和强度上皆缺乏监管，对目标资源的持续增殖能力必然会产生较大的负面影响，为了实现海洋牧场建设初衷，使之充分发挥增殖养护目标生物资源的功效，必然需要持续的监测与管理。生计捕捞监测在现阶段可以做的工作包括：首先由政府管理部门负责对海洋牧场区进行生计捕捞的个体渔民进行登记注册，在此基础上，在渔民生产季节定期在海洋牧场区进行生计渔业监测调查，要求获取渔民和渔船数量、网具类型和数量、生产天数、渔获种类信息、渔获平均体重和体长等信息。在定期定点监测之前，政府可协同相关机构制定切实可行的生计捕捞准入制度。该规定需至少确定区域内可承受的个体渔民生产规模、生产方式、最长停留作业时间、目标种最小规格、数据记录规范和数据上报方法等。现阶段实际监测时，需要政府委托科研院校相关专业技术人员定期定点在牧场区收集生计捕捞数据，重点记录捕捞努力量数据（船只数、马力数、人数、网具数、作业时长等）；渔获量数据（目标种长度和重量信息、总渔获量信息等）及其对应的作业方式数据（网捕、钓捕和潜水捕捞等）。

### （四）海水养殖监测

某些海洋牧场区域，为了充分利用自然初级生产力和有机碎屑，往往嵌入了各种养殖活动，如筏式贝藻类养殖（东海区马鞍列岛海洋牧场和象山港海洋牧场）、网箱鱼类养殖（东海区马鞍列岛三横山国家级海洋牧场等）、底层牡蛎和海胆养殖等。其中筏式贝藻养殖、牡蛎和海胆养殖实际上以充分利用自然生产力和天然饵料为主，而网箱养殖活动则往往会进行人工投饵。对于这些有机镶嵌在海洋牧场中的养殖活动，从维持整个海洋牧场区生态系统稳定性和生产力长效性的原则出发，需要对区域内的养殖生产活动进行持续和定期监测。监测内容包括：海洋牧场区的养殖生产类型、养殖品种组成、养殖规模和面积，养殖投入（养殖构件成本和设施敷设安装成本、人工成本和回收成本等）和年产量（分目标种的产出量或渔获量，如贝类、藻类和鱼类的全年产量），重点统计养殖对象的累积生产量和资源密度信息。一方面调查牧场区全年产生的大型海藻生物量，另一方面评估浮游植物所支撑的部分初级生产力，从而得到牧场区的初级生产力潜能，为区域资源增殖潜能的准确评估奠定基础。

## 二、渔业资源放流种群监测

增殖放流是海洋牧场建设的重要环节，即通过投放鱼、虾、蟹、贝类等人工繁育的苗种，放流到渔业资源衰退的水域，恢复目标资源的有效措施。中国水生生物增殖放流始于20世纪50年代，海水生物增殖放流开始于70年代。近10年来，由于海洋牧场的发展，增殖放流发展迅速，放流种类从一开始的中国对虾等增加至三疣梭子蟹、真鲷、大黄鱼、褐牙鲆、曼氏无针乌贼、贝类及海珍品等几十种。放流规模从区域性的小规模放流发展到全国性的大规模放流。截至2019年底，全国累计投资近40亿元用于增殖放流，放流水生生物苗种共计1200亿尾。

对于大规模增殖放流，常用放流效果统计量评估法，通过对比放流前后资源密度情况来评估增殖放流效果。放流密度主要通过渔业资源跟踪调查、声学仪器评估等进行。对于放流量较少的种类，采用放流标记法进行监测是一种有效手段。

### （一）放流效果统计量评估法

放流效果统计量评估法为陈丕茂（2006）所提，即根据增殖放流特点选用适当的渔业资源评估模型，估算增殖放流种类的合理放流数量，并通过渔获物中放流种类的数量，计算放流群体残存量和回捕量。

对于增殖放流种类，收集其年龄-体长资料，估算出渐进体长$l_\infty$和生长参数$k$：

$$\frac{\Delta l_t}{\Delta t}=a+bl_t, l_t=\frac{l_{(t+\Delta t)}+l_t}{2} \tag{7-1}$$

式中，$l_t$为时间$t$时的体长；$a$、$b$为回归系数，为渐近体长。可得：$k=-b$，$l_\infty=-a/b$。

因已知不同年龄的体长，用式（7-2）估算各年龄的$t_0$值，然后取各年龄所求$t_0$的平均值。

$$t_0=\frac{1}{k}\ln\left(\frac{l_\infty-l_t}{l_\infty}\right)+t \tag{7-2}$$

式中，$\Delta l_t$为时间差$\Delta t$内的体长差；$k$为生长曲线的平均曲率。

用多元线性回归方法建立自然死亡系数$M$的估算式：

$$\log M=-0.0066-0.279\log l_\infty+0.6543\log k+0.4634T \tag{7-3}$$

式中，$l_\infty$为渐近体长；$k$为生长曲线的平均曲率；$T$为放流种类栖息环境的年平均水温。

对于无标志的放流种类，确认渔获物中来自放流种苗的数量，主要根据其生长规律进行估算。放流种类早期幼鱼的体长与日龄关系：

$$l_D=ae^{bD} \tag{7-4}$$

式中，$l_D$为$D$日龄时幼鱼的体长；$a$、$b$为系数。

放流种类的体长体重关系：

$$W_t = al_t^b \tag{7-5}$$

式中，$l_t$、$W_t$分别为$t$龄时的体长和体重；$a$为生长的条件因子；$b$为幂指数系数。

不同时期的生长情况用贝塔朗菲（von Bertalanffy）生长方程估算：

$$l_t = l_\infty (1 - \mathrm{e}^{-k(t-t_0)}) \tag{7-6}$$

$$W_t = W_\infty (1 - \mathrm{e}^{-k(t-t_0)})^b \tag{7-7}$$

式（7-6）和式（7-7）中，$W_\infty$、$l_\infty$分别为渐近体重和渐近体长；$K$为生长曲线的平均曲率；$t$为年龄；$t_0$为理论上体长和体重等于零时的年龄；$b$为幂指数系数。

回捕率是回捕尾数与放流苗数的百分比，增殖放流后，在自然死亡和捕捞死亡的共同作用下数量不断减少，回捕率也在不断变化。由巴拉诺夫渔获量方程，放流后从开捕年龄$t_c$到年龄$t$时的总回捕尾数为：

$$C_{(t_c,t)} = \frac{N_{t_c} F}{M+F}(1 - \mathrm{e}^{-(M+F)(t-t_c)}) \tag{7-8}$$

式中，$C(t_c,t)$为总回捕尾数；$N_{t_c}$为放流后开捕年龄时的残存尾数；$F$为捕捞死亡系数；$M$为自然死亡系数。

放流后从开捕年龄$t_c$到年龄$t$时的总回捕率为：

$$S_{c(t_c,t)} = 100C_{(t_c,t)}/R = \frac{100N_{t_c}F}{(M+F)R}(1 - \mathrm{e}^{-(M+F)(t-t_c)}) \tag{7-9}$$

式中，$S_{c(t_c,t)}$为总回捕率；$R$为总放流数量；参数$N_{t_c}$、$F$和$M$同式（7-8）；$t_c$为开捕年龄。

## （二）声学评估法

利用声学仪器进行走航调查，对鱼类进行分类自动识别计数，通过对图像分析处理，分种类统计出鱼的数量以及体长分布，计算出分区密度，并统计出测区鱼类总量和分布信息，调查水域总的鱼类资源量（尾）：

$$N = \frac{1}{n}\sum_{n=1}^{n}\left(\frac{N_i}{L_i \times \frac{R_i}{2}}\right) \cdot S \tag{7-10}$$

式中，$N$为总资源量；$N_i$为第$i$次航线的资源量；$S$为水域面积；$L_i$为第$i$次航线线路的长度；$R_i$为第$i$次航线线路中所探测到的水底到仪器的直线距离，即第$i$次航线数据图像中水底距仪器的直线平均距离。

然后通过鱼类全长与体重的关系，即可计算出总的资源量（kg）。

## （三）标志回捕法

对增殖放流种类进行标志，通过标志鱼回捕的比例推算增殖放流种类的资源量等信息。目前，已有多种方法应用到鱼类等水生生物中（陈锦淘和戴小杰，2005；高焕等，2014）。对于鱼类来讲，主要的标志方法包括：①挂牌标志法；②体外标志法，又分切鳍标志法、烙印法、化学标志法等；③体内标志法，包括线码标志法、被动式整合雷达标志法、档案式标志放流技术和分离式卫星标志放流法；④生物遥测法，包括超声波标志牌和无线电标志牌。甲壳类主要标志法包括：①基于生物学特征的标志法；②物理标志法，包括挂牌法、体内镶嵌标记、生物机体损伤标记；③化学标志法；④分子标志法。

通过分析计数渔业捕获物中有标记的鱼类个体数，除以放流标记的个体总数，计算得出某一放流种类的回捕率。

### （四）社会调查

对增殖放流海区进行走访调查宣传并发放社会调查表，收集增殖品种捕捞作业方式、捕捞时间、捕捞区域、单船网具数量、产量、规格、产值等资料。走访当地海洋与渔业局等水产管理服务部门，收集增殖品种捕捞船只数量、捕捞总产量产值等资料。对综合性水产批发市场、自由市场进行社会调查，收集增殖品种规格、价格等信息。

## 三、渔业资源野生种群监测

海洋牧场区渔业资源野生群体监测是保障牧场功能持续有效发挥的基础工作。在以增殖养护和休闲海钓型海洋牧场为主的东海和南海区域，对野生目标种的监测工作显得格外重要。在黄渤海区域，虽然大规模的海洋牧场以底播增殖为主要方式，但依然有相当数量的牧场以增殖许氏平鲉和大泷六线鱼等趋礁性鱼类资源为重要目标。因此，从整体上看，我国从南到北的大部分海洋牧场都需要做好渔业资源自然种群的监测工作。

海洋牧场区的自然种群监测和渔业资源评估有很大差别。渔业资源评估是对一个特定区域的集合种群进行的资源量估算，其涉及的海域面积往往远大于海洋牧场建设区（詹秉义，1995）。从空间尺度上来看，海洋牧场仅仅能维持目标资源种群的一部分，在经过一定时间的选择后，这部分资源群体会在海洋牧场区形成一个局域种群，这样的局域种群很多时候代表的是一个世代，因此仅用该部分数据很难对洄游性鱼类的资源量进行准确评估。这就要求在海洋牧场区域进行自然种群监测时，要根据实际情况，采用简单高效的方法进行估算。

对于趋礁性鱼类和其他底栖动物而言，其数量和密度监测则更多地从可用栖息地规模的角度进行操作。在充分了解栖息地分布格局和面积组成的基础上进行这些种类的资源监测，则显得相对容易。下面对常用调查手段所获取的渔获量数据进行监测分析时的方法进行简单介绍。

（1）拖网扫海面积法计算相对资源密度和估算现存资源量。

采用单位面积采集到的目标生物数量和质量代表其相对资源密度，分别用$D_N$和$D_W$表示。对应的公式为：

$$D_N=\frac{n_i}{S};D_W=\frac{w_i}{S} \tag{7-11}$$

式中，$S$为扫海面积；$n_i$和$w_i$分别为第$i$种目标生物的渔获数量（ind）和渔获质量（g或kg）。

采用密度法评估各主要经济物种的现存资源量，为减小误差，采用分站点网格计算资源密度，并对其求和，得到整个牧场区域的资源量，公式如下：

$$N=\sum_{i=1}^{n}N_i=\sum_{i=1}^{n}D_i\cdot A_i;D_i=\frac{n_i}{(1-E)\cdot S_i} \tag{7-12}$$

式中，$A_i$为第$i$个站点网格所代表的面积；$D_i$为第$i$个站点网格的资源密度；$E$为逃逸系数，鱼类和头足类采用估计值0.5，甲壳类取值0.4～0.5，贝类取值0.1～0.2（采用耙刺网生产时）；$n_i$为种类在$i$个站点的渔获尾数或质量；$S_i$为第$i$站点的实际扫海面积。

该方法在估算海洋牧场建设之前及建设后牧场周边区域的资源状况时有较好的代表性。但是在海洋牧场建成之后的核心区，一般很难进行拖网采样，此时需要借助其他采样方法进行资源数量和密度的监测。

（2）刺网单位拦截面积单位时间的渔获量。

$$\mathrm{CPUE_n}=\frac{n_i}{S \cdot T}\text{；}\mathrm{CPUE_w}=\frac{w_i}{S \cdot T} \tag{7-13}$$

式中，CPUE为单位捕捞努力量渔获量（capture per unit effort），前者为单位捕捞努力量的渔获数量，后者为单位捕捞努力量的渔获质量；$S$为刺网有效拦截面积，$S=L \times H$（刺网缩节长度×缩节高度）；$n_i$和$w_i$分别为第$i$种目标生物的渔获数量（ind）和渔获质量（g）；$T$为刺网在水中浸置的时间（soak time，h）。

（3）定置网单位网具单位时间的渔获量。

$$\mathrm{CPUE}=n_i/T=w_i/T \tag{7-14}$$

式中，$n_i$和$w_i$含义和前述相同；$T$的单位可以是小时（h）或者一个潮周期（12h或24h）。一般用于张网目标渔获的相对资源量估算。

（4）笼壶类单位网具单位时间的渔获量。

计算方法和式（7-14）相同，具体指单个笼子单位时间的渔获数量和质量，以此表示对应目标种的相对资源密度。

（5）钓捕法单位时间每人的渔获量。

$$\mathrm{CPUE}=\frac{n}{NT}\text{或}\mathrm{CPUE}=\frac{w}{NT} \tag{7-15}$$

式中，$N$为钓捕监测的参与人数；$n$为钓捕到的目标种渔获尾数（ind）；$w$为钓捕到的目标种渔获质量（g）；$T$为钓捕时间（h）。

（6）潜水采样法单位时间每人的渔获量。

方法同式（7-15）。

（7）水下视频监测估算资源量。一种是采用拖曳法扫海监测目标种资源量，另一种是定点监测相应面积或体积中的目标渔获数量。无论哪一种方法，都需要借助高清视频信息进行实时监测或数据分析。

（8）声呐法探测渔业资源量。

采用数字回声探测仪、双频识别声呐或超声波鱼探仪进行渔业资源量估算，如BioSonics DT-X（430kHz）、DIDSON（低频1.1MHz、高频1.8MHz）和NavNet TZtouch2超声波鱼探仪。当前技术条件下，采用这些设备进行资源估算往往存在一些难以克服的困难：第一是对种类的识别度上这些仪器依然存在较大的不确定性；第二对一些底层定居性的种类（如趴在礁石或砂质海底上的鱼类）往往是低估的。所以在今后相当长的一段时间里，海洋牧场中的野生渔业资源监测主要靠前述的7种方法的任意一种或组合，而第8种方法仅仅作为一种辅助参考，其结果的直接参考价值有待进一步提升。

### （一）海洋牧场目标种资源监测

海洋牧场野生渔业资源监测的主要任务是查清天然目标种群的动态，而不同类型的海洋牧场其目标种往往不一样。在中国沿海的海洋牧场中，最具代表性的野生目标种主要有许氏平鲉、大泷六线鱼、褐菖鲉、黑鲷和各类石斑鱼等。如何有效获取这些天然目标种群的资源量信息，是各个海洋牧场在渔业资源监测工作中的核心任务之一。

对于这些野生目标种，其监测的内容包括①基于具体网具或采集方法的目标种群资源量或相对密度；②特定阶段目标种群的生长特征，如不同季节目标种的平均体长和体重，或者不同生活史阶段的目标种生长特征；③目标种群的主要生物学特征，如性成熟度、性比、年龄结构、饵料组成和胃饱满度等；④目标资源种群的生物体质量，即机体内各重金属含量情况；⑤目标种群在海洋牧场的分布模式和动态，即空间结构；⑥目标种群的生境偏好及对主要环境因子的适应性，需要定期对目标种生活区域的常规环境因子，如温度、盐度、光照、溶解氧和叶绿素a等进行测定，并与资源密度等数据进行相关性分析，获取目标资源种群的生境偏好信息。

具体监测方法可在参考前述内容的基础上，严格参照《海洋调查规范》的相关说明进行。

### （二）海洋牧场资源优势种监测

在完成海洋牧场目标种资源状况监测的基础上，需要结合持续或定期的资源环境调查工作，对牧场区存在或出现的其他优势资源群体进行监测。这些种类往往在海洋牧场区的能流中占有相当的比例，也是重要的渔业对象（如优势的饵料性鱼、虾、蟹、贝和头足类等），也可以称之为优势饵料资源监测。例如，东海区的海洋牧场中，除了趋礁鱼类之外，其实生物量和数量占优的种类往往是个体小、生命周期短的小型饵料鱼类，如鳀科的鳀、小公鱼属鱼类、七星底灯鱼，以及优势的饵料虾类（中国毛虾和太平洋磷虾等）和饵料蟹类。除此之外，还需要关注植物性的优势资源，即海洋牧场区野生藻类资源（浮游植物和大型海藻的优势种）的组成和资源量情况。在明确海洋牧场中资源优势种之后，需拟定监测的基本内容包括：①牧场中不同季节的优势饵料生物组成和变化情况，包括藻类和各类海洋动物；②确定每种优势资源的最适监测方法（最佳调查方法或采用网具）；③每种资源优势种对海洋牧场目标种的能流贡献；④以资源优势种为功能组或营养层次构建简化食物网，明确该海洋牧场中核心的食物关系及目标种在该食物网中的地位。

对资源优势种的监测往往要结合多种形式的大面调查，而且需要对样本进行同位素分析和脂肪酸检测等，以明确目标种和优势种之间的营养关系。在此基础上，可以更好地构建出相关海区海洋牧场目标种资源变动的自适应模型。通过与资源优势种的迭代关系，形成牧场区目标种资源量的生态预报模式，从而为目标种资源量的高效准确把握，并确定其最佳利用方式等方面的工作奠定扎实的基础。

### （三）海洋牧场保护性资源监测

海洋牧场保护性资源是指在海洋牧场出现的生物资源群体中，既非目标种也非优势种，但因其重要的经济价值或生态价值而受到特殊保护的对象。例如，趋礁鱼类中的石斑鱼类、某些螺类和棘皮类等，当然从生态系统的角度看，还可以进一步扩展到哺乳动物和海鸟，如鲸豚类、海豹和海鸥等。可见，保护性资源往往是一些少见种但也不乏关键种。这些动物因难以统计捕捞量和渔获量，或因数量极其稀少，需重点关注其被捕捞利用的模式和时空规律。

在黄渤海，大型哺乳动物斑海豹依然有少量群体，在其活动路径上构建海洋牧场时，需要十分关注其对所构建的人工生态系统的选择和利用规律。因此需要建立专门的监测网络，以确保海洋牧场建设不会对其种群产生不利影响。如果能在一定程度上通过海洋牧场的构建而强化斑海豹的局域种群规模，可间接体现海洋牧场的资源养护功效及其生境适宜度。

在东海区进行海洋牧场渔业资源监测时，除了前述内容之外，还需要对数量稀少的野生石斑鱼类进行重点关注，同时对海盘车等在生态系统中起关键种作用的棘皮动物也要给予充分关注。管理过程中，不能一味迎合休闲活动而大量采捕这类动物。此外，还需要特别注意海洋牧场区江豚的活动情况，作为国家一级保护动物，江豚也经常出现在长江口外侧的岛礁海域，如果能在海洋牧场中监测到江豚的活动踪迹，将是十分重要的信息。

南海的海洋牧场有其资源上的优势，因地处热带，渔业资源丰富，且多样性高，除了对珊瑚礁资源建立合理的保护和修复措施外，对一些群体量较少的石斑鱼类或隆头鱼科鱼类仍然要予以额外关注。这些物种一般都是休闲潜水活动的重要观察对象，也常常成为海鲜市场的渔获。还有一些软体动物，如唐冠螺和砗磲等，也极有可能出现在海洋牧场中。广西北海部分水域建设海洋牧场还需要充分考虑珍贵稀有动物儒艮的生境保护工作。综上所述，日常监测工作需要特别关注这些国家级保护动物，从而避免海洋牧场相关活动对关键种和珍贵稀有资源的负面影响。

### 四、渔业资源监测的发展趋势

渔业资源监测是海洋牧场建设与管理环节的常规工作，对于有效掌握牧场区资源动态，以此制定合理的资源利用策略，都具有极其重要的指导作用。在海洋牧场规模化和功能多样化的大背景下，需要越来越多的人力和物力投入到建设区的渔业资源监测工作中去，因此在未来相当长的一段时间内，渔业资源监测和管理方面的人才和技术需求皆颇为强烈。考虑到海洋牧场的空间尺度特征，融合了渔业资源、海洋生物、海洋环境、海洋管理以及海洋技术方面的复合型人才将成为最佳的选择。而侧重仪器设备应用的海洋装备和工程技术人员，也将逐步发挥锦上添花的作用。同时借助现代化的人工智能、5G和物联网等技术，海洋牧场渔业资源监测工作的效率和精准度将不断提升。总之，海洋牧场区的渔业资源监测是掌握牧场建设效果的最直接有效的手段，将来依然需要在准确性和实效性上不断突破。

## 第五节　资源与环境评价

人工鱼礁是海洋牧场的主要载体。鱼礁在水环境中的物理过程是鱼礁发挥各项功能和实现海洋牧场资源与环境功能的基础。鱼礁投放在迎流侧产生上升流，背流侧产生涡流，会使礁体底部的沉积物再悬浮，水质、底质和生物环境以及鱼类与大型无脊椎动物等生物资源种类与数量发生改变。海洋牧场资源与环境效果为牧场建成后资源与环境跟踪调查结果与本底（或对照区）调查结果的差值。本节从海洋牧场效果产生的机制出发，阐述海洋牧场建设对资源与环境影响的评价方法。

### 一、资源评价

本节资源评价仅包括鱼类与大型无脊椎动物为主的海洋牧场对象生物的评价。对以鱼礁为载体的海洋牧场主要包括3种类型对象生物（图7-18）（尹增强，2016）。①Ⅰ型对象生物：身体的部分或大部分接触鱼礁的鱼类或其他海洋动物等，如六线鱼、褐菖鲉、龙虾、蟹、海参、海胆、鲍等；②Ⅱ型对象生物：身体接近但不接触鱼礁，经常在鱼礁周围游泳和海底栖息的鱼类及其他海洋动物等，如真鲷、石斑鱼、牙鲆等；③Ⅲ型对象生物：身体离开鱼礁，在表层、中层水域游泳的鱼类及其他海洋动物，如鲐、黄条鰤、鱿鱼等。

海洋牧场建成后，海域的流、音、光、底质等非生物环境发生变化，从而又引起生物环境的变化，提高了海域的饵料基础，改善了鱼类和大型无脊椎动物的摄食、栖息和生长环境（陈勇等，2002）。海洋牧场特殊环境的持续作用，将在微观和宏观（个体、种群、系统）不同层次水平影响生物资源（图7-19）。本研究简要阐述海洋牧场不同层次水平的评价方法。

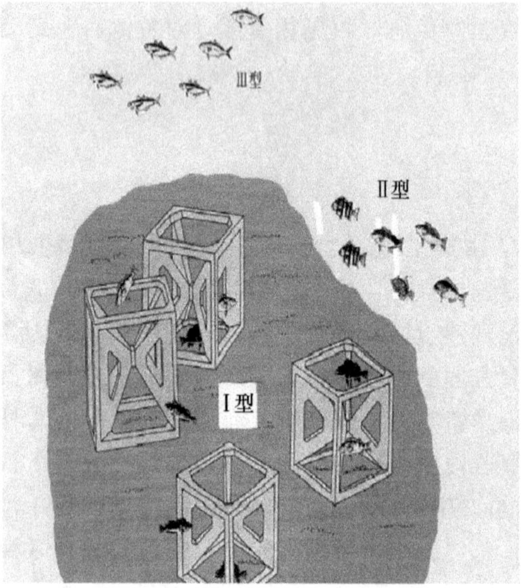


图7-18　鱼礁区鱼类的类型

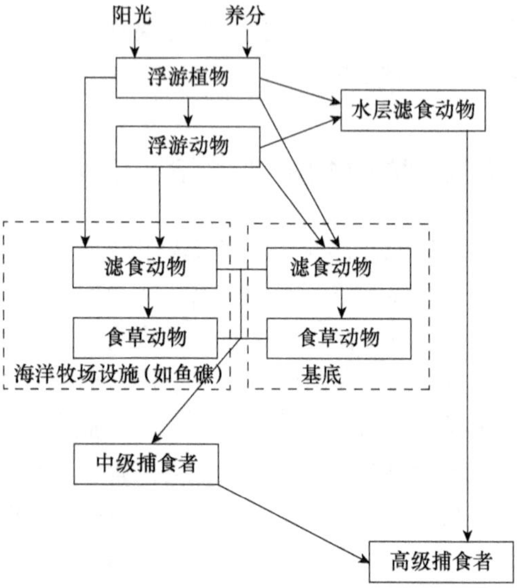


图7-19　海洋牧场区各生物功能群的关系（仿Seaman，2002）

## （一）微观层次

海洋牧场建设包括运用增殖放流手段，增加补充对象生物，改善生物群落结构，提高生物多样性。海洋牧场环境与天然野生环境也有所不同，如对象生物的天敌生物、竞争生物减少，饵料生物、共生与共栖生物增加等。上述因素可能造成对象生物种质与天然开放海域野生种类的种质有所差别。对水产动物种质资源进行鉴定和评价，其方法主要有表型鉴定、染色体鉴定和分子生物学鉴定等。分子生物学方法因其准确度高而被广泛采用。分子生物学方法包括同工酶蛋白质鉴定技术、限制性片段长度多态性（RFLP）技术、扩增片段长度多态性（AFLP）技术和微卫星 DNA分子标记。其中微卫星 DNA分子标记准确性高，被广泛应用。

微卫星DNA分子标记也称为短串联重复序列（STR）或简单重复序列（SSR），一般是以2～6个碱基为核心序列，首尾相连串联重复，具有数量多、在基因组中分布均匀、多态性丰富、共显性遗传、遵循孟德尔遗传定律以及具有一定的保守性等优点。微卫星多被用于遗传多样性分析，也被用于种质鉴别。由于鱼类微卫星属共显性遗传，可以准确计算出所有等位基因的频率，因此，在种质鉴定中具有一定的优越性。宋红梅等用该方法对三种罗非鱼进行鉴定和遗传结构分析，结果表明，尼罗罗非鱼群体的遗传多样性水平较高，奥利亚罗非鱼的群体遗传多样性水平较低。

### （二）个体

海洋牧场设施（如鱼礁）周围海域的流、音、光、底质等无机环境发生变化，将引起生物环境的变化，改善了鱼类和大型无脊椎动物的摄食、栖息和生长环境，故对动物个体的生物变量因子产生一定影响，主要表现为对生物生活史特征的影响。相关表征参数主要包括生长阶段（即卵、幼体或成体）、个体大小（体长或体重）、生长率、生长状况（可用体长与体重比率等表示）、繁殖条件和繁殖力（产卵数）；其他因子包括种类的特定行为以及相关变量的即时和长期动态。我们可根据动物样本求解体长体重关系式、体长体重生长方程，从而估算动物个体的肥满度［可据福尔顿（Fulton）肥满度公式求解，$K=W/L^3$（式中$W$为体重；$L$为体长）］、个体体重生长拐点年龄及其拐点体长和拐点体重等，进而研究海洋牧场设施（如鱼礁）对鱼类个体生长的影响。此外，所选参量应能反映海洋牧场评估研究中提出的问题。尹增强和章守宇（2010）评估了人工鱼礁建设对小黄鱼生长的影响。

体长体重关系式：$W_t=a\cdot l_t^b$（式中$a$、$b$为待定参数，$l_t$和$W_t$为$t$龄体长和体重）

体长生长方程（VBGF）：$l_t=l_\infty\times(1-e^{-k(t-t_0)})$（式中$l_\infty$、$k$和$t_0$分别表示渐进体长、生长参数和体长为0时的理论年龄）

体重生长方程（VBGF）：$W_t=W_\infty\times(1-e^{-k(t-t_0)})^b$（式中$W_\infty$表示渐进体长）

体重生长拐点年龄：$t_{tp}=\ln b/k+t_0$

### （三）种群

种群是特定时间占据特定空间的同种有机体的集合群，是生态系统中生物组分的基本单位。种群具有空间特征、数量特征和遗传特征。种群为研究海洋牧场对某一渔业动物种类效果的重要变量。

**1. 常用指标**　海洋牧场对种群影响效果的因素主要有丰度、密度、生物量以及种群结构等。此处“丰度”是表示种群个体数量的基本术语；“密度”表示每个测量单位的数量，通常用单位面积的个体数量表示；“生物量”表示种群的总质量，有时用单位面积的质量（如$t/km^2$）表示；种群结构是指种群内部年龄组成、性别组成、长度（或质量）组成和性成熟组成等变量（陈新军，2004）。

**2. 种群增长模式**　海洋牧场可能也会对种群数量增长模式产生一定影响。因为海洋牧场的建设从某种程度上说扩大了海洋生物的生存空间，降低了种内竞争和种间斗争，提高了饵料保障，因此种群的数量增长模式可能会发生变化，如可能由原来的逻辑斯谛（Logistic）增长变为指数增长，种群的生存策略可能由原来的K选择变为r选择。当然这种变化只是暂时的，随着生物种群数量增长逐渐接近生态容纳量，生物种群又将逐渐恢复到原来的增长模式和生存策略。

**3. 种群生态容纳量**　生态容纳量指一个特定种群，在一个时期内，在特定的环境条件下，生态系统所支持的种群大小，是表达种群生产力大小的一个重要指标。生态容纳量直接与环境有关，包括它的空间、食物以及生物理化因子等（唐启升，1996）。海洋牧场设施不但增加了生物种群的有效生活空间，而且使周围海域的流、光、音、底质等非生物环境发生变化。这种变化引起生物环境（包括浮游生物、底栖生物和附着生物等饵料生物）的变化，从而改善了渔业资源种群的生活栖息环境，因此渔业种群数量增加，生态容纳量也随之扩大。生态容纳量估算方法有营养动态模式、逻辑斯谛种群数量增长模型和Ecopath模型等。

1）营养动态模式

（1）生态效率的测算。

① 碳＝干重×33%；干重（mg/个）＝湿重（mg/个）/5；平均个体湿重＝生物量（$mg/m^3$）/丰度（个/$m^3$）。

② 艾・科达（I. Keda）的关于浮游动物呼吸率与干重和水温的复回归方程：

$$\ln R = 0.7886\ln W_D + 0.0490T - 0.2512 \tag{7-16}$$

式中，$R$为呼吸率［μg/（个・h）］；$W_D$为干重（mg/个）；$T$为水温。

③
$$R_c = 0.8 \times \frac{12}{22.4} \times 24 \times R = 10.286R \tag{7-17}$$

式中，$R_c$为以碳计的呼吸率［μg/（个・d）］；呼吸率为0.8。

④ 日生物量［mg/（个・d）］：

$$P = \frac{30R_c}{70-30} = 0.75R_c \tag{7-18}$$

同化率70%，总生长效率30%。

（2）渔业资源潜在生产量评估方法。

① 营养动态模式1：

$$P = BE^n = B_0\delta E^n \tag{7-19}$$

式中，$P$为潜在渔业资源生产量；$B$为浮游植物生产量；$E$为生态效率；$B_0$为年初级生产力有机碳生产量；$\delta$为有机碳与浮游植物湿重比例；$n$为营养级转换数。

② 营养动态模式2（Cushing模式）：

$$P = \frac{G}{V} = \frac{(0.01B_0 + 0.1S)/2}{V} \tag{7-20}$$

式中，$G$为渔业资源年产碳量；$V$为渔业资源生物鲜重含碳率；$B_0$为年初级产碳量；$S$为年次级产碳量。

③ 营养动态模式3：

$$P = BE^{\bar{n}} = B_0\delta E^{\bar{n}} \tag{7-21}$$

式中，$E$为生态效率；$\bar{n}$为营养级转换次数平均值。

④ 营养动态模式4：

$$P = BE^m = B_0\delta E^m \tag{7-22}$$

式中，$m$为资源生物营养级平均值。

2）逻辑斯谛种群数量增长模型　种群的逻辑斯谛增长方程产生于1838年，完善于20世纪20年代，它主要用于模拟种群数量在有限环境条件下的增长方式。逻辑斯谛增长常微分方程为：

$$\frac{\mathrm{d}N_t}{\mathrm{d}t}=\frac{rN_t(K-N_t)}{N_t} \tag{7-23}$$

式中，$N_t$、$r$和$K$分别为$t$时刻的种群数量、内禀增长率和容纳量，对该方程积分可得，

$$N_t=\frac{K}{1+\mathrm{e}^{a-rt}} \tag{7-24}$$

式中，系数$a$、$r$和$K$值可通过遗传算法等方法求得。

尹增强和章守宇（2011）利用浙江嵊泗人工鱼礁海域本底与跟踪调查数据建立了该海域渔业资源密度变动模型：

$$N_t=(b+K/(1+\mathrm{e}^{a-rt}))\cdot(1-d\sin(\pi(t/f+g))) \tag{7-25}$$

式中，$b$为投礁以前已具备的渔业资源容纳能力；$1-d\sin(\pi(t/f+g))$［式中，$d$为周期性振荡的振幅；$f$为振荡半周期长度（qr.）；$g$为振荡的初始幅角］能较好表示数据的季节性变化。

式（7-25）可变形为：

$$N_t=b(1-d\sin(\pi(t/f+g)))+(K/(1+\mathrm{e}^{a-rt}))\cdot(1-d\sin(\pi(t/f+g))) \tag{7-26}$$

设

$$N_0=b(1-d\sin(\pi(t/f+g))) \tag{7-27}$$

$$N_{\mathrm{new}}=(K/(1+\mathrm{e}^{a-rt}))\cdot(1-d\sin(\pi(t/f+g))) \tag{7-28}$$

式（7-27）表示投礁前鱼礁区已经具备的渔业资源容纳能力（即原有生态容纳量）；式（7-28）表示鱼礁投放新产生的资源密度量，其中新产生的生态容纳量为（即新增生态容纳量）：

$$K_{\mathrm{new}}=K\cdot(1-d\sin(\pi(t/f+g))) \tag{7-29}$$

待定参数$a$、$b$、$r$、$K$、$d$、$f$和$g$可由遗传算法求得。具体模拟方法参考尹增强和章守宇（2011）浙江嵊泗人工鱼礁区渔业资源生态容纳量变动的研究（图7-20）。

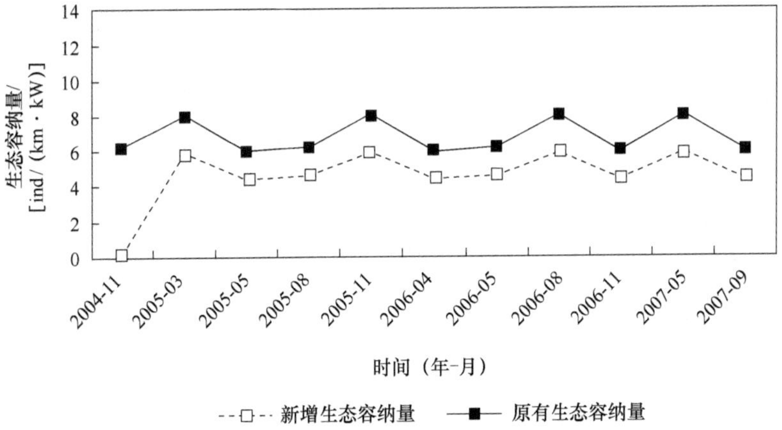


图7-20　浙江嵊泗人工鱼礁区渔业资源容纳量变化曲线

3）基于Ecopath模型　模型建立主要步骤为：①划分功能组，其中每个目标种均划为单独功能组；②据调查数据计算各功能组的生物量、P/B和C/B系数；③根据胃含物获得功能组食物组成矩阵；④模型调试；⑤Ecopath模型中生态容纳量定义为：大量引入目标种后没有明显改变生态系统主要能量流动和食物网结构的目标种最大承载水平。为估算主要经济种类的生态容纳量，在已构建的反映目前海洋牧场能流状态的Ecopath模型基础上，通过逐

步提高模型中目标种类的生物量，来代表实际生产中目标种类增殖规模的扩大（相应捕捞产量也随之增加），如果大幅度提高某一目标种的生物量，势必会对系统内食性联系紧密的种类产生影响，同时引起系统能流的变化，Ecopath模型必须要调整其他参数使系统重新平衡，在反复迭代的过程中确定目标种的生态容纳量。因此，如果提高目标种的生物量直至发现系统中另一功能群的EE>1，意味着此时系统允许的生物量即为该目标种的生态容纳量。具体模拟方法参考林群等（2013）的基于Ecopath模型的莱州湾中国对虾增殖生态容量的研究方法。

### （四）生物群落

生物群落是指生活在一定自然生境里的各种生物种群所组成的集合体。海洋牧场是一种人工生境，研究海洋牧场对原生物群落影响以及“新生”生物群落结构和动态特征是非常重要的。物种多样性、优势种、群落中不同物种的丰富度、群落的营养结构、空间结构和群落演替等均可作为考察海洋牧场生境状况的指标。

**1. 物种多样性的指数**

（1）辛普森（Simpson）多样性指数：

$$D=1-\sum_{i=1}^{S}(P_i)^2 \tag{7-30}$$

式中，$P_i$为种$i$的个体在群落中的比例；$S$为生态系统中物种数。

（2）香农-威纳（Shannon-Wiener）多样性指数：

$$H'=-\sum_{i=1}^{S}P_i\times\log_2 P_i \tag{7-31}$$

（3）皮卢（Pielou）均匀度指数：

$$J'=\frac{H'}{\log_2 S}=\frac{H'}{H'_{max}} \tag{7-32}$$

**2. 相对重要性指数** 利用相对重要性指数（IRI）对优势种、重要种进行划分，计算公式为：

$$\text{IRI}=(N+W)\times F\times 10\,000 \tag{7-33}$$

式中，$N$为物种尾数占总尾数的百分比；$W$为物种质量占总质量的百分比；$F$为出现频率，即某种类出现的站位数与总站位数的百分比。IRI>1000的种类为优势种，100<IRI<1000的种类为重要种。

**3. 物种丰富度指数** 物种丰富度指数是测定一定空间范围内的物种数目以表达生物的丰富程度，主要有玛格列夫（Margalef）指数和格莱森（Gleason）指数两种。

（1）玛格列夫（Margalef）指数：

$$D=\frac{S-1}{\ln N} \tag{7-34}$$

式中，$N$为个体总数；$S$为生态系统中物种数目。

（2）格莱森（Gleason）指数：

$$D=\frac{S}{\ln A} \tag{7-35}$$

式中，$A$为单位面积；$S$为生态系统中物种数目。

**4. 生物完整性指数（IBI）**　IBI指数与标准的构建由 4 部分组成：①根据生物特征选出候选指标；②测定或计算候选指标数值的分布范围或判别能力，并进行相关性分析，然后筛选出合适指标，初步构建评价体系；③计算每个生物指标值以及IBI指数；④确立生物完整性的评价标准。

### （五）生态系统

生态系统就是指特定时间、特定空间生物与非生物环境通过物质循环与能量流动所形成的一个相互联系、相互作用并具有自动调节机制的整体（沈国英和施并章，2002）。生态系统的基本组成可概括为非生物和生物两大部分，或者说包括无机环境、生产者、消费者和分解者4种基本成分。海洋牧场建设（海洋牧场设施、增殖放流等）将对生态系统中无机环境、生产者、消费者和分解者产生影响，从而影响生态系统的结构和功能（图7-21）。生态系统分析软件可以解析海洋牧场生态系统的结构和功能，分析海洋牧场生态系统物质循环和能量流动等。常用软件有Ecopath with Ecosim，关于如何建立生态系统模型，在生态容纳量部分已经作了介绍，不再赘述。本节从耗散结构理论出发，分析海洋牧场生态系统特征，建立生态系统有序度计算方法，从生态系统深层次解析海洋牧场建设对资源的影响。

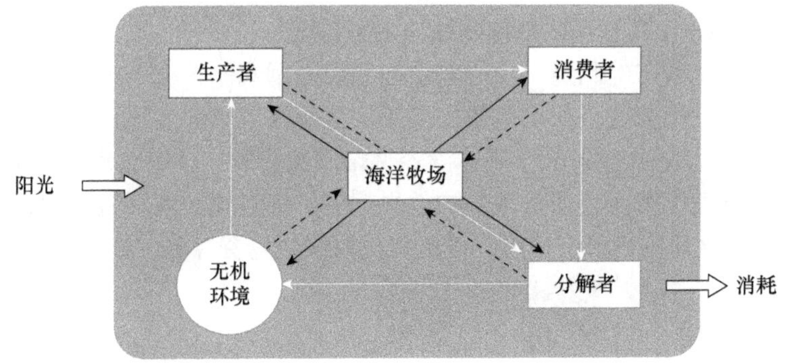


图7-21　海洋牧场对生态系统影响（仿胡涛，1990）

**1. 耗散结构概念**　耗散结构概念是相对于平衡结构概念提出来的（王谋，2001）。20世纪70年代以前人们只研究平衡系统的有序稳定结构。70年代苏联学者普里高金等提出“一个远离平衡的开放系统，在外界条件变化达到某一特定阈值时，量变可能引起质变，系统通过不断与外界交换能量与物质，就可能从原来的无序状态转变为一种时间、空间或功能的有序状态，这种远离平衡态的、稳定的、有序的结构称之为‘耗散结构’”。他回答了开放系统如何从无序走向有序的问题。

**2. 海洋牧场生态系统特征**

（1）海洋牧场生态系统是一个开放系统。主要表现为海洋牧场能量（即太阳能）源源不断的输入；大中尺度海流的作用下与其他海域进行营养盐、溶解氧等理化因子的交换；鱼类等游泳动物的洄游以及人类活动（如捕捞、游钓观光以及其他能量和物质的注入等）对海洋牧场的持续影响等。因此海洋牧场生态系统是一个开放系统。

（2）海洋牧场生态系统是一个远离平衡态的系统。从系统原理角度出发，我们知道海洋牧场系统的状态集合与环境集合均为非空，各状态参量随时间和空间的变化而变化，并且发展不平衡，是一个动态系统。另外参量间存在着势差，从而形成各种动态的流和力，在上述外界环境（太阳能、海流、人类活动和洄游鱼群等）驱动下，有规则的波动和无规则的随机扰动共同作用出现新的涨落，驱使海洋牧场生态系统远离平衡态。

（3）海洋牧场生态系统内存在非线性相互作用机制。非线性作用机制动力系统的显著特点为“整体大于部分之和”。海洋牧场的集鱼效果与环境改善机制的研究表明，海洋牧场建设引起环境变化，形成多种有利于鱼类等海洋生物生存、生长、栖息和繁殖的有利条件。例如，上升流携带底层营养盐到表层；背涡流区低频振荡产生的音响效果；附着生物的迅速繁殖；海洋牧场结构的庇护作用等。正是这些有利环境条件的共同作用形成了与其他海域有别的海洋牧场生态系统。然而上述的环境条件并非线性作用，它们随着时间以及外界大尺度环境条件的非线性变化，产生非线性相互作用机制。

（4）海洋牧场生态系统内存在涨落。海洋牧场系统具有开放性、非平衡性和非线性的特点，为涨落的发生提供了可能。海洋牧场环境要素时刻都在发生变化（或波动），这种波动会对海洋牧场生态系统产生扰动，从而引起系统内产生涨落。这种涨落一直存在并作用于海洋牧场生态系统内各要素，从而通过非线性作用转为较大幅度的涨落，进而影响海洋牧场生态系统的结构和功能，促成鱼礁有序状态。

因此海洋牧场是一个具有耗散结构特征的生态系统。

**3. 耗散结构系统状态的测量**　耗散结构系统是远离平衡态的低熵有序化的系统。它所处的状态可用熵这一状态函数来描述。生态系统有序度可以用系统熵与联系熵之和来表示（尹增强，2016）（具体内容见拓展阅读7-3）。生态系统有序度越高说明基于生态系统角度海洋牧场资源养护效果越好。通过比较海洋牧场建设前后或海洋牧场区与对照区生态系统有序度，可以得出海洋牧场资源养护效果。

拓展阅读 7-3

## 二、环境评价

拓展阅读7-4　拓展阅读7-5

环境评价包括传统方法（如水质指数法、沉积物指数法、水体富营养指数法和有机污染指数法等）和基于模糊物元理论的海洋牧场环境优化程度评估方法，因篇幅所限本节仅阐述传统方法。基于模糊物元理论的海洋牧场环境优化程度评估方法见拓展阅读7-4。拓展阅读7-5还以北方一海洋牧场为案例，分析了海洋牧场对环境的影响。

**1. 水质指数法**　具体见第五章174页“（1）水质指数法”。

**2. 沉积物指数法**　沉积物指数计算公式：

$$P_i = \frac{C_i}{S_i} \tag{7-36}$$

式中，$P_i$为沉积物中环境因子$i$的环境质量指数；$C_i$为环境因子$i$的实测值（mg/L）；$S_i$为环境因子$i$的评价标准（mg/L），建议取《海洋沉积物质量标准》（GB 18668）。

**3. 水体富营养指数法**　具体见第五章175页“（3）海水营养水平评价方法”。

**4. 有机污染指数法**　具体见第五章175页“（2）海水有机污染评价方法”。

## 三、资源与环境综合评价

资源与环境综合评价是指海洋牧场建设对海域资源与环境的综合影响效果（即生态效果）。本节通过构建资源环境综合评价体系探讨综合评价方法。由于我国开展的现代海洋牧场是以人工鱼礁为载体，并辅以生物资源增殖放流的生态渔业生产方式，因此下面以鱼礁型海洋牧场为基础构建评价指标。鱼礁型海洋牧场生态系统的组分包括以鱼类与大型无脊椎动物为主体的生物系统和与之相适应的环境系统。因此海洋牧场生态效果评价包括海洋牧场建设对生态系统各组分的影响效果之和。

### （一）评价指标的选取与观测方法

海洋牧场生态效果评价指标的筛选必须在独立性、完备性、针对性和可操作性原则的指导下，根据海洋牧场生态效果的产生原理和作用对象来确定。国内外研究表明，海洋牧场设施建设（如人工鱼礁投放等）对流场、水质与底质、饵料生物水平和大型游泳动物（指鱼类与大型无脊椎动物）4类因子产生一定影响。另外；海洋牧场设施的自然特征（如人工鱼礁的材质、结构等）也直接或间接影响着海洋牧场的生态效果（陈清潮等，1994）。因此海洋牧场生态效果综合评价应以上述5类因子作为评价准则，筛选评价指标。根据上述5类因子的基本性质及其相互关系，可将海洋牧场生态效果评价指标区分为2个不同层次，即第一层次为决定生态效果的基础指标；第二层次为生态效果的具体体现指标。

第一层次评价指标包括海洋牧场设施自然特征和流场效果，以人工鱼礁为例。此类评价指标及其评价内容和观测方法如下所述。①上升流高度与礁高之比：评价鱼礁产生上升流的效果，通过数值模拟或现场测定获得；②背涡流长度与礁高之比：评价鱼礁产生背涡流的效果，通过数值模拟或现场测定获得；③礁体结构复杂指数：评价鱼礁表面积和空洞情况等，根据鱼礁状况估测获得；④鱼礁材料及其表面粗糙程度：评价鱼礁材料环保程度与被附着生物附着程度，根据鱼礁情况估测获得；⑤单位鱼礁规模调控海域面积：评价鱼礁单体组合与鱼礁群配置的优劣情况，通过数值模拟或现场测定获得；⑥鱼礁的使用年限：评价鱼礁的持续效果能力，据鱼礁材料、稳定性和海域物理状况估测。

第二层次评价指标包括水质与底质、饵料生物和大型游泳动物3个方面。它是第一层次因素作用的具体结果，是海洋牧场生态效果的具体体现。此类评价指标及其评价内容和观测方法如下所述。

（1）水质与底质类指标：根据《近岸海域环境功能区划分技术规范》（HJ/T 82—2001），结合牧场特点，选择IN、IP和N ：P（原子比）、DO、COD和悬浮物质作为评价指标。①IN、IP和N：P（原子比）：评价海洋牧场建设对海域营养盐的影响，通过现场采样、实验室测定获得。②DO：评价海洋牧场建设对海域溶解氧的影响，通过现场采样、实验室测定获得。③COD：评价海洋牧场建设对海域COD的影响，通过现场采样、实验室测定获得。④悬浮物质：评价海洋牧场建设对海域悬浮物质的影响，通过现场采样、实验室测定获得。⑤底质：选择海洋牧场建设对原海床底质生态影响、底质多样性以及《海洋沉积物质量》（GB 18668—2002）中规定的指标作为评价指标，评价对底质的影响，可现场采样、实验室测定获得。

（2）饵料生物类指标：以浮游植物、浮游动物、底栖生物、附着生物的生物量和物种多样性为评价指标，评价对饵料生物的影响，通过现场采样、实验室测定和计算获得，其中物种多样性选择生物多样性阈值（$D_V$）（张桂宾和马建华，1996）作为物种多样性指标的测定值［$D_V=H'\cdot J$。$D_V$为多样性阈值；式中$H'=-\sum_{i=1}^{s}P_i\log_2 P_i$，$J=H'/\log_2 S$（式中$H'$、$J$、$P_i$分别为多样性指数、均匀度指数、第$i$种的个数与总个数之比值，$S$为种数）］。

（3）大型游泳动物的养护效果：以单位海洋牧场（如单位空方鱼礁）的大型游泳动物生物量、物种多样性、个体肥满度、珍稀野生水生动物保护和海洋牧场海域受胁迫情况作为评价指标。①单位海洋牧场（如单位空方鱼礁）的大型游泳动物生物量：评价海洋牧场建设对生态容纳量的影响。据现场测定数据，由公式$D_i'=D_i\cdot S_i/V_i$［式中$D_i'$、$D_i$、$S_i$和$V_i$分别表示单位海洋牧场设施（如单位空方鱼礁）的资源密度、拖网调查牧场区资源密度、礁区面积和牧场设施容积（鱼礁的空方数）］计算获得。②物种多样性：评价鱼礁对物种多样性的影响，通过现场采样、计算生物多样性阈值（陈清潮等，1994）获得。③个体肥满度：评价海洋牧场对动物个体生长的影响，通过现场调查、计算动物个体相对肥满度来表示，即$K=W/\hat{W}$（式中$W$为鱼礁区大型游泳动物的实测体重；$\hat{W}$为理论体重，理论体重由海洋牧场区大型游泳动物的实测体长代入体重体长关系式得出。④珍稀野生水生动物保护：评价海洋牧场对国家一级、二级珍稀野生水生动物保护情况，以海洋牧场区珍稀野生水生动物出现种类和出现频率（出现频率$=\dfrac{\text{一年中鱼礁海域珍稀野生水生动物出现天数}}{365}\times 100\%$）来衡量。为实用起见，出现频率以海洋牧场监测部门调查天数内珍稀野生水生动物出现频率来表示。⑤海洋牧场海域受胁迫情况：评价海洋牧场区的人类扰动影响（包括海洋牧场监管措施和实施情况、海洋牧场区生产情况等因子），根据海洋牧场调查情况确定。

### （二）评价指标标准的确定

在总结国内外有关资料的基础上，将海洋牧场生态效果划分为优、良、合格、较差和很差5种类型，并分别赋值为1.0、0.8、0.6、0.4和0.2。定量指标评价值由阈值抛物线型标准化处理方法建立模糊隶属函数求得，定性指标评价值由格栅获取法求得。定量指标评价标准的隶属函数及其确定依据、定性指标的评价标准均见拓展阅读7-6。

拓展阅读 7-6

### （三）评价指标权重的确定

运用三标度层次分析法（表7-9）确立指标权重（表7-10）。表7-10中2个层次相互独立，因而分别计百分值。在评价海洋牧场区生态效果时，如果待评价海洋牧场区的某个评价指标没有监测数据，可按该评价准则下其他指标的权重的比例把该指标的权重分配给其余指标。

**表7-9　0～2标度及含义**

| 标度 | 含义 | 标度 | 含义 |
|---|---|---|---|
| 0 | 两元素相比，后者（$j$）比前者（$i$）重要 | 2 | 两元素相比，前者（$i$）比后者（$j$）重要 |
| 1 | 两元素相比，两者同样的重要 | | |

**表 7-10 评价指标及评价指标值的权重**

| 层次 | 评价准则 | | 评价指标 | 权重值 |
|---|---|---|---|---|
| 第一层次 | 海洋牧场的流场效果（$B_1$） | | 上升流高度与礁高之比（$C_{11}$） | 0.250 |
| | 背涡流长度与礁高之比（$C_{12}$） | | 0.250 | |
| | 海洋牧场的生境指数（$B_2$） | | 礁体结构复杂指数（$C_{13}$） | 0.148 |
| | 鱼礁材料及表面粗糙程度（$C_{14}$） | | 0.032 | |
| | 单位鱼礁规模调控海域/（$m^2/m^3$）（$C_{15}$） | | 0.100 | |
| | 鱼礁使用年限/a（$C_{16}$） | | 0.220 | |
| 第二层次 | 水质（$B_{21}$） | | IN（$C_{21}$） | 0.011 |
| | IP（$C_{22}$） | | 0.018 | |
| | N：P（原子比）（$C_{23}$） | | 0.029 | |
| | COD（$C_{24}$） | | 0.003 | |
| | DO/（mg/L）（$C_{25}$） | | 0.007 | |
| | 悬浮物质/（mg/L）（$C_{26}$） | | 0.002 | |
| | pH/（$C_{27}$） | | 0.002 | |
| | 底质（$B_{22}$） | | 对原来海床底质生态影响（$C_{28}$） | 0.028 |
| | 底质多样性（$C_{29}$） | | 0.028 | |
| | Cu、Cr、Pb、Zn、Cd、As、TOC 和硫化物/（mg/kg）（$C_{210}$） | | 0.014 | |
| | 饵料生物（B23） | 浮游植物（$B_{231}$） | 浮游植物密度/（$\times10^4$ind/$m^3$）（$C_{211}$） | 0.030 |
| | | | 浮游植物多样性（$C_{212}$） | 0.030 |
| | | 浮游动物（$B_{232}$） | 浮游动物密度/（mg/$m^3$）（$C_{213}$） | 0.030 |
| | | | 浮游动物多样性（$C_{214}$） | 0.030 |
| | | 底栖生物（$B_{233}$） | 底栖生物密度/（g/$m^2$）（$C_{215}$） | 0.030 |
| | | | 底栖生物多样性（$C_{216}$） | 0.030 |
| | | 附着生物（$B_{234}$） | 附着生物密度/（kg/$m^2$）（$C_{217}$） | 0.030 |
| | | | 附着生物多样性（$C_{218}$） | 0.030 |
| | 大型游泳动物的养护效果（$B_{24}$） | | 单位空方鱼礁的大型游泳动物密度（$C_{219}$） | 0.076 |
| | 物种多样性（$C_{220}$） | | 0.126 | |
| | 个体肥满度（$C_{221}$） | | 0.024 | |
| | 珍稀野生水生动物保护（$C_{222}$） | | 0.150 | |
| | 海洋牧场区受胁迫情况（$C_{223}$） | | 0.242 | |

### （四）综合评价

海洋牧场生态效果可据式$E=\sum_{i=1}^{n} w_i e_i$（式中$w_i$、$e_i$分别表示指标$i$的权重和指标值）求得。在用第一层次评价指标评价时，因指标在对照区无法进行，故仅对海洋牧场区进行评价，其评价结果作为海洋牧场项目的生态效果。在用第二层次评价指标评价时，须用各项指标对海洋牧场区和对照区分别进行评价，而后求取海洋牧场区与对照区生态效果的差值作为海洋牧场项目的生态效果。

# 第六节 生产力和承载力评估

## 一、生态系统生产力

### （一）生态系统生产力的基本概念

生态系统生产力是指生态系统生物生产的能力，包含初级生产力（primary production，PP）和次级生产力（secondary production，SP）。PP/SP可表征生态系统类型（施并章和沈国英，2002），如PP/SP＜1，生态系统为异养型生态系统；如PP/SP＞1，生态系统为自养型生态系统。

海洋牧场是将渔业资源、人工放流的水生生物聚集起来，进行海上放养的人工渔场（杨红生等，2016），其目的是提高某些经济生物的产量或整个海域的水生生物产量；在利用海洋生物资源的同时重点保护海洋生态系统。海洋牧场有农业生态系统的典型特点，除提供水产品之外，还具有社会支持与生态服务功能（李慕菡等，2021；徐勤增，2013）。故海洋牧场生态系统生产力不同于自然生态系统的系统生产力，而和农业生态系统类似。农业生态系统生产力包括初级生产力、次级生产力、生态服务功能等（王宗明和梁银丽，2002；姚成胜，2008），海洋牧场生态系统生产力含初级生产力、次级生产力、海洋牧场的生态服务功能和海洋牧场的运行成本等。

### （二）生态系统生产力的研究进展

初级生产者吸收、同化碳、氮、磷等生源要素而进行初级生产，次级生产者食用初级生产者的产物进而利用生源要素。因此，生态系统生产力是增殖、养殖领域关注的热点。

大型藻类暴发而导致的绿潮、金潮的研究多关注大型藻类的初级生产力及其驱动要素、生态学机制等（Chai et al.，2020；Sun et al.，2020）。水母暴发的研究则更多关注水母类的次级生产力及其诱导因素、生态效应等（Goldstein and Steiner，2020）。赤潮暴发因赤潮生物的种类而对初级、次级生产力的关注有差异（Hoagland et al.，2020）。

因增殖、养殖对象、模式不同，对初级、次级生产力的关注不同。滤食性贝类的增殖中，关注的是贝类的次级生产力、浮游植物或底栖微型藻类的初级生产力；鲍的筏式养殖中，首要关注的是鲍的次级生产力；在鲍等底播增殖中，则关注鲍的嗜食种类（葛长字等，2014），及作为鲍食源的大型藻类的初级生产力和鲍的次级生产力。

对经济目标的追逐导致多关注农产品或水产品的产出而忽视系统其他的功能与价值，在这些生产系统运行过程中甚至以损耗环境与资源为代价。因而，这些系统及其毗邻系统往往处于亚健康、不健康状态，产生功能运行不协调等系统相悖现象（朱万斌等，2005）。因此，对以农业生态系统为代表的系统生产力的评估越来越多的评估模式是将该系统与人类社会系统相耦合。例如，农业系统“有价值”的产品输出就经历了一个曲折的认识历程，很长的时间内，物质产出一直是农业生产系统生产能力的最直接标志（李晓燕等，2005），这极易造成农业生态系统的物质产出和生态系统可持续性两个目标间的背离。为纠正这种相悖，提出了“农业生态系统生产力”的概念并对农业生产系统、农牧交错带的系统生产力进行评估（孙特生等，2013；王培俊等，2020）。目前尚未有基于这种意义的海洋牧场系统生产力的评估，但海洋牧场的服务功能得到了重视（马欢等，2019；秦传新等，2011），这意味着完成了海洋牧场系统生态生产力评估的部分工作。

## 二、生态系统承载力

### （一）生态系统承载力的基本概念

承载力也称容纳量等，可理解为逻辑斯谛（Logistic）方程中的环境最大容纳量（唐启升，1996）。随海洋牧场建设的方兴未艾，海洋牧场的生态承载力和环境承载力得到了关注（沈伟腾和胡求光，2017），养殖系统承载力的概念被引入。

环境科学工作者一般将承载力理解为环境承载力，即生境或生物对特定污染物的承受量（鲍晨光等，2018；杨维等，2008）。海洋牧场水环境质量是水环境承载能力的最终表现，化学指标比生物学指标更易量化（李川，2008）。污染物浓度低于或高于某值（杨正先等，2017），生物能耐受而不至于处于非健康状态，该阈值下的目标增殖生物的最大生物量为海洋牧场对它的环境承载力。我国国家规范要求海洋牧场水质符合Ⅱ类水质标准，溶解氧（DO）的浓度≥5mg/L，DO浓度＜5mg/L则不符合。某增殖生物生物量的变动致DO变动，DO为5mg/L时所对应的该生物的最大生物量即海洋牧场中该生物的环境承载力。

生态学工作者将承载力理解为生态承载力，指特定的生境下，生态系统特定时间内所能支持的特定种群的大小，由生境对特定生物的供饵力、营养盐供给能力、DO供给能力等，或生物对生态因子的耐受性等决定。浮游植物的生物量＜8.20mg/L，则浮游植物不足以支持滤食性贝类生长，故浮游植物生物量8.20mg/L所对应的滤食性贝类的生物量为生境对其的生态承载力（Ge et al.，2008）。

在水产养殖领域，承载力一般称为养殖容量等，可分为：水域为养殖生物提供的合适空间而确定的物理养殖容量；特定生境中养殖生物产量达到最大时所对应的最大养殖密度称为产量养殖容量；对水域生态系统产生不良生态影响的最小养殖密度称为生态养殖容量；不引起负面社会影响的最大养殖密度或养殖规模称为社会养殖容量；养殖所造成的环境要素不超过养殖水域所在国家或地区的环境标准阈值的最大养殖密度即为环境养殖容量（葛长字，2006b）。随单一养殖物种密度或规模增加，养殖环境负效应凸显，为降低这种效应，多进行多营养层次综合养殖（integrated multi-trophic aquaculture，IMTA）。

海洋牧场有IMTA系统的特点，故海洋牧场的承载力可用养殖系统的容纳量的概念，但海洋牧场有不同年龄、世代结构的多个物种，其食源不同、对环境因素的耐受不同，因此不能直接套用养殖系统中的养殖容量评估方法。

### （二）生态系统承载力的研究进展

海洋牧场的生态承载力评估有自身特点：多集中于生物资源的生态承载力；生物的世代

交替现象显著；目标品种非单一；无需投饵或施肥。在使用养殖系统的养殖容量评估的方法时需考虑海洋牧场的特点，本书着重介绍与海洋牧场特点类似的养殖系统的承载力（养殖容量）的评估。

**1. 海水滤食性贝类养殖容量** 海水滤食性贝类养殖系统和贝类或棘皮类等增殖的海洋牧场类似。在我国，黄海水产研究所在20世纪 90 年代率先开展了滤食性贝类养殖容量研究（方建光等，1996a）。饵料供应量通常为贝类养殖容量的限制因素，评估方法有能量/饵料收支模型、食物限制因子指标法、生态数值模型等（Zhao et al.，2019；杨淑芳等，2016；张继红等，2016；于宗赫等，2010）。

**2. 大型藻类养殖容量** 评估方法主要有：以氮、磷为限制指标的营养物质供需平衡法（方建光等，1996b；卢振彬等，2007）；耦合水动力模型的生态动力模型法（史洁等，2010）。我国相关研究工作的开展均以山东省桑沟湾水域的海带养殖容量的评估为代表。

**3. 综合养殖系统的养殖容量** 以山东省桑沟湾海带-栉孔扇贝-长牡蛎综合养殖系统为例，以贝类的放养和捕捞为系统的外在驱动，桑沟湾内外的水动力驱动的物质交换以桑沟湾内外的物质扩散通量替代，以浮游植物的生物量的变动为指标评估了该系统中滤食性贝类的养殖容量（Ge et al.，2008）。基于Ecopath软件构建了红树林种植-养殖耦合系统，估算了其养殖容量（Xu et al.，2011）。

因此，海洋牧场的承载力评估由单一目标品种评估，走向多目标品种评估，所用的技术手段也从经验模型发展到生态动力学模型。

## 三、海洋牧场生态系统生产力的评估

### （一）一般意义上的生产力评估技术

一般意义上的生产力可以理解为生物生产力，含初级、次级生产力。

**1. 初级生产力测定**（彭兴跃等，1997；阎希柱，2000）

1）收割法 本方法可用于海洋牧场大型藻类、海草的初级生产力的测定。定期把所测植物收割下来并进行称重，进而计算初级生产力，它未考虑其余生物对植物的摄食或分解。此外，一般使用连续收割法，即对植物进行多次收割进一步降低误差，因为植物的生长普遍具有显著的季节特征。

在海洋牧场中，大型藻类、海草往往是鲍、海胆等食草动物的食源，为减轻食草动物摄食对初级生产力测定的影响，一般需要设置围隔。

2）气室二氧化碳同化法 同时设置一个透光、不透光的容器并封存同类别植物，依据容器内$CO_2$的浓度计算初级生产力，但植物光合作用和呼吸作用同时进行。这种方法实质上测定的是短时间内的净初级生产量，密闭容器改变了生境，尤其是$CO_2$的浓度本身影响植物光合作用速率的测定。因此，从原理上看该方法和水生态系统中常用的黑白瓶法类似，有方法自身的局限性。

3）黑白瓶法 据白瓶中DO含量变化可确定净光合作用量和净光合作用率，据黑瓶中所测的数据可得知正常的呼吸耗氧量。由黑瓶、白瓶的DO含量可计算总初级生产量。

黑白瓶法的基本原理是两个瓶中的植物呼吸作用一致，但该假设条件受水生植物种类以及水呼吸作用的影响较大。这种测定的误差可以通过多次实验加以校正。

4）同位素测定法　常使用的同位素为$^{32}P$和$^{14}C$，其中$^{14}C$测定法的准确度更高。此外，$^{14}C$测定法测定的是植物的净产量，而非总产量。

5）叶绿素测定法　据叶绿素含量与光合作用量和光合作用率的相关关系测定初级生产力。该方法的不足之处主要为：植物体生理、外界条件影响叶绿素含量；植物的色素不能被完全萃取；有机质吸附在植物体的表面，有机质也含色素，植物体不易与有机质充分分离；叶绿素光饱和时的光合作用率因季节、区域等变化，水体的消光系数等也难测定。

6）pH测定法　用水内一定的地点连续的pH变化，估计初级生产力。该方法对系统无干扰，但pH变化与$CO_2$含量并非线性关系，水中缓冲物质影响pH。因此，使用pH法测定初级生产力必须要对水生生态系统的pH和$CO_2$的关系进行校准。

7）原料消耗量测定法　广义生产过程可表示为，1300千卡辐射能＋106 $CO_2$＋90 $H_2O$＋16 $NO_3$＋1 $PO_4$＋矿质元素＝存储于3258g原生质中的13千卡潜能＋154 $O_2$＋1287千卡消散的热能。故可用矿物元素的消耗来测生产力。不过在稳态平衡的系统中，被消耗的矿物原料量可能被输入所平衡，这样原料消耗量测定法就不适用。

8）遥感法　利用卫星或航空遥感叶绿素资料与初级生产力的关系数学模型或利用已建立的水团温度与初级生产力的关系等来实现大空间尺度和长周期的对初级生产力的估计。该方法在近岸水体中的应用，尤其要注意水体中有色可溶性有机物的影响。

**2. 次级生产力测定**　常用方法有两类：同生群法，如减员累计法、增K累计法、瞬时增长法和艾伦（Allen）曲线法；非同生群法，有体长频率法以及瞬时增长法（龚志军等，2001；刘旭东等，2018；王桂苹等，2014）。实际一般按经验公式来估算次级生产力。

1）Brey经验模型（Brey，1990）　如底栖生物的年均生物量为$B$（$g/m^2$），$W$为年均个体质量（去灰分干重计算，g/ind），大型底栖动物的次级生产力$P$［$g/(m^2 \cdot a)$］可估算为，$\lg P = a + b1 \times \lg B - b2 \times \lg W$，其中$a$、$b1$和$b2$为类群系数。对于多毛类、软体动物、甲壳类和其他，$a$分别为－0.018、－0.591、－0.614和－0.473；$b1$分别为1.022、1.030、1.022和1.007；$b2$分别为－0.116、－0.283、－0.360和－0.274。

2）Brey模型（Brey，2015）　底栖动物的年均次级生产力［$P$, $kJ/(m^2/a)$］, $Lg(P/B) = 7.947 - 2.294\lg(M) - 2409.856/(T+273) + 0.168/D + 0.194SubT + 0.180InEpi + 0.277MoEpi + 0.174Taxon1 - 0.188Taxon2 + 0.33Taxon3 - 0.062Habital + 582.851\lg(M)/(T+273)$。其中$M$为年均个体的体重能值（kJ），$T$为底层水温（℃），$D$为平均水深（m），$B$为年均生物量的能值（$kJ/m^2$），SubT在潮下带取值1而在潮间带取值0，InEpi对于内栖生物取值为1而对于底表生物取值0，MoEpi对于移动生物取值1而对于固着生物则为0，Taxon1对于环节动物或甲壳类取值为1而其余类群取值为0，Taxon2对于棘皮动物取值为1而其他类群取值为0，Taxon3对于昆虫的取值为1而其余类群则为0，Habitat1在湖泊生境中取值为1而在其余生境中取值0。

### （二）海洋牧场系统生产力评估

目前，仅见对海洋牧场生态服务功能的评估，而相关内容将在其他章节阐述，本处不再赘述。

## 四、海洋牧场承载力的评估

### （一）海洋牧场承载力评估技术

不同海洋牧场的生境及其所在区域的经济文化各异，海洋牧场的建设各有特色，包括底播型、藻礁型、蛎礁型、参礁型、鱼礁型等多种类型，其经济生物的产出多以仿刺参、鲍、滤食性贝类、恋礁性鱼类为主，这些物种的承载力评估往往是海洋牧场资源可持续利用的基础。然而，这些生物的食性、生理耐受性等差异较大，生境的资源与环境状况也有巨大差异。因此，不同海洋牧场承载力的评估技术各有特性。

常用的海洋牧场的生态承载力评估方法如表7-11所示。不同的研究者构建了判定模型、生态动力学模型、Ecopath模型等（杨红生，2018），都是对海洋牧场在一定程度上的简化。

**表7-11　海洋牧场针对不同物种的生态承载力评估技术**

| 增殖生物 | 评估对象 | 模型类型 | 评估思想 | 数据来源 |
|---|---|---|---|---|
| 大型藻类 | 藻类 | 生态动力学模型或判定模型 | 据营养盐供给与增殖藻类的营养盐同化率、个体生长的关系，或生态效应评估承载力 | 增殖藻类的生长及营养盐同化率 |
| 贝类和棘皮动物 | 单一物种进行评估 | 生态动力学模型或判定模型 | 据饵料供给与增殖生物摄食量、个体生长的关系，或显性生态效应评估承载力 | 增殖生物摄食生理、温度、叶绿素等 |
| 贝类和棘皮动物 | 多种增殖同时评估 | Ecopath模型 | 海洋牧场以食物网的形式呈现，改变目标生物生物量，模型不再平衡或系统健康阈值出现，对应的目标生物的生物量即为其生态承载力 | 食性组成、涵盖食物网的各功能组的生物量 |

判定模型是用一个数学表达式来表达生境因子对目标的限定。评价大型藻类养殖容量的模型（方建光等，1996b），就是一个判定模型，其中养殖容量是一个目标，而限定这个目标的是水域面积、营养盐浓度等。

生态动力学模型是将生态过程描述为微分方程（葛长字，2006a）。因考虑的空间维度不同，而有0维、1维、2维、3维之分。目前，趋向于由3维生态动力学模型描述，并将这些生态过程与水动力过程耦合，构建水动力-生态动力学模型。

据所描述的生态过程的多寡，生态动力学模型分为N-P、N-P-Z、N-P-Z-D模型等，其中N涵盖碳、氮、磷、氧等生源要素，P涵盖浮游植物、大型水生植物等，Z涵盖浮游动物、其他水生动物等，D涵盖有机碎屑等。某些生态过程可以强迫函数的形式体现。例如，贝类不断放苗和捕获，因此在构建桑沟湾大型藻类-滤食性贝类多营养层次养殖系统时，将浮游植物被贝类摄食的过程表达为一个强迫函数（葛长字，2006a）。

Ecopath模型也称生态系统稳态营养模型，基于Ecopath with Ecosim软件构建，包含物质、能量平衡两个核心（杨红生，2018）。生态承载力在Ecopath模型中反映为大量引入目标物种（拟评估物种）后未明显改变生态系统的主要能量流动和食物网结构的目标物种最大的生物量（刘鸿雁等，2019；刘岩等，2019；王鹏等，2016）。

### （二）海洋牧场资源与生物承载力评估实例

目前使用最广泛的是Ecopath模型，它首先对拟评估的生态系统的能流进行模拟。在我国，研究人员对莱州湾、嵊泗等海洋牧场进行了模拟（李永刚等，2007；杨超杰等，2016）。

莱州湾是渤海重要渔业资源的主要产卵场、育幼场和索饵场。随捕捞强度和生态压力增加，渔业资源衰退不断加剧。2008～2010年山东东方海洋科技股份有限公司在莱州湾的朱旺海域进行了人工鱼礁投放，形成海洋牧场。据不同生物种类的食性、个体大小和生长特性及海域物种情况，参考莱州湾相关Ecopath模型的功能组划分标准，将朱旺人工鱼礁区生态系统定义为14个功能组（表7-12）。

**表7-12　朱旺人工鱼礁区Ecopath模型功能组及相关参数**

| 组号 | 功能组 | 生物量 | P/B | Q/B | 营养级 | EE* |
|---|---|---|---|---|---|---|
| 1 | 斑尾复虾虎鱼 | 0.08 | 1.90 | 6.50 | 3.853 | 0.607 |
| 2 | 许氏平鲉 | 1.89 | 1.32 | 4.70 | 3.536 | 0.741 |
| 3 | 大泷六线鱼 | 1.62 | 1.24 | 4.30 | 3.799 | 0.893 |
| 4 | 其他中上层鱼类 | 1.58 | 2.44 | 8.21 | 2.966 | 0.964 |
| 5 | 其他底层鱼类 | 2.18 | 2.61 | 8.93 | 3.553 | 0.872 |
| 6 | 头足类 | 0.07 | 4.58 | 15.60 | 3.555 | 0.937 |
| 7 | 日本蟳 | 3.92 | 3.20 | 11.30 | 2.984 | 0.694 |
| 8 | 脉红螺 | 2.41 | 9.20 | 30.90 | 2.797 | 0.562 |
| 9 | 底栖甲壳类 | 8.50 | 6.13 | 24.11 | 2.922 | 0.711 |
| 10 | 多毛类 | 5.93 | 5.80 | 25.72 | 2.300 | 0.985 |
| 11 | 小型软体动物 | 12.84 | 7.90 | 26.60 | 2.300 | 0.773 |
| 12 | 浮游动物 | 8.60 | 28.20 | 113.00 | 2.000 | 0.933 |
| 13 | 浮游植物 | 16.30 | 63.00 | — | 1.000 | 0.917 |
| 14 | 有机碎屑 | 41.00 | — | — | 1.000 | 0.936 |

注：生物量（$t/km^2$），* 表示为模型估算，—表示相应值不存在

根据模型生态系统生态承载力的计算方法，日本蟳的生态承载力为$4.0376t/km^2$，脉红螺的生态承载力为$2.4823t/km^2$。

### （三）海洋牧场环境承载力评估实例

目前，国内众多学者们尝试用不同的方法对海洋牧场环境承载力进行探索性的分析研究。其中BP（back propagation）神经网络模型的仿真精度高、适用性较广（贺辉辉等，2017），在环境承载力评估、环境质量评价、环境预报等方面已有一定应用（郭晶等，2011；余金龙等，2017；郑建根和胡荣祥，2015）。为此，本书以基于BP神经网络模型的环境承载力的评估为例来简要介绍（俞锦辰等，2019）。

海州湾位于我国江苏省东北部、山东省南部，背靠连云港市，是一个半开阔港湾。近年来，由于过度捕捞对渔业资源的破坏，再加上入海河流携带大量的污染物进入海湾，致使海域环境污染不断加剧。为修复生物资源，江苏省海洋与渔业主管部门已经先后完成了“江苏省海州湾渔场修复工程（人工鱼礁建设）和江苏省海州湾海洋牧场示范区”建设项目。综合性海洋牧场生态修复工程主要以人工鱼礁投放、海洋生物增殖放流、贝藻场建设为主，已累计投放人工鱼礁总规模近20万空立方米。为有效评估海洋牧场建设环境现状，避免一味追求眼前的利益、扩大养殖规模、过度开发而造成一系列的负面效应，需要开展海洋牧场环境承

载能力研究。

通过对近些年海州湾海洋牧场水环境调查数据进行分析，选取能反映该区域水环境质量状况的主要污染物指标高锰酸盐指数（$COD_{Mn}$）、生化需氧量（BOD）、溶解态无机氮（DIN）、溶解态无机磷（DIP）作为评价指标。参考有关文献（李娜等，2019），引入水环境承载力指数（water environmental carrying capacity index，WECCI）的概念，用于表征承载状态的优劣，WECCI区间范围为［0，1］，越接近1代表承载状态越好，越接近0代表承载状态越差。将水环境承载力划分为“良好可承载”“可承载”“轻度超载”“中度超载”“重度超载”5个等级，并与现行海水水质标准相对应，如表7-13所示。海州湾海洋牧场的功能区划为水产养殖区，应执行第二类海水水质标准，因此将第二类标准作为临界超载的界限，即WECCI＜0.6时表示超载。

**表7-13 水环境承载力等级划分**

| 海水水质标准 | 水环境承载力指数 | 等级划分 |
|---|---|---|
| Ⅰ类 | 0.8～1 | 良好可承载 |
| Ⅱ类 | 0.6～0.8 | 可承载 |
| Ⅲ类 | 0.4～0.6 | 轻度超载 |
| Ⅳ类 | 0.2～0.4 | 中度超载 |
| 劣Ⅳ类 | 0～0.2 | 重度超载 |

BP神经网络基于误差逆向传播算法（杨丽花和佟连军，2013），通过对输入的训练样本进行训练，不断地修正各神经元权值，直至输出结果与期望输出之间的误差达到允许的范围，样本训练结束，记录各神经元之间的权值、阈值，用于模型的计算（杨秋林和张淑贞，2009）。

运用matlab R2014b软件构建BP神经网络模型。其中，将4项主要污染物指标作为模型输入层指标，输出结果为水环境承载力指数（WECCI）；BP神经网络模型的训练样本通过对评价矩阵进行线性插值来获取；隐含层、输出层节点传递函数分为tangsig、purelin，网络训练函数为trainlm，训练最大次数为104，模型期望误差0.0002，学习速率为0.2，其余网络参数均为默认值。训练结束时，BP神经网络训练步长104次，此时网络输出误差达到规定期望误差$\varepsilon$（$\varepsilon$=0.0002），BP神经网络模型构建完成。将现行的海水水质标准指标阈值带入模型中进行检验计算，结果见表7-14。可见，测试输出结果较为满意，说明BP神经网络模型拟合较好，具有一定的可信度。

**表7-14 BP神经网络模型样本数据输入输出取值**

| 等级划分 | 输入层 | | | | 输出层 | |
|---|---|---|---|---|---|---|
| | COD | DIN | DIP | BOD | 期望值 | 实际值 |
| 良好可承载 | 2.00 | 0.200 | 0.0150 | 1.00 | 0.8 | 0.8000 |
| 可承载 | 3.00 | 0.300 | 0.0300 | 3.00 | 0.6 | 0.6001 |
| 轻度超载 | 4.00 | 0.400 | 0.0375 | 4.00 | 0.4 | 0.4002 |
| 中度超载 | 5.00 | 0.500 | 0.0450 | 5.00 | 0.2 | 0.2018 |
| 重度超载 | 6.00 | 0.600 | 0.0600 | 6.00 | 0.1 | 0.0979 |

注：COD、DIN、DIP、BOD单位均为mg/L

将2014年春季、夏季、秋季海州湾海洋牧场各站点环境监测数据的污染物$COD_{Mn}$、DIN、DIP、BOD的浓度值带入BP神经网络模型中进行计算，输出结果为水环境承载力指数。结果表明，2014年春季WECCI均值为0.66，其中3个站位处于轻度超载，占25%；夏季WECCI均值为0.73，均处于可承载状态；秋季WECCI均值为0.65，4个站位低于0.6，占33.33%。总体上看，该区域的水环境承载状态较好，能够满足水产养殖功能区要求。

# 第七节 预警预报

## 一、海洋灾害的概念与特征

### （一）海洋灾害的概念及成因

**1. 定义** 海洋灾害是指海洋自然环境发生异常或激烈变化，导致在海上或海岸发生的巨大变故和损失。我国海洋灾害的种类很多，主要有风暴潮、海浪、海岸侵蚀、海雾、海冰、赤潮、绿潮、水母、海底地质灾害、海水入侵、沿海地面下沉、河口及海湾淤积、外来物种入侵、海上溢油等，海洋灾害分布广，破坏性大。

海洋牧场灾害：发生在海洋牧场内的海洋灾害为海洋牧场灾害。

**2. 原因** 引发海洋灾害的原因主要有：

（1）大气的强烈扰动，如热带气旋、温带气旋等；

（2）海洋水体本身的扰动或状态骤变；

（3）海底地震、火山爆发及其伴生之海底滑坡、地裂缝等。

海洋自然灾害不仅威胁海上及海岸，有些还危及沿岸城乡经济和人民生命财产的安全。例如，强风暴潮所导致的海侵（即海水上陆），在我国少则几千米，多则20～30km，甚至达70km，某次海潮曾淹没多达7个县。上述海洋灾害还会在受灾地区引起许多次生灾害和衍生灾害。例如，风暴潮引起海岸侵蚀、土地盐碱化；海洋污染引起生物毒素灾害等。

### （二）海洋灾害的类型与特征

我国海洋灾害的种类有很多，按其发生原因分为海洋环境灾害、生态灾害和海洋污染，海洋环境灾害是由海洋自然环境本身变化引起的海洋异常；生态灾害是由生物的数量在短时间内剧增而引发的灾害；而海洋污染几乎是人类活动引起的海水质量大幅下降。每类灾害有多种现象，其特征各异，现分述如下。

**1. 海洋环境灾害**

1）风暴潮 风暴潮是由台风、温带气旋、冷锋的强风作用和气压骤变等强烈的天气系统引起的海面异常升降现象（图7-22）。风暴潮会使受到影响的海区的潮位大大地超过正常潮位。如果风暴潮恰好与影响海区天文潮位高潮相重叠，就会使水位暴涨，海水涌进内陆，造成巨大破坏。

风暴潮按其诱发的不同天气系统可分为三种类型：由热带风暴、强热带风暴、台风或飓风（为叙述方便，以下统称台风）引起的海面水位异常升高现象，称为台风风暴潮；由温带

彩图

图7-22 风暴潮

气旋引起的海面水位异常升高现象，称为风暴潮；由寒潮或强冷空气大风引起的海面水位异常升高现象，称之为风潮，以上三种类型统称为风暴潮。

2）海啸　海啸是由水下地震、火山爆发或水下塌陷和滑坡所激起的巨浪。破坏性地震海啸发生的条件是：在地震构造运动中出现垂直运动；震源深度小于20～50km；里氏震级要大于6.50。而没有海底变形的地震冲击或海底弹性震动，可引起较弱的海啸。水下核爆炸也能产生人造海啸。尽管海啸的危害巨大，但它形成的频次有限，尤其在人们可以对它进行预测以来，其所造成的危害已大为降低。

海啸按成因可分为三类：地震海啸、火山海啸、滑坡海啸。

海浪多指在当地的风作用下产生的海面波动，其中以风浪和涌浪最普遍。“灾害性海浪”是海洋中由风产生的具有灾害性破坏的波浪（图7-23），其作用力可达30～40t/m$^2$。

图7-23 海啸过后与海浪灾害

3）海冰　海冰指海洋上一切的冰，包括咸水冰、河冰和冰山等。常用清除方法有使用炸药，炸出一条航路；使用燃料，加热融化海冰。1969年2～3月，渤海曾发生严重冰封，除了海峡附近以外，几乎全被冰覆盖（图7-24），港口封冰、航道阻塞、海上石油钻井平台被冰推倒，万吨级货轮被冰挟持并随冰漂流4天之久，导致海上活动几乎全部停止。

4）水体氧气含量突变　水体氧气含量突变，指氧气含量下降，目前普遍用“低氧”来表示：水体中溶解氧（DO）浓度低于2mg/L。

低氧区出现的主要原因为水体中耗氧能力增加和层化现象加重：营养盐的输入使得藻类大量繁殖增加了水体中的有机质，异养细菌矿化这些有机质消耗了大量氧气，使得水体中溶解氧含量降低；夏季海水温度升高，在温跃层位置处海水因密度不同而出现分层——水体层

彩图

图7-24　灾害性海冰

化导致不同密度之间的水层之间没有溶解氧的交换，底层海水不能获得上层海水的溶解氧的补给——低氧区一般出现在底层水体中。

低氧区按出现时间划分，可分为4类：偶然型低氧区，出现时间不规律，往往伴随其他事件出现，如污染物异常排放、赤潮灾害等；周期型低氧区，昼夜或季节循环，持续数小时、数天至数星期；季节型低氧区，一年一次，一般出现在夏季；持久型低氧区。

低氧影响水生动物存活、生长和繁殖，进而影响生态系统结构、功能和过程。低氧对海域生态系统中生物的影响程度大小为：鱼类＞甲壳类＞棘皮动物＞环节动物＞软体动物，低氧区中多毛类成为优势种。鱼类正常生长需要溶解氧含量6mg/L，虾、蟹需要2～3.5mg/L。低于2mg/L时，鱼类转移栖息地，而底栖生物表现出异常，如放弃洞穴而上升至底质-水界面处；低于0.5mg/L时海洋中大部分水生生物将会大规模死亡，甚至变成“海底荒漠”“死亡区”，给渔业生产带来巨大经济损失，如波罗的海的“死亡区”，使商业性捕捞几近崩溃。

人类活动加大了海域营养盐的输入和有机质的输入，促进了低氧区的形成和扩张，加剧了低氧区的破坏力——被破坏的生物群落的恢复过程更为艰难。

5）*海水温度变化*　海水温度变化一般情况是缓慢的，但其在特殊情形下对海洋牧场的影响是比较严重的。目前热带海域的珊瑚大部分生活在它们的上限温度（一定环境下珊瑚生活的最高适应温度）边缘（1～2℃），海水温度升高可致使珊瑚发生白化现象，进而死亡。

我国北方的海洋牧场则易受海冰的影响。海冰对海洋牧场的影响主要包括：海冰覆盖海面阻碍海气交换，影响海水中溶解氧含量；海冰影响海洋牧场人工构筑物，如海冰挤压力、撞击力、摩擦力、膨胀力、上拔力等影响人工构筑物使用安全和使用寿命；海冰阻碍通航，影响海洋牧场运营管理。

6）*河口及海岸淤积*　我国大江、大河的含沙量和输沙量比较大，长江年输沙量达到5亿t，黄河年输沙量过去达16亿t，两者占全国河流输沙量的80%；加上从侵蚀海岸带来的大量泥沙，造成河口及海湾淤积。其中，长江口、渤海湾最为严重；每年仅投入到长江口航道清淤的经费就达亿元。河口和海湾淤积既影响港口及航道的通航，也影响海滨旅游设施，甚至影响到大江、大河的排洪。

**2. 生态灾害**

1）*赤潮和绿潮*　赤潮和绿潮均指海水中某些浮游植物在某些条件下暴发性增殖或高

度聚集的一种水体变色现象。引发赤潮的赤潮藻是微米级的浮游植物；而绿潮藻是指厘米级的大型浮游植物。赤潮和绿潮主要发生在近海海域（图7-25），主要是在人类活动的影响下，生物所需的氮、磷等营养物质大量进入海洋，在合适的条件下引起藻类及其他浮游生物迅速繁殖，赤潮藻大量消耗水体中的溶解氧，造成水质恶化、鱼类及其他生物大量死亡等现象。由于赤潮的频繁出现，使海区的生态系统遭到严重破坏，赤潮生物在生长繁殖的代谢过程和死亡的赤潮生物被微生物分解等过程中，消耗了海水中的氧气，鱼、贝因窒息而死。另外，赤潮生物的死亡，促使细菌大量繁殖，有些细菌能产生有毒物质，一些赤潮生物体内及其代谢产物也会含有生物毒素，引起鱼、贝中毒病变或死亡。

彩图

图7-25 赤潮（左）和绿潮（右）

2）水母暴发 水母暴发是指水母在特定季节、特定海域内数量剧增的现象。水母暴发原本是一种自然现象，水母生长具有季节性的特点，即使在未受干扰的情况下也可能发生暴发。但是在过去几十年中，由于人类活动的影响，海洋生态系统正发生着变化，一些海域出现了前所未有的水母暴发现象（图7-26），已在国际上引起了广泛的关注。东海近年来也出现了大型水母类暴发现象，并有逐年加重的趋势。

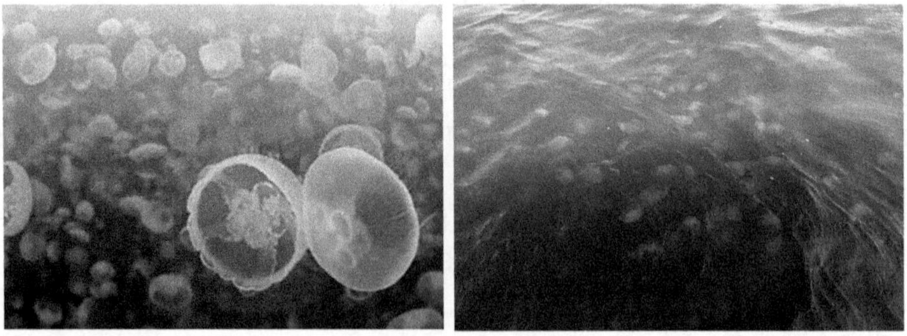

彩图

图7-26 水母暴发

3）外来物种入侵 外来物种入侵是指生物物种由原产地通过自然或人为的途径迁移到新的生态环境的过程。我国海洋船舶频繁地来往于世界各地，船舶空载时为满足稳性要求须装入压载水，许多细菌和动植物也被吸入并被带进港口，在合适的条件下，它们会迅速地繁殖起来从而对当地的生态、经济和民众的健康构成威胁。控制外来物种入侵已成为我国生态安全的核心。

**3. 海洋污染** 人类生产和生活过程中产生的大量废弃物质通过各种途径进入海洋，

使得水质变差，称为海洋污染，这些物质统称为海洋污染物。

海洋污染物中有些物质，入海量少，对海洋生物的生长有利；入海量大，则有害。例如，城市生活污水中所含的氮、磷，工业污水中所含的铜、锌等元素就是如此。

在多数情况下受污染的水域往往有多种污染物。因此，一种污染物入海后，经过一系列物理、化学、生物和地质过程，其存在形态、浓度、在时间和空间上的分布，乃至对生物的毒性将发生较大的变化。有些化学性质较稳定的污染物，当排入海中的数量少时，其影响不易被察觉，但由于这些污染物不易分解，能较长时间地滞留和积累，一旦造成不良影响则不易消除。

1）*石油与溢油*　石油包括原油和从原油分馏成的溶剂油、汽油、煤油、柴油、润滑油、石蜡、沥青等，以及经裂化、催化重整而成的各种产品，主要是在开采、运输、炼制及使用等过程中流失而直接排放或间接输送入海；是当前海洋中主要的，且易被感官觉察的量大、面广，对海洋生物能产生有害影响，并能损害优美的海滨环境的污染物。

海上溢油是指石油在海面上、海水中或者海底的非正常释放，其原因包括船只运输和装载过程中的事故、海上石油开采过程中的事故，以及其他原因而导致的石油的大量排放。

溢油是对海洋生态系统影响非常严重的环境污染事件，生态损害后果严重，影响持续时间长，可达十几年甚至几十年。影响波及面广，即使海洋牧场未必是溢油事件发生地，也会受其影响。

溢油的直接影响包括：①石油在海面上形成油膜，阻止大气和海水的气体交换，造成海水缺氧，使生物窒息死亡，大规模的溢油事件可形成局部的低氧区；②油腻附着在生物体表面，可阻碍生物活动，严重的导致生物死亡；③石油成分进入生物体内部，造成生物体内受伤，严重的导致生物死亡。溢油可诱发赤潮。

采用物理方法、化学方法，可在溢油事件发生后快速收集、消除海面石油，降低溢油危害。对已经渗透到海水中的溶解油或机械装置无法清除的薄油层可采用生物法处置。

2）*金属和酸、碱*　包括铬、锰、铁、铜、锌、银、镉、锑、汞、铅等金属和磷、硫、砷等非金属以及酸、碱等。主要来自工业、农业废水和煤与石油燃烧而生成的废气转移入海。这类物质入海后往往是河口、港湾及近岸水域中的重要污染物，或直接危害海洋生物的生存，或蓄积于海洋生物体内而影响其利用价值。

3）*农药*　主要自森林、农田等施用农药而随水流迁移入海，或逸入大气，经搬运而沉降入海。有汞、铜等重金属农药，有机磷农药，百草枯、蔬草灭等除草剂，滴滴涕、六六六、狄氏剂、艾氏剂、五氯苯酚等有机氯农药以及多在工业上应用而其性质与有机氯农药相似的多氯联苯等。有机氯农药和多氯联苯的性质稳定，能在海水中长期残留，对海洋的污染较为严重；并因它们疏水亲油易富集在生物体内，对海洋生物危害尤其大。

4）*放射性物质*　主要来自核武器爆炸、核工业和核动力舰艇等的排污。有铈-114、钚-239、锶-90、碘-131、铯-137、钌-106、铑-106、铁-55、锰-54、锌-65和钴-60等。其中以锶-90、铯-137和钚-239的排放量较大，半衰期较长，对海洋的污染较为严重。

5）*有机废物和生活污水*　这是一类成分复杂的污染物，有来自造纸、印染和食品等工业的纤维素、木质素、果胶、糠醛、油脂等，以及来自生活污水的粪便、洗涤剂和各种食物残渣等。造纸、食品等工业的废物入海后以消耗大量的溶解氧为其特征；生活污水中除含有寄生虫、致病菌外，还带有氮、磷等营养盐类，可导致富营养化，甚至形成赤潮。

6）*热污染和固体废物*　热污染主要来自电力、冶金、化工等工业冷却水的排放，可导致局部海区水温上升，使海水中溶解氧的含量下降和影响海洋生物的新陈代谢，严重时可使动植物的群落发生改变，对热带水域的影响较为明显。固体废物主要包括工程残土、城市垃圾及疏浚泥等，投弃入海后能破坏海滨自然环境及生物栖息生境。

海洋污染物对人体健康的危害，主要是通过食用受污染海产品和直接污染的途径。随着人们对污染物的认识，科学和技术的发展，以及不同海域环境条件的差异，主要的海洋污染物将随着时间和海域而发生变化。

## 二、海洋牧场灾害预警预报

### （一）海洋牧场灾害预警方法

海洋牧场灾害预警可以采用数值模拟、动力学模型等多种方式。鉴于海洋牧场灾害的复杂性、灾害预警预报的复杂性，海洋牧场运营过程中，更多关注海洋牧场运营方可独立承担的灾害预警，如赤潮预警、低氧区预警等。更多的复杂的灾害预警预报，则由专业机构完成，海洋牧场运营方的重要任务在于密切联系相关单位及时获取相应的预警预报信息，并结合海洋牧场特点进一步处理，确定应采取的可能对策措施。

**1. 赤潮预警**　赤潮的发生是一个复杂的生态过程，是物理、化学和生物等诸多因素综合作用的结果，是生态系统调控机制失控的结果。这个过程与各种浮游植物的生理需求和生态特征有关，也与环境条件及其变化有关。

赤潮预警可采用单因子法和多因子法。单因子法可用于早期预警，多因子法可用于精准预警。

1）单因子预警　表观增氧量（AOI）是一个简单易用的赤潮初步预警指标。表观增氧量是指海水中实测溶解氧浓度与同等水温、盐度条件下海水饱和溶解氧浓度之差，反映了浮游植物光合作用对海水中溶解氧浓度的贡献，进而反映了赤潮藻细胞密度。

在预警系统中，根据研究成果设定赤潮预警值和赤潮阈值。

2）多因子预警　多因子预警综合考虑浮游生物指标、营养盐指标、环境因子指标，具体指标见表7-15。

若海洋牧场监测能力允许，可以增加指标内容。

**表7-15　赤潮预警指标体系**

| 类型 | 类别 | 指标 |
|---|---|---|
| 浮游生物 | 生物量 | 浮游植物生物量 |
| | | 浮游植物多样性 |
| 营养盐 | 化学量 | 无机氮 |
| | | 活性磷酸盐 |
| | | 活性硅酸盐 |
| 环境因子 | 水文 | 水温 |
| | | 盐度 |
| | 气象 | 光照 |
| | | 风速 |

资料来源：暨卫东，2017

**2. 环境污染（溢油）风险预警预报**　海洋溢油污染风险预警预报，可采用耦合方程求解得出。方程包括：污染物海面扩散（水平扩散）方程，污染物水中垂直扩散方程，污染物性质变化模型（如化学品的蒸发、石油的乳化等），海面风场模型，三维潮流模型，波浪模型。

鉴于溢油对海洋的严重污染，海洋国家相继建立了溢油预报系统，如美国的OILMAP系统、英国的OSIS系统、荷兰的MS4系统、挪威的OILSPILL/STA系统、比利时的MU-SLICK系统、日本的溢油灾害对策系统，以及中国的渤海溢油自动化预报系统。

**3. 低氧区预警**　低氧区预警，可根据海水中溶解氧含量（可通过自动监测设备获取）变化情况得出。若海水中溶解氧含量低于4mg/L，则应提出鱼类预警。若低于2mg/L，则应给出底栖贝类预警。

### （二）海洋牧场监测系统管理与评估

海洋牧场监测系统是海洋牧场管理者的眼睛，是海洋牧场决策的最重要的信息来源之一，保证和维护其正常的系统运行是海洋牧场有效管理的基础之一。

**1. 海洋牧场监测系统结构**　海洋牧场监测系统包括数据采集子系统、信息传输子系统、信息处理子系统、信息存储子系统、应用子系统（图7-27）。其中，数据采集子系统又分为直接收集环境信息的传感硬件部分（如水下原位传感器或摄像头）和从其他系统收集相关信息的软件部分（如从气象局网站得到天气预报信息）；信息传输子系统包括有线传输网络和无线传输网络；信息处理子系统对数据采集子系统得到的信息进行处理，以统一的格式存放在信息存储子系统；信息存储子系统存放的信息，既包括统一格式的信息，也包括多源数据格式的信息构成的海洋牧场信息库；应用子系统，提供设计方案中的海洋牧场运营查询、统计、管理控制功能，应包括预测预报功能。

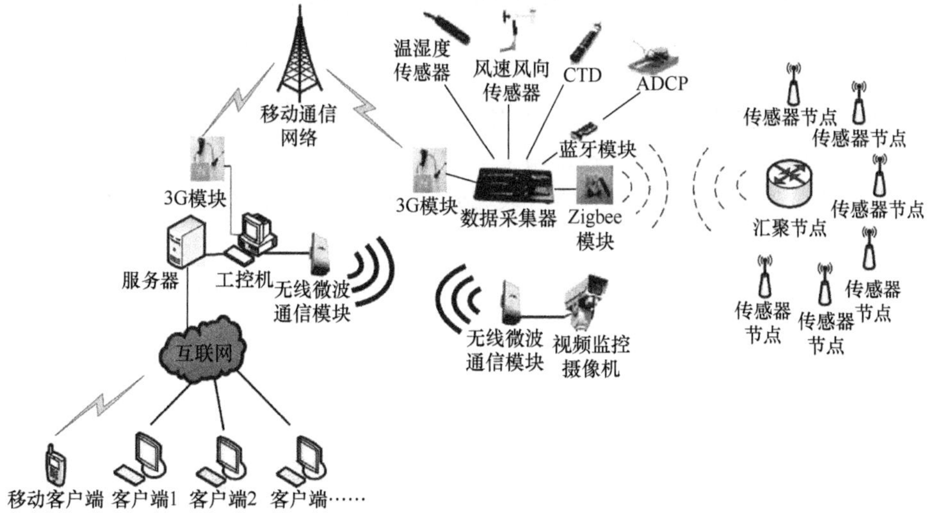


图7-27　海洋牧场监测系统框架

**2. 海洋牧场监测系统管理**

1）数据库的自动实时更新　海洋牧场监测系统中各传感器节点的数据，通过自动采集与传输后，自动接收并自动存入数据库，构建具有自我管理功能的“海洋牧场监测信息数据库”。

2）数据挖掘　对“海洋牧场监测信息数据库”的大量信息进行大数据分析与数据挖掘，确定是否到达灾害预警值和灾害发生的阈值。

3）海洋牧场监测管理系统中实现硬件巡检　海洋牧场监测管理系统软件定期对硬件进行巡检，保证设备异常情况能得到及时反馈和报告，以便做出应对措施。

可采用水下机器人等对海洋牧场监测系统进行巡检，以及时发现隐患和问题。

## 三、海洋牧场灾害等级划分

海洋牧场灾害等级，主要用于预警预报工作中，而非用于灾后评估工作中。

### （一）海洋牧场灾害等级划分的基本原则

海洋牧场灾害分级必须同时遵循以下基本原则：

（1）海洋牧场灾害预警等级划分既要考虑海洋牧场的特殊性，又要考虑与其他灾害分级的协调性、连贯性，考虑社会管理的便捷性；

（2）海洋牧场灾害分级要根据灾害类型的不同区别对待；

（3）海洋牧场灾害分级必须综合考虑灾害的强度和灾害承灾体的脆弱度；

（4）海洋牧场灾害分级必须基于灾害破坏程度大小以及造成的经济损失状况；

（5）海洋牧场灾害分级需既符合社会公众对灾害的认知需求，也便于灾害管理和应急响应，一般应分为三至五级；

（6）海洋牧场灾害分级需要综合考虑当下的经济发展水平、环境保护目标以及行业的持续发展，根据专家意见和公众建议来调整和优化灾害等级划分。

### （二）海洋牧场灾害分级

**1. 海洋牧场灾害等级确定**　海洋牧场灾害预警等级划分的目的是便于防灾减灾行动，减少损失。海洋牧场灾害是其他灾害作用于海洋牧场而造成的结果，海洋牧场是其他灾害的承受体。综合考虑，海洋牧场灾害预警等级划分应与其他灾害分级相协调和相适应，便于统筹管理。

海洋牧场灾害预警等级分为四级：蓝色、黄色、橙色、红色，分别对应一般灾害、较大灾害、重大灾害、特大灾害。

**2. 海洋牧场灾害等级说明**　海洋牧场灾害预警等级综合考虑灾害分布空间、持续时间、致灾因子强度后而确定。具体等级说明见表7-16。

**表7-16　海洋牧场灾害预警等级说明**

| 预警等级 | 等级说明 | 其他灾害的预警等级（如台风预警、风暴潮预警等） |
|---|---|---|
| 蓝色 | 限制因子接近阈值，或有出现损失的迹象 | 蓝色 |
| 黄色 | 出现限制因子达到阈值（人工构筑物受到影响），限制因子空间分布较小（1/10），且短期内会恢复至正常状态 | 黄色、橙色 |

续表

| 预警等级 | 等级说明 | 其他灾害的预警等级（如台风预警、风暴潮预警等） |
|---|---|---|
| 橙色 | 可能或出现生物死亡（人工构筑物受损），致灾因子空间分布较大（1/5），且将持续生物急性致死时间（化学污染24h，赤潮2天）以上 | 橙色、红色 |
| 红色 | 可能会导致大量生物死亡，致灾因子空间分布大（1/3），且将持续鱼类逃逸时间（48h）以上 | 红色 |

### （三）海洋牧场灾害等级核定

海洋牧场灾害等级核定，是海洋牧场灾害发生后，对损失进行评估的工作。

海洋灾害的直接承受体是海洋牧场中的人工构筑物和海洋生物、海洋环境，物质上最终受损的是生物体，生态上最终受损的是海洋牧场生态系统，经济上最终受损的是海洋牧场的运营者、从业者。

海洋牧场灾害等级核定，计算时应考虑直接经济损失、基建重建费用、生态重建费用与时间等。

根据直接经济损失数量、海洋牧场生态受损程度，可将海洋牧场灾害等级核定为四级：特大灾害、重大灾害、较大灾害、一般灾害。

## 四、海洋牧场灾害预警信息发布

### （一）海洋牧场灾害预警信息发布的基本概念

海洋牧场灾害预警信息是政府部门为了最大限度预防和减少突发海洋牧场灾害发生及其造成的危害，向社会公开发布的及时、准确、客观、全面的海洋牧场灾害相关预警消息。

### （二）海洋牧场灾害预警信息发布内容

预警信息包括发布机关、发布时间、可能发生的突发事件类别、起始时间、可能影响范围、预警级别、警示事项、事态发展、相关措施、咨询电话等。

**1. 海洋牧场灾害预警信息发布的策略**

1）*突发事件预警信息发布原则*　　预警信息发布工作遵循“政府主导、部门联动、社会参与、统一发布、分级负责、纵向到底”的原则，做到“健全制度、落实责任，依靠科技、手段多样，整合资源、强化基层，流程顺畅、安全高效”。

2）*突发事件预警信息发布制度*　　预警信息实行依申请发布和统一发布相结合的制度。县级以上人民政府有关单位根据对突发事件隐患或信息的分析评估，初步判定预警级别，向本级人民政府提出发布预警信息的申请。

需要发布的预警信息经核定级别和审批后，统一通过委托省气象部门建设、管理的省级突发事件预警信息发布系统及时、免费向公众发布。其他任何组织和个人不得向社会发布预警信息。

**2. 海洋牧场灾害预警信息发布的技术**　　海洋牧场灾害预警信息发布技术含信息获取技术、信息处理技术和信息发布技术，总体技术路线如图7-28所示。

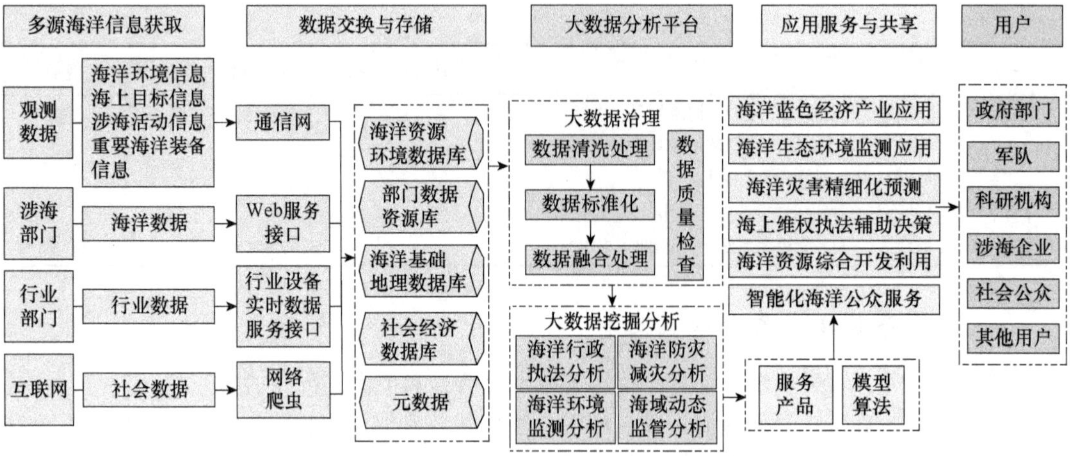


图7-28　海洋牧场灾害预警信息发布的技术路线图

（1）信息获取技术：通过现场取样，实验室化验检测获取信息；通过原位传感器与数据采集及无线信号传输技术，将海洋相关信息上传到地面信息中心；通过卫星遥感获取云图，利用特殊技术与手段得到海洋相关信息。

（2）数据处理技术：运用人工智能和大数据分析获得目前海洋环境状态；运用国标给出预警阈值；当预警系统分析结果到达预警阈值时，系统给出预警信号，预警等级用不同颜色来表示。

（3）信息发布技术：当系统分析结构超出预警值时，通过人工预警系统网络、手机网络和互联网进行信息发布。

要实现预警，需建设海洋大数据库，通过对海洋大数据库的有机整合，通过数据标准化模型，以专业化模型为技术基础，搭建海洋信息公共服务平台和海洋工程咨询服务平台；并与海洋管理部门合作，实现海洋灾害预警预报、陆源污染总量控制、海洋灾害应急处置、海洋经济产业结构调整、海洋工程咨询、海洋环境预报咨询、海洋经济产业链数据查询、智慧旅游、智慧港口等业务发展，为海洋管理提供智能服务，为海洋产业的转型提供科学指导，为智慧海洋工程提供基础保障等。

## 五、案例分析

通过本节前一部分的学习，读者对海洋牧场常见海洋灾害的分类、特征、成因、预警预报方法等有了整体了解，对水体氧气含量变化产生的低氧灾害的特征、成因、预警指标有了初步了解。本部分将介绍夏季山东省烟台-威海北部海洋牧场海域低氧灾害的在线监测和预警，通过实际的海洋牧场海洋灾害预警案例介绍，使读者进一步理解海洋牧场海洋灾害的监测和预警方法。

### （一）夏季山东省烟台-威海北部海洋牧场低氧灾害背景介绍

海洋低氧灾害是全球性生态问题，低氧区又称为“死亡区”（图7-29）。山东半岛北部海洋牧场经济物种主要以深水贝类和刺参、皱纹盘鲍等海珍品为主，主要生活在海底，活动能力

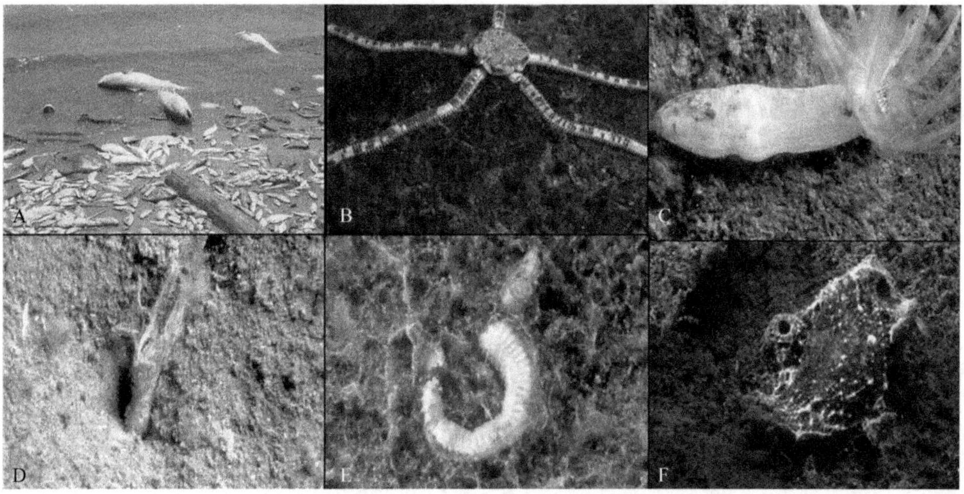


图7-29　大西洋墨西哥湾海洋低氧灾害发生时海洋生物死亡事件及应急行为（Rabalais and Turner，2019）

彩图

A. 底层鱼类因缺氧死亡；B. 蛇尾海星因低氧而应激转移；C. 海葵由于缺氧钻出海底；D. 海虾因缺氧死亡；E. 多毛类蠕虫由于海底沉积物缺氧死亡；F. 多毛类生物洞穴因底层沉积物缺氧而被耐受低氧的硫细菌占领

差，极易受底层海水低氧灾害的影响。例如，2013年8月，该海域发生严重低氧灾害，受灾海洋牧场面积达8万多亩①，其中刺参、海螺、日本蟳及贝类等海珍品直接经济损失达4.5亿元。

海洋低氧灾害的形成机制比较复杂，既有海洋动力过程，又有生物化学过程。动力过程主要是夏季海洋上层由于增温或者大量淡水注入形成较强的季节性温跃层，从而阻隔深层海水与上层海水之间的溶解氧交换，使深底层海水耗氧得不到补充；生物化学过程则主要是人类活动造成近海海水富营养化，使得表层水体浮游植物大量繁殖，其死亡后形成大量有机物质沉入海底分解，急剧消耗深底层海水的溶解氧。要实现低氧灾害提前、精确的预警预报，必须针对低氧现象开展大量观测，探讨形成机制，建立预警预报系统。

## （二）监测与预警

针对该海域已开展了多次基于船舶的大面观测（Zhang et al.，2018；Yang and Gao，2019）。图7-30展示了2016年获得的底层观测结果，从图7-30可以看出，该海域底层海水的溶解氧浓度存在显著的季节变化，3～8月逐渐减小，并于8月在近岸区域发生大面积低氧灾害，9月之后，底层海水溶解氧浓度又显著升高。基于船舶的大面观测方式可有效展示海水溶解氧浓度的空间分布和季节变化，给出观测时低氧灾害的强度、面积等详细信息，但是却无法实时获取低氧灾害发生时间、峰值强度、持续时间和消亡时间等信息，也无法对低氧灾害进行预警预报。

2016年6月，在烟台-威海北部海洋牧场海域布放了海底有缆在线观测系统，实现了海底温度、盐度、溶解氧、海流等生态环境动力参数和水下生物高清视频的实时监测。图7-31

① 1亩≈667m²，下同。

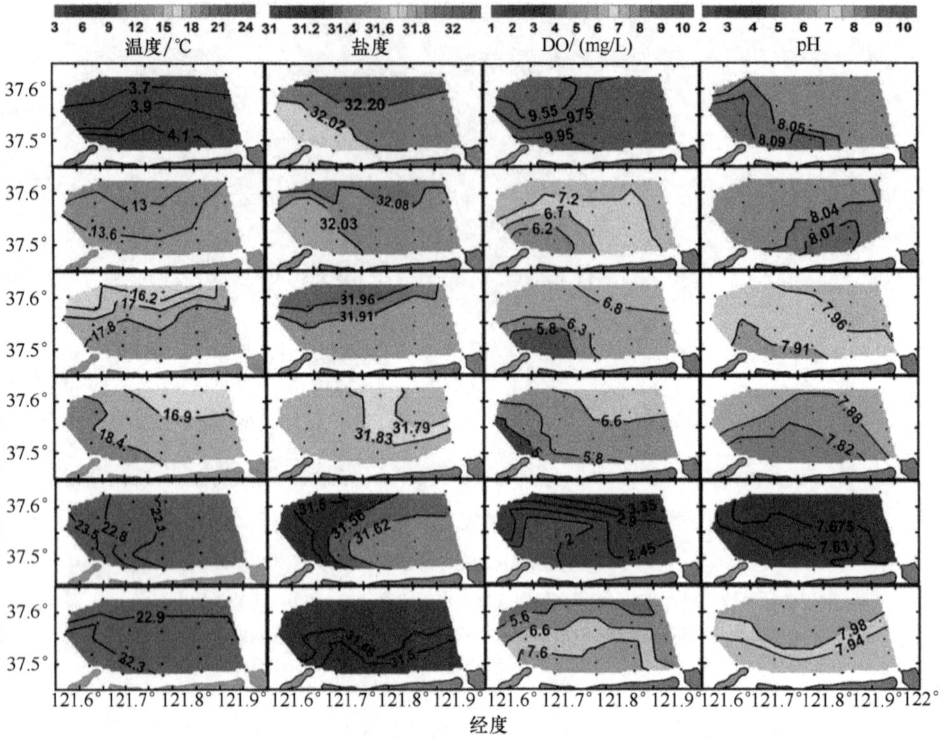


彩图

图7-30 2016年春季-秋季烟台-威海北部海洋牧场海域底层海水温度、盐度、溶解氧浓度和pH的观测结果（引自Zhang et al.，2018）。

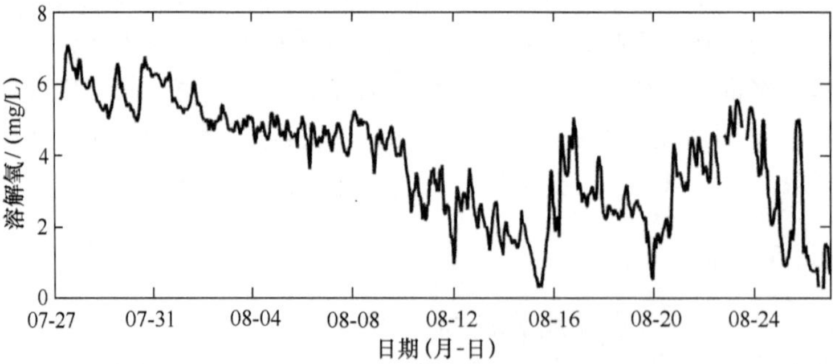


图7-31 2016年夏季烟台-威海北部海洋牧场海域底层海水平均溶解氧浓度的小时平均时间序列（引自翟方国等，2020a）

展示了2016年夏季低氧灾害过程的在线监测情况：进入8月，底层溶解氧浓度持续减小，并在8月11日首次低于2.0mg/L。在线监测能较好地给出海水溶解氧浓度的实时观测值和时间变化趋势，在一定程度上可以对低氧灾害进行预警，但预警发布时一般低氧灾害已发生，防灾减灾效果有限。

多年在线监测与大面观测结果共同给出了夏季该海域低氧灾害的发生机制：在低氧灾害较为突出的年份，副热带高压的位置相比其多年平均位置有所偏北，高压边缘位置很可能覆盖山东半岛及周边海域，副热带高压的控制可极大降低海水溶解氧浓度（Zhai et al.，2021）。

以上述机制为基础，根据副热带高压位置进一步给出超前预警预报。2018年夏季，据欧洲气象中心中长期预报结果，发现副热带高压位置自7月13日起将持续偏北偏强，并在未来2周内覆盖整个山东半岛海域，据此于7月17日向海洋牧场发出低氧灾害预警。据媒体报道，进入8月以后，辽宁省多地海参大量死亡，造成重大经济损失，山东省因提前半月发出预警，未造成重大经济损失。该案例表明，山东省依托海洋牧场观测网对低氧灾害的预警是成功的，可有效保障海洋牧场的生态环境安全，避免或者减少生态和经济损失。

## 本章小结

1. 海洋牧场监测的主要内容包括环境要素、生物要素、渔业资源要素等。监测方式除常规监测外，在监测设备改进与技术革新的背景下，逐步向“天空岸海”的立体化监测发展。海底在线监测系统、浮标、无人机、无人船、ROV等各类移动观测平台，雷达及卫星遥感等高科技监测装备逐步投入海洋牧场监测中，而集实时监控、数据分析、信息化管理、预警预报于一体的海洋牧场信息化平台建设更是实现海洋牧场现代化的重要标志。

2. 海洋牧场环境要素监测的主要指标包括海洋水文基本参数、海水中理化参数、营养盐类指标、污染物指标、有害物质、沉积物中理化参数和有害物质等，其监测方案的主要内容包括站位布设、样品采集与保存、各环境要素指标监测方法及监测成果报告编写。环境监测的分类及监测内容可根据背景的不同进行选择。海洋牧场环境监测可为海洋牧场的生态环境保护、海洋资源合理开发及灾害预警提供技术指导。

3. 海洋牧场生物要素监测主要阐述海洋牧场水体环境和底质环境中从初级到高级生物要素的监测内容和方法，共涉及叶绿素与初级生产力、微生物、浮游生物、游泳动物、底栖生物及附着生物的监测。其中叶绿素和初级生产力及微小型浮游生物进行了分水层分粒级的监测方法介绍，大型游泳动物进行了定点和走航声学的监测方法介绍，底栖生物和附着生物进行了水下摄像和现场采样的方法介绍。可配合相关监测标准对该部分内容进行深入学习。

4. 海洋渔业资源的保护和增殖是海洋牧场建设的重要目的之一，这使得其建设前后的渔业资源监测工作变得颇为必要且意义重大。海洋牧场渔业资源的监测通常包含渔业生产监测、放流种群监测以及野生种群监测三个方面，每个方面由若干类型或环节的监测内容组成。监测工作是否准确到位，直接决定了海洋牧场生境构建、增殖放流、资源管理和回收利用等环节实施策略和效果评价的优劣，因此是海洋牧场可持续发展过程中必须定期完成的常规工作。

5. 海洋牧场资源与环境评价是指海洋牧场建设产生的特殊生境对生物资源与环境影响程度的评价。它是海洋牧场高质量建设的重要组成部分。本部分包括海洋牧场在微观和宏观（个体、种群、生物群落和生态系统）不同层次对生物资源影响程度以及对海域环境影响的评价方法。并介绍了以鱼礁为载体海洋牧场的资源与环境综合效果评价体系及其使用方法，希望为海洋牧场建设和监管部门较准确掌握海洋牧场建设效果提供技术支持。

6. 海洋牧场生产力、承载力对于海洋牧场的食物可持续产出等生态功能的正常发挥具有重要意义，因此，海洋牧场建设与运营过程中需要测定并评估其自身的生产力及承载力水平。生产力及承载力学习需对一般意义上的生产力、生态系统生产力、生态承载力和环境承载力等的基本概念及其分类与研究进展、测定及其评估方法进行了解；同时通过实例了解海洋牧场生产力、系统生产力的测定技术，海洋牧场生态承载力及环境承载力评估技术。

7. 海洋牧场主要易受低氧、溢油等环境灾害及赤潮、绿潮等生态灾害的影响，其预警预报工作应基于海洋牧场生态系统特征，采取合适的灾害预警模式，根据灾害类型选取合适的预警方法。为更好地进行预警预报工作，综合考虑灾害分布空间、持续时间、致灾因子强度进行灾害等级划分，并及时进行预警信息发布。山东省北部海洋牧场海域夏季低氧灾害的在线监测和预警为我们提供了预警预报的实际应用案例。

## 思 考 题

1. 请描述一下你对海洋牧场"天空岸海"立体化监测体系的认识。信息化时代的来临对海洋牧场监测会产生怎样的影响?

2. 什么是海洋牧场监测? 简述海洋牧场监测站位设置的一般原则。

3. 简述海洋牧场游泳生物监测的方式，分析不同方式的利弊点。

4. 海洋牧场的潜水摄像方式监测适合哪些目标生物?

5. 请结合第四节内容阐述海洋牧场渔业资源监测和海洋牧场渔业资源调查的异同。

6. 黄渤海、东海和南海皆有一个位于岛礁海域的海洋牧场，也都投放了底层人工鱼礁，但黄渤海以底播刺参、海湾扇贝和皱纹盘鲍为主，东海以养护岛礁鱼类资源如褐菖鲉为主，而南海以养护热带珊瑚礁鱼类如各类石斑鱼或鲷科鱼类为主，请分别针对三个区域的海洋牧场设计以上述目标种为主的渔业资源监测方案。

7. 生境灭失或污染是渔业资源衰竭的重要原因，如建有一座用于修复生境的海洋牧场，那么更应当关注哪种类型的承载力?

8. 为什么海洋牧场的生态系统生产力不宜采用初级生产力和次级生产力的叠加?

9. 如一座海洋牧场的建设初衷是增殖仿刺参，尝试绘出评估该海洋牧场对刺参生态承载力的一般程序图。

10. 利用Ecopath模型评价海洋牧场的生态承载力，其主要的缺陷是什么?

11. 在评估海洋牧场的环境承载力时，若要考虑氮磷营养盐限制对环境的影响，应该如何实现?

## 参 考 文 献


鲍晨光，张志锋，梁斌，等，2018．海水环境承载能力预警分区研究：以渤海为例．海洋环境科学，37（4）：482-486.

常继强，蒲进菁，庄振业，等．2019．无人船在海洋调查领域的应用分析．船舶工程，41（1）：6-10.

陈锦淘，戴小杰．2005．鱼类标志放流技术的研究现状．上海水产大学学报，14（4）：451-456.

陈丕茂．2006．渔业资源增殖放流效果评估方法的研究．南方水产，2（1）：1-4.

陈清潮，黄良民，尹健强，等．1994．南沙群岛海区浮游动物多样性研究．南沙群岛及其邻近海区海洋生物多样性研究Ⅰ．北京：海洋出版社：42-50.

陈新军，周应祺．2002．渔业资源可持续利用的灰色关联评价．水产学报，26（4）：331-336.

陈新军．2004．渔业资源与渔场学．北京：海洋出版社.

陈勇，于长清，张国胜，等．2002．人工鱼礁的环境功能与集鱼效果．大连水产学院学报，17（1）：64-69.

陈勇，郑小贤，朱敬博，等．2008．人工鱼礁区鱼类和大型无脊椎动物的调查方法．水产科学，27（6）：316-319．
程骏超，何中文．2017．我国海洋信息化发展现状分析及展望．海洋开发与管理，34（2）：46-51．
方建光，匡世焕，孙慧玲，等．1996a．桑沟湾栉孔扇贝养殖容量的研究．海洋水产研究，17（2）：18-31．
方建光，孙慧玲，匡世焕，等．1996b．桑沟湾海带养殖容量的研究．海洋水产研究，17（2）：7-17．
高焕，阎斌伦，赖晓芳，等．2014．甲壳类生物增殖放流标志技术研究进展．海洋湖沼通报，1：94-100．
葛长字，王海青，毛玉泽，等．2014．杂交鲍*Haliotis discus hannai*×*Haliotis discus discus*体内食源性脂肪酸的标志分异．现代食品科技，30（7）：27-30．
葛长字．2006a．基于局部微分方程组的生态系统模拟．系统仿真学报，18（增刊2）：634-635．
葛长字．2006b．浅海鱼类网箱养殖的关键生态过程及容量评价．青岛：中国科学院研究生院（海洋研究所）博士学位论文．
龚志军，谢平，阎云君．2001．底栖动物次级生产力研究的理论与方法．湖泊科学，13（1）：79-88．
郭晶，何广顺，赵昕．2011．因子分析-BP神经网络整合方法的沿海地区环境承载力预测．海洋环境科学，30（5）：707-710．
贺辉辉，丁珏，程宇，等．2017．安徽省淮河流域水环境承载力动态评价研究．环境科学与技术，40（S2）：280-287．
胡涛．1990．人的生态位：调控者．应用生态学报，1（4）：378-384．
环境保护部．2009．HJ 442-2008近岸海域监测规范．北京：中国环境科学出版社．
暨卫东．2017．港湾赤潮预警指标体系及赤潮灾害应急处置技术研究．北京：海洋出版社．
贾晓平，杜飞雁，林钦，等．2003．海洋渔业生态环境质量状况综合评价方法探讨．中国水产科学，10（2）：160-164．
姜晓轶，潘德炉．2018．谈谈我国智慧海洋发展的建议．海洋信息，（1）：1-6．
金久才，张杰，邵峰，等．2015．一种海洋环境监测无人船系统及其海洋应用．海岸工程，34（3）：87-92．
金久才．2011．无人海洋可控探测平台的智能观测技术．北京：中国科学院大学博士学位论文．
雷英杰，张善文，李继武，等．2005．MATLAB遗传算法工具箱及应用．西安：西安电子科技大学出版社：64-110．
李川．2008．水环境承载力量化方法的研究进展．环境科学与管理，8：66-69，111．
李慕菡，徐宏，郭永军．2021．天津大神堂海洋牧场综合效益研究．中国渔业经济，39（1）：68-73．
李娜，范海梅，许鹏，等．2019．BP神经网络模型在象山港水环境承载力研究中的应用．上海海洋大学学报，28（1）：125-133．
李鹏九．1994．浅谈耗散结构和非平衡态热力学．现代地质，4（22）：37-42．
李如生．1986．非平衡态热力学和耗散结构．北京：清华大学出版社：44-49．
李晓燕，王宗明，张树文．2005．农业生态系统生产力在生态系统健康中的指示性作用．农业系统科学与综合研究，21（3）：226-230．
李永刚，汪振华，章守宇．2007．嵊泗人工鱼礁海区生态系统能量流动模型初探．海洋渔业，29（3）：226-234．
林群，单秀娟，王俊，等．2018．渤海中国对虾生态容量变化研究．渔业科学进展，39（4）：19-29．
林群，李显森，李忠义．2013．基于Ecopath模型的莱州湾中国对虾增殖生态容量．应用生态学报，24（4）：

1131-1140.
刘鸿雁，杨超杰，张沛东，等．2019．基于Ecopath模型的崂山湾人工鱼礁生态系统结构和功能的研究．生态学报，39（11）：3926-3936.
刘辉，奉杰，赵建民．2020．海洋牧场生态系统监测评估研究进展与展望．科技促进发展，16（2）：213-218.
刘旭东，于建钊，张晓红，等．2018．胶州湾大型底栖动物的次级生产力．中国环境监测，34（6）：47-61.
刘岩，吴忠鑫，杨长平，等．2019．基于Ecopath模型的珠江口6种增殖放流种类生态容量估算．南方水产科学，15（4）：19-28.
刘一霖，林国尧，宋长伟，等．2019．山东省海洋牧场建设对海南省的启示．中国渔业经济，37（4）：62-66.
卢振彬，方杰民，杜琦．2007．厦门大嶝岛海域紫菜、海带养殖容量研究．南方水产，3（4）：52-59.
马欢，秦传新，陈丕茂，等．2019．柘林湾海洋牧场生态系统服务价值评估．南方水产科学，15（1）：10-19.
宁凌，唐静，廖泽芳．2013．中国沿海省市海洋资源比较分析．中国渔业经济，31（1）：141-149.
潘迎杰．2007．水产辞典．上海：上海辞书出版社．
彭兴跃，洪华生，王海黎，等．1997．$^{14}$C标记现场测定海洋初级生产力培养方法比较．台湾海峡，16（1）：67-74.
秦传新，陈丕茂，贾晓平．2011．人工鱼礁构建对海洋生态系统服务价值的影响：以深圳杨梅坑人工鱼礁区为例．应用生态学报，22（8）：2160-2166.
沈国英，施并章．2002．海洋生态学．北京：科学出版社：305-306.
沈伟腾，胡求光．2017．蓝色牧场空间布局影响因素及其合理度评价．农业经济问题，8：86-93，112.
施并章，沈国英．2002．海洋生态学．2版．北京：科学出版社．
史洁，魏皓，方建光，等．2010．桑沟湾多元养殖生态模型研究：Ⅲ海带养殖容量的数值研究．渔业科学进展，31（4）：43-52.
侍茂崇，李培良．2018．海洋调查方法．北京：海洋出版社．
孙儒泳．2001．动物生态学原理．3版．北京：北京师范大学出版社：559-568.
孙特生，李波，张新时．2013．北方农牧交错带农业生态系统结构的能值分析：以准格尔旗为例．干旱区资源与环境，27（12）：7-14.
唐启升．1996．关于容纳量及其研究．海洋水产研究，17（2）：1-6.
王波，李民，刘世萱，等．2014．海洋资料浮标观测技术应用现状及发展趋势．仪器仪表学报，35（11）：2401-2414.
王桂苹，李雪林，皮杰，等．2014．大通湖环棱螺的次级生产力．水生生物学报，38（5）：987-992.
王静，唐军武，张锁平．2012．雷达技术在海洋观测系统中的应用．气象水文海洋仪器，29（2）：69-64.
王篮仪，黄叶余．2019．海洋牧场的监测研究．科技创新与应用，（6）：71-72.
王谋．2001．耗散结构理论的生态意义．山西高等学校社会科学学报，13（9）：23-24.
王培俊，孙煌，华宝龙，等．2020．福州市滨海地区生态系统服务价值评估与动态模拟．农业机械学报，51（3）：249-257.
王鹏，张贺，张虎，等．2016．基于营养通道模型的海州湾中国明对虾生态容纳量．中国水产科学，23

（4）：965-975.
王志滨，李培良，顾艳镇．2017．海洋牧场生态系统在线观测平台的研发与应用．气象水文海洋仪器，34（1）：13-17.
王宗明，梁银丽．2002．农业生态系统生产力优化方法综述．中国生态农业学报，10（4）：105-107.
邢旭峰，王刚，李明智，等．2017．海洋牧场环境信息综合监测系统的设计与实现．大连海洋大学学报，32（1）：105-110.
徐勤增．2013．牡蛎壳人工鱼礁生态效应与生态服务价值评价．北京：中国科学院大学博士学位论文．
许竞克，王佑君，侯宝科，等．2011．ROV的研发现状及发展趋势．四川兵工学报，32（4）：71-74.
阎希柱．2000．初级生产力的不同测定方法．水产学杂志，13（1）：81-86.
杨超杰，吴忠鑫，刘鸿雁，等．2016．基于Ecopath模型估算莱州湾朱旺人工鱼礁区日本蟳、脉红螺捕捞策略和刺参增殖生态容量．中国海洋大学学报，46（11）：168-177.
杨红生，霍达，许强．2016．现代海洋牧场建设之我见．海洋与湖沼，47（6）：1069-1074.
杨红生，章守宇，张秀梅，等．2019．中国现代化海洋牧场建设的战略思考．水产学报，43（4）：1255-1262.
杨红生．2018．海洋牧场监测与生物承载力评估．北京：科学出版社．
杨丽花，佟连军．2013．基于BP神经网络模型的松花江流域（吉林省段）水环境承载力研究．干旱区资源与环境，27（9）：135-140.
杨秋林，张淑贞．2009．基于BP神经网络的水环境承载力评价．国土与自然资源研究，4：70-72.
杨淑芳，张磊，阎希柱．2016．莆田后海垦区菲律宾蛤仔养殖池养殖容量的估算．环境科学导刊，35（6）：30-34.
杨维，刘萍，郭海霞．2008．水环境承载力研究进展．中国农村水利水电，12：66-69.
杨正先，张志锋，韩建波，等．2017．海洋资源环境承载能力超载阈值确定方法探讨．地理科学进展，36（3）：313-319.
姚成胜．2008．农业耦合系统的定量综合评价及其区域实证研究．福州：福建师范大学博士学位论文．
叶昌臣，黄斌，等．1990．渔业生物数学：资源的评估与管理．北京：农业出版社．
尹增强，章守宇．2010．浙江嵊泗人工鱼礁区小黄鱼生长特征与资源合理利用的初步研究．中国生态农业学报，18（3）：588-594.
尹增强，章守宇．2011．浙江嵊泗人工鱼礁区渔业资源生态容纳量变动的研究．渔业科学进展，32（5）：108-113.
尹增强．2016．人工鱼礁效果评价理论与方法．北京：中国农业出版社．
于宗赫，陈康，杨红生，等．2010．海州湾前三岛海域栉孔扇贝（*Chlamys farreri*）生长特征与养殖容量的评估．海洋与湖沼，41（4）：563-570.
余金龙，尹亮，鲍广强，等．2017．基于BP神经网络的腾格里湖水环境承载力研究．中国农村水利水电，11：83-86，93.
俞锦辰，李娜，张硕，等．2019．海州湾海洋牧场水环境的承载力．水产学报，43（9）：1993-2003.
虞聪达．2004．舟山渔场人工鱼礁投放海域生态环境前期评估．水产学报，28（3）：316-322.
翟方国，顾艳镇，李培良，等．2020b．山东省海洋牧场观测网的建设与发展．海洋科学，44（12）：1-14.
翟方国，李培良，顾艳镇，等．2020a．海底有缆在线观测系统研究与应用综述．海洋科学，44（8）：14-28.

詹秉义. 1995. 渔业资源评估. 北京：中国农业出版社.

湛垦华，沈小峰，等. 1982. 普利高津与耗散结构理论. 西安：陕西科学技术出版社：206-255.

张桂宾，马建华. 1996. 生物资源系统熵初步研究. 河南大学学报（自然科学版），26（4）：81-86.

张继红，蔺凡，方建光. 2016. 海水养殖容量评估方法及在养殖管理上的应用. 中国工程科学，18（3）：85-89.

张硕，孙满昌，陈勇. 2008a. 不同高度混凝土模型礁背涡流特性的定量研究. 大连水产学院学报，23（4）：278-282.

张硕，孙满昌，陈勇. 2008b. 不同高度混凝土模型礁上升流特性的定量研究. 大连水产学院学报，23（5）：354-359.

张香利. 2017. 基于激光雷达和视觉信息融合的水面船只监测与识别研究. 上海：上海交通大学硕士学位论文.

郑建根，胡荣祥. 2015. RBF人工神经网络在区域水环境承载力研究中的应用. 中国农村水利水电，9：52-54.

郑元甲，陈雪忠，程家骅. 等. 2003. 东海大陆架生物资源与环境. 上海：上海科学技术出版社：16-17.

中华人民共和国国家质量监督检验检疫总局，中国国家标准化管理委员会. 2007. GB/T 12763. 4—2007 海洋调查规范 第4部分：海水化学要素调查. 北京：中国标准出版社.

朱光文. 1997. 海洋监测技术的国内外现状及发展趋势. 气象水文海洋仪器，（2）：1-14.

朱俊江，孙宗勋，练树民，等. 2017. 全球有缆海底观测网概述. 热带海洋学报，36（3）：20-33.

朱万斌，邱化蛟，常欣，等. 2005. 农业生态系统生产力的概念及其度量方法. 中国农业科学，38（5）：983-989.

Brey T. 1990. Estimating productivity of macrobenthic invertebrates from biomass and mean individual weight. Archive of Fishery and Marine Research, 32(4): 329-343.

Brey T. Population dynamics in benthic invertebrates. A virtual handbook. Version 01. 2. (2015-03-16). http: // www. thomasbrey. de/science/virtualhandbook.

Chai Y C, Wang H Q, Ge C Z. 2020. Maintenance mechanism of *Enteromorpha prolifera* green tide: from perspective of nutrients utilization. Indian Journal of Geo Marine Sciences, 49(2): 293-297.

Ge C Z, Fang J G, Song X F, et al. 2008. Response of phytoplankton to multispecies mariculture: a case study on the carrying capacity of shellfish in the Sanggou Bay in China. Acta Oceanologica Sinica, 27(1): 102-112.

Goldstein J, Steiner U K. 2020. Ecological drivers of jellyfish blooms—the complex life history of a 'well-known' medusa (*Aurelia aurita*). Journal of Animal Ecology, 89(3): 910-920.

Hoagland P, Kirkpatrick B, Jin D, et al. 2020. Lessening the hazards of Florida red tides: a common sense approach. Frontiers in Marine Science, 7: 538.

Rabalais N N, Turner R E. 2019. Gulf of Mexico hypoxia: past, present, and future. Limnology and Oceanography Bulletin, 28: 1-8.

Redfield A C. 1958. The biological control of chemical factors in the environment. Am Sci, 46: 205-222.

Seaman W Jr. 2002. Unifying trends and opportunities in global artificial reef research, including evaluation. Jounral of Marine Science, 59: 14-16.

Sun K, Ren J S, Bai T, et al. 2020. A dynamic growth model of Ulva prolifera: application in quantifying the biomass of green tides in the Yellow Sea, China. Ecological Modelling, 428: 109072.

Xu S N, Chen Z Z, Li C H, et al. 2011. Assessing the carrying capacity of tilapia in an intertidal mangrove-based polyculture system of Pearl River Delta, China. Ecological Modelling, 222(3): 846-856.

Yang B, Gao X. 2019. Chromophoric dissolved organic matter in summer in a coastal mariculture region of northern Shandong Peninsula, North Yellow Sea. Continental Shelf Research, 176: 19-35.

Zhai F G, Liu Z Z, Li P L, et al. 2021. Physical controls of summer variations in bottom layer oxygen concentrations in the coastal hypoxic region off the northeastern Shandong Peninsula in the Yellow Sea. Journal of Geophysical Research Oceans, 126(5): e2021JC017299.

Zhang Y, Gao X, Guo W, et al. 2018. Origin and dynamics of dissolved organic matter in a mariculture area suffering from summertime hypoxia and acidification. Frontiers in Marine Science, 5: 325.

Zhao Y X, Zhang J H, Lin F, et al. 2019. An ecosystem model for estimating shellfish production carrying capacity in bottom culture systems. Ecological Modelling, 393: 1-11.

# 第八章 海洋牧场管理

海洋牧场的长期、安全、稳定运行离不开完善的管理制度。管理涵盖海洋牧场的方方面面，首先要遵守国家法律法规和相关规范文件的要求，同时在设施装备管理、产品质量管理、信息管理等方面以及生态环境突发事件安全应急预案方面形成完备的制度与规范。本章将从海洋牧场建设相关法律法规与规章制度、牧场设施安全维护管理、牧场海域环境安全管护、牧场产品质量管理与控制以及牧场信息一体化管理方案六个方面进行逐一介绍。

## 第一节 法律法规

我国现行法律中，与海洋牧场规划建设和管理运营密切相关的法律法规主要有《中华人民共和国海域使用管理法》（2002年）、《中华人民共和国渔业法》（2013年修正）、《中华人民共和国海洋环境保护法》（2017年修正）和《中华人民共和国海上交通安全法》（2021年修订）。现将以上法律文件中相关性强的条款以原文摘录的形式汇编如下。

### （一）《中华人民共和国海域使用管理法》

《中华人民共和国海域使用管理法》由中华人民共和国第九届全国人民代表大会常务委员会第二十四次会议于2001年10月27日通过，自2002年1月1日起施行。该法对我国管辖的海洋功能区划原则、海域使用的申请和审批流程、海域使用权与使用金等进行了规定，其中与海洋牧场建设密切相关的部分条款原文汇编如下。

**1. 海域权属及职能部门** 海域属于国家所有，国务院代表国家行使海域所有权。任何单位或者个人不得侵占、买卖或者以其他形式非法转让海域。单位和个人使用海域，必须依法取得海域使用权。

国务院海洋行政主管部门负责全国海域使用的监督管理。沿海县级以上地方人民政府海洋行政主管部门根据授权，负责本行政区毗邻海域使用的监督管理。

渔业行政主管部门依照《中华人民共和国渔业法》，对海洋渔业实施监督管理。海事管理机构依照《中华人民共和国海上交通安全法》，对海上交通安全实施监督管理。

**2. 海域使用须符合海洋功能区划** 国务院海洋行政主管部门会同国务院有关部门和沿海省、自治区、直辖市人民政府，编制全国海洋功能区划。沿海县级以上地方人民政府海洋行政主管部门会同本级人民政府有关部门，依据上一级海洋功能区划，编制地方海洋功能区划。

养殖、盐业、交通、旅游等行业规划涉及海域使用的，应当符合海洋功能区划。沿海土地利用总体规划、城市规划、港口规划涉及海域使用的，应当与海洋功能区划相衔接。

**3. 海域使用申请与审批** 单位和个人可以向县级以上人民政府海洋行政主管部门申

请使用海域。县级以上人民政府海洋行政主管部门依据海洋功能区划，对海域使用申请进行审核，并依照本法和省、自治区、直辖市人民政府的规定，报有批准权的人民政府批准。需要注意的是，当用海面积较大或用途特殊的应当报国务院审批，这类用海项目包括：①填海五十公顷以上的项目用海；②围海一百公顷以上的项目用海；③不改变海域自然属性的七百公顷以上的项目用海；④国家重大建设项目用海；⑤国务院规定的其他项目用海。

前款规定以外的项目用海的审批权限，由国务院授权省、自治区、直辖市人民政府规定。

**4. 海域使用权**　海域使用申请经依法批准后，国务院批准用海的，由国务院海洋行政主管部门登记造册，向海域使用申请人颁发海域使用权证书；地方人民政府批准用海的，由地方人民政府登记造册，向海域使用申请人颁发海域使用权证书。海域使用申请人自领取海域使用权证书之日起，取得海域使用权。海域使用权也可以通过招标或者拍卖的方式取得。招标或者拍卖工作完成后，依法向中标人或者买受人颁发海域使用权证书。中标人或者买受人自领取海域使用权证书之日起，取得海域使用权。海域使用权人依法使用海域并获得收益的权利受法律保护，任何单位和个人不得侵犯。

海域使用权期满，未申请续期或者申请续期未获批准的，海域使用权终止。海域使用权终止后，原海域使用权人应当拆除可能造成海洋环境污染或者影响其他用海项目的用海设施和构筑物。因公共利益或者国家安全的需要，原批准用海的人民政府可以依法收回海域使用权。依照前款规定在海域使用权期满前提前收回海域使用权的，对海域使用权人应当给予相应的补偿。

海洋牧场中涉及养殖用海的部分，养殖用海经有批准权的人民政府财政部门和海洋行政主管部门审查批准，可以减缴或者免缴海域使用金。

需要注意的是，海域使用权人有依法保护和合理使用海域的义务；海域使用权人对不妨害其依法使用海域的非排他性用海活动，不得阻挠。海域使用权人在使用海域期间，未经依法批准，不得从事海洋基础测绘。海域使用权人发现所使用海域的自然资源和自然条件发生重大变化时，应当及时报告海洋行政主管部门。海域使用权人不得擅自改变经批准的海域用途；确需改变的，应当在符合海洋功能区划的前提下，报原批准用海的人民政府批准。

### （二）《中华人民共和国渔业法》

《中华人民共和国渔业法》于1986年1月20日由第六届全国人民代表大会常务委员会第十四次会议通过。现行版本为2013年12月28日第十二届全国人民代表大会常务委员会第六次会议第四次修正。“在中华人民共和国的内水、滩涂、领海、专属经济区以及中华人民共和国管辖的一切其他海域从事养殖和捕捞水生动物、水生植物等渔业生产活动，都必须遵守本法。”海洋牧场的主要生产活动都受渔业法的约束，现将《中华人民共和国渔业法》中与海洋牧场建设密切相关的部分条款原文汇编如下。

**1. 海洋牧场养殖相关活动的规定**　国家鼓励全民所有制单位、集体所有制单位和个人充分利用适于养殖的水域、滩涂，发展养殖业。国家对水域利用进行统一规划，确定可以用于养殖业的水域和滩涂。单位和个人使用国家规划确定用于养殖业的全民所有的水域、滩涂的，使用者应当向县级以上地方人民政府渔业行政主管部门提出申请，由本级人民政府核发养殖证，许可其使用该水域、滩涂从事养殖生产。

从事养殖生产不得使用含有毒有害物质的饵料、饲料。从事养殖生产应当保护水域生态环境，科学确定养殖密度，合理投饵、施肥、使用药物，不得造成水域的环境污染。

**2. 海洋牧场捕捞相关活动的规定** 从事捕捞作业的单位和个人，必须按照捕捞许可证关于作业类型、场所、时限、渔具数量和捕捞限额的规定进行作业，并遵守国家有关保护渔业资源的规定，大中型渔船应当填写渔捞日志。

**3. 渔业资源的增殖和保护的规定** 国家保护水产种质资源及其生存环境，并在具有较高经济价值和遗传育种价值的水产种质资源的主要生长繁育区域建立水产种质资源保护区。未经国务院渔业行政主管部门批准，任何单位或者个人不得在水产种质资源保护区内从事捕捞活动。

进行水下爆破、勘探、施工作业，对渔业资源有严重影响的，作业单位应当事先同有关县级以上人民政府渔业行政主管部门协商，采取措施，防止或者减少对渔业资源的损害；造成渔业资源损失的，由有关县级以上人民政府责令赔偿。

禁止捕捞有重要经济价值的水生动物苗种。因养殖或者其他特殊需要，捕捞有重要经济价值的苗种或者禁捕的怀卵亲体的，必须经国务院渔业行政主管部门或者省、自治区、直辖市人民政府渔业行政主管部门批准，在指定的区域和时间内，按照限额捕捞。

### （三）《中华人民共和国海洋环境保护法》

《中华人民共和国海洋环境保护法》由中华人民共和国第九届全国人民代表大会常务委员会第十三次会议于1999年12月25日修订通过，自2000年4月1日起施行。现行版本根据第十二届全国人民代表大会常务委员会第三十次会议决定作出修改，并于2017年11月5日起施行。《中华人民共和国海洋环境保护法》规定："在中华人民共和国管辖海域内从事航行、勘探、开发、生产、旅游、科学研究及其他活动，或者在沿海陆域内从事影响海洋环境活动的任何单位和个人，都必须遵守本法。"现将《中华人民共和国海洋环境保护法》中与海洋牧场建设密切相关的部分条款原文汇编如下。

**1. 海洋环境保护总则** 国家在重点海洋生态功能区、生态环境敏感区和脆弱区等海域划定生态保护红线，实行严格保护。一切单位和个人都有保护海洋环境的义务，并有权对污染损害海洋环境的单位和个人，以及海洋环境监督管理人员的违法失职行为进行监督和检举。

**2. 海洋环境监督管理** 国家根据海洋功能区划制定全国海洋环境保护规划和重点海域区域性海洋环境保护规划。

1）*污染物管控* 国家和地方水污染物排放标准的制定，应当将国家和地方海洋环境质量标准作为重要依据之一。在国家建立并实施排污总量控制制度的重点海域，水污染物排放标准的制定，还应当将主要污染物排海总量控制指标作为重要依据。排污单位在执行国家和地方水污染物排放标准的同时，应当遵守分解落实到本单位的主要污染物排海总量控制指标。对超过主要污染物排海总量控制指标的重点海域和未完成海洋环境保护目标、任务的海域，省级以上人民政府环境保护行政主管部门、海洋行政主管部门，根据职责分工暂停审批新增相应种类污染物排放总量的建设项目环境影响报告书或表。

直接向海洋排放污染物的单位和个人，必须按照国家规定缴纳排污费。依照法律规定缴纳环境保护税的，不再缴纳排污费。向海洋倾倒废弃物，必须按照国家规定缴纳倾倒费。根据本法规定征收的排污费、倾倒费，必须用于海洋环境污染的整治，不得挪作他用。

国家加强防治海洋环境污染损害的科学技术的研究和开发，对严重污染海洋环境的落后生产工艺和落后设备，实行淘汰制度。企业应当优先使用清洁能源，采用资源利用率高、污染物排放量少的清洁生产工艺，防止对海洋环境的污染。

2）突发事件处置　因发生事故或者其他突发性事件，造成或者可能造成海洋环境污染事故的单位和个人，必须立即采取有效措施，及时向可能受到危害者通报，并向依照本法规定行使海洋环境监督管理权的部门报告，接受调查处理。

沿海可能发生重大海洋环境污染事故的单位，应当依照国家的规定，制定污染事故应急计划，并向当地环境保护行政主管部门、海洋行政主管部门备案。

**3. 海洋生态保护**　国务院和沿海地方各级人民政府应当采取有效措施，保护红树林、珊瑚礁、滨海湿地、海岛、海湾、入海河口、重要渔业水域等具有典型性、代表性的海洋生态系统，珍稀、濒危海洋生物的天然集中分布区，具有重要经济价值的海洋生物生存区域及有重大科学文化价值的海洋自然历史遗迹和自然景观。对具有重要经济、社会价值的已遭到破坏的海洋生态，应当进行整治和恢复。

国务院有关部门和沿海省级人民政府应当根据保护海洋生态的需要，选划、建立海洋自然保护区。国家级海洋自然保护区的建立，须经国务院批准。凡具有下列条件之一的，应当建立海洋自然保护区：

（1）典型的海洋自然地理区域、有代表性的自然生态区域，以及遭受破坏但经保护能恢复的海洋自然生态区域；

（2）海洋生物物种高度丰富的区域，或者珍稀、濒危海洋生物物种的天然集中分布区域；

（3）具有特殊保护价值的海域、海岸、岛屿、滨海湿地、入海河口和海湾等；

（4）具有重大科学文化价值的海洋自然遗迹所在区域；

（5）其他需要予以特殊保护的区域。

凡具有特殊地理条件、生态系统、生物与非生物资源及海洋开发利用特殊需要的区域，可以建立海洋特别保护区，采取有效的保护措施和科学的开发方式进行特殊管理。

开发利用海洋资源，应当根据海洋功能区划合理布局，严格遵守生态保护红线，不得造成海洋生态环境破坏。引进海洋动植物物种，应当进行科学论证，避免对海洋生态系统造成危害。开发海岛及周围海域的资源，应当采取严格的生态保护措施，不得造成海岛地形、岸滩、植被以及海岛周围海域生态环境的破坏。禁止毁坏海岸防护设施、沿海防护林、沿海城镇园林和绿地。新建、改建、扩建海水养殖场，应当进行环境影响评价。

**4. 陆源污染物管控**　向海域排放陆源污染物，必须严格执行国家或者地方规定的标准和有关规定。入海排污口位置的选择，应当根据海洋功能区划、海水动力条件和有关规定，经科学论证后，报设区的市级以上人民政府环境保护行政主管部门备案。

在海洋自然保护区、重要渔业水域、海滨风景名胜区和其他需要特别保护的区域，不得新建排污口。在有条件的地区，应当将排污口深海设置，实行离岸排放。设置陆源污染物深海离岸排放排污口，应当根据海洋功能区划、海水动力条件和海底工程设施的有关情况确定，具体办法由国务院规定。

含病原体的医疗污水、生活污水和工业废水必须经过处理，符合国家有关排放标准后，方能排入海域。含有机物和营养物质的工业废水、生活污水，应当严格控制向海湾、半封闭海及其他自净能力较差的海域排放。向海域排放含热废水，必须采取有效措施，保证邻近渔业水域的水温符合国家海洋环境质量标准，避免热污染对水产资源的危害。

**5. 海岸工程建设** 新建、改建、扩建海岸工程建设项目，必须遵守国家有关建设项目环境保护管理的规定，并把防治污染所需资金纳入建设项目投资计划。海岸工程建设项目单位，必须对海洋环境进行科学调查，根据自然条件和社会条件，合理选址，编制环境影响报告书（或表）。在建设项目开工前，将环境影响报告书（或表）报环境保护行政主管部门审查批准。

在依法划定的海洋自然保护区、海滨风景名胜区、重要渔业水域及其他需要特别保护的区域，不得从事污染环境、破坏景观的海岸工程项目建设或者其他活动。

兴建海岸工程建设项目，必须采取有效措施，保护国家和地方重点保护的野生动植物及其生存环境和海洋水产资源。严格限制在海岸采挖砂石。露天开采海滨砂矿和从岸上打井开采海底矿产资源，必须采取有效措施，防止污染海洋环境。

**6. 海洋工程建设** 海洋工程建设项目必须符合全国海洋主体功能区规划、海洋功能区划、海洋环境保护规划和国家有关环境保护标准。海洋工程建设项目单位应当对海洋环境进行科学调查，编制海洋环境影响报告书（或表），并在建设项目开工前，报海洋行政主管部门审查批准。

海洋工程建设项目，不得使用含超标准放射性物质或者易溶出有毒有害物质的材料。海洋工程建设项目需要爆破作业时，必须采取有效措施，保护海洋资源。

**7. 作业船舶** 在中华人民共和国管辖海域，任何船舶及相关作业不得违反本法规定向海洋排放污染物、废弃物和压载水、船舶垃圾及其他有害物质。从事船舶污染物、废弃物、船舶垃圾接收、船舶清舱、洗舱作业活动的，必须具备相应的接收处理能力。

船舶必须按照有关规定持有防止海洋环境污染的证书与文书，在进行涉及污染物排放及操作时，应当如实记录。船舶必须配置相应的防污设备和器材。载运具有污染危害性货物的船舶，其结构与设备应当能够防止或者减轻所载货物对海洋环境的污染。船舶应当遵守海上交通安全法律、法规的规定，防止因碰撞、触礁、搁浅、火灾或者爆炸等引起的海难事故，造成海洋环境的污染。

所有船舶均有监视海上污染的义务，在发现海上污染事故或者违反本法规定的行为时，必须立即向就近的依照本法规定行使海洋环境监督管理权的部门报告。民用航空器发现海上排污或者污染事件，必须及时向就近的民用航空空中交通管制单位报告。

### （四）《中华人民共和国海上交通安全法》

《中华人民共和国海上交通安全法》2021年4月29日由第十三届全国人民代表大会常务委员会第二十八次会议修订通过，2021年9月1日起施行。“在中华人民共和国管辖海域内从事航行、停泊、作业以及其他与海上交通安全相关的活动，适用本法。”国家海事管理机构统一负责海上交通安全监督管理工作，其他各级海事管理机构按照职责具体负责辖区内的海上交通安全监督管理工作。

建设和运营海洋牧场，涉及影响水面航行、停泊和作业的生产管理等活动应当在本法规定范围内实施。现将《中华人民共和国海上交通安全法》中与海洋牧场建设密切相关的部分条款汇编如下。

国家建立完善船舶定位、导航、授时、通信和远程监测等海上交通支持服务系统，为船舶、海上设施提供信息服务。在海上利用无线电进行通信应当遵守海上无线电通信规则，任何单位、个人不得违反国家有关规定使用无线电台识别码，影响海上搜救的身份识别。

建设海洋工程、海岸工程影响海上交通安全的，应当根据情况配备防止船舶碰撞的设施、设备并设置专用航标。如发现下列情形，应当立即向海事管理机构报告，包括：①助航标志或者导航设施位移、损坏、灭失；②有妨碍海上交通安全的沉没物、漂浮物、搁浅物或者其他碍航物；③其他妨碍海上交通安全的异常情况。涉及航道管理机构职责或者专用航标的，海事管理机构应当及时通报航道管理机构或者专用航标的所有人。未经海事管理机构批准，不得设置、撤除专用航标，不得移动专用航标位置或者改变航标灯光、功率等其他状况，不得在不符合海事管理机构确定的航标设置点设置临时航标。

船舶不得违反规定进入或者穿越禁航区。在安全作业区、港外锚地范围内，禁止从事养殖、种植、捕捞以及其他影响海上交通安全的作业或者活动。

在中华人民共和国管辖海域内进行施工作业，应当经海事管理机构许可，并核定相应安全作业区。海上施工作业或者水上水下活动结束后，有关单位、个人应当及时消除可能妨碍海上交通安全的隐患。有关水上水下作业的规定详见《中华人民共和国水上水下作业和活动通航安全管理规定》（中华人民共和国交通运输部令，2021年第24号）。

## 第二节　规章制度

### 一、海洋牧场建设管理制度

#### （一）国家级示范区管理规范

**1. 规范概述**　2019年，为适应海洋牧场示范区管理的新要求，农业农村部发布了《国家级海洋牧场示范区管理工作规范》（以下简称《规范》），该规范的重要意义在于首次确定了国家级示范区的创建程序和申报条件。申报确定农业农村部作为国家级示范区工作的主管部门，负责示范区创建和考核监管的组织管理等工作，沿海各省（自治区、直辖市）及计划单列市渔业主管部门（以下简称省级渔业主管部门）负责组织辖区内示范区创建和考核管理等工作。县级以上渔业行政主管部门负责辖区内示范区创建申报和日常监管工作。同时，为保障国家级海洋牧场示范区的顺利建设，《规范》提出了技术支撑、政策扶持和组织协调等要求。

**2. 申报创建**　在示范区创建程序上，由创建单位申请、省级渔业主管部门初审和推荐、农业农村部组织评审并公布。申报国家级海洋牧场示范区应满足选址科学合理、自然条件适宜、功能定位明确、工作基础较好以及管理规范有序5个条件。

1）选址科学合理　所在海域原则上应是重要渔业水域、非水生生物自然保护区和水产种质资源保护区的核心区，对渔业生态环境和渔业资源养护具有重要作用，具有区域特色和较强代表性；有明确的建设规划和发展目标；符合国家和地方海洋功能区划及渔业发展规划，与水利、海上开采、航道、港区、锚地、通航密集区、倾废区、海底管线及其他海洋工程设施和国防用海等不相冲突。

2）自然条件适宜　所在海域具备相应的地质水文、生物资源以及周边环境等条件。海底地形坡度平缓或平坦，礁区或拟投礁区域历史最低潮水深一般为6～100m（河口等特殊海域经专家论证后水深可低于6m），海底地质稳定。具有水生生物集聚、栖息、生长和繁育的环境。海水水质符合二类以上海水水质标准（无机氮、磷酸盐除外），海底沉积物符合一类海洋沉积物质量标准。

3）功能定位明确　示范区应以修复和优化海洋渔业资源和水域生态环境为主要目标，通过示范区建设，能够改善区域渔业资源衰退和海底荒漠化问题，使海域渔业生态环境与生产处于良好的平衡状态；能够吸纳或促进渔民就业，使渔区经济发展和社会稳定相互促进。配套的捕捞生产、休闲渔业等相关产业，不影响海洋牧场主体功能。

4）工作基础较好　黄渤海示范区海域面积原则上不低于3km$^2$，东海和南海区示范区海域面积原则上不低于1km$^2$或已投放礁体总投影面积不低于3hm$^2$，海域使用权属明确；黄渤海区已建成的人工鱼礁规模原则上不少于3万空方，东海和南海区已建成的人工鱼礁规模原则上不少于1.5万空方，礁体位置明确，并绘有礁型和礁体平面布局示意图。具有专业科研院所（校）作为长期技术依托单位。常态化开展底播或增殖放流，采捕作业方式科学合理，经济效益、生态效益和社会效益比较显著。示范区应吸纳一定数量转产转业渔民参与海洋牧场管护，周边捕捞渔民合法权益得到保障。

5）管理规范有序　示范区建设主体清晰，有明确的管理维护单位，有专门规章制度，并建有完善档案。示范区需落实安全生产责任制，具备完善的安全生产管理制度。建有礁体检查、水质监测和示范区功效评估等动态监控技术管理体系，保证海洋牧场功能正常发挥；能够通过生态环境监测、渔获物统计调查、摄影摄像、渔船作业记录调查和问卷调查等方式，评价分析海洋牧场建设对渔业生产、地区经济和生态环境的影响。

**3. 监督管理**　《规范》明确县级以上渔业主管部门应加强对示范区建设和运行情况的监督检查，定期组织对示范区建设、资源恢复和环境修复等生态效果情况开展监测或调查评估。

省级渔业主管部门采用书面评价与现场考评相结合的方式，对示范区的建设和运行情况进行年度评价，并将示范区考评结果按时报送农业农村部。评价结果为差的示范区，农业农村部督促其制定整改方案限期整改；限期未完成整改或整改后未达到要求的，撤销其示范区称号。农业农村部每5年组织开展一次示范区的复查，对复查不合格的示范区将撤销其称号，复查结果较好的将在政策支持和项目安排方面予以倾斜。

《规范》也列出了由农业农村部直接撤销示范区称号的情况。例如，因示范区建设管理不当，引发重大生产安全、水域污染和生态灾害事故，造成严重后果的，示范区严重偏离示范主题，已基本丧失示范功能的，有其他严重违规违法行为等。

### （二）人工鱼礁建设项目管理

**1. 规范概述**　2018年，农业农村部组织制定了《人工鱼礁建设项目管理细则》（以下简称《细则》）。该《细则》对海洋牧场内的人工鱼礁建设项目申报、资金资助方法、项目实施与管理等方面给出了详细的要求。通过人工鱼礁建设项目的政策与资金支持，推动沿海各市县的海洋牧场建设工作。

**2. 项目补助内容及标准**　人工鱼礁项目补助内容包括：人工鱼礁的设计、建造和投放；配套的船艇、管理维护平台等日常管护设施和监测设备的购买；海藻场和海草床的种植修复；海洋牧场可视化、智能化、信息化建设；海洋牧场标识标志和宣传展示；项目前期准备和组织实施期间的本底调查、项目论证、招投标、监理、效果跟踪监测和评估等相关内容。

人工鱼礁项目补助标准按照农业农村部制定的国内渔业油价补贴政策调整专项转移支付项目年度实施方案执行。原则上国家级海洋牧场示范区人工鱼礁项目每个补助金额不超过2500万元，创建项目每个补助金额不超过2000万元。《细则》规定，用于人工鱼礁的补助资金不低于项目补助资金的70%，海藻场和海草床种植修复补助资金不高于15%，其他补助内容的总额不高于15%。人工鱼礁的补助标准（仅包括鱼礁的设计、建造和投放）为：构件礁每空方中央补助不超过 500 元，投石礁每空方中央补助不超过200元；支持船长大于12m经无害化处理后的废旧渔船改造建设人工鱼礁。海藻场和海草床种植修复补助标准（仅包括海藻、海草购买和种植费用）为：中央补助不超过20万元/$hm^2$。

**3. 申报评审**　人工鱼礁项目申报采取提前审查、储备申报的方式。《细则》给出了项目申报的可研报告标准模板和编制要求。项目采用严格的审核制度，包括形式审查和专家组会议评审两个环节，对实施方案的可行性、科学性以及资金使用的合理性进行全面审查。

**4. 项目实施、验收与监督管理**　批复的项目实施管理包括项目具体方案编制、项目具体实施方案审查、项目实施、工程监理、项目监督检查、项目监督管理、档案管理等环节。项目建设单位须在项目资金正式下达的两年内完成项目，省级渔业主管部门应及时组织项目验收，验收标准为经省级渔业主管部门批复的项目具体实施方案确定的内容。《细则》同时对项目资金的监管和绩效评价提出了具体要求，农业农村部会同财政部适时对各地人工鱼礁项目资金管理和项目实施情况开展专项督查，各级渔业主管部门须配合财政部门和审计部门监督项目补助资金使用情况，对骗取、套取、贪污、挤占、挪用项目补助资金的行为，农业农村部将会同有关部门依照财务规定追究有关单位及其责任人的责任，涉嫌犯罪的，移交司法机关处理。

## 二、海洋牧场运营管理制度

### （一）国家海洋牧场运营管理制度

我国海洋牧场建设目前还没有明确的运营管理制度，为了更好地发展海洋牧场这种新型渔业养殖方式，一方面需要结合各自的区位资源优势，找准海洋牧场的发展定位，因地制宜地制定运营管理制度；另一方面也需要更多地借鉴国外先进的海洋牧场建设、运营思路，更好更快地发挥海洋牧场在我国海洋经济发展中的作用。

海洋牧场是一项涉及政府、渔政部门、企业、社会、个人等多个利益主体的系统工程，涉及面广且资金投入量大，建设和管理时间长久，如何对其进行有效的管理，是政府和海洋工作者面临的重大挑战。从技术手段层面，李春雷（2013）通过数字化海洋牧场地图，建立海洋牧场空间地理数据库，开发了海洋牧场信息管理系统，实现了在电子地图支持下的海洋牧场信息录入以及信息查询功能，为海洋牧场资源有效合理利用提供了技术支持。孙欣（2013）提出在大连南部海域建设现代海洋牧场的总体设想，并提出加强政府领导、加大资金投入、健全管理制度、强化科技支撑四条建议。王诗成（2010）指出海洋牧场的建设需要从产业定位、技术突破、筹集资金、配套政策等方面着手，进行精心布局和谋划。王爱香和王金环（2013）从宏观、中观和微观三个视角提出了发展海洋牧场的策略选择，指出宏观层面上要科学规划建设，健全管理体系；中观层面上要加大政策扶持，拓宽融资渠道；微观层面上要优化科技支撑，搞好管理运营。杨红生和赵鹏（2013）指出，推动具有我国特色的海洋牧场建设，一要提高科技支持并强化创新能力；二要完善建设后管理标准制度与体制；三要构建民产学研合作机制；四要丰富投融资渠道和运营主体。王亚民和郭冬青（2011）提出建立我国海洋牧场国家、省、县（市）三级分级管理制度。由国家重点支持国家级海洋牧场建设，开展各级牧场的评估升级管理；省、县级海洋牧场由地方政府建设管理。宁波市发展改革委和宁波市海洋与渔业局（2011）共同提出，对海洋牧场的管理应创新体制，建立有效的市场化运作模式，按照“政府推进、行业联动、市场运作、社会参与”的运作方式，让政府、企业、渔民三者共同参与，调动各方的积极性。陈秀忠（2010）提出，海洋牧场的管理必须积极探索建立现代企业制度，政府以补贴、奖励等形式，吸引企业、渔民、科技人员以及社会各界人士，以资金、技术、管理和品牌等要素入股，实现平等共建。

总结国内海洋牧场建设和运营的研究成果和实践经验，“理论上全面梳理、规划上统筹布局、建设上高效安全，实现人海和谐、人鱼和谐”，应成为我国未来海洋牧场建设运营管理的基本指导原则。

### （二）各省市的海洋牧场运营管理制度

我国北方以经营性海洋牧场为主（以辽宁、河北和山东为代表），已实现了规模化产出，建立了海珍品增殖“人工鱼礁＋藻礁＋海藻场＋鲍＋海参＋海胆＋贝”的经营性海洋牧场类型，产出多以海参、鲍、海胆等海珍品为主。而我国南方以公益性海洋牧场建设为主（以江苏、浙江和福建为代表），建立了“功能性人工鱼礁＋海藻床＋近岸岛礁鱼种＋甲壳类”的公益性海洋牧场模式，以生态保护和鱼类、甲壳类、贝类产出为主。

公益性海洋牧场运营涉及海洋牧场建设规划、资金筹集与利用、管理制定等事宜，由政府出资并统一安排，政府、科研院所、企事业单位共同参与运营管理。目前，公益性海洋牧场主要分布于我国南海区和东海区，以政府为主导是南海区和东海区各省主要应用的经营管理模式。

经营性海洋牧场主要是运用企业的经营优势对海洋资源进行开发，以企业为资金投入主体建设海洋牧场，以经济品种为主要增养殖对象，并进行后续的开发与运营，政府在其中往往起到政策扶持作用。同时，运营企业通过“公司＋渔户”等方式，吸纳渔民积极参与海洋牧场的经营管理，起到带动其他产业转产转业和提高渔民经济收入的作用。目前，以企业为主导型的经营性海洋牧场是我国黄渤海区海洋牧场的主要应用模式。

#### 1. 北方部分省市的运营管理制度

1）山东省　20世纪80年代初，山东省开始进行以增殖放流、人工鱼礁建设为主要手段的渔业资源修复工作，通过近30年的探索和总结，取得较好效果，积累了宝贵经验。为推进人工鱼礁法治建设，山东省从2005年开始，先后制定并印发了5部关于渔业资源修复方面的地方性规章或规范性文件，并详细规定了鱼礁项目的立项、申报、论证、监管等步骤和方法。2013年山东省海洋与渔业厅印发了《山东省人工鱼礁管理办法》（以下简称《管理办法》）的通知，《管理办法》规定了人工鱼礁建设项目区域的申报和审批、建设与管理办法，人工鱼礁实行工程监理和行政监督相结合的办法。人工鱼礁建成后，建设单位对投资建设的人工鱼礁享有所有权，由各级海洋与渔业主管部门对人工鱼礁的建设展开监督检查。《管理办法》规范了人工建设鱼礁程序和用海秩序，保护了海洋生态环境，提高了建设质量和投资效益。2014年，山东省海洋与渔业厅又出台《山东省人工鱼礁建设规划（2014—2020年）》，为促进人工鱼礁建设提供了健全的制度保障。

为加强和规范人工鱼礁监管，山东省海洋捕捞生产管理站作为政府监督管理工作主体，联合规划财务部门，对项目初选、论证、审批、招投标和礁体投放环境进行监管（贾建刚和胡建平，2013）。2005年，山东省成立了海洋牧场专管机构“山东省水生生物资源养护管理中心”，负责全省海洋牧场建设规划、规章制度、技术规范的制定和组织实施，推行行业管理，以加强人工鱼礁建设和开发管理，保护海洋生态环境，增殖渔业资源，促进渔业经济可持续发展。2014年，山东省成立“生态型人工鱼礁技术管理中心”，并在莱州、长岛、威海和日照设立4个“山东省生态型人工鱼礁实验中心”（杨云，2018）。山东省在全省布局建设海洋牧场观测网系统21套，可对海洋牧场环境进行实时在线监测，并实时播报水下生物状况，有关部门可及时了解海洋牧场海洋环境和生物状况，进而提高对海洋牧场环境的管理和保护水平，还可以通过获得的监测数据对海洋牧场建设提供指导。

烟台、青岛等地建设海洋牧场主要依靠众多中小企业。政府规划海洋牧场建设方案，按照方案选择海洋牧场建设海域，中小企业依照规定申报建设工程。虽然烟台也有大型渔业上市企业，但由于海洋牧场建设区域面积较小，同时大多用于育种育苗，以这些中小企业为主、百花齐放的方式有益于在短时间内迅速开展海洋牧场建设，提升海域渔业产量。但由于资本优先，中小企业建设海洋牧场大多以短期利益为主，依靠海珍品增养殖的高经济效益为主要目的，缺少海洋牧场长期建设的动力，面积较小的局面也不利于海洋牧场建设的推广发展，且增加了海洋渔业监管部门的监管难度，增加了监督成本。

2）*辽宁省*　辽宁省是东北唯一沿海省份，海域宽广，是我国较早开展海洋牧场建设的省份之一。其海洋牧场建设初期与山东省一样以增殖放流结合人工鱼礁建设为主，主要在长海县周边海域开展建设。2008年起，辽宁全面启动人工鱼礁示范区建设工作，陆续编制了《辽宁省现代海洋牧场建设规划》《大连现代海洋牧场建设总体规划（2016—2025）》等，引领海洋牧场的有序建设。2012年，辽宁省制定了地方标准《辽宁省人工鱼礁建设技术指南》（DB 21/T 1960—2012），并逐步完善海洋牧场建设管理技术标准体系。辽宁省依靠丰富的海洋与渔业资源和较好的海洋动力环境，积极建设辽参、梭子蟹等海产品品牌，大力发展以海珍品为主的养殖生物的增养殖型海洋牧场，以此吸引众多民间投资者进入海洋牧场建设中，使其数量和规模都得到了极大发展。

大连海洋牧场建设主要依靠上市公司獐子岛集团、大连玉璘企业集团等典型的大型渔业企业，大范围的圈占海域，分片规划建设海洋牧场，政府进行海域审批、后续监管等，企业的经济利益为主要建设目的，运用海洋牧场技术要素，发展海洋健康培育、人工养殖、休闲产业等建设开发。这样的方式凸显了较大的规模效应，同时以经济利益为主要目标的企业有更大的动力积极开发创新养殖品种与技术，可以有力推动海洋牧场发展。

**2. 南方部分省市的运营管理制度**

1）*浙江省*　浙江省是中国传统的海洋渔业大省，浙江省海洋牧场的建设是在海洋生态开始恶化、渔业发展面临巨大压力的情况下，自主转型发展建设起来的。近年来，浙江省积极实行渔业油价补助项目，大力推动建设以人工鱼礁为主的海洋牧场，并在大力监管的同时，在海洋牧场区及周围区域开展相应的增殖放流工作。

2002～2004年期间发布的《浙江生态省建设规划纲要》和《浙江省海洋环境保护条例》等政府文件中均将人工鱼礁建设列入重点建设和保护的内容。2003年，在浙江省海洋与渔业厅的组织下成立了浙江省人工鱼礁建设布局规划领导小组和工作实施课题组，形成了《浙江省休闲生态型人工鱼礁建设布局规划（2003—2020）》。之后全面启动了舟山的朱家尖、嵊泗、秀山、东极，宁波的渔山和象山，台州的大陈和温州的南麂、洞头、大渔湾等海洋牧场项目。为恢复资源和保护生态环境，浙江省为修复振兴东海渔场已定下"时间表"，浙江省委、省政府《关于修复振兴浙江渔场的若干意见》（浙委发〔2014〕19号）中明确提出"到2020年，将建成6个海洋牧场，累计增殖放流各类水生生物苗种100亿尾（粒）"。此外，自马鞍列岛、中街山列岛和渔山列岛成为浙江省入围的首批20个国家级海洋牧场示范区之后，南麂列岛、大陈、洞头海洋牧场也陆续成功申报国家级海洋牧场示范区。

浙江省海洋牧场多为公益性海洋牧场，建设管理模式是由市发改委牵头，与海洋渔业部门和各县市区共同开展海洋牧场建设，目的主要是"修复近海的传统渔场"。所以，浙江省海洋牧场建设主要由政府投入资金，前期在传统渔场进行投礁建设，大规模移植大型海藻与底播增殖经济贝类，开展海洋"农牧化"产业。通过海洋牧场建设示范获得海洋牧场养殖区域及容量等各项技术指标，健全管理模式，从而研究完善适宜整个浙东沿海岛型海洋牧场建设的管理模式。

2）广东省　为了改善海洋环境，修复渔业资源，2002年12月广东省海洋渔业局规划到2011年，安排8亿元建设人工鱼礁区12个，人工鱼礁群100座。2002年5月，广东省政府出台了《广东省沿海人工鱼礁建设总体规划》，对广东省海洋牧场的建设作了进一步的规划要求（张慧鑫，2019）。

广东大亚湾在2001年将海洋牧场建设提升为发展战略，2002年开始投放人工鱼礁，投入资金5500万元，建成了适合当地的海洋牧场，促进了当地经济的发展和渔民的增产增收。大亚湾海洋牧场每年投入1000万元以上的专项资金，用于对渔民进行技术培训、基础设施建设；开展渔村集体经济资金运营活动，提高渔民转产转业补贴资金投入，加强海洋牧场后期监督检查力度。大亚湾海洋牧场通过开展对涉海工程、海洋环境、赤潮及养殖渔业的监测活动，及时掌握海洋环境动态，建立环境档案，为海洋环境的管理提供科学的支撑。

广东省湛江市截至2011年共建成9座人工鱼礁，2017年又投入6293万元用于海洋牧场的建设，投入353万元用于开展增殖放流工作，湛江市通过底播海藻场项目修复了13.32km$^2$的海域环境。2018年4月，中船重工与广东省政府签署了战略合作协议，在海上风电、海洋牧场等多个重大项目上达成协议。2019年1月，中船重工集团海装风电股份公司落户湛江市海洋科技产业创新中心，成立湛江湾实验室，围绕海洋装备、海洋能源和海洋生物三个领域展开研究，为海洋牧场建设提供更可靠的技术保障。

广东省前期通过开展人工鱼礁投放、增殖放流、海藻场培育等形式进行海洋牧场的建设，在海洋牧场建设初具规模、渔业资源恢复效果较好以后，加大技术力量的投入，将牧场建设与风力发电等工程相结合，加大资源利用率，有助于开发出新的海洋牧场建设运营模式。目前，广东省湛江市已在海洋渔场保护技术、海洋渔业资源和海水资源的开发和利用技术、海洋生态修复技术、海洋环境控制技术、海洋预警技术、旅游自助服务平台技术、人工鱼礁投放技术等方面有所突破。

3）*江苏省*　江苏连云港市的海洋区域属于海州湾海洋区域，海洋资源富足，是我国著名的八大渔场之一，建设有连云港市公益型海洋牧场。该海洋牧场投资来源全部为政府投入，政府是海洋牧场建设的投资方，海洋牧场建设完成后，政府在海洋牧场管理模式上，采取的是“政府主导、企业参与、行政与经济管理相结合”的模式，就是海洋与渔业监管部门共同规划设计管理海洋牧场，在规划和健全海洋牧场管理模式的基础上，在确保海洋牧场建设目标的前提下，大力吸引有责任、有能力的企业参与到海洋牧场的管理和日常维护中来。

2016年12月江苏省连云港市颁布了《连云港市海洋牧场管理条例》（以下简称《条例》），并于2017年1月正式施行。《条例》以“生态优先”为主要目标，将海洋生态保护贯彻于整个海洋牧场计划、规划、建设和管理的多个环节。《条例》明确规定了连云港市海洋牧场的规划设计建设、生境保护、法律责任等，适宜连云港市海洋牧场建设发展的需求。该《条例》在开发利用、建设管理、生境保护、监管执法等众多方面的创新研究也开创了全国地方立法的先河。作为我国海洋牧场管理首部地方性法规，该《条例》的颁布具有重大意义，弥补了中国海洋牧场地方性管理法规的空缺，对连云港甚至全国的海洋牧场建设与管理产生积极影响。

4）*海南省*　海南是海洋大省，海洋优势得天独厚，有着多样化的海洋生物资源，而随着近年来南海海洋渔业资源持续衰退，海洋牧场建设逐渐提上日程并引起重视。2011年，三亚蜈支洲岛正式建立了我国第一个热带海洋牧场，海口和其他市也陆续开始规划海洋牧场建设。2018年4月13日习近平总书记在庆祝海南建省办经济特区30周年大会上明确指出“支持海南建设现代化海洋牧场”，并纳入4月14日发布的《中共中央　国务院关于支持海南全面深化改革开放的指导意见》（中发〔2018〕12号）中，为海南省发展现代化海洋牧场提供了前所未有的契机。2021年海南省出台了《海南省现代化海洋牧场发展规划（2021—2030）》，提出了海南省现代化海洋牧场的发展计划和要求。

海南省海洋牧场建设将通过珊瑚礁、海草床等典型生境修复、海洋生物增殖、现代化装备建设和休闲渔业开发，建设集生态修复、资源养护、耕海牧渔和智能管理于一体，具有海南特色的生态化、景观化、品牌化、信息化的现代化海洋牧场群。海南的海洋牧场将打造特色海洋生态与健康养生旅游，发挥海洋牧场碳汇功能，助推海南低碳社会建设，在维持海洋渔业资源、生态环境与渔业生产平衡的基础上，促进海洋渔业持续健康发展、渔民转产增收和渔村振兴，形成对海南海洋旅游及海洋经济核心产业的支撑。

海南省的海洋牧场主要以休闲旅游型结合资源养护和增殖型为适宜类型，以珊瑚礁、海草床等生境修复及资源养护为核心，科学运用原位修复、人工鱼礁区建设、资源增殖放流等方法，在保护生物多样性与生态平衡和恢复渔业资源的基础上，为热带特色休闲旅游提供支持，体现海洋牧场的经济效益与社会效益。

根据投资主体海南省海洋牧场主要分为两种类型。一种是政府主导的公益性海洋牧场，为了改善海域生态环境，发展扩大渔业生产，利于渔民的经济收入增长和转产转型，主要由国家投入。另一种是商业性海洋牧场，以盈利为主，发展观光旅游业，此类牧场以企业投入为主，兼顾政府投入。海南省海洋牧场建设处于起步阶段，现已建成的海洋牧场多为政府投资建设，缺乏企业参与，而目前在发展建设中正逐步转型由企业参与融资及运营管理，鼓励海南省企业投资建设，培育龙头企业，发展先进技术，带动地区经济发展。

### （三）企业的海洋牧场运营管理制度

**1. 山东省爱莲湾海域国家级海洋牧场示范区** 山东省荣成市在爱莲湾海域规划了623$hm^2$的海洋牧场建设区，截至2018年，已构建人工鱼礁区131$hm^2$，恢复海底藻场67$hm^2$，投放各类鱼礁约40万空方。海洋牧场示范区配套陆基建设了海洋牧场展厅、体验馆、智能监控室、服务中心等设施，“礁、鱼、船、岸、服”五配套的多功能、生态化、立体化的现代海洋牧场已初具规模。2015年被农业农村部认定为首批国家级海洋牧场示范区。

在运营管理方面，山东省爱莲湾海域国家级海洋牧场示范区成立专职团队，全面负责海洋牧场的规划建设、日常管护、运营推广等，下设项目部、日常管控部、运营推广部、财务部等，各部门各司其职、互相沟通、协同合作，建立健全相应的规章制度，规范海洋牧场运行管理。项目部主要负责海洋牧场建设期各项事务，包括招投标、监理、施工投放、质量监测等。日常管控部主要负责海洋牧场日常管护、定期（每年至少一次）跟踪调查和评估，做好观察管理日志。运营推广部主要负责海洋牧场投资策划、日常接待、宣传、营销等。

**2. 山东高绿人工鱼礁项目** 山东高绿人工鱼礁项目是山东省重点扶持建设的人工鱼礁项目之一，被山东省确定为渔业资源修复行动——人工鱼礁示范点。截至2008年，山东高绿人工鱼礁项目已投放大料石10万$m^3$，混凝土构件12 150个，形成近6.5万空方的人工鱼礁，投放报废渔船60艘，形成人工鱼礁群10个，共投资4200万元。

该海洋牧场管理团队成立了人工鱼礁建设指挥办公室，下设的各相关部门，如专家指导小组、规划设计小组、建设施工期小组，分别负责项目的本底资源调查、项目设计、项目进度、礁体制作及投放等建设过程中的诸环节。在人工鱼礁建设完工后，其他相关部门开始逐步开展各自的工作。增养殖研发小组负责刺参、鲍等海珍品的底播增殖、日常管理及销售等；监测评估小组负责人工鱼礁礁区海域生态环境、生物资源量等的跟踪调查及评估工作；保护管理小组负责人工鱼礁礁区的日常看护管理工作，并协助增殖研发小组进行海珍品的放养及收获工作，正是由于采用“谁投资，谁受益”的人工鱼礁发展模式、企业化运作的管理模式，使得人工鱼礁建设快速发展，取得良好的经济效益，同时海洋生态环境逐渐改善，渔业资源状况逐步好转。

**3. 三亚蜈支洲岛海域国家级海洋牧场示范区** 三亚蜈支洲岛海域国家级海洋牧场示范区位于国家5A级旅游区三亚蜈支洲岛，其管理团队建立了严格的海洋牧场运营管理制度。特别是对海洋牧场区的生物资源管理有着严格的规定，除旅游区的休闲游钓项目和科研用生物采集，其他途径均禁止捕捞，这对于海洋牧场区的生物资源保护起到了关键作用。除此之外，管理团队专门设立海洋部负责海洋牧场的维护与定期监测，与技术支撑单位海南大学密切合作，对牧场增殖效果定期进行科学评估，同时应用最新的生境修复与资源增殖养护技术与设施，显著促进了牧场区的生境与资源恢复。管理团队还在蜈支洲岛上建立了国家重点实验室野外生态监测站，配备实验室与现场观测平台，为海洋牧场的监测与运营管理提供很好的技术支撑。

## 三、海洋牧场风险管理

海洋牧场建设属于大型复杂系统工程，涉及面广、专业领域涵盖较大，属于交叉学科，具有建设周期长、投资额度大、技术要求高、政策相关性强、风险隐患多等特点。海洋牧场建设除需要考虑选址适宜性（包括水深、海底地形、水文动力、社会因素、规划等）、不同类型礁体的投放方式、适宜的增殖放流品种等相关问题外，还需要注意施工安全隐患和自然灾害的侵袭，建设风险不易控、不可控因素多，容易造成重大损失。在海洋牧场建设的准备过程中，应预备一套系统、科学的海洋牧场项目风险识别、评价及应对体系，将海洋牧场从建设到运营可能发生的风险事故分门别类予以汇总分析，并建立完善的风险应急预案，成立风险应急小组，做到明晰隐患、从容应对，将海洋牧场建设风险降至最低。

### （一）海洋牧场建设风险内容

海洋牧场建设风险一般包括环境风险、技术风险、人员安全风险和协调风险，下面从这四个方面介绍海洋牧场的建设风险内容。

**1. 环境风险**

1）自然风险　自然风险包括热带气旋、风暴潮、赤潮和地质灾害等。热带气旋往往同时伴随着大风、暴雨、急流、巨浪等恶劣气象和海况，热带气旋造成的波浪、暴雨和风暴潮对礁体安全及施工和工作船舶的航行影响较大。赤潮发生时，引发赤潮的藻类将会紧紧贴在鱼鳃上，影响鱼的呼吸，致使鱼类缺氧死亡。另外，藻体及藻细胞死亡腐烂后会产生溶血毒素物质，对水环境的破坏将持续一段时间。地质灾害一般为地壳活动引发的海底地震，会对人工鱼礁体造成毁灭性的破坏。

2）经济风险　利率上调、通货膨胀等经济因素导致融资难、融资贵，原材料、人工成本上涨等问题，使得工程预算增加。

3）政策风险　海洋牧场项目建设周期长，需要运营多年才能收回成本或看到预期的生态效益，若政策由支持、鼓励转为放任自流或限制，会降低管理人员的积极性，造成的损失不可估量。

4）社会风险　社会风险包括海域权属纠纷、海域环境污染、海域环境改变等造成利益相关群体不满，引发周边水产企业及群众集体声讨等风险。

**2. 技术风险**

1）工程技术风险　主要包括人工鱼礁体材料选择、设计、建造、投放、布设，人工藻场的培育，目标生物选取、培育、驯化、放流，海上平台、深水网箱建造等的技术原因导致的海洋牧场的聚鱼效果和庇护效果不够理想，藻场稀疏不能形成规模未能改善海域初级生产力水平，苗种适应能力弱、品质差、产量低等风险。同时，在部分驯养环节中，投放饵料会使残饵逐渐沉积，残饵沉积易使海区内各种病原体大量繁殖，一到高温季节，即导致鱼病蔓延。

2）管理技术风险　在海洋牧场项目实施的各环节中，未能科学合理地选择调查单位、施工单位、监理单位、技术支持单位、投保单位等，未制定合理的管理制度，未进行合理的人员分工，没有对项目进度、质量等进行有效的监督管理，造成项目建设不理想，后期运营不力。

**3. 人员安全风险**

1）施工人员安全风险　在礁体投放、设备安装和陆地配套设施建设过程中，施工人员可能因浪流突变、麻痹疏忽或违反操作等发生安全事故。

2）工作人员安全风险　在牧场建成后的运营维护环节中，船舶驾驶人员、潜水员、养殖人员等工作人员或因安全措施不到位、自身水平不足等原因发生安全事故。

3）游客安全风险　运营管理单位为了更好发挥海洋牧场的经济效益，一般会开发一些海上旅游休闲项目，如潜水、海底观光、海上垂钓等，游客乘船出海、潜水和食用海鲜等均有可能发生人身安全隐患。

**4. 协调风险**

1）与相关政府部门的协调风险　建设单位与相关政府部门沟通协调时不主动、不及时，导致审批材料等准备不充分，或在政策调整时未能及时调整建设内容，审批程序周期变长，影响项目进度。

2）与各环节实施单位的协调风险　项目实施各方，尤其是施工方、监理方、技术支持单位等协调不力，实施单位各自为战，不能形成合力。

3）与利益相关者的协调风险　这里的利益相关者包括利益相关人员、企业和部门，如游客、牧场周边渔民、周边水产公司、航运部门等。主要的风险隐患是与利益相关者发生利益冲突后不能妥善解决而导致的一系列负面影响，还有与海洋灾害救助等社会团体缺乏有效沟通联系，当风险事故发生时第三方救助力量协调不到位，增加风险事故的控制难度。

### （二）海洋牧场风险的制度保障措施

不同类型的海洋牧场应根据建设类型、维运管理单位的实际情况，制定适宜的减轻风险、预防风险和转移风险的制度保障措施。根据各风险严重程度将风险因素进行等级排序，将风险因子清单化、清单责任化，风险对策措施应落实到部门、落实到具体人员，明确各级风险的负责部门与负责人。

**1. 减轻风险的制度保障**　针对减轻风险的对策，建设单位可以制定海洋牧场项目实施计划书、日程表和风险应急预案，建立海洋牧场项目高层次协调机制，建立事故事件研究和整改工作机制，并对海洋牧场项目进行年度工作总结作为下年度的参考。

**2. 预防风险的制度保障**　为了更好地预防风险事故的发生，建设单位可以成立海洋牧场项目专项指挥部，统筹规划设计、建设施工、资金分配、安全保卫、技术保障及运营等工作，并有严格的分工及责任落实机制。同时，还需要制定项目实施审核管理制度，对施工单位进行资质审核并制定详尽的风险防范方案与实施计划，制定安全生产责任制度执行细则，制定公司财务管理制度等。

**3. 转移风险的制度保障**　为了将风险事故带来的损失降到最低，建设单位可以通过建立项目实施各方协作机制、购买保险、转移海珍品价格下跌风险等方式，将风险分摊或转移。具体方式包括签订战略合作协议与海洋牧场项目技术指导单位加强合作、建立海洋牧场施工方协作机制、签订海产品长期合约、套期保值等。

## 第三节　牧场设施安全维护

海洋牧场涉及的设施设备非常之多，保障其安全运行以及功能的正常发挥对于牧场的安全管理至关重要。本节重点针对三大类设施设备进行安全维护方面的介绍，即牧场的基础设施、仪器设备以及船只。

## 一、基础设施安全维护

一个典型的海洋牧场其基础设施部分大致包括海上设施和陆地设施两部分。其中，海上设施涵盖各类养护海洋生物的网箱以及增殖资源的鱼礁设施，还包括方便进行管理维护以及休闲旅游、海钓的海上平台设施；陆地设施主要是一些近岸建筑，结构包括钢筋混凝土或活动板房等。由于高湿、风浪侵蚀等严酷的海洋环境，上述设施在正常运行与使用期间均会存在安全隐患，如不进行定时监测与及时维护，时间久了必然会产生安全问题。

**1. 鱼礁设施** 海洋牧场多投放大量的人工鱼礁，不论是钢筋混凝土材质的还是纯钢构材质，在海水的长期浸泡下会出现金属部件锈蚀、混凝土块开裂等问题，直接造成鱼礁主体强度的下降以及结构的损坏或垮塌。为保证鱼礁设施能长期发挥资源养护功能，必须定期对其状态进行监测，主要包括检查混凝土结构是否开裂、表层是否剥落、出露的钢筋或钢构礁结构连接焊点处锈蚀是否严重、整体结构是否变形等。监测方法可根据海区实际情况采用潜水员检查或水下机器人检查等手段。由于水下修补礁体结构难度很大，因此分析监测结果后，对礁体安全状况进行综合评估，适时补充投放礁体，并根据需要对礁体设计和用料进行改进与优化。此外，当海洋牧场海域遭遇极端天气或地质事件后（如台风、地震等），应及时对海底礁体设施进行安全检查，根据损毁或移位情况制定补救方案，仍以局部补充投放礁体为主。

**2. 网箱设施** 海洋牧场中的网箱设施需注意的安全问题主要包括锚系结构是否稳固、网衣是否有破损、海面框架结构是否有破损风险等。锚系结构的稳定性检查一般在遭遇台风等极端天气后进行，可采用有缆水下摄像头、水下机器人或潜水员直接下水法检查，根据情况及时加固锚系或增加锚定点。网衣的破损多由于野生鱼类（如肉食性鲨鱼等）的啃咬造成，如不及时发现会在短时间（1～2天）内发生大规模的鱼类逃逸事件，造成较大的经济损失。因此日常投饵检查中应注意观察鱼类数量是否有减少迹象，或通过在网箱中轴上安装监控摄像头的方法进行实时在线监测，破损问题会第一时间发现。损坏面积小的可人工水下补网，破损严重的应尽快换箱。

水面框架结构的问题较容易发现，诸如构件变形、断裂、缺失等，只要在日常巡查过程中细致检查即可，发现问题及时处理。在遭遇大风浪或台风天气后应尽快进行安全检查，适时修补。

**3. 海上监测平台** 目前海洋牧场所用的海上监测平台主要以坐底式钢结构为主，在正常使用过程中主要需注意的是主体结构的防腐蚀问题，海浪的腐蚀会造成钢结构的强度下降，会直接影响平台的抗风浪能力，因此应定期进行钢结构表面的防腐处理（如涂刷防锈漆、安装牺牲阳极等），及时更换锈蚀件，平台升降机构部分涂抹润滑油保证其运行顺畅等。具体操作可参见韩恩厚等（2014）文献所述。

**4. 近岸陆地建筑** 近岸陆地建筑一般采用钢筋混凝土、钢构或活动板房等形式建造，在近海高湿和强风环境中，会发生混凝土强度下降、钢筋和钢结构锈蚀、房屋结构松动等问题，而且安全隐患的发展速度不可控，如不及时处理随时会出现安全事故。因此，海洋牧场运营单位应每年至少对所有陆地建筑进行1～2次的全面维护，包括表面涂装、备件更换、结构检查等，具体可参照陆地建筑安全检查相关标准规范。

## 二、仪器设备安全维护

在海洋牧场中，仪器设备种类繁多，输变电系统庞大，在近岸和海上的高湿环境中很容易发生各种问题。这类设备的维护难度最大，工作量也最多，一旦发生安全事故，后果也比较严重，甚至会发生火灾并造成人员和财产损失，因此绝不能掉以轻心。

**1．水下监测仪器设备** 各类水质与水文监测探头、水下视频监控等仪器设备长期浸泡在水中，虽然在设计上已做了必要的密封与防腐蚀处理，但随着时间的推移也会存在渗漏和腐蚀问题，因此也应在定期污损清理过程中进行检查，重点查看仪器表面的腐蚀情况和各种接口处是否存在破损开裂、仪器内部是否发生渗水（主要是视频监控头密封舱）问题。水下仪器的各类连接处多采用橡胶密封圈涂抹专用硅油进行密封，橡胶材质随时间老化会变硬、出现裂痕，密封性能会下降；密封胶圈上如有杂质或密封硅油涂抹不足也会造成渗漏隐患。水下监控仪器设备的渗漏问题一般都比较隐蔽，且在较高的水压作用下，一旦发生很小的渗漏，仪器密封舱内湿度便会飙升。仪器的电路板运行时要求环境干燥，湿度上升会直接导致电路短路，造成仪器出现故障，解决方案只能上岸维修。因此如有条件，建议应准备好备用探头更换。水质监测探头一般都会有寿命，需要定期进行更换才能保证监测数据的准确，同时及时清理污损生物也是保证探头正常工作的必要环节。

除此之外，选购各类水下监控设备时应注意选择技术过硬的厂家，购买有较好市场口碑的产品，不能单纯以价格而定，同时也要考察供货商的售后服务是否到位，防止购买后产品出问题售后服务跟不上。

**2．平台监控与生产设备** 海洋牧场平台上也有各类的监控终端设备和生产设备（如投饵系统、吊装设备、转运设备、人员操作平台等），相较水下设备而言，这类设备的安全检查与维护会更容易，只要定期检查其外观和性能即可，必要时进行防腐蚀处理和检修。需要注意的是各类仪器设备尽可能放置于平台上的室内，其次是放置于防雨防潮的电气箱中以保证安全。

**3．常规电气设备** 除了上述专用仪器设备以外，海上平台和各类设施上所需的照明、通风、输变电等常规电气设备也应进行可靠的防潮、防风雨和防漏电保护，如采用海上专用防水照明灯、用各类水密连接器进行电缆和数据通信线缆的连接；各类电气控制终端也应配备高防护级别的电气箱，保证用电安全。

## 三、船只管理维护

为了保护渔业资源与海洋环境、维护海洋牧场区的生产安全、遏制涉外违法捕鱼事件的发生，需要对海洋牧场区从事生产与运输的船舶以及休闲游钓的船舶进行规范管理。

海洋牧场区的渔业生产与运输船舶不仅要符合我国相关渔船建造法律的规定、进行渔业船舶登记、获得渔业捕捞许可证，还要对船名号、船籍港、作业类型、作业方式、船体材料、船长、吨位、功率、主机型号等进行详细记录，通过审核方可进行渔业生产与运输。渔业船舶的船长、轮机长、驾驶员等必须经过渔政渔港监督管理机关考核合格，获取职务证书方能上岗，其他从业人员也应当经过相应的专业训练。

为了维护渔业生产安全，要对渔船进行年审年检，即渔船检验、渔港监督、渔政管理等渔船检验机构依照相关法律法规对渔船开展监管查验，对报废的渔船进行回收处理，对存在安全隐患的渔船进行修护。

基于物联网（渔船信息技术装备）及现代信息技术（北斗导航、AIS、渔船自动识别系统），建立海洋牧场区的渔船运行调度系统，对从事生产与运输的渔船进行统一管理和合理调度，如准入渔船数量、行进路线、捕捞强度等，维护牧场安全。

渔船事故会对水域环境和渔业资源造成严重破坏，通过电子信息化的管理手段，加强对船只航行安全与航迹的管理。精确、高效和快捷的电子信息化管理手段是当今社会发展的一大趋势，它极大地提高了工作效率，可以对渔船的航行轨迹进行网络监控，对违规渔船进行依法处理。

海洋牧场区的一大特点是与休闲渔业相结合，休闲渔船也要遵守牧场区相应的规范。

休闲渔船的船型、结构、性能要符合渔业船舶检验机构有关休闲渔业船舶的技术标准和建造规范，经渔业船舶检验机构检验合格并取得渔业船舶检验证书，再经县级以上渔业行政主管部门检验合格并依法进行渔船登记后，方可从事休闲渔业活动。其船员应当经渔港监督机构考试合格取得船员证后持证上岗，并具备水上求生、水上急救、船舶消防、艇筏操纵等专业能力。

休闲渔船的安全性要求高，渔船要定期进行维修检测，排除安全隐患。同时，海洋牧场区的休闲渔船的运行要遵循统一调度，依托渔船管理系统进行航迹管理、确保航行安全。休闲渔船禁止驶入不对外开放的筏式养殖区、海珍品养殖区、海洋与渔业保护区，或者其他法律、法规、规章所禁止开展休闲渔业作业的区域。同时，不得进行毒鱼、炸鱼等破坏渔业资源的活动，不得将含油污水、垃圾等抛、排入水体，损害渔业资源和水域环境。

### 四、制定安全保障制度

海洋牧场要做好上述设施设备的安全维护，没有制度化的规范难以保障落实。因此，海洋牧场运营管理单位应根据不同的设备应用环境（如水下、海上平台、近岸陆基等）或仪器设备类别（如监测仪器、生产设备、控制设备等）制定一系列相应的安全保障制度，列明各类仪器设备可能会出现的问题，规范各类设备的检查与维护方法，明确发生不同问题时对应的标准维护与处置方案，同时应对未按规范处理的行为进行分类并制定相应的追责条例。各类设备均应指定责任人，建立巡查检修记录档案制度，方便管理人员定期检查备案。

## 第四节　环境安全管护

### 一、旅游行为与环境管理

#### （一）旅游产业主要发展类型

海洋牧场新业态发展的主要方向为“渔业＋生态旅游”。充分开发海洋旅游项目和产品，不仅可以扩大海洋牧场的宣传效果，同时可解决渔民转产转业问题，拓展生态旅游的发展空间。开展生态旅游应该充分发挥海洋牧场的景观资源和民俗人文资源。

海洋景观资源包括海岸景观、岛礁景观、水体景观、气候气象景观和海洋动植物景观资源等（周兴等，2017）。海洋牧场旅游产业可充分利用以上海洋景观资源，开展潜水、垂钓、冲浪、观赏、餐饮、民宿等特色项目，形成独特的旅游品牌。

海洋牧场民俗人文资源则包括近海历史遗迹、近海宗教设施遗迹相关旅游和纪念设施，相关历史人物故居，宗教活动和民俗活动遗迹，各种现代体育活动等。具体可开展古代沉船遗址、古代海防炮台及海战遗址、传统渔村遗迹、传统渔业生活习俗展示，以及各种开海、祭海等与海洋相关的节庆活动。另外，也可组织和承办一些海上演出和比赛活动。

### （二）环境管理原则和思路

海洋是同时具备经营性和非经营性特征的一种“资源型资产”。在发展海洋牧场旅游产业的过程中，应坚持以生态保护和谐发展为原则，制定因地制宜的环境管理措施。基于以上主要旅游产业类型，可采取的具体环境管理思路有如下两个。①合理开发。确定合适的游客载量，根据当地的接待能力有效地控制游客的人数。②加强对旅游景区的管理。强化跨部门、跨行业、跨地区协调管理力度；景区内要配备齐全的环保设施，如垃圾分类收集桶；垃圾要及时清运，进行适当的处理；对于破坏环境的游客行为，景区要采取措施予以限制。

## 二、废水、废弃物和污染物管理

水域生态环境是水生生物赖以生存的物质条件，对海洋环境的开发利用必然会对水域生态环境产生影响。养殖过程中未达标处理的废水和固体废弃物极易导致周边水体等环境介质发生严重污染，给生态安全与人类健康带来潜在威胁。

### （一）废水、废弃物和污染物来源和危害

废水水质主要取决于养殖水产品的种类、饲料的种类和投放方式以及管理方式等。水产养殖废水中的有机物主要包括腐殖质物质、碳水化合物、蛋白质类物质和低分子质量的醛类等，若不经处理随意排放会对环境产生严重影响，造成周边水域水体富营养化（刘佳等，2016）。

海洋牧场自身产生的固体废弃物包括残余饵料、鱼类代谢副产品、粪便等。养殖过程中产生的含氮磷等营养元素的固体废弃物排入到水体环境后，会在水中分解导致养殖区域水质恶化，引起藻类暴发，水体色度提高，并使底栖生态系统状况恶化，使疾病暴发的概率提高（乔卫龙等，2019）。除对养殖区域水质和底泥沉积物组成的影响外，产生的有机固体颗粒还会被周边水体中的浮游植物和底栖生物等直接利用，破坏原有的生态平衡。

海洋牧场还有其他污染物来源，包括石油泄漏、重金属污染等。自然界和人类活动的大量化学物质都可能溶入水中，在水产养殖产品中主要有镉、汞、铅、砷和酚类物质的残留。从食品安全考虑，重金属对人类健康危害极大。石油污染是指石油开采、运输、装卸、加工和使用过程中，由于泄漏和排放石油引起的污染。油类可沾附在鱼鳃上，使鱼窒息，抑制

水鸟产卵和孵化，破坏其羽毛的不透水性，降低水产品质量。油膜形成可阻碍水体的复氧作用，影响海洋浮游生物生长，破坏海洋生态平衡，此外还可破坏海滨风景，影响海滨美学价值。

### （二）废水、废弃物和污染物管理措施

对于海洋牧场废水、废弃物和污染物管理，首先应该防止和减轻海洋牧场自身污染。主要方式为：①合理确定养殖承载力，将养殖密度控制在水体承载量以内，使养殖污染物不超过水体自净能力；②调整优化养殖结构，进行藻类套养或轮养，降低水体营养负荷；③通过改进投饵技术，提高饲料质量等方式，提高饵料利用率，减少残饵数量（程波等，2017）。因此，在海洋牧场构建中，一般以多营养级综合养殖为主要形式：将不同种类生物养殖在同一个单元中，养殖种类之间依靠互利共生的关系共存，上层养殖种类产生的废弃物能够成为次一层养殖种类需要的营养物质，不但提高了投放饵料中营养成分的利用率，同时也可减少养殖区域底部固体废弃物的沉积，构成一个平衡的生态环境。

其次，对于生产过程中影响水域环境的行为应严格控制和管理。具体措施包括：①卫生间的污水不得直接排入养殖水体，对生活污水和垃圾要妥善收集并及时处理；②注意垃圾和污水收集措施与养殖水体的相对位置，避免因雨水冲刷造成水体污染的风险；③严格管理渔船作业，减少污染物的排放，杜绝石油泄漏等现象。

## 三、环境灾害与突发险情应急预案制定

### （一）海洋牧场环境灾害与突发险情类型

海洋牧场环境灾害与突发险情包括台风、风暴潮、海浪、海啸和溢油事故等。台风、风暴潮、海浪、海啸经过的海域和区域，可能影响的领域有交通运输、渔业捕捞、海上石油开采、电力、建筑施工等。从而可能引发海上运输、生产设施翻沉，水淹生产区、停电、停水、油气管线泄漏、建筑物垮塌、物体打击，以及火灾、爆炸和中毒等事故，造成人员伤亡和财产损失。对于台风、风暴潮、海浪、海啸等环境灾害，需要做好海区气候实时监测，提前停止海上作业，做好设施加固工作，做好相应的应急处理。溢油事故则难以做到提前预警，具有突发性特点，因此更需要制定行之有效的应急预案。

### （二）海洋牧场环境灾害与突发险情应急处理

海上环境突发事件应急处理是一项系统工程，就国家层面而言，应加强部门之间的配合。就海洋从业者而言，发生海上环境突发事故，应迅速启动海洋牧场海域和近岸的监测系统，严密监测海水水质和陆岸河流水质（廖国祥等，2012）。在制定突发险情预案时，应注意以下几点。①安全第一，预防为主。消除各类自然灾害可能引发生产安全事故的隐患；加强预防、预报、预警工作；做好应对各类自然灾害的思想准备、组织准备、预案准备、技术准备、物资准备和工作准备。②统一领导，分级负责。各地和国务院有关部门及中央企业按照各自职责和权限，负责相关自然灾害引发生产安全事故的应急处置工作。③落实责任，常备不懈。建立和完善自然灾害可能引发事故灾难应急管理工作机制，不断改进和完善预警、

预防手段和措施，加强应急救援装备建设，提高防范和应急救援处置能力。指导各地按照国家相关专项应急预案制定本地区、本单位相关应急预案，落实工作责任，完善工作机制。

例如，针对海上溢油事故，需要发挥中央和地方政府上下级之间、各职能部门之间的横向和纵向合作；建立反应迅速、互联互通、信息共享、协同应对的联动处理模式（曲凤凤，2011）；成立溢油事件应急处理专家组，迅速抵达事故现场，进行快速、细致、全面的检查，并建立以环保部门为主，消防、公安、交通、医疗救助、市政卫生等相关部门参加的协调机构，制定包括海上运输船舶溢油、仓储突发事故溢油及深海勘探开发事故溢油的应急预案（高振会等，2009）；根据污染影响的实际情况，在条件许可的情况下，优先采用物理法（围栏法、吸油法等）处理，特殊情况下采用化学法（燃烧法、化学试剂处理法等）处理，尽量减少污染对海洋的影响（陈燕，2014）。

## 四、牧场资源安全管护

海洋牧场会养护增殖各种经济生物资源，很多属于高值海珍品（如海参、鲍、野生经济鱼类等），同时海洋牧场海域属于开放环境，难以设置围网等隔离设施，因此常常发生偷捕问题。偷捕者常在夜间驾驶小船进入海洋牧场海域潜水采集海参、鲍等海珍品，或用拖网捕捞鱼礁区附近的鱼群，对海洋牧场造成一定的经济损失。

目前，由于受技术条件限制，针对偷捕者的防范仍以派遣看护船在海上进行24h巡查看护为主，但单船看护的海域也很有限，同时由于缺乏相应的法律法规进行约束，当遇到偷捕事件时，对涉案人员如何处理也较难定夺，较为可行的方案仍以及时发现并驱离为主。

可在牧场管护平台或依托的岛屿或陆地上安装探照灯监控海上偷捕行为，夜晚扫照海面，发现偷捕者后聚光照射并用高音喇叭喊话，对偷捕者进行震慑驱离，或派遣看护船到现场驱离。据了解，目前已有较成熟的水下反蛙人（潜水员）防御系统，但目前主要用于国防领域，尚无民用案例，且设施设备投资较高，应用难度较大。

一般来说，偷捕者多来自海洋牧场所在地周边渔村，因此较为可行的方案是海洋牧场运营企业与周边村镇的利益相关群体建立良好的沟通协调渠道和合作共赢机制，让其也能享受海洋牧场带来的益处，可最大程度上避免利益冲突。例如，为邻近村镇捐资修建基础设施、吸纳赋闲人员进入海洋牧场企业工作、加入当地的渔业合作社实现一定比例的利益共享等均为不错的方式。

# 第五节 质量管理

## 一、产品质量控制

### （一）产品质量控制的概念和原理

海洋牧场主要生产鱼、虾、贝、藻、参等鲜活水产品及其加工品，为人类提供优质蛋白供给。产品质量对于人类健康和海洋牧场的可持续发展尤为重要。

我国国家标准《质量管理体系基础和术语》（GB/T 19000—2016）中将质量定义为：一个关注质量的组织倡导一种通过满足顾客和其他有关相关方面的需求和期望来实现其价值的文化，这种文化将反映在其行为、态度、活动和过程中。产品质量不仅包括产品本身的质量，还涵盖生产、运输、销售、食用过程中的质量控制（颜廷才和刁恩杰，2016）。产品质量控制是质量管理的一部分，致力于满足质量要求。由此可见，要保证产品质量，就要对产品进行质量控制。

对于水产食品，要从池塘到餐桌进行全过程质量控制，科学控制产品质量的危害因子。危害食品质量和安全的因素可以分为化学性危害因子、物理性危害因子和生物性危害因子。化学性危害因子主要包括农药、渔药等有机物，金属等无机物和生物毒素等。物理性危害因子主要包括放射性物质产生的辐射、泥沙、碎石等其他异物。生物性危害因子主要包括病毒、细菌、真菌、寄生虫、转基因生物等。海洋牧场产品质量控制包括生产过程质量控制及加工与流通过程质量控制（杨红生，2017）。

**1. 生产过程质量控制**　按照海洋牧场建设流程，从选址、设计、建设、生产、运营全环节，生物和环境全方位保证产品质量。

1）*海洋牧场选址过程中的质量控制*　海洋牧场多建于近岸海域，因此，海洋牧场选址时一定要充分考虑拟选海域环境质量，尽量远离排污口和污染严重的河口，从源头保证海洋牧场产品质量。海洋牧场海水水质应符合《海水水质标准》（GB 3097—1997）中二类水质要求和《渔业水质标准》（GB 11607—89），沉积物质量应符合《海洋沉积物质量》（GB 18668—2002）中一类标准要求。

2）*海洋牧场设计和建设过程中的质量控制*　其一，科学规划。通过海域增殖承载力的评估，合理规划养殖密度，使养殖污染低于海域自净能力。其二，优化增殖结构。在水深6～15m的海域，可布设多营养层次生态增殖区，合理搭配不同营养层次生物，利用增殖生物间的生态互利，实现物质循环的高效利用。上层水体可开展贝类和藻类的增殖，中下层水体开展鱼类、虾蟹类、贝类、刺参等的增殖。藻类可以吸收营养盐，通过光合作用释放氧气，优化水域溶解氧环境，贝类通过滤食净化水体，底层的刺参通过摄食沉积物有效利用沉降的有机质。其三，合理布局污水处理系统。科学设置增养殖区和生活区排水管道及生活垃圾处置系统，杜绝生活污水和垃圾对增养殖区的污染。

3）*海洋牧场生产过程的质量控制*　对于需要投放人工鱼礁的海洋牧场，投放的人工鱼礁材料要环境友好。对于需要增殖放流的海洋牧场，放流的苗种质量要得以保障。苗种要到具有苗种生产许可证的良种场购买，或者在海洋牧场配套的良种场内严格按照《水产苗种管理办法》（2005修订）进行健康苗种培育。经水产品质量检测权威部门检测质量合格的苗种可用于增殖放流。

树立"以防为主，防重于治"的理念，做好海洋牧场生物疾病防控。使用的药物应符合国务院颁布的《兽药管理条例》和农业农村部制定的《无公害食品渔药使用准则》（NY5071—2002），不使用国家明令禁止使用的兽（渔）药（见农业农村部公告第250号《食品动物中禁止使用的药品及其他化合物清单》）。根据海洋牧场生产情况，结合病害防控技术最新进展，优先推荐环境友好的免疫防控和生态防控策略。

要严格海洋牧场生产档案管理，做好生产记录、水质记录、用药记录、销售记录等档案记录和归档工作，建立专卷专柜，由专人负责管理，并及时核验，发现问题当即追溯纠正。

要建立海洋牧场应急处理体系，遇海上溢油等突发事故，可以迅速启动专家决策系统选择适宜的应急预案，将损失降到最低。

**2. 加工过程质量控制** 海洋牧场产品加工是以海洋牧场产品为主要原料，通过物理、化学和生物的方法制成产品。海洋牧场加工产品种类涵盖冷冻品、冷冻加工品、鱼糜制品、干腌制品、藻类加工品、罐制品、水产饲料、鱼油制品、助剂和添加剂等（林洪，2010）。

海洋牧场产品加工厂是海洋牧场路基配套的重要部分，按照《中华人民共和国食品安全法》（2021修正）的规定，要有计划地按照卫生操作规范进行选址和设计。生产车间、供水系统、排污系统、卫生设施、厂区道路、绿化等按照加工需要合理布局。引入危害分析与关键控制点（HACCP）、良好生产规范（GMP）和ISO9000系列标准规范加工过程。

海洋牧场生产过程质量控制需控制加工原料的质量。加工用自来水、地表水和地下水，应符合《生活饮用水卫生标准》（GB 5749—2022），可以用符合标准的水生产加工用冰；加工用海水应符合《海水水质标准》（GB 3097—1997）中二类水质要求。加工产生的废水参考《肉类加工工业水污染物排放标准》（GB 13457—92）达标排放。

**3. 储藏和流通过程质量控制** 水产品水分、蛋白质、脂肪含量高，加上内源酶类的作用，易腐败变质。储藏和流通过程中，行业要控制好温度、湿度、空气、光线等环境条件，采用低温、杀菌、脱水、提高渗透压、适当添加法定防腐剂等多种措施保持产品的新鲜和营养。严禁使用非法防腐剂、增色剂，严禁滥用渔药，建立健全冷链物流体系，强化水产品流通过程中的质量保障。

打造海洋牧场产品线上线下综合销售模式，线上销售要注意销售平台的选择和打造，线下销售要建立销售单位、批发市场和个人准入制度和管理制度，实施营造销售环节的质量控制。

### （二）产品质量检测技术

要控制产品质量，为大众提供合格的海洋牧场产品，必须将质量量化为可测可评的指标，为质量合格提供科学证明。海洋牧场产品可量化的质量指标包括：鲜度、添加剂、重金属、农残药残与持久性污染物、寄生虫、生物毒素、微生物等。利用检测技术检测各项质量指标的过程即是将质量量化的过程。

**1. 鲜度的检测技术** 新鲜的水产品组织和成分组成是固定的，组织和成分的变化导致鲜度的变化。水产品死后经历僵硬、自溶和腐败三个阶段。水产品蛋白质和其他含氮物质逐渐被内源和外源性酶类及微生物分解，形成氨、组胺、三甲胺、吲哚、硫化氢等代谢产物，脂肪被外源脂肪酶分解为游离脂肪酸和肝油，导致水产品散发腐败气味。工作人员可以用感官评定、微生物检测、理化检测等的传统检测技术以及智能检测、光谱检测等现代检测技术进行鲜度检测。

**2. 添加剂的检测技术** 为提升产品风味、防腐和漂白，可以在法规允许的情况下使用添加剂。添加剂的过量使用也会引起产品的质量风险。常用添加剂亚硫酸盐、明矾、多聚磷酸盐的测定可参考国家食品标准GB/T 5009系列中相应的检测方法。

**3. 重金属的检测技术** 海洋牧场产品中主要检测的重金属有汞、砷、镉、铅、铬、铜等。可采用大型仪器参照国家食品标准GB/T 5009系列中的方法检测产品重金属。

**4. 农残药残与持久性污染物的检测技术** 水产品中的农残药残包括有机氯杀虫剂、

呋喃唑酮、喹酸、磺胺类药物、抗生素等。持久性污染物主要包括多氯联苯和多环芳烃等。可参照食品、水产品、动物源性食品农药残留和持久性污染物检测国家标准中的相应方法进行检测。

**5. 寄生虫的检测**　可利用灯检法或酶消化法将寄生虫从水产品上分离，进而利用形态学、分子生物学相结合的方法进行种类鉴定。

**6. 生物毒素的检测**　水产品中的生物毒素种类主要有河豚毒素、麻痹性贝毒、腹泻型贝毒等。可参照国家食品标准GB/T 5009系列中相应的检测方法进行检测。

**7. 微生物的检测**　水产品中的质控微生物包括细菌、真菌、病毒。参照《食品卫生微生物学检验》（GB 4789），检测细菌总数、大肠菌群、沙门氏菌、副溶血弧菌、金黄色葡萄球菌、单核细胞增生李斯特菌、志贺氏菌数量。通过装片制作，利用显微镜检测水霉、鳃霉等真菌。利用电子显微镜观察、分子生物学检测、免疫学检测或细胞培养，检测病毒含量。

### （三）产品质量评价

对海洋牧场产品进行质量检测后，反映产品质量的多种指标的数值呈现，需要科学的评价体系评价产品质量是否合格。根据国家对水产品的质量要求，可利用无公害水产品、绿色水产品和有机水产品进行海洋牧场水产品分类和评价。

**1. 海洋牧场无公害水产品评价**　无公害食品，是无污染、无毒害、安全优质的食品。海洋牧场无公害水产品首先由省级农业行政主管部门进行产地认证，之后按照无公害水产品操作技术规程生产。按照《无公害农产品生产质量安全控制技术规范 第13部分：养殖水产品》（NY/T 2798.13—2015）中关于产地环境、收获、销售和储运管理等环节的要求实施质量安全控制。按照《无公害食品 水产品中渔药残留限量》（NY 5070—2002）和《无公害食品 水产品中有毒有害物质限量》（NY 5073—2006）要求进行产品质量评价。也可参照相应的具体水产品的无公害标准进行质量评价。例如，可按照《无公害食品 大黄鱼》（NY 5060—2001）的要求评价大黄鱼质量。

**2. 海洋牧场绿色水产品评价**　绿色食品是按照绿色食品标准生产，实行全程质量控制并获得绿色食品标志使用权的安全、优质的食用农产品及相关产品。绿色食品产地环境符合《绿色食品 产地环境质量》（NY/T 391—2021），由农业农村部中国绿色食品发展中心进行绿色食品产地和产品认证。海洋牧场绿色水产品要按照国家绿色食品标准的通用标准进行生产和质量认定。具体类型产品有绿色食品标准的，要按照相应标准执行，如《绿色食品 干制水产品》（NY/T 1712—2018）和《绿色食品 头足类水产品》（NY/T 2975—2016）等。

**3. 海洋牧场有机产品评价**　有机食品来自有机农业生产体系，根据国际有机农业生产要求和相应的标准生产加工。由中国国家认证认可监督管理委员会（国家认监委，CNCA）批准的认证机构进行有机产品认证。按照《有机产品 生产、加工、标识与管理体系要求》（GB/T 19630—2019）进行海洋牧场有机食品的生产和质量评价。参考中国认证信息网上有机认证标准中水产养殖对化学药物、苗种培育、水质和生产方式等的要求进行海洋牧场有机产品认证。

## 二、产品溯源

**1. 海洋牧场产品溯源标识**　水产品追溯需要技术支持，对水产品溯源的第一个环节是对每一个或每一个单位（批次）的水产品进行编码，并且编码要具有唯一性、永久性、简单性和可扩展性，只有这样才能保障追溯物种、产地、生产系统或条件的准确性。目前，国际上食品追溯常用的电子编码体系包括：EAN/UCC标准体系、EPC标准体系和ISO标准体系。第二个环节是识别，对每一个或每一个单位（批次）的水产品进行编码后，对其进行追溯时必须进行识别，识别技术必须要方便快捷、尽量缩短货物交货周期。现在最常用的识别技术包括耳标、条形码及RFID技术等，其中耳标是指施加于动物耳部，用于证明动物身份、承载动物个体信息的标志物；条形码自动识别技术是以计算机、光电技术和通信技术的发展为基础的一项综合性科学技术，是为实现对信息的自动扫描而设计的，是一种快速、准确而可靠的数据采集手段。例如，一维码技术和二维码技术，一维码技术的条形码是由一组宽度不同平行相邻的空和条，在代码编制上利用构成计算机内部逻辑基础“用构”“1”比特流概念，按照一定编码规则，用来表达一组信息的图形标识符，可代表字母、数字等信息，所包含信息通过扫描装置和译码装置进行处理。二维码技术的二维条码/二维码是用某种特定的几何图形按一定规律在平面（二维方向上）分布的黑白相间的图形记录数据符号信息；使用若干个与二进制相对应的几何形体来表示文字数值信息，通过图像输入设备或光电扫描设备自动识读实现信息自动处理，其可存储的信息量是一维码的几十倍，并能整合图像、声音、文字等多媒体信息，储存量大、保密性高、追踪性高、抗损性强、可靠性高、保密防伪性强，而且易制作、成本低。RFID也被称为无线射频技术，通过空间耦合，实现无接触双向信息传递，通过所传递的信息达到自动识别目标对象并获取相关数据的技术。典型的电子标签技术系统由电子标签、读写器、数据交换和管理系统构成，具有精度高、适应环境能力强、抗干扰、操作快捷等优点。例如，隋颖（2011）利用RFID技术，通过EAN/UCC 系统进行鲆鲽鱼类电子标签的设计与制作，实现鲆鲽鱼类养殖、运输和销售诸环节唯一性标识，并且每条鱼都有唯一的溯源编码。

国际上现行的水产养殖产品编码体系，比较有代表性的是2000年由挪威渔业研究所牵头实施的欧盟水产品追溯计划（Traceability of Fish Products），即“TraceFish”计划，该计划主要目标是调查研究水产品的全链可追溯性，建立水产品可追溯体系的执行标准，即水产品从养殖或捕捞直至消费整个过程所需要记录的信息以及信息记录和传递的方法等标准。刘学馨等提出基于养殖流程的水产品质量追溯系统编码体系，以HACCP体系为指导原则，从分析水产养殖品的业务流程入手，提出了一种产品编码与过程编码相结合的编码方法，建立了适用于国情又符合国际标准的水产养殖产品质量追溯编码方案，并以此为基础，首次在国内建立了水产养殖产品质量追溯技术体系。通过对海洋牧场产品个体属性和生产方式的研究，结合海洋牧场的实际情况和目前自动化程度，建议以批次为追溯单元，采用符合国际上通用的EAN/UCC编码规则的追溯单元追溯码编码规范，以及监管码和追溯码相结合的水产品追溯标识编码方案。主要包括条形码编码规则制定、条形码追溯码设计、条形码自动生成及条形码标签打印等内容，实现条形码对追溯信息的记录、对水产养殖产品进行批次身份标识，实现基于养殖、加工、流通过程的水产养殖产品的标识编码。

在海洋牧场产品标签标识开发方面，需要设计开发集流通、追溯、监管、防伪于一体的水产品追溯专用标签。产品标签可以使用一维、二维或一维和二维联合使用技术，采用追溯码和防伪码相结合的设计（图8-1）。标签材料应满足防水、防潮、拉不断、防伪、不粘连、条形码定影稳定、不变色等要求。在使用方面，对于需要进行包装的水产品，标签可以直接加贴于产品外包装上；对于鲜活水产品，标签可加贴于纸质产品流转记录上，向下一环节传递，也可以把标签直接固定在海洋牧场产品身上（图8-2）。

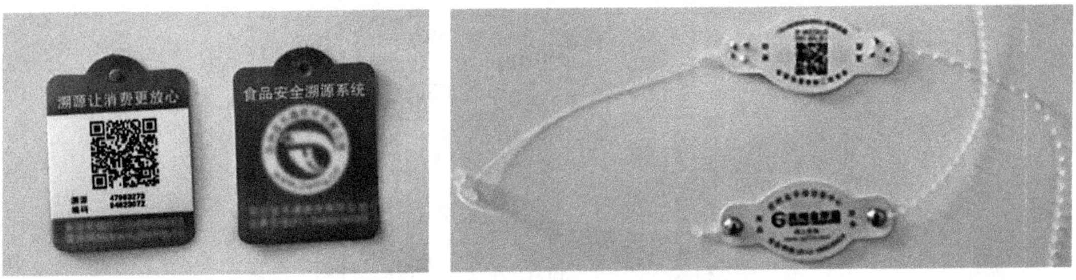


图8-1　产品溯源标签标识（杨红生，2017）

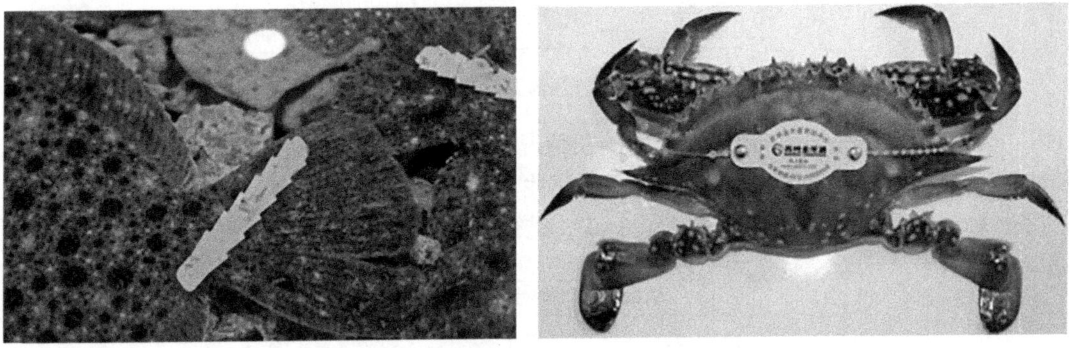

图8-2　质量安全可追溯的水产品（杨红生，2017）

**2. 海洋牧场产品质量安全追溯体系与平台**　完整的海洋牧场产品质量安全追溯体系应以海洋牧场产品养殖企业、加工企业和流通企业为实施主体，以海洋牧场产品供应链中的产品流通和信息流通为主要线索，以记录海洋牧场产品养殖信息、加工信息、流通信息、产品追溯信息和关键控制点质量安全信息为重点，以各生产经营责任主体追溯信息为基础，以中央信息数据库和监管追溯平台为核心。海洋牧场产品质量安全追溯技术体系可以完成追溯信息的记录和上传，同时为生产者、加工者、销售者、监督者和消费者提供追溯信息管理中心和公共信息交互平台，满足多用户、多角色的使用要求，保证追溯信息的有效传递，满足各种流通途径的追溯要求（图8-3）。

1）*养殖环节质量安全信息追溯*　养殖环节是水产品供应链中至关重要的环节之一，该环节将对水产品的营养价值、口感、肉质等产生很大影响。海洋牧场产品养殖环节质量安全信息追溯以提高养殖过程中信息的管理水平及养殖过程的追溯能力为目标，通过对海洋牧场产品的苗种、放养、投喂、病害防治到收获、运输和包装等生产过程进行剖析，需要设计海洋牧场养殖环境、生产活动及质量安全管理等模块，以满足企业日常管理的需要。养殖环节质量安全信息包括基础信息、生产信息、库存信息等水产品档案信息。

海洋牧场产品养殖环节安全信息追溯的主要内容包括如下几个。①养殖环境管理：盐度、潮流、温度、水深等指标。②水质管理：透明度、溶解氧、pH、氨氮、磷酸盐、亚硝酸盐等对养殖生产有影响的指标。③苗种管理：对苗种的来源、品种、价格、密度、产品检验检疫等日常管理情况。④放养管理：对每个海域放养的数量、规格、种类、日期进行记录管

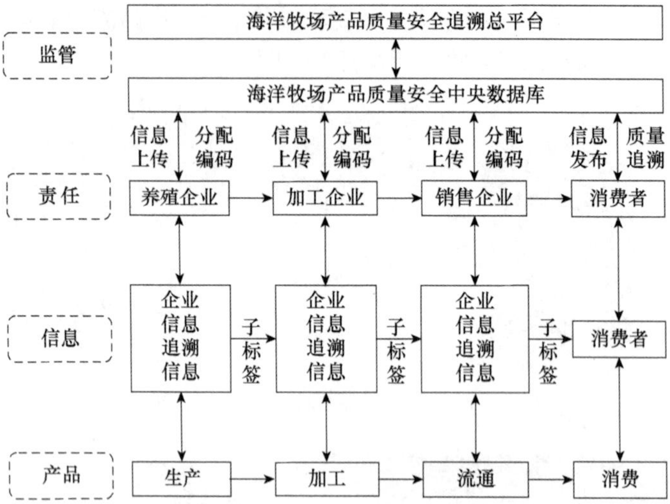

图8-3　海洋牧场产品质量安全追溯体系总体框架示意图（宋怿等，2015）

理。⑤饲料投喂：记录养殖品种觅食/生长情况、饲料种类、投喂情况。⑥产品编码的生产与打印：针对海洋牧场产品，基于水产品的属性、包装形式、生产方式，生成与产品唯一对应的条形码，实现对海洋牧场产品的身份标识，进行海洋牧场产品质量信息安全溯源（图8-4）。

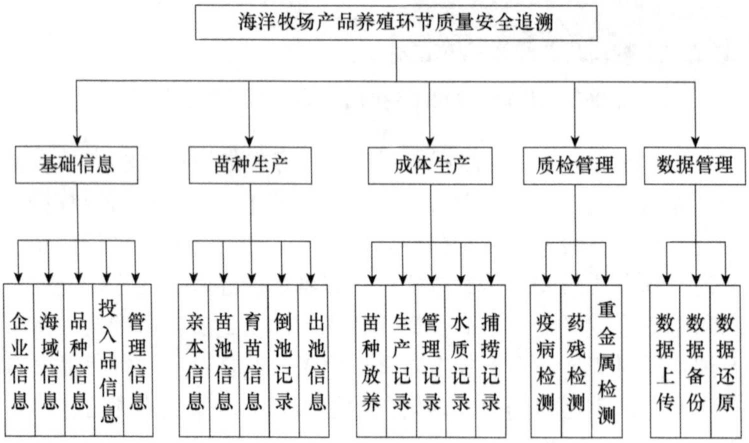

图8-4　海洋牧场产品养殖环节功能结构图（宋怿等，2015）

2）加工环节质量安全信息追溯　因为水产品的保鲜特性，产品加工是养殖生产活动的延续，是产品“从养殖到餐桌”的重要环节之一，加工环节的信息对水产品的追溯具有重要意义。针对海洋牧场产品加工企业的需求，为提高海洋牧场产品加工过程信息的管理水平和养殖过程的追溯能力，对加工企业基本信息、产品检验、产品出入库等进行信息的收集与管理。以HACCP理论为指导，围绕影响水产品加工产品质量的关键点与关键因子展开，进行海洋牧场产品质量控制，主要采集的信息包括：基础信息、采购管理信息、加工过程信息、仓库管理信息、质检管理信息和数据管理信息，实现从原料采购、原料检验到产品加工、产品检验、产品入库和出库全过程的管理。通过电子标签与水产养殖环节进行无缝连接，达到海洋牧场养殖过程与加工过程的有机统一（图8-5）。

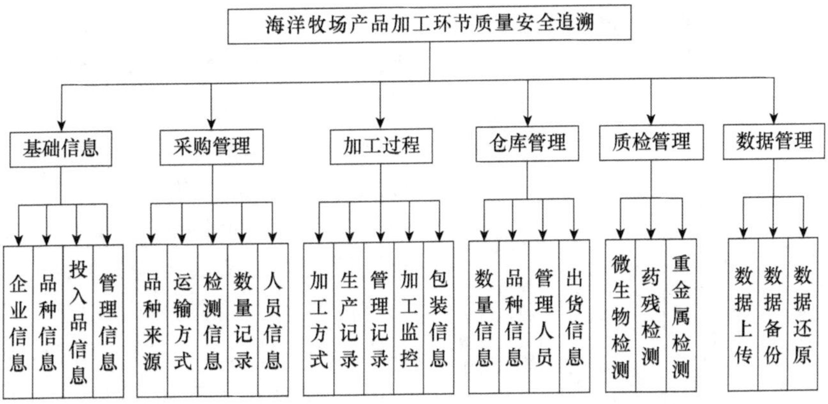


图8-5 海洋牧场产品加工环节功能结构图（宋怿等，2015）

3）*流通环节质量安全信息追溯* 海洋牧场产品的流通是实现从生产加工领域向消费者领域转移的经济活动的总称。流通过程信息的采集与追溯，可以有效保证海洋牧场产品流入市场到消费者手中的过程安全，对水产品的质量安全追溯起着至关重要的作用。围绕影响海洋牧场产品流通环节的关键点，设置基础信息、进货信息、交易管理、质检管理、物流管理、仓储管理、系统统计、数据管理等信息追溯，实现从海洋牧场成品运输到成品检验、储藏和销售全过程的管理。通过产品唯一识别码与海洋牧场养殖与加工环节进行连接，从而进行海洋牧场养殖过程、加工过程与流通过程的全程追溯（图8-6）。

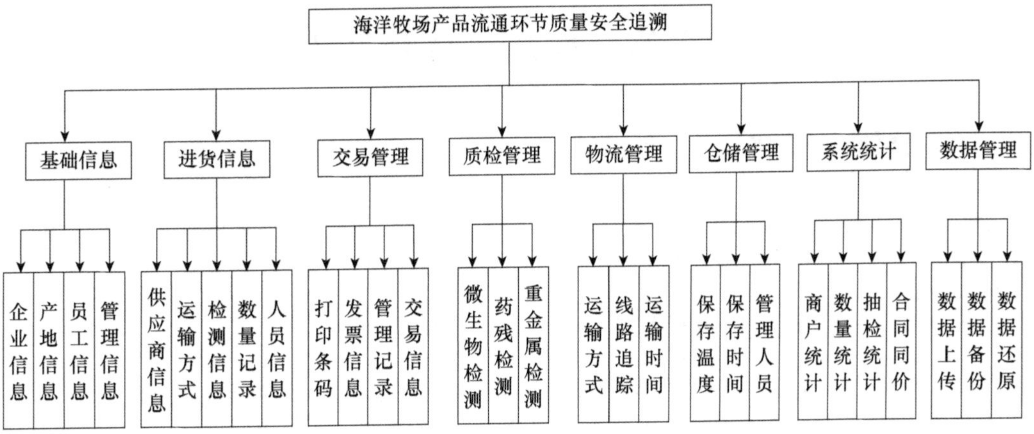


图8-6 海洋牧场产品流通环节功能结构图（宋怿等，2015）

4）*海洋牧场产品质量安全追溯平台* 海洋牧场产品质量安全追溯平台，以产品追溯标签标识为技术支撑，以产品质量安全中央数据库为后台，覆盖养殖、加工、流通各环节，集中管理各个环节上传的追溯信息，使各个环节追溯信息形成完整链条，实现消费者、监管部门追溯。海洋牧场产品质量安全追溯平台是针对海洋牧场产品相关企业的养殖过程、加工过程和流通过程进行全面数据监管，实现从养殖到销售的质量安全监控，如发现质量问题，可迅速查找到问题源头和出现问题的可能原因。消费者或监管部门在购买或检查海洋牧场产品时，通过手机或计算机智能终端等设备扫描票据上的标识码获取产品信息、查询海洋牧场产品的企业信息、产品信息、质检信息以及信息发布情况（图8-7）。

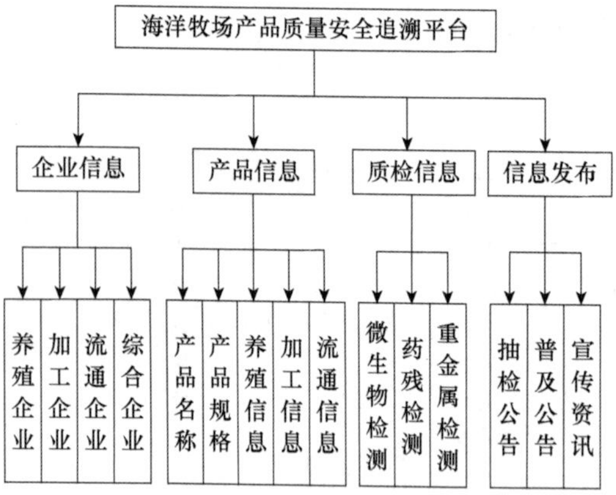


图8-7　海洋牧场产品质量安全追溯平台功能模块图（宋怿等，2015）

**3. 水产品质量安全追溯应用案例——凡纳滨对虾追溯管理系统建设和示范**　自水产品质量安全追溯体系构建项目启动，以企业追溯系统的研究和开发作为突破口，成为追溯信息的主要来源，以实现水产品生产—流通—销售全程跟踪和溯源的目标。其中，以广东恒兴集团对虾养殖试验场为例，发展形成完善的“苗种繁育—饲料生产—水产养殖—水产品加工—国内外贸易”对虾产业链。此外，杨超（2012）参照国内外农产品质量安全溯源系统的研究成果，分析总结凡纳滨对虾产品供应链的特点，确定凡纳滨对虾质量安全的关键环节和信息采集点，建立数据库可追溯平台，进行凡纳滨对虾供应链上养殖生产信息、加工信息、流通信息和销售信息管理。平台系统主要为养殖企业、加工企业、销售企业和监管单位提供池塘信息、虾苗来源信息、虾药来源信息、饲料来源信息、虾苗批次信息、饲料批次信息、养殖日志信息、检验检疫信息、订单信息、交易信息、加工工艺信息、顾客信息、供货商信息等数据的录入、修改、删除及查询功能，为消费者提供凡纳滨对虾产品全程的履历信息。

# 第六节　信息一体化管理

## 一、信息一体化管理的总体设计

在信息化和智能化快速发展的社会，人们希望在保障环境健康发展的前提下最大效益化地利用环境资源，管理信息化是提高效益的有效技术和方法。

### （一）海洋牧场信息一体化管理的定义与实现目标

定义：海洋牧场信息一体化管理是指对海洋牧场各种信息实施全过程管理。海洋牧场信息一体化管理主要包含信息技术支持下的海洋牧场过程管理、海洋牧场运作管理以及对信息技术、信息资源、信息设备等信息化实施过程的管理。海洋牧场信息一体化管理三个方面的实现是不可分割的，它们互相支持、彼此补充，达到融合又相互制约。海洋牧场信息一体化管理属于海洋牧场战略管理范畴，其对海洋牧场的科学快速发展具有重要意义。

海洋牧场信息一体化管理的目标是信息集成与挖掘利用，其核心要素是数据平台的建设和数据的深度挖掘与分析应用，通过信息管理系统把海洋牧场的自然资源、渔业生物生长环境、渔业生物生长状态、牧场渔业底播与捕捞时间等信息及相关的人力、物力、仪器装备、财务和经营等各个环节的信息集成起来，利用先进技术对集成后的信息进行大数据分析、处理、存储和可视化显示等，实现海洋牧场信息的共享和资源利用（图8-8），同时利用现代的技术手段来寻找自己的潜在客户，有效地支撑海洋牧场的决策系统，提高牧场经济效能和质

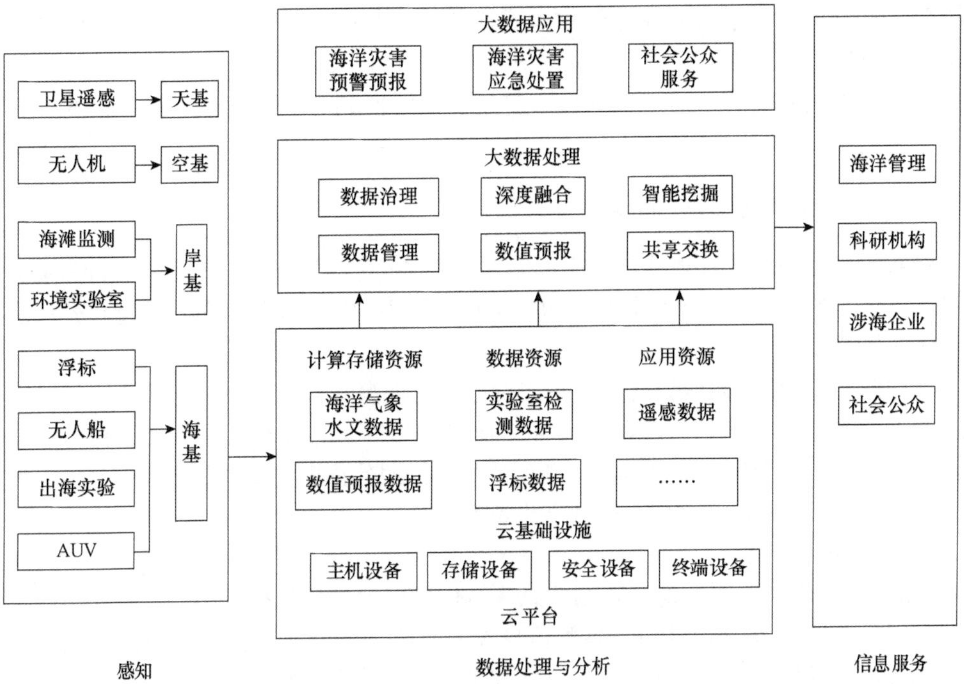


图8-8 海洋牧场管理信息化智能系统示意图

量，增强海洋牧场的市场竞争力，海洋牧场管理信息化的总体框架如图8-8所示。

海洋牧场信息一体化管理包括平台建设、过程管理、数据分析和可视化展示、运行和维护管理四个层面。平台建设是海洋牧场信息化管理的基础，海洋牧场信息化建设必须服从于海洋牧场的总体规划和战略。

平台建设层面主要包括海洋牧场信息的采集、信息数据库结构设计、数据治理策略、存储管理和结果展示几个方面的工作。要解决的主要问题包括信息技术如何与海洋牧场的中长期规划和发展战略相适应、相融合；信息技术如何有效地保障海洋牧场的可持续发展；如何利用信息技术规划海洋牧场业务流程、提升海洋牧场的竞争力。主要的工作包括系统软件部署和实施、应用软件的开发、硬件环境搭建和部署等方面的内容。

过程管理层面主要包括静态数据的维护、动态数据的实时采集、用户角色的管理、数据正确性确认、数据的备份等。还有管理功能模块的划分、数据安全性的保障、中间件的开发和应用系统满足不同需求的全面性。通过有效的管理制度保障软件系统得以顺利运行。

数据分析和可视化展示层面主要包括对历史数据的分析建模、针对不同的应用场景进行挖掘分析，对海洋牧场的运行状态、影响海洋牧场的主要因素和对海洋牧场各类数据之间的相关性等进行分析，为进一步决策提供支持。同时，通过可视化的手段，将海洋牧场的工作状态、环境参数、历史趋势和预测趋势等直观展示出来。

运行和维护管理层面的重点是保障整个系统硬件及软件的稳定运行，对系统运行过程中出现的故障及时处理，确保已经实施的项目发挥其应有的作用，保障各种系统能够正常、稳定、高效和安全运行；包括管理机构的组织结构、管理模式的确定，管理人员的分工和工作职责的落实，管理制度的制定等。

面对互联网时代信息技术革新和中国海洋牧场成长路径的需要，海洋牧场信息化要求支持基于Web浏览器接入方式进行数据的访问与操作，以保障随时、异地、快速地进行系统数据更新、模型优化、系统维护与升级，打造“及时便利＋准确安全＋低廉成本”的管理系统。

### （二）海洋牧场管理功能设计

海洋牧场信息一体化管理系统包括系统与信息数据库结构设计、实施、运行和维护管理三个层面。信息数据库结构设计是海洋牧场信息化管理的龙头，海洋牧场信息化建设必须服从于海洋牧场的总体规划和战略。

**1. 信息一体化管理系统设计** 系统设计主要把海洋牧场的自然资源、渔业生物生长环境、渔业生物生长状态、牧场渔业底播与捕捞时间等信息及相关的人力、物力、仪器装备、财务和经营等各个环节信息等不同类型的数据按照数据库的规范要求和信息发布要求进行处理并最终入库，从而实现统一的数字化管理。

**2. 数据库设计**

1）数据库概念设计 海洋牧场信息一体化数据库中的数据有很多，且各类数据格式不一。在进行数据库概念设计时，各类信息表中元数据的定义和数据字典的组织要统一规范，以满足不同场景应用的传统习惯，又能够避免数据表达的不一致性。

在海洋牧场信息中有些是图片信息，这类信息除有字符串表示该信息外，还有图片存储位置信息；在数据设计过程中，设置图像存储位置信息关联过程表，用于存储转换后的JPG格式的标本图像存储位置信息。

2）数据关系设计 在数据库建立时，由于数据表众多，需分类设计，即需要设计目录和层级，目录级数据的顶层，统领各文件级数据表；分类基本信息表含自然资源信息、渔业生物生长环境信息、状态信息、牧场渔业底播与捕捞时间等信息以及相关的人力、物力、仪器装备、财务和经营等各个环节的信息。针对静态信息和动态信息分别存储，通过关键字和外关键字建立数据库表之间的联系（图8-9）。

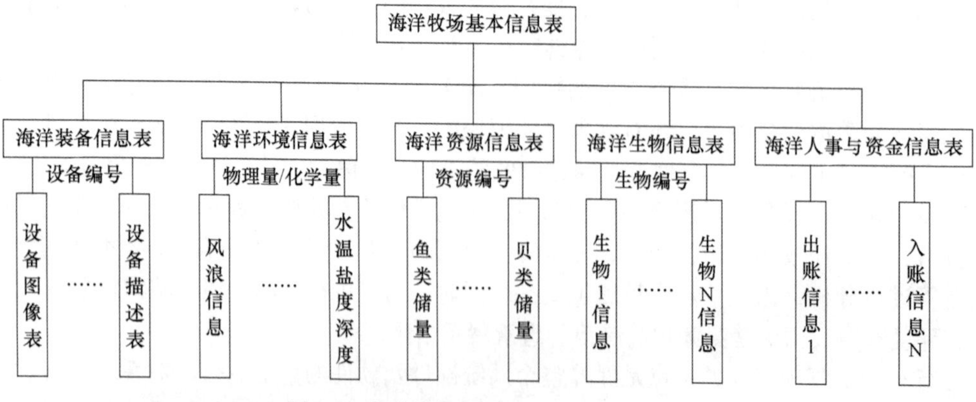


图8-9 海洋牧场数据库分类设计示意图

**3. 功能设计** 系统具备的主要功能有数据导入、数据编辑、数据查询、数据输出、图像处理和质量检查等。

1）数据导入　　在资料加工过程中，基本信息表、标本信息表、薄片鉴定信息表和相关资料信息表的信息均为Excel表格，因此系统具备数据导入的功能。

2）数据编辑　　入库后的实物资料信息具备对某些信息进行处理和加工的功能。

3）数据查询　　设定一定的查询条件，便于管理检索与利用。

4）数据输出　　根据不同用户的需求，可以自定义导出不同格式、不同字段的数据表格和数据库，用于产品开发和数据服务。

5）图像处理　　有些图像的格式和大小不符合实物资料网络发布的要求，因此要求系统在图像入库时能够对图像进行缩放、切片、格式转换等处理。

6）质量检查　　在所有的信息录入或导入数据库后，对数据进行质量检查，包括必填项、数据格式、数据逻辑关系等方面的检查，对存在问题的数据进行错误提示。

## 二、牧场信息存储管理

**1. 数据的可靠性**　　在数据的存储管理方面，充分地利用现有功能，采取存储备份的方式，如磁盘阵列的RAID5等实现冗余方式保证数据存储的可靠性，如图8-10所示。

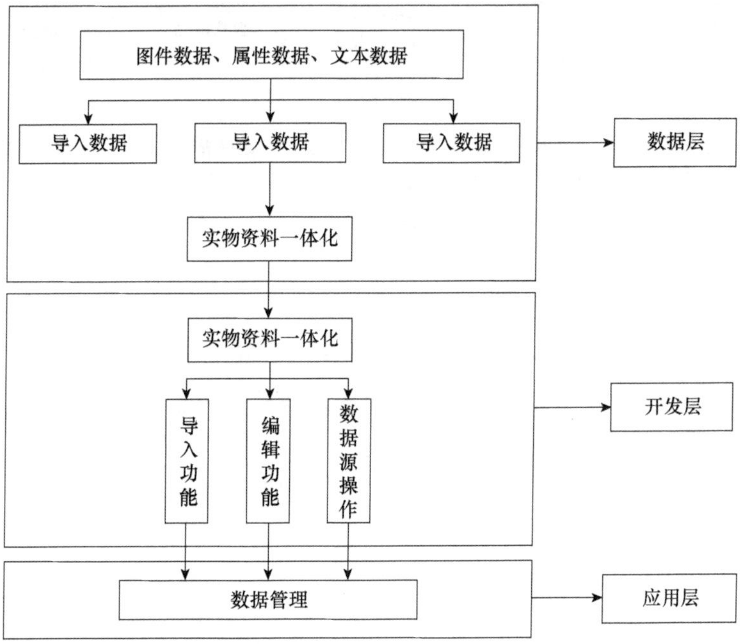


图8-10　系统开发技术流程示意图

**2. 传感器数据的采集**　　为实现传感器数据的采集和系统的扩展，针对现有的海洋牧场有关的传感器数据的类型，对数据交换建立统一的数据标准，以符合数据库表的存储要求。并方便对实时采集的数据进行检验，当数据出现异常时可以提示系统管理人员及时处理故障，保证实时采集数据的完整性和正确性，减少后期数据处理的工作量。

**3. 数据存储管理**　　数据存储管理系统对海洋牧场综合信息数据库进行管理和维护，包括空间管理、索引管理、安全管理、数据清洗和数据维护等。空间管理、索引管理、安全

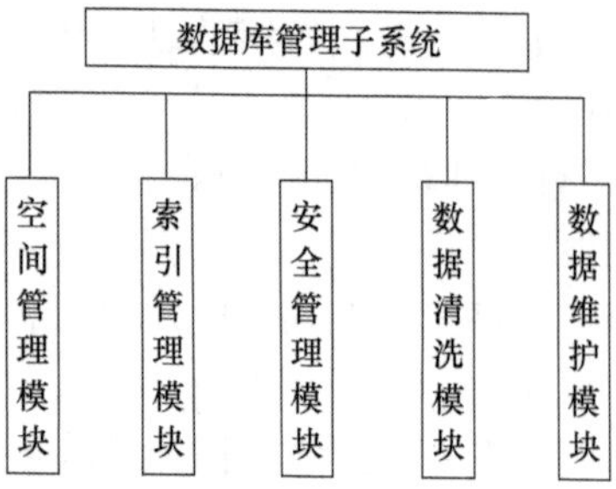


图 8-11 数据库管理子系统功能模块组成结构图

管理、数据清洗和数据维护集成在一个应用软件中，以B/S方式供用户使用。

数据存储管理系统由空间管理、索引管理、安全管理、数据清洗和数据维护5个功能模块组成，其组成结构如图8-11所示。

数据存储管理系统的索引管理模块、安全管理模块、数据清洗模块、数据维护模块之间属并列关系，并不存在流程先后顺序。其流程如图8-12所示。

（1）启动索引管理单元，执行索引删除、索引重建等操作，修改后的索引信息更新到数据库。

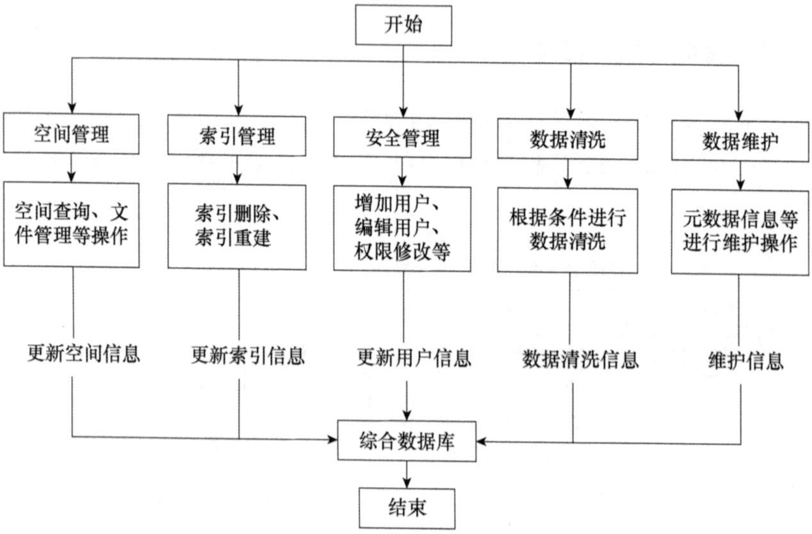


图 8-12 数据库管理子系统处理流程图

（2）启动安全管理单元，执行增加用户操作；修改用户时，首先从数据库读取用户信息，执行用户修改、权限修改，并更新到数据库。

（3）启动数据清洗单元，执行垃圾信息、过期信息和无用信息的清除，并更新到数据库。

（4）启动数据维护单元，执行数据信息、站点信息、仪器信息等字典维护，并更新到数据库。

**4. 数据管理平台的建设** 牧场现场信息数据库的建设主要工作是信息数据的采集，包括牧场环境多源异构数据自动采集与接入；牧场所用仪器装备信息、牧场人事信息和牧场资金交易信息等的人工录入。采集、接入连续有效的多源异构数据是大数据平台发挥作用的重要基础工作。项目基于互联网+技术，建立海洋环境观测监测技术数据聚融系统，支持不同类型的海洋数据资源及海洋监测对象接入管理，包括海洋水文气象数据、近岸海域浮标监测数据、海洋环境实验室检测数据、近岸海洋遥感数据、近海养殖海域区位环境、近海环境调查等数据信息。

数据库接收的输入包括数据输入（文件级输入、数据记录级输入、批量数据输入）和管理输入（数据管理输入、数据库管理输入）。输出由软件通过接口读取数据库完成。

1）文件级输入　　向数据库输入文件时，通过操作系统级别将要保存到数据库中的文件传输到存储区域，通过SQL对数据库中元数据表中的描述信息进行更新。

2）数据记录级输入　　向数据库输入数据记录时，由应用软件调用数据库访问接口（ODBC、OCI、JDBC等），以SQL语句形式（Insert、Update等），将数据记录输入到数据库中，记录的完整性和一致性由软件完成初步检验，数据库负责最终检验。

3）批量数据输入　　批量数据是指大数据加载（GB级以上），将批量数据输入到数据库中时，要预先将数据文件转换为数据加载标准格式，然后通过数据库的快速加载工具将数据更新到数据库中。

4）数据管理输入　　数据管理输入是对数据库进行对象级别的操作，如创建用户、创建表、创建索引、修改权限等。数据管理输入通过工具由系统管理员完成，在系统初始化时，需要准备初始化SQL脚本，完成数据库系统的对象创建。单个对象的操作由系统管理员通过工具执行SQL语句完成。

5）数据库管理输入　　数据库管理输入是指对数据库的安装、删除、启动、停止、创建实例等维护操作。数据库管理输入由系统管理员在操作系统级别完成，管理维护使用数据库提供的工具进行操作。

**5. 海洋牧场数据分析与管理平台**　　海洋牧场数据存储平台采用大数据、人工智能等先进技术实现牧场资源环境的数据管理。牧场环境信息数据库的建设主要工作是信息数据的采集，包括牧场环境数据自动采集与接入；牧场所用仪器装备信息、牧场人事设备信息和牧场资金交易信息等的人工录入。牧场所在海洋环境数据包括海洋水文气象数据、岸基河流入海水质监测数据、近岸海域浮标监测数据、旅游娱乐海滩稳定性监测数据、海洋环境实验室检测数据、近岸海洋遥感数据、近海养殖海域区位环境、数值模拟、近海环境调查等数据信息（图8-11）。

资源数据包括渔业种类数量、密度、大小、生长状态和生长环境等信息数据的可视化。最终，海洋牧场建立实时数据库、历史数据库、基础信息库、专题产品库、预警预报库等，从而构建海洋牧场大数据中心，为信息发布和信息共享提供数据基础。

## 三、牧场信息数据库管理

**1. 牧场环境检测平台建设**　　为了实现对牧场环境的实时在线监测，需要建立海洋牧场自然环境、生态环境和渔业资源状态变化的监测系统；包括基于光谱技术的水质监测系统、基于声呐监测与声学信号识别的检测及预警系统、基于光学成像的浮游生物及渔业资源状态监测系统、基于荧光技术的赤潮灾害探测系统等。

**2. 数据维护模块**

1）概述　　数据维护对数据库中的代码和字段信息进行维护。数据维护包括基础数据维护、在线监测数据维护、实验室测试数据维护、定标仪器测试数据维护、海上调查数据维护等。

字段数据按主键进行维护，不允许重复，不允许删除，只能在原数据基础上进行更新和修改等操作。数据录入时，数据列的长度根据数据库中的定义进行限制，不允许输入超出规定长度的数据，数据列的类别也需进行限制，数字类型的不允许输入字符。

2）数据维护　海洋牧场信息数据库的维护有系统自动定时维护和人工手动维护两类。维护的依据是在设计数据库时对各数据的定义。数据维护模块数据输入表格式如表8-1所示。

**表8-1　数据维护模块数据输入表**

| 序号 | 数据元素名称 | 数据元素标识符 | 数据类型 | 用途 |
|---|---|---|---|---|
| 1 | 经度 | Latitude | number | 用于站点维护 |
| 2 | 纬度 | Longitude | number | 用于站点维护 |
| 3 | 温度 | Temperature | number | 用于站点维护 |
| 4 | 浮标站标识 | Typep | char | 用于站点维护 |
| 5 | 地面站标识 | Types | char | 用于站点维护 |
| 6 | 拼音 | Py | char | 用于站点维护 |

3）处理方法或流程　数据维护处理流程如图8-13所示。

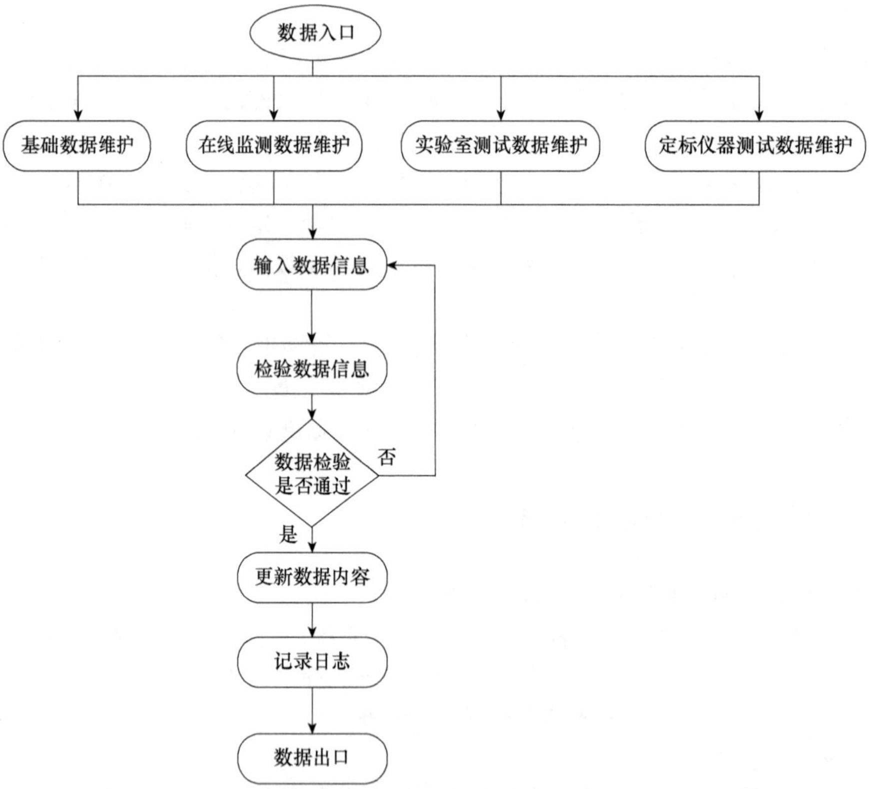


图8-13　数据维护模块处理流程图

（1）基础数据维护：输入数据信息；对输入的数据进行格式、类型检验；未通过检验需要重新输入；通过检验后更新数据库；记录日志信息。

（2）在线监测数据维护：输入数据信息；对输入的数据进行格式、类型检验；未通过检验需要重新输入；通过检验后更新数据库；记录日志信息。

（3）实验室测试数据维护：输入数据信息；对输入的数据进行格式、类型检验；未通过检验需要重新输入；通过检验后更新数据库；记录日志信息。

（4）定标仪器测试数据维护：输入数据信息；对输入的数据进行格式、类型检验；未通过检验需要重新输入；通过检验后更新数据库；记录日志信息。

## 本章小结

1. 海洋牧场的建设需要遵守《中华人民共和国海域使用管理法》（2002年）和《中华人民共和国海洋环境保护法》，海洋牧场用海需符合海洋功能区划，建设单位需依法取得海域使用权后方可建设，同时海域使用权人有依法保护和合理使用海域的义务。海洋牧场建设内容中涉及人工养殖活动的，需遵守《中华人民共和国渔业法》，从事养殖生产不得使用含有毒有害物质的饵料、饲料。从事养殖生产应当保护水域生态环境，科学确定养殖密度，合理投饵、施肥、使用药物，不得造成水域的环境污染。

2.《国家级海洋牧场示范区管理工作规范》确定了国家级示范区的创建程序和申报条件并提出了技术支撑、政策扶持和组织协调等要求，《人工鱼礁建设项目管理细则》对海洋牧场内的人工鱼礁建设项目申报、资金资助方法、项目实施与管理等方面给出了详细的要求。

3. 我国北方以经营性海洋牧场为主，企业为建设海洋牧场的资金投入主体，以经济品种为主要增养殖对象，并进行后续的开发与运营，政府起政策扶持作用。我国南方以公益性海洋牧场建设为主，由政府出资并统一安排，政府、科研院所、企事业单位共同参与运营管理。

4. 海洋牧场建设应进行风险防范，应预备一套系统、科学的海洋牧场项目风险识别、评价及应对体系，以应对牧场建设中可能发生的环境风险、技术风险、人员安全风险和协调风险等，并建立相应风险的制度保障措施。

5. 海洋牧场设施主要包括基础设施、仪器设备以及船只。基础设施包括鱼礁、网箱、海上监测平台和近岸陆地建筑；仪器设备包括水下监测仪器设备、平台监测与生产设备和常规电气设备；船只主要包括渔业生产与运输船舶和休闲渔船。对海洋牧场的基础设施和仪器设备需要进行定时监测与及时维护，保障其正常工作；在海洋牧场工作的船只需进行年检年审、定期检修，并监控其航行轨迹。海洋牧场运营管理单位应根据不同的设备应用环境或仪器设备类别制定一系列相应的安全保障制度。

6. 海洋牧场新业态发展的主要方向为“渔业＋生态旅游”，在环境安全管护工作中应控制废水、废弃物和污染物来源，确定合适的游客载量。对废水、废弃物和污染物应进行严格管理，不直接外排，并严格管理船只作业，减少污染物排放、杜绝石油泄漏等现象。同时，为保护牧场资源安全，需针对偷捕者制定一系列防范措施。

7. 为保障海洋牧场产品质量，需要从选址、设计、建设、生产、运营全环节，生物和环境全方位保证产品质量，在加工、储藏和流通过程中严格按照相关法规和标准执行。同时，利用检测技术检验产品是否合格，主要包括鲜度的检测、添加剂的检测、重金属的检测、农残药残与持久性污染物的检测、寄生虫的检测、生物毒素的检测和微生物的检测。在对海洋牧场产品进行质量检测后，还需进行产品质量评价和产品溯源。

8. 海洋牧场信息一体化管理是指对海洋牧场各种信息实施全过程管理，主要包含信息技术支持下的海洋牧场过程管理、海洋牧场运作管理以及对信息技术、信息资源、信息设备等信息化实施过程的管理。管理平台利用先进技术对集成后的信息进行大数据分析、处理、存储和可视化显示等，实现海洋牧场信息的共享和资源利用，有助于寻找潜在客户，可以有效支撑海洋牧场的决策系统，提高牧场经济效能和质量，增强海洋牧场的市场竞争力。

## 思 考 题

1．请问海洋牧场相关的管理规范有哪些？
2．影响海洋牧场运行安全的问题包括哪几方面？
3．如何保证海洋牧场产品质量？
4．海洋牧场的环境安全如何保证？
5．海洋牧场信息化管理系统如何搭建？

## 参 考 文 献

包尚友，孙坤，张丽丽．2014．打造现代海洋牧场獐子岛迎发展新机遇．农产品市场周刊，(11)：32．
蔡琨，秦春燕，李继影，等．2016．基于浮游植物生物完整性指数的湖泊生态系统评价——以2012年冬季太湖为例．生态学报，36(5)：1431-1441．
陈雷雷，金淑芳，李俊．2009．基于RFID的水产食品可追溯体系研究．农业科学研究，30(1)：51-54．
陈涛．2014．基于浮游动物群落的象山港海洋牧场人工鱼礁建设效果分析．上海：上海海洋大学硕士学位论文．
陈新军，周应祺．2002．渔业资源可持续利用的灰色相对关联评价．水产学报，26(4)：331-336．
陈秀忠．2010-12-2．海洋牧场：科技兴海、生态用海的现代渔业新路径．宁波日报．
陈岩．2015-1-31．加快推进海洋牧场建设．闽南日报．
陈燕．2014．突发性海洋溢油污染事件应急处理研究．环境科学与管理，39(6)：27-30．
陈勇，杨军，田涛，等．2014．獐子岛海洋牧场人工鱼礁区鱼类资源养护效果的初步研究．大连海洋大学学报，29(2)：183-187．
陈勇，于长清，张国胜，等．2002．人工鱼礁的环境功能与集鱼效果．大连海洋大学学报，17(1)：64-69．
陈作志，林昭进，邱永松．2010．基于AHP的南海海域渔业资源可持续利用评价．自然资源学报，25(2)：249-257．
程波，徐彪，夏苏东．2017．第九章海洋牧场产品质量安全保障．见：杨红生．海洋牧场构建原理与实践．北京：科学出版社．
丁琪，陈新军，耿婷，等．2016．基于渔获统计的太平洋岛国渔业资源开发利用现状评价．生态学报，36(8)：2295-2303．
丁琪，陈新军，李纲，等．2013．基于渔获统计的西北太平洋渔业资源可持续利用评价．资源科学，35(10)：2032-2040．
董啸天．2014．我国海水养殖产品食品安全保障体系研究．青岛：中国海洋大学博士毕业论文．
樊虎玲，赵坤，程晓东．2012．农产品质量可追溯制度建设现状与思考．陕西农业科学，5：127-128．
高振会，杨东方，刘娜娜．2009．胶州湾及邻近海域的溢油风险及应急体系．海洋开发与管理，26(11)：88-91．
韩恩厚，陈建敏，宿彦京，等．2014．海洋工程结构与船舶的腐蚀防护——现状与趋势．中国材料进展，

33（2）：65-76，113.
韩晓刚，黄廷林，陈秀珍．2013．改进的模糊综合评价法及在给水厂原水水质评价中的应用．环境科学学报，33（5）：1513-1518.
贺义雄．2011．论辽宁省海洋牧场建设．现代农业科技，（24）：363-365.
黄丹．2013．基于浮游藻类生物指数法的南方丰水型河流水质评价研究．南昌：南昌大学硕士学位论文.
黄磊，宋译，孟娣．2011．关于我国水产品质量安全可追溯体系建设的探讨．农产品质量安全与现代农业发展专家论坛论文集，398-403.
贾建刚，胡建平．2013-10-28．促进人工鱼礁建设带动海洋渔业发展．中国渔业报.
金祯弘．2011．中韩海洋渔业资源法律和政策比较研究．青岛：中国海洋大学硕士学位论文.
兰静，朱志勋，冯艳玲，等．2012．沉积物监测方法和质量基准研究现状及进展．人民长江，43（12）：78-80.
李春雷．2013．海洋牧场信息管理系统数字化的设计与实现．计算机光盘软件与应用，（20）：46-47.
李香，宋怿，黄磊，等．2010．国外水产品质量安全可追溯体系对我国的启示．中国渔业经济，28（4）：92-97.
李晓川．2006．建立我国水产品质量安全可追溯体系的紧迫性与可行性．中国水产，9：21-26.
廖国祥，马媛，高振会．2012．墨西哥湾溢油事故对我国深海溢油污染防治管理的启示．海洋开发与管理，29（5）：70-76.
林洪．2010．水产品安全性．北京：中国轻工业出版社.
刘华楠，李靖．2009．发达国家水产品追溯制度的比较研究．湖南农业科学，9：152-154.
刘佳，易乃康，熊永娇，等．2016．人工湿地构型对水产养殖废水含氮污染物和抗生素去除的影响．环境科学，37（9）：3430-3437.
刘学馨，杨信廷，宋怿，等．2008．基于养殖流程的水产品质量追溯系统编码体系的构建．农业网络信息，1：18-21.
马军英，杨纪明．1994．日本的海洋牧场研究．当代高新技术，18（3）：22-24.
马纤纤．2014．以浮游生物完整性指数评价长江上游干流宜宾至江津段河流健康度．上海：上海海洋大学硕士学位论文.
聂小林，李淑慧，熊晓辉．2019．水产品质量安全可追溯体系建设探析．现代食品，23：119-122.
宁波市发展改革委，宁波市海洋与渔业局．2011．宁波市海洋牧场建设思路及对策研究．宁波经济丛刊，（1）：54-57.
牛景彦，王育水．2019．水产品质量安全可追溯体系建设问题研究．科技创新与生产力，5：37-39.
乔卫龙，张烨，徐向阳，等．2019．水产养殖废水及固体废弃物处理的研究进展．工业水处理，（10）：26-31.
曲风风．2011．我国海洋环境突发事件应急联动机制建设研究．青岛：中国海洋大学硕士学位论文.
阙华勇，陈勇，张秀梅，等．2016．现代海洋牧场建设的现状与发展对策．中国工程科学，（3）：82.
宋怿，黄磊，杨信廷，等．2015．水产品质量安全可追溯理论、技术与实践．北京：科学出版社.
隋颖．2011．鲆鲽类标识与溯源技术的建立．青岛：中国海洋大学硕士毕业论文.
孙欣．2013．大连南部海域建设现代海洋牧场的可行性．辽宁科技大学学报，36（4）：397-404.
田涛，陈勇，陈辰，等．2014．獐子岛海洋牧场海域人工鱼礁区投礁前的生态环境调查与评估．大连海洋大学学报，29（1）：75-81.

田涛，秦松，刘永虎，等. 2017. 海南省海洋牧场的建设思路与发展经营策略分析. 海洋开发与管理，(3)：62-64.
田晓轩. 2015. 唐山曹妃甸海洋牧场综合效益评价研究. 青岛：中国海洋大学硕士学位论文.
佟飞，张秀梅，吴忠鑫，等. 2014. 荣成俚岛人工鱼礁区生态系统健康的评价. 中国海洋大学学报（自然科学版），(4)：29-36.
王爱香，王金环. 2013. 发展海洋牧场构建“蓝色粮仓”. 中国渔业经济，31（3）：69-74.
王恩辰. 2015. 海洋牧场建设及其升级问题研究. 青岛：中国海洋大学博士学位论文.
王菊英. 2004. 海洋沉积物的环境质量评价研究. 青岛：中国海洋大学博士学位论文.
王秋蓉，苏彬. 2014-01-23. 山东首次出台人工鱼礁建设规划. 中国海洋报.
王诗成. 2010. 海洋牧场建设：海洋生物资源利用的一场重大产业革命. 理论学习，(10)：22-25.
王伟定，梁君，毕远新，等. 2016. 浙江省海洋牧场建设现状与展望. 浙江海洋学院学报（自然科学版），35（3）：182-183.
王文杰. 2018. 广东沿海五座人工鱼礁区建设效果评价. 上海：上海海洋大学硕士学位论文.
王亚民，郭冬青. 2011. 我国海洋牧场的设计与建设. 中国水产，(4)：25-27.
吴小慧. 2011. 梯级生态浮床修复城市污染河道过程中浮游生物监测及评价研究. 上海：华东师范大学硕士学位论文.
许强，刘维，高菲，等. 2018. 发展中国南海热带岛礁海洋牧场：机遇、现状与展望. 渔业科学进展，39（5）：173-181.
颜廷才，刁恩杰. 2016. 食品安全与质量管理学. 2版. 北京：化学工业出版社.
杨超. 2012. 用于南美白对虾供应链的溯源系统研究. 杭州：浙江大学硕士学位论文.
杨红生，赵鹏. 2013. 中国特色海洋牧场亟待构建. 中国农村科技，(11)：15.
杨红生. 2017. 海洋牧场构建：原理与实践. 北京：科学出版社.
杨云. 2018. 我国海洋牧场示范区建设管理比较研究. 大连：大连海洋大学硕士学位论文.
尹增强，章守宇. 2009. 东海区资源保护型人工鱼礁经济效果评价. 资源科学，31（12）：2183-2191.
游桂云，杜鹤，管燕. 2012. 山东半岛蓝色粮仓建设研究：基于日本海洋牧场的发展经验. 中国渔业经济，30（3）：30-36.
于沛民，张秀梅. 2006. 日本美国人工鱼礁建设对我国的启示. 渔业现代化，(2)：6-7.
于晴. 2015. 山东省典型人工鱼礁区增殖效果评价. 青岛：中国海洋大学硕士学位论文.
湛江市统计局，国家统计局湛江调查队. 2015. 湛江统计年鉴2015. 湛江市统计局.
张国胜，陈勇，张沛东. 2003. 中国海域建设海洋牧场的意义及可行性. 大连水产学院学报，(2)：141-144.
张虎，朱孔文，汤建华. 2005. 海州湾人工鱼礁养护资源效果初探. 海洋渔业，27（1）：38-43.
张慧鑫. 2019. 湛江市海洋牧场建设研究. 湛江：广东海洋大学硕士学位论文.
张杰. 1994. 条形码技术应用探讨. 计算机时代，1：29-31.
张俊，陈丕茂，房立晨，等. 2015. 南海柘林湾—南澳岛海洋牧场渔业资源本底声学评估. 水产学报，39（8）：1187-1198.
张起萌，李燕杰，宋爽. 2015. 农产品二维码溯源系统研究. 电子制作，7x：38.
张婷婷，张涛，侯俊利，等. 2014. 空间信息技术在渔业资源及生态环境监测与评价中的应用. 海洋渔业，36（3）：272-281.

张秀梅．2009．山东省海洋牧场建设模式的探讨．见：全国人工鱼礁与海洋牧场学术研讨会．
张学进．2019．海洋牧场项目风险管理研究．济南：山东大学硕士学位论文．
张月霞，苗振清．2006．渔业资源的评估方法和模型研究进展．浙江海洋学院学报（自然科学版），26（3）：305-355．
张志伟．2019．人工鱼礁构建技术及效果评价．保定：河北农业大学硕士学位论文．
赵永强，李娜，李来好，等．2016．鱼类鲜度评价指标及测定方法的研究进展．大连海洋大学学报，31（4）：456-462．
郑建明．2017．水产品质量安全可追溯治理研究．上海：上海交通大学出版社．
周兴，孙伟，阚仁涛，等．2017．第十二章产业发展模式和业态拓展．见：杨红生．海洋牧场构建原理与实践．北京：科学出版社．
左睿．2017．海洋工程项目管理中的风险分析研究．质量管理与监督，（4）：71．
Smith G C, Tatum J D, Belk K E, et al. 2005. Traceability from a US perspective. Meat Science, 71(1): 174-193.

# 第九章 产业融合与发展展望

融合发展是我国海洋牧场产业未来实现高质量可持续发展的重要方向。以海洋牧场为依托，在做大做强第一产业的基础上，做优做活第二、第三产业，形成第一、第二、第三产业融合发展的全产业链条，因地制宜将海洋牧场与休闲渔业、新能源产业等有机融合，形成渔旅融合、渔能融合等新的产业模式，通过打造功能全面的海上城市综合体，实现多产业融合发展的新发展局面。

## 第一节 三产融合发展

海洋牧场建设是集环境保护、资源养护、游钓渔业和景观生态建设于一体的新业态。海洋牧场建设应遵循“生态优先、陆海统筹、三产贯通、四化同步、创新跨越”的发展理念，应在加快渔业生产第一产业发展的基础上，积极推进以精深加工业为代表的第二产业和以文化旅游业为主的第三产业发展，形成多产业融合发展的新局面。本节将对目前海洋牧场建设中产业融合发展的态势进行总结和概括，以期增强公众对海洋牧场新业态发展的了解和认识。

### 一、三产融合发展理念

随着近海渔业资源日渐衰退，近岸海水养殖病害频发和海洋环境污染日益加剧，推动海洋牧场建设已成为现代海洋牧业产业发展的必然趋势。构建以农牧渔业为代表的第一产业、精深加工业为代表的第二产业及以文化旅游业为代表的第三产业，推动创新海洋牧场三产融合发展，形成三产融合的现代海洋牧场基础理论体系和全产业链的综合技术体系，使海洋牧场成为经济社会系统和生态系统的一部分，充分发挥其对上下游产业、周边产业和当地社会经济的拉动作用，从而引领和支撑我国海洋渔业、海洋生物产业健康持续发展和海洋生态文明的全面建设。

发展海洋牧场应坚持做强一产、做优二产、做活三产的三产融合发展理念，构建以海洋牧场为核心的第一、第二、第三产业轴和以海洋产品和海洋文化为特色的生活生态圈，倡导以多元驱动、多功能建设和多产业融合助力海洋牧场发展的产业链条延伸。

#### （一）坚持做强第一产业，打造海上粮仓

第一产业是近海发展的传统产业，主要以滨海种植和浅海增养殖为主，具有结构单一、效率低下的特点。应结合海域环境特点和产业现状通过“养牧结合”因地制宜地推广生态农牧化渔业。例如，在近岸区域可根据水域特点培育海草床和海藻场，修复构建牡蛎礁，设立

渔业资源增殖区，合理投放人工鱼礁，开展人工放流苗种工作，积极开展渔业资源保护修复，营造沿海渔场；在浅海区域，可结合底播增殖，在部分区域合理发展筏式养殖、网箱养殖及深水抗风浪网箱等多种渔业生产模式，提升海域的分层立体开发水平以及增养殖生产的集约化、装备化和智能化水平；在盐碱地发展耐盐作物及牧草种植，并积极推动发展滨海畜牧业等。通过调控养殖对象，积极发展新型养殖技术和养殖方式，保护修复海洋生态系统，建设海洋牧场，最大限度地发挥浅海开放海域的海洋生产力，科学高效开发利用海洋生物资源，推动建设海上粮仓战略基地（杨红生，2017a）。

### （二）坚持做优第二产业，提升产品价值

我国沿海地区的第二产业发展相对成熟，以农牧产品精深加工、装备制造、新能源为代表的第二产业是未来海洋牧场发展的重要方向。发展农产品精深加工需要注重提高产品附加值，把农业产品转变为农业商品。通过建设水产品精深加工车间，安装新型生产加工设备提升常规加工能力，可使渔业资源经过加工之后再流入市场，推动海产品加工精细化、品牌化。同时构建互联网电商营销体系，构建现代仓储物流网络，利用冷链物流理念与技术，加强与下游企业的冷链对接，建立健全产品可追溯及安全保障体系。近年来，海洋牧场建设与海洋渔业及环境监测装备生产、海上风电、光伏发电、波浪能发电等融合发展，保障海洋牧场生态环境安全，助力“双碳”战略实施，成为海洋牧场第二产业融合发展的新方向。

### （三）坚持做活第三产业，弘扬海洋文化

我国海洋历史文化丰富，旅游市场潜力巨大。在发展第一产业和第二产业的同时可以充分利用生态环境和生物资源，将传统渔业、旅游业和服务业等产业有机融合，因地制宜地开展海上观光旅游、垂钓、海底潜水、疗养、休闲渔业等海洋第三产业，吸引周边人群参与到海洋牧场的运营中来，构建具有旅游观光、休闲垂钓、美食寻味、教育培训、环保科普、海洋文化传承等多功能的休闲渔业园区，充分共享海洋牧场带来的科学、生态、经济和社会价值（杨红生等，2018）。同时，积极推进旅游产业与历史文化、渔业文化、当地民俗文化有机融合。例如，以海洋牧场为平台，通过打造展览馆，宣传海洋牧场的源起历史和科普知识，参观海参增殖和捕捞，扇贝、海带养殖和收获过程，将海洋牧场产品加工打造成观赏车间，让参观者亲自感受水产品加工过程和渔业文化；以幻影成像技术展现渔民赶海情景，让游客体验当地海洋民俗文化；开展内容丰富、形式多样的海洋科普宣传和科普服务活动，提高公民海洋科学素质，树立热爱海洋、保护海洋的文化意识等。通过积极推进海洋牧场的多元化发展，可极大丰富人们的海洋文化生活，弘扬海洋文化（高晓霞和孔一颖，2019）。

## 二、三产融合发展功能设计

产业融合始于不同产业间的技术融合和关联，产业融合分为技术融合、产业融合、服务融合、市场融合四个层次的融合（An，1997）。综合来看，产业融合是不同产业之间或是相同产业内的不同行业之间的相互影响与渗透，是不同产业间的科学理论、技术以及市场的多重结合。

目前随着技术创新和市场需求的变化，产业融合已广泛出现于包括渔业在内的各个产业领域。我国传统渔业以水产养殖和捕捞为主，结构比较单一，长期粗放式经营积累的矛盾日益突出，人们对于水产品供给的需求已从对数量的需求转变为对质量安全和生态资源保护方面的需求（王茂祥和应志芳，2020），因此，加强渔业与加工流通、休闲旅游、科教文化和健康养生等产业的融合发展，延伸产业链条，是现代渔业转型发展的必然选择。随着渔业供给侧结构性改革以及渔业产业转型升级的推进，近年来渔业第一、第二、第三产业之间的融合度越来越高。

渔业产业融合主要表现为产业的横向融合和纵向融合。横向融合主要体现在渔业产业功能和广度的扩大，包括强化产业链上不同环节的融合发展，如育苗、养殖、生产加工、营销等的连接、合作、协调。产业的纵向融合则强调经营主体间或主体内部进行的协作整合，包括将产业外部的分工合作行为转化为渔业经营主体的内部组织行为，实现产业链中资本、产品、技术、人才、服务等资源要素的渗透扩散与交叉。在产业融合过程中，横向融合和纵向融合相互交叉，互为补充（赵蕾等，2019），通过产业联动、技术渗透、要素互通和体制机制创新实现渔业产业融合（王茂祥和应志芳，2020）。

海洋牧场是现代海洋渔业与现代旅游业等其他产业共同发展形成的一种新型的复合型海洋渔业经济发展模式，推进了现代渔业的产业结构调整和升级（黄康宁和黄硕琳，2010；杨红生，2017）。在规划海洋牧场产业布局时，首先要明确构建区域海洋生态系统特征，根据区域的海洋生物资源多样性、技术资金实力、周围区域经济环境及相应市场的期望值，规划布局产业链的发展方向。规划的实施要考虑相应区域的资源状况、历史民族文化、经济发展状态等多方面的因素，了解各个产业之间的相关性，从而确定不同区域海洋牧场三产融合发展的最终方向。

### （一）渔旅融合发展模式

休闲渔业是一类以休闲娱乐和体育运动为目的的渔业活动。休闲渔业依托海洋渔业资源、旅游资源、环境资源和人文资源等，结合一些渔业设备、渔业生产场地、渔业产品、渔业经营活动，将旅游观光、休闲娱乐、传授渔业文化知识等与现代渔业经济有机结合起来，使消费者在体验渔业活动的同时，感受休闲娱乐的乐趣（张婷婷，2017）。休闲渔业是第一产业的渔业生产与第三产业的旅游休闲的有机结合，是进行产业融合及结构延伸的主导方向。国外的发展经验表明，休闲渔业可以通过旅游业的城市建设、交通物流等，延伸现代渔业的产业链。

目前我国休闲渔业种类繁多，休闲渔业经营方式大致分为生产型、度假型、垂钓型和科普型四类。生产型休闲渔业主要以渔业生产为主，休闲垂钓为辅，在开展渔业生产的基础上，提供一定区域给游客垂钓使用；度假型的休闲渔业，主要是通过投资建设专业设施，供游客游玩使其达到减压和身心放松；垂钓型休闲渔业主要是建设设备完善的专门垂钓渔场供游客使用；科普型的休闲渔业一般是通过建立渔业展览馆、海底世界等展览馆，通过海洋科普方式，使游客体会渔家生活的乐趣（郝有暖等，2019；王文彬，2019）。发展休闲旅游业对海洋牧场的自然景观资源、养殖场地设施以及外部资本和旅游市场的依赖度较高，需要高起点的规划和设计。依托海洋生态养殖业，在保护海洋自然生态环境和景观基础上，因地制宜开发具有特色的海洋生态休闲旅游项目，把海洋牧场建设成集海水养殖、旅游娱乐、购物美食于一体的旅游度假胜地。

### （二）渔能融合发展模式

渔能融合发展是目前渔业产业融合发展中的另一种常见模式。其中渔光互补发展模式是充分利用渔业水域空间资源，将光伏发电或风力发电与水产养殖有机结合，在水面上利用光伏或风机发电装置进行发电，同时在水下开展绿色养殖，实现“水上发电，水下养鱼”的综合效益（王文彬，2019）。

在海洋牧场建设中，将海洋牧场与海上风电融合发展是解决高效用海空间的重要新型产业融合模式。利用海上风机基础与海洋牧场平台等设备进行融合，打造海上风电-人工鱼礁融合构型，通过空间融合、结构融合和功能融合，实现现代海洋牧场与海上风电融合发展新模式。目前在德国、荷兰等一部分欧洲国家通过将养殖网箱和养殖筏架固定在风机基础上，将风电与海水养殖进行融合开展试点。韩国在2016年也推进了海水风电与海水养殖结合项目，但是在我国尚无先例（Buck and Langan，2017；杨红生等，2019）。

### （三）渔文体融合发展模式

海洋牧场与体育竞技产业、科普文化产业等也成为海洋牧场三产融合的发展模式。海洋体育竞技产业是指人们利用滨海自然资源开展相关体育活动，包括游泳、潜水、帆船、冲浪、垂钓等。随着人们对健康的关注及亲近海洋的需求，海洋体育竞技产业也已成为海洋生态旅游非常重要的组成部分，近年来人们对海洋休闲体育的需求也呈现逐年增加的趋势（张桂华，2005）。

另外，深入挖掘渔业文化资源，发展海洋科普文化产业也是海洋牧场产业融合的主要类型之一。通过将传统渔文化、科教文化及现代渔业有机结合，建立水产科研基地等，结合海上网箱参观及科技实验展示体验，传播海洋生态知识，帮助人们与海洋生物拉近距离，进而加强海洋知识的科普传播。人们还可以通过渔业相关展览馆的参观及民俗活动的参与，了解当地渔业生产相关的渔文化及风土人情。这种产业融合一方面发挥渔业文化的产业助推功能，另一方面也提升了休闲渔业的文化内涵（赵蕾等，2014）。

## 三、产业融合发展态势

### （一）海洋经济产业结构发展历程

在我国，早在春秋战国时期，齐国便以渔盐之利的方法来丰富经济资源，促进经济发展；之后秦汉时期“海上丝绸之路”初露头角；唐宋时期“海上丝绸之路”大放异彩，丝绸、瓷器、茶叶等产品经由“海上丝绸之路”源源不断地销往海外，使中国的造船航海技术位于世界领先水平；明朝时期郑和七下西洋推动中国古代的航海事业位于世界巅峰。进入近代，我国海洋经济的发展进入了低迷时期，但经过一番探索，进入了快速发展的模式，如今面临着转型的挑战。

海洋事业与民族生存发展、国家兴衰息息相关。习近平总书记高度强调了海洋兴国建设的重要性。海洋经济是建设海洋强国的重要支柱，其发展具有十分重要的战略意义。

在海洋经济产业结构中，第一产业主要有海洋渔业、海洋矿业和海洋盐业，其中海洋渔业占首位，主要包括海水养殖与海洋捕捞。第二产业主要是船舶、能源等产业。第三产业主要为旅游业、海洋交通运输业和其他海洋经济活动。

### （二）海洋经济产业结构分析

通过对国内外海洋经济发展趋势的分析发现，第一产业的海洋渔业、第二产业的海洋油气业与第三产业的海洋交通运输业、旅游业已经成为世界海洋经济的主要产业。在中国，油气资源比较匮乏，因此海洋经济支柱性产业主要为第一产业与第三产业。和欧美日韩等发达地区和国家相比，虽然中国海洋支柱产业的产量和规模在世界上名列前茅，但经济效益较低，并且发展模式比较粗放，产业的结构层次比较低，亟待整合产业资源形成质量突破，尽管我国的战略性新兴海洋产业发展势头迅猛，但在技术水平上仍与国外存在差距。

与陆地经济有所不同，中国海洋经济三次产业结构初步呈现出了“三二一”的演进特征。海洋的第二产业对科学技术有一定要求，海洋工业体系的建立有一定难度，故中国海洋第二产业的发展相对落后，亟待在技术壁垒上有所突破。

### （三）海洋经济产业前景分析

滨海旅游业、交通运输业与海洋渔业是我国海洋经济的三大支柱产业。自改革开放以来，我国海洋渔业的发展蒸蒸日上，产量与产值均有提高；但在20世纪中期，因对海洋资源进行过度捕捞并且破坏了近岸生境，导致渔业资源的产量和质量均明显下降，各个海域的渔获量及渔获品质均呈下降趋势，某些海域的常见鱼种，如东海的大小黄鱼，已经很难形成鱼汛；故通过海洋牧场的方式来恢复渔业资源并改善生态相当重要，海洋牧场是促进海洋第一产业向现代化发展模式转变的关键，既是海洋渔业今后的发展趋势，又是保护海洋生态环境中不可或缺的一环。

我国是一个海洋大国，海岸线长，跨纬度多，海域面积辽阔，气候多样，具有多彩的自然景观，这些都促进了滨海旅游业的发展。滨海旅游业在旅游业中占据重要地位，促进了我国经济的发展与进步。近年来，滨海旅游业发展稳健，规模不断扩大，已经是旅游业持续增长的重要助力；不仅如此，随着滨海旅游业的发展，促进了邮轮游艇旅游、海岛旅游、休闲旅游等新兴业态的成长，并成为一个新热点。凡事都有两面性，随着滨海旅游发展正盛，一些短板也随之暴露：滨海旅游并非不可替代，其主题基本为阳光、沙滩与海洋，缺乏新颖；不仅如此，一些旅游景点配套设施的搭建破坏了自然景观，并且随着客流量激增，超过了环境承载力，并带来了大量的垃圾，严重破坏了生态环境。而海洋牧场的建设则因地制宜，根据当地生态环境发展建设，形成明显的地域特色。若是将滨海旅游与海洋牧场结合，或许会产生意想不到的效果；不仅如此，海洋牧场走科技路线，随着发展，实现智能化管理与服务，既能够提高工作效率，又能够提高游客的体验感，且可避免垃圾流向生态环境。

同时，海洋牧场的能源建设则能够与海洋经济的第二产业结合发展。海洋牧场致力清洁能源的开发与研究，也可为海洋第二产业的发展提供方向与技术支撑，实现双赢局面。

### （四）三产融合发展趋势

近年来国家高度重视海洋牧场建设发展，发布了《国家级海洋牧场示范区建设规划

（2017—2025年）》等相关政策，确定了我国海洋牧场建设的发展思路和工作重点，现代海洋牧场建设成为我国海洋生物资源养护、海域生境修复以及实现渔业转型升级的重要抓手。据不完全统计，截至2022年，我国已批准建设国家级海洋牧场示范区153个。通过与观光、游钓等第三产业的有机结合，年接待游客约1600万人，促进产业融合发展和渔民转产增收（胡炜等，2019）。目前，我国现代海洋牧场的产业发展路径以统筹推进水产养殖业、捕捞业、加工业、增殖业、休闲渔业产业协调发展和三产融合发展为主线，通过构建养殖、捕捞、加工、运输、销售等相结合的全产业链渔业生产模式，科学推进现代渔业发展。

现代海洋牧场产业融合发展正快速推进，但是在产业融合的同时应该坚持因地制宜，分类施策，根据生态环境状况、渔业资源禀赋，产业发展基础和市场需求等情况，科学布局，合理选择产业发展模式。同时应坚持绿色发展，要科学利用当地水生生物资源，充分挖掘生态渔业的文化内涵，积极发展休闲渔业，促进文化、旅游、垂钓、观光、餐饮、康养的深度融合，并加强监督管理，确保产业发展与生态保护的一致性。在有条件的区域发展生态水产品精深加工，培育壮大水产品加工流通龙头企业，开发方便快捷的水产品食品和特色旅游产品。

## 第二节　渔旅融合发展

### 一、渔旅融合发展理念

#### （一）政府主导，宏观调控

近年来，海洋牧场迅速发展，而产业融合是海洋牧场发展的必然趋势。就渔业与旅游业融合而言，国家为推动其发展发布了若干重要文件。

2012年，农业部发表了《关于促进休闲渔业持续健康发展的指导意见》（以下简称《意见》），《意见》指出，在全国渔业发展第十二个五年规划中明确规定了休闲渔业是现代渔业五大产业之一，发展前景广阔。休闲渔业是以渔业生产为载体，通过优化资源配置，将休闲娱乐、观赏旅游、生态建设、科学普及等有机结合，融合第一、第二、第三产业形成的新型渔业产业形态。可见，休闲渔业不是像传统渔业一样对鱼类进行捕捞销售，而是一种对传统渔业的创新性发展：以渔业生产为基础，融入休闲观光、生态建设等，以渔业带动旅游业、加工业等一同发展。

在2017年的中央一号文件中，也明确提出要大力发展乡村休闲旅游产业，利用“旅游＋”“生态＋”等模式，推动产业融合，如农业、林业、教育、文化等融合。这些文件的颁布，对于促进渔业、旅游业融合发展具有重要的推动作用。一方面，说明了产业融合是必然的发展趋势，以及国家对于产业融合的重视程度；另一方面，也为渔旅融合的发展指明了方向。因此，渔旅融合的发展中首先要以国家政策为导向，遵循“创新、协调、绿色、开放、共享”新发展理念，科学合理发展。

#### （二）因地制宜，深度融合

我国海洋牧场的实践和发展相对于世界上一些发达国家而言起步较晚，21世纪才开始进入快速发展阶段，2015年12月才开始国家级海洋牧场示范区建设的推进工作，且不同的海洋牧场发展状况各不相同，因此在渔旅融合的过程中，要结合当地的实际情况来进行开发。

**1. 以渔促旅** 一些自古以来的传统渔场，养殖捕捞历史悠久，并且在其悠久的发展过程中形成了具有当地特色渔业文化的地区，可以借助这一优势举办一些带有当地特色的文化活动，如举办渔业文化节庆活动，举行渔业博览会，建设渔具博物馆，建造渔业风情小镇等，使游客在游玩过程中能够有机会亲身感受体验当地居民的生产生活方式，对当地的人文历史有一定的了解（狄乾斌等，2020）。也可以制作一些渔具类文创产品作为旅游纪念品销售给游客，渔具类文创产品可以聘请当地居民生产制作。文创产品的制作可以带动当地居民就业，增加当地居民的收入，帮助当地居民转型转业，同时也能够帮助当地一些传统工艺进行传承。当地居民能够从渔旅融合发展中受益，会对渔旅融合的发展产生认同感，也会支持和维护渔旅融合的发展。

而对于沿海一些气候宜人、环境较好、旅游业较发达的地区，可以借助渔业发展休闲观光旅游业，在海面上可以开发海上垂钓、观光项目，在海底可以建设海底村庄，开发海底漫步等游玩项目。通过海钓项目的开发，可以创造新的就业岗位，当地渔民通过参加海钓裁判和导钓员培训，拿到相关证件即可上岗就业。新型游玩项目的开发能够增加游客在游玩过程中的参与感与新鲜感，提升游客满意度，同时也能够促进新职业的产生，促进渔民的转型转业。随着我国旅游由观光旅游转向休闲度假游，游客在旅游过程中更为注重休闲体验功能，也更加注重体验参与，因此在渔旅融合的过程中设计相关旅游产品时要充分考虑到游客的需求，为游客提供更多体验性、休闲度假式产品，使得游客在游玩过程中能够充分参与进来，为游客带来更好的游玩体验。

**2. 以旅兴渔** 当渔业与旅游业深度融合，形成了带有渔业文化的旅游休闲产品时，该地区旅游产品的竞争力将会得到提升。当旅游产品竞争力得到提升时，该旅游地区知名度也会提高，能够吸引更多的游客前来进行旅游观光活动，游客的增多会带来该地区旅游收入的增加。旅游收入的增加可以为海洋牧场的发展提供更多的资金支持，如基础设施的建设、技术设备的购买、科研经费的投入以及专业人员的聘请等，也有利于我国海洋强国的建设。因此，旅游业的发展能够进一步推动海洋牧场的发展。

发展海洋牧场也是对传统渔业的转型升级，传统渔业主要是对海洋现有渔业资源的捕捞，而经济社会的发展导致需求量上升，于是捕捞量上升，以及污染物的排放导致生态环境破坏，使得传统渔业的发展遇到了瓶颈，急需可行的方案进行解决（张广海和徐翠蓉，2018）。而海洋牧场的出现是对这一问题一个很好的解决方式。人工鱼礁的投放可以为鱼类提供一个良好的栖息场地，以此吸引周边的鱼类来此生存繁殖，同时人工鱼礁也可促进渔业有机地融入旅游业，建于不同港湾的人工鱼礁区，海岸景色和生物资源各异，可成为海上不同的观光旅游区与休闲垂钓区，为沿海城市的海洋生态旅游增添新亮点。人工鱼礁的投放也有助于修复被破坏的海洋环境，有利于恢复被破坏的海洋生态系统，也有助于维护该地区的生物多样性。人工投放鱼类时，可以有选择地投放一些营养价值、观赏价值、经济价值等较高的鱼类，以此增加经济效益。对于被捕捞上来的海洋产品，可以通过对其的精加工，延长海洋产品的产业链，增加产品的附加值。可以为海洋产品设计精美的包装，作为旅游纪念品，将其销售给旅游者，也可以通过吸引游客到当地餐馆进行消费，从而实现鱼类的自产自销，增加鱼类产品的收益。

### （三）技术引领，科学谋划

随着信息技术的快速发展、网络的普及，自媒体时代已经不再像过去“酒香不怕巷子深”，有了好的产品不能缺少相应的宣传推广。因此在渔旅融合发展中，要充分运用现代信息技术，通过对实景的拍摄，创意视频的制作，结合文字、图片、视频等形式在网络媒体上进行宣传，让广大游客了解到有这样的旅游产品的存在，对自身的旅游产品进行全方位的介绍推广，从而加深公众对该地区的印象，提升该地区的知名度。

在一些游玩观赏项目的设置上，利用现代科技，设置一些智慧游玩项目，为游客打造高质量科技游玩体验。同时统计渔业和旅游业融合发展前后，该地区旅游接待人数、旅游收入、旅游者满意度的变化情况，通过对这些数据的对比分析，为该地区下一阶段的规划开发提供数据支撑，保障该地区的开发合理科学地进行，有利于该地区的长期发展。

另外，通过海陆空三个方面投放监测设备，对该地区发展海洋牧场前后的水质、生物、环境等方面的变化进行监测与分析。通过获取、分析这些数据，直观地了解渔旅融合的发展为当地环境所带来的生态效益。

### （四）效益平衡，稳步发展

渔旅融合的发展过程中，要坚持以“创新、协调、绿色、开放、共享”的新发展理念为引领，坚持保护优先，适度开发。修复被破坏的海洋生态环境是海洋牧场发展的目的之一，因此，在与旅游业的结合过程中，应该以生态环境友好为基础，不能一味地追求海洋牧场和旅游业所带来的巨大经济效益而对其进行过度开发。如果在融合发展的过程中对生态造成了严重的破坏，就偏离了发展海洋牧场的初衷。例如，因看到短期内旅游业的发展所带来的经济收入而对该地区进行大规模开发，未考虑该地区环境承载力与修复能力，导致生态环境的破坏，不仅违背了发展的原则，还会导致严重的后果。良好的生态系统和环境是一切开发活动的基础，当生态环境遭到破坏时，所有建立在此基础上的其他活动也将不复存在。

## 二、渔旅融合发展功能设计

### （一）观光游览功能

人工鱼礁是海洋牧场重要的组成部分之一。人工鱼礁的材质多样，既可以是废弃的船、汽车和钻井平台，也可以是做成特定形状的钢筋混凝土、工程塑料和玻璃钢等。具有一定审美价值的人工鱼礁不仅能聚集海洋生物，也会吸引世界各地的游客、摄影师与潜水员（图9-1）。

墨西哥的坎昆海底博物馆拥有400多尊雕塑，这些雕塑是由生态混凝土构成的人工鱼礁。这些人工鱼礁的样子并不是一成不变的。随着时间的推移，海洋生物会慢慢覆盖住人工鱼礁的表面，形成跟投放时不一样的景观（图9-2）。广阔的海洋与人类的奇思交融形成的景观每年都吸引着大量的游客。

海洋牧场可开发的旅游产品类型很多。除了人工鱼礁，海洋牧场还拥有丰富的自然风景

彩图

图9-1 蜈支洲岛海洋牧场（李秀保等拍摄）

图9-2 坎昆海底博物馆

旅游资源，如海上的日出日落现象、海岸的地质地貌和植被、海面的潮涌和击浪现象等。这些自然风景旅游资源都可以开发成旅游产品供游客游览观光。还可以开发与渔业生产活动有关的人文景观旅游资源，如围绕海洋科技、海洋知识进行海洋科技馆、海洋展览馆等的建设。

世界旅游组织公布的资料表明，1元钱的旅游直接收入，可带来4.5元相关产业的收入（徐琪和鲁峰，2010）。渔旅融合发展所具有的观光游览功能可深化海洋牧场所在地的开放程度，将大量的游客引入当地。旅游者在出发地与旅游目的地之间、旅游目的地与旅游目的地之间往返，会涉及食住行游购娱等方面的活动，从而促进旅游目的地经济的发展。

海洋牧场的观光游览功能除了具有经济效益以外，还能提高经营企业与渔民的环境保护意识，从而保护海洋生态环境。生态环境决定旅游产品质量，旅游产品质量是吸引游客的重要因素之一；旅游企业收入与被吸引至旅游目的地的游客数量有关；渔民参与旅游活动的经营，渔民经济收入亦与被吸引至旅游目的地的游客数量有关。故企业与渔民会自发产生保护生态环境的意识。

### （二）游钓潜水功能

海洋牧场除了具有观赏性以外，还可以提供体验活动类型的旅游产品，如乘坐游艇

（船）去人工鱼礁附近垂钓、潜水。人工鱼礁是海洋牧场的重要组成部分。美国早期投放的人工鱼礁主要用于休闲游钓，由此可见，人工鱼礁的休闲游钓功能由来已久。而在人工鱼礁区增加潜水等项目，有助于促进消费，提高经济增长潜力。2006年被击沉的“奥里斯卡尼号”是有史以来沉没海底成为人工鱼礁的最大船舶，它执行过多次军事任务。“奥里斯卡尼号”对外开放后，成为热门潜水地点，大量潜水爱好者慕名前来。投放人工鱼礁的地方，拥有比非礁区更丰富的渔业资源；一些拥有名贵鱼种的地区，更是会对钓客产生极大的吸引力，如拥有丰富高级鲈鱼资源的墨西哥湾沿岸的得克萨斯州、拥有深受钓客喜爱的红鹳科鱼的佛罗里达州、拥有闻名世界的大鳞大麻哈鱼的阿拉斯加州等，都得益于钓客的到来与消费，拉动了当地的经济发展。

游客在进行游钓、潜水和捕鱼等体验活动时，需要租赁船只、钓具等，可以拉动船只租赁、渔具钓具租赁等相关产业的发展；在一些渔业资源衰退的地区，传统捕鱼业并不能满足渔民的经济需求，渔民需要在进行传统捕鱼工作的基础上兼职一份其他工作，甚至放弃第一产业的工作寻求其他机会；而游客在进行垂钓、喂食和捕鱼等活动时需要渔民的教授与陪同，故渔旅融合发展可以丰富渔民的收入来源，发展当地第三产业；游客在游玩过程中涉及的饮食、住宿等方面的消费，也可以创造一批新的就业岗位，解决社会劳动力剩余问题；游客在观光游览过程中购买海鲜特产，亦有利于当地特产加工业的发展。

渔旅融合发展也会促进游钓、潜水等活动相关设备的研究。美国在休闲游钓的科技开发研究方面取得丰厚的成果，维持着全美国6000多个渔具店、2400个渔具批发商和3800多个运动器材店的运作，为美国人提供了120万个以上的就业机会（凌申，2012）。

### （三）宣传教育功能

海洋牧场依托自身技术优势，挖掘可展示面，使参观者了解各种各样的渔业知识，感受海洋文化。例如，开设海螺贝壳展，让参观者了解更多关于海洋贝类的知识；建设海洋科技馆，通过投影装置将育苗车间的育苗过程展示出来；旅游者可以在渔民的带领下体验给鱼喂食、捕鱼和采摘贝藻生物等活动。

海洋牧场在不断发展建设宣传教育平台的同时，也应该不断创新。可以依托传统艺术技艺，举办相关活动，如山东省日照市举办“顺风阳光海洋牧场杯”全国鱼拓大赛；可以根据不同年龄层开展不同的活动，如举办中小学生研学活动，并开展富有趣味性的贝壳工艺、渔网编织等活动；可以利用不同的节日设立主题，如世界海洋日、全国科普日等，进行科普宣传活动，向大众普及渔业知识，促进海洋文化发展，强化全社会的海洋资源保护意识。

宣传教育的辐射范围也包括渔民。渔民相较于一般群众，是与海洋生态关系更密切的人群，当渔民有了更强的保护海洋生态的意识后，海洋生态环境将会得到更好的保护。对于渔民的科普内容更倾向于与海洋相关的法例条文；相较于道德约束，强制性的与渔业相关的法律法规更能在渔业的发展和管理过程中起指导和约束作用。可以通过面向渔民们开办专门的渔业法律讲座来达到对渔民的宣传教育目的。

### （四）修复增殖功能

修复受损海洋功能、增加渔业资源是海洋牧场的重要功能之一。根据日本北海道大学佐藤修博士的论证，1$m^3$人工鱼礁渔场比未投礁的一般渔场，平均每年增加10kg渔获量。丰富的渔业资源、良好的生态环境是渔业与旅游业融合发展的基础；渔旅融合发展带来的经济效益会提高政府、企业和渔民对于海洋牧场建设发展的重视程度，加大资金投入用于建设海洋牧场及海洋保护，从而促进海洋资源的修复与增殖，带来社会效益与生态效益，形成海洋开发建设反哺海洋生态的良好局面。以营造大型海藻场、投放人工鱼礁和增殖放流渔业苗种为手段的生态修复和保护型海洋牧场可以修复渔业资源、海洋环境或保护濒危珍稀物种（都晓岩等，2015）。通过检测资源量和环境因子发现，人工鱼礁区的一些经济物种的数量和种类大幅增加，鱼礁区海域环境得到显著的改善，人工鱼礁的建设为鱼类及其他海洋生物提供了良好的栖息场所。2019年夏季的监测数据显示，三亚蜈支洲岛礁区海域的渔业资源比非礁区要高5倍以上；这个数据表明了海洋牧场在渔业资源养护增殖方面起到明显的作用（图9-3）。以渔业生产或海珍品、鱼苗的种苗养殖、繁育为目的的增养殖型海洋牧场（都晓岩等，2015）可以增殖渔业资源，增加近海的可捕捞量，使钓客有鱼可钓、可钓好鱼；同时推动水产业整体健康可持续发展，为人类提供天然的优质海产品，建成沿海地区的“蓝色粮仓”。无论是为了生态功能还是经济功能进行贝藻类或鱼类的培育增殖，海洋牧场的开发都会利用到岛屿附近的海域。在无人岛附近建设海洋牧场，开发海域，有利于宣誓国家的主权，守护国家海洋领土的完整。

彩图

图9-3 蜈支洲岛海洋牧场的人工鱼礁及海洋生物

### （五）其他服务功能

将渔业与旅游业融合发展的海洋牧场区域还需要具备一些其他的服务功能，如餐饮服务、为休闲度假游客提供长期或短期的居住服务等。可以结合当地海洋文化、渔家风情和特色民俗等，建设特色餐厅，发展特色度假村。建设旅游接待设施需要好的基础设施来作为基础保障，如道路的铺设、水电的供应和休闲娱乐设施的修建等，以保证旅游目的地的可进入性、游客在旅游过程中对舒适生活的需求和娱乐需求。一个地区的基础设施建设是该地区经济能否长久稳定发展的保障。推进基础设施建设，发展周边景观，亦可以增加旅游目的地居民的休闲活动场所，改善旅游目的地居民的生活质量，提高旅游目的地居民的幸福指数，提升渔旅融合发展的社会效益。

综上所述，渔旅融合发展建设的海洋牧场应该具有观光游览功能、游钓潜水功能、宣传教育功能、修复增殖功能和其他服务功能（图9-4）。渔旅融合发展的各项功能，能带来经济效益、生态效益和社会效益，使多方面互动耦合，协同发展：渔旅融合发展可以创造就业岗位，延伸产业链，促进产业结构升级，带动旅游产业多方位、多层次发展，从而促进经济增长；旅游业发展使更多游客涌入旅游目的地，需要更好的基础设施来满足游客各方面的需求，而政府加大基础设施建设不仅惠及旅游者，更多的是使旅游目的地居民受益，提升旅游目的地居民的生活质量；经济增长使政府有更多资金及意愿建设海洋牧场，为旅游业发展投入资金做好基础设施建设；更好的旅游产品与旅游接待设施会吸引更多的游客，从而推动当地旅游业发展；企业和渔民由于旅游业发展带来的利益会更加自觉去保护生态环境；为了发展旅游业而建设的博物馆、展览馆还有开设的讲座等具有宣传教育的功能，能促进游客对海洋知识的了解，提高对海洋的保护意识，增进渔民的法律意识，减少违法捕捞行为；旅游业发展带动经济发展，作为潜在消费者的当地居民，待他们的购买力提高后，很可能成为海洋牧场相关旅游项目的现实消费者。

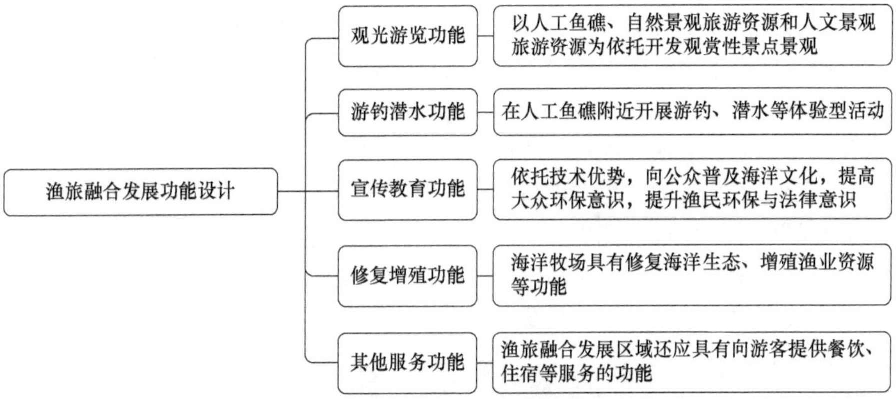


图9-4　渔旅融合发展功能设计概述图

## 三、渔旅融合发展态势

### （一）政府愈加重视，政策扶持力度加强

从国家海洋发展战略来看，随着《联合国海洋法公约》和《21世纪议程》的实施，中国提出海洋强国发展战略，而海洋旅游作为海洋经济的重要组成部分，基于海洋牧场发展渔旅融合产业，旅游市场将会开发海洋牧场相关旅游产品，不断从以旅游业为主的第三产业完善海洋经济结构，促进中国海洋的建设发展。

从国家政策来看，农业农村部关于印发《全国乡村产业发展规划（2020—2025年）》的通知中提到，优化乡村休闲旅游业，发展以农业生态游、农业景观游、特色农（牧、渔）业游为主的休闲农（牧、渔）园和农（牧、渔）家乐，建设自然风景区周边乡村休闲旅游区。政府将会加大对海洋牧场旅游业的政策支持、引导力度，使旅游行业不断与海洋牧场融合。

可见，国家近年来愈加重视海洋产业和旅游业的融合发展，在未来的五年内，更多政府政策将促进海洋牧场的建设、海洋旅游资源的开发，渔旅融合发展将得到更多引导和支持。

### （二）时空逐步扩展，经济活动形式多样

随着人们假期闲暇时间的增加、出游时间的增加以及旅游需求的变化，旅游活动从观光型逐渐转变为重视文化、内容丰富的体验型旅游。海洋牧场和海上基础设施的不断建设，为海洋旅游提供了良好的旅游服务基础设施条件。北方海域在建设海洋牧场的过程中，其地理位置和海水气候条件等，决定了海洋牧场的发展重点是养殖农业。以山东为代表，近年来初步发展的休闲渔业顺应了人们闲暇时间增加的需求，其中垂钓、餐饮、度假、博物馆参观等多样化的旅游经营活动满足了游客寻找体验型旅游产品的需求。因此，未来的渔旅融合发展建设，将在海洋牧场的建设基础上，合理地规划空间，对旅游基础设施和接待设施有所要求，开发多样化的海洋旅游产品。潜在市场转化为现实市场的内在制约因素主要是旅游消费和闲暇时间（张佑印，2016），因此，多样化的、具有海洋牧场特色的旅游产品，越来越受到受时间、资金等因素限制的游客的青睐。

从中国渔业资源出发，休闲渔业由江河、湖泊逐步扩展至海洋；从海洋旅游资源出发，海洋牧场的建设为旅游业在海洋里的发展提供了更大的空间（图9-5）。南方海洋牧场水质清澈、气候温暖，适宜发展旅游型海洋牧场。首先，海上基础设施和旅游服务设施的建设，使旅游活动扩展至更广阔的海域，远海垂钓、远海探险等旅游经济活动逐步发展，扩大了渔旅产业发展的水上空间。其次，在海洋牧场的建设过程中，大量人工鱼礁的投放，改变了水下的生态景观，吸引更多种类、更多数量的鱼类聚集，为各类潜水活动提供丰富的景观，扩展了渔旅产业发展的水下空间（图9-6）。海洋牧场的建设重点之一是人工鱼礁，海洋牧场发展旅游业将注重水下景观，注重人工鱼礁的形态搭建，给游客良好的水下视觉体验。因此，渔旅融合产业将在不同空间维度上，开发多样化的旅游产品，满足旅游者需求。

图9-5 山东烟台大型智能化海洋牧场综合体平台“耕海1号”（山东海洋集团有限公司，2018年）

图9-6 海南蜈支洲岛潜水（三亚蜈支洲岛旅游区，2020年）

彩图

### （三）社会多方协同，更加注重生态保护

海洋牧场的建设是以恢复海洋生态环境为目标原则，渔旅产业的发展要依赖于海洋牧场良好的生态环境，所以在发展旅游业的同时，政府、渔旅开发企业、当地居民、旅游者等

利益相关者要采取相关措施，更加注重生态环境保护（图9-7）。

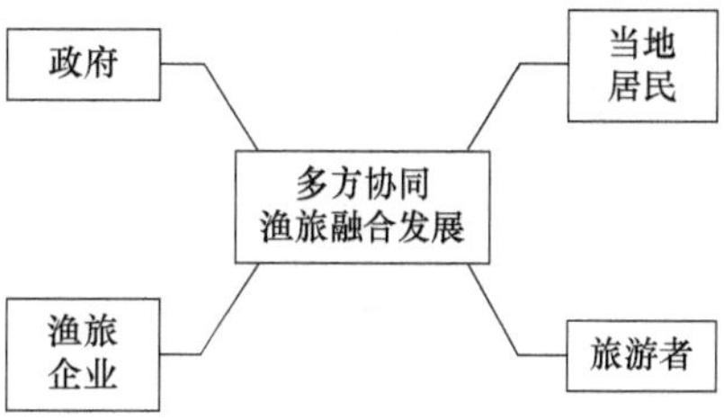


图9-7 渔旅融合各利益相关者协同作用关系

首先，政府不断制定和完善相关生态环境保护政策，以法律法规限制对生态具有破坏性的行为。不论是在海洋牧场的建设过程中，还是在渔旅产业的发展过程中，都将要建设完整的法律体系，保障海洋牧场的正常运行，规范从事渔旅相关经济活动者的行为。

其次，渔旅开发企业将自觉协调海洋牧场和旅游经济活动所产生的矛盾。随着渔旅产业的深入发展，在海洋牧场内开展的旅游活动越来越多，旅游者数量等因素都将会影响海洋牧场的生态环境。为实现海洋牧场可持续发展，渔旅开发企业持续盈利，渔旅企业将通过合理利用海洋牧场旅游资源、合理开发旅游产品、充分利用科学技术等手段，保护海洋牧场生态环境，实现可持续发展。

再次，当地居民生态意识不断深入，社区积极保护生态环境。海洋牧场周边居民是渔旅融合产业发展的受益者，居民可以通过发展旅游业，增加其收入来源。但在居民发展旅游业的初步阶段，居民生态环境保护意识较为薄弱，随着旅游经济活动的开展，和旅游活动对海洋旅游资源逐渐产生影响，社区居民将会越来越重视对海洋牧场周边的生态环境保护，保护居民赖以生存的海洋。

最后，旅游者意识不断提高，旅游行为愈加规范。在海洋牧场渔旅产业发展的初期，旅游活动较为单一，旅游者以游玩传统的海洋旅游产品为主，对海洋牧场没有深入的了解和认知。随着旅游业在海洋牧场的不断发展，有针对性、创新性、具有海洋牧场特色的旅游产品得以开发，在游客体验游玩过程中加深其对海洋牧场的认识，海洋牧场对旅游者的科普教育将使其意识不断提高，行为不断规范。

### （四）文化价值传播，科学教育作用愈加突出

在国家海洋强国战略中，发展海洋旅游是必不可少的环节。旅游业的发展使得海洋牧场建设和海洋渔业发展多出一个维度，丰富了沿海地区及我国的海洋经济收入形式和经济结构，使海洋经济发展更加多元化、发展更加稳定。特别是在我国南海海域发展渔旅融合产业，不仅能够增加当地居民的收入，改善其生活条件，更为重要的是，在南海海域建设海洋牧场及发展旅游业，可以宣誓我国海洋主权，保卫我国领土完整。渔旅产业发展越来越好，海洋文化不断传播，使得沿海居民、旅游者、我国公民对国家海洋强国充满自信，使国民海洋文化自信不断提高。

随着中国教育的不断改革与发展，现今家长、学校教育更加注重素质教育、科学教育，研学旅游的热潮兴起。海洋牧场不仅是一个渔业和旅游融合的平台，还是一个充分具备科普教育资格的平台。旅游是社会教育的重要组成部分，具有德育、智育、体育、美育和环境教育等方面的功能（陈东军等，2020）。海洋牧场能为旅游业提供活动多样、特色鲜明的旅游教育产品：建设所运用的科学技术、海底人工鱼礁所吸引的鱼群种类等，都能够作为科普教育的切入点。随着渔旅融合的发展和旅游基础设施建设、旅游产品开发，带有教育性质的、具有海洋牧场特色的旅游产品将逐渐呈现在旅游消费者眼前。海洋牧场博物馆、展览馆的

建设，海洋牧场文创产品的开发，旅游者对知识的追求，将使渔旅产业具备越来越强的科普效应。

### （五）科学技术运用，旅游服务产品不断完善

近年来，随着科学技术的发展，越来越多的科技手段运用到了旅游业发展当中，促使旅游产品不断创新、不断发展。根据海洋牧场渔业的发展特点，除了传统的娱乐设施和娱乐项目，结合海洋牧场建设的技术要求，还将发展现代科技园区旅游、人工科技场馆旅游、自然现象景观旅游等科技旅游（李廷勇，2003）。渔旅产业的发展将利用更多的科技手段，改变旅游产品的时空条件。例如，渔旅融合产业将更广泛地运用虚拟现实（VR）等技术，使水下的自然景观在特定的空间中也能被旅游者体验，完成旅游产品的升级创新。张佑印认为中国潜在海洋旅游市场的期望偏好依然以初级的观光休闲型消费为主（张佑印，2016）。在渔旅产业的不断发展中，由于科学技术的广泛运用，时空条件的不断扩大，旅游吸引物也随之增多，旅游消费由观光型转向更多元的体验型，因此将开发出更多不同类型的旅游产品来满足不同旅游消费者的需求（图9-8）。

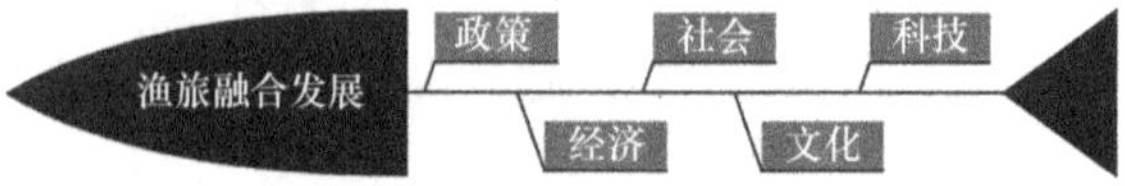


图9-8 渔旅融合发展动力因素

综上所述，渔旅融合发展受到各方各行业的影响和相关产业供需水平推动。在我国海洋牧场发展初期阶段，供给水平受政府政策影响较大，政府对其发展的鼓励与支持，诱发了旅游产业融合发展，旅游产品和旅游者供需双方相互促进，渔旅产业经济形式愈加多样化。在文旅融合和可持续发展的时代背景下，渔旅产业的发展亦是如此，加之海洋牧场建设发展中生态环境的高要求、本身所具备的文化教育价值和现代科学技术的运用，渔旅产业将更加多样化、多元化、体验化、特色化。但相比日本、韩国、美国等的海洋牧场建设和渔旅融合发展的历史进程，我国的渔旅融合建设虽受到政府、旅游开发者等多方关注，但其正处于从初步探索到高速发展的过程中。

## 第三节　渔能融合发展

渔能融合发展作为海洋经济的重要组成部分，在提供优质蛋白和清洁能源、改善国民膳食结构和促进能源结构调整、推动供给侧结构性改革和新旧动能转换等方面具有重要意义。海洋资源得天独厚，海上风电能、波浪能、潮汐能、太阳能等可再生清洁能源为海洋经济的重要组成部分，在促进能源结构调整、推动供给侧结构性改革和新旧动能转换等方面具有重要意义。

海洋牧场是实现海洋环境保护和渔业资源高效产出的新业态，可再生清洁能源是推进供给侧结构性改革和保障国家能源安全的战略需要。习近平总书记指出，发展清洁能源，是改

善能源结构、保障能源安全、推进生态文明建设的重要任务。构建市场导向的绿色技术创新体系，发展绿色金融，壮大节能环保产业、清洁生产产业、清洁能源产业。推进能源生产和消费革命，构建清洁低碳、安全高效的能源体系。

渔能融合发展是现代化海洋牧场发展的重要方向。习近平总书记在中共中央政治局第八次集体学习会议上就建设海洋强国战略发表重要讲话，从提高海洋资源开发能力、保护海洋生态环境、发展海洋科学技术、维护国家海洋权益等方面提出了明确的目标任务。习近平还特别强调，“要提高海洋资源开发能力，着力推动海洋经济向质量效益型转变。要保护海洋生态环境，着力推动海洋开发方式向循环利用型转变。要发展海洋科学技术，着力推动海洋科技向创新引领型转变”，为建设海洋强国指明了方向。

海洋牧场与海上可再生清洁能源融合发展正是集约节约用海，生态和效率并举的可持续发展模式。

## 一、渔能融合发展理念

根据我国海洋现状，渔能融合构建“可再生能源＋清洁能源”新模式，是实现生态和效率并举的可持续发展模式。根据我国海洋牧场与可再生清洁能源产业特征与技术限制瓶颈，两者融合理念与机制包括空间融合、结构融合、功能融合三个方面。

### （一）空间融合

水上水下、集海面与海底空间立体开发，综合利用海面风能、海洋能和太阳能等海上清洁能源与海洋生物资源，可实现清洁发电与无公害渔业产品生产空间耦合。融合途径为：利用海上能源采集平台的稳固性，将牧场平台、休闲垂钓载体、海上救助平台、智能化网箱、贝类筏架、藻类筏架、海珍品礁、集鱼礁、产卵礁等与海上能源采集平台相融合，降低牧场运维成本、提高经济生物养殖容量，从而实现海域空间资源高效利用的海洋开发新模式。

### （二）结构融合

通过开发增殖型海上能源采集平台，实现海上能源采集平台与人工鱼礁的构型有机融合，进而达到资源养护、环境修复的功能融合。融合途径为：以海上能源采集平台为基础，结合生态型牡蛎壳海珍品礁、多层板式集鱼礁、抗风浪藻类绳式礁等，打造新型可再生清洁能源采集平台——人工鱼礁融合构型，提高海上能源采集平台建设区域初级生产力，实现底播型海珍品与恋礁性鱼类生态增殖，且进一步保障建设区域关键生态种繁殖、产卵、仔稚鱼发育，维护建设区域食物网稳定，从而实现生境养护、高值海珍品增殖、关键生态种保护与清洁能源产出的多元目标。

### （三）功能融合

综合利用季节性渔业生产高峰（春季、夏季、秋季）与海上能源采集高峰（冬季），实现海洋牧场内生物资源与海上能源资源周年持续利用生产时间耦合。耦合途径为：通过建立海上智能微网，保障海洋牧场电力长久持续供应，在季节性渔业生产高峰期，将海上采集的能源直接用于海洋牧场平台、增养殖设施、资源环境监测设施、捕捞设施等，提高牧场生产效率，提高海洋牧场对赤潮、绿潮、高温、低氧以及台风等环境灾害的抵御能力，保障牧场生态与生产安全；在海上能源发电高峰期，将清洁能源并入建设区域电网，缓解火电压力、减小环境污染、保障居民生产生活，进而实现兼顾清洁能源产出与渔业资源持续开发的周年绿色生产新模式。

通过海洋空间利用模式耦合、结构耦合与渔业周年生产模式耦合，打造“海上能源功能圈”，实现现代化海洋牧场产业与清洁能源产业双赢升级。

## 二、渔能融合发展类型

### （一）海洋牧场＋海上风电

海洋牧场＋海上风电融合发展作为现代高效农业和新能源产业跨界融合发展的典型案例，是综合利用海洋空间的创新思路。通过节约集约使用有限海洋空间，统筹海洋渔业资源开发，建设现代化海洋牧场，从而开创“水下产出绿色产品，水上产出清洁能源”的新局面，探索出一条可复制、可推广的海域资源集约生态化开发的“海上粮仓＋蓝色能源”新模式。

**1. 海上风电国内外研究和进展** 按照海上风电技术成熟度，截至2017年，海上风电发展大致经历了三个阶段。

第一阶段：500～700kW的示范阶段。在20世纪70年代初，一些欧洲国家就提出了利用海上风能发电的想法。1991～1997年，丹麦、荷兰和瑞典完成了样机的试制。通过对样机的试验，首次获得了海上风力发电机组的工作经验。

第二阶段：兆瓦级以上机组商业应用阶段。2002年，欧洲建设5个新的海上风电场，完成功率为1.5～2MW的风力发电机组向公共电网输送电力，开始了海上风力发电机组发展的新阶段。

第三阶段：数兆瓦级装机商业应用。数兆瓦级风力发电机组的应用，体现了风力发电机组向大型化发展的方向，这种趋势在德国市场上表现得尤为明显。目前市场主流风机的功率为3～6MW，风轮直径为130～180m。

我国海岸线长约18 000km，岛屿6000多个。近海风能资源主要集中在东南沿海及其附近岛屿，风能密度在300W/m$^2$以上，台山、平潭、大陈、嵊泗等沿海岛屿可达500W/m$^2$以上，其中台山岛风能密度为534W/m$^2$，是我国平地上有记录的风能资源最大的地方。根据我国风能资源普查成果，在5～25m水深、50m高度海上风电开发潜力约2亿kW；在5～50m水深、70m高度海上风电开发潜力约5亿kW。

我国海上风能资源丰富主要受益于夏、秋季节热带气旋活动和冬、春季节北方冷空气影响。各沿海省（市）由于地理位置、地形条件的不同，海上风能资源也呈现不同的特点。从全国范围看，垂直于海岸的方向上，风速基本随离岸距离的增加而增大，一般在离岸较近的区域风速增幅较明显，当距离超过一定值后风速不再增加，在平行于海岸的方向上，我国风能资源最丰富的区域出现在台湾海峡，由该区域向南、北两侧大致呈递减趋势。

台湾海峡年平均风速基本为7.5～10m/s，局部区域年平均风速可达10m/s以上。该区域也是我国受台风侵袭最多的地区之一，风电场以IEC Ⅰ或Ⅰ＋类为主。从台湾海峡向南的广东、广西海域，90m高度年平均风速逐渐降至6.5～8.5m/s，风电场大多属于IEC Ⅱ类。从台湾海峡向北的浙江、上海、江苏海域，90m高度年平均风速逐渐降至7～8m/s，浙江和上海海域风电场大多属于IEC Ⅱ至Ⅰ＋类，江苏海域风电场大多属于IEC Ⅲ或Ⅱ类。位于环渤海和黄海北部的辽宁、河北海域90m高度年平均风速基本在6.5～8m/s，该海域风电场大多属于IEC Ⅲ类。

综上所述，我国大部分近海海域90m高度年平均风速为7～8.5m/s，具备较好的风能资源条件，适合大规模开发建设海上风电场。我国长江口以北的海域基本属于IEC Ⅲ或Ⅱ类风电场，长江口以南的海域基本属于IEC Ⅱ或Ⅰ类，局部地区为Ⅰ＋类风电场。与Ⅰ类风电场相比，Ⅲ类风电场50年一遇最大风速较低，适合选用更大转轮直径的机组。由于单位千瓦扫风面积的增加，同样风速条件下，Ⅲ类风电场的发电量更高。风电场理想的风资源应该是具有较高的年平均风速和较低的50年一遇最大风速。因此，从风能资源优劣和受台风影响的角度考虑，长江口以北的海域更适合海上风电的发展。

根据中国可再生能源学会风能专业委员会（CWEA）数据，截至2016年底，我国已建成海上风电累计装机容量162万kW。2009年，东海大桥海上示范风电场率先建成投产，之后的3年里，江苏如东30MW和150MW潮间带试验示范风电场及其扩建工程将陆续开工建成。2012年底我国海上风电场累计装机接近40万kW；受海域使用推进缓慢等因素影响，2013年海上风电发展明显放缓；2014年，我国海上风电新增并网容量约20万kW，全部位于江苏省；2015年我国海上风电新增装机容量为36万kW，主要分布在江苏省和福建省。2016年中国海上风电新增装机154台，容量达到59万kW，同比增长64%。我国海上风电占全国风电总装机容量的比例由2011年的0.42%上升至2016年的0.96%。

目前我国海上风电开发已经进入了规模化、商业化发展阶段。我国海上风能资源丰富，根据各省海上风电规划，全国海上风电规划总量超过8000万kW，重点布局在江苏、浙江、福建和广东等地区，行业开发前景广阔。

**2. 海洋牧场与海上风电融合发展研究进展**　欧洲是海水养殖与海上风电融合发展的先行者。以德国、荷兰、比利时、挪威等为代表的欧洲国家已于2000年实施了海上风电和海水增养殖结合的试点研究，其原理为将鱼类养殖网箱、贝藻养殖筏架固定在风机基础之上，以达到集约用海的目标，为评估海上风电和多营养层次海水养殖融合发展潜力提供了典型案例。

德国学者McVey与Buck于2008年提出将鱼类、贝类、海藻多营养层次综合养殖与海上风电相结合的概念，将鱼类养殖网箱固定在风机基础上，海藻和贝类养殖在一定距离范围内，分布在养殖网箱的周围。

德国联邦环境、自然保护、建筑和核安全部于2011年资助了离岸海上风电与养殖结合计划（The Open Ocean Multi-Use Project，OOMU）。该计划是于2001年启动的多学科研究计划的延续，主要目的是解决海水养殖与海上风电设施融合发展中可能存在的生物、社会经济和技术等问题，并寻找行之有效的解决方案。其中风机基础或风机的其他部分为海水养殖提供了养殖系统锚系结构，试验研究了鲆鲽鱼、海带、贻贝等综合养殖的营养收支和生产能力。

德国之后于2013年在北海专属经济区实施的Offshore-Site-Selection（OSS）计划验证了离岸海上风电与海水养殖融合发展的可行性。该项计划研究了综合养殖系统中藻类、鲈鱼、鲆鲽鱼类等的营养收支和循环利用，查明了综合养殖系统中物种的搭配比例，同时研究了离岸综合养殖与海上风电相结合的空间综合利用模式，制定了高效可持续的海洋空间管理策略，并引入地理信息系统（GIS）和多准则评价（MCE）确定海藻（*Saccharina latissima*，*Laminaria digitata*，*Palmaria palmata*）、双壳贝类（*Mytilus edulis*，*Ostrea edulis*，*Crassostrea gigas*）和鱼类（*Dicentrarchus labrax*，*Gadus morhua*，*Scophthalmus maximus*，*Melanogrammus aeglefinus*）的适宜养殖地点，这些研究为德国评估北海专属经济区海上风电和多营养层次综合养殖融合发展潜力提供了典型案例。

以韩国为代表的亚洲国家于2016年也开展了海上风电与海水养殖结合项目，其结果表明双壳贝类和海藻等重要经济生物资源量在海上风电区都出现增加。

我国海上风电已经进入了规模化、商业化发展阶段，且呈现由近海到远海、由浅水到深水、由小规模示范到大规模集中开发的特点。

为获取更多的海上风能资源，未来海上风电项目将逐渐向深远海发展。“十三五”期间以江苏、浙江、福建、广东、天津、河北、上海、海南、辽宁、山东、广西等省（自治区、直辖市）为试点积极稳妥推进海上风电建设。

《关于进一步规范海上风电用海管理的意见》（国海规范〔2016〕6号）指出，坚持集约节约用海，严格控制用海面积。鼓励实施海上风电项目与其他开发利用活动使用海域的分层立体开发，最大限度发挥海域资源效益。

**3. 海洋牧场与海上风机融合的研究攻关、建设内容**

1）*海洋牧场与海上风机融合布局设计*　开展海洋牧场中海上风机布设目标海域内资源环境本底调查与重点保护动物种群特征调查，建立海洋牧场中海上风机布局适宜性评价指标体系；研究不同底质对海上风机工作稳定性的影响，建立海洋牧场中海上风机布设底质选择技术；研究不同海洋牧场构建设施与海上风机协同布局方式，研发海上风机电缆等在海洋牧场中布置的合理化设计，并考虑海上风机之间的距离和障碍物高度，考虑渔船等的通行；结合环境因子、生物因子等多元数据，构建海洋牧场与海上风机融合互作模型，优化海洋牧场与海上风机融合布局设计。

2）*环境友好型海上风机研发与应用*　研究风机设计、施工、运行和维护等整个生命周期对环境的影响。调查风机在施工、运行和维护中的噪声污染来源，并研究控制噪声技术；优化海上风电机组设计，提升整个风机的运行可靠性，减少运维频率，降低风机运维对环境的影响；研发低噪声施工工具和工艺，降低风机和基础施工噪声；评估不同安装技术方式对海洋牧场环境资源的影响，研制环保型海上风机标准化施工建设技术体系。

3）*增殖型风机基础研发与应用*　研发风机基础环保防腐技术，研究风机基础、融合构型、附属物等指标对预建设海域上升流产生、营养元素扰动、底栖硅藻、浮游植物、大型海草与海藻附着的影响，阐明风机基础融合构型对海洋初级生产力的影响机制；研究风机基础材质、颜色、涂装、融合构型等理化指标对恋礁性鱼类、甲壳类、大型底栖经济动物等牧场生物的诱集效果，阐明风机基础融合构型对牧场生物的行为和生理特征的影响过程；研究风机基础材质、颜色、涂装、融合构型、附属物等理化指标对腹足类卵袋附着、头足类产卵、仔稚鱼发育的影响，阐明风机基础融合构型对牧场生物种群增殖的影响；综合风机基础的构型、材质、颜色、涂装与附属物及其对资源环境的影响特征，研制兼具渔业资源增殖功能的新型海上风机基础。

4）环保型施工和智能运维技术的研发与应用 研究海上环保施工技术，比较不同打桩作业方式对海洋牧场内的环境因子、噪声产生、震动、牧场生物及保护动物（鸟类、哺乳类）的综合影响机制；比较不同气泡墙密度对施工海域内环境因子、噪声产生、震动的隔离效果与对非施工海域内牧场生物及保护动物（鸟类、哺乳类）的隔离效果，减少海上施工对海洋牧场环境资源的综合影响。研究海上智能运维技术，降低运维成本；通过建立完整的数据自动记录、存储、统计规则及数据库，包含机组运行数据、环境数据、运维作业数据，通过专用软件，结合气象预报信息、故障诊断信息、人力资源、备件资源、交通设备资源、机位距离等综合计算分析制定运维计划建议，提高风场单机可利用率和风场整场可利用率。

5）海洋牧场与海上风电配套设施研发及应用 研究与海洋牧场建设相适应的海上风电配套设施与装备，充分利用海上风电能源和结构优势，研发与海洋牧场运行、监测、管理等相配套的能源供应、监测站位、管理单元，建立海上自供电与海洋牧场能源供给融合发展新技术，研发海上风机及海洋监测大数据融合管理技术；探索自升降筏架、智能网箱、潜水观光、监测系统等设施装备与海上风机的有机融合机制，优化构建融合发展新模式。

6）海上风电对海洋牧场资源环境影响观测与综合评价 通过设立空白组、对照组与实验组，研究海上风电建设期工程实施与海上风电运行期对海洋牧场资源环境的影响，阐明海上风电场建设所产生的声音、震动、电磁场、光照等因素对海洋牧场内的环境因子、噪声产生、初级生产力、牧场生物（生长、行为、生理与存活）和保护动物（鸟类、哺乳类）的行为、生理等综合作用机制。综合海洋牧场和海上风电融合发展的水产品、能源产出与环境效应，系统评价其科研、生态、经济和社会价值。

根据德国、荷兰等发达国家的成熟经验和我国部分地方的做法，海洋牧场和海上风电的有机结合能发挥出巨大的空间集约效应，可有效推动环境保护、资源养护和新能源开发的融合发展，必将产生更大的生态、社会和经济效益。

### （二）海洋牧场＋波浪能

波浪能是海洋中蕴藏最为丰富的能源之一，且多以机械能形式存在，开发过程对环境影响小，被认为是品质最高的海洋能，利用起来较为方便。

随着我国首座半潜式波浪能养殖网箱“澎湖号”投入使用，海洋牧场与波浪能利用融合发展越来越被看好。

**1. 波浪能国内外研究和进展** 波浪能作为海洋能中的一种，其资源储存量丰富，优势明显，发展前景乐观。波浪能在我国作为一种新兴的海洋清洁可再生能源，在中国未来能源结构中的作用不可小觑。发展波浪能是国家能源发展战略的必然要求，波浪能的开发和应用将会成为我国能源领域未来研究的热点。波浪能发电技术的研究同时也有利于推动我国海洋高新技术产业的发展。

近年来，波浪驱动实现剖面测量的观测技术相继获得了突破性的进展。例如，美国斯克利普斯海洋研究所（Scripps Institution of Oceanography，SIO）研制了一种用水表面波浪驱动的水体剖面测量系统。这个被称作“线行者”的剖面测量系统为不同的独立仪器提供了测量平台。“线行者”原型机能每隔15min完成一次深达60m的剖面测量，可以快速地获取海面至50～100m范围内的剖面数据，从而可以分辨出每天甚至更短时间内的海洋变

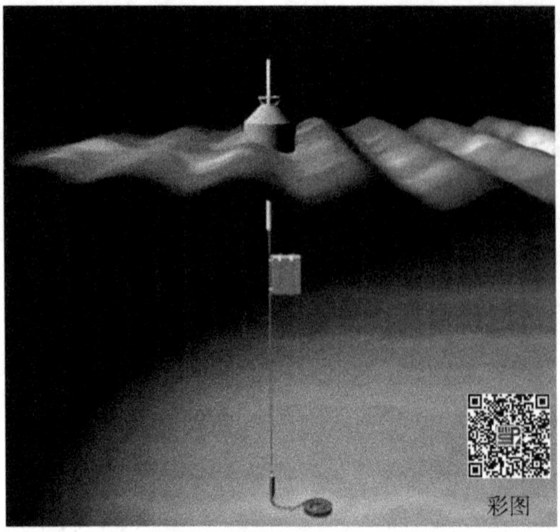

图9-9 “海马”实物图（刘庆奎，2017）

化情况。2000年，加拿大贝德福海洋研究所（Bedford Institute of Oceanography）提出了“海马”（SeaHorse）垂直测量系统（图9-9）。该系统利用海浪能量，驱动传感器测量平台沿着锚定钢缆上浮和下沉，并于2001年与Brook Ocean Tech-nology Ltd公司签订了合作开发协议。“海马”测量系统下潜深度达200m，可搭载水温、盐度、水深和海水浊度传感器。“海马”具有自由滑行和单方向下潜两个工作状态，可在预定深度或预定时间间隔内完成垂直剖面测量，数据存储为自容式。在2010年前后，二代“海马”成功问世，它在保持原来所有功能的基础上，增加感应耦合通信技术，同时在海面浮体上增加了数据发射功能，实现了测量数据的实时传输。

在国内，中国科学院海洋研究所率先对波浪驱动观测技术展开了研究，在国家高技术研究发展计划（863计划）和中国科学院知识创新工程的连续资助下，成功研发了“波浪驱动海洋要素垂直剖面测量系统”的一代样机与二代样机，顺利通过验收，在国内首次实现利用波浪能技术完成海洋要素的自动采集。该系统充分利用海上无时不在的波浪能，驱动可搭载多种海洋要素传感器的测量平台沿系留缆上下移动、循环进行垂直剖面测量，可进行长期、定点、多层面、多参数的海洋观测。其中一代样机仅实现了水下剖面水文要素的自容式存取，二代样机在水下剖面测量平台上引入了感应耦合传输单元，同时改进了海面波浪浮体，在浮体内部增加了波浪传感器和电池组、数据采集器和发射天线，可进行水下温盐要素和海面波浪要素的同步存储和数据的实时传输。

相比波浪能在海洋监测中的应用，其在波浪能发电领域的应用更加广泛。世界各海洋大国十分重视波浪能方面的发电技术，研究的重点主要集中在振荡水柱式、振荡浮子式和聚波水库式这三种被公认为具有商业化价值的波浪发电技术上，多种发电模型和商业产品已被成功研制。例如，英国Ocean Power Delivery（OPD）有限公司研发的漂浮式Pelamis波能装置，丹麦的Wave Dragon APS公司研发的Wave Dragon波浪能装置，荷兰BV-AWS研发的Archimedes Wave Swing（AWS）波浪能装置，以及澳大利亚Energetech公司研发的Oscillation Water Column（OWC）波浪能装置都是其中较为成功的代表。这些都是早期出现的具有代表性的波浪能发电装置，其发电原理和应用场合有所不同。Pelamis设计装机总量750kW，采用振荡水柱式发电技术；Wave Dragon设计装机总量4MW，采用聚波水库式发电技术；AWS设计装机总量500kW，采用振荡浮子式发电技术；OWC 设计装机总量500kW，采用振荡水柱式发电技术。显而易见，上述发电装置体积庞大，海上投放安装程序复杂，维护成本高。

经济性是评价新技术能否转换为生产力的主要指标之一。就波浪能转换装置而言，高效率、高可靠性和低成本意味着良好的经济性，其中装置的成本包含建造、投放和维护成本。

**2. 海洋牧场和波浪能融合发展研究进展** 环境数据的采集是现代化海洋牧场发展的重要特征，推动传统海洋牧场向数字化、信息化、智能化发展，将是未来海洋牧场的发展方向。波浪能具有能量密度较高、分布面广、利用较简单等优点，满足现代化海洋牧场建设的各种需求。

利用波浪能有效地使用各种环境参数传感器，收集海洋牧场中的环境数据，并依托监测平台进行及时、专业、有效地分析和处理。提升海水养殖产业水平，促进沿海地区的渔业产业转型升级。

在海洋牧场和波浪能利用的融合发展中，海洋牧场为波浪能的利用提供了更广阔的平台，为波浪能采集技术发展提供了实际支持。波浪能采集技术的提高，为海洋牧场的发展提供了能源保障，安全完整的数据支持，丰富了海洋牧场建设的多样性、多元化，拓展了发展前景。

### （三）海洋牧场＋潮汐能

潮汐能是来自于太阳与月亮的能量。月球与太阳的引潮力加上地球的自转效应，使得大海或者江水每日起起落落，海水上涨时，海面波涛汹涌，因此含有大量动能；水位上涨之时动能转化为势能；潮落时，水位下降又使势能转化为动能；潮汐能便是在潮涨潮落时产生的动能与势能。海水日夜奔流不息，也使潮汐能成为一种取之不尽的绿色能源。

**1．潮汐能国内外研究和进展**　潮汐是由天体引潮力引起的一种自然现象，故它很少受到气候、水文等的影响，是一项比较稳定的能量来源；除此之外，海水呈现周期性的潮涨潮落，这与寻常的水力发电相比较，不存在枯水期与丰水期之分，能够保证相对稳定的能量供应。不仅如此，在全球范围内，潮汐能富集的地区较多，在各大洲都有分布；此外，利用潮汐能发电不需要使用燃料，不会受到能源价格波动的影响；只要潮起潮落的幅度明显且海岸地形能够对大量海水进行储蓄并可实施土建工程，便具备了修建发电站的基本条件。因此各个潮汐能丰富的国家都展开了对潮汐能的开发利用。

人类自古就有利用潮汐的记录，大约在900多年前，位于我国泉州的洛阳桥在修建时便利用潮汐来搬运石块；在15～18世纪之际，英法等国便在大西洋的沿岸使用潮汐来推动水轮车的运转。利用潮汐能进行发电是从20世纪50年代逐渐开展的，如加拿大、法国和中国等都有潮汐发电站的身影。在我国，潮汐能量十分丰富，其蕴藏量达到1.1亿kW，其中可以开发的量约为2100万kW，每年可发电580亿kW·h。

世界上的第一座潮汐发电站于1913年建在德国北海海岸，第一座具有商业实用价值的潮汐发电站是1967年建成的法国朗斯电站。英国、美国、法国、印度、韩国、加拿大等国均开始潮汐发电站的建设，并建出了世界上著名的电站，如英国彭特兰湾潮汐发电站、韩国始华湖潮汐发电站、加拿大安娜波利斯潮汐发电站等。

在我国沿岸也有众多的潮汐电站库址分布。我国拥有世界上数量最多的潮汐电站，如浙江江厦电站、广东甘竹滩电站、山东白沙口电站等，均为全球著名的潮汐电站。然而，只有温岭江厦电站在正常运行，其余电站由于无法盈利而陆续停止运作。在科技迅猛发展的现代，海洋能发电的先进技术在经济的发展与环境保护中占有一席之地；我国已逐渐认识到了蕴藏在海洋中的巨大能量，并不断开发海洋能发电科技，未来我国的海洋能发电技术必将稳步提升，取得巨大成效。

**2．海洋牧场与潮汐能融合发展研究进展**　从20世纪中期开始，人们追求经济的发展，忽略了对环境的保护；近岸的生态环境不断地被破坏，海洋资源被过度消耗且有各种垃圾倾入海洋，致使海洋的生境不断变差，全球大多数临海国家的海洋渔业资源的质与量都呈现出下降趋势。如今，寻求环境友好的高质量发展方式已是大势所趋。在海洋资源新型开发利用模式方面，海洋牧场的出现是众望所归。

现代海洋牧场以现代的科学技术为支撑，以海洋自然生境为基础，运用现代管理科学的技术进行管理，以期建造一个资源丰富、生态良好的可持续发展的海洋渔业生产模式。海洋牧场的建设，离不开科技的支撑。在建设过程中，需要积极引进人工智能、5G通信、大数据等先进技术，力求实现生产全程的智能化控制，有效降低风险，显著提高效率。而在这整个过程中，需要庞大的能量进行支撑。若是以煤炭等进行发电供应，则违背了环境友好的初衷，因此，需要与潮汐发电等环境友好的发电方式相结合，创造一种相得益彰的生产方式。

### （四）海洋牧场＋光伏发电

光伏发电亦是一种清洁无污染的发电方式，它主要是利用太阳能进行发电。太阳几乎照遍地球的每一寸土地，全球的大部分地区都能够获得充足的阳光，2021年我国平均年水平面总辐照量为1493.4kW·h/m$^2$。在可再生资源中，太阳能在舒缓能源压力与改善生态环境方面起着十分重要的作用。

通过光伏发电的方式能够将太阳能转化为电能。该方法是通过光生伏特效应来完成的。与传统的发电方式相比，光伏发电是将太阳能转化为电能，来源无成本且可源源不断地供给；发电时无需消耗燃料，能够做到环保无污染，并且光伏发电的成本低、可靠性高、使用寿命长。当然，光伏发电也有缺点。首先因为太阳能的能量密度低，这使得光伏发电系统的占地面积大；其次阳光光照间歇性大，发电系统还受到昼夜周期、天气状况等的影响；最后，太阳能光伏发电对地域有一定的依赖性，且太阳能电池的转化率低，这些都对光伏发电造成了一定的阻碍。尽管如此，光伏发电仍是未来清洁能源开发的主要方向。

**1. 光伏发电国内外研究和进展** 1839年，法国物理学家贝克勒尔发现了“光伏效应”，从此开启了对光伏发电的一系列研究。1877年，第一片硒太阳能电池问世，实现了太阳能对电能的转化，尽管它的转化率不足1%；经过人们进一步的研究探索后，1954年恰宾和皮尔松成功地利用单晶硅电池将转化率提升到了6%，实现了光伏发电技术的重大突破。随着科技的进步，太阳能电池的转化率不断地提升，如今单晶硅的转化率已提高到了24.7%，并且太阳能电池的应用领域不断地扩大，由最初的地球卫星、空间站等的高科技领域拓展到了工业、农业、科技、文教、国防等方方面面。

在我国，太阳能电池在1958年起步，1971年成功将其装配到东方红二号上；光伏发电在地面的应用是在1973年用于航标灯电源，之后拓展到小型电源，如铁路、公路的信号电源、气象站观测仪表、小型军用电台等设备。在国家的支持下，在全国建立了许多的光伏发电示范工程，如小型太阳能充电站、石油管道、水闸太阳能阴极保护等，为市场的开拓做出了贡献。随后在20世纪80年代后期，随着几条引进的生产线投产，我国太阳能的年产量得到了大幅度提高；90年代后的改革开放深入发展，为太阳能电池市场的开拓与壮大进一步提供了条件，太阳能电池拓展到了通信、交通、石油以及民用的各个领域，逐渐“飞入寻常百姓家”。

**2. 海洋牧场与光伏发电融合发展研究进展** 光伏发电站主要有两种形式：一是分布式，通常设置在用户端，其产生的功率既可以就地消耗，也可以输送进入电网当中；另一种是集中式，规模庞大，需要大量的土地资源用以支撑，并产生更多的电能。光伏发电站也可以与多种资源相结合。地面的光伏发电站能够大规模低成本的运转；水面光伏发电站则不需要土地资源，且水体既无扬尘又有较低的温度，在提高发电效率的同时能大幅提升安全性。

海洋牧场在建设与发展中，可以与光伏发电很好的契合。海洋牧场以海洋为依托，其周边的设施与内陆相比相对简陋，而功能完备的光伏发电系统恰可以解决与电网连接困难的难题。它能够在没有能源基础设施的建筑环境和偏远的地区运行，输送电力，维持海洋牧场的正常运转。

## 三、渔能融合发展态势

### （一）渔能融合是未来海洋牧场发展的必然趋势

现代化海洋牧场发展的重要基础是拥有优质的、安全的渔业资源，应系统地研究渔业资源保护的相关技术并加强对其的研发，形成搜集、整理、保存和合理利用的完整体系。我国的现代化海洋牧场在实时监控和信息化管理方面仍然较为落后。而这些要发展，都需要足够的能源支持。

我国的传统能源面临日益枯竭的危机，环境问题，如温室效应以及其他污染问题日趋严重，使清洁、环保、可再生能源的研究备受重视。其中，主要的可再生清洁能源有风能、海洋能和太阳能。这些可再生清洁能源都是海洋中蕴藏丰富的能源，且多以机械能、热能形式存在，开发过程对环境影响小，利用起来较为方便，十分适用于海洋牧场能源供应及多功能互补独立供电系统等各个方面，具有广阔的应用前景。

海洋能资源丰富、能流密度较大、分布最广。如何能够高效地收集大面积的波浪能，并集中转化为机械能，再将其转换成电能，是一个集合机械、物理、力学、防腐、海洋科学等多领域的难题。因此，尽管人们很早就致力于对它的开发利用，但目前这方面的技术还不纯熟，海洋能研究和利用处于试验研究阶段，很多实验装置在海上进行实验，也有一些装置正在试运行发电。

波浪能发电技术还处于发散状态，各种技术沿着不同方向发展，但发展趋势是不断地向高效率、高可靠性、低造价方向发展，以形成低成本的成熟技术，最后通过规模化生产和应用，可大幅降低发电成本。

多元化和综合利用是波浪能发电技术的另一新动向。结合防波堤等港工和海工设施建造波浪能电站，为波浪能利用开辟新途径。波浪能电站的建立可以结合海上工程进行，波浪能发电的成本大幅度下降。电站的吸收能作用，可以减轻作用在海工建筑的波浪载荷，增加可靠性。多种可再生资源利用的结合有广阔发展空间，如波浪能与太阳能、风能和海洋热能的综合利用；利用波浪能提取深层海水以改善海洋牧场和养殖海区的水质；利用波浪能清除海洋污染、淡化海水、制氢储能以及提取海洋中的重要元素等。

虽然波浪能发电技术还有很多的技术难题，但在相关高技术后援的支持下，海洋波浪发电技术日趋成熟，为人类在21世纪充分利用波浪能展示了美好的前景。

### （二）渔能融合发展思路

**1. 生态优先，创新海洋牧场与海上能源利用技术融合发展技术体系** 在远离生态保护红线区域，严格控制规模，因地制宜开展海洋牧场与海上能源利用技术融合发展试点试验；坚持生态优先，优化能源采集平台与人工鱼礁的融合方式，为海洋牧场生物资源繁殖、生长构建优质生态环境；坚持技术创新，加强环境友好型海上能源利用技术研制、生态型运维技术研发；制定海洋牧场与海上能源利用技术融合发展标准、规范，为新技术推广应用提供良好市场环境；提高海洋牧场与海上能源利用技术融合发展技术原理研究水平以支撑核心技术创新，提高核心技术竞争力；推动形成科研院所与企业、农（渔）民密切合作的产业技术创新联盟，促进成果转化应用。

**2. 科学布局，构建海洋牧场与海上能源利用技术融合发展监测体系** 加强调研学习，总结国际海水增养殖与海上能源利用融合发展案例，结合本底调查和模型评估，科学选择适于海洋牧场与海上能源利用技术融合发展的区域；加强长期跟踪监测调查研究，构建海洋环境和海洋生物长期监测数据资料库，突出监测群体与监测方式的多样化，确保监测数据的准确性，科学评价海上能源利用技术生态效应；科学布局，优化实施方案，保障生态环境，降低海上风电对海洋牧场生物资源的影响；坚持科学发展，稳步推进，探索出一条可复制、可推广的海域资源集约生态化开发之路。

**3. 明确定位，完善风险预警防控和应急预案管理体系** 明确海洋牧场与海上能源利用技术融合发展试点目标定位，依法、依规、依政策稳步推进，严格遵守海岸线开发利用规划、重点海域海洋环境保护规划等政策要求；加强融合发展试点与海洋功能区划、海岸线开发利用规划、重点海域海洋环境保护规划、产业布局等统筹协调；明确各级政府、科研院所和相关企业的发展责任，并作为约束性指标进行考核；加强海上风机建设、运行过程对牧场环境资源的实时监测，健全海洋牧场与海上能源利用技术融合发展风险预警防控体系和应急预案机制。

## 第四节 海上城市综合体

随着人类社会科学技术的进步，生产力不断提高，政治经济获得了迅速发展，城市的规模与文明程度不断提升，城市综合体应运而生。城市综合体的英文翻译为HOPSCA，“豪布斯卡”，即酒店（hotel）、办公（office）、停车设施（park）、商业（shopping mall）、会议（convention）、公寓（apartment）等功能的集合体。它并非是这些元素的简单加和，而是多种功能相互有机地结合在一起，彼此促进，相得益彰，使之具备现代化城市的所有功能，成为一个缩小版的城市，因此也称之为“城中之城”。

海上城市综合体是城市综合体的一种延伸。它在城市综合体的基础上，以大型海洋牧场平台为依托，并且与海洋牧场的监测管理、海水增养殖、冷链物流、产品加工、人员居住、休闲娱乐等功能相结合，能够在对海洋牧场生态环境安全进行现场监测与管理的同时，实现办公、起居、娱乐等功能。

## 一、海上城市综合体发展理念

### （一）城市综合体发展现状

随着科学技术迅速发展，经济不断增长，生活节奏加速，为了追求更多更好的教育、机会与生存方式，越来越多的人涌入城市。在寸土寸金的城市中，随着人群的发展壮大，资源越来越少、用地逐渐紧张，因此将各种资源整合集聚起来的综合体形态逐渐地吸引了人们的目光。最初城市在布局的时候，将居民住宅、商业元素、工厂等划分为不同的板块，分别布置在城市的不同区域，这虽然实现了不同元素的集中与分区，但同时也分割了一个人的日程。每天人们从住宅赶去公司，都不得不在熙熙攘攘的城市中穿梭，随着人口数量的增加，交通日益拥挤，用在路途上的时间越来越多。为了节约资源、提高效率，人们逐渐将商业地产进行整体的规划与开发，将办公、商务、宾馆、居住、餐饮、休闲等多项功能聚集在一起，使各部分之间彼此关联、相辅相成、融为一体，从而在有限的区域内完成人们日常生活的各种需求，避免了长距离的城市穿梭，缓解了交通压力，舒缓了人们紧张的生活节奏。由此可见，城市综合体是社会发展的一种必然产物。

城市综合体能够出现并得以发展的本质在于，它以复合、集聚的方式提高了空间的利用率，从而提高了空间的效率与价值。实现功能的高度集聚，对于使用者而言，降低了生活、商务的成本，从而提高了生活、交易等的质与量；对于城市而言，经济的不断发展及人们对生活品质的不断追求，让城市综合体集聚在更大层面和更小区域、更多业态和更大规模的城市局部成为可能，并体现了自己存在的价值，从而也使得自己的存在得到了保障。

城市综合体自出现到发展壮大，在欧美等国家经过了至少半个世纪的演变。而在中国，仅在10年的时间里，各种综合体在各个城市争先恐后地拔地而起，以往单一的商务模式不断减少，复合化的开发模式得到不断加强。然而，因我国地产开发商过早的对商业地产进行竞争却缺少相对应的规划，导致在一些商业项目上陆续出现了规划与招商、经营不相搭配的局面。并且很多城市中的主打商业综合体初步表现出了同质化现象，雷同之处逐渐增多而未充分考虑因地制宜，也不能充分体现其功效，使得许多建筑功能不完善、体量偏大、利用率低；与此同时，随着电子商务的迅速发展，越来越多的消费者倾向于网购，这对实体的商业城市综合体也造成了不小的冲击。

### （二）海上城市综合体的发展理念

海上城市综合体是海洋牧场生态环境安全的重要保障，同时它具备城市的基本功能，在对海洋牧场进行监测的同时，实现了城市空间的巨型化、价值的复合化及功能的集约化发展，实现了价值的延伸。

发展海上城市综合体，不仅要考虑其基本的城市功能，还需要发挥它本身的价值。同时，综合体的设计必须合理，符合地域与周边环境，贴近人们的实际需求，否则不能发挥其应有的价值，事倍而功半。因此，为了保障发展动力、实现长远收益，发展海上城市综合体需要考虑以下原则。

**1. 建筑容积率** 海上城市综合体的规模与空间资源的划分有关。一般来说，单位面积越大，建筑的容量越大，其功能越完备。不过实际上建筑面积大不代表投资回报率高，首先需要考虑的是如何在最低投入的情况下获得当前成本的最高收益。

**2. 功能性原则** 该原则具体是指对功能区域的划分情况。需要将不同种类的工作进行归类整合，合理安排各个区域的功能，保证不同功能区能够按照设计规划进行建设；与此同时，还应对综合体中的功能区划进行合理安排。为了打造复合高效的多功能综合体，需要做到优化资源配置、合理划分区域，做到协调统一、井然有序。

**3. 造型原则** 海洋城市综合体的外观不仅要体现外在美感以及与周边环境的协调度；还需要根据自身的特性与功能，展现出特色。若是只考虑自身的特性而忽视了环境的特性，则会显得不伦不类、格格不入；而一味的迎合周边环境，不能体现出自身的独特性，则又会毫无特点，泯然众人。

**4. 安全性原则** 海上城市综合体的安全性问题不容小视。在有限的区域内实现多功能的集合，本身就存在一定难度，并且因为人群的聚集，存在安全隐患的可能性反而会更高。在建设综合体的时候，需要充分考虑到潜在的危险，并做好防范；除此之外，从安保到消防，从入口到安全出口的设计，都需要确保能够在第一时间疏散人群，防患于未然。

## 二、海上城市综合体设计

### （一）海上城市综合体结构设计

**1. 注重结构的可持续性** 伴随着经济的飞速发展，城市综合体的一些弊端逐渐显现出来。例如，由于之前缺乏环保意识，对生态环境造成了一定的破坏，并且浪费了大量的资源。为了避免不良后果，在对海上城市综合体进行设计时，应该秉承可持续发展的理念，做到低碳设计，环保作业。

在对海上城市综合体的结构进行设计时，需要注意科学选址，因地制宜、因海制宜。在选址时，不仅要关注区域自然环境，还应关注人文环境；除此之外，当地的经济发展程度也是关注的重点。

在对海上城市综合体进行空间布局时，需要考虑两个方面。一是其使用功能的自我完善性。既要保证综合体中各个区域的自身系统能够进行相对独立的运行，也要保证它们之间能够互补共存、彼此关联。二是在建立不同的使用功能之间的秩序时，需要促进各类功能管理之间的相互支持与配合，关注整体功能的实现。

**2. 设计好公共空间** 公共空间是海上城市综合体设计中最容易忽视，同时也是不能忽视的一部分。综合体中的公共空间是各个区域之间彼此沟通的桥梁，它将综合体与周边环境、项目内的各个组成成分、各个子系统等元素有机串联在一起。海上城市综合体，因为其功能的高度集约性，在从一个区间步入另一个区间的时候，需要公共空间进行缓冲。公共空间既衔接了各个海上城市综合体的各个元素，又丰富了城市综合体设计的主题和内涵。好的公共空间具有潜移默化的作用，可令一个人进入另一个区域的时候不感觉突兀，同时能够舒缓身心，感觉放松。

**3．营造屋面空间**　对于海上城市综合体作用的高效发挥，屋面空间的营造也是十分重要的一环。

海上城市综合体的屋面空间与地面广场相比，对聚集人群起到了重要效果。人们可以登高瞭望天空、眺望大海，与大自然接触；可以与他人轻松自在的交流；可以在自然清爽的环境中放松自己，舒缓忙碌紧张的心情。

除此之外，可以在屋面空间大面积的种植绿植。海上城市综合体中建筑密集，密度较大，而绿色植物却很少，这样导致了综合体中的热量较高。若是利用屋面空间合理种植绿植，则可以有效地吸收有害的气体，局部改善空气质量，既能美化建筑外观，还可以缓解“热岛效应”，提升空气质量与生活品质。

屋面空间若利用得当，可以减少能耗。适当的设计玻璃采光顶可以弥补室内采光不足的现象；若将其与动态水景相结合则可以实现室内外的景观渗透；种植的绿植可以收集雨水，收集得到的雨水经过过滤系统进行净化，还能够减少雨水的废水排放、节约水资源并且实现循环利用。

**4．设计节能集成系统**　在设计综合体时，可以合理地利用太阳能、风能等自然资源，从而降低建筑物自身的自然能耗，实现绿色发展。

建筑物的外墙可以采用绿墙方案，能够有效地调节海上城市综合体周边区域的自然气候，并且有效调节综合体建筑的室温。例如，在炎炎夏日，外墙的生态绿墙可以使温度降低，有效地降低热能的转化，从而达到降低室温的目的，如此可以减少综合体内的空调能耗；通过合理利用清洁能源可实现为综合体建筑的备用UPS电源组充电，从而保证综合体内核心设备的稳定安全运行。

需要注意的是，在实现综合体建筑规划设计时，还需要注意减少污染，如建筑的光污染、噪声污染等。

### （二）海上城市综合体功能设计

海上城市综合体应具备以下几个方面的功能。

**1．城市的标志与名片**　对于海上城市综合体所在的城市而言，综合体是它的标志与名片，可以极大地提升该城市的形象与知名度，并且带动区域的经济与当地的文化发展。与此同时，海上城市综合体能够通过多种功能的不同组合，有效地带动智慧建设，更好地发挥互联网的作用，提高城市的影响力，从而创造出较高的社会价值。

**2．完善城市功能**　海上城市综合体是城市空间布局中的创新模式，具有优化城市的空间资源配置、科学规划城市发展方向与格局、合理分配城市空间布局的作用；它能够促进建设环境友好型社会，推动绿色发展。

**3．丰富生活**　海上城市综合体可科学的整合各种消费资源，因此可以最大化地实现城市中资源的集约与互补，实现最优的功能联动，从而极大地丰富市民的生活，提升生活质量水平。

**4．有效的监测与管理**　将各项元素有序的聚合在有限的空间中，提高了空间的利用率，提升了海洋牧场中各项工作的效率，使各项工作能够有条不紊的实时完成；并且有利于追踪工作的状态与进度，从而提高了监管的效率。

## 三、海上城市综合体发展态势

### （一）海上城市综合体建设案例

**1. 耕海一号** 在山东省烟台市莱山区，依托大型现代海洋牧场综合平台“耕海一号”而建的海上城市综合体，是一个集生态养殖、休闲观光、科普教育、海洋监测等功能于一体的大型综合体。该海上城市综合体以科技为支撑，配备了智能化的养殖网箱，能够进行实时的数据采集与分析、精准投喂饵料，以及具有自动清洁等功能，构建了自动化、智能化和环保化的生态养殖模式。通过创新管理体制及运营模式，拓展了“耕海一号”的功能，推动了水产养殖与精深加工、旅游、文化、康养等的深度融合，促进了产业的多元融合，丰富了现代海洋经济发展新业态的内涵。

该海上城市综合体由3个养殖网箱组合而成，构成了直径为80m的“海上之花”的形式。每一朵“花瓣”的养殖体积约为10 000$m^3$，总养殖体积达到30 000$m^3$。而在三个“叶片”上，则设计了60个休闲垂钓的位置；在叶片的交汇处为600多平方米的多功能厅，除了能够实现休闲观光、科普教育、海洋监测等功能外，还可以举办小型海上展会；并且在平台的顶端还设有直升机的停机坪，是一个名副其实的海上城市综合体。尤其在夜间，全面开启的灯光将其装饰的犹如海上的明珠，又如一朵绚烂的花朵，精彩纷呈，与靓丽的海岸线相呼应，成为沿海区域的新景象。

**2. 海上世界广场** 海上世界广场是深圳市的海上城市综合体，主要包括明华轮、中心广场与ABC区三部分。

该海上城市综合体以明华轮为核心，以其独一无二的历史文化为依据，将深圳的历史航海遗迹与城市的未来巧妙地结合在一起。考虑到深圳蛇口的气候特征，该综合体在设计时，将建筑节能与生态环境相结合，解决了自然通风、日照等问题；通过低能耗的设计，成功的营造出了宜人的微气候环境，实现了绿色可持续发展。

明华轮通过奇思妙想，巧妙地与广场融为一体，并且在充分考虑到明华轮尺寸大小的基础上，通过设置架空的通廊，既不破坏对明华轮的观光感受，又成功留出了最大的空间以用作城市观光。

不仅如此，海上城市综合体在设计时，充分体现了其特有的海洋文化风格，展现了该地区独有的人文风貌。

### （二）海上城市综合体发展展望

通过对国外的海上城市综合体演变历程进行分析，结合我国当前海上城市综合体的发展现状与趋势，可以推测出，海上城市综合体在我国未来的很长一段时间内，都会是海洋牧场融合发展的重要研究方向。在我国，其在深度与宽度上还有很大的延展空间。

与之前“靠天吃饭”的产业模式不同，当前的海上城市综合体是经济与科技发展的共同结果。经济发展使得人群源源不断地进入城市，导致资源逐渐短缺；科技的发展却让人们能够在有限的空间创造出无限的能量与可能。

海上城市综合体的出现与兴盛，是人类社会进步的体现。在海上城市综合体的发展过程中，会逐渐加入智能化的元素，在“耕海一号”上已经出现了智能化的身影。相信随着科技的进步，智能化会逐渐普及并实现更加精密的操作，并可确保更加高效与准确。智能化可以确保更有效的监控、服务与数据分析。通过智能化设计，做好相应的监控与预警预报工作，可以防患于未然，若出现问题可以通过监控进行迅速准确地追踪；通过智能化设计，开设相应的服务窗口，可以提高服务的态度与质量，提高人们对海上城市综合体的认可与满意度。

随着科技的进步和人类对未知领域的不断探索，海上城市综合体会发展得越来越快、越来越好，海上城市综合体的设计和管理会越来越精细、高效，也必将极大地丰富海洋牧场产业融合的内涵。

## 第五节　科普与文化产业

### 一、海洋牧场的科普与文化理念

科普与文化是普及科学技术知识、倡导科学方法、传播科学思想、弘扬科学精神等活动的重要手段，具有提升产业文化内涵、延伸产业链条、转化产业内禀价值的重要作用。海洋牧场是基于海洋生态系统原理，在特定海域，通过人工鱼礁、增殖放流等措施，构建或修复海洋生物繁殖、生长、索饵或避敌所需的场所，增殖养护渔业资源、改善海域生态环境，实现渔业资源可持续利用的渔业形式。实施海洋牧场项目，不仅可养护生态环境、提供海洋生物产品，还可提供休闲及观光服务，具有发展“三产融合”模式的优良潜力。海洋牧场是科普与文化的良好载体，而科普与文化可以丰富海洋牧场从业者的层次和类型、提升海洋牧场产品与服务的内涵价值、巩固海洋牧场在消费与旅游市场的地位。在进行科普与文化工作时，应把握海洋牧场的基本科学原理、贯彻生态文明建设的基本理念、突出海洋牧场产品及服务特色、强调解决传统渔业困境的实施方案，统一科学家、产业受众和产业从业者的基本理念，推动产业持续健康发展及理论与实践的良性循环。海洋牧场的科普与文化理念如下所述。

#### （一）海洋牧场是多学科实践应用的综合体

海洋牧场较好地实现了生态渔业与渔业工程技术的结合，体现出可持续渔业与渔业现代化的联系，将自然生态因素、技术物理因素、经济资产因素、社会文化因素有机结合在渔业生产系统之中（勾维民，2006）。现代海洋牧场建设需要海洋学、生态学、工程学、信息学和管理学等多学科的支撑。

#### （二）海洋牧场符合生态文明建设思路

海洋牧场虽然可以利用天然海域的生产力获取渔业产品，却不同于传统的捕捞业；虽然利用了工程学相关技术，却又不同于传统的养殖业。在传统捕捞业因渔业资源衰退、养殖业因病害等问题遭遇产业困境时，海洋牧场提供了符合生态文明思想的解决方案，符合“绿水青山就是金山银山”“尊重自然、顺应自然、保护自然”“绿色发展、循环发展、低碳发展”的理念。海洋牧场与科普文化融合之时，也对生态文明思想进行了潜移默化的传播。

### （三）海洋牧场产品与服务具有与生俱来的独特性

西方的海洋文明以商业为中心，而我国受传统农耕思想的影响，海洋文明具有鲜明的农业特征。在当前海洋经济地位和战略地位逐步提升的背景下，海洋牧场是农耕文明与海洋文明结合的良好范例，是沿海城市发展战略向海洋强市、生态强市转变的先锋之一。

### （四）海洋牧场是传统渔业向现代渔业转型的重要手段

海洋牧场对维护海洋生态环境、渔业资源养护起到了一定作用，同时可以带动生产、加工、贸易、休闲、体验、旅游、观光产业的融合发展。通过产业融合，消解传统渔业中渔业资源的压力，为渔业从业人员提供了新的就业岗位，有利于渔业结构调整，促进渔业转型升级，也有利于将海洋、渔业融入当地经济发展中。我国渔业经历了粗放式的发展阶段后，现在正向集约式渔业转变。在传统渔业向现代渔业转变的过程中，大众依然保留着对传统渔业产业的刻板印象，主要体现在对水产行业相关产品的不信任甚至恶意抹黑。在一些媒体的报道中，养鱼要打避孕药、海鲜里面注胶增重等谣言流传甚广，这种不良的舆论环境不利于渔业的健康发展。科普与文化的社会教育功能有助于肃清流言，提升公民对渔业的认知。与海洋牧场相关的科普文化，有助于海洋牧场产品和服务的市场发展，是巩固现代渔业成果有力的理论与舆论支撑。

## 二、海洋牧场的科普与文化功能设计

科普与文化在对海洋牧场知识和理念进行传播时，将海洋牧场中前沿的科学理论进行了通俗的解读，提升了海洋牧场事业的群众接受度和社会认知度，为海洋牧场的发展提供了广泛的社会基础。

从海洋牧场产业发展时序看，科普与文化位于产业融合链条的末端，是基于海洋牧场科学原理及生态背景衍生的精神或实体产品；但是从产业发展的可持续性看，科普与文化又位于产业融合链条的前端，提升民众对海洋牧场产业的理解和认知，进而为产业的深层次发展提供土壤和契机。在以上产业互相支撑与融合的过程中，科普与文化分别承担着输出和输入的功能，其中输出功能主要包括确立海洋牧场文化符号、满足相关市场需求、延伸产业链条和转化行业内禀价值等，输入功能主要包括培育产品、提升民众认同感、构建产业品牌建立渠道，提升产业人力资源层次和吸引产业资金等。

海洋牧场科普与文化功能的实现需要通过各种科普文化产品及服务，其实现过程主要包括资源搜集、保存与整理，产品与服务形成以及产品服务市场化。其中科普的主要形式包括科学教育、科技传播、科普展览与体验、科技社团科普及大型科普活动等；文化的主要形式包括新闻信息、内容创作生产、创意设计服务、文化传播渠道、文化投资运营、文化娱乐休闲服务等。

## 三、海洋牧场的科普与文化发展态势

科普与文化同时包含公益事业和市场产业的属性。随着我国市场经济体制的逐渐成熟和完善及精神文化产品市场需求的逐步扩大，科普与文化开始向各个产业渗透融合。自党的十八大报告提出“提高海洋资源开发能力，发展海洋经济，保护海洋生态环境，坚决维护国家海洋权益，建设海洋强国”，到《全国海洋经济发展“十三五”规划》提出“拓展提升海洋文化产业”，都为海洋牧场科普与文化发展提供了良好的背景条件和发展契机，也提出了新的问题和挑战。

据《中国科协2019年度事业发展统计公报》，2012～2019年，我国各级科协总收入从75亿元上升为134亿元，科普基础设施科技馆的数量、面积和接待人数都增长1倍以上，反映了科普市场和科普受众的快速增加。但海洋牧场科普与文化仍存在一些问题。一是未形成适合文化传播的通俗科学理论体系；二是欠缺成熟的文化与服务产品；三是涉海相关文化产业经营政策有待完善。

在实施乡村振兴战略和推进生态文明建设的大背景下，海洋牧场的科普与文化从产品与服务的内容、经营策略、产业管理体制都应有相应的变化。例如，海洋牧场科普与文化内容应融合传统文化与现代科技。各国海洋牧场背后的科学原理虽然相同，但不同国家资源特性、市场环境及文化背景却不尽相同。中国传统文化具有深厚的根基，在提升文化自信，从文化大国向文化强国转变的过程中，应融合我国传统文化内容，发展适合我国国情的海洋牧场科普文化产品和服务。

海洋牧场科普与文化内容中，自然科学、社会科学、人文科学的融合趋势变强。海洋牧场本身是多门自然科学和社会科学应用融合的产物，内容创作具有丰富的自然科学素材。随着人们对科学技术的理解由实用性的科学原理和技术，向科学精神、科学理念及社会和人文传统转变，海洋牧场科普与文化内容应进行多门类学科的融合，可以增加受众范围，增强传播效果，提升内容的文化性和艺术性，为海洋牧场的经营和管理提供更多的可能性。

## 本 章 小 结

1. 三产融合是指以农牧渔业为代表的第一产业、精深加工业为代表的第二产业以及文化旅游业为代表的第三产业相互融合发展。形成三产融合的现代海洋牧场基础理论体系和全产业链的综合技术体系，使海洋牧场成为经济社会系统和生态系统的一部分，充分发挥其对上下游产业、周边产业和当地社会的拉动作用，从而引领我国海洋渔业、海洋生物产业健康持续发展和海洋生态文明的全面建设。

2. 第一产业是近海发展的传统产业，以滨海种植和浅海增养殖为主，结构单一；我国沿海第二产业发展相对成熟，部分城市以产能大、污染重的贸易和工业产品为主，不适合在滨海地区发展海洋牧场；发展第一和第二产业的同时可以充分利用生态环境和生物资源，将传统养殖业、渔业、旅游业和服务业等产业有机融合，因地制宜地开展海上观光旅游、垂钓、海底潜水、疗养、休闲渔业等海洋第三产业。

3. 现代海洋牧场产业融合发展迅速，但在产业融合的同时应该坚持因地制宜，分类施策，根据生态环境状况、渔业资源禀赋、产业发展基础和市场需求等情况，科学布局，合理选择产业发展模式。同时坚持绿色发展，合理利用。要科学利用当地水生生物资源，充分挖掘生态渔业的文化内涵，积极发展休闲渔业，促进文化、旅游、垂钓、观光、餐饮、康养的深度融合，并加强监督管理，确保产业发展与生态保护的一致性。

4. 产业融合是海洋牧场发展的必然趋势。渔旅融合即渔业与旅游业互相融合；休闲渔业是以渔业生产为载体，通过优化资源配置，将休闲娱乐、观赏旅游、生态建设、科学普及等有机结合，融合第一、第二、第三产业形成的新型渔业产业形态。融合发展是对传统渔业的创新性发展，以渔业生产为基础，融入休闲观光、生态建设等因素；以渔业带动旅游业、加工业等一同发展，实现“以渔促旅、以旅兴渔”。

5. 海洋牧场是实现海洋环境保护和渔业资源高效产出的新业态，可再生清洁能源是推进供给侧结构性改革和保障国家能源安全的战略需要。渔能融合发展是现代化海洋牧场发展的重要方向，其作为海洋经济的重要组成部分，在提供优质蛋白和清洁能源、改善国民膳食结构和促进能源结构调整、推动供给侧结构性改革和新旧动能转换等方面具有重要意义。海洋牧场与海上可再生清洁能源融合发展的理念与机制为“空间融合、结构融合、功能融合”。

6. 城市综合体的英文翻译为HOPSCA，是酒店（hotel）、办公（office）、停车设施（park）、商业（shopping mall）、会议（convention）、公寓（apartment）等功能的集合体。海上城市综合体是城市综合体的一种延伸。它在城市综合体的基础上，以大型海洋牧场平台为依托，并且与海洋牧场的监测管理、海水养殖、冷链物流、产品加工、人员居住、休闲娱乐等功能相结合，能够在对海洋牧场生态环境安全进行现场监测与管理的同时，实现办公、起居、娱乐等功能。

7. 海洋牧场可以增殖养护渔业资源、改善海域生态环境，是实现渔业资源可持续利用的形式。海洋牧场是多学科实践应用的综合体，符合生态文明建设思路，是传统渔业向现代渔业转型的重要手段，并且海洋牧场产品与服务具有与生俱来的独特性。

8. 科普与文化是普及科学技术知识、倡导科学方法、传播科学思想、弘扬科学精神活动的重要手段，具有提升产业精神性、延伸产业链条、转化产业内禀价值的重要作用。科普与文化同时包含公益事业和市场产业的属性，并开始向各个产业渗透融合，在对海洋牧场知识和理念进行传播时，将海洋牧场中前沿的科学理论进行了通俗的解读，提升了海洋牧场事业的群众接受度和社会认知度，为海洋牧场的发展提供了广泛的社会基础。

## 思 考 题

1. 试述三产融合的发展理念与发展态势。
2. 渔旅融合的发展展望与发展功能有哪些？
3. 渔能融合的发展理念与发展类型有哪些？
4. 试述海上城市综合体的发展理念。
5. 海上城市综合体的功能有哪些？
6. 如何促进海洋牧场与其他学科的融合发展？
7. 试述海洋牧场的发展前景与方向。

## 参 考 文 献

陈东军，钟林生，肖练练．2020．国家公园研学旅行适宜性评价指标体系构建与实证研究．生态学报，40（20）：9.

陈金松，王东辉，吕朝阳．2008．潮汐发电及其应用前景．海洋开发与管理，25（11）：84-86.

陈永华．2008．波浪驱动式海洋要素垂直剖面测量系统关键技术．青岛：中国科学院海洋研究所博士学位论文．

程娜. 2014. 基于经济全球化视角的中国海洋文明与可持续发展研究. 经济纵横,(12): 20-23.
狄乾斌, 赵晓曼, 王敏. 2020. 基于非期望产出的中国滨海旅游生态效率评价——以我国沿海城市为例. 海洋通报, 39(2): 9.
董国豪. 2012. STS视角下的科普理念. 绵阳师范学院学报, 31(1): 144-148.
都晓岩, 吴晓青, 高猛, 等. 2015. 我国海洋牧场开发的相关问题探讨. 河北渔业,(2): 5.
高晓霞, 孔一颖. 2019. 荣成海洋牧场成全域旅游新亮点. 海洋与渔业, 2: 50-52.
勾维民. 2006. 海洋牧场的生态经济文化意义及其对可持续渔业的启迪. 海洋开发与管理, 23(3): 87-90.
韩露瑶. 2014. 城市综合体是个综合题: 时空组织特征与规划策略探讨. 城市建筑, 4: 33, 34.
郝有暖, 田涛, 杨军, 等. 2019. 我国经营性海洋牧场产业链延伸研究. 海洋开发与管理, 36(5): 86-91.
胡炜, 李成林, 赵斌, 等. 2019. 科学推进现代化海洋牧场建设的思考. 中国海洋经济,(1): 50-64.
黄康宁, 黄硕琳. 2010. 我国海岸带综合管理法律问题探讨. 广东农业科学, 37(4): 50-354.
贾英杰. 2016. 科普理论与政策研究初探. 成都: 四川科学技术出版社.
雷鸣. 2013. 城市综合体对城市空间规划发展的影响研究. 南昌: 南昌航空大学硕士学位论文.
李蕾. 2009. 开放下的聚合: 城市综合体的规划布局设计解析. 城市规划学刊, 6: 84-92.
李廷勇. 2003. 从国际先进经验看技术创新中的政府职能. 科学技术与辩证法, 20(6): 4.
林燕. 2012. 浅析香港建筑综合体与城市交通空间的整合. 建筑学报,(3): 26-29.
凌申. 2012. 美国休闲渔业发展经验对长三角的启示. 中国水产,(6): 3.
刘吉发, 陈怀平. 2010. 文化产业学导论. 北京: 首都经济贸易大学出版社.
刘庆奎. 2017. 深海海洋要素垂直剖面实时测量系统设计. 青岛: 青岛科技大学硕士学位论文.
刘萱, 马健铨, 王怡青. 2019. 分享经济视角下科普产业发展路径研究. 科普研究, 14(2): 18-23.
马宗国. 2011. 我国城市综合体发展途径探讨. 城市发展研究, 6: 14-16.
梅明鋆, 赵博. 2021. 改善大气环境和能源危机的太阳能潜力分析. 水利科技与经济, 28(2): 128-129.
孙丽君. 2015. 生态文明视野中科普文化产业的发展趋势. 东岳论丛, 36(3): 130-134.
孙彤宇. 2011. 以建筑为导向的城市公共空间模式研究. 北京: 中国建筑工业出版社.
王康友, 郑念, 王丽慧. 2018. 我国科普产业发展现状研究. 科普研究, 13(3): 5-11.
王茂祥, 应志芳. 2020. 现代渔业产业转型发展路径与支撑体系分析. 中国水产, 3: 29-31.
王文彬. 2019. 当前渔业产业融合发展的实践与思考. 渔业致富指南, 23: 14-16.
谢秋菊, 廖小青, 卢冰, 等. 2009. 国内外潮汐能利用综述. 水利科技与经济, 15(8): 670-671.
徐琪, 鲁峰. 2010. 基于乘数理论的旅游业与国民经济关联性分析——旅游业对安徽省国民经济贡献的问题研究. 合肥学院学报: 社会科学版,(1): 4.
颜慧慧. 2017. 三亚蜈支洲岛海洋牧场旅游区生态环境演变与评价研究. 海口: 海南大学硕士学位论文.
杨红生, 茹小尚, 张立斌, 等. 2019. 海洋牧场与海上风电融合发展: 理念与展望. 中国科学院院刊, 34(6): 700-707.
杨红生, 杨心愿, 林承刚, 等. 2018. 着力实现海洋牧场建设的理念、装备、技术、管理现代化. 中国科学院院刊, 33(7): 732-738.
杨红生. 2016. 我国海洋牧场建设回顾与展望. 水产学报,(7): 1133-1140.
杨红生. 2017a. 海岸带生态农牧场新模式构建设想与途径——以黄河三角洲为例. 中国科学院院刊, 32

（10）：1111-1117.
杨红生．2017b．海洋牧场构建原理与实践．北京：科学出版社．
张广海，徐翠蓉．2018．我国沿海地区渔业经济与旅游业融合发展研究．中国渔业经济，36（3）：11.
张桂华．2005．我国休闲渔业的现状及发展对策．长江大学学报（自然科学版），2（3）：98-102.
张奎，张春河．2019．“文化＋互联网”语境下我国文化产业融合发展路径探究．出版广角，（10）：13-16.
张丽，葛春风．2017．我国海运业发展存在的主要问题及对策建议．港口经济，2：25-27.
张婷婷．2017．我国休闲渔业转型升级研究．舟山：浙江海洋大学硕士学位论文．
张佑印．2016．旅游学研究体系——结构、解构与重构．人文地理，31（3）：6.
张在元．2010．中国城市主义．北京：中国建筑工业出版社．
赵蕾，刘红梅，杨子江．2014．基于渔文化视角的休闲渔业发展初探．中国海洋大学学报（社会科学版），1：45-49.
赵蕾，孙慧武，蒋宏斌．2019．基于产业融合视角的新型渔业经营主体发展研究．广东农业科学，46（3）：162-172.
周虹，林丽华，朱锐敏，等．2014．太阳能光伏发电的前景分析·现代物业·现代经济，13（5）：14-15.
朱骅．2017．论我国海洋牧场建设的文化逻辑．广东海洋大学学报，37（2）：72-77.
An O. 1997. Green paper on the convergence of the telecommunications, media and information technology sectors, and the implications for regulation. Information Society Project Office Eu.
Buck B H, Langan R. 2017. Aquaculture Perspective of Multi-Use Sites in the Open Ocean: The Untapped Potential for Marine Resources in the Anthropocene. Cham: Springer.
Bell J D, Leber K M, Blankenship H L, et al. 2008. A new era for restocking, stock enhancement and sea ranching of coastal fisheries resources. Reviews in Fisheries Science, 16(1-3): 1-9.